“十四五”时期国家重点出版物出版专项规划项目

化肥和农药减施增效理论与实践丛书

丛书主编　吴孔明

农田氮肥高效利用和损失阻控原理与实践

颜晓元　赵　旭　周建斌　范明生 等　著

科 学 出 版 社

北　京

内容简介

本书明确了我国主要农田土壤类型氮素转化特征和保持机理，阐明了主要作物高效利用氮素潜力及其生物学机制，揭示了典型农田肥料氮损失规律及影响机制，提出了作物氮素需求与土壤、肥料供氮时空匹配规律的原理和方法，构建了氮肥绿色增产增效综合调控途径与区域调控模式。

本书可供农学、土壤学、植物营养学、环境科学、生态学、微生物学等相关学科的高校师生和科技工作者阅读，也可为氮肥生产与管理部门、环境部门、农业技术推广人员等提供参考。

图书在版编目（CIP）数据

农田氮肥高效利用和损失阻控原理与实践/颜晓元等著. —北京：科学出版社，2024.8

（化肥和农药减施增效理论与实践丛书/吴孔明主编）

“十四五”时期国家重点出版物出版专项规划项目

ISBN 978-7-03-077570-2

Ⅰ. ①农…　Ⅱ. ①颜…　Ⅲ. ①氮肥-合理施肥-研究　Ⅳ. ① S143.1

中国国家版本馆 CIP 数据核字（2024）第 015216 号

责任编辑：陈　新　郝晨扬/责任校对：宁辉彩

责任印制：赵　博/封面设计：无极书装

科学出版社 出版

北京东黄城根北街 16 号

邮政编码：100717

http://www.sciencep.com

涿州市般润文化传播有限公司印刷

科学出版社发行　各地新华书店经销

*

2024 年 8 月第　一　版　开本：787×1092　1/16

2025 年 1 月第二次印刷　印张：26

字数：610 000

定价：340.00 元

（如有印装质量问题，我社负责调换）

“化肥和农药减施增效理论与实践丛书”编委会

《农田氮肥高效利用和损失阻控原理与实践》著者名单

主要著者 颜晓元　赵　旭　周建斌　范明生　刘彬彬
陈范骏　何红波　叶优良

其他著者（以姓名汉语拼音为序）
白新禄　陈广锋　崔振岭　丁广大　董合林
董志新　樊鹏飞　冯国忠　冯卫娜　高　强
宫晓平　顾骏飞　郭李萍　郭艳杰　何　雪
侯振安　胡荣桂　黄成东　黄玉芳　蒋　锐
巨晓棠　李翠兰　李光杰　李惠通　李　杰
李朋飞　李欠欠　李廷强　李小坤　李学贤
李雅颖　梁　斌　刘汝亮　刘学军　鲁彩艳
鲁剑巍　罗　越　米国华　闵　伟　潘清春
彭显龙　钱晓晴　乔　磊　任志杰　沙志鹏
单　军　施卫明　苏彦华　遆超普　田玉华
同延安　童依平　汪　洋　王　芳　王桂良
王娟娟　王林权　王　睿　王少杰　王慎强
王　寅　魏文良　魏志军　吴巧玉　习向银
徐芳森　杨秉庚　杨　广　杨华青　杨顺瑛
杨　勇　姚槐应　尹　斌　于彩莲　袁　磊
袁力行　袁莉民　张阿凤　张　翀　张宏彦
张金波　张丽娟　张青松　张　威　张晓君
张效琛　张馨月　张亚丽　张振华　赵会成
赵亚南　周　锋　周　伟

丛 书 序

我国化学肥料和农药过量施用严重，由此引起环境污染、农产品质量安全和生产成本较高等一系列问题。化肥和农药过量施用的主要原因：一是对不同区域不同种植体系肥料农药损失规律和高效利用机理缺乏深入的认识，无法建立肥料和农药的精准使用准则；二是化肥和农药的替代产品落后，施肥和施药装备差、肥料损失大，农药跑冒滴漏严重；三是缺乏针对不同种植体系肥料和农药减施增效的技术模式。因此，研究制定化肥和农药施用限量标准、发展肥料有机替代和病虫害绿色防控技术、创制新型肥料和农药产品、研发大型智能精准机具，以及加强技术集成创新与应用，对减少我国化肥和农药的使用量、促进农业绿色高质量发展意义重大。

按照2015年中央一号文件关于农业发展“转方式、调结构”的战略部署，根据国务院《关于深化中央财政科技计划（专项、基金等）管理改革的方案》的精神，科技部、国家发展改革委、财政部和农业部（现农业农村部）等部委联合组织实施了“十三五”国家重点研发计划试点专项“化学肥料和农药减施增效综合技术研发”（后简称“双减”专项）。

“双减”专项按照《到2020年化肥使用量零增长行动方案》《到2020年农药使用量零增长行动方案》《全国优势农产品区域布局规划（2008—2015年）》《特色农产品区域布局规划（2013—2020年）》，结合我国区域农业绿色发展的现实需求，综合考虑现阶段我国农业科研体系构架和资源分布情况，全面启动并实施了包括三大领域12项任务的49个项目，中央财政概算23.97亿元。项目涉及植物病理学、农业昆虫与害虫防治、农药学、植物检疫与农业生态健康、植物营养生理与遗传、植物根际营养、新型肥料与数字化施肥、养分资源再利用与污染控制、生态环境建设与资源高效利用等18个学科领域的57个国家重点实验室、236个各类省部级重点实验室和434支课题层面的研究团队，形成了上中下游无缝对接、“政产学研推”一体化的高水平研发队伍。

自2016年项目启动以来，“双减”专项以突破减施途径、创新减施产品与技术装备为抓手，聚焦主要粮食作物、经济作物、蔬菜、果树等主要农产品的生产需求，边研究、边示范、边应用，取得了一系列科研成果，实现了项目目标。

在基础研究方面，系统研究了微生物农药作用机理、天敌产品货架期调控机制及有害生物生态调控途径，建立了农药施用标准的原则和方法；初步阐明了我国不同区域和种植体系氮肥、磷肥损失规律和无效化阻控增效机理，提出了肥料养分推荐新技术体系和氮、磷施用标准；初步阐明了耕地地力与管理技术影响化肥、农药高效利用的机理，明确了不同耕地肥力下化肥、农药减施的调控途径与技术原理。

在关键技术创新方面，完善了我国新型肥药及配套智能化装备研发技术体系平台；打造了万亩方化肥减施12%、利用率提高6个百分点的示范样本；实现了智能化装备减施 10%、利用率提高 3 个百分点，其中智能化施肥效率达到人工施肥 10 倍以上的目标。农药减施关键技术亦取得了多项成果，万亩示范方农药减施 15%、新型施药技术田间效率大于 30 亩/h，节省劳动力成本 50%。

在作物生产全程减药减肥技术体系示范推广方面，分别在水稻、小麦和玉米等粮食主产区，蔬菜、水果和茶叶等园艺作物主产区，以及油菜、棉花等经济作物主产区，大面积推广应用化肥、农药减施增效技术集成模式，形成了“产学研”一体的纵向创新体系和分区协同实施的横向联合攻关格局。示范应用区涉及 28 个省（自治区、直辖市）1022 个县，总面积超过 2.2 亿亩次。项目区氮肥利用率由 33% 提高到 43%、磷肥利用率由 24% 提高到 34%，化肥氮磷减施 20%；化学农药利用率由 35% 提高到 45%，化学农药减施 30%；农作物平均增产超过 3%，生产成本明显降低。试验示范区与产业部门划定和重点支持的示范区高度融合，平均覆盖率超过 90%，在提升区域农业科技水平和综合竞争力、保障主要农产品有效供给、推进农业绿色发展、支撑现代农业生产体系建设等方面已初显成效，为科技驱动产业发展提供了一项可参考、可复制、可推广的样板。

科学出版社始终关注和高度重视“双减”专项取得的研究成果。在他们的大力支持下，我们组织“双减”专项专家队伍，在系统梳理和总结我国“化肥和农药减施增效”研究领域所取得的基础理论、关键技术成果和示范推广经验的基础上，精心编撰了“化肥和农药减施增效理论与实践丛书”。这套丛书凝聚了“双减”专项广大科技人员的多年心血，反映了我国化肥和农药减施增效研究的最新进展，内容丰富、信息量大、学术性强。这套丛书的出版为我国农业资源利用、植物保护、作物学、园艺学和农业机械等相关学科的科研工作者、学生及农业技术推广人员提供了一套系统性强、学术水平高的专著，对于践行“绿水青山就是金山银山”的生态文明建设理念、助力乡村振兴战略有重要意义。

吴孔明

中国工程院院士

2020 年 12 月 30 日

前　言

我国农业氮素投入高、利用率低、损失严重、区域差别大，主要原因之一在于不同氮库之间的各种转化过程和周转速率决定了肥料氮素的固持、释放及在各个土壤氮库中的分配，进而影响氮素去向和土壤对氮素的保持能力。然而，土壤理化与生物属性如何影响各形态氮之间的转化速率和氮素保持能力的机制并不清楚。其次，氮素施入农田后作物吸收和各种损失同时发生，其相对大小决定了氮肥利用率和损失率，而我国不同区域作物生产体系的氮素利用率存在较大差异，对于这种区域性差异的决定因素尚不清楚。另外，土壤氮、肥料氮、作物氮之间的合理匹配是提高氮肥利用率的必由之路，而如何合理量化和表征氮库在时间、空间上的动态关系并构建出氮肥增效调控途径仍需要进一步深入研究。

按照2015年中央一号文件关于农业发展“转方式、调结构”的战略部署，科技部组织实施了“十三五”国家重点研发计划试点专项“化学肥料和农药减施增效综合技术研发”。在该专项的支持下，我们启动了“肥料氮素迁移转化过程与损失阻控机制”项目。本项目针对上述问题重点研究我国主要土壤类型和主要粮食作物、经济作物、蔬菜和果树种植体系肥料氮素的迁移转化特征、保氮原理及微生物学机制，不同类型土壤中氨挥发、径流、淋溶、反硝化、厌氧氨氧化等损失过程的发生规律、主控因子与调控原理，主要粮食作物、经济作物、蔬菜和果树的氮素需求规律及响应阈值，作物氮高效基因型的利用机理；挖掘作物高效利用氮素的生物学潜力，提出氮肥增效调控途径。

“肥料氮素迁移转化过程与损失阻控机制”项目由中国科学院南京土壤研究所颜晓元研究员主持，包括中国农业大学、中国科学院遗传与发育生物学研究所农业资源研究中心、中国科学院沈阳应用生态研究所、西北农林科技大学、河南农业大学等在内的27家单位参与。经过4年的共同努力，项目明确了我国主要农田土壤类型氮素转化特征和保持机理及其主要影响因素，阐明了根区氮素周转的微生物学机理，加深了对土壤-作物体系肥料氮损失规律的认识，在以激素信号为调控途径的根系氮素吸收与地上部氮素利用协同的减氮增效生物学机制方面取得突破。这些前沿研究，将大幅推动氮素生物地球化学的发展，提升我国在该研究领域的国际地位。同时，这些机理性研究成果也将为探索减少氮肥的环境污染、提高氮肥利用率、提高产量和改善品质的技术措施提供理论依据。

本书是对以上结果的梳理与总结，由项目主要参加人员撰写，具体分工如下。

第1章：颜晓元，逯超普。

第2章：张金波，沙志鹏，李欠欠，刘学军，单军，魏志军，逯超普。

第3章：赵会成，刘彬彬，吴巧玉，张晓君，周锋，张威，李雅颖，姚槐应，李廷强。

第4章：陈范骏，李学贤，童依平，张亚丽，李光杰，杨顺瑛，张振华，丁广大，袁力行，米国华，施卫明，徐芳森，苏彦华，潘清春，何雪，宫晓平。

第 5 章：赵旭，周伟，田玉华，樊鹏飞，彭显龙，杨勇，张振华，李朋飞，尹斌，于彩莲，杨秉庚。

第 6 章：何红波，巨晓棠，王林权，董志新，王睿，张效琛，鲁彩艳，张翀，李惠通，袁磊，李杰。

第 7 章：周建斌，郭李萍，梁斌，同延安，胡荣桂，张丽娟，王慎强，蒋锐，白新禄，郭艳杰，张阿凤，张馨月，杨广，罗越。

第 8 章：叶优良，赵亚南，汪洋，黄玉芳，崔振岭，黄成东，钱晓晴，王桂良，顾骏飞，董合林，冯卫娜，刘汝亮，王芳，任志杰，张青松，王娟娟，袁莉民。

第 9 章：范明生，乔磊，魏文良，杨华青，张宏彦，陈广锋，王少杰，高强，冯国忠，王寅，李翠兰，李小坤，习向银，鲁剑巍，闵伟，侯振安。

本书是“十三五”国家重点研发计划项目“肥料氮素迁移转化过程与损失阻控机制”的成果之一，感谢科技部的资助与支持，感谢为本书研究成果作出贡献的所有项目参与者，感谢项目专家组成员的指导与关心。

本书内容均为项目成果，尽管撰写过程中我们力求方法详尽、数据准确、分析透彻，但难免有不妥之处，恳请读者不吝指正。

颜晓元

2024 年 3 月

目　　录

第1章　绪　　论

1.1　撰写背景与意义

氮肥投入是增加粮食产量的有效途径之一，但氮肥过量投入引发了一系列生态环境问题。在欧洲农业生产系统中，氮肥所导致的负面环境影响大于其带来的农学收益，这一结果在国际上引起巨大反响。优化粮食生产过程中的氮素利用，最大限度地减小氮素对人类和环境的负面影响是当前国际社会面临的巨大挑战。为此，由联合国环境规划署资助，国际氮素倡议（International Nitrogen Initiative，INI）于2016年启动了国际氮素管理系统（International Nitrogen Management System，INMS）研究，全球有数十个国家400多个科学家参与这一研究计划，旨在进一步理解氮素循环特征、改善氮素管理。英国牛顿基金设立专门项目，与美国、加拿大、中国、印度、巴西等国开展氮素优化管理和环境影响评估等一系列合作研究。

近30年来，国内外围绕农田生态系统氮素循环开展了大量的研究，在氮素管理、利用与损失、收支平衡及其对水体环境、空气质量和气候变化影响方面取得了不少进展。但是，对农田氮素迁移转化过程、损失机理及其区域特征仍缺乏系统而深入的认识，尤其是在土壤氮素周转的多过程同时定量及微生物驱动机制方面研究不足；在氮素管理方面过度依赖于化肥氮本身的调控，并未充分挖掘土壤–作物体系中微生物调控氮周转的功能和作物氮高效利用的生物学潜力。微生物分子生态技术、植物分子生物学技术、同位素示踪技术等的快速发展为系统深入揭示农田氮素循环机制提供了有力手段。例如，氨氧化古菌、完全硝化细菌和厌氧氨氧化过程的发现极大地加深了对氮转化微生物机理的认识；利用^{15}N同位素示踪结合模型数值优化算法，可实现对土壤中同时发生的多个氮转化过程初级转化速率的准确量化；氦环境培养、膜进样质谱等新技术的发展，使得准确量化农田氮素反硝化损失成为可能；宏基因组学等高通量技术、特异性来源的微生物残留物标识技术的应用，能够更加全面精准地研究氮循环的微生物代谢途径和调控因子，结合^{15}N、^{13}C双标记技术可帮助理解根系和根际微生物对氮素的竞争与互惠关系。此外，近几年在氮高效基因型的筛选、协调根层氮供应与作物需求方面的进展也为氮肥增产增效的综合调控提供了基础。

我国农业生产系统氮素投入高，利用率低，损失严重，区域差别大。土壤中氮的生物地球化学循环与作物的氮素吸收密切相关。不同氮库之间的各种转化过程和周转速率决定了肥料氮素的固持、释放及其在各个土壤氮库中的分配，进而影响氮素去向和土壤对氮素的保持能力。土壤理化和生物属性如何影响各形态氮之间的转化速率和氮素保持能力，什么因素决定了我国作物生产体系氮素利用率存在的区域性差异，如何合理量化和表征土壤氮、肥料氮以及作物氮在时间、空间上的动态关系，是当前需要回答的科学问题。利用新的技术手段，在深入理解肥料氮在土壤中迁移转化规律与损失机制的基础上，构建充分挖掘微生物调控氮周转功能与作物氮高效利用潜力、有效阻控肥料氮损失的氮肥绿色增产增效综合调控途径，是实现氮肥农学效益与环境影响协调的突破口。

为此，在科技部重点研发专项的支持下，中国科学院南京土壤研究所颜晓元研究员组织中国农业大学、西北农林科技大学、河南农业大学、中国科学院遗传与发育生物学研究所农业资源研究中心、中国科学院沈阳应用生态研究所等高校和科研院所的研究人员共同开展了

“肥料氮素迁移转化过程与损失阻控机制”的项目研究。该项目研究以我国主要农田土壤类型和各区域代表性作物种植体系为研究对象，利用 ^{15}N 同位素示踪、初级转化速率模型、氦环境培养、膜进样质谱法等技术研究氮素周转过程和肥料氮损失机制，应用分子生物学等方法研究作物氮素高效吸收利用关键过程中的激素含量、功能基因表达的动态变化规律，通过田间试验等方法研究土壤、肥料氮供应与作物氮需求的动态匹配规律及其调控措施。

该项目研究在查明主要土壤–作物体系氮肥吸收利用、转化及损失机制差异的基础上，通过基因型选择、土壤调控和肥料运筹的协同优化，实现氮素供需的时空匹配，构建农业生态系统氮素增效综合途径。经过4年的共同努力，项目研究取得了可喜的进展，本书就是在这些研究成果的基础上由项目主要参加人员撰写完成的。

1.2 主要内容与篇章布局

全书围绕主要农区典型种植体系氮肥减施增效目标，提出土壤氮素周转机制及其与作物吸收利用关系不明确、农田氮素来源去向及损失规律不清晰、土壤/肥料氮供应与作物氮需求不匹配3个关键问题，以此设计土壤氮素迁移转化特征及作物高效吸收氮的生物学机制，不同土壤–作物体系肥料氮去向、损失规律及机制，主要作物生产体系氮肥控损增效原理与调控途径3个层次的内容，主要内容与篇章布局如下。

（1）土壤氮素迁移转化特征及作物高效吸收氮的生物学机制

土壤氮素各转化过程不仅同时发生，互为底物和产物，其速率也控制着各氮库周转及作物利用氮的效率。针对传统关注含量变化的净转化速率方法无法真实反映土壤氮素各转化过程和通量，土壤各氮库周转与作物吸收、利用氮素时空关系不清楚等问题，着重研究：①基于 ^{15}N 同位素成对标记技术结合数值优化模型的农田土壤初级转化速率测定方法，不同土壤类型的矿化、硝化、微生物同化、异化还原等氮转化过程的初级转化速率及其控制因子，不同土壤氮素转化特征的异同及其与土壤属性的关系；②土壤微生物氮素转化对不同施氮水平的响应机制，植物–微生物互作过程中肥料氮转化的机制，根区氮素周转过程的主控因子以及调控机制；③氮高效基因型的减氮增效潜力与生物学机制，作物氮高效基因型吸收、利用、转运氮素过程与土壤环境条件和农艺管理措施的互作机制。

（2）不同土壤–作物体系肥料氮去向、损失规律及机制

针对我国农田生态系统因土壤、气候、水热条件及作物熟制、田间管理不同而导致氮肥利用与损失特征千差万别，肥料氮损失定量方法不准确，氮损失阻控方法可复制性和拓展性差等现状，选择典型耕地土壤和粮食作物、经济作物及果菜体系，着重研究：① NH_3 排放与沉降的关系及氨挥发的准确定量方法，基于膜进样质谱、氦环境培养结合 ^{15}N 同位素示踪的反硝化直接定量技术，研究不同农区主要种植体系肥料氮气态损失和流失的发生规律、主控因子；②不同农区典型种植体系肥料氮素迁移转化过程对肥料氮素去向、分配、氮素收支平衡的影响，分析不同区域作物生产体系的氮素利用与损失差异的本质原因；③旱地/果菜土壤剖面硝态氮运移规律和影响因素，定量评估硝态氮淋失的环境风险和阻控效应；④农田适宜施氮量及其区域运筹策略，农艺措施阻控肥料氮的氨挥发、反硝化及淋溶损失的共性及特异性机制。

（3）主要作物生产体系氮肥控损增效原理与调控途径

土壤氮、肥料氮、作物氮之间的时空合理匹配是实现氮肥减量增效的关键。在摸清我国

主要农田耕种和水肥管理现状、典型土壤氮素供氮和代表性作物需氮特征及肥料氮主要损失规律的基础上，围绕区域农田化肥氮减施增效目标，重点开展以下研究：①研究高产作物氮素需求规律及营养诊断指标、土壤根层各形态氮时空分布特征及供氮量化指标，提出氮素供需时空匹配的营养诊断指标，分析典型农田传统耕作条件下作物氮素需求与土壤、肥料氮供应的协同关系，查明主要农区制约氮肥利用率的障碍因子；②揭示我国主要生态区农作体系氮肥绿色增产增效的潜力及区域特征，明确主要生态区农作体系土壤有机氮（碳）库扩容和维持适宜无机氮库实现绿色增产增效的综合调控途径与作用机制；③通过集成高产作物栽培、土壤有机氮（碳）库扩容/维持、无机氮库调控以及活性氮损失阻控，构建区域氮肥绿色增产增效的调控模式，并在一定的生产规模下开展其农学和环境效应评价。

围绕以上研究内容，项目下设 8 个课题，即本书的第 2～9 章内容。其中，第 2 章研究对象为土壤，主要关注土壤氮素的周转过程，旨在揭示土壤矿化、硝化、微生物同化等氮素内转化特征及主要因素，通过对各个过程初级转化速率及其与土壤属性间关系的刻画，阐明农田土壤保氮供氮机制，为第二层次不同土壤-作物体系肥料氮去向、损失规律及机制研究，特别是肥料氮的氨挥发和反硝化提供解释与部分阻控思路，并为第三层次作物生产体系氮肥控损增效原理和调控途径提供土壤氮库调控理论依据和策略。

第 3 章研究对象为根区，关注重点是根区氮素微生物转化过程，旨在揭示根区氮素转化的微生物学机理及其与根系分泌物互作机制，通过微生物区系组成、功能类群的动态变化与肥料氮素转化功能的相关性规律研究，提出根区氮素高效周转与根系吸收利用的微生物学机制，为第 4 章研究作物氮素利用相关的植物-微生物互作关系提供微生物水平的依据，同时对第 2 章中土壤氮转化与保氮规律在微生物水平进行印证。

第 4 章研究对象为作物，重点筛选若干主要作物氮高效基因型，定量化其减氮增效潜力，围绕作物高效利用土壤氮素的生物学机制，揭示提高根系氮吸收能力、降低地上部氮需求的关键生理过程，激素或其他信号调控的氮素吸收与利用相互协调的生物学机制，以及氮高效基因型与土壤环境、农艺管理的互作机制，为充分挖掘生物学潜力、实现氮高效基因型减氮增效的利用途径提供科学依据。

第 5 章、第 6 章和第 7 章针对不同土壤-作物体系肥料氮去向、损失规律及机制研究，内容包括稻田肥料氮去向、损失过程与调控原理，旱地肥料氮去向、损失过程与调控原理和果园/菜地肥料氮去向、损失过程与调控原理，通过系统监测肥料氮的氨挥发、地表径流、淋溶损失和 N_2O、N_2 排放通量及其 ^{15}N 分布，明确不同区域、气候条件及作物熟制、农田管理下该种植体系肥料氮去向分配数量、特征及差异，揭示肥料氮主要损失过程及其发生规律和驱动因子，并阐明针对肥料损失阻控的氮肥运筹优化原理，为第三层次作物生产体系氮肥控损增效原理与调控途径提供支撑。

第 8 章主要内容为高产作物氮素需求规律及营养诊断指标、土壤根区各形态氮时空分布特征及供氮量动态变化，提出氮素供需时空匹配的土壤和作物营养诊断指标，分析典型农田传统耕作条件下作物氮需求与土壤氮、肥料氮供应的协同关系。

第 9 章在阐明我国主要生态区农作体系氮肥绿色增产增效的潜力及区域特征的基础上，在氮高效基因型、氮损失阻控、土壤氮/化肥氮调控及与高产作物氮素需求匹配相关研究成果的基础上，建立主要生态区作物生产体系氮肥增产增效的综合调控途径，构建区域氮肥绿色增产增效的调控模式，同时在一定的生产规模下评价其农学和环境效应。

1.3　重要进展与结论

“肥料氮素迁移转化过程与损失阻控机制”项目研究过程中开展了应用基础理论研究和技术推广示范工作，重要研究进展如下。

（1）在土壤氮素迁移转化特征及作物高效吸收氮的生物学机制研究方面

对于主要农田土壤中氮素转化过程特征和影响因素，建立了测定肥料氮初级转化速率的 ^{15}N 同位素成对标记技术结合数值优化模型的方法、测定土壤氨挥发潜势的德尔格管法和测定土壤脱氮速率的膜进样质谱方法与氦环境培养法；完成了我国土壤氮素初级转化、氨挥发、净脱氮速率的测定，构建了土壤氮素转化过程速率与土壤属性关系数据库；揭示了土壤矿化、硝化、微生物同化等氮素内转化特征及主要因素，通过对各个过程初级转化速率及其与土壤属性间关系的刻画，阐明了农田土壤保氮供氮机制。

研究分析了长期施肥对土壤固氮活性及固氮微生物群落构建的影响，深入研究了肥料氮在土壤–作物体系中的累积动态以及长期秸秆还田对微生物氮循环功能基因的影响，并揭示了根区氮素周转的微生物学机理与机制和微生物区系组成及功能类群的动态变化与肥料氮转化功能的相关规律，提出了根区氮素高效周转与根系吸收利用的微生物学机制。

针对玉米、小麦、水稻、油菜等主要粮食和经济作物，选取生产中 30 个至 200 多个主栽品种和新育成品系，明确氮高效品种相对于区试对照品种具有增产 5%～20%、节氮 10%～30% 的潜力，并推荐了玉米‘科玉 188’、小麦‘冀 325’、水稻‘扬粳 4038’、油菜‘中油 821’ 4 个氮高效品种；在揭示氮高效品种具有节氮增效潜力的基础上，通过氮高效品种及其关键基因突变体或转基因材料的研究，提出可以通过减少叶片中氮素在非结构氮组分中的分配，保持一定的光合效率，从而进一步提高光合氮利用效率，并且提出高产氮高效理想株型。此外，水培和田间试验表明，硝铵混合供氮、叶面喷施氨基酸会显著提高敏感基因型的产量，具有很好的应用前景。

（2）在不同土壤–作物体系肥料氮去向、损失规律及机制研究方面

建立了黑龙江五常、江苏常熟和湖南浏阳 3 个稻区田间定位研究平台，编制了氨挥发和反硝化测定方法，揭示了我国典型稻区水稻产量与氮肥利用和损失的区域特征与差异，明确了土壤在水稻氮素利用与稻田氮损失区域差异中所起的关键作用，提出了硝化抑制剂/水稻专用控释肥/生物抑氨技术的稻田氮损失阻控的氮肥科学减投和过程调控方法。

以东北、华北、西北和西南主要作物体系为研究对象，利用 ^{15}N 同位素标记示踪法，田间和微区试验相结合，研究了氮素收支平衡状况及肥料氮去向；通过探讨不同类型土壤中氨挥发、径流、淋溶、反硝化、厌氧氨氧化等损失过程的发生规律、主控因子与调控原理，揭示了主要农区代表性种植体系下肥料氮的氨挥发、淋溶、径流与反硝化、厌氧氨氧化等损失过程的发生通量与时空规律；明确了导致氮肥吸收利用和损失特征区域性差异的管理与环境要素；针对土壤、作物和气候的不同特点，建立了区域性旱地农田生态系统高效氮素循环调控模式。

分别在陕西洛川、湖北宜昌、江苏宜兴、河北昌黎进行苹果、柑橘、桃和葡萄等果树氮肥定位试验；在河北保定、陕西杨凌、山东寿光进行露地蔬菜和设施蔬菜氮肥定位试验；采用 ^{15}N 同位素标记示踪法或氮素平衡的方法明确了不同体系氮素的主要去向，并根据种植体系特点及环境条件提出了氮肥增效措施。

（3）在主要作物生产体系氮肥控损增效原理与调控途径研究方面

明确了典型地区和作物体系的氮素需求特征，以及植株氮浓度、叶绿素含量、茎基部硝酸盐含量等诊断指标的动态变化；探索了不同作物体系的土壤有效氮动态供应特征，针对不同地区和作物体系特点，基本实现作物氮素需求与土壤、肥料氮供应相匹配的氮肥施用技术。在西北稻区，开展了基于控释氮肥的侧条施用技术研究，通过优化水稻施氮量与调控控释和速效养分配比，建立起西北地区水稻氮素供需时空匹配的综合调控技术。在华东水稻—小麦轮作区，通过秸秆还田+接种快腐菌剂条件下水稻氮肥在时间上前移（一次性施用）实现氮素匹配的可行性，同时建立了以SPAD（相对叶绿素含量）值为基础的氮肥调控方法。在华北平原冬小麦—夏玉米轮作区，建立小麦—玉米临界氮浓度稀释模型，探索了手持式光谱仪、茎基部硝酸盐、智能手机图片的氮素营养诊断方法，为氮素快速无损诊断奠定基础，通过增密减氮、缓控释肥配施、氮肥深施等技术实现作物氮素需求与土壤、肥料供氮匹配。在高产棉花上，明确了棉田氮肥合理施用标准、施用时期及分配比例等调控技术。研发了便携式土壤硝态氮快速检测设备和手持式土壤硝态氮快速检测设备。明确了氮肥绿色增产增效的限制因子及区域特征，我国主要生态区不同农作体系的氮肥绿色增产增效的综合调控途径；在各生态区构建了不同农作体系氮肥绿色增产增效的综合调控模式并通过种植大户、科技小院、农业合作社和建设兵团等方式进行示范推广。

第2章 主要农田土壤肥料氮转化特征与保氮机理

当前我国农业生产系统的氮素投入高、损失严重、氮肥利用率低且区域差别大，要实现氮肥减量增效的国家需求，首先需要明确我国主要农田土壤类型的氮素转化特征和保持机理。不同氮库之间的各种转化过程和周转速率决定了肥料氮素的固持、释放及其在各个土壤氮库中的分配，进而影响氮素去向和土壤对氮素的保持能力。为此，本章主要介绍土壤理化和生物属性如何影响各形态氮之间的转化速率和氮素保持能力。

2.1 我国主要农田土壤氮转化特征及其与氮肥利用和损失的关系

通常情况下，稻田系统氮肥利用率要普遍低于旱地生产系统（Zhang et al.，2015a）。我国是世界上水稻种植面积最大的国家，约占全球的30%，其平均施氮量约为209kg/(hm^2·a)，明显高于全球其他区域。由于氮肥利用率普遍较低，大量的氮肥投入已经引发了诸多的环境问题（Guo et al.，2017）。另外，我国稻田氮肥利用率存在明显的空间差异。例如，东北地区稻田系统氮肥利用率明显高于其他地区（Wu et al.，2015），但是目前尚不清楚导致这种空间差异的内在机制，明确该机制对于因地制宜地优化稻田管理措施具有重要的意义。

已有的研究结果表明，土壤氮转化过程的特点是决定土壤无机氮主导形态的关键内在因素，对氮去向具有明显的调控作用（Zhang et al.，2018a）。一般，酸性土壤氨氧化速率较弱，有机氮矿化产生的或肥料氮投入的铵态氮滞留时间长，无机氮以铵态氮为主；中性–碱性土则相反。作物氮吸收能力是增产增效的关键，虽然铵态氮（NH_4^+）和硝态氮（NO_3^-）均是植物可以利用的氮源，但是多数植物具有明显的氮素形态吸收偏好，如水稻喜铵，而小麦则喜硝。研究已经初步证实，土壤氮转化特点决定的无机氮主导形态与作物氮形态偏好的契合程度高，有利于氮吸收；反之，则不利于氮素的高效利用（Zhang et al.，2018a）。对于水稻，同样的管理条件下，酸性土壤水稻产量要明显高于碱性土壤。因此，稻田土壤氮素转化过程特征，即有机氮矿化、无机氮同化、氨氧化、反硝化以及氨挥发等过程速率的组合特征，可能是影响稻田氮肥利用率的关键因素。阐明我国稻田土壤氮素转化特征，揭示土壤氮转化与水稻氮肥利用率的关系，对于因地制宜地制定稻田管理措施（如氮肥稳定剂的使用、农业生产规划等），推进轮作休耕、农业生产布局和结构调整，实施“藏粮于地、藏粮于技”战略具有重要意义。

2.1.1 稻田土壤氮转化的区域特征及其与肥料氮利用和损失的关系

依托“肥料氮素迁移转化过程与损失阻控机制”项目，研究人员在全国水稻主产区采集了50个典型水稻土，采用^{15}N同位素成对标记技术结合数值优化模型的方法定量了土壤主要氮过程的初级转化速率；同时采用^{15}N同位素标记的短期盆栽试验（分蘖期），定量了相同管理措施、水分、温度等条件下不同水稻土种植水稻的氮肥利用率和氮损失。

2.1.1.1 稻田土壤氮转化的区域特征

研究结果表明，稻田氮转化速率具有巨大的区域差异，其中最为明显的是土壤初级有机氮矿化速率和初级氨氧化速率，它们均随纬度增加而明显降低。例如，纬度较高的东北地区稻田平均土壤初级有机氮矿化速率为0.706mg/(kg·d)，明显低于纬度较低的南方地区

［1.985mg/(kg·d)，$P<0.01$］；而且南方稻田土壤初级有机氮矿化速率存在很大的空间变异，最小值为 0.303mg/(kg·d)，最大值高达 4.886mg/(kg·d)。与矿化过程相似，东北地区稻田平均初级氨氧化速率仅为 1.468mg/(kg·d)，也明显低于南方地区［5.499mg/(kg·d)，$P<0.01$］；南方地区初级氨氧化速率同样存在极大的空间变异，在 1.724mg/(kg·d) 到 11.118mg/(kg·d) 之间变化。初级氨氧化速率是决定土壤中铵态氮滞留时间的重要内在因素，所以，稻田铵态氮滞留时间也存在明显的空间差异，东北地区稻田平均铵态氮滞留时间要明显长于南方地区（19.5d *vs.* 5.4d，$P<0.01$）。同样，南方稻田铵态氮滞留时间存在很大的空间变异，为 2.5～13.1d。东北地区稻田铵态氮初级同化速率平均值为 0.734mg/(kg·d)，与南方地区［1.077mg/(kg·d)］差异不显著。另外，土壤有机氮异养硝化、硝态氮同化、硝酸盐异化还原为铵（dissimilatory nitrate reduction to ammonium，DNRA）、铵吸附/解吸附过程的速率很低［<0.05mg/(kg·d)］。

土壤初级有机氮矿化速率与砂粒含量（$P<0.05$）、pH（$P<0.01$）、全氮含量（$P<0.01$）呈显著或极显著正相关，而与 C/N 呈显著负相关（$P<0.05$）。另外，土壤初级有机氮矿化速率还与细菌的丰度和多样性呈极显著正相关（$P<0.01$）。这些结果表明，土壤质地、pH、全氮含量、C/N 等土壤理化性质和微生物性质共同调控稻田土壤有机氮矿化速率。一般，砂粒和有机氮含量高、pH 高、C/N 低、微生物丰度大的土壤有利于有机氮矿化过程的进行。

土壤初级氨氧化速率与初级有机氮矿化速率呈极显著正相关（图 2-1a，$P<0.01$），表明作为氨氧化过程重要的底物供应途径，有机氮矿化过程是控制氨氧化速率的重要因子（Zhang et al.，2018a）。另外，初级氨氧化速率随土壤 pH 的增加显著增大（图 2-1b，$P<0.05$），这也与已有的研究结果一致（Zhang et al.，2013a）。我们还发现初级氨氧化速率与氨氧化古菌（ammonia-oxidizing archaea，AOA）丰度呈极显著正相关（$P<0.01$）。因此，初级有机氮矿化速率、pH、AOA 丰度均较低可能是导致东北地区稻田土壤氨氧化速率低的主要原因。初级氨氧化速率的大小决定了肥料氮和矿化产生的铵态氮在土壤中的平均滞留时间（图 2-2）。

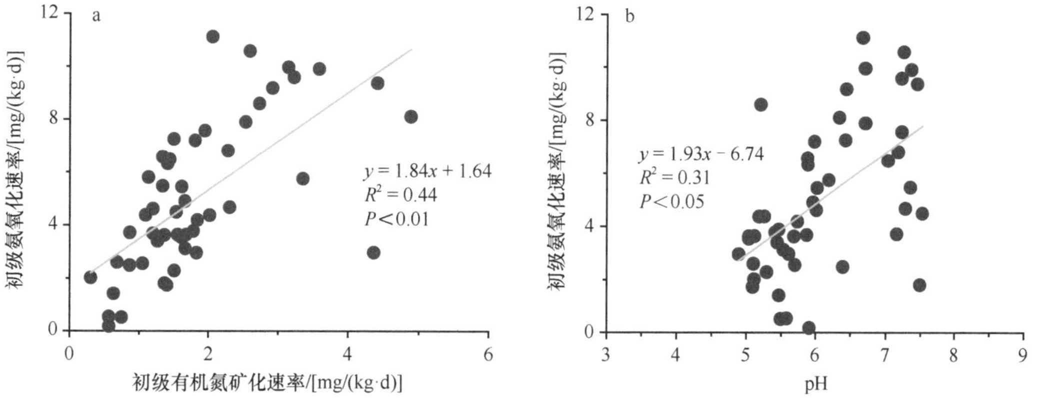

图 2-1　初级氨氧化速率与初级有机氮矿化速率（a）、pH（b）的关系

2.1.1.2　稻田肥料氮利用率和损失与土壤氮转化过程的关系

对水稻氮肥利用率和氮损失的定量结果表明，东北地区水稻土种植水稻的平均生物量和氮肥利用率分别为 0.33g/盆、43%，明显高于南方地区（平均值分别为 0.28g/盆、35%）。南方地区水稻氮肥利用率存在很大的空间变异，最小值为 11%，最大值高达 53%。水稻生物量与氮肥利用率呈极显著正相关（$P<0.01$），说明肥料氮的利用率在水稻生产中起着至关重要的作用。

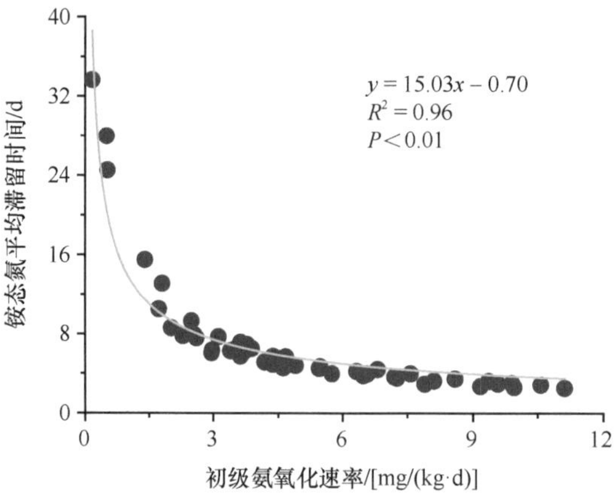

图 2-2　铵态氮平均滞留时间与初级氨氧化速率的关系

水稻肥料氮利用率与初级氨氧化速率（图 2-3a，$P<0.01$）、初级有机氮矿化速率（$P<0.05$）、土壤 pH（$P<0.01$）呈显著或极显著负相关，而与铵态氮滞留时间呈极显著正相关（图 2-3b，$P<0.01$）。水稻是一种典型的喜铵作物（Ismunadji and Dijkshoorn，1971；Dijkshoorn and Ismunadji，1972），所以土壤氮转化特征，特别是氨氧化速率决定的铵态氮滞留时间，是水稻对肥料氮吸收的关键因素。因此，土壤氮转化过程决定的无机氮主导形态与水稻氮形态喜好间的契合关系是影响水稻肥料氮利用率空间差异的主要原因（Zhang et al.，2018a）。

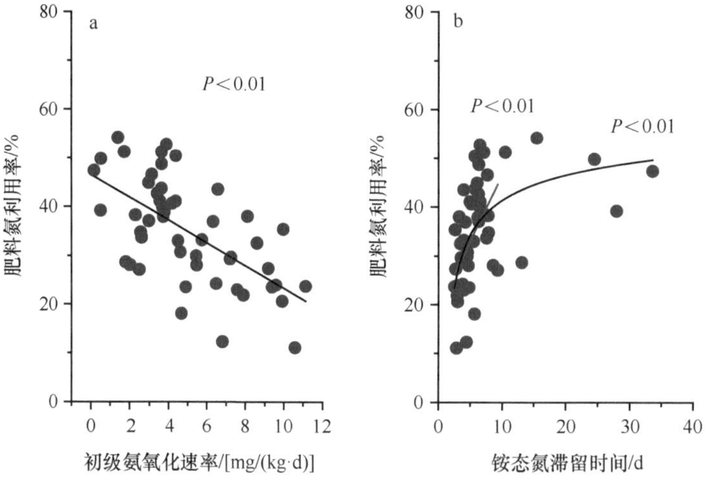

图 2-3　水稻肥料氮利用率与初级氨氧化速率（a）和铵态氮滞留时间（b）的关系

图 b 中直线表示铵态氮滞留时间<10d 时，肥料氮利用率随铵态氮滞留时间增加而呈线性增长；曲线表示铵态氮滞留时间>10d 时，肥料氮利用率变化平缓，整体上两者呈对数关系

反硝化过程是稻田主要的氮损失途径之一。采用 ^{15}N 同位素标记的盆栽试验，基于质量平衡法计算了反硝化损失。结果表明，东北地区稻田肥料氮反硝化损失比例（24%）显著低于南方地区（33%，$P<0.05$）。肥料氮反硝化损失比例与初级氨氧化速率呈极显著正相关（$P<0.01$），而与铵态氮滞留时间呈极显著负相关（$P<0.01$）（图 2-4），说明硝化-反硝化耦合过程对稻田肥料氮损失有重要的贡献（Liu et al.，2019a）。

采用偏最小二乘路径模型（partial least squares path modeling）进一步分析土壤氮转化过

程速率、土壤微生物性质和土壤理化性质与水稻生物量、肥料氮利用率和损失之间的关系。结果表明，土壤理化性质，特别是土壤 pH，直接调控土壤细菌、氮矿化相关的微生物和氨氧化微生物的丰度与多样性，进而控制有机氮矿化速率和氨氧化速率，决定铵态氮滞留时间，影响水稻肥料氮利用率，最终影响生物量（图 2-5）。土壤 pH 还调控反硝化微生物的丰度，其与土壤有机碳共同影响稻田的反硝化速率。

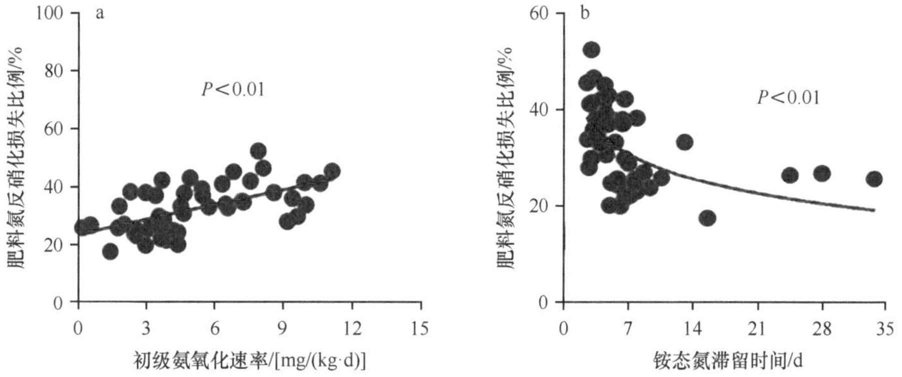

图 2-4　肥料氮反硝化损失比例与初级氨氧化速率（a）和铵态氮滞留时间（b）的关系

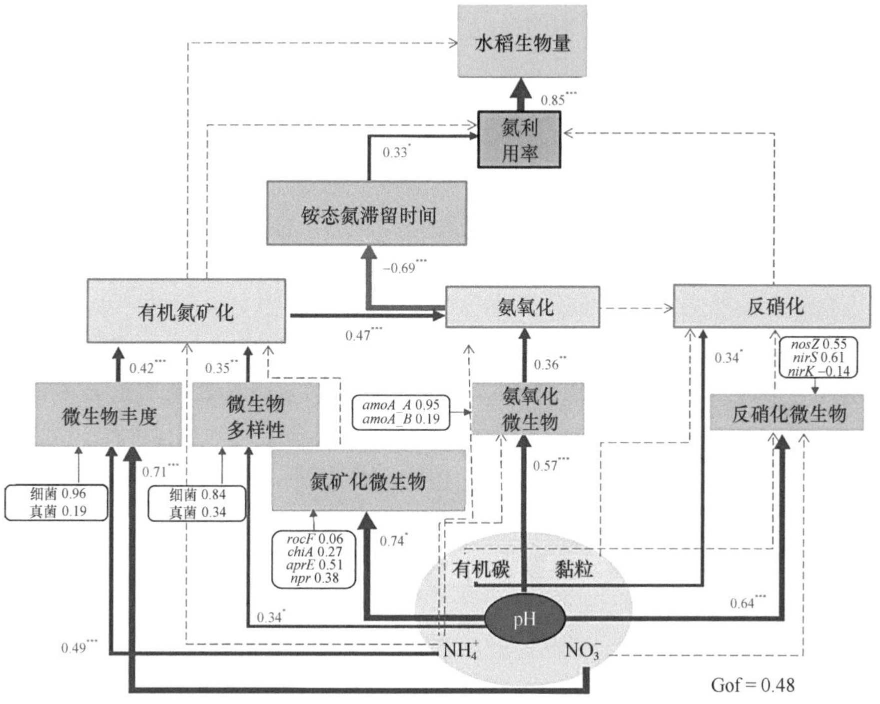

图 2-5　采用偏最小二乘路径模型分析土壤氮转化过程速率、土壤微生物性质和土壤理化性质与水稻生物量、肥料氮利用率和损失之间的关系

图中虚线表示相关性不显著、实线表示相关性显著，* 表示 $P<0.05$，** 表示 $P<0.01$，*** 表示 $P<0.001$。Gof 代表拟合优度

2.1.2　长期培肥措施对旱地土壤氮转化的影响及保氮增产原理

合理的氮肥管理措施是提高土壤肥力、保障粮食生产，同时减少与氮相关的环境污染问题的关键所在。土壤氮转化过程决定着土壤氮的利用效率和损失风险（Zhang et al.，2018a）。

因此，厘清旱地土壤氮转化特征及其对肥料管理措施的响应，对于制定合理的肥料管理措施、提高氮利用率、减少农业活动相关的氮素污染问题具有重要的意义。但是，目前关于长期培肥措施对旱地土壤氮转化的影响及增产原理的认识还比较有限。

依托本项目在甘肃、河南、江苏、四川、福建和江西等地选取长期肥料管理定位试验样品（试验持续时间均大于 10 年），管理措施主要包括不施肥对照、长期单施有机肥、长期单施化学氮肥、有机肥和化学氮肥配施 4 种方式，其中单施化学氮肥处理为 N、P、K 含量均衡的肥料管理方式。采用 ^{15}N 同位素示踪模型方法计算土壤氮初级转化速率，研究长期培肥措施对旱地土壤氮转化的影响，并分析其增产原理。

本研究中长期施肥对土壤性质、土壤氮初级转化速率和作物产量的影响用实验组数据（X_t）和对照组数据（X_c）所计算出的效应值（R）来表示，计算如下。

$$\ln(R)=\ln\left(\frac{X_t}{X_c}\right) \tag{2-1}$$

另外，ln(R) 的方差用公式（2-2）计算。

$$v=\frac{S_t^2}{n_t X_t^2}+\frac{S_c^2}{n_c X_c^2} \tag{2-2}$$

式中，n_c 和 n_t 分别为对照组和实验组的样本数量；S_c 和 S_t 分别为对照组和实验组数据的标准误差。

采用 MetaWin 2.1 软件中的固定效应模型检验长期施肥的影响是否显著。采用自展法（进行 9999 次）估算 ln(R) 的 95% 置信区间（CI），如果每组数据的置信区间不包括 0，则认为施肥处理对该组数据产生了显著影响。

2.1.2.1 长期培肥措施对旱地土壤化学、生物性质和作物产量的影响

总体上来看，长期施肥降低了土壤 pH，但是 pH 对长期施肥响应的平均效应值非常小，平均仅为 −0.01（95% CI：−0.015～−0.009）；而且不同肥料类型对 pH 的影响程度不一，其中有机肥和化学氮肥配施提高了土壤 pH（图 2-6）。长期施肥显著增加了土壤有机碳含量

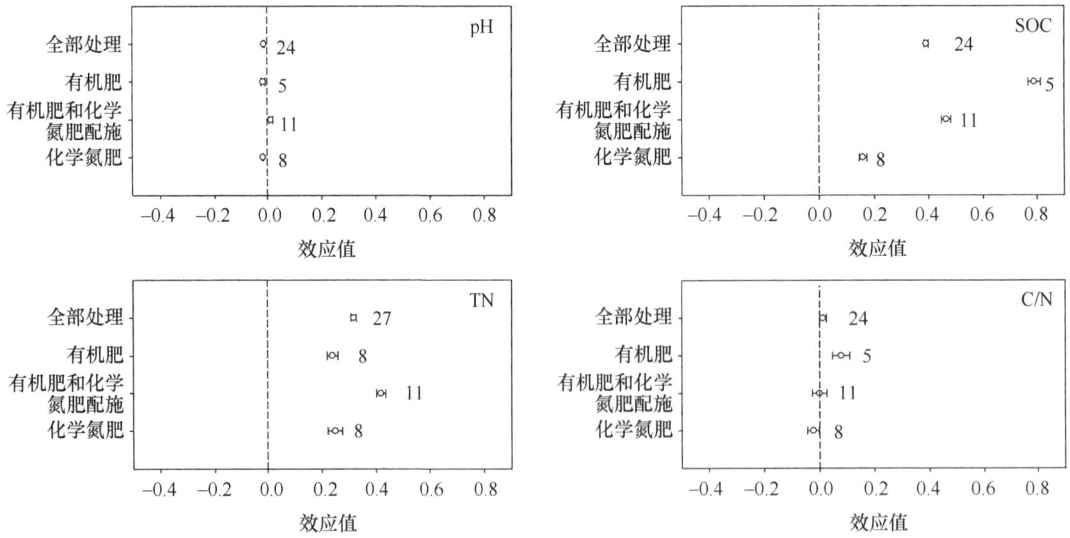

图 2-6 长期培肥措施对土壤 pH、有机碳（SOC）、全氮（TN）和 C/N 的影响

（SOC），其平均效应值为 0.39（95% CI：0.38～0.40）；从平均效应值大小来看，单施有机肥＞有机肥和化学氮肥配施＞单施化学氮肥（图 2-6）。长期施肥对土壤全氮（TN）含量的影响与 SOC 相似，但是 TN 的最大效应值出现在有机肥和化学氮肥配施处理中。长期施肥对土壤 C/N 的影响不明显，C/N 对长期施肥的平均效应值仅为 0.01（95% CI：−0.0003～0.02）。

长期施肥对氨氧化细菌（ammonia-oxidizing bacteria，AOB）丰度、N_2O 产生量和作物产量也产生了显著影响（图 2-7）。AOB 丰度、N_2O 产生量和作物产量对长期施肥响应的平均效应值分别为 2.09（95% CI：2.07～2.11）、2.19（95% CI：2.12～2.26）和 1.66（95% CI：1.55～1.76）（图 2-7）。肥料类型也明显影响上述变量的效应值。其中，AOB 丰度和 N_2O 产生量对单施化学氮肥响应的效应值最大，作物产量则对单施有机肥响应的效应值最大。

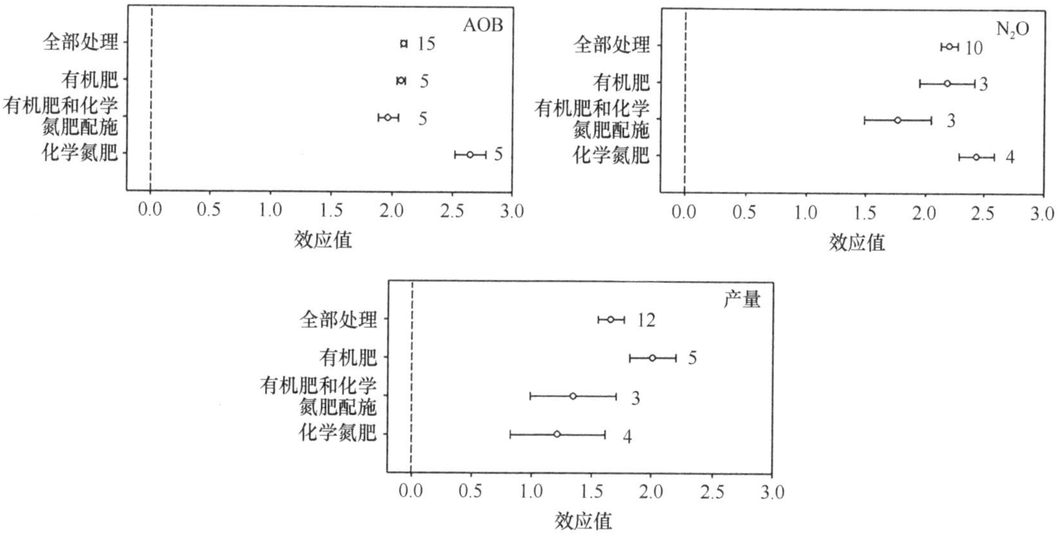

图 2-7　长期培肥措施对氨氧化细菌（AOB）丰度、N_2O 产生量和作物产量的影响

2.1.2.2　长期培肥措施对旱地土壤氮转化速率的影响

无论是单施有机肥、化学氮肥还是有机肥和化学氮肥配施均可显著增加土壤氮初级矿化速率，其对长期施肥响应的平均效应值为 1.23（95% CI：1.21～1.25），最大效应值出现在有机肥和化学氮肥配施处理中（图 2-8）。土壤氮初级矿化速率对长期施肥响应的效应值与全氮（TN）含量效应值极显著正相关（图 2-9），说明长期施肥对矿化作用的促进效果可能是由土壤矿化底物 TN 含量增加引起的（Wang et al.，2015a）。土壤氮素矿化作用是作物重要的氮素供应途径，因此，长期培肥措施显著增加了旱地土壤供氮能力，进而能够显著提高作物产量（图 2-9）。通常情况下，在 SOC 和 TN 含量较低的土壤中，单施有机肥对作物的增产效果往往低于有机肥和化学氮肥配施处理（Zhang et al.，2012a）。但是，随着有机肥的持续施入，土壤 SOC 和 TN 含量增加，不同施肥处理对作物增产效果的差异会逐渐减小（Cai and Qin，

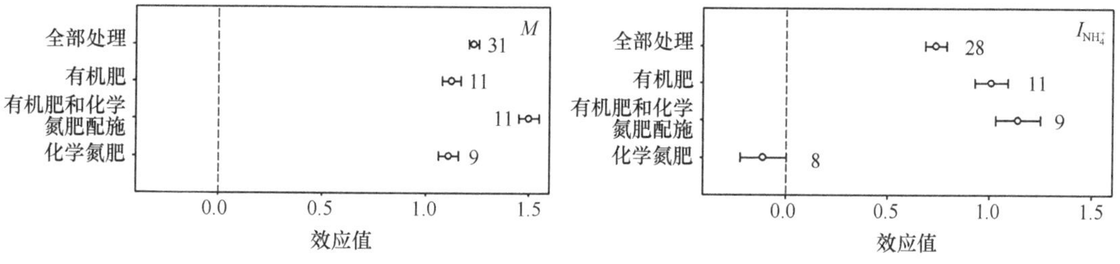

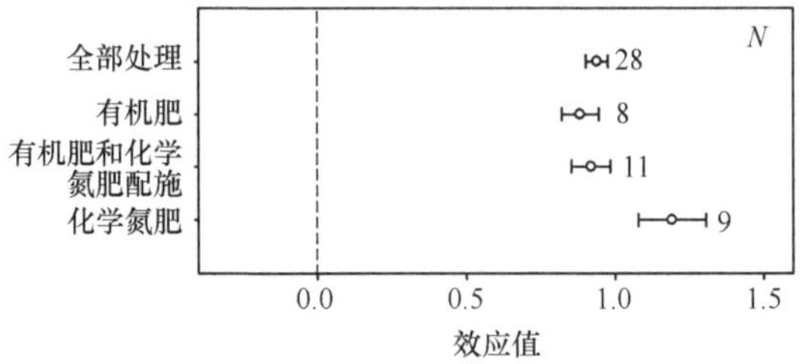

图 2-8　长期培肥措施对土壤氮初级矿化速率（M）、铵态氮初级同化速率（$I_{NH_4^+}$）、初级硝化速率（N）的影响

2006）。土壤在经过长达十年或十年以上的有机肥施入后，有机肥对土壤矿化作用的促进效果强于化学氮肥。因此，在长期施肥的土壤中，有机肥较化学氮肥能够更好地提高土壤肥力、满足作物的氮素需求。

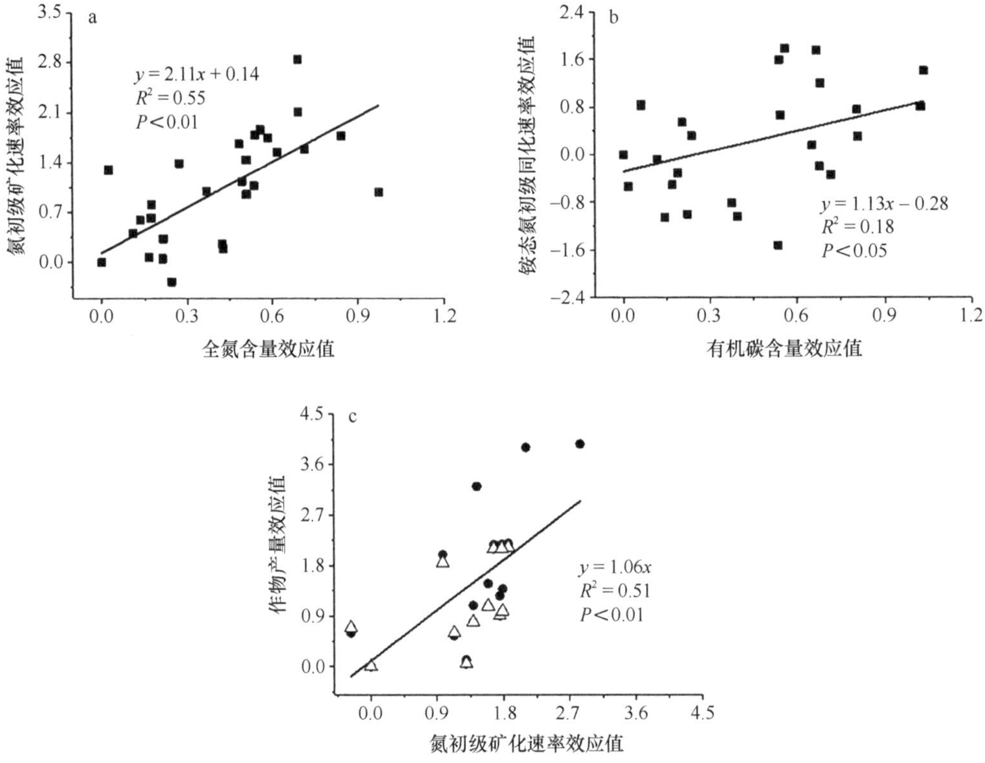

图 2-9　氮初级矿化速率效应值与全氮含量效应值（a）、铵态氮初级同化速率效应值与有机碳含量效应值（b）、作物产量效应值与氮初级矿化速率效应值（c）的关系

土壤铵态氮（NH_4^+）初级同化速率对长期单施有机肥、有机肥和化学氮肥配施的效应值分别为 1.01（95% CI：0.92～1.09）、1.14（95% CI：1.03～1.25），说明单施有机肥、有机肥和化学氮肥配施均可显著促进土壤 NH_4^+ 的同化作用（图 2-8）。然而，长期单施化学氮肥对 NH_4^+ 初级同化速率的影响不显著，平均效应值仅为 −0.11（95% CI：−0.22～0.002）。土壤 NH_4^+ 初级同化速率对长期施肥的效应值与 SOC 含量效应值显著正相关（$P<0.05$，图 2-9）。因此，在施有机肥的处理中，土壤 SOC 增加可能是促进 NH_4^+ 同化作用的主要原因。已有的文献报道也表明，施用有机肥可以显著增加土壤 SOC 含量，进而增强 NH_4^+ 初级同化速率（Cai and Qin,

2006)。长期单施化学氮肥对 SOC 的影响显著弱于施用有机肥的处理（图 2-6），因此，化学氮肥对 NH_4^+ 同化作用的促进效果不如有机肥强烈。NH_4^+ 的同化作用是土壤保氮的重要机制，长期施用有机肥可以促进土壤 NH_4^+ 的同化作用，土壤中的无机态氮可以被有效地保持在有机氮库中，并通过再矿化作用释放出来，供给作物生长、减少土壤氮素损失。

长期施用有机肥和化学氮肥均显著增大了土壤初级硝化速率（图 2-8）。初级硝化速率对长期施肥的平均效应值为 0.94（95% CI：0.90～0.98）。其中，对单施化学氮肥的效应值最大，为 1.19（95% CI：1.08～1.31）。土壤 pH 和 NH_4^+ 含量是影响硝化作用的决定性因素（Zhao et al.，2007；Zhang et al.，2011a，2013a）。本研究结果表明，虽然长期施肥可导致土壤酸化，但是酸化程度并不显著（图 2-6），这主要是由于此次采集的样品均来自氮、磷、钾均施的施肥处理，也就是说，如果施用的化学氮肥为氮、磷、钾含量均衡的肥料类型，长期施用化学氮肥并不会导致严重的土壤酸化。由于长期施肥对土壤 pH的影响较小，因此 pH 不是造成不同施肥处理间硝化作用出现差异的主要原因。有机肥和化学氮肥配施既可为硝化作用提供含氮底物，也可提高土壤 AOB 的丰度及活性（Chu et al.，2008；Zhang et al.，2012a）。初级硝化速率对长期施肥的效应值与 AOB 效应值之间具有极显著的相关关系，说明长期施氮肥处理影响土壤初级硝化速率的主要原因是氮的大量投入（图 2-10）。土壤初级硝化速率对长期施肥的效应值还受到氮肥种类的影响，如施用化学氮肥时，初级硝化速率的效应值大于施用有机肥处理。这主要是由于施用有机肥对土壤 NH_4^+ 的同化作用强于化学氮肥，进而降低了硝化作用底物 NH_4^+ 的可利用性（Khalil et al.，2005）。土壤硝化作用的增强往往伴随着 N_2O 气体的增多和氮素流失风险的增大（Wang et al.，2015a）。因此，与化学氮肥相比，施用有机肥或可降低土壤氮素的流失风险。

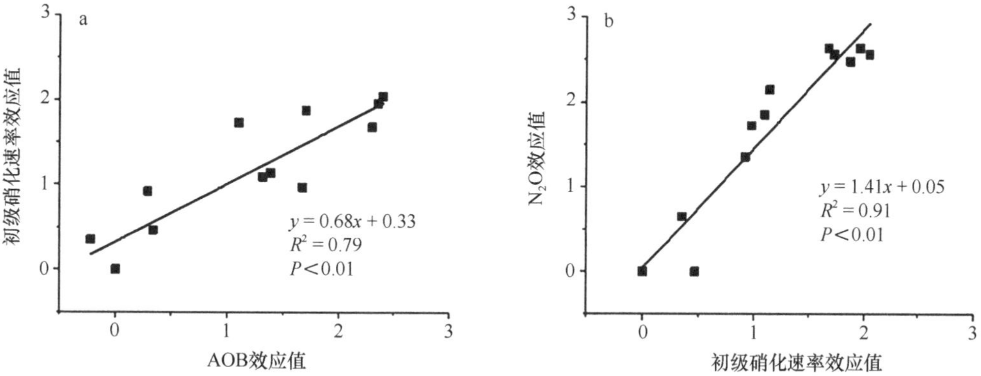

图 2-10　初级硝化速率效应值与氨氧化细菌（AOB）效应值（a）、N_2O 效应值（b）的关系

无论单施有机肥、化学氮肥还是有机肥和化学氮肥配施均可提高土壤氮初级矿化速率，为作物生长提供更多可利用的氮素，进而提高作物产量。长期单施有机肥或有机肥和化学氮肥配施均可显著增强土壤 NH_4^+ 的初级同化作用，促进矿化-同化作用循环，提高土壤氮素的可利用性并降低氮素的流失风险。因此，施用有机肥（单施或与化学氮肥配施）既可促进作物增产，又可减少氮素流失，是值得推荐的保持土壤肥力的氮肥施用措施。土壤类型、作物体系和气候等因素也是影响氮素转化过程对长期施肥响应的重要因素。然而，受样品量限制，本研究未对这些影响因素展开讨论。在以后的研究中，这些影响因素也应被充分考虑，从而全面地阐释长期培肥措施对旱地土壤化学、生物性质和作物产量的影响。

2.2 我国主要农田土壤氨挥发潜力、影响因素及减排措施

氨（NH_3）作为碱性气体进入大气后与其他活性物质发生一系列物理、化学及生物学反应，对生态系统功能产生重要影响。例如，挥发的氨及其二次反应生成的铵盐等活性氮会通过大气干湿沉降回到陆地和水体中，增加了水体养分元素的来源，造成水体富营养化（Bergstrom and Jansson，2006；Liu et al.，2013a；Liu and Du，2020），活性氮在陆地生态系统的输入增加一方面会改变植物群落中物种间的竞争格局，喜氮植物的数量增加限制了其他物种的生长和发展，从而降低了系统的物种多样性；另一方面会造成土壤酸化（氧化 NH_4^+ 转变为 NO_3^- 所造成的）（Zhu et al.，2016）。此外，挥发氨与大气中的酸性前体物（如 SO_2、NO_x）反应形成的铵盐是二次气溶胶的主要形成方式（Wang et al.，2016a）。二次气溶胶是大气颗粒物的主要成分，其与雾霾天气的发生和空气质量息息相关（Monks et al.，2009）。

据预测，2100 年全球氨排放将达到 93Tg N/a，比 2008 年增加 43%，农田氮肥施用与畜禽养殖是氨排放的主要来源（Fowler et al.，2015）。氨挥发是农业生产中氮肥损失的主要途径之一，根据模型估计，全球施用化肥引起的氨排放由 1.9Tg N/a（1961 年）增至 16.7Tg N/a（2010 年）（Xu et al.，2019）。研究认为，全球化肥和有机肥施用导致的农田氨排放高达 28Tg N/a，其中化肥氨排放 19Tg N/a，贡献 68%（2018 年）（Liu et al.，2022）。2015 年我国由施肥引起的氨挥发达到 5.4Tg N/a（Zhang et al.，2018b）。

农田氨挥发的过程主要是氮肥施入土壤后，在土壤固相-液相-气相界面发生的一系列物理化学变化过程，主要表现为氨从旱地土壤表面或水田水面扩散至大气的过程。氨挥发的进程和速率取决于固、液、气三相之间 NH_4^+ 和 NH_3 的平衡状态，如下所示。

NH_4^+（代换性）↔NH_4^+（液相）↔NH_3（液相）↔NH_3（气相）↔NH_3（大气）

该平衡状况受气象条件、田间管理及土壤等诸多因素的影响。气象因素主要是温度、降雨和风速等。气温升高增加了土壤水分的蒸发从而使得土壤液相中的氨浓度提升并增加挥发损失的风险，但持续高温同样会降低表土湿度从而减少土气界面的氨排放（Sha et al.，2020）；过大或过小的降雨、风速对氨挥发同样存在相似的影响，如适当降雨会增加土壤湿度并加速土壤矿化从而增加土壤液相 NH_3 浓度，提升氨挥发潜势（Sha et al.，2020），但在较大降雨的情形下，雨水冲刷作用将表层铵离子带入深层土壤从而减少氨挥发（Sanz-Cobena et al.，2011）。气象因素对氨挥发的影响复杂，时空变异较大。田间管理对氨挥发的影响主要体现在水肥投入上，施用的氮素是氨挥发过程的底物，其投入量直接决定了氨挥发量；不同肥料的氨挥发潜力差异较大，碳铵、尿素、硫铵、硝铵的氨排放系数分别为 20%～30%、14%～25%、6%～24%、2%，同时不同肥料在水田和旱地土壤中的施用同样存在较大差异（Streets et al.，2003；Zhang et al.，2011b；Zhou et al.，2015）；肥料通过表面撒施，若无降雨或灌溉等措施，表土 NH_4^+ 浓度持续处于高值会增加氨挥发风险，而通过深施肥或以水带氮（水肥一体化）的方式则可以大幅减少氨挥发。田间管理措施受制于地方耕作习惯和农机配套程度的影响，区域变化较大。土壤条件是影响氨挥发的根本因素之一，土壤的物理性质决定着表土三相的结构，同时土壤的机械组成，特别是黏粒含量，会影响 NH_4^+ 在土壤中的吸附能力进而影响氨挥发过程。土壤的化学性质如土壤 pH（或田面水 pH）是影响氨挥发的核心因素，NH_4^+ 在高 pH 介质中容易裂解形成 NH_3，从而引起氨挥发（Sha et al.，2019）。土壤的生物学性质对氨挥发的影响主要体现在两方面：一方面是对 NH_4^+ 生成的影响，在施入酰胺态氮

肥尿素时，土壤脲酶活性决定了尿素水解产生 NH_4^+ 的速率，同时有机氮的矿化同样存在一定贡献，增加土壤 NH_4^+ 浓度和挥发风险；另一方面是对 NH_4^+ 的消耗，微生物对 NH_4^+ 的固定以及 NH_4^+ 的氧化大幅削减了土壤 NH_4^+ 的滞留时间从而降低挥发风险；不同于气象和田间管理因素，土壤理化条件年际变化较小，是探索区域土壤氨挥发潜力的重要抓手，但由于土壤空间异质性较高，需要大样本才能解读土壤氨挥发潜力及其影响因素。以德尔格管为基础的氨挥发测定体系（图 2-11）大幅减少了试验烦琐步骤，在控制条件下可进行大样本对比试验，可明确不同土壤的氨挥发潜力及其潜在的影响因素（土壤性质）。

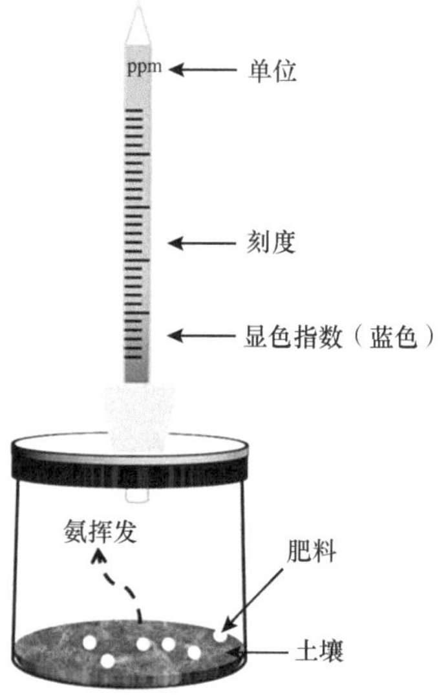

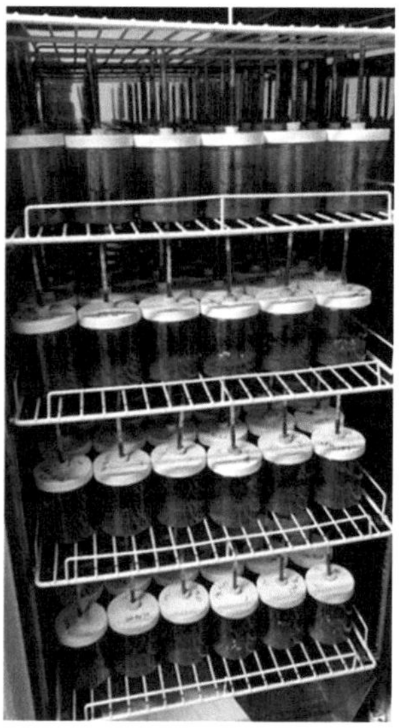

图 2-11　德尔格管（Dräger tube）氨挥发测定体系

德尔格管（Ammonia 20/a-D）中填充物为溴酚蓝和酸，在土壤培养过程中可以检测培养罐中氨的体积浓度变化，外管壁标有刻度（1ppm=1μL/L），可通过管内颜色变化（蓝色）获取相关氨挥发数值

2.2.1　稻田氨挥发潜力及影响因素

2.2.1.1　氨挥发发生速率表征

将供试水稻土（50 份）进行区域分类，分别为东北、华东、华南、华中和西南等地区。从整体上看，东北地区水稻土氨挥发潜力较弱（图 2-12）且氨挥发进程较为缓慢，直至 72h 后才开始逐渐挥发；黑龙江哈尔滨水稻土氨挥发潜力最高，显著高于东北地区其他供试土壤，黑龙江五常水稻土氨挥发潜力最低。西南地区除四川双流外，整体挥发潜力也较弱，云南西双版纳水稻土氨挥发潜力最低，显著低于其他供试土壤（图 2-13），西南地区其他供试土壤氨挥发潜力较为相似。华东、华南以及华中部分地区水稻土氨挥发潜力较高，氨挥发进程快，在培养 24h 后就开始大量挥发。在华东地区，安徽安庆水稻土氨挥发潜力最大，但安徽蚌埠和合肥两地水稻土氨挥发潜力较弱，区域间水稻土氨挥发潜力差异较大；江苏宿迁和宜兴氨挥发潜力较高，而常熟较低；浙江杭州氨挥发潜力最低，与浙江金华水稻土氨挥发潜力差异较大（13 倍）。在华南地区，广东阳江水稻土氨挥发潜力最大，显著高于广东其他供试土壤，广东供试水稻土氨挥发潜力均较高；广西桂林水稻土氨挥发潜力最低，广西其他供试土壤氨挥发潜力较高，地区间氨挥发潜力差异较大。在华中地区，江西吉安水稻土氨挥发潜力最大，江西九江和余江水稻土氨挥发潜力也相对较大；湖北荆州和潜江水稻土氨挥发潜力较低，湖

北其他 3 份水稻土氨挥发潜力也相对较低；湖南台源水稻土氨挥发潜力高，湖南其他供试水稻土氨挥发潜力相近。

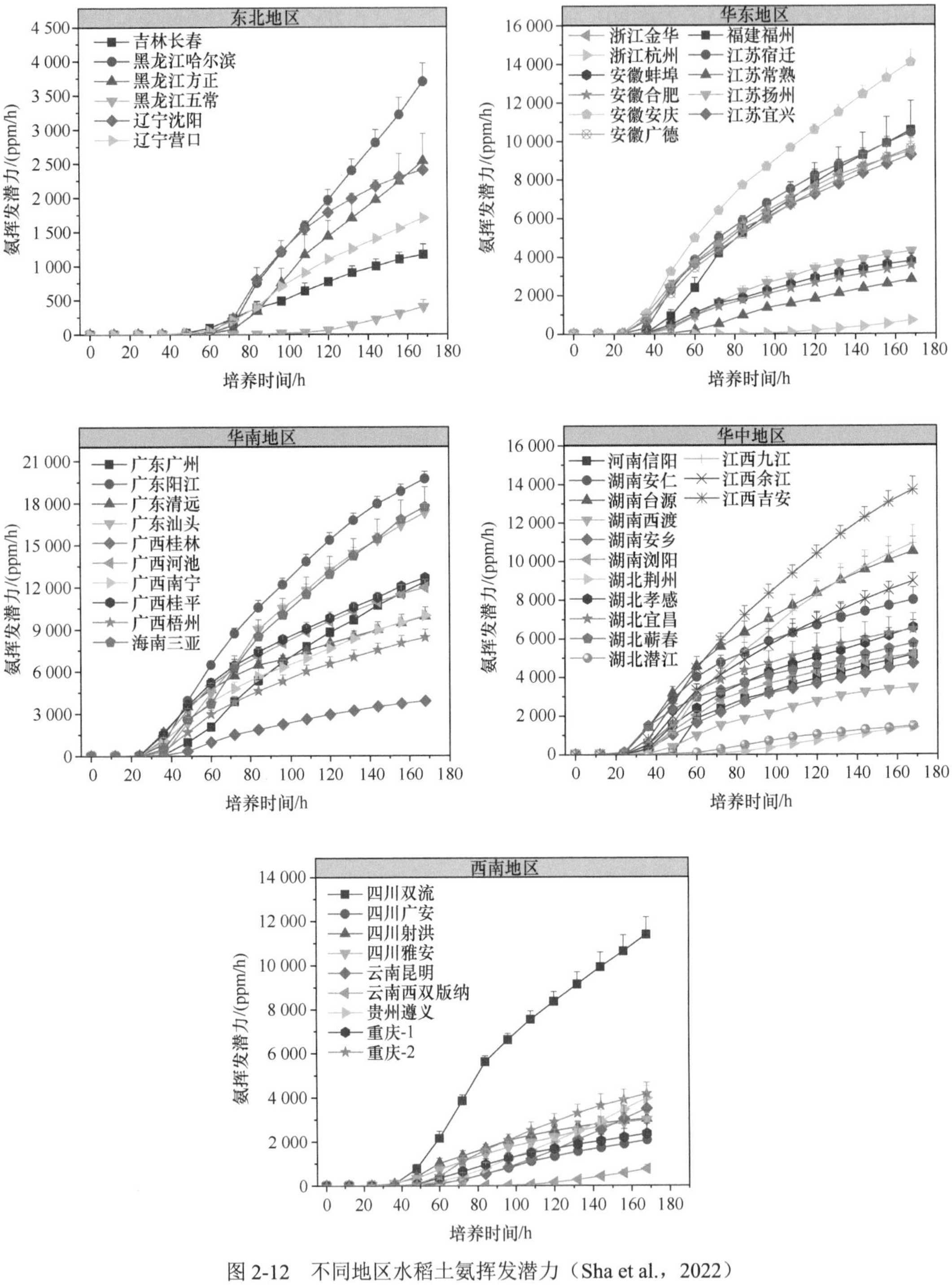

图 2-12　不同地区水稻土氨挥发潜力（Sha et al.，2022）

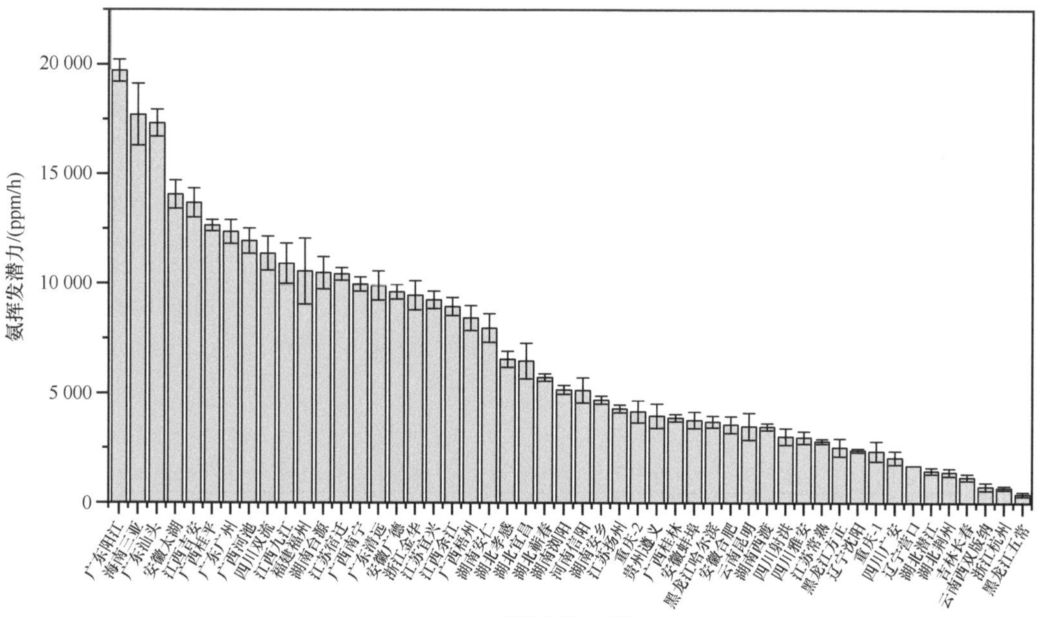

图 2-13　不同地区水稻土氨挥发潜力排序（Sha et al.，2022）

2.2.1.2　影响因素分析

不同水稻土氨挥发影响因素受制于多种土壤性质，利用多元回归分析了在模拟淹水环境下影响氨挥发的土壤因素，从分析结果（表 2-1）可以看出，土壤和田面水 pH、土壤粉粒和黏粒含量对氨挥发影响极显著。我们进一步通过对 12 个土壤因素的方差膨胀因子（VIF）进行检验，发现土壤有机碳含量、全氮含量以及碳氮比 VIF 均大于 10，存在较强的共线性。为此，我们进一步采取逐步回归模型来判定关键性影响因素。从逐步回归的模型输出结果（R^2=0.62，P＜0.01）来看，土壤和田面水 pH、田面水 pH 增幅以及土壤粉粒和黏粒含量对氨挥发影响极显著。

表 2-1　不同水稻土氨挥发影响因素

解释变量	估计值	*T* 值	显著性
	多元回归		
截距	1.75	0.49	0.63
土壤 pH	−0.80	3.38	＜0.01
土壤有机碳含量	−0.47	0.42	0.68
土壤全氮含量	5.44	0.47	0.64
土壤碳氮比	0.11	0.53	0.60
田面水 pH	1.58	4.59	＜0.01
田面水 pH 增幅	0.06	1.93	0.06
粉粒含量	−0.02	−2.44	0.02
黏粒含量	−0.03	−2.39	0.02
铵态氮含量	0.01	0.22	0.83
硝态氮含量	0.01	0.32	0.75

续表

解释变量	估计值	*T* 值	显著性
多元回归			
硫酸根含量	−0.00	−0.22	0.82
亚铁离子含量	0.01	0.13	0.89
逐步回归			
截距	3.19	1.62	0.1
土壤 pH	−0.78	−3.89	<0.01
田面水 pH	1.58	5.60	<0.01
田面水 pH 增幅	0.07	2.23	0.03
粉粒含量	−0.02	−3.20	<0.01
黏粒含量	−0.03	−2.99	<0.01

注：田面水 pH 增幅指的是施肥后（氨挥发测定结束后）田面水的 pH 增加程度

氨挥发潜力与 pH 显著正相关，在淹水条件下氨挥发过程发生在田面水和大气界面，土壤本底 pH 对田面水 pH 有一定的贡献（相关系数为 0.81），但各地土壤经过 14d 的预培养后部分土壤出现藻类的滋生，前人研究已证实，藻类的生长会增加田面水 pH，还会增加尿素的水解速率，从而提升土壤的氨挥发风险（Thind and Rowell，2000）。此外，酰胺态氮肥水解过程中由于对 H^+ 的消耗会引起田面水 pH 的上升，但氨挥发和硝化过程中 H^+ 的产生以及土壤盐基离子起到一定的缓冲作用（Haden et al.，2011），因此利用土壤施肥后田面水 pH 的变化程度来解释土壤的氨挥发潜力可能更加合理。为此，进一步通过交互多元回归分析模型分析了田面水 pH 及其施肥后的变化程度对土壤氨挥发潜力的影响，田面水 pH 与田面水 pH 增幅的交互作用对氨挥发潜力的影响达到显著水平（P=0.03）；从模型的整体输出结果（R^2=0.41，F=12.52，P<0.01）可以看出，起始田面水 pH 较低的田面水 pH 增幅与水稻土氨挥发潜力并无显著相关关系，而在田面水 pH 高的土壤中其施肥后田面水 pH 增幅与氨挥发潜力呈线性关系（图 2-14）。利用该模型探讨了土壤 pH 与田面水 pH（P=0.70）、田面水 pH 增幅（P=0.45）之间的交互关系，但均未达到显著水平。

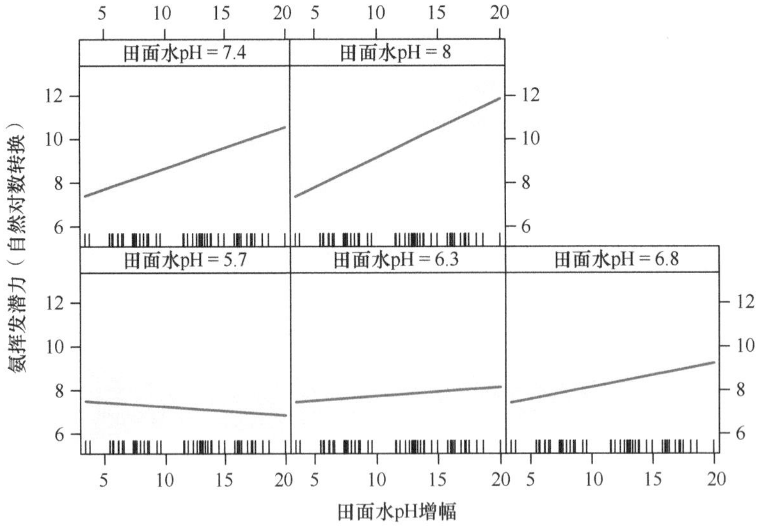

图 2-14　不同地区水稻土交互多元回归分析（Sha et al.，2022）

土壤的质地同样对土壤氨挥发潜力有着显著影响。前人研究表明，土壤氨挥发与土壤黏粒含量显著负相关，这主要是由于黏质土壤对 NH_4^+ 的吸附作用有很大影响，进而影响了氨挥发过程。

2.2.2 旱地氨挥发潜力及影响因素

2.2.2.1 氨挥发发生速率表征

通过德尔格管培养系统，可以观察到不同旱地土壤在相同尿素处理及培养环境条件下，氨挥发随时间的累积变化（图 2-15）。按行政区域来划分，不同区域下土壤表施尿素后的氨挥发潜力如下。①在东北的 4 个土样中，四平春玉米土样的氨挥发较低，第 14 天的氨挥发累积量约为 1100ppm/h。同样在采自建三江的不同体系［建三江春玉米（建三江 1）、建三江寒地水稻（建三江 2）］的土样中，发现建三江春玉米土样氨挥发潜力大于寒地水稻土样，建三江春玉米土样在第 6 天的氨挥发累积量达到顶峰，水稻土则出现在第 12 天。②华北平原的 6 个土样均有较大的氨挥发潜力，土壤氨挥发潜力排序：临汾＞多伦＞邯郸＞深州＞大同＞北京，可见山西临汾的冬小麦—夏玉米体系的土壤氨挥发潜力最大，培养约 2d 的时间就达到了德尔格管氨挥发检测最高点，其次为内蒙古多伦的草原土壤。相较于华北平原其余 5 种土样，北京土样的氨挥发累积速率缓慢，北京土样表施尿素后的第 5 天氨挥发的累积量仅为 200ppm/h，直到施肥后的第 9 天氨挥发才达到检测线的最大值。③西北的 6 个农田土样也均有较大的氨挥发潜力，其中最高的为临夏的春玉米土样，武威、咸阳的春玉米体系土壤及渭南的果树土壤具有相似的氨挥发累积规律。④在华中 6 个土样中，除了驻马店玉米—小麦轮作体系土壤的氨挥发累积量在第 14 天达到顶峰，氨挥发潜力较低，其余土样的氨挥发潜力均较高，尤其是开封的玉米—小麦轮作体系土壤的氨挥发累积量在第 1.5 天即达到氨挥发检测顶点值。⑤在华东区域 7 个土样中，除了滁州和常熟土样的氨挥发潜力较低，其余 5 个土样中，禹城（玉米—小麦）、寿光（经济作物）及徐州（稻麦轮作）的氨挥发累积量在 2.5～3d 达到顶峰，鹰潭（双季稻）及南京（稻麦轮作）分别在第 5 天、第 10 天氨挥发累积量达到顶峰。⑥华南的海口及湛江分别在施尿素后的第 1.5 天及第 5 天氨挥发累积量达到顶峰，而湛江、海口的 pH 分别为 4.8、6.3，属于酸性土壤，但却有较大的氨挥发潜力，可见土壤氨挥发潜力受多种因素影响，不仅仅由 pH 决定。⑦在西南区域的 4 个土样中，除了昆明和成都的稻麦轮作土壤在 5～7d 氨挥发累积量达到顶峰，其余土样的氨挥发潜力低。资阳的蔬菜体系及盐亭的春玉米土壤均属于 pH＞7 的偏碱性紫色土，但土壤氨挥发潜力较低，2 周后氨挥发累积读数分别约为 1200ppm/h 及 600ppm/h。

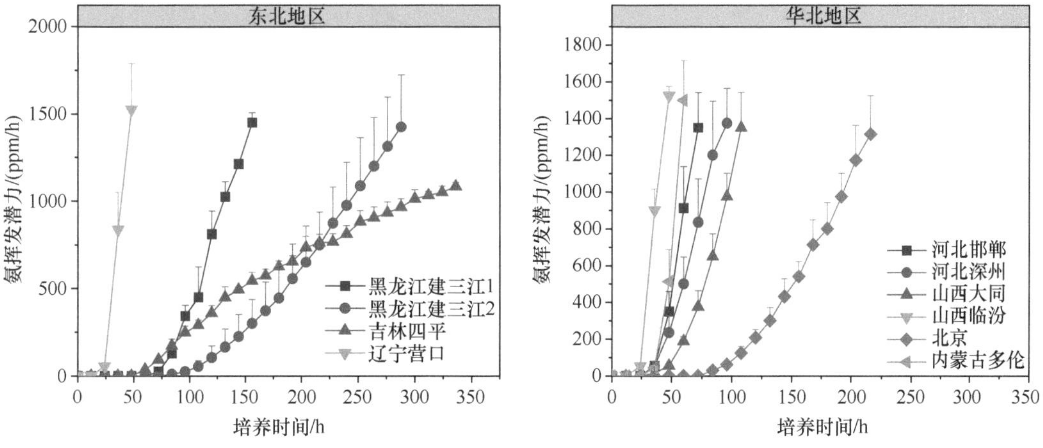

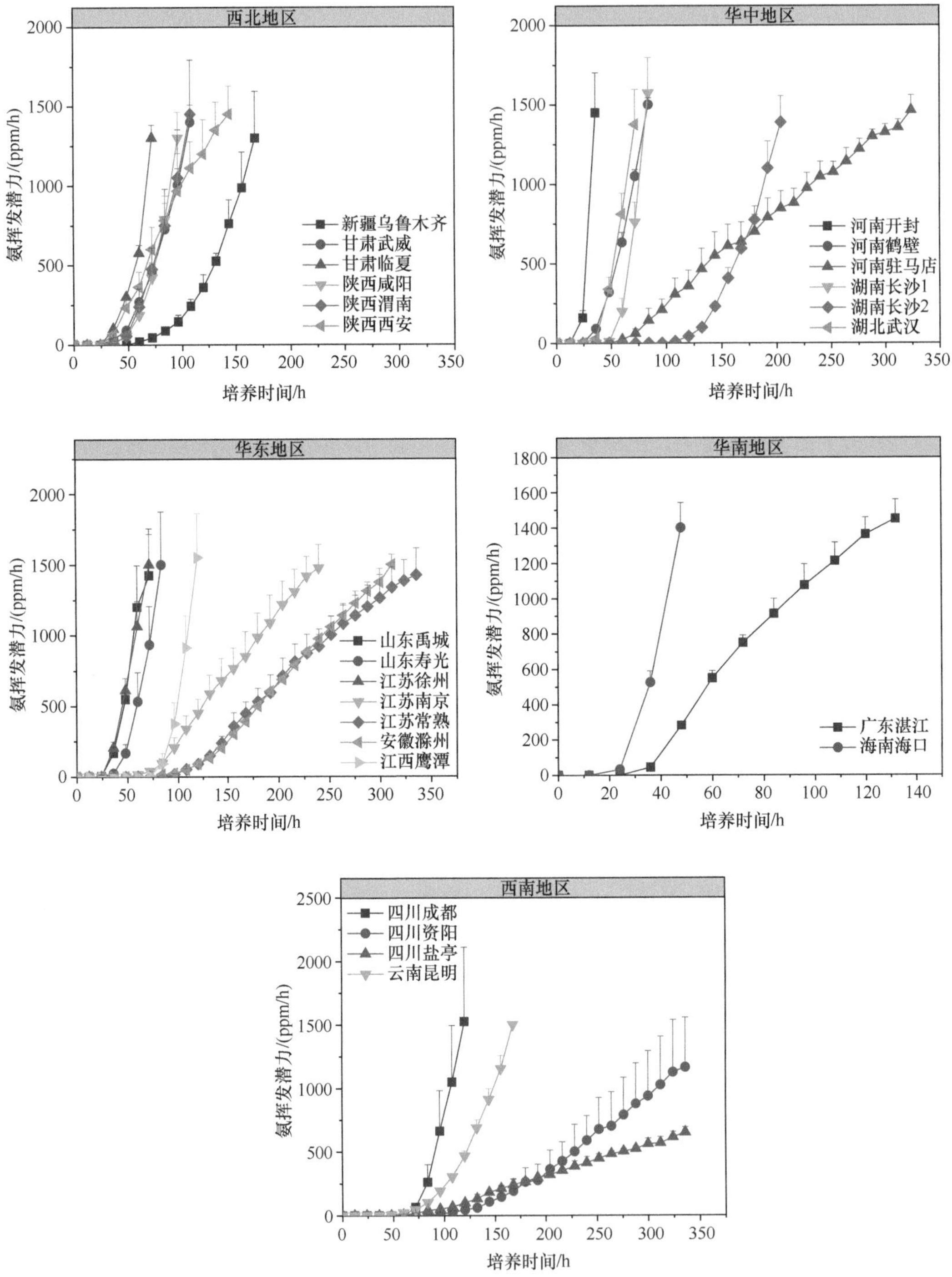

图 2-15　不同地区旱地土壤氨挥发潜力（李欠欠，2014）

在模拟 60% WFPS（孔隙含水量）条件下，我国主要旱地土壤氨挥发潜力（35 份土壤）

2.2.2.2　影响因素分析

酰胺态氮施入后，少量以分子态被土壤胶体以氢键的方式吸附，大部分在微生物所产生的胞外酶（脲酶）催化下水解并通过物质流动和扩散进入土壤，同时产生铵和碳酸氢根，碳酸氢盐作为碱，其反应和尿素水解过程去除土壤中的氢离子，升高土壤 pH。

许多研究表明氨挥发受不同土壤理化性状的影响。例如，一般土壤 pH 越高，越有利于氨挥发（Ryan et al.，1981）；阳离子交换量（CEC）高，有利于减少氨挥发（Sha et al.，2019）；脲酶活性与氨挥发呈正相关性（Bremner and Mulvaney，1978）；相较于质地黏重的土壤，质地疏松砂性的土壤更有利于氨挥发（Mikkelsen，2009）等。本试验除了应用德尔格管培养监测氨挥发，还分析了培养土样的基本理化性状，通过简单线性分析比较氨挥发达到顶点值的天数（表施尿素后的氨挥发潜力，天数越大，氨挥发潜力越小）与土壤理化性质（全氮、有机质、OH^- 缓冲能力、黏粒、砂粒、粉粒、pH、脲酶活性、CEC）的关系，发现土壤全氮、有机质、OH^- 缓冲能力、黏粒与土壤氨挥发潜力没有显著的线性关系，而砂粒、粉粒、pH、脲酶活性、CEC 与土壤氨挥发潜力均显著相关，尤其是砂粒、粉粒、CEC 与土壤氨挥发潜力表现出极显著线性相关（$P<0.01$），其中砂粒与氨挥发显著正相关，黏粒、CEC 与氨挥发潜力均显著负相关；脲酶活性与氨挥发潜力表现出极显著指数相关性（$P<0.01$）。

在一组 12 种不同土样的氨挥发培养试验中，研究人员认为与其余因素相比（pH、Fe、$CaCO_3$、粉粒），土壤质地（黏粒、砂粒）与氨挥发有着更密切的关系，其中氨挥发潜力与黏粒含量显著负相关，与砂粒含量显著正相关（Francisco et al.，2011）。Liu 等（2011）针对 4 种不同土样室内试验分析认为，影响氨挥发的因素由大到小依次为土壤类型＞肥料类型＞pH＞土壤温度和水分。可见土壤自身的理化性质对氨挥发有着重要影响，进一步通过多元线性回归分析（R^2=0.78）各种理化性质对氨挥发潜力的综合作用影响（表 2-2），结果表明 CEC 与氨挥发间关系最为密切，呈极显著负相关（$P<0.01$），而脲酶活性与氨挥发潜力显著正相关（$P<0.05$）。

表 2-2 多元线性回归分析不同土壤理化因素对氨挥发的影响

解释变量	估计值	*T* 值	显著性
土壤有机质含量	0.019	0.084	0.934
土壤全氮含量	−0.083	−0.346	0.732
土壤 pH	0.032	0.216	0.830
土壤 OH^- 缓冲能力	0.147	1.259	0.218
阳离子交换量	0.642	4.536	0.000
砂粒含量	−0.252	−1.589	0.123
黏粒含量	−0.062	−0.599	0.554
脲酶活性	−0.266	−2.127	0.042

2.3 稻田、旱地反硝化潜力及影响因素

在陆地生态系统氮循环过程中，反硝化过程是最后一环，起着闭合全球氮循环的作用。对于自然生态系统，反硝化过程可以将活性氮以 N_2 的形式返回到大气圈，起着有效减少活性氮环境效应的作用；对于农业生态系统，反硝化是农田土壤氮素损失的最主要途径，不仅降低氮肥利用率和土壤肥力，还会增加 N_2O 的排放，对气候变化产生不利影响（Almaraz et al.，2020）。因此，开展反硝化过程的深入研究对于解决全球变化、环境污染和农业生产问题都具有非常重要的意义。据估算，陆地生态系统土壤反硝化过程是全球自然和人为排放的

活性氮最大的汇，但同时也是不确定性最大的汇，主要原因是反硝化速率的时空变异大，相关测定方法的精度和代表性差。在国际上，反硝化速率的准确测定一直是一个难题，极大地限制了对反硝化过程及其机理的深入研究，这主要是因为反硝化的终端产物 N_2 在大气中的背景浓度很高（79%），而捕捉土壤反硝化终端产物 N_2 产生速率的方法要求精度小于 0.1%（Butterbach-Bahl et al.，2002），一般方法很难满足要求。以往国内外对反硝化过程测定中应用最广泛的方法主要有乙炔（C_2H_2）抑制法和 ^{15}N 同位素标记示踪法，但这两种方法都存在很明显的缺陷（Groffman et al.，2006）。乙炔抑制法虽然操作简单便捷，但乙炔容易被微生物作为碳源降解，导致抑制效果下降；乙炔在饱和水分环境中扩散很慢，特别不适合淹水环境下反硝化的测定；此外，高浓度乙炔会催化 NO 向 NO_2 的转化，造成对反硝化速率的低估。^{15}N 同位素标记示踪法往往会对土壤造成较大扰动，外源高丰度 ^{15}N 底物的加入会刺激微生物的氮素转化过程，同时也存在土壤结构不均匀的情况，加入的 ^{15}N 底物无法与土壤均匀混合，导致测定结果代表性不好。

近年来，随着 N_2/Ar 法和 N_2 直接测定法的出现与发展，有关反硝化过程的研究取得了一定进展，但目前仍然没有一种被普遍接受用来准确测定反硝化速率的方法。依据农田水分管理状况可将农业土壤分为稻田和旱地，对于长期处于淹水状态的稻田，淹水层的存在很大程度上阻隔了气体交换，水体溶解性 N_2 浓度较低。通过测定田面水的 N_2/Ar 值可使测定误差<0.05%，由于 Ar 是惰性气体，N_2/Ar 变化直接反映了 N_2 的变化，因此可以通过准确测定上覆水中 N_2 的增加来计算稻田反硝化的真实速率。我们前期通过与美国同行合作建立了基于 N_2/Ar 的膜进样质谱（membrane inlet mass spectrometry，MIMS），可准确测定稻田反硝化速率。采用 N_2/Ar 法测得的反硝化速率实际上是净脱氮速率，为了区分具体脱氮过程，我们进一步通过将 ^{15}N 同位素配对、$^{15}NH_4^+$ 化学氧化法和流通（flow-through）培养系统与 MIMS 结合，完善了淹水稻田土壤厌氧氮转化过程的测定方法体系，既可实现同一体系下区分和测定反硝化、厌氧氨氧化、硝酸盐异化还原为铵（DNRA）的过程，也可实现对稻田土壤净脱氮速率的近似原位表征（李进芳等，2019）。针对旱地土壤反硝化速率的测定，我们与德国同行合作，共同研发了一套气路简单、能够实现多样本同时培养的旱地土壤反硝化气体测定装置 RoFlow 系统（robotized continuous flow incubation system），通过高纯氦气（He）和氧气（O_2）混合气以负压结合吹扫的方式置换培养土柱内的气体，使装置内顶空和土壤空气全部被 He 和 O_2 气体连续流取代，然后定期测定土柱上部空间 N_2 浓度的变化来实现对旱地反硝化气体的同步测定和定量分析。与同类 N_2 直接测定设备相比，该装置具有气路系统简单、气密性高、气体置换时间短、可同时进行多样本培养、测定结果精度和准确性高的优点。上述稻田和旱地反硝化过程的测定方法体系和相关装置目前已被《土壤氮循环实验研究方法》（颜晓元等，2020）收录，为开展农田生态系统反硝化过程研究提供了关键技术支撑。

利用上述基于 MIMS 的 N_2/Ar 法和 RoFlow 系统，我们对典型稻田和旱地土壤反硝化速率及其影响因素进行了研究，下面对我们的研究结果进行详细介绍。

2.3.1 稻田反硝化潜力及影响因素

水稻田是我国农田生态系统的主要组成部分，提供了全国约 65% 人口的口粮，我国水稻田氮肥投入量高，占世界水稻氮肥用量的 37%，但稻田氮肥利用率低下（28.3%）（张福锁等，2008），导致大量的活性氮经各种途径损失进入环境，引发一系列的生态环境问题。在稻田生态系统中，氮肥的主要去向有水稻吸收、氨挥发、径流、淋溶、脱氮（反硝化和厌氧氨氧化）

过程等（Ishii et al.，2011），其中以反硝化为代表的脱氮过程是稻田氮素损失的最主要途径，其损失比例占稻田施氮量的 16%～41%（朱兆良，2000）。因此，如何准确量化稻田系统中的反硝化过程速率和损失量是准确评估稻田肥料氮去向及其环境效应的关键。依托“肥料氮素迁移转化过程与损失阻控机制”项目，根据我国主要农区水稻的种植面积，结合土壤类型、气候条件、耕作方式、水肥管理等因素，在全国水稻主产区采集了 50 个典型水稻土样品，采用基于 MIMS 的土柱近似原位培养法定量了这些土壤的净脱氮速率；采用基于 MIMS 的 ^{15}N 同位素标记示踪法，区分和量化了反硝化、厌氧氨氧化、硝酸盐异化还原为铵的速率及其对土壤硝酸根还原过程的各自贡献，并研究了这些过程的主要影响因素。

2.3.1.1　典型稻田肥料氮净脱氮速率表征

对实验采集的 50 种水稻土理化性质进行初步分析后，研究发现不同地区水稻土背景无机氮含量变异很大（铵态氮以 0.8～13.5mg/kg 干土计，硝态氮以 5.0～57.9mg/kg 干土计），使得培养实验添加氮素的初始值难以控制并带来误差，因此在实验开始前利用种植黑麦草对各水稻土样品中背景无机氮进行耗竭，通过 2～3 周的黑麦草种植使所有水稻土样品中无机氮含量背景值降至大抵相当的水平（5.0mg/kg）。对于黑麦草耗竭后的水稻土样品，利用 flow-through 近似原位培养装置研究了 60mg/kg 尿素添加情况下 50 种水稻土的净脱氮速率。在随机选取的 5 种典型水稻土中，$^{28}N_2$ 的浓度在密闭 flow-through 培养系统中随 0h、24h、48h 呈显著线性增长趋势（李进芳等，2019），表明实验室近似原位模拟土柱结合 MIMS 可以实现精确测定水稻土中添加尿素后的净脱氮速率。为了验证 MIMS 测定结果的可靠性，我们也利用硝态氮消失法对稻田土壤的净脱氮速率进行了表征，并与基于 MIMS 的测定结果进行比较（图 2-16）。结果表明，硝态氮消失法测得的净脱氮速率与膜进样质谱法具有很好的相关性（R^2=0.99），但是 MIMS 测定的净脱氮速率数据变异程度明显小于硝态氮消失法测得的净脱氮速率数据变异程度，MIMS 测得的 N_2 产生量可以解释高达 75% 的硝态氮消失量。尽管硝态氮消失法能够在一定程度上表征净脱氮速率，但由于硝态氮除了被反硝化过程去除，还可能通过厌氧氨氧化过程去除，也可被微生物或藻类同化及被异化还原成铵，因此硝态氮消失法只能表征净脱氮过程强弱，不能精确定量。而 MIMS 通过直接测定水样的 N_2/Ar 值可以精确定量净脱氮的终端产物 N_2，不受其他硝态氮归趋的影响，因此 MIMS 能更精确地定量稻田土壤的净脱氮速率。

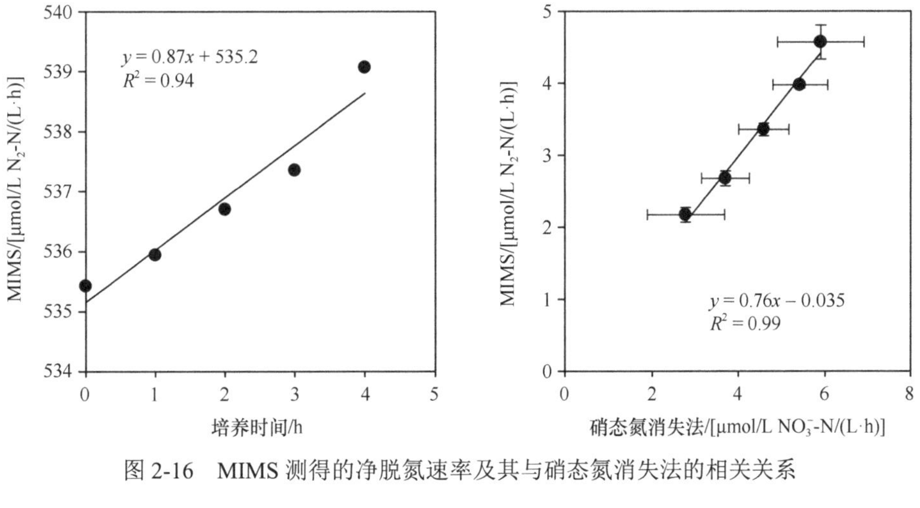

图 2-16　MIMS 测得的净脱氮速率及其与硝态氮消失法的相关关系

研究发现，在 60mg/kg（相当于 200kg N/hm²）尿素施肥情况下，50 种水稻土的净脱氮速率存在明显的区域差异，整体上，净脱氮速率为 0.41～4.16nmol N/(g·h)，平均值为 1.59nmol N/(g·h)。对所测得的 50 种水稻土净脱氮速率进行正态分布检验，发现数据呈非正态分布，经对数转换后的数据呈正态分布，进一步通过逐步线性回归模型分析发现除土壤硝酸根和二价铁离子含量外，土壤黏粒和砂粒含量是影响水稻土净脱氮速率的关键因素（图 2-17），暗示土壤结构对施肥情况下稻田土壤脱氮速率的影响不容忽视。值得指出的是，本实验中测定的稻田土壤净脱氮速率是在氮源供应充足情况下获得的，且土壤也可能受到黑麦草种植的潜在影响，导致净脱氮速率与土壤其他属性相关性不大。不同稻田土壤的黏粒和砂粒含量不同，我们推测反硝化功能微生物在不同土壤粒径上分布不同，可能会导致硝态氮在土柱体系的扩散与反硝化微生物的接触程度不同，硝态氮容易扩散到黏粒上，可能净脱氮速率快，更容易导致氮素损失。

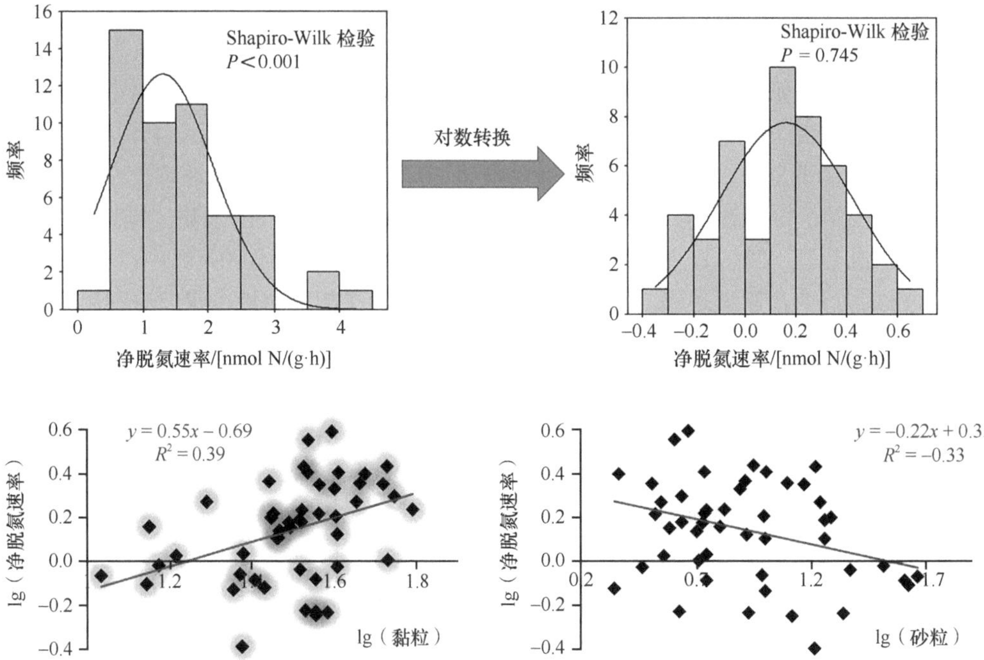

图 2-17　50 种水稻土净脱氮速率影响因素分析

2.3.1.2　稻田土壤硝酸根还原过程及其影响因素

在稻田生态系统中，硝酸根是反硝化、厌氧氨氧化、DNRA 的共同底物，因此三者之间在同一土壤中可能存在竞争关系。由于终端产物都是 N_2，反硝化和厌氧氨氧化会导致肥料氮尤其是硝态氮的损失。而 DNRA 过程则可把易流失的硝态氮转化为水稻和微生物偏好的铵态氮，这是一个保氮过程，也是农学上所希望的。因此，通过明确三者在同一体系下的耦合关系，可为我们寻找降低稻田氮素损失和减少因氮素损失导致的负面环境效应的调控途径提供突破口。为此，我们采用基于 MIMS 的 ^{15}N 同位素标记示踪法，研究了稻田土壤硝酸根的各个还原过程及其对氮素损失和盈余的贡献，并揭示了这些过程对若干环境因子的响应。

我们的研究发现，反硝化是稻田土壤硝酸根还原过程的主导途径，对整个硝酸根还原过程的贡献率达 76.75%～92.47%，而厌氧氨氧化和 DNRA 同样不可忽视，对硝酸根还原过程的贡献率分别为 4.48%～9.23% 和 0.54%～17.63%（图 2-18）。同时，相关分析显示，土壤 NO_3^-

浓度、土壤有机碳含量和氧化亚氮还原酶功能基因（*nosZ*）丰度是影响稻田土壤反硝化和厌氧氨氧化过程的主要因素，而土壤碳氮比、溶解性有机碳/硝酸根（EOC/NO_3^-）和土壤硫酸根含量则是影响稻田土壤 DNRA 过程的关键因素（Shan et al.，2016）。基于土柱近似原位培养法的测定结果与基于室内泥浆 ^{15}N 加标法获取的结果极显著正相关（R^2=0.85，P<0.01），表明室内泥浆 ^{15}N 加标法测得的脱氮速率可以在一定程度上反映原位情况下稻田土壤的脱氮速率，但室内泥浆 ^{15}N 加标法测得的脱氮速率仅占土柱近似原位培养法测定结果的 30%，显著低估了原位情况下稻田土壤的净脱氮速率。据估算，稻田土壤中因厌氧氨氧化过程导致的氮素损失可达 4.06～21.24g N/(m^2·a)，而 DNRA 过程导致的氮素固持为 0.89～15.01g N/(m^2·a)，厌氧氨氧化和 DNRA 是否能耦合发生值得未来进一步深入研究。

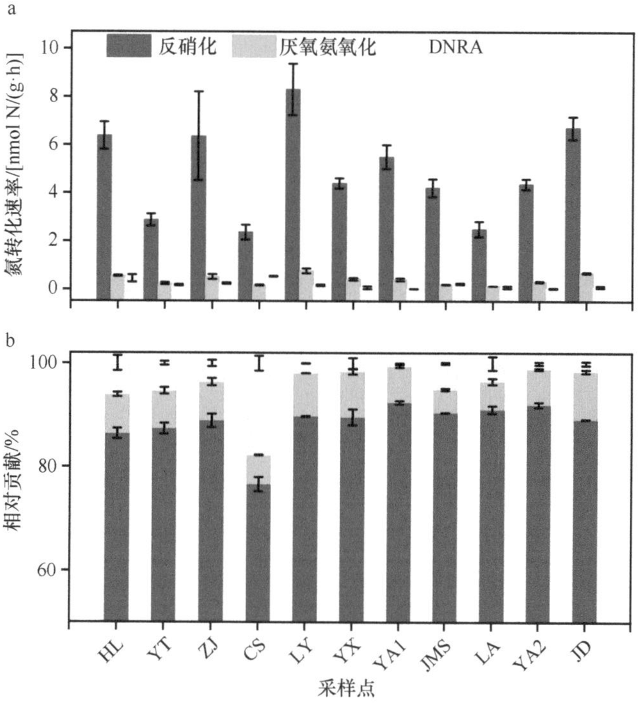

图 2-18　典型中国稻田土壤反硝化、厌氧氨氧化和 DNRA 的发生速率（a）及其对硝酸根还原过程的相对贡献（b）

HL：海伦；YT：鹰潭；ZJ：湛江；CS：常熟；LY：龙游；YX：宜兴；YA1：雅安 1；JMS：佳木斯；LA：六安；YA2：雅安 2；JD：江都

为了探究稻田土壤硝酸根还原过程的潜在调控因素，我们开展了温度、pH、碳源、NO_3^- 底物供给等对典型稻田土壤反硝化、厌氧氨氧化和 DNRA 速率的影响研究（Shan et al.，2018）。研究发现，在 5～35℃时反硝化和 DNRA 的速率随着温度的升高均呈指数增加趋势（R^2=0.98 和 R^2=0.84）（图 2-19）；而厌氧氨氧化发生的最适宜温度为 20～25℃，温度低于 15℃显著抑制了厌氧氨氧化过程，随着温度的升高，厌氧氨氧化产氮气的占比显著下降（图 2-19）。已有大量文献报道显示硝酸根还原过程也可在很宽的温度范围（0～75℃）内发生，并且随着温度的升高呈现增加趋势，与本研究结果一致（Bailey，1976；Dalsgaard and Thamdrup，2002；Giles et al.，2012）。同时，海洋和河口沉积物的相关研究显示，厌氧氨氧化发生的适宜温度为 12～16℃（Risgaard-Petersen et al.，2004；Teixeira et al.，2012），与本研究厌氧氨氧化发生的最适温度接近，同时海洋和河口沉积物 DNRA 发生的温度范围也与本实验研究温度范围吻合（Gao et al.，2017）。

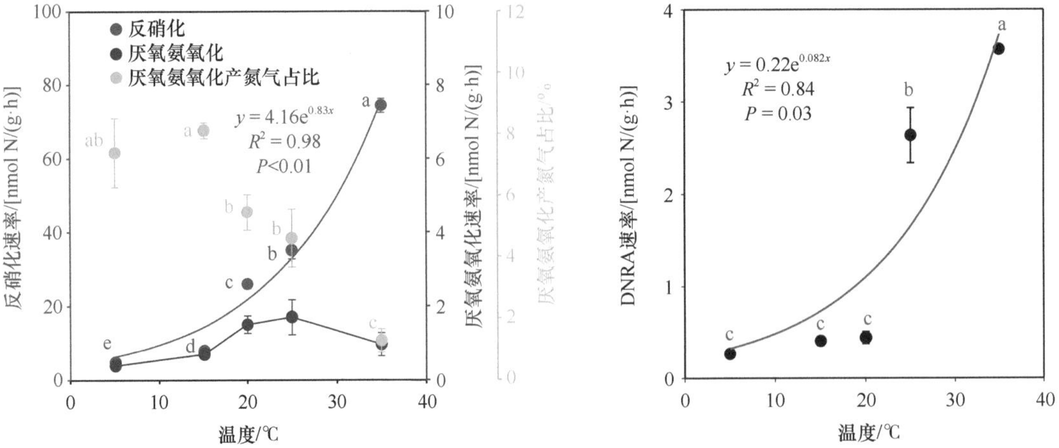

图 2-19　不同温度下反硝化、厌氧氨氧化、DNRA 的速率及厌氧氨氧化占总脱氮比例

相同颜色图例中不含有相同小写字母的表示差异显著（$P<0.05$）。下同

反硝化、厌氧氨氧化和 DNRA 在稻田土壤中发生的最适 pH 均为 7.3。当土壤 pH 低于 6.6 或高于 8.0 时，反硝化和厌氧氨氧化活性均受到显著抑制，此外，厌氧氨氧化占总脱氮比例在 pH 4.8 时最高，pH 8.0 时最低（图 2-20）；当土壤 pH 低于或高于 7.3 时，DNRA 的活性均受到显著抑制（图 2-20）。pH 对硝酸根还原过程的影响较为复杂，研究结果争论也很大，有研究发现反硝化反应发生的最适 pH 为 7.0～8.0（Korom，1992），与本研究结果吻合，但也有研究显示土壤反硝化速率与土壤 pH 之间并无关系（Xu et al.，2013）。同时，既有碱性或中性情况下 DNRA 发生速率高的报道，也有研究表明 DNRA 速率和 pH 呈负相关（Rutting et al.，2011）。本研究的结果表明，反硝化、厌氧氨氧化、DNRA 在酸性、中性和碱性范围内都能发生，最适宜的 pH 为 7.3。

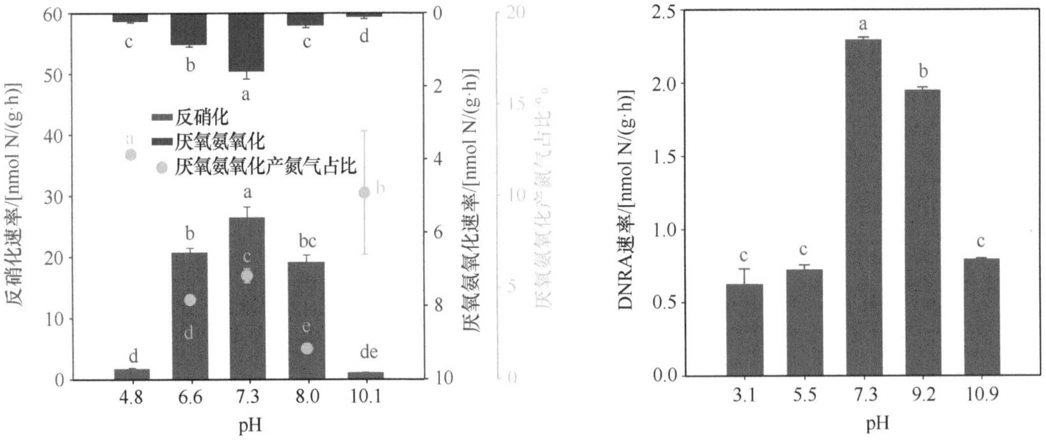

图 2-20　土壤 pH 对反硝化、厌氧氨氧化、DNRA 速率及厌氧氨氧化占总脱氮比例的影响

利用室内培养实验，我们系统研究了 25℃条件下葡萄糖（glucose）和乙酸盐（acetate）两种小分子碳源对反硝化和厌氧氨氧化的影响，发现随着碳源浓度的增加，土壤反硝化速率也随之增加，并且表现出很好的米氏方程关系（R^2=0.80，R^2=0.86）；而与此相反，随着碳源浓度的增加，厌氧氨氧化速率显著被抑制（图 2-21）。研究显示，反硝化过程是异养过程（Tiedje，

1988），需要消耗有机物碳源作为电子供体，因此随着外源碳的增加呈现出很好的米氏方程关系；而厌氧氨氧化过程是化能自养过程（厌氧氨氧化细菌以 CO_2 为唯一碳源生长），不需要外源有机碳作为电子供体，随着外源碳的加入厌氧氨氧化速率显著受到抑制的可能原因是小分子有机碳（如葡萄糖、乙酸盐、甲醇等）会显著抑制厌氧氨氧化细菌的活性（Jetten et al.，1998）。另外，在外源碳含量很高时，异养型的反硝化细菌在生长和代谢上的优势均远高于厌氧氨氧化细菌（Strous et al.，1999；Costa et al.，2006），导致厌氧氨氧化速率受到抑制。

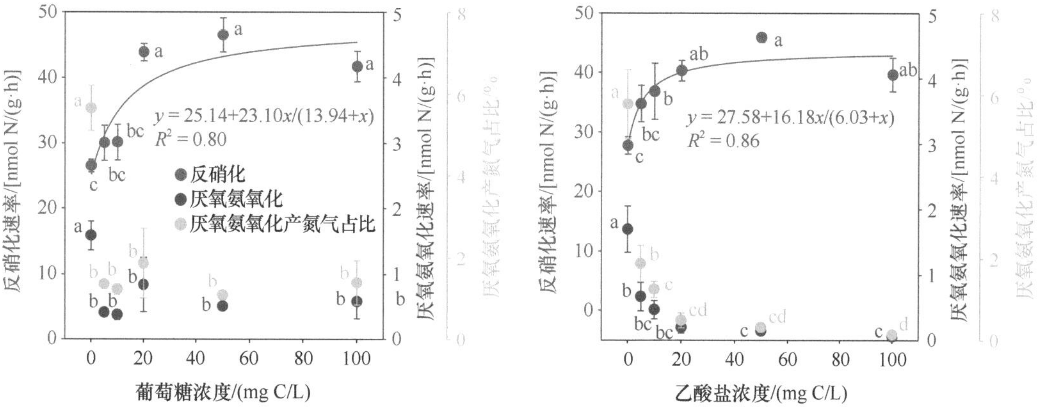

图 2-21　外源有机碳源（葡萄糖和乙酸盐）对反硝化和厌氧氨氧化速率的影响

利用室内培养实验，我们也系统研究了 C/N 和 DOC/NO_3^- 对稻田土壤 DNRA 速率的影响，发现只有当体系内的 C/N 高于 12 时 DNRA 速率才被显著促进（图 2-22），与前人报道的 DNRA 发生的 C/NO_3^- 阈值是 12 很吻合（Yin et al.，1998）。相比反硝化和厌氧氨氧化，DNRA 过程把 NO_3^- 还原为 NH_4^+ 需要转移 8 个电子，是一个高耗能过程，研究认为 DNRA 发生的条件比较苛刻，需要有充足的碳源和很好的还原条件（Yin et al.，2002）。因此，碳源的总量和形态均会影响 DNRA 速率。为此，我们也研究了不同 DOC/NO_3^- 情况下的 DNRA 速率，结果表明：当 DOC/NO_3^- 为 5 时，DNRA 速率最高，随着 DOC/NO_3^- 的降低，DNRA 速率显著降低；当 DOC/NO_3^- 为 1 时，DNRA 速率最低，相对于 DOC/NO_3^- 为 5 时降低了 93.4%（图 2-22）。上述研究结果对于深化理解稻田土壤厌氧氮转化过程、更加可靠地评价稻田生态系统硝酸根还原过程的环境效应，以及寻找潜在氮素调控措施具有重要的理论指导意义。

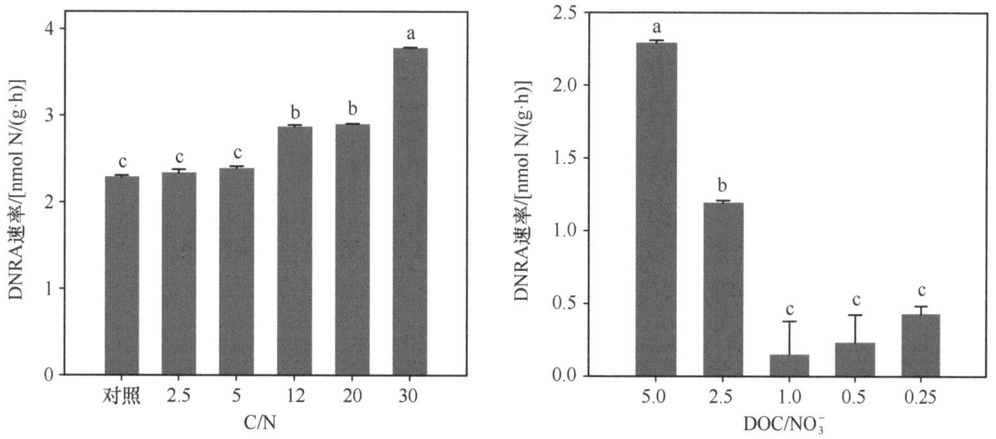

图 2-22　不同 C/N 和 DOC/NO_3^- 对 DNRA 速率的影响

图柱上不含有相同小写字母的表示差异显著（$P<0.05$）

2.3.2　旱地反硝化潜力及影响因素

随着经济发展以及对果蔬等农产品日益增长的需求，越来越多的传统谷物农田（稻田）轮转为集约化种植的果园和蔬菜地（Foley et al.，2005；Lai et al.，2016）。根据《中国统计年鉴 2018》，1978～2018 年，中国蔬菜种植面积从 1.7 万 hm^2 增长到 3.3 万 hm^2，而果园从 11.9 万 hm^2 增长到 20.4 万 hm^2；同期水稻种植面积下降了 4.3 万 hm^2。伴随着农田土地利用方式改变的主要是相应集约化管理下的肥料投入以及灌溉制度的改变，这种改变在城市化迅猛发展的长三角-太湖地区尤为显著（Zhu and Chen，2002）。

过去的研究结果表明，土地利用方式变化及其相对应的农艺管理措施不可避免地影响了土壤的初级氮转化过程，其主要受随之改变的土壤理化性质所调控（McDaniel et al.，2019；Wu et al.，2017；Xu and Cai，2007）。有研究发现稻田转换为果园后提高自养硝化作用和 N_2O 排放，但对铵同化速率却没有显著影响（王敬等，2016a），这可能主要是由于水田改为旱地后改变了土壤氨氧化微生物的丰度及群落结构（Morimoto et al.，2011）。此外，硝化及反硝化作用对农田土壤 N_2O 排放的贡献也会受到土地利用方式改变的影响（Liu et al.，2016a）。但是以往的研究主要关注土地利用方式改变后 N_2O 的排放，很少有研究关注其对反硝化速率（尤其是 N_2 的排放）以及 $N_2O/(N_2O+N_2)$ 反硝化产物比值的影响（Attard et al.，2011；Zhang et al.，2017a），并且只有极少数文章开展了对 NO 排放影响的研究（Wu et al.，2017；Yao et al.，2018a）。对于旱地经济作物，与传统的水田种植系统不同，旱作典型的管理方式以粗放的“大水大肥”为主，而这种过量的氮肥投入会在作物吸收后造成大量氮素在土壤中盈余，这部分过剩的氮除了会经地表径流和地下水淋溶进入河流造成水体富营养化，同时也会经过反硝化作用以含氮气体（N_2O、NO 和 N_2）的形式损失，对环境造成不利影响（Xing and Zhu，2000；Zhu et al.，2005）。其中，反硝化作用通过将活性氮硝酸盐还原为气态氮，在土壤氮损失以及残留氮去除中扮演着重要角色（Seitzinger et al.，2006）。过去的研究报道发现反硝化过程及其产物主要受土壤水分条件，碳以及无机氮含量等理化性质的影响（Davidson and Seitzinger，2006；Qin et al.，2017a；Senbayram et al.，2019）。在旱地经济作物种植过程中，施氮量、灌溉制度以及有机物料的施用可能是影响反硝化的关键因素。探究土地利用方式的改变对土壤反硝化过程的影响，揭示水分管理（灌溉）以及有机物料还田施用对反硝化特征和产物比值的影响，提供典型旱作农田反硝化氮损失部分的数据（尤其是 N_2 排放），对于评估区域尺度上农田氮损失，实施控水控肥、增产增效的科学战略具有重要意义。

依托“肥料氮素迁移转化过程与损失阻控机制”项目，以太湖地区典型农用土地利用方式（稻麦轮作田、大棚蔬菜地和葡萄果园）土壤为对象，利用旱地土壤反硝化气体测定装置（RoFlow），采用 N_2 直接测定法定量分析了土壤反硝化过程的气体产物，同时通过水分调节和氮肥施用模拟分析了土地利用方式改变后降水灌溉等湿润事件对旱地土壤反硝化氮损失的影响；此外，通过外源碳氮的添加模拟了轮换后施肥制度改变（有机物料施用）对菜地和果园土壤反硝化氮损失的影响。

2.3.2.1　土地利用方式以及相应水分管理改变后对反硝化过程的影响

为了探究田间原位条件下施肥及灌溉事件后土壤气态氮的损失特征，我们从稻麦轮作田、葡萄果园以及大棚蔬菜地选取 3 种利用类型的原状土柱，并通过水分的添加设计了干燥（自然水分条件）、湿润处理以探究不同土地利用方式土壤反硝化过程在相应的降水（或灌溉）与施肥事件耦合发生情况下的响应特征。本实验共设有 Paddy-Flooded（稻田淹水），Orchard-Wet［果园湿润，70% WFPS（孔隙含水量）］，Orchard-Dry（果园常规，43% WFPS），Vegetable-Wet（菜地湿润，70% WFPS）和 Vegetable-Dry（菜地常规，43% WFPS）等 5 个处理，经过 1 周的预培养后，每个处理均添加了相同施氮量的尿素溶液（相当于 210kg N/hm^2），进行为期 56d 的好氧培养。

研究结果表明，土地利用方式改变后土壤反硝化气体产物 N_2、N_2O 和 NO 的排放具有很大的差异，其中最为明显的是对 N_2 和 N_2O 的影响（图 2-23）。稻田土壤的 N_2 峰值通量［570.45g N/(hm^2·d)］和累积排放（14.41kg N_2-N/hm^2）均高于由稻田转换而来的果园和菜地土壤；其中稻田土壤 N_2 损失占土壤无机氮变化总和（计入肥料施氮量）的 8.4%，而果园和菜地的 N_2 损失分别仅占 3.4% 和 4.8%。与 N_2 排放类似，稻田土壤的 N_2O 累积损失（10.48kg N_2O-N/hm^2）同样高于果园（0.42kg N_2O-N/hm^2）和菜地（1.29kg N_2O-N/hm^2）土壤，而且稻田土壤的 N_2O 排放速率最高可达 442.33g N_2O-N/(hm^2·d)，分别是果园和菜地土壤峰值排放速率的 15.5 倍和 3.6 倍。与 N_2 不同，菜地和果园的土壤 NO 排放高于淹水稻田，这可能是由于果园和菜地土壤在长期高氮施肥下的高无机氮残留会促进 NO 的排放（Bouwman et al.，2002a），同时稻田的淹水厌氧条件也会促进反硝化过程的彻底进行直至 N_2 的生成。土地利

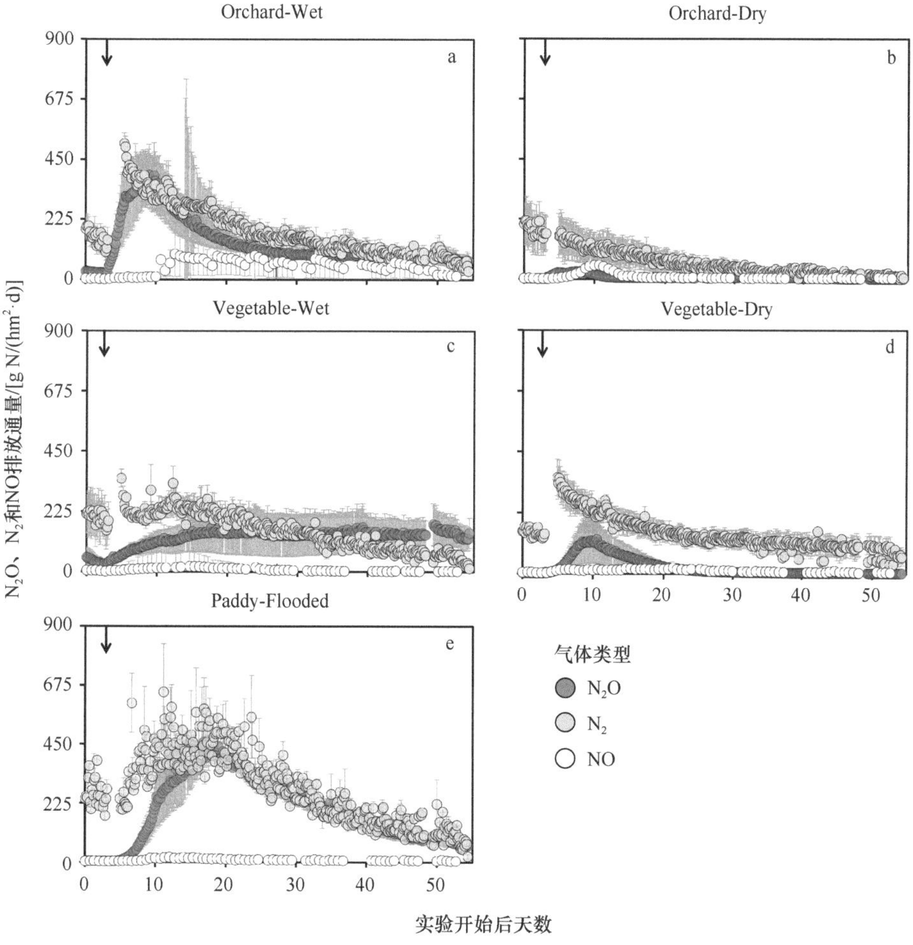

图 2-23　实验各处理 N_2、NO、N_2O 排放通量的时间动态图（Wei et al.，2022）

黑色箭头指向施肥时间

用方式改变后反硝化 N_2 损失的下降可能归因于稻田的相对淹水厌氧状态，旱地土壤通气性的提升会抑制反硝化过程的最后一步 N_2O 的还原过程（Davidson and Seitzinger，2006）。此外，土地利用方式改变后集约化管理下所造成的土壤理化性质的变化，如 pH 的下降，铵硝含量、有机碳含量以及溶解性有机碳的变化等，也是控制反硝化过程的关键因素（Attard et al.，2011；Liu et al.，2013b）。另外，土壤理化性质的改变会导致反硝化功能微生物丰度的下降（图 2-24）以及其群落结构和相对丰度的下降（图 2-25），这也是造成其速率下降的主要原因。

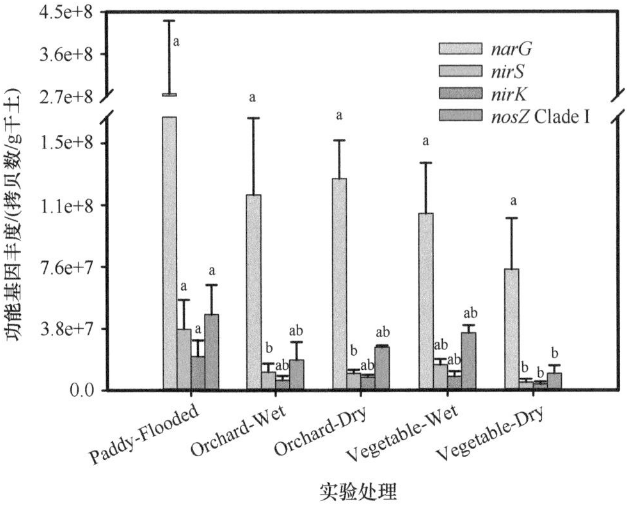

图 2-24　实验结束时各处理土壤反硝化相关功能基因的丰度

相同颜色图柱上不含有相同小写字母的表示差异显著（$P<0.05$）。下同

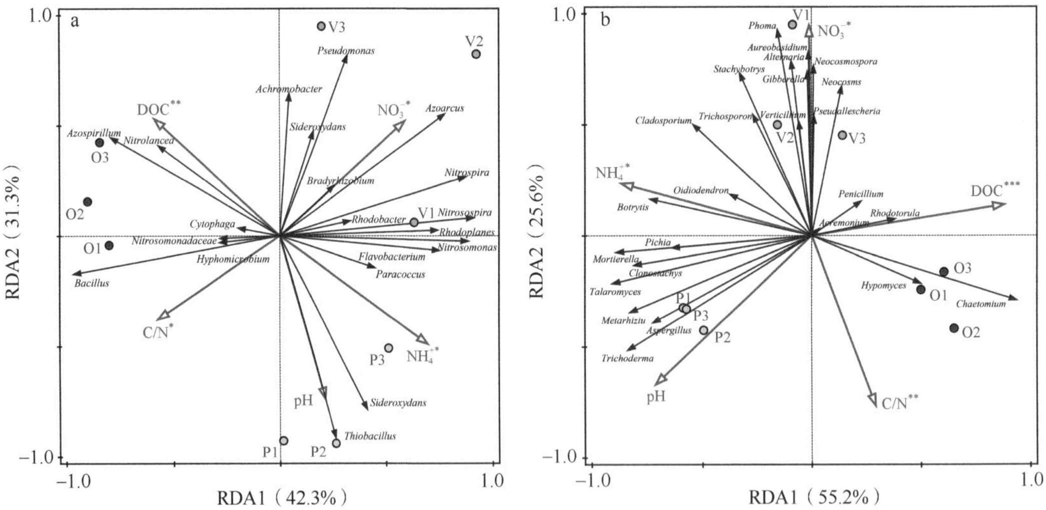

图 2-25　稻田、果园、菜地土壤理化性质与硝化细菌和反硝化细菌（a）、反硝化真菌（b）的冗余分析

P：水稻土；O：果园土壤；V：菜地土壤；DOC：可溶性有机碳；C/N：土壤碳氮比。星号表示土壤理化性质与硝化细菌、反硝化细菌或反硝化真菌的群落组成之间存在显著相关性，* 表示 $P<0.05$，** 表示 $P<0.01$，*** 表示 $P<0.001$

通过对旱地（果园和菜地）土壤的水分添加实验模拟在旱作栽培过程中灌溉和降水事件对土壤反硝化氮损失的影响结果表明，湿润时间可以明显提高土壤 N_2、N_2O 和 NO 的排放（图 2-23），表明水分是影响旱地土壤反硝化过程的关键因素（图 2-26）。此外，我们还发现

湿润事件提高了整体的气态氮排放水平，同时也提高了反硝化产物比值［$N_2O/(N_2O+N_2)$］。这可能是由于实验设定的含水量70% WFPS相比前人研究所发现的土壤厌氧微区（70% WFPS）和最大N_2O通量（80% WFPS）形成所需要的水分条件的阈值可能并不会使反硝化过程彻底进行，因此有较高的N_2O占比。此外，集约化种植的旱地土壤，尤其是大棚蔬菜地土壤中高硝酸盐的残留（>44.9mg NO_3^--N/kg干土计），大量的NO_3^-相比N_2O更受反硝化微生物青睐，更易获得电子，因此会对N_2O还原成N_2过程产生竞争抑制作用，这与已有的研究结果一致（Senbayram et al.，2019）。以上结果表明，土地利用方式改变后长期的肥料及水分管理措施所造成的pH、NO_3^-含量以及反硝化微生物丰度和群落结构变化均可能是导致旱地土壤（果园和菜地）与淹水稻田反硝化氮损失差异的主要因素。灌溉降水等湿润事件会促进反硝化气体的损失，同时会增加$N_2O/(N_2O+N_2)$，这可能主要受土壤湿度上升所造成的通气状况下降以及硝酸盐含量的影响。

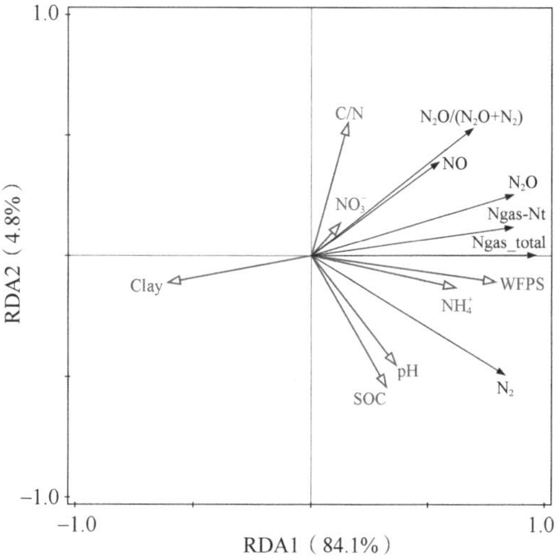

图2-26 气体氮排放量、反硝化产物比率与土壤环境变量的冗余分析

Clay：黏粒；Ngas_total：N_2O、NO和N_2累积排放量的总和；Ngas-Nt：气态氮的直接排放因子；WFPS：土壤孔隙含水量；SOC：土壤有机碳；C/N：土壤碳氮比

2.3.2.2 外源添加碳氮以及氧气浓度对果园土壤反硝化过程的影响

为了探究在氧气变化条件下碳氮底物添加对旱地果园土壤反硝化特征的影响，采用过筛果园土壤装填土柱的室内培养实验。实验共设有Control（无添加的空白处理）、KNO_3（添加氮源10mmol/L KNO_3处理）、KNO_3+Straw（同时添加10mmol/L KNO_3和以2.5g/kg干土计的秸秆）等3个处理，进行为期22d的培养实验。培养共分为3个阶段：0～6d为好氧阶段（20% O_2），6～11d为厌氧阶段（5% O_2），11～22d为半厌氧阶段（10% O_2）。

研究结果表明，Control和KNO_3处理的N_2O通量在实验开始好氧阶段逐渐升高，并在厌氧阶段达到峰值排放；而在KNO_3+Straw处理中，在实验开始后的第4天就达到最高峰值通量［17.65mg N_2O-N/(kg·d)］，随后在厌氧阶段迅速下降，其峰值速率是KNO_3处理的2倍（图2-27）。在22d的实验期间，Control、KNO_3、KNO_3+Straw处理的N_2O累积排放分别为（60.2±5.0）mg N_2O-N/kg、（82.5±2.8）mg N_2O-N/kg、（146.0±3.8）mg N_2O-N/kg（表2-3）。在实验过程中，大部分的土壤矿质态氮以N_2O的形式损失（图2-27d），表明在这种非碳限制的葡萄园土壤中可能存在很高的反硝化潜力。与Control处理相比，仅添加氮源（KNO_3）处

理 N_2O 累积排放量显著增加了 37.0%；而与 KNO_3 处理相比，秸秆的添加（KNO_3+Straw）使得 N_2O 累积排放量显著增加了 77.0%（表 2-3）。此外，通过分析实验初始阶段（第 2 天和第 4 天）测得的 N_2O 的位嗜（site preference，SP）值发现，第 2 天 SP 值为 0.4‰～1.1‰，第 4 天为 1.8‰～2.7‰。基于 SP 值计算模型的分析表明，细菌反硝化和（或）硝化反硝化过程贡献了 91% 的 N_2O 排放，且实验各处理间无显著差异（表 2-4）。至于 N_2 排放通量，在好氧阶段各处理的排放均处于较低水平；当条件设定为厌氧和半厌氧后，KNO_3+Straw 处理的 N_2 排放速率急剧且持续上升，直至实验开始后的 14d 达到峰值速率［12.4mg N_2-N/(kg·d)］，其余处理的 N_2 排放增长缓慢，仅在 Control 处理的第 17 天观察到明显排放峰［12.4mg N_2-N/(kg·d)］。在 22d 的实验期间，KNO_3+Straw 处理的 N_2 累积排放量［（91.7±3.7）mg N_2-N/kg］显著高于 KNO_3［（18.9±2.5）mg N_2-N/kg］、Control［（31.7±4.1）mg N_2-N/kg］处理，分别提高了 385%、189%。

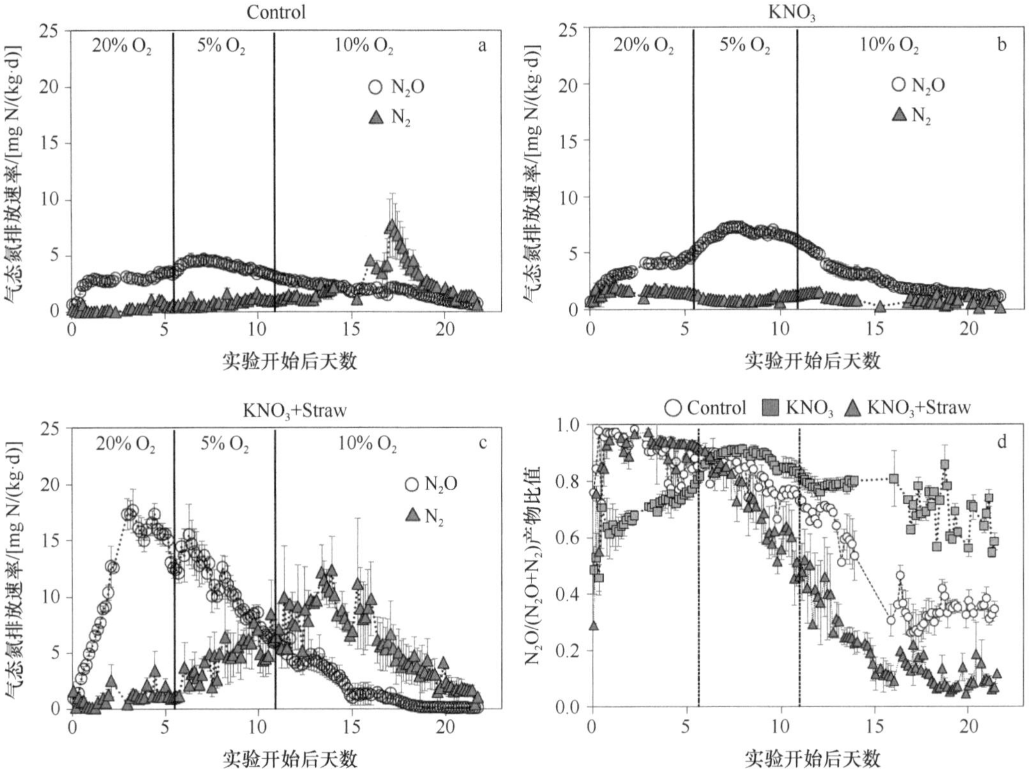

图 2-27　实验各处理的 N_2O 和 N_2 排放通量（a～c）以及 $N_2O/(N_2O+N_2)$ 产物比值（d）的时间动态图（Wu et al.，2018a）

表 2-3　实验各阶段不同处理的 N_2O 和 N_2 累积排放量及显著性分析（Wu et al.，2018a）

实验处理及各培养阶段	N_2O/（mg N_2-N/kg）				N_2/（mg N_2-N/kg）			
	好氧	厌氧	半厌氧	总 N_2O	好氧	厌氧	半厌氧	总 N_2O
Control	19.7±2.1b	20.2±2.1c	20.4±0.8a	60.2±5.0c	2.5±0.8b	4.5±0.5b	24.7±2.8b	31.7±4.1b
KNO_3	22.8±0.5b	33.4±1.3b	26.4±2.7a	82.5±2.8b	8.3±1.2a	4.4±0.6b	6.2±0.7c	18.9±2.5c
KNO_3+Straw	76.4±4.0a	50.3±4.6a	19.3±4.7a	146.0±3.8a	6.0±0.8a	22.4±7.9a	63.3±9.4a	91.7±3.7a

注：表中数据为平均值±标准差。根据 Tukey's HSD post-hoc 检验，同列数据后不含有相同小写字母的表示在 0.05 水平差异显著。下同

表 2-4　实验第 2、4 天各处理 N_2O 的位嗜值（SP 值）及其来源贡献（Wu et al.，2018a）

实验处理	第 2 天		第 4 天	
	SP/‰	BD/%	SP/‰	BD/%
Control	1.1±0.3a	92	1.8±1.4a	90
KNO_3	0.7±0.6a	93	2.1±0.5a	90
KNO_3+Straw	0.4±1.2a	94	2.7±0.1a	88

注：BD 代表硝化细菌反硝化和反硝化细菌反硝化所产生的 N_2O 占比

在 Control 和 KNO_3+Straw 处理中，我们发现实验最后土壤的 NO_3^- 浓度都比较低，可能在这种情况下土壤中缺少了电子受体，反硝化微生物更倾向于选择 N_2O 作为电子受体，促使了 N_2O 的还原，进而造成两者的 N_2 累积排放均高于 KNO_3 处理。外源碳的添加所造成的高碳氮比投入会降低土壤 N_2O 的排放（Chen et al.，2013a），而 N_2 的产生也可能归因于氧气的下降（实验设定的厌氧条件，以及秸秆的分解耗竭 O_2 且观察到较高的 CO_2 排放）使得土壤厌氧性质更适合反硝化的发生；在仅添加外源氮的处理中，由于较低的碳氮比，土壤中过多的 NO_3^- 可能抑制了 N_2O 的还原过程（Senbayram et al.，2019）。本研究清楚地表明，秸秆添加可以促进反硝化作用，而土壤中 NO_3^- 浓度是调节 N_2O 排放量以及 $N_2O/(N_2O+N_2)$ 值的重要因子，O_2 浓度对于反硝化产物的调节也具有重要意义。基于此实验结果可以得出，外源碳（秸秆）与氮（NO_3^--N）的添加可以在有利于反硝化的条件下引起较高的土壤 N_2O 排放，即使这可能会降低 $N_2O/(N_2O+N_2)$ 值。此外，在本研究中我们仅测定了一种秸秆和硝酸盐添加水平，因此，在未来的研究中进一步探究不同水平的秸秆和硝酸盐添加对 N_2O 与 N_2 排放的影响，并结合相关的微生物分析，有助于更深入地揭示影响反硝化过程的重要因子。

2.3.2.3　碳氮底物的添加对旱地温室大棚蔬菜地土壤反硝化影响的探究

为了探究碳氮底物的添加对旱地温室大棚蔬菜地土壤反硝化特征的影响，本实验选取太湖流域典型的大棚蔬菜地土壤（铵硝背景浓度为 6.4mg NH_4^+-N/kg、93.4mg NO_3^--N/kg），通过添加 KNO_3 溶液和粉碎后过筛秸秆分别作为氮、碳源，共设有 Control（无添加的空白处理），Straw（添加 3g/kg 干土计的秸秆），KNO_3（添加 15mmol/L KNO_3，相当于 60mg/kg NO_3^-），Straw+KNO_3（同时添加秸秆与 KNO_3，剂量与处理 Straw、KNO_3 相同）4 个处理，进行为期 26d 的培养实验。实验共分为 2 个阶段：0～2d 为好氧阶段（20% O_2），3～26d 为厌氧阶段（无 O_2）（为了模拟野外田间播种和灌溉后土壤水过饱和引起的厌氧条件，我们设定了一个较长的厌氧阶段从而研究该土壤的反硝化潜力）。

研究结果表明，在实验的前 2d 各处理的 N_2O 和 N_2 排放都处于较低水平，其间 Straw+KNO_3 处理的最大排放速率为 4.07kg N_2O-N/(hm^2·d)，该速率比 Straw+KNO_3 处理的最高速率高出 29%（图 2-28）。当实验条件设定为厌氧时，N_2O 和 N_2 的排放显著急剧上升，且在有碳源添加的处理（Straw 和 Straw+KNO_3）中，N_2O 排放速率分别于第 3 天和第 5 天达到最大值［3.54kg N_2O-N/(hm^2·d) 和 5.87kg N_2O-N/(hm^2·d)］；而无添加碳源的处理（Control 和 KNO_3）N_2O 排放低、上升缓慢且无明显排放峰。至于 N_2 排放，Straw+KNO_3 处理的最大速率为 9.29kg N_2-N/(hm^2·d)，是 Straw 处理的 4.5 倍左右；而 KNO_3 处理的 N_2 排放维持相对较低的水平，且平均水平低于 Control 处理。通过为期 26d 的厌氧培养（0～2d 为好氧条件），我们发现在土壤氮含量相同的条件下，秸秆的添加能够显著促进 N_2O 的还原，在 Straw 和

Straw+KNO_3 处理中 N_2 累积排放量相对于 Control 和 KNO_3 处理分别提高了 42% 和 439%。同时，秸秆添加处理的 N_2 排放峰值速率显著高于未添加秸秆的处理（图 2-28），这与我们观测到的反硝化最终产物 N_2 生成相关的氧化亚氮还原酶功能基因 *nosZ* 的丰度变化趋势一致（图 2-29）。在整个培养期间，相比 Control 处理的气态氮产物排放的比值（0.69±0.05），该比值在 KNO_3 处理中上升了 18.8%，而在 Straw 和 Straw+KNO_3 处理中分别下降了 31.9% 和 17.4%，表明秸秆的添加能够降低总体的 $N_2O/(N_2O+N_2)$ 值，尤其是在土壤低硝酸盐浓度下更为显著，这可能是由于土壤中过多的硝酸盐对电子的竞争作用以及其对氧化亚氮还原酶的抑

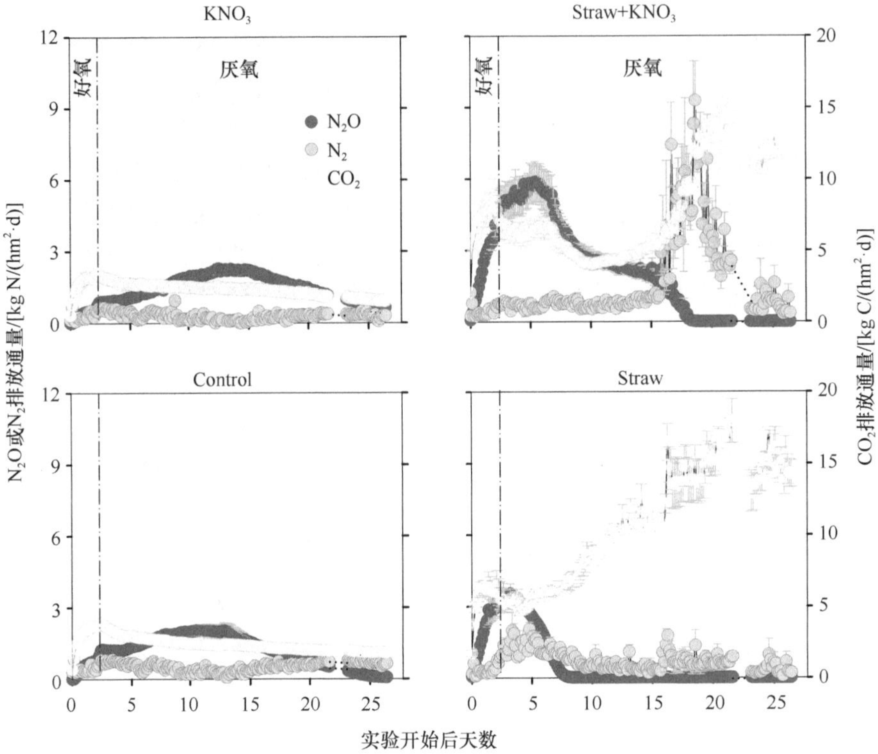

图 2-28　实验各处理 N_2O、N_2 及 CO_2 排放通量的时间动态图（Wei et al.，2020）

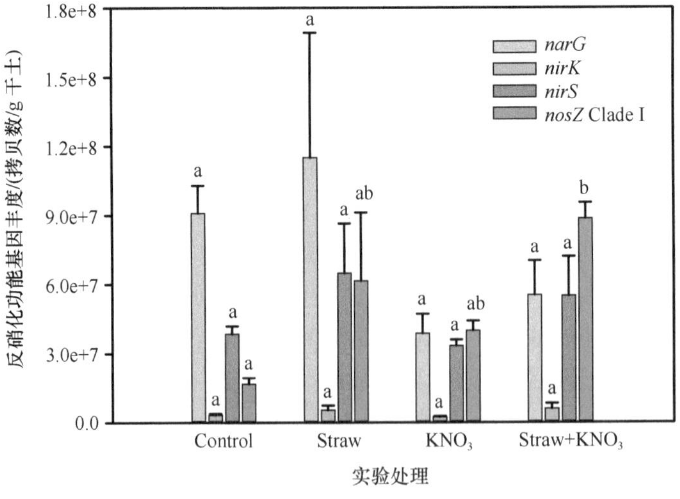

图 2-29　培养实验结束时各处理土壤的反硝化功能基因丰度（Wei et al.，2020）

制作用（Blackmer and Bremner，1978）。基于以上结果可以得出，外源碳的添加以及土壤中NO_3^-的含量是影响大棚蔬菜地土壤反硝化特征的重要因素。此外，反硝化相关功能微生物的丰度也是解释其产物比值变异的因子之一。

2.4　结论与展望

运用^{15}N同位素示踪初级转化速率模型、德尔格管法、膜进样质谱法、氦环境培养等技术方法，我们对我国主要农田土壤类型的氮转化特征、损失潜力、保持机理进行了研究。主要结论如下：对稻田而言，土壤理化性质，特别是土壤 pH，直接调控土壤细菌、氮矿化相关的微生物、氨氧化微生物的丰度和多样性，进而控制有机氮矿化和氨氧化速率，决定铵态氮滞留时间，影响水稻肥料氮利用率，最终影响水稻生物量。土壤 pH 还调控反硝化微生物的丰度，其与土壤有机碳共同影响稻田反硝化速率。对旱地而言，无论单施有机肥、化学氮肥还是有机肥和化学氮肥配施均可提高土壤有机氮初级矿化速率，为作物生长提供更多可利用的氮素，进而提高作物产量。长期单施有机肥或有机肥和化学氮肥配施均可显著增强土壤NH_4^+初级同化作用，促进矿化−同化作用循环，提高土壤氮素的可利用性并降低氮素的流失风险。因此，施用有机肥既可促进作物增产又可减少氮素流失，是值得推荐的保持土壤肥力的氮肥施用措施。从控制农田氨挥发的角度，脲酶抑制剂（如 Limus）可以通过抑制/延缓尿素水解起到显著减少稻田和旱地土壤氨排放的作用。土壤类型、作物体系和气象等因素也是影响氮素转化过程对长期施肥响应的重要因素。然而，受样品量限制，本课题未对这些影响因素展开讨论。在以后的研究中，这些影响因素也应被充分考虑，从而全面地阐释长期培肥措施对旱地土壤化学、生物性质和作物产量的影响。

第 3 章　主要农田土壤氮转化微生物区系组成和调控机制

植物根区的氮素形态以及含量由多种氮素转化过程决定，根区微生物驱动主要的氮素转化过程，包括固氮过程、硝化过程、反硝化过程、厌氧氨氧化过程、硝酸盐异化还原为铵、有机氮的合成、矿化等。这些氮素转化过程在根区组成了复杂的微生物氮素代谢网络，共同影响氮元素在根区的含量以及形态，进而决定了氮素的利用效率。近年来，随着分子生物学技术应用到土壤微生物的研究，尤其是高通量测序技术、稳定同位素示踪技术、微生物残留物示踪技术的引入，研究人员对根区氮素周转的微生物学机理的认识有了长足的发展，也提出了在分子水平尚无法回答的新问题。同时，随着研究和认识的深入，一些以前未被关注的过程由于其重要的生态功能开始引起关注，如硝酸盐异化还原为铵的过程、完全硝化的过程等。本章从根区土壤微生物群落的基本特征、影响因素以及构建机理开始，讨论微生物的区系组成、多样性及其与土壤功能的密切联系，并选取典型的土壤类型，探讨氮素转化过程的特征及其相关的微生物学机制的研究进展；重点讨论了施肥对根区土壤氮素微生物转化过程的影响规律以及分子水平的机理；同时对调控这些过程的主控因子进行了讨论。本章旨在更新对根区土壤微生物转化过程的认识，为化学肥料减施、提高肥料利用率提供新的理论依据。

3.1　我国典型稻田和旱地土壤的微生物区系

农田微生物群落是农业生态系统的基础和核心组成部分之一，农田土壤微生物的区系组成与农田生态系统功能息息相关。通过对微生物群落的组成进行解析并研究其与土壤及环境因子的关系，能够深入理解群落结构与农田生态系统功能的相关规律，从而为优化农田管理措施提供微生物水平的依据。在本节，我们选取全国 50 个样点的稻田土壤以及典型的旱地土壤，解析其微生物区系组成，并分析其特征以及与氮素周转相关的规律。

3.1.1　我国典型稻田土壤的微生物区系组成

稻田土壤具有复杂的氮循环网络，微生物作为土壤氮转化过程的驱动者，深刻影响着氮素转化过程、速率以及氮素利用效率。微生物通过影响氮素转化过程来决定氮在土壤中的主导形态。例如，在硝化微生物的作用下，硝化速率的快慢决定铵态氮在土壤中滞留时间的长短。农作物因其起源地的土壤氮条件不同而具有不同的氮素形态偏好，如水稻通常被认为是一种喜铵作物。水稻对肥料氮的吸收和利用率与铵态氮在土壤中的滞留时间密切相关（Zhang et al.，2016a；程谊等，2019）。氮素转化过程的特点与植物氮形态偏好的契合影响氮元素吸收，这是氮素转化特征调控水稻氮利用率和氮损失的关键机制之一。

我国稻田南北跨度大、土壤性质迥异，相对于南方稻田，东北稻田具有氮投入低、氮利用率高的特点。本节中通过对我国 50 个稻田土壤微生物群落结构多样性特征的研究发现，与氮转化速率和氮利用率类似，微生物群落结构和多样性特征存在明显的地区差异。统计分析结果显示细菌群落的丰度和多样性与稻田土壤有机氮矿化速率关系密切，表明土壤中的细菌在土壤有机氮矿化过程中可能发挥了重要作用。氮元素的初级矿化速率通常由土壤有机氮、碳的种类和含量以及微生物的数量和活性决定（王敬等，2016b）。微生物群落结构对不同地区之间的氮转化速率和氮利用率的差异有深刻影响。

研究对所选取的我国 50 个典型稻田土壤进行细菌 16S rRNA 基因和真菌 ITS 序列高通量测序。根据物种注释结果，我们发现在门水平上，细菌丰度最高的类群为变形菌门（Proteobacteria），其次是放线菌门（Actinobacteria）、绿弯菌门（Chloroflexi）、酸杆菌门（Acidobacteria）、芽单胞菌门（Gemmatimonadetes）、浮霉菌门（Planctomycetes）、拟杆菌门（Bacteroidetes）、疣微菌门（Verrucomicrobia）、硝化螺旋菌门（Nitrospirae）和已科河菌门（Rokubacteria）。这 10 个分类群的丰度超过了整个稻田土壤细菌群落的 90%，所占比例如图 3-1 所示。真菌中除了尚未分类的物种，丰度最高的类群为子囊菌门（Ascomycota），其次是担子菌门（Basidiomycota）、被孢霉门（Mortierellomycota）（图 3-2）。了解我国不同地区稻田之间的细菌及真菌群落差异，对于了解微生物群落的潜在功能具有重要的意义。

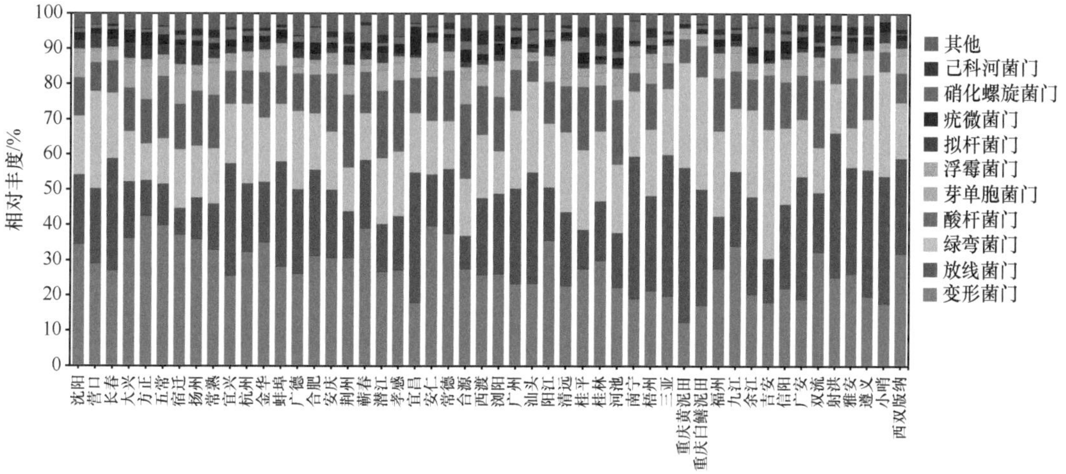

图 3-1　我国 50 个典型稻田土壤细菌群落的区系组成

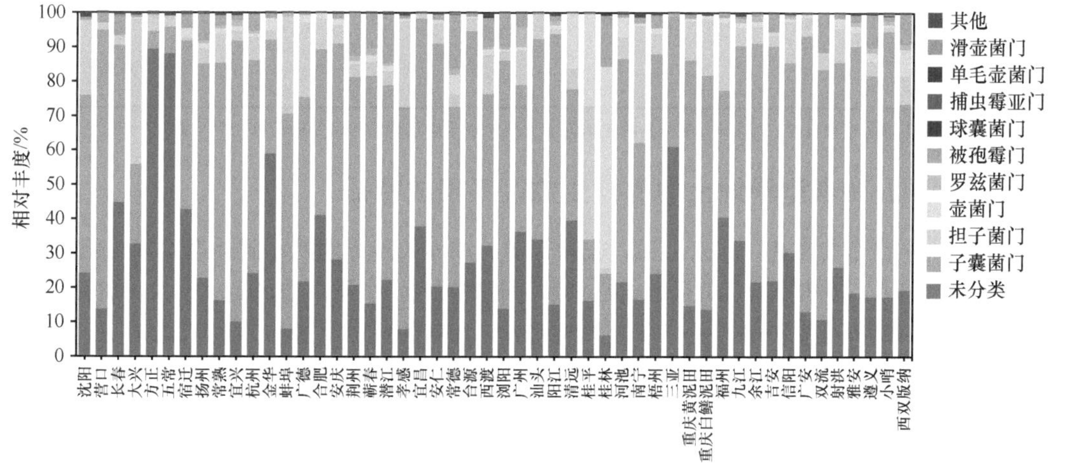

图 3-2　我国 50 个典型稻田土壤真菌群落的区系组成

目前利用 ^{15}N 同位素示踪技术解决了净转化速率仅反映全氮的输入和输出的局限，可同时获悉土壤氮转化过程的速率（Zhang et al.，2018a）。利用这一技术，研究表明土壤有机氮矿化速率和硝化速率存在显著的地理区域差异，东北稻田的土壤有机氮矿化速率和硝化速率较低，而南方稻田土壤的有机氮矿化速率和硝化速率存在较大的地区差异。我们利用这一技术结合宏基因组技术（王朱珺等，2018）来鉴定氮素转化过程中的关键微生物。在上述 50 个典型稻田土壤氮转化微生物的研究中，宏基因组测序结果表明所调查的主要氮转化功能基因丰度与 pH 紧密关联。研究发现氨氧化古菌的 *amoA* 基因丰度与硝化速率显著相关，反硝化微生物的 *nosZ* 基因丰度与氮损失速率显著相关。表明所试土壤中这两类功能微生物的丰度与土壤硝化、反硝化功能密切相关。

特定功能的微生物影响氮利用率，明确其中的微生物机理，对于优化农业生产过程的氮肥管理措施及提高氮利用率十分重要。对上述 50 个典型的稻田土壤微生物进行随机森林回归分析发现，亚硝化球菌类古菌 Nitrososphaerales 的丰度与氮素利用率显著相关。宏基因组功能物种的分类结果同样表明该目水平下的两个属与硝化速率显著相关，分别为 *Nitrososphaera* 和 *Candidatus* Nitrosocosmicus（表 3-1）。这一结果表明 Nitrososphaerales 的氨氧化古菌可能在所试稻田土壤氮循环中起重要作用。而细菌中的亚硝化单胞菌属（*Nitrosomonas*）、慢生根瘤菌属（*Bradyrhizobium*）、红育菌属（*Rhodoferax*）与硝化速率显著相关。此外，宏基因组测序数据分析发现稻田土壤中存在一定比例的“完全氨氧化菌”（comammox），并且氨单加氧酶基因（*amoA*）的物种注释结果表明硝化螺菌属（*Nitrospira*）同样占据一定的比例。这些结果表明“完全硝化菌”可能在所试稻田土壤的硝化过程中发挥一定的功能。已有研究表明“完全氨氧化菌”比可培养的大多数氨氧化微生物对氨具有更高的亲和力；前期利用稳定性同位素示踪技术的研究发现硝化螺菌属是稻田样品中主要的亚硝酸盐氧化细菌（nitrite-oxidizing bacteria，NOB）（Wang et al.，2015b）。

表 3-1　关键微生物丰度和氮转化速率之间的相关性

分类	基因	与硝化速率的相关系数
Nitrososphaera	古菌 *amoA*	0.60
Candidatus Nitrosocosmicus		0.62
Nitrosomonas	细菌 *amoA*	0.57
Bradyrhizobium		0.57
Rhodoferax		0.57

注：微生物丰度数据来自 50 个稻田土壤样品的宏基因组分析，基于皮尔森相关性分析计算相关系数（$P<0.05$）

3.1.2　我国几种典型旱地土壤的微生物区系组成特征

以分别采自东北吉林、北京上庄、安徽合肥、湖南长沙等地的不同类型常规施肥的农田土（黑土、潮土、砂浆黑土、黄褐土、红壤）为研究对象，利用高通量测序技术，研究发现 5 类农田土壤的菌群组成和多样性存在较大的差异。红壤的菌群组成与其他 4 类农田土壤相比差异较大，在红壤的土壤微生物中，在门水平丰度较高的为变形菌门，在属水平丰度较高的为假单胞菌属（*Pseudomonas*）。黑土和潮土的 Shannon 多样性指数和 Chao1 丰富度较高，而红壤最低（图 3-3a～c）。

结果表明，每类农田土壤中都有自己特有的操作分类单元（operational taxonomic unit，OTU）类型，但是这些 OTU 的丰度较低，潮土的特有 OTU 种类比其他 4 类土壤特有的 OTU 种类多。同时，这些常规施肥处理的 5 类农田土壤中共存在 293 个共有的 OTU，这些共有的 OTU 属于变形菌门、放线菌门、酸杆菌门，在属水平主要属于假单胞菌属、节杆菌属（*Arthrobacter*）、牙殖球菌属（*Blastococcus*）、*Gaiella*、*Gp16*、*Gp6* 等（图 3-3d）。

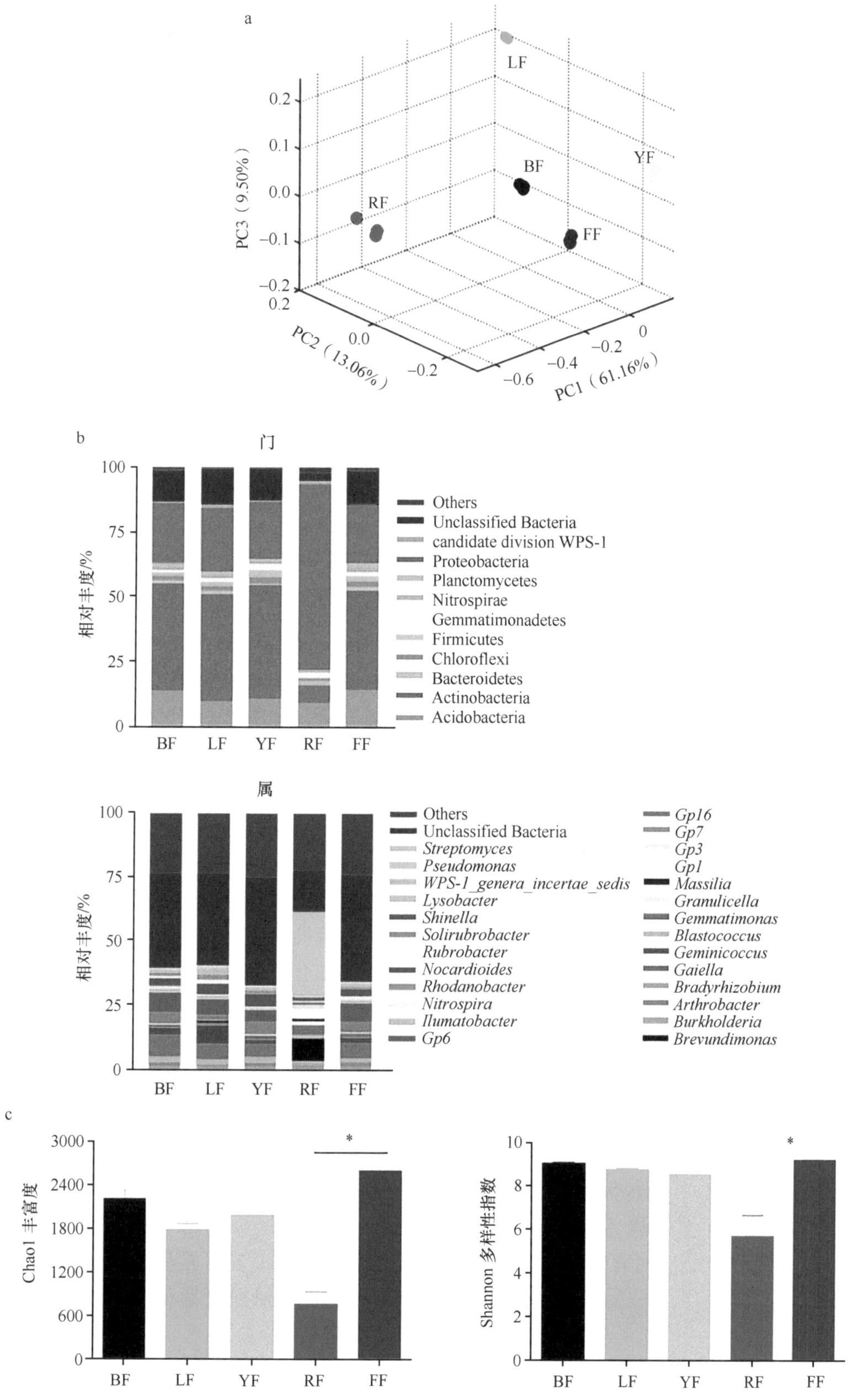
a
LF
YF
BF
RF
FF
PC3（9.50%）
PC2（13.06%）
PC1（61.16%）
b
门
相对丰度/%
Others
Unclassified Bacteria
candidate division WPS-1
Proteobacteria
Planctomycetes
Nitrospirae
Gemmatimonadetes
Firmicutes
Chloroflexi
Bacteroidetes
Actinobacteria
Acidobacteria
BF LF YF RF FF
属
相对丰度/%
Others
Unclassified Bacteria
Streptomyces
Pseudomonas
WPS-1_genera_incertae_sedis
Lysobacter
Shinella
Solirubrobacter
Rubrobacter
Nocardioides
Rhodanobacter
Nitrospira
Ilumatobacter
Gp6
Gp16
Gp7
Gp3
Gp1
Massilia
Granulicella
Gemmatimonas
Blastococcus
Geminicoccus
Gaiella
Bradyrhizobium
Arthrobacter
Burkholderia
Brevundimonas
BF LF YF RF FF
c
Chao1 丰富度
Shannon 多样性指数
BF LF YF RF FF
*

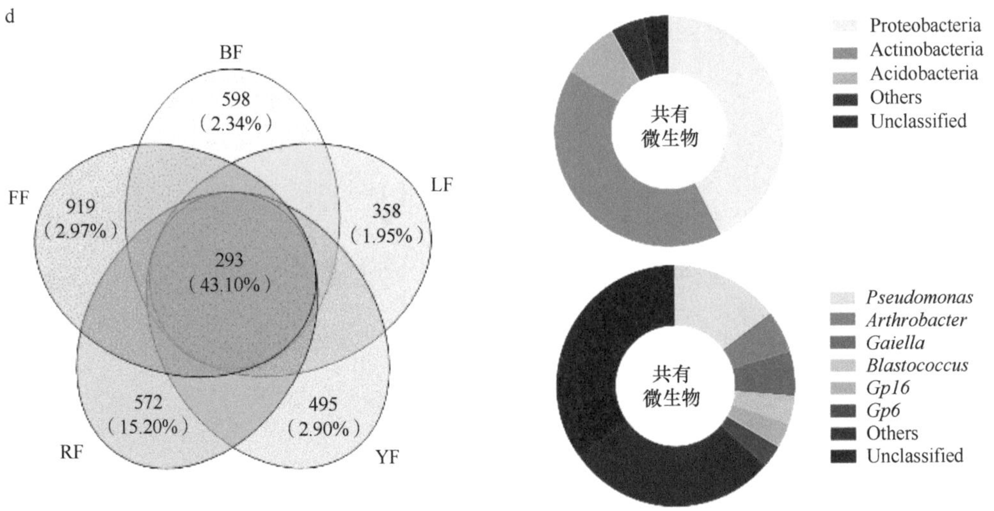

图 3-3　几种典型类型农田土壤的菌群结构比较

a. 5 类土壤基于 Bray-Curtis 距离的 PCoA 分析（BF：黑土，LF：砂浆黑土，YF：黄褐土，RF：红壤，FF：潮土）；b. 5 类土壤的优势类群（相对丰度＞1%）在门、属水平的分布；c. 5 类农田土壤的 Shannon 指数和 Chao1 指数大小，采用方差分析（ANOVA，analysis of variance）中的 Kruskal-Wallis 检验进行统计检验，$^{*}P<0.05$；d. 5 类农田土壤共有及特有 OTU 的维恩图解分析（百分比表示 OTU 所占比例）和共有微生物在门、属水平的分布。Others：其他；Unclassified：未分类

同时我们对这 5 类典型土壤的氮循环特性进行了研究，发现土壤的 pH 和碳、氮含量对不同农田土壤的反硝化有较大影响。在不同的碳、氮源条件下，各土壤的氮代谢通量有明显差异。分别控制 5 类土壤初始的硝态氮和可溶性有机碳含量，发现硝态氮的添加使土壤的 N_2O 指数［N_2O 在气态反硝化产物中的比例，$N_2O/(N_2O+N_2)$］升高；有效碳源提高了反硝化微生物活性，造成土壤更多的氮损失，但降低了相应土壤的 N_2O 指数；红壤的反硝化氮通量在 5 类土壤中较低，而潮土的 N_2O 指数明显低于其他土壤。

硝酸盐的添加与否对各类土壤中的菌群结构组成没有显著性影响，但葡萄糖的添加则显著影响土壤菌群结构，表现为厚壁菌门相对丰度增加，放线菌门相对丰度降低。5 类土壤的微生物菌群组成存在显著性差异，不同于其他 4 类土壤的菌群结构，红壤大量富集变形菌门细菌。除红壤外，尽管黑土、砂浆黑土、黄褐土和潮土中都有很多特有的微生物，但这 4 类不同土壤中较大比例的微生物类型是相同的，都含有高丰度的变形菌门、放线菌门和酸杆菌门的微生物，碳源的添加显著富集土壤中厚壁菌门的微生物。

一个值得注意的发现是，潮土产生的 N_2O 显著低于黑土产生量，而潮土产生的 N_2 高于黑土产生量。黑土和潮土之间的 *narG*/*nosZ*、*nirK*/*nosZ*、*nirS*/*nosZ* 和反硝化细菌多样性指数无显著性差异，这两类土壤的 *norB*、*nosZ* 反硝化菌群组成却存在显著性不同，黑土中富集的罗丹诺杆菌属（*Rhodanobacter*）的 OTU 可能产生 N_2O 的能力强，还原 N_2O 的能力弱；而潮土中富集的固氮弧菌属（*Azoarcus*）的 OTU 产生 N_2O 的能力弱，还原 N_2O 的能力强。综上所述：黑土和潮土中特有的 *norB* 和 *nosZ* 反硝化菌群组成的差异可能是黑土和潮土 N_2O 存在差异的主要原因。这些差异影响土壤中的氮转化，进而对氮损失量和作物氮利用率产生影响。

3.2　稻田土壤–植物–微生物互作过程中肥料氮素的转化机制

3.2.1　^{15}N 同位素标记技术研究肥料氮素在土壤–植物–微生物系统中的转化过程

^{15}N 同位素标记是研究土壤–植物–微生物互作过程中肥料氮素转化的最科学、有效的方法之一（Hastings et al.，2013）。在自然界中，氮一共有 7 种同位素（^{12}N、^{13}N、^{14}N、^{15}N、^{16}N、^{17}N、^{18}N），其中只有 ^{14}N 和 ^{15}N 是稳定同位素，^{14}N 的自然丰度超过 99%，而 ^{15}N 的自然丰度不到 1%。在原子组成中，^{15}N 比 ^{14}N 多一个中子，在质谱性质、放射性转变和物理性质等方面存在细微差异，但是化学性质基本相同（化学反应和离子的形成），当使用人工合成的高丰度的 ^{15}N（1%～99% atom）进行示踪或示源的科学研究时，这些微弱的差异几乎可以忽略不计。在肥料氮素转化的研究中，普遍使用的 ^{15}N 标记氮肥分为化学氮肥和有机氮肥两种，化学氮肥包括尿素 $(^{15}NH_2)_2CO$、$^{15}NH_4NO_3$、$NH_4{}^{15}NO_3$、$^{15}NH_4{}^{15}NO_3$、$K^{15}NO_3$、$Na^{15}NO_3$、$^{15}NH_4Cl$ 等，有机氮肥是使用高丰度的无机氮肥培养植物，进一步得到高丰度的有机氮肥，如先使用 ^{15}N 标记尿素种植绿肥作物得到 ^{15}N 标记的绿肥（Meng et al.，2019），或用 ^{15}N 标记的饲料喂食畜禽得到粪肥（Wu et al.，2010）。^{15}N 同位素标记方法的使用，为肥料氮素在土壤–植物–微生物互作过程中转化的研究提供了最直接的证据，为提高氮素利用率和减少氮肥损失提供了支撑。

我们使用 ^{15}N 同位素标记的尿素和紫云英来研究土壤–植物–微生物互作过程中肥料氮素的转化过程。单独施用尿素或使用紫云英替代部分尿素和不施肥相比，显著促进了水稻的生长，增加水稻的干重和总含氮量。一方面，肥料为作物提供了超过 20% 的氮，尿素等化学肥料施入土壤后会快速溶解（水解），释放出大量可以被作物和微生物利用的氮素，直接被作物吸收，紫云英等有机肥料施入土壤中，约 90% 的氮素会在 30d 内释放，主要以 NH_4^+ 的形态被作物吸收和参与土壤氮素转化，剩下的氮素以有机质的形式残留在土壤中，缓慢分解，并在相当长的时间为作物提供养分（Zhu et al.，2014），紫云英的氮素利用率会随着尿素用量的减少而增加，说明在提供足量肥料的条件下，作物优先吸收化学肥料的氮素；另一方面，施肥可以促进作物吸收更多来自土壤的氮素，这和肥料促进作物初期的生长有关，使得作物拥有更加发达的根系和营养吸收能力，也可以从土壤中吸收更多的氮素。紫云英替代部分尿素和单独施用尿素相比，不会显著促进水稻的生长，但是显著增加了尿素的氮素利用率，尿素的氮素利用率提高了 200% 左右（表 3-2，图 3-4，图 3-5）。绿肥的添加为土壤提供了丰富的碳源（Said-Pullicino et al.，2014），促进土壤微生物的生长，增加化学肥料氮素的固持并改善了后续的矿化作用（Bai et al.，2017；Cao et al.，2018）。

表 3-2　尿素和紫云英对水稻氮素利用率的影响

处理	NRE_U/%	NRE_{CMV}/%	NRE_{aN}/%	ANI/(mg/盆)
U	10.0±1.8b		10.0±1.8b	63.4±24.8a
UC1	30.3±3.8a	16.3±1.9b	26.1±3.0a	38.9±6.4b
UC2	28.2±2.5a	22.5±2.3a	26.1±2.4a	65.8±11.2a

注：NRE_U，尿素的氮素利用率；NRE_{CMV}，紫云英的氮素利用率；NRE_{aN}，肥料的氮素利用率；ANI，氮肥激发效应；U，100% 尿素作为氮肥；UC1，80% 尿素加紫云英作为氮肥；UC2，60% 尿素加紫云英作为氮肥。同列数据后不含有相同小写字母的表示处理间差异显著（$P<0.05$），下同

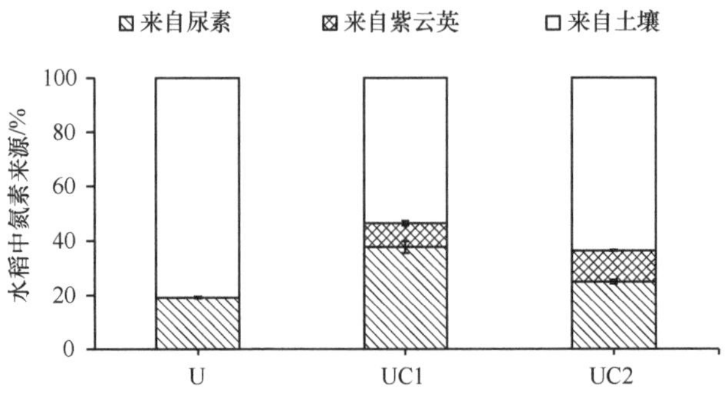

图 3-4 紫云英和尿素对水稻氮素来源的影响

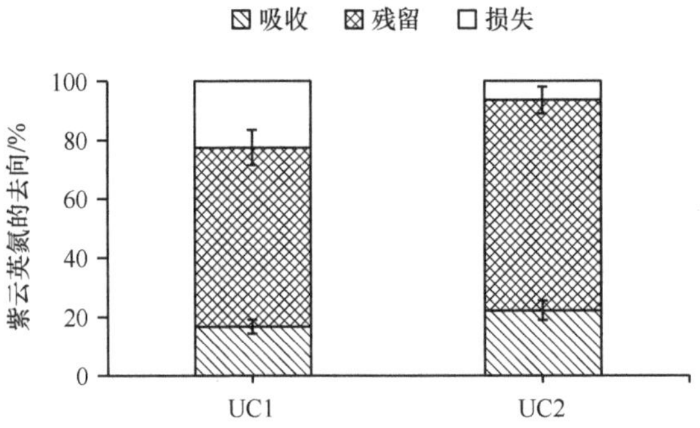

图 3-5 紫云英氮的去向

肥料氮素的去向除了被作物吸收，大部分残留在土壤中或以各种形式损失掉，残留和损失的比例与氮肥氮素形态有关。化学氮肥的氮素大部分都会以氨挥发、反硝化以及淋溶的方式损失，当过量的尿素等施入土壤后，快速的溶解（水解）会迅速释放出大量的铵态氮，超出土壤库容会以氨挥发形式损失，同时也加速了土壤氮素的转化，造成大量的反硝化和淋溶损失。紫云英的添加减少了氮素的损失，使更多的氮素残留在土壤中，这是因为紫云英调节了土壤的碳氮比，使更多的氮素被微生物合成有机形态的氮素（Xie et al.，2017）。而紫云英的氮素更加稳定，大部分残留于土壤中，得益于有机氮素的分解速度缓慢且周期长。有机氮肥除了为本季作物提供氮素，有 10% 左右的肥料氮素在随后的几年甚至几十年内持续为植物提供养分。

综上所述，^{15}N 同位素标记的方法不仅适用于单一氮素来源，也适用于混合氮素来源，为土壤–植物–微生物互作过程中肥料氮素的转化过程提供充分的直接证据。在过量施肥的农田土壤中，使用绿肥替代部分尿素，不仅可以提供作物所需的足够的养分，还可以增加无机氮肥的氮素利用率和激发土壤的供氮能力，是非常有效的农田管理方式。

3.2.2 $^{13}CO_2$ 连续标记研究土壤–植物–微生物互作过程中的氮素转化机制

在土壤环境中，氮素是仅次于水分因子限制植被生长的重要影响因素（Orr et al.，2011）。然而，植物不能直接吸收大气中的氮素，而是通过微生物固氮酶的作用，将大气中的 N_2 转化成 NH_3 才能被植物吸收和利用。生物固氮大体上可划分为共生固氮和非共生固氮（联合固氮和自由固氮）。一般认为氮源有效性过高或过低均会抑制生物固氮过程，氮源特别匮乏、不能满足固氮酶合成的需求时会抑制固氮酶的合成，而硝态氮、铵态氮等有效氮过量时，固氮微生物会关闭固氮功能，生物固氮速率也会受到抑制（Salvagiotti et al.，2008）。

为了解释固氮过程的分子机理，我们使用 $^{13}C\text{-}CO_2$ 标记结合 DNA 稳定同位素探针技术（DNA-based stable isotope probing，DNA-SIP）来研究水稻土共生固氮和非共生固氮微生物对不同氮素水平的响应。结果表明，氮素水平显著影响紫云英的干物质及养分积累量。紫云英地上部和地下部的干重均随施氮水平的增加而增加。紫云英地上部和地下部的氮积累量也表现为 NH（高氮）处理显著高于 NL（低氮）和 CK（对照，不施肥）处理。不同处理的根瘤干重、生物量氮均表现为 NL 处理最高。应用 $^{15}N\text{-}N_2$ 脉冲标记法测定不同氮素水平下紫云英的固氮量。NL 处理植株地上部、根部及根瘤中的 ^{15}N 标记量最高，显著高于其他处理；CK 和 NH 处理间无显著差异。土壤的 ^{15}N 标记量处理间无显著差异（表 3-3）。

表 3-3　紫云英植株、根瘤及土壤中 ^{15}N 标记量　（单位：mg）

处理	地上部	根	根瘤	土壤
对照（CK）	0.59±0.03b	0.13±0.01b	0.14±0.01b	0.14±0.06a
低氮（NL）	0.67±0.05a	0.18±0.01a	0.20±0.01a	0.11±0.04a
高氮（NH）	0.57±0.02b	0.15±0.02b	0.14±0.01b	0.09±0.04a

根瘤中 *nifH* 基因丰度在生长 30d 时，不同处理间均无显著差异，而生长 60d 后，NL 处理的 *nifH* 基因丰度从 3.7×10^{10} 拷贝数/g 根瘤干重上升到 6.0×10^{10} 拷贝数/g 根瘤干重，显著高于 CK 和 NH 处理。紫云英根瘤中的固氮微生物种类单一，根瘤中 99% 的 *nifH* 基因序列属于华癸中生根瘤菌，只有 1% 为慢生根瘤菌属，该 1% 的序列均来自 NH 处理。

非共生固氮固定的氮仅占共生固氮量的 5.1%。在培养 30d 时，土壤中 *nifH* 基因在 CK 和 NL 处理中分别为 1.3×10^7 拷贝数/g 土和 1.2×10^7 拷贝数/g 土，而在 NH 处理中，*nifH* 基因的丰度仅为 0.9×10^7 拷贝数/g 土。土壤中固氮基因种类丰富，通过 DNAMAN 软件分析得出在 95% 相似性下分出 10^7 个 OTU。该土壤固氮微生物分布在 α-变形菌门（α-Proteobacteria）、β-变形菌门（β-Proteobacteria）、δ-变形菌门（δ-Proteobacteria）、蓝细菌门（Cyanobacteria）、厚壁菌门（Firmicutes）和拟杆菌门（Bacteroidetes）中。施肥显著增加了 δ-变形菌门固氮微生物的相对丰度，CK、NL、NH 处理在 δ-变形菌门中的相对丰度分别为 25%、27.2%、29%。CK、NL、NH 处理在蓝细菌中的相对丰度分别为 16.5%、16.1%、21.3%，说明蓝细菌适宜高氮环境。

研究将标记（$^{13}CO_2$）和非标记（$^{12}CO_2$）处理的土壤 DNA 分为 16 层，并对不同密度层土壤 DNA 进行 *nifH* 和 16S rRNA 基因定量。与不标记处理相比，紫云英连续标记 30d 后，对照、低氮、高氮处理土壤样品的 *nifH* 基因丰度均向重层偏移，^{13}C 标记的 CK、NL、NH 处理的最高点的浮力密度分别为 1.703g/mL、1.708g/mL、1.703g/mL。而细菌的偏移不明显（图 3-6）。从非标记和标记土壤 DNA 的分层样品中选择轻层（L7～L9 层）、重层（L4～L6 层）进行 *nifH* 基因的克隆测序。将所有 DNA 序列翻译成蛋白质序列后在 95% 相似性下分出 OTU。由系统发育树可以看出，固氮微生物主要分布在 α-变形菌门、β-变形菌门、δ-变形菌门、蓝细菌门，而 γ-变形菌门、放线菌门、疣微菌门的丰度不到 1%。有些微生物明显倾向于利用根际沉积碳，如 OTU65（属于 α-变形菌门）在重层 ^{13}C 标记土壤中的丰度高于未标记土壤；而 OTU24 和 OTU73（属于 δ-变形菌门）主要分布在轻层，说明这类微生物更倾向于利用土壤的其他有机质而不是根际沉积碳。

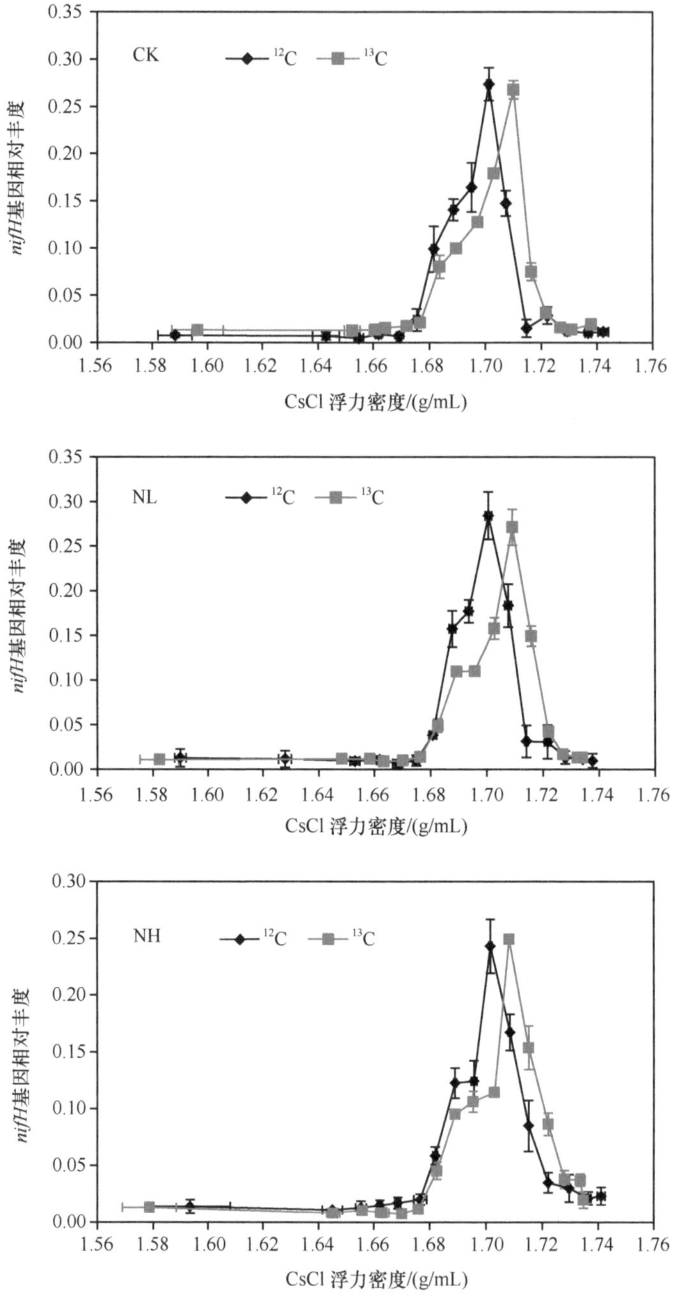

图 3-6　土壤样品固氮基因分层情况

本研究发现适量的施用氮肥（NL 处理）促进了根瘤固氮，在植物-根瘤共生体系中，根瘤菌生长过程中需要的能源物质均由植物提供，本研究中土壤自身氮素水平较低，不施氮肥处理（CK）的植株生物量显著低于施氮肥处理（NL、NH），其能供给根瘤的能源物质也较施肥处理少，而固氮过程耗能较大，需要能源物质较多，氮肥施用促进了植株生长、根系分泌物增加，能够为共生固氮微生物提供更多的碳源等能源物质，从而提高了共生固氮活性（Kiers et al.，2003）。但是，在高氮（NH）条件下，固氮能力反而下降。在标记结束时根瘤的 *nifH* 基因丰度结果同样表现为 NL 处理的 *nifH* 基因丰度显著高于 CK 和 NH 处理。说明氮肥过高或过低均不利于共生固氮，氮肥过低则植物生长受限，输送到根瘤的养分能源少从而抑制固氮活性；而氮肥过量能够满足植物生长时，植物对共生固氮依赖小，植物可能会减少对根瘤的碳源供应，表明植物和固氮菌之间既互惠共生又相互制约（Denison，2000；Kiers et al.，2003）。低氮处理能显著增加根瘤中 *nifH* 基因的丰度，但是对其群落结构没有影响。

3.2.3 田间调控措施对土壤-植物-微生物互作过程中肥料氮素转化的影响

在田间生产过程中，化学氮肥的利用率一般在 50% 以下，利用率比较低，还有大量的氮素在施入土壤后逐渐损失，这是对资源的极大浪费。在肥料中添加抑制剂是提高氮素利用率和降低氮素损失十分有效的方法，而且价格实惠。抑制剂包括抑制尿素水解的脲酶抑制剂和抑制铵态氮硝化的硝化抑制剂。目前，常见的脲酶抑制剂包括正丁基硫代磷酰三胺（NBPT）和氢醌（HQ），常见的硝化抑制剂包括双氰胺（DCD）、2-氯-3-三氯甲基吡啶（nitrapyrin）、3,4-二甲基吡唑磷酸盐（DMPP）等。

我们使用同位素示踪的方法研究发现，抑制剂等田间调控措施对土壤-植物-微生物互作过程中肥料氮素转化产生显著影响。首先，抑制剂的添加可以促进作物生长，增加水稻的地上部干重、地上部氮浓度和产量，其中产量增加 15%～30%（表 3-4）。这和抑制剂的添加可以显著提高肥料氮素利用率有关，硝化抑制剂对硝化作用的抑制效果和脲酶抑制剂对脲酶活性的抑制效果使得肥料氮素更多以 NH_4^+-N 的形式存在，增加植物吸氮量。同位素示踪结果显示，水稻氮素吸收量的增加和吸收更多来自尿素的氮（表 3-5，图 3-7）。荟萃分析表明，使用添加脲酶抑制剂或硝化抑制剂的肥料可以提高氮素利用率 10% 以上（Abalos et al.，2014）。

表 3-4 不同抑制剂对水稻干重和氮浓度的影响

处理	干重/(g/m^2)			氮浓度/%	
	籽粒	秸秆	总和	籽粒	秸秆
CK	834±45c	653±21b	1486±45b	1.26±0.06b	0.74±0.06a
DCD	1074±59ab	749±26a	1823±79a	1.34±0.01a	0.75±0.07a
NP	1091±21a	708±67ab	1799±88a	1.35±0.04a	0.76±0.07a
NBPT	961±106b	694±44ab	1655±142ab	1.37±0.02a	0.69±0.01a

表 3-5 不同抑制剂对尿素氮残留的影响

处理	NH_4^+-N_{dfU}/(μg/kg)	NO_3^--N_{dfU}/(μg/kg)	MBN_{dfU}/(mg/kg)
CK	3.4±1.0c	273±23b	1.4±0.1b
DCD	5.3±0.8b	291±8b	1.3±0.1b
NP	12.9±1.4a	332±24a	1.9±0.2a
NBPT	6.4±0.2b	278±13b	1.4±0.2b

注：NH_4^+-N_{dfU}、NO_3^--N_{dfU}、MBN_{dfU} 分别指尿素残留于土壤中的 NH_4^+-N、NO_3^--N、MBN（微生物生物量氮）。CK，对照处理，仅施尿素；DCD，DCD+尿素处理；NP，nitrapyrin+尿素处理；NBPT，NBPT+尿素处理。不同小写字母代表不同处理之间尿素氮去向的差异性达到显著水平（$P<0.05$）

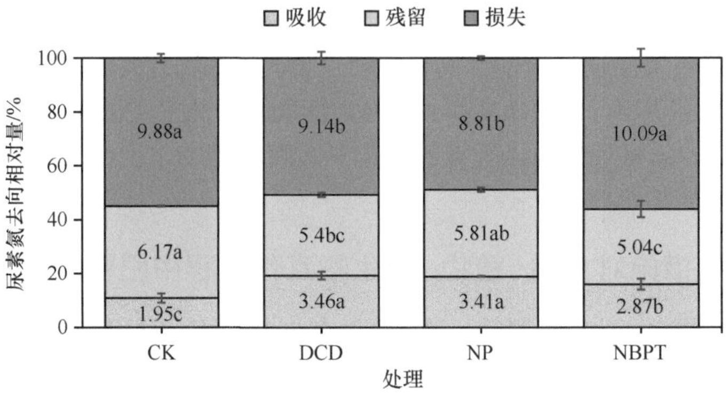

图 3-7　不同抑制剂对尿素氮去向的影响

图柱中的数据代表尿素氮不同去向的量，数据后不含有相同小写字母的表示处理间尿素氮去向差异显著（$P<0.05$）

其次，有些硝化抑制剂可以增加土壤中的氮转化速率，如 2-氯-3-三氯甲基吡啶，不易溶于水却喜欢附着在有机质上，易于分解，为土壤微生物提供碳源，并通过影响土壤有机质的矿化和固持作用，促进尿素氮在土壤中的转运过程。同位素示踪研究发现，使用添加 2-氯-3-三氯甲基吡啶的尿素后，土壤中残留的尿素氮、有效态氮以及微生物生物量氮均显著高于不添加抑制剂的土壤（表 3-5）。

最后，添加抑制剂可以有效减少氮素的损失和温室气体 N_2O 的排放，脲酶抑制剂可以有效避免氨挥发，研究表明，脲酶抑制剂的使用可以降低约 20% 氨挥发峰值以及减少 20% 左右的氨挥发累积量（张文学等，2013）。有研究表明，脲酶抑制剂还会对土壤硝化过程产生影响，但是普遍认为脲酶抑制剂抑制的是氨氧化古菌的生长及其参与的硝化作用（Xi et al.，2017），却在强酸性土壤中对硝化作用起着极其重要的作用（Zhang et al.，2012b），这可能使得脲酶抑制剂在酸性土壤中具有更大的潜力。硝化抑制剂对硝化作用的抑制也会显著减少 N_2O 等氮的氧化物产生，N_2O 也是一种温室气体，但其单分子增温潜势却是二氧化碳的 298 倍。也有研究表明，硝化抑制剂对硝化作用的抑制反而会导致土壤氨含量超过土壤容量，产生更多的氨挥发。

脲酶抑制剂和硝化抑制剂均可以有效提高作物产量与氮肥利用率，但是作用原理不同，同时氮素的损失模式也不同。同时使用两种抑制剂被认为是最有效的方式（Abalos et al.，2014），可以使肥效覆盖整个作物生长期，在提高作物产量和氮素利用率方面比单独使用效果更好。除此之外，既可以减少氨挥发，又抑制了硝化作用导致的氮损失，有效减少氮素的损失，同时是对环境最友好的施用方式。

3.3　根区土壤氮素的微生物同化及过渡氮库调控作用机制

土壤氮素循环是氮素不断进行的生物、化学和物理变化的过程，其中微生物起着关键的驱动作用。氮肥的高效利用与肥料氮素在土壤中的微生物同化过程密切相关（Liu et al.，2016a）。因此，氮肥高效利用调控实际上是土壤氮素微生物转化过程的调控。氮素施入土壤后，一方面通过微生物对无机氮的快速同化过程，形成新的有机氮（微生物细胞含氮组分），并在微生物死亡后以微生物残留物氮的形式保持在土壤中，避免土壤中累积大量的无机氮造成氮素损失；另一方面所形成的新的有机氮组分（氨基酸、氨基糖等形态的有机氮）在微生物死亡后，通过解聚矿化作用，释放氮素到土壤中（He et al.，2011；Zhang et al.，2015b；Hu et al.，2016），保证土壤对植物生长发育的氮素供应（Ding et al.，2010）。

在我国传统耕作制度下，农田新鲜有机物料输入补给很低。大量氮肥的施用会导致土壤有机质老化，使微生物处于碳源与能源的“短缺”状态，土壤微生物无法快速同化所施用的肥料氮素，进而加剧氮素损失，降低氮肥利用率。秸秆还田是一种有效提高土壤有机质质量和数量的措施，但是关于秸秆还田如何影响肥料氮素的微生物同化过程还不清楚。本小节针对这一问题，选取典型的东北旱地玉米产区（辽宁沈阳农田生态系统国家野外科学观测研究站，棕壤），在田间原位条件下建立了 ^{15}N 同位素微区实验平台（实验设置为两个处理，分别为单施氮肥和氮肥+50% 秸秆还田，其中氮肥为 $(^{15}NH_4)_2SO_4$，99% atom；秸秆长度为 10～20cm，于每年春季播种前覆盖还田），采集了 10 个生长季收获期的根区土壤样品，通过分析肥料氮素在耕层土壤中残留的年际动态以及肥料氮素在土壤微生物残留物（氨基酸和氨基糖含量）中的动态变化，探讨秸秆所调控的肥料氮素的微生物转化过程。

3.3.1　肥料氮素在耕层土壤中残留的年际动态

3.3.1.1　秸秆覆盖还田对耕层土壤碳、氮含量的影响

免耕条件下长期单施氮肥处理，土壤中有机碳（SOC）和全氮（TN）含量在 0～10cm 和 10～20cm 土壤中随年际变化均不显著（图 3-8），但是秸秆覆盖还田能够显著提高土壤有机碳和全氮在耕层 0～10cm 土壤中的累积，但未显著影响 10～20cm 土壤碳、氮含量，表明秸秆覆盖还田有利于表层土壤碳氮的固持。覆盖在土壤表层的秸秆在矿化分解的过程中能够为土壤微生物生长和代谢提供碳源、能源以及养分（氮源等）等，有利于土壤有机质组分的积累，进而起到提高土壤有机碳、氮含量的作用（Blanchart et al.，2006）。

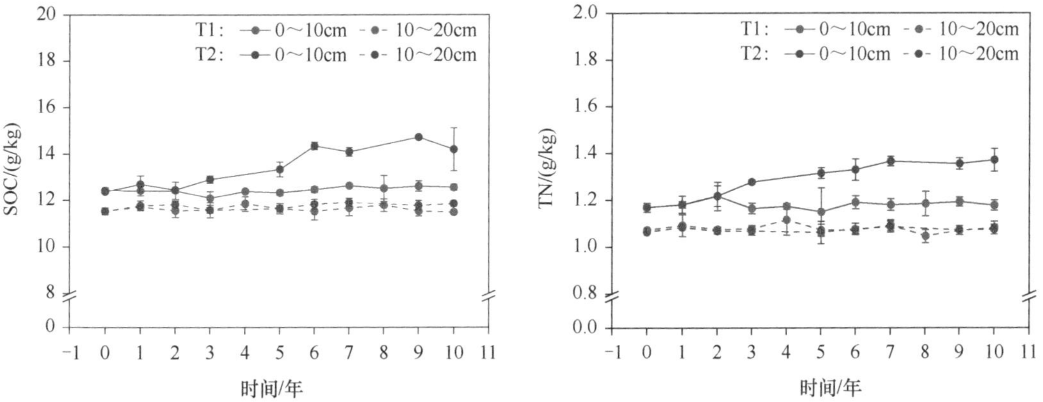

图 3-8　土壤有机碳（SOC）和全氮（TN）含量动态变化

T1：单施氮肥；T2：氮肥+50% 秸秆覆盖还田。下同

3.3.1.2　^{15}N 标记肥料氮素在土壤中的残留变化

肥料氮素在土壤中的残留呈逐年降低的趋势（图 3-9），与单施氮肥处理相比，秸秆覆盖还田能够显著增加表层 0～10cm 土壤中肥料氮素的残留量，但是对 10～20cm 土壤没有显著影响。第一个生长季结束时，肥料氮素在 0～20cm 土壤中的回收率超过 30%，在经过 10 个生长季后，分别约有 8.3%（T1，单施氮肥）和 10.8%（T2，氮肥+50% 秸秆还田）的肥料氮素残留在耕层 0～20cm 土壤中（表 3-6）。

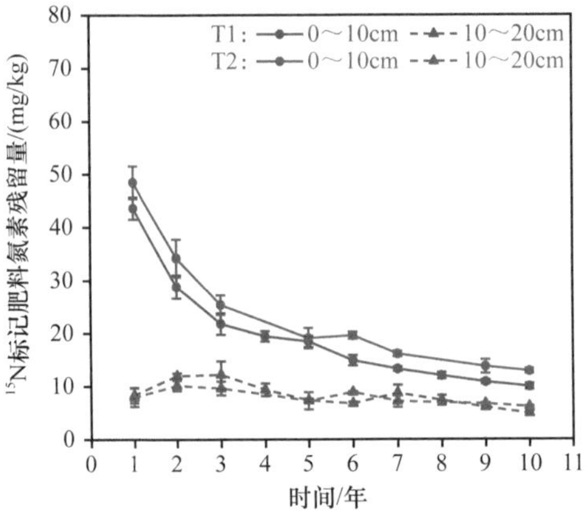

图 3-9　0～20cm 耕层土壤中 ^{15}N 标记肥料氮素残留量的动态变化

表 3-6　肥料氮素在耕层土壤中的回收率（%）

时间/年	T1		T2	
	0～10cm	10～20cm	0～10cm	10～20cm
1	24.4	4.9	27.1	4.6
2	16.1	7.0	19.1	5.9
3	12.2	7.1	14.2	5.6
4	10.9	5.5	—	—
5	10.3	4.3	10.6	4.2
6	8.3	3.9	10.9	5.2
7	7.4	5.1	9.0	4.2
8	6.7	4.3	—	—
9	6.0	3.5	7.7	3.9
10	5.5	2.8	7.2	3.6

注：第 4 年和第 8 年 T2 处理因故未采样，以“—”表示

通过差减法计算肥料氮素在土壤有机氮中的残留量及比例（图 3-10）。残留在耕层土壤中的肥料氮素有 50% 以上以有机氮形式存在，其中 0～10cm 土层为 53.8%～97.0%，10～20cm 土层为 83.5%～99.5%。与单施氮肥处理相比，秸秆覆盖还田能够增加 0～10cm 土壤中肥料氮

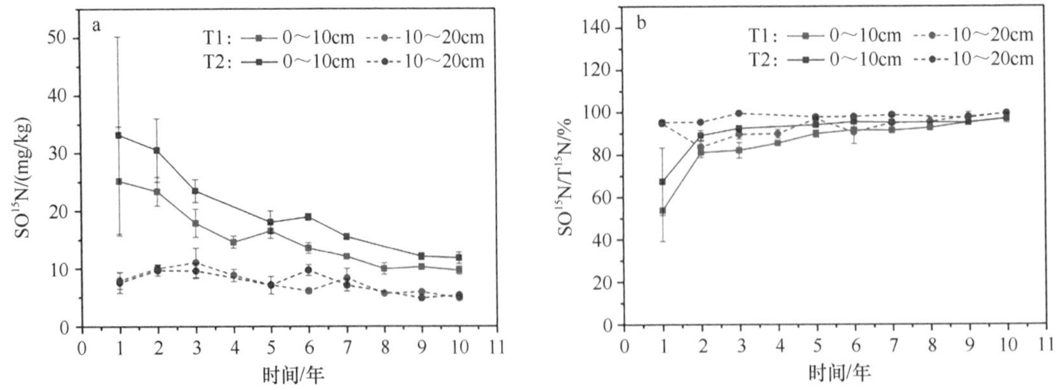

图 3-10　^{15}N 标记肥料氮素在耕层土壤有机氮库中的残留变化

素在有机氮库中的存储，平均提高约 4.5mg/kg。在土壤中肥料氮素主要通过微生物作用形成有机氮，因此，肥料氮素在土壤中的微生物转化过程对其在土壤中的保持至关重要。

3.3.2　秸秆调控肥料氮素的微生物转化过程

在土壤中，氮素的 3 种生物学形式分别为蛋白质、核酸和细胞壁物质（氨基糖）。肥料氮素进入土壤中后，能够被微生物同化利用从而构建上述的微生物细胞组分，并在微生物死亡后以微生物残留物的形式在土壤中积累。氨基糖是土壤微生物残留物的标识物，它是土壤微生物细胞壁的主要组成物质，在土壤中具有较高的稳定性（Joergensen，2018）。土壤氨基糖主要来源于微生物，到目前为止，已证明土壤里存在 11 种氨基糖，其中有 4 种氨基糖可被定量化，分别是氨基葡萄糖（glucosamine，GluN）、氨基半乳糖（galactosamine，GalN）、氨基甘露糖（mannosamine，ManN）、胞壁酸（muramic acid，MurA）。其中，氨基葡萄糖主要来源于真菌，是真菌几丁质的唯一成分，也是细菌细胞壁中肽聚糖的重要成分；胞壁酸只来源于细菌，它是细菌中脂多糖和细胞壁中肽聚糖的成分。由于氨基单糖的这种异源性，常被作为土壤有机物质微生物（真菌和细菌）来源的标识物（He et al.，2011；Joergensen，2018）。研究表明，不同微生物来源的氨基糖在土壤中的积累、转化特征可以反映细菌和真菌对土壤无机氮素同化的相对贡献，并且利用氨基糖的这种“记忆效应”可以研究无机氮素同化过程中土壤微生物群落的动态变化特征（He et al.，2011）。氨基酸态氮是土壤最大的有机氮库，占土壤有机氮的 30% 以上，是土壤有机氮的重要组成部分，其含量和组成显著影响土壤氮素的供应状况，土壤氨基酸的微生物转化过程对土壤氮素微生物转化过程具有容量指示作用（李世清等，2002；Jones and Kielland，2012；Lü et al.，2013）。因此，本小节以微生物残留物-氨基糖和氨基酸为目标化合物，开展肥料氮素的微生物同化过程研究。理论上为提高土壤氮素养分利用率、减少氮素损失提供参考。实践上为氮素的高效利用与管理，指导合理施肥提供科学依据。

3.3.2.1　肥料氮素向土壤氨基糖的转化

（1）土壤氨基糖含量的动态变化

与单施氮肥处理相比，秸秆覆盖还田能够增加 0～10cm 土壤氨基糖总量（氨基葡萄糖、氨基半乳糖和胞壁酸含量的加和，图 3-11）以及每种氨基糖单体的含量（图 3-12），到第 10 个生长季时，在 0～10cm 土壤中氨基糖总量达 1108.7mg/kg，是单施氮肥处理的 1.3 倍。秸秆的施入同样能够增加 0～10cm 土壤中肥料来源的氨基糖总量以及肥料来源的每种氨基糖单体的含量（图 3-13，图 3-14），平均来看，肥料来源的氨基糖总量是单施氮肥处理的 1.4 倍。说明秸秆的施入能够促进肥料氮素向土壤微生物残体的转化。主要原因是秸秆的分解能够为微生物生长和代谢提供必要的碳源和能源，能够促进微生物生长，进而增加微生物对外源氮素的利用，使较多的肥料氮素累积到微生物残留物中。本研究结果表明，秸秆作为一种碳源，可以调整农田土壤碳、氮元素的比例，进而调控肥料氮素在土壤中的微生物转化过程。新鲜有机物料的输入在一定程度上能够增加氮素的微生物固持，因此，农田土壤中有机物料的输入是减少氮素损失、提高氮肥利用率的有效措施。此外，随时间增加，肥料来源的氨基糖含量呈现下降趋势。氨基糖在土壤中存在合成和分解的动态平衡，氨基糖含量下降，说明其以分解为主，即氨基糖能够被矿化分解释放出氮素从而供下茬作物吸收利用，并进一步参与土壤氮素的转化与循环过程中。研究表明，与土壤其他难降解有机组分相比，微生物细胞壁残留物是一种重要的碳源和氮源，在养分缺乏的条件下能够被优先降解利用（Amelung et al.，2001；Engelking et al.，2007）。

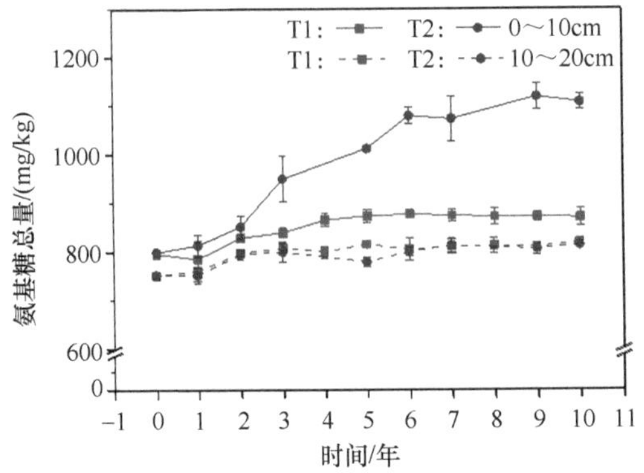

图 3-11　土壤氨基糖总量的动态变化

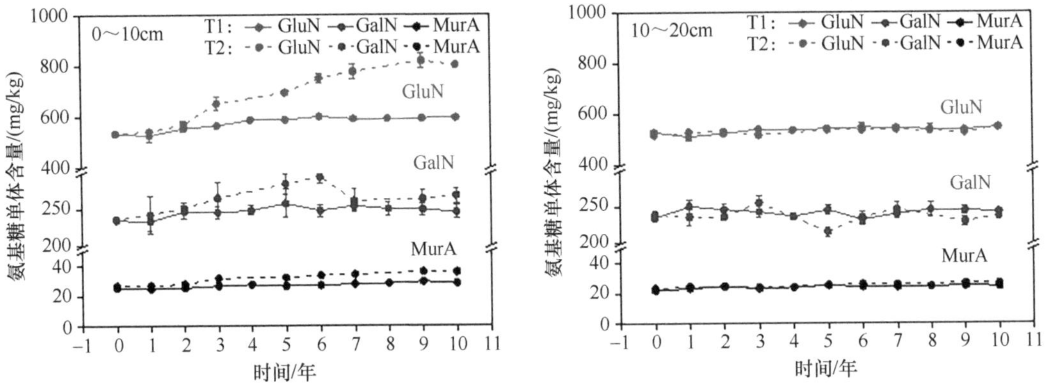

图 3-12　土壤中各氨基糖单体含量的动态变化

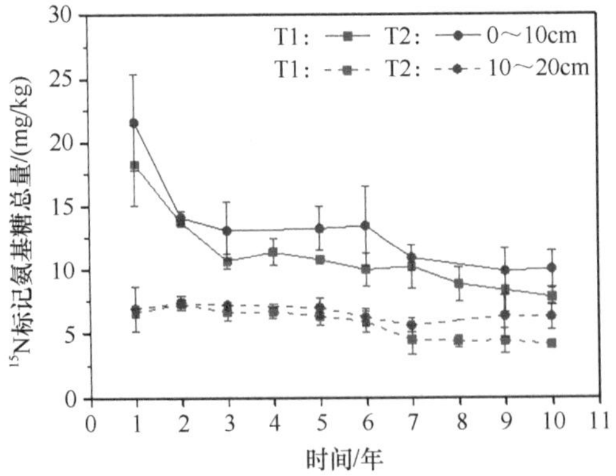

图 3-13　肥料来源的氨基糖总量（^{15}N 标记氨基糖总量）的动态变化

此外，在 10～20cm 土壤中，秸秆覆盖还田并没有显著影响土壤氨基糖含量以及肥料来源的土壤氨基糖含量（图 3-11～图 3-14）。由于本研究中秸秆的施用方式是表面覆盖，随着秸秆的分解，其矿化产生的可利用碳、氮集中在土壤表层，进而形成微生物生长的“热点”，刺激微生物生长，而对于下层土壤，秸秆的这种刺激作用不显著，表现出单施氮肥和氮肥+50% 秸秆还田处理间氨基糖含量没有显著差异（Bastian et al.，2009；Helgason et al.，2014）。

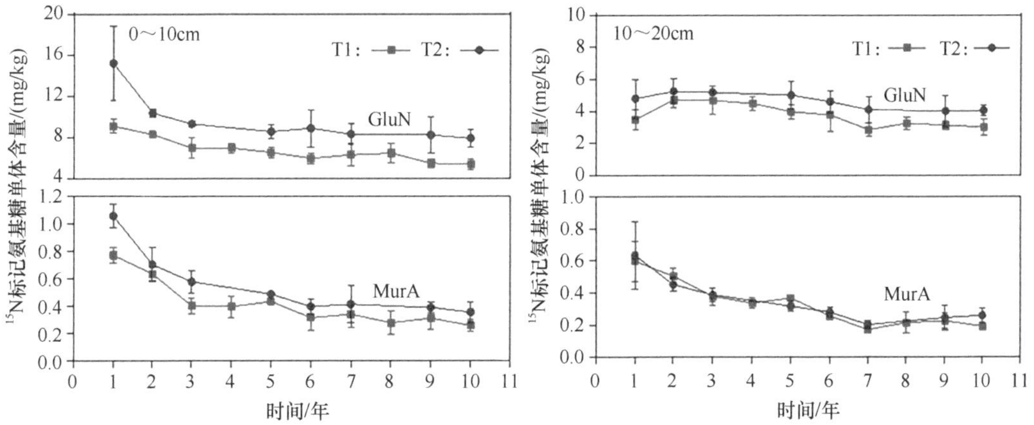

图 3-14 肥料来源氨基糖单体（^{15}N 标记氨基糖单体）含量的动态变化

（2）真菌和细菌来源的氨基糖比值

在土壤中，氨基葡萄糖主要来源于真菌，胞壁酸只来源于细菌，通过氨基葡萄糖与胞壁酸比值的变化可以反映真菌和细菌残留物对肥料氮素转化和积累的相对贡献。土壤中的真菌氨基糖与细菌氨基糖比值增加，表明真菌残留物对土壤氮素转化和积累的相对贡献大于细菌，比值下降则表明细菌残留物对土壤氮素转化和积累的相对贡献大于真菌。

总的氨基葡萄糖与胞壁酸的比值（$GluN_T/MurA_T$）随年际变化不大（图 3-15），但是肥料来源的氨基葡萄糖与胞壁酸的比值（$GluN_{FD}/MurA_{FD}$）随时间增加呈现增加趋势（图 3-15），说明在实验的前期细菌对肥料氮素转化的贡献较大，但是随着时间的增加，真菌对肥料氮素转化的贡献逐渐增加。因为细菌个体小、分布广、数量多、繁殖快且与土壤接触的表面积大，在养分竞争中初始非常活跃，因此以细菌为唯一来源的胞壁酸在初期具有较快的周转速率。细菌在秸秆降解初期发挥主要作用，而真菌利用较难降解组分（如纤维素和木质素）的能力较强，因此在秸秆降解后期是占主要地位的微生物群体（Liebich et al.，2006），进而使较多的肥料氮素累积到真菌残留物中。此外，真菌也能够利用细菌残留物中的氮素，使肥料氮素逐渐向真菌残留物中积累。在土壤中，真菌残留物的稳定性显著高于细菌残留物（Nakas and Klein，1979；Six et al.，2006），因此细菌残留物的快速循环调控土壤的氮素营养供应过程，而肥料氮素在土壤真菌残留物中的固持是减少土壤（肥料）氮素损失的关键机制。由此可见，土壤中真菌和细菌在利用及转化肥料氮素的过程中存在接替效应，细菌残留物向真菌残留物

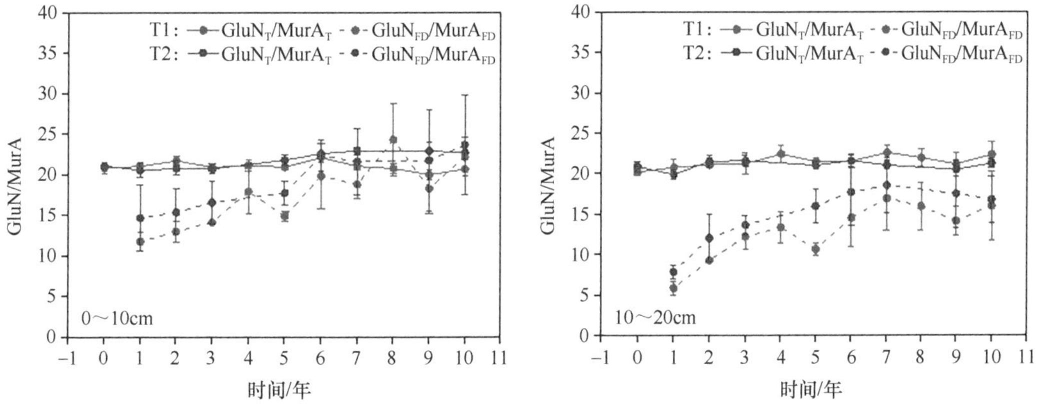

图 3-15 真菌和细菌来源的氨基糖比值的动态变化

的转化是肥料氮素在土壤中周转稳定的重要机制。此外，秸秆还田能够显著增强土壤真菌对肥料氮素的利用，促进更多的肥料氮素向真菌残留物转化。

3.3.2.2 肥料氮素向土壤氨基酸的转化

与单施氮肥处理相比，秸秆覆盖还田能够增加 0～10cm 土壤中氨基酸总量以及肥料来源的氨基酸总量（图 3-16），但对 10～20cm 土壤中氨基酸含量没有影响，说明秸秆的施入能够促进表层 0～10cm 土壤肥料氮素向土壤氨基酸库的转化，有利于肥料氮素的微生物固持，这与前文氨基糖的结果相一致，具体原因不再赘述。

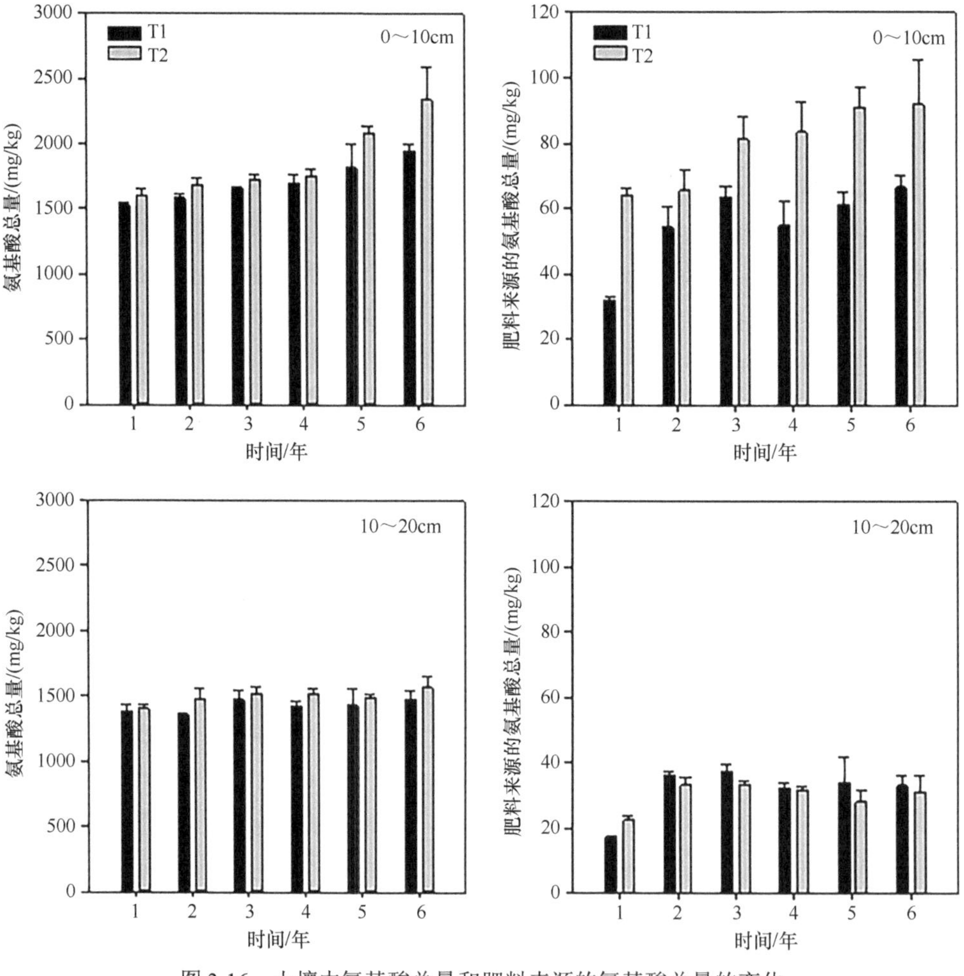

图 3-16　土壤中氨基酸总量和肥料来源的氨基酸总量的变化

3.3.2.3 肥料氮素向土壤微生物残留物氮的转化

与单施氮肥处理相比，秸秆覆盖还田能够显著增加 0～10cm 土壤中总的真菌残留物氮、总的细菌残留物氮以及总的微生物残留物氮（总真菌残留物氮+总细菌残留物氮）的含量（图 3-17）。随着年际增加，总的微生物残留物氮增加，说明秸秆的施入有利于微生物残留物氮在土壤中积累。此外，秸秆覆盖还田也能够显著增加肥料来源的真菌残留物氮、细菌残留物氮和总的微生物残留物氮的含量（图 3-17），说明秸秆的施入有利于肥料氮素向土壤微生物残留物氮的转化，进而降低无机氮素在土壤中损失的风险。随着年际增加，肥料来源的微生物残留物氮含量降低，说明这部分氮素能够被矿化分解释放出氮素供植物吸收利用。

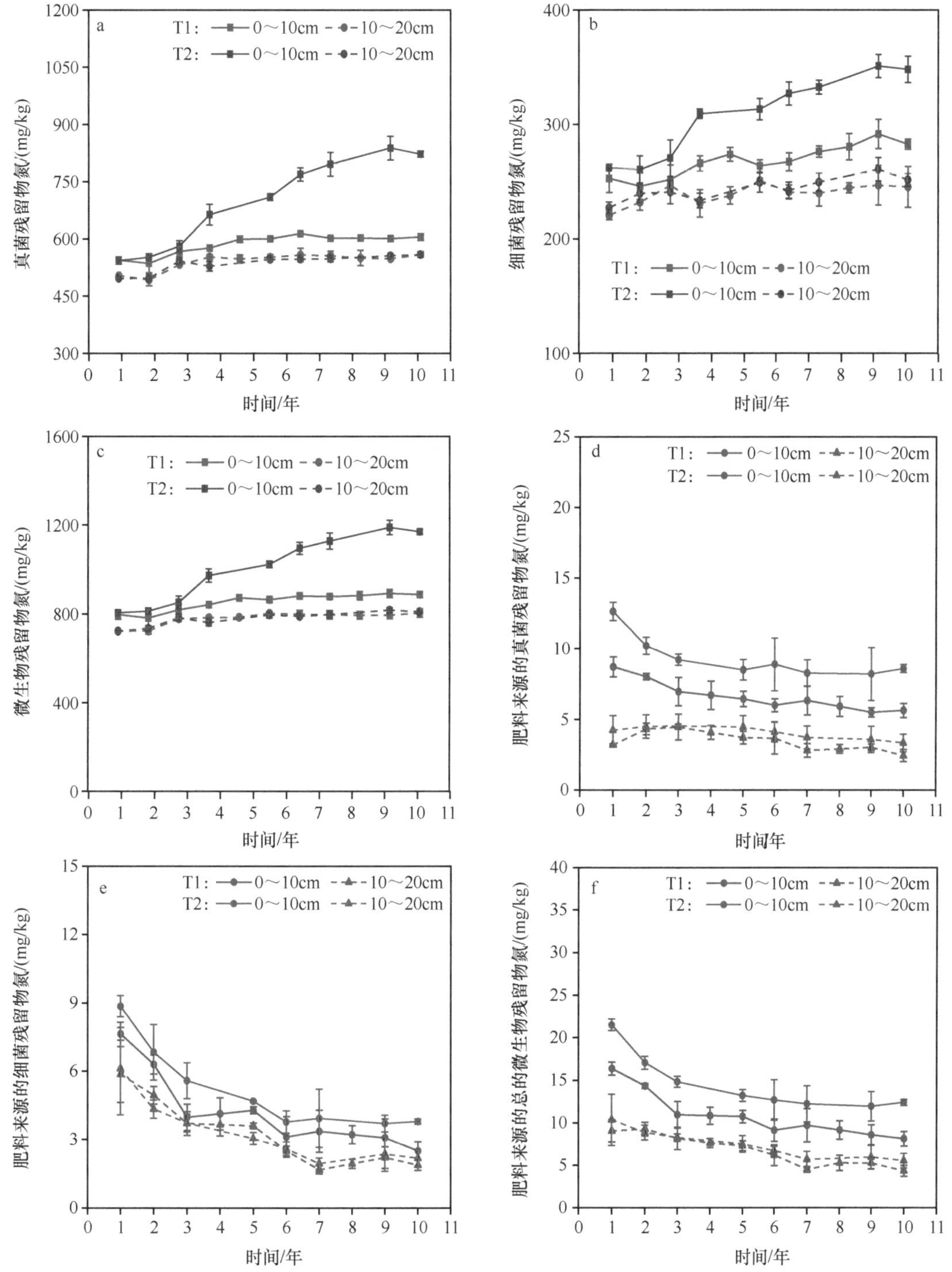

图 3-17　土壤微生物残留物氮的动态变化

a. 总的真菌残留物氮；b. 总的细菌残留物氮；c. 总的微生物残留物氮；d. 肥料来源的真菌残留物氮；e. 肥料来源的细菌残留物氮；f. 肥料来源的总的微生物残留物氮

微生物残留物氮是土壤有机氮的重要组成部分（Liang et al.，2019），在本研究中总的微生物残留物氮占土壤全氮的比例（MNN/TN）在整个采样期间均大于 70%，说明土壤全氮中有 70% 以上的氮是以微生物残留物氮的形式存在的（图 3-18a）。秸秆的施入能够增加 0～10cm 土壤总的微生物残留物氮占土壤全氮的比例（图 3-18a）。0～10cm 土壤中肥料来源的微生物残留物氮占残留在土壤中的肥料氮的比例（MNN_{FD}/TN_{FD}）随时间增加呈增加趋势，到第 10 个生长季时，该比值高达 97%（图 3-18b），说明残留到土壤中的肥料氮素基本全部以微生物残留物氮的形式存在。秸秆的施入有增加 MNN_{FD}/TN_{FD} 的趋势，进一步说明秸秆的施入有利于肥料氮素的微生物固持。

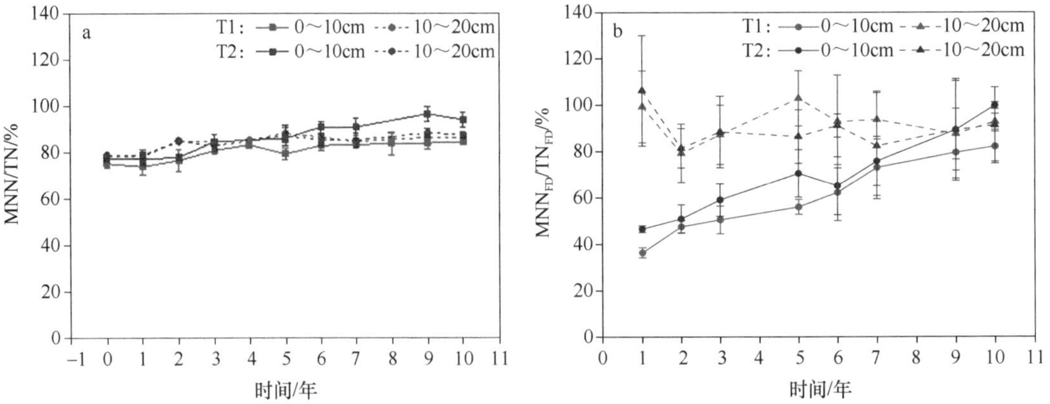

图 3-18　土壤微生物残留物氮占土壤氮素的比例

a. 总的微生物残留物氮占土壤全氮的比例（MNN/TN）；b. 肥料来源的微生物残留物氮占残留在土壤中的肥料氮的比例（MNN_{FD}/TN_{FD}）

有研究应用稳定同位素示踪技术发现土壤中无机氮的转化途径是多方面的，土壤和肥料氮素的转化过程除挥发、硝化和反硝化外，在实验室模拟培养条件下，无论是以 NH_4^+ 还是 NO_3^- 为氮源，微生物可以利用外加氮素以很高的速率合成微生物有机体（微生物残留物氮，包括氨基酸氮和氨基糖氮）(He et al.，2011；Hu et al.，2016)。并且新形成的这种有机氮（氨基酸和氨基糖聚合物）可能包被在土壤矿物-有机复合体或团聚体的表面，作为土壤氮素的过渡库，具有较高的活性和循环速率，在特定条件下，不断矿化释放出无机态氮，因此这种有机态氮处于不断转化循环之中（Zhang et al.，2015b）。在本研究中，微生物残留物氮可能作为土壤氮素的过渡库，在土壤氮素转化循环过程中发挥重要的作用。

总体来看，秸秆作为一种碳源，可以调整农田土壤碳、氮元素的比例，进而调控肥料氮在土壤中的微生物转化过程，有利于肥料氮素的微生物固持，并且微生物残留物氮是肥料氮素在土壤中稳定存在的主要形式。土壤中真菌和细菌在利用及转化肥料氮素的过程中存在接替效应，细菌残留物向真菌残留物的转化是肥料氮素在土壤中周转稳定的重要机制。

3.4　根区氮素微生物周转的影响因素及调控机制

根区氮素周转受到一系列土壤因子的影响，如 pH、有机碳、土壤湿度和底物浓度等，而这些土壤因子又受到施肥、水分管理等农艺措施的调控。不同农艺措施通过改变根区土壤物理、化学、生物学特性，影响作物生理状态以及根区微生物群落的结构和功能，进而影响根区氮素的转化。本节以肥料稳定剂为例，探讨根区氮素周转的影响因素及调控机制。

3.4.1　肥料稳定剂对根区氮素周转的影响及调控

3.4.1.1　硝化抑制剂对根区氮素转化的影响

硝化抑制剂如 DMPP（3,4-二甲基吡唑磷酸盐），DCD（双氰胺）等能够抑制土壤中的亚硝化、硝化甚至反硝化过程，从而阻碍 NH_4^+ 向 NO_2^- 和 NO_3^- 的转化过程。硝化抑制剂与氮肥配合施用，通过抑制硝化细菌的活性，抑制亚硝化、硝化、反硝化作用，使施入的铵态氮能够在较长的时间内以 NH_4^+ 的形态存在，提高肥效，减少氮损失。我们的研究结果表明，水稻土施用 DMPP 不仅可以有效地抑制 NH_4^+-N 向 NO_3^--N 的转化，还能延长 NH_4^+-N 的滞留时间。在酸性水稻土中，DMPP 施用量为氮素施用量的 2% 时，对土壤 NH_4^+-N 向 NO_3^--N 转化表现出最佳抑制效果。对中性水稻土而言，施加 0.5% DMPP 处理能较好地抑制 NH_4^+-N 向 NO_3^--N 的转化（图 3-19）。

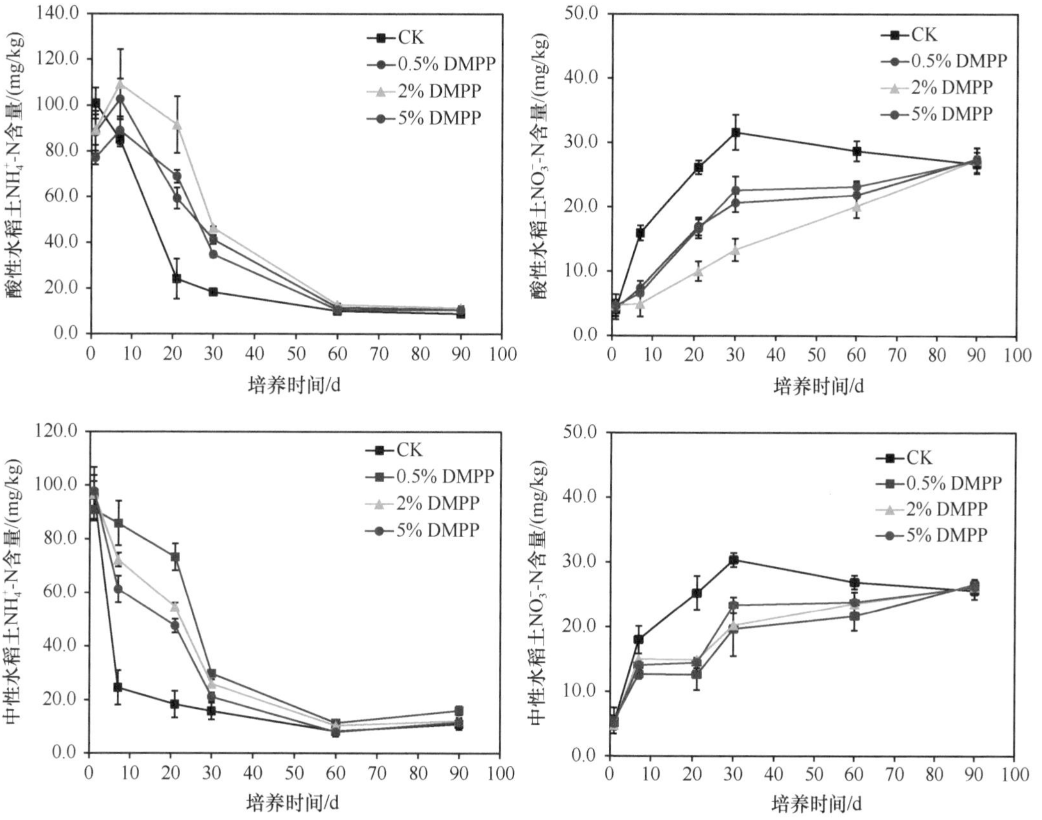

图 3-19　不同用量 DMPP 处理水稻土中铵态氮和硝态氮的动态变化

添加 DMPP 能够显著抑制水稻根际硝化作用（表 3-7），通常酸性水稻土的硝化抑制率会随着培养时间的增加而逐渐降低，而中性水稻土中硝化抑制率在前 20d 随培养时间的增加而增加，随后逐渐降低。在培养 7d 后，DMPP 在酸性水稻土中的硝化抑制率为 53.44%～68.91%，同时期在中性水稻土中的硝化抑制率为 16.74%～29.71%。培养第 40 天后，DMPP 在酸性水稻土中的硝化抑制率为 28.41%～57.79%，在中性水稻土中的硝化抑制率为 23.10%～35.26%。可见在整个培养过程中，DMPP 在酸性水稻土中的硝化抑制率高于中性水稻土。不同用量 DMPP 对酸性和中性水稻土的硝化抑制效果不同，在酸性水稻土中，以 2%

DMPP 处理的土壤硝化抑制率最大，在中性水稻土中，0.5% DMPP 处理的土壤硝化抑制率始终比其他用量 DMPP 处理要高。

表 3-7　不同用量 DMPP 处理下水稻土硝化抑制率的变化

处理时间/d	酸性水稻土/%			中性水稻土/%		
	0.5% DMPP	2% DMPP	5% DMPP	0.5% DMPP	2% DMPP	5% DMPP
7	53.44	68.91	58.44	29.71	16.74	21.92
20	35.19	61.73	36.63	49.96	40.89	42.81
40	34.76	57.79	28.41	35.26	33.42	23.10
90	0.75	1.73	1.34	1.64	1.40	0.17

在肥料中添加硝化抑制剂也能通过抑制驱动硝化作用的酶活性来抑制土壤中的铵态氮转变为硝态氮，减少硝态氮底物浓度，从而间接地抑制根区土壤反硝化过程。添加 2% DMPP，在处理 7d 内，酸性水稻土根际反硝化活性显著低于 CK 处理（$P<0.05$）（图 3-20），而中性水稻土根际反硝化活性降低不明显。在处理 30d 后，两种水稻土中的反硝化活性均急剧下降，且各处理的反硝化活性无显著差异。除此之外，硝化抑制剂还能直接抑制硝化微生物介导的反硝化作用过程。例如，在碱性农田土壤中，DMPP 通过抑制氨氧化细菌中 *amoA* 基因的表达来抑制根区硝化作用，以及硝化微生物参与的反硝化作用，从而明显减少 N_2O 排放（Shi et al.，2017）。

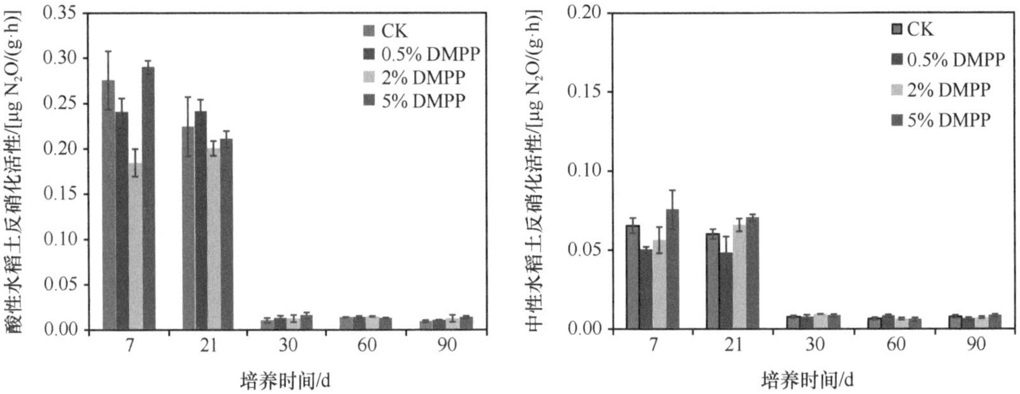

图 3-20　不同用量 DMPP 对不同水稻土反硝化活性的影响

DMPP 通过影响土壤微生物的组成和丰度来影响氮素的转化。施用 DMPP 后，酸性水稻土中氨氧化古菌（AOA）*amoA* 基因的拷贝数是氨氧化细菌（AOB）*amoA* 基因的 3～7 倍，土壤中 AOA 和 AOB 的丰度都随着时间的增加而降低，DMPP 对 AOA 的丰度无影响，而在水稻生长前期 2% DMPP 能够显著降低 AOB 的丰度（图 3-21），2% DMPP 处理下的 AOA/AOB 值显著高于其他处理；在水稻成熟期，所有 DMPP 处理均增加了土壤 AOB *amoA* 基因拷贝数，但各处理间无显著差异。中性水稻土中 AOB 丰度明显低于酸性水稻土（图 3-21），DMPP 对 AOA 没有明显影响，而 0.5% DMPP 能明显降低 AOB *amoA* 基因拷贝数；在水稻生长前期，0.5% DMPP 处理下的 AOA/AOB 值升高了 1.2 倍，这进一步说明在中性水稻土中添加 0.5% DMPP 可以明显降低 AOB 的数量。

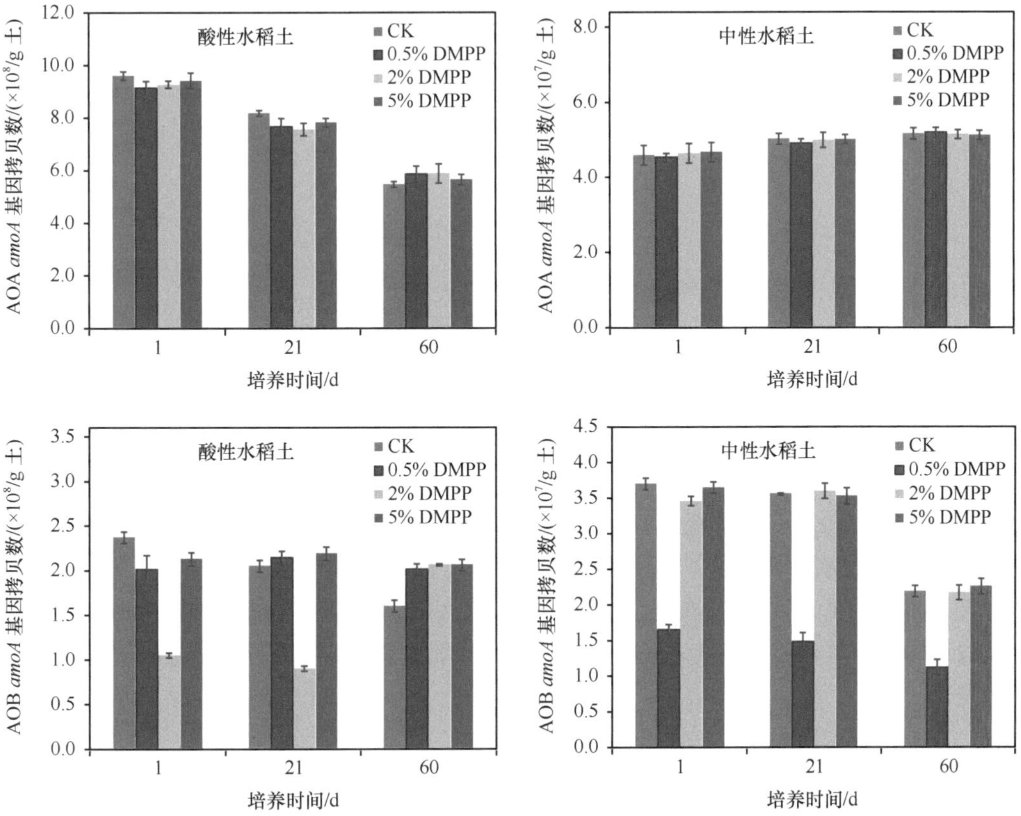

图 3-21　不同用量 DMPP 对水稻土中氨氧化细菌和氨氧化古菌丰度的动态影响

水稻根际典型的氧-缺氧界面是耦合硝化反硝化作用的主要场所，因此存在显著的厌氧氨氧化反应（Nie et al.，2015）。通常，根际厌氧氨氧化活性和功能基因丰度均显著高于非根际土壤，其原因是根际铵和亚硝酸盐的浓度较高，可以发生部分反硝化作用，为厌氧氨氧化菌提供亚硝酸盐。根际厌氧氨氧化细菌的生长受到根分泌物的强烈影响，一些有机底物可以抑制厌氧氨氧化，一些有机酸（如乙酸和丙酸盐）可以作为补充碳源，而葡萄糖、甲酸盐和丙氨酸对厌氧氨氧化过程影响不大（Güven et al.，2005），但根际琥珀酸盐与厌氧氨氧化细胞丰度显著相关（Li et al.，2016）。我们的最新研究表明，肥料稳定剂也会影响水稻根际厌氧氨氧化菌的丰度。如图 3-22 所示，CK 处理同一土层酸性水稻土中的厌氧氨氧化菌丰度随着水稻的培养先减后增，在水稻移栽后第 7 天，厌氧氨氧化菌丰度主要集中在 30～45cm 土层，到

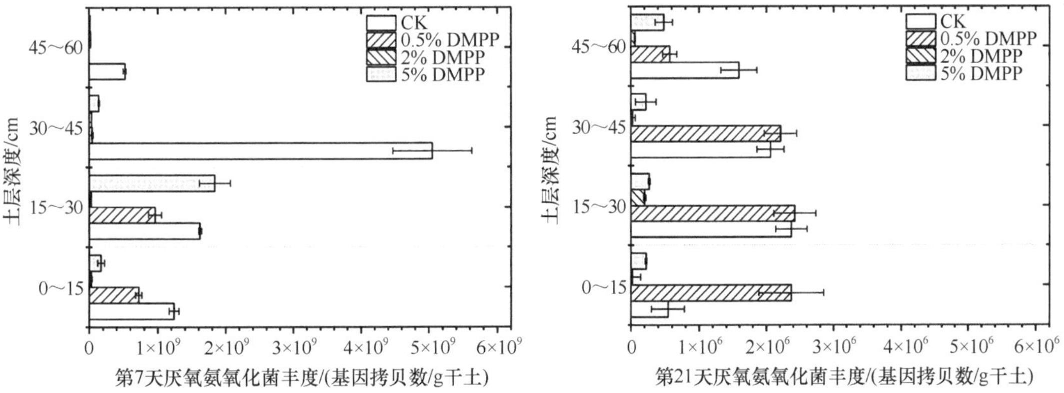

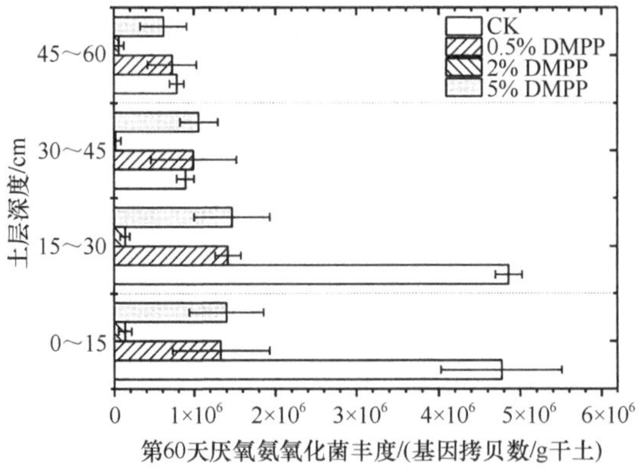

图 3-22　添加 DMPP 后不同深度酸性水稻土层厌氧氨氧化菌丰度的动态变化

水稻移栽后 60d，厌氧氨氧化菌丰度主要集中在 0～15cm 表层土和 15～30cm 亚表层土中。与 CK 处理相比，在酸性水稻土中添加 2% DMPP 在水稻不同生长时间段都能明显降低厌氧氨氧化菌的丰度（91.3%～99.2%），而 0.5% DMPP 与 5% DMPP 作用不显著。

需要指出的是，目前我们对厌氧氨氧化过程受根际影响的认识仍有许多空白，对厌氧氨氧化过程与根际氧化还原梯度之间的耦合关系、厌氧氨氧化和根系分泌物之间的关系等还很不清楚。

3.4.1.2　脲酶抑制剂对根区氮素转化的影响

脲酶抑制剂能够抑制土壤中脲酶活性，延缓尿素水解。正丁基硫代磷酰三胺（NBPT）是典型的脲酶抑制剂，我们的研究表明，NBPT 在不同土壤中的效果差异明显，在酸性水稻土中，0.5% NBPT 处理能有效抑制土壤中尿素水解，降低 NO_3^--N 含量。在中性水稻土中，0.1% NBPT 处理对尿素水解有明显抑制，能够明显降低 NO_3^--N 含量（图 3-23）。

添加 NBPT 能够显著抑制水稻根际的硝化作用（表 3-8）。在整个培养过程中，NBPT 处理后，酸性水稻土中的硝化抑制率整体上高于中性水稻土。在不同水稻土中，NBPT 最佳硝化抑制效果的施用量不同，酸性水稻土中以 0.5% NBPT 的硝化抑制效果最好，中性水稻土中不同 NBPT 处理的硝化抑制率差异不大。酸性水稻上和中性水稻土的硝化抑制效果最佳时间段相同，都是在处理后的第 7 天，这说明 NBPT 的施用在前期效果更好。

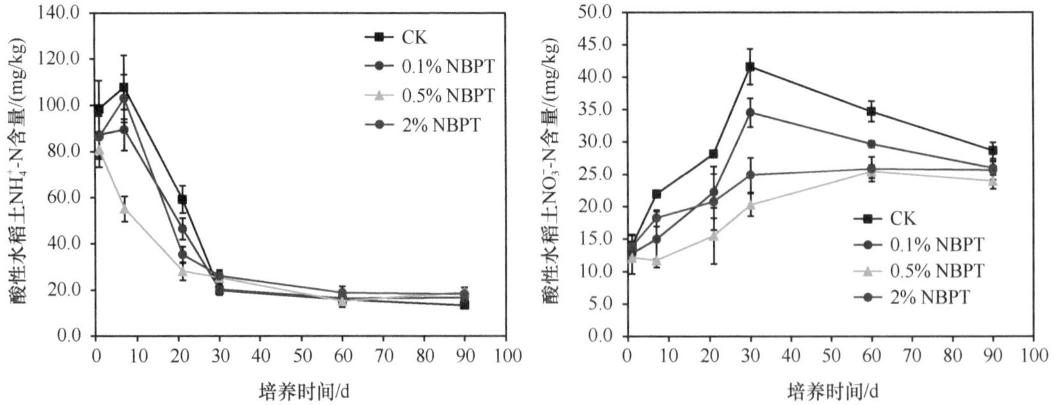

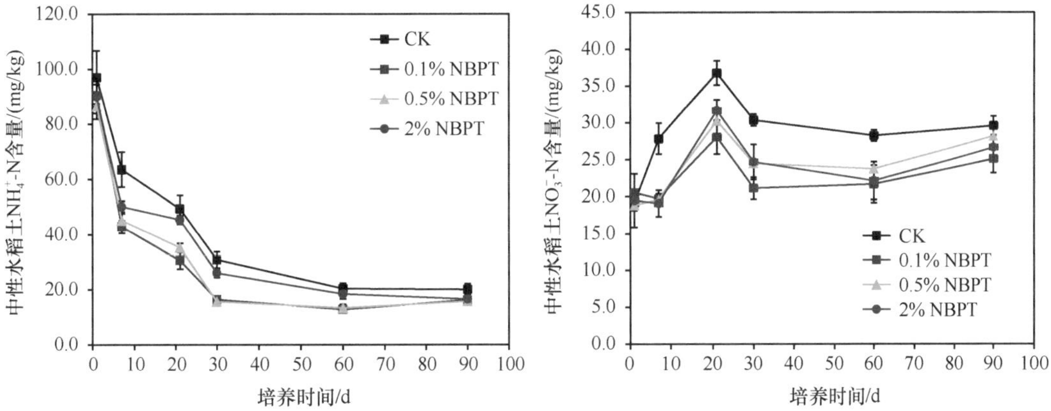

图 3-23　不同用量 NBPT 处理酸性水稻土、中性水稻土中铵态氮和硝态氮的动态变化

表 3-8　不同用量 NBPT 处理下酸性水稻土、中性水稻土硝化抑制率（%）的变化

处理时间/d	酸性水稻土			中性水稻土		
	0.1% NBPT	0.5% NBPT	2% NBPT	0.1% NBPT	0.5% NBPT	2% NBPT
7	31.78	46.53	35.12	31.49	29.62	29.22
21	21.15	44.97	33.50	29.17	23.15	24.75
40	17.04	41.66	33.01	23.83	19.64	18.74
90	2.8	10.26	4.04	15.25	10.02	4.78

NBPT 也能影响根区氮素反硝化作用。研究表明，酸性水稻土中的反硝化活性是中性水稻土的 2～5 倍，在酸性和中性水稻土水稻种植前期，都是 0.5% NBPT 对反硝化活性的抑制效果更显著，到后期不同用量 NBPT 处理下反硝化活性无显著差异（图 3-24）。酸性水稻土的各处理排放高峰期主要集中在第 7 天，在酸性水稻土中施用 2% NBPT 的第 21 天，反硝化活性明显高于其他浓度处理，这可能是因为高浓度的 NBPT 为土壤提供了有机物，而反硝化受到明显促进，导致活性有所增加，而 0.1% NBPT、0.5% NBPT 的反硝化活性与 CK 相比分别降低了 48.2%、62.3%，能显著抑制反硝化活性。

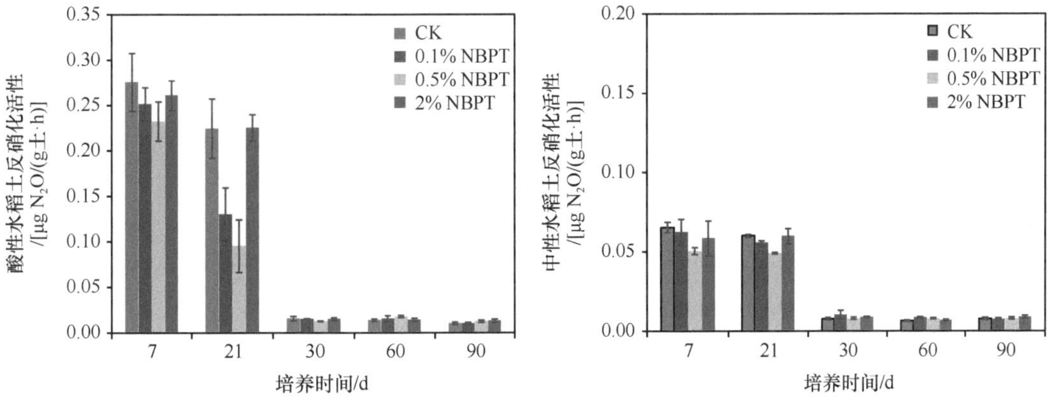

图 3-24　不同用量 NBPT 对不同酸性水稻土和中性水稻土反硝化活性的影响

NBPT 对酸性水稻土中 AOA 和 AOB 的丰度无明显影响，但 AOA 和 AOB 随着时间的变化趋势不同，AOA 随着培养时间的增加而降低，而 AOB 先升高再降低，这说明随着淹水的时间增加，土壤环境发生较大改变，AOA 的生长开始受到抑制，土壤中 AOB 逐渐增多（图 3-25）。中性水稻土中氨氧化微生物的丰度变化与酸性水稻土不同，AOA 和 AOB 的丰度均随着时间先增后减，这说明在中性水稻土培养后期，氨氧化微生物活性降低，这可能与土壤中有机物减少有关。

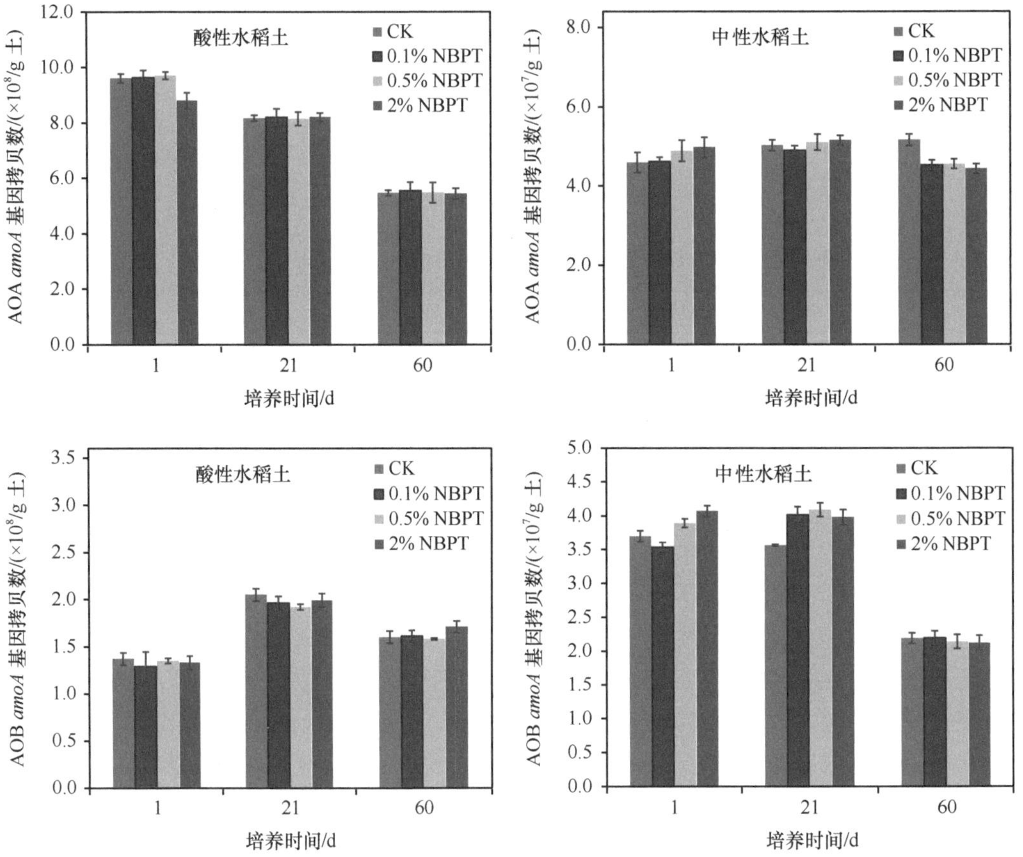

图 3-25　不同用量 NBPT 对酸性水稻土、中性水稻土中氨氧化细菌和氨氧化古菌丰度的动态影响

3.4.2　生物炭与肥料稳定剂配施对根区氮素周转的影响及调控

生物炭作为一种含有丰富碳、氮源的新材料，输入农田土壤后，显著影响土壤氨氧化微生物群落结构及氮素硝化过程。研究发现，在不同类型的土壤中，如森林土壤、菜地、水稻土等，添加生物炭会增加 AOB *amoA* 基因、AOA 及 AOB 硝化基因的丰度等，提高硝化速率（王先芳等，2020）。另外，生物炭还可以通过提高土壤 pH 等环境因子，影响氨氧化细菌等硝化细菌群落，催化铵态氮的氧化过程来促进硝化作用。

研究发现，与单施 DMPP 相比，配施生物炭会延长 DMPP 抑制 NH_4^+-N 向 NO_3^--N 的转化时长。酸性水稻土处理后的第 7 天，与单施 DMPP 相比，配施生物炭处理的 NH_4^+-N 含量分别降低 37.1% 和 42.8%，到处理后的第 40 天，配施生物炭处理与单施 DMPP 处理的土壤 NH_4^+-N 含量相近，而到处理后的第 90 天配施生物炭的土壤 NH_4^+-N 含量显著高于单施 DMPP 处理，推测新加入的生物炭会吸附一大部分 NH_4^+-N 含量，随着生物炭的氧化，NH_4^+-N 到后期会释放出来。与单施 DMPP 相比，配施生物炭没有显著抑制 NO_3^--N 的产生，推测在酸性水稻土中配施生物炭对抑制 NO_3^--N 产生并无显著协同增强效果（图 3-26）。

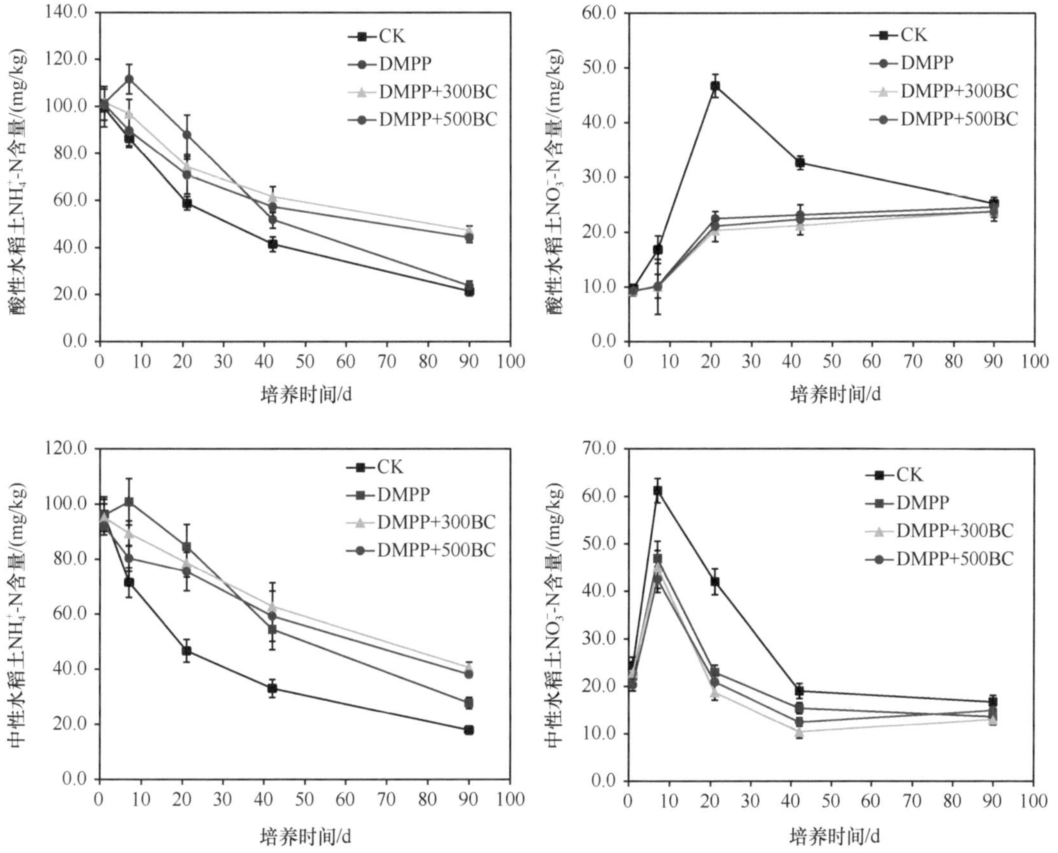

图 3-26　生物炭与 DMPP 配施处理酸性水稻土、中性水稻土中铵态氮和硝态氮的动态变化

300BC 代表 300℃制备的玉米秸秆生物炭；500BC 代表 500℃制备的玉米秸秆生物炭

与酸性水稻土相似，在中性水稻土中单施 DMPP 以及配施生物炭都能提高土壤中 NH_4^+-N 含量，降低 NO_3^--N 含量（图 3-26）。到处理后第 7 天，与单施 DMPP 相比，配施生物炭显著降低中性水稻土中 NH_4^+-N 含量。到处理后第 21 天，配施生物炭与单施 DMPP 处理的 NH_4^+-N 含量相近，到处理后第 40 天，配施 300BC（300℃制备的玉米秸秆生物炭）处理的 NH_4^+-N 含量是单施 DMPP 的 1.25 倍之多，这表明生物炭在前期对 DMPP 有吸附作用，到了后期 DMPP 被释放出来，抑制了后期的 NH_4^+-N 向 NO_3^--N 转化，能有效延长 DMPP 作用时长。

将生物炭和 DMPP 配施能够显著抑制水稻根际氮素硝化速率。如表 3-9 所示，与单施 DMPP 相比，生物炭的配施能有效延长硝化抑制时长，可产生硝化抑制效果后移的现象，且以 500BC（500℃制备的玉米秸秆生物炭）配施对 DMPP 的硝化抑制率提升效果最好。酸性水稻土中，培养第 7 天，刚施入生物炭时吸附了一部分 DMPP，导致配施生物炭处理下的硝化抑制率与单施 DMPP 相比有所减少，但效果不明显，到 21d、42d 后，被生物炭吸附的 DMPP 释放出来，进而导致配施 500BC 处理的硝化抑制率比单施 DMPP 处理分别提高 18.0%、35.3%。在中性水稻土中，配施 500BC 对中性水稻土的硝化抑制率在不同时期始终有提高的效果，在第 7 天、第 21 天、第 40 天、第 90 天分别是单施 DMPP 处理的 1.08～1.41 倍。总体而言，中性水稻土的硝化抑制效果优于酸性水稻土。

表 3-9　生物炭与 DMPP 配施处理下酸性水稻土和中性水稻土硝化抑制率（%）的变化

培养时间/d	酸性水稻土			中性水稻土		
	DMPP	DMPP+300BC	DMPP+500BC	DMPP	DMPP+300BC	DMPP+500BC
7	37.21	33.45	34.76	39.31	41.50	42.65
21	42.73	46.27	50.43	47.90	52.29	58.52
40	26.88	31.84	36.38	29.50	37.89	41.65
90	2.18	4.62	4.32	8.55	9.23	9.83

近年来，许多研究表明施用生物炭可以改变土壤理化性质，影响根区土壤反硝化过程，进而影响 N_2O 排放。我们的研究表明（图 3-27），在酸性水稻土中，与单施 DMPP 相比，配施生物炭能显著降低土壤反硝化活性。培养 21d，单独施加 DMPP 会降低 15% 的反硝化活性，而 DMPP+500BC 能显著降低 56.7% 的反硝化活性，且效果优于 DMPP+300BC。在处理后第 30 天，DMPP 对反硝化失去抑制效果，而 DMPP+500BC 施用于酸性水稻土中仍可以抑制 49.3% 的反硝化活性。这说明酸性水稻土中配施 500BC 能延长对反硝化活性的抑制时长，能有效延长至处理后的第 30 天。DMPP 在中性水稻土中的反硝化抑制效果不明显，与单施 DMPP 相比，配施生物炭会增强对中性水稻土中反硝化活性的抑制，但总体效果显著低于酸性水稻土。通常认为，生物炭主要通过以下几种方式影响根区反硝化作用：①生物炭 C/N 比较高，并且结构多孔，在土壤中有利于气体流通，抑制根区土壤微生物的反硝化作用，减少 N_2O 排放（Chen et al.，2019）。②生物炭可以诱发氮素的固定，由此减少了 N_2O 的排放（Wang et al.，2012）。③生物炭不仅可以吸附游离的铵态氮，还能减少土壤中的游离硝态氮，减少反硝化过程的底物，从而抑制根区反硝化作用中 N_2O 的释放（Cayuela et al.，2010）。④生物炭的施入，使根区土壤固氮微生物的数量增加，导致反硝化作用减弱（DeLuca and Aplet，2008）。⑤生物炭还能增加土壤 pH，从而增加 *nosZ* 基因编码的 N_2O 还原酶活性，促进反硝化微生物将 N_2O 还原为 N_2，同样能达到减排的目的（Luo et al.，2019）。

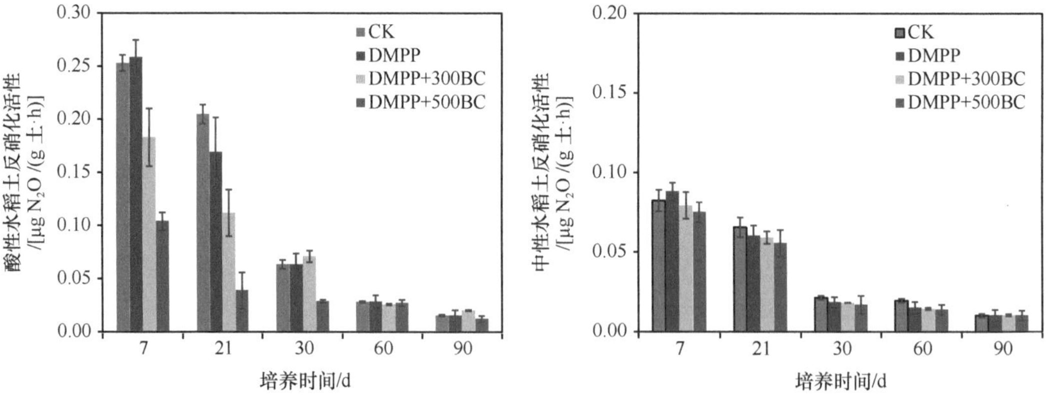

图 3-27　生物炭与 DMPP 配施对水稻根区反硝化活性的影响

我们的研究发现，DMPP 配施不同生物炭对水稻土氨氧化微生物也有影响，但不同土壤影响程度不同。对于酸性水稻土，在处理后的 21d 内，配施生物炭处理的 AOB *amoA* 基因拷贝数比单施 DMPP 处理降低了 17.7%～63.9%，也就是说，生物炭减缓了 DMPP 对 AOB 的抑制效果，且以 500℃制备的生物炭更加明显（$P<0.05$）。而对于中性水稻土，配施生物炭显著

降低中性水稻土中的 AOB 丰度（$P<0.05$），尤其在水稻生长前期。表明在中性水稻土中，生物炭配施能够增强 DMPP 对 AOB 的抑制效果（图 3-28）。

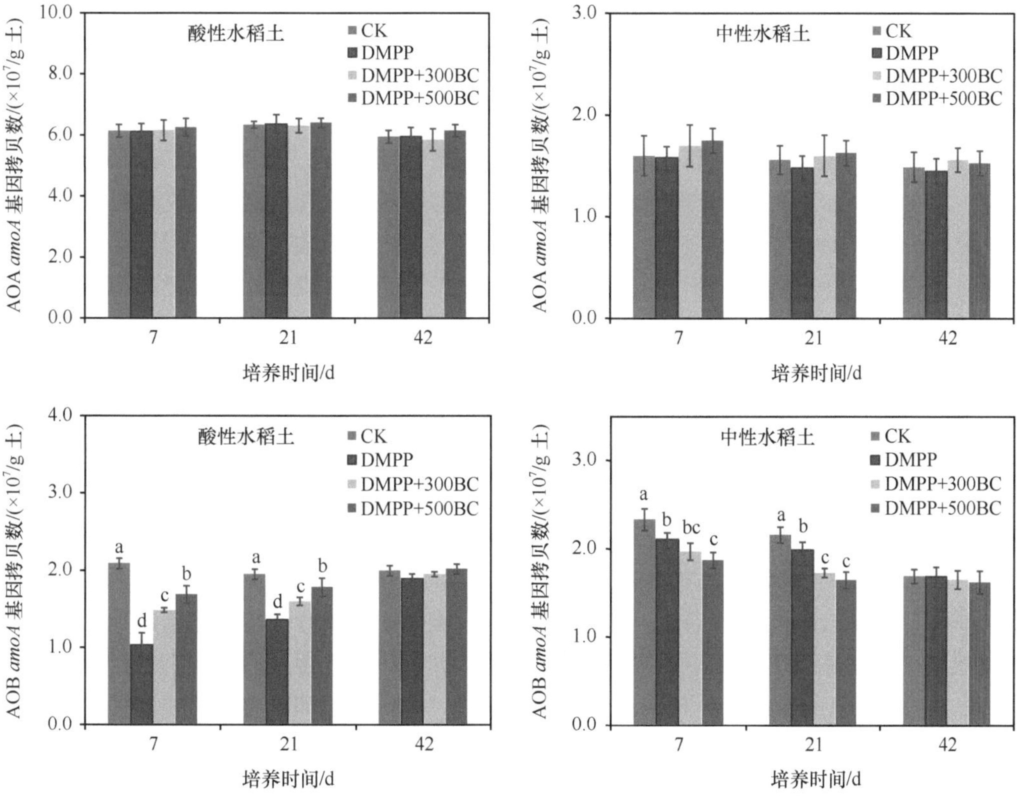

图 3-28　生物炭与 DMPP 配施对水稻土中氨氧化细菌和氨氧化古菌丰度的动态影响

3.5　结论与展望

农田土壤由于具有极高的微生物多样性和巨大的时空异质性，其驱动的氮循环网络极度复杂，目前国内外的研究虽然取得了一系列的进展，但还远远没有阐释清楚整个氮循环的分子水平的机理。在本章研究中我们选取了全国典型的稻田和旱地土壤样品，在空间尺度上，对不同地区、不同土壤的微生物区系组成进行了对比，并且对氮循环相关微生物的空间分布与氮素转化过程特征进行关联分析，揭示了关键的氮循环相关物种。同时利用稳定同位素示踪技术、微生物残留物分析技术，结合高通量测序技术对作物根区的氮素周转机制进行了深入研究，揭示了共生固氮作物根际碳沉积与固氮微生物的耦合关系以及对施肥量的响应规律；秸秆促进肥料氮素在土壤中的固持，并且土壤中真菌和细菌在利用及转化肥料氮素的过程中存在接替效应，这一转化过程是肥料氮素在土壤中周转稳定的重要机制。进一步明确了肥料稳定剂和生物炭对根区氮素周转影响的微生物机理。这些研究推进了我国农田作物根区氮循环微生物机理的研究，为进一步定向调控氮循环过程、提高氮素利用率、减少化肥施加提供了微生物水平和分子水平的依据。

第 4 章　作物氮高效基因型减氮增效潜力及其生物学机制

在农业作物生产中，需要针对特定的土壤、气象等环境因素，选择适合的作物品种；根据品种特性，选择适宜的栽培方式，包括种植方式、种植密度、施肥和田间管理等措施，充分挖掘品种的最大生物学潜力，以达到高产高效、环境友好的目的（Chen et al.，2011，2014a）。气象、土壤和田间管理因素对于不同基因型的玉米对农田氮素吸收及利用有着不同程度的影响。众多研究表明，同一作物不同基因型对氮素的吸收、转运、利用等生理过程中存在显著的基因型差异；同时，作物品种的生长发育及产量形成与外界环境和管理方式存在显著的互作，以上过程的内在生物学机制的解析，对于作物高产减氮增效、减少氮素损失和环境保护具有重要意义。

氮高效品种是在特定的养分供应条件下产量较高的品种。有些品种的产量只在施肥量很高的条件下才能超过对照品种（或参试品种平均产量），这些品种可以称为高氮投入下的氮高效品种。另外一些品种只有在低氮投入条件下才能超过对照品种，为耐低氮品种，在低氮、高氮投入条件下，某一品种的产量均比对照品种高，则称为双高效品种。因此，一个品种是否属于氮高效品种，与对照品种有很大关系（米国华，2017）。本章主要针对玉米、小麦、水稻、油菜等主要粮食和经济作物，分析氮素吸收、利用率以及对不同形态氮素吸收能力的基因型差异，定量评价氮高效基因型的减氮增效潜力；利用筛选得到的氮效率差异基因型、对照品系及相关遗传材料，分析提高根系氮吸收能力、降低地上部氮需求的关键生理过程，解析以激素或其他信号为调控途径，作物氮高效吸收与利用相互协调的减氮增效生物学机制；研究氮高效基因型与氮素供应强度和形态、种植密度和轮作等栽培措施、灌溉等管理措施以及土壤环境的互作机制，为充分挖掘生物学潜力、实现氮高效基因型减氮增效的利用途径提供科学依据。

4.1　玉米氮高效基因型减氮增效潜力及其生物学机制

4.1.1　玉米氮高效基因型减氮增效潜力

Chen 等（2013b）利用多年多点各 10～15 个玉米品种进行研究，结果表明氮高效品种具有增产 8%～10%、节约氮肥 16%～21% 的潜力。在此基础上，选用东北和华北地区当前主栽的 59～67 个玉米品种，分别在河北曲周和北京上庄试验站进行两年两点的田间试验，以参试品种产量平均值作为划分标准。结果表明，双高效（EE）品种增产潜力为 7.5%～10.0%，节氮潜力为 20.6%～49.5%；高氮高效（HNE）品种增产潜力为 4.6%～6.3%，节氮潜力为 10.6%～28.6%；低氮高效（LNE）和双低效（NN）品种没有增产节氮潜力（表 4-1）。

表 4-1　参试品种增产节氮潜力评价

类型	参数	2017 年曲周	2017 年上庄	2018 年曲周	2018 年上庄	平均值	标准误
双高效 EE	高氮下产量均值/(kg/hm^2)	13 328	10 328	10 720	11 196	11 393	1 338
	低氮下产量均值/(kg/hm^2)	11 488	8 042	8 440	6 871	8 710	1 968
	产量降低幅度/%	13.6	21.7	21.2	38.5	23.7	10.5

续表

类型	参数	2017 年曲周	2017 年上庄	2018 年曲周	2018 年上庄	平均值	标准误
双高效 EE	氮肥节约/(kg/hm²)	117.8	96.7	118.7	49.6	95.7	32.4
	节肥潜力/%	49.1	40.3	49.5	20.6	39.9	13.5
	增产潜力/%	7.5	9.4	10.0	8.2	8.8	1.1
高氮高效 HNE	低氮下产量均值/(kg/hm²)	10 412	6 454	6 738	5 370	7 243	2 193
	产量降低幅度/%	20.6	34.9	33.2	50.5	34.8	12.3
	氮肥节约/(kg/hm²)	68.8	43.0	35.4	25.5	43.2	18.5
	节肥潜力/%	28.6	17.9	14.7	10.6	18.0	7.7
	增产潜力/%	6.3	6.1	4.6	5.3	5.5	0.8

2018～2019 年在中国农业大学北京上庄试验站设置 6 个氮水平，根据不同品种的最适密度（6.0 万～10.0 万株/hm²）种植 12 个不同氮效率玉米品种，对两年产量平均值进行线性加平台分析，如图 4-1 所示，随着施氮量的增加，所有品种的产量都呈现先增加后趋于平稳的趋势，且绝大多数品种在施氮量为 60～120kg/hm² 时，产量已经达到最大值，其中‘科玉 188’、‘NE30’、‘伟科 702’和‘先玉 335’的最高产量均显著高于对照品种高密条件下的‘郑单 958’，增产幅度达 8%～14%，节氮潜力达 0～16%，其中‘科玉 188’增产幅度最高，达 14%、节氮潜力达 16%，‘先玉 335’显示并不节氮；其余品种与对照高密‘郑单 958’无显著差异。因此，将参试品种分为两大类，氮高效品种分别为‘NE30’、‘科玉 188’、‘先玉 335’和‘伟科 702’，其余品种为对照类品种。

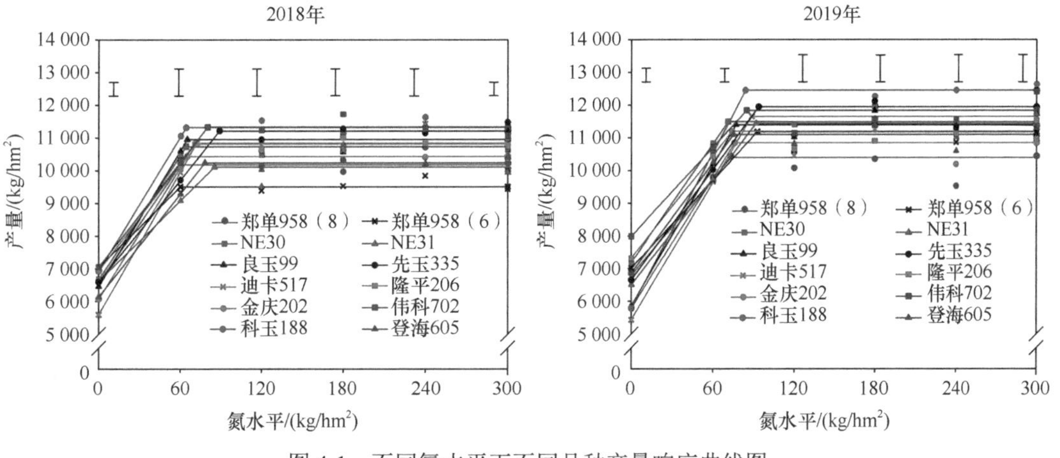

图 4-1　不同氮水平下不同品种产量响应曲线图

图例中“郑单 958（8）”表示‘郑单 958’种植密度 8.0 万株 /hm²，“郑单 958（6）”表示‘郑单 958’种植密度 6.0 万株 /hm²

4.1.2　玉米氮高效基因型减氮增效的生物学机制

4.1.2.1　玉米氮高效基因型优化叶片氮组分减氮增效的生物学机制

单位叶面积氮素的光合速率，即叶片光合氮利用效率，可以用叶片的比叶氮（单位叶面积的含氮量）与光合速率的比值来表示。不同玉米品种之间的光合氮利用效率也存在着基因型差异，Chen 等（2014b）的研究表明，‘先玉 335’的光合氮利用效率要显著高于‘郑单 958’，而且低氮条件下玉米光合氮利用效率要显著高于高氮，表明玉米的光合氮利用效率受外界供氮水平的调控。

利用上述氮高效品种和对照类品种，可以发现，不同氮效率玉米品种叶片光合速率和比叶氮对不同施氮水平的响应基本一致，均随着施氮水平的降低而显著下降；且两类品种之间的光合速率没有显著差异，但是氮高效品种叶片的比叶氮显著低于对照类品种，因此光合氮利用效率相对较高。如图 4-2 所示，随着施氮量的降低，吐丝期对照类品种叶片光合氮利用效率在 0kg/hm^2、60kg/hm^2 条件下分别显著提高 47%、19%，对不同施氮水平响应敏感；而氮高效品种叶片光合氮利用效率在不同施氮水平下差异不显著，对低氮胁迫相对不敏感。与对照类品种相比，氮高效品种在 60kg/hm^2、180kg/hm^2 条件下叶片光合氮利用效率分别显著高 19%、25%。吐丝后 30d，不同氮效率玉米品种对氮响应的趋势基本一致，两类品种之间光合氮利用效率差异不显著。

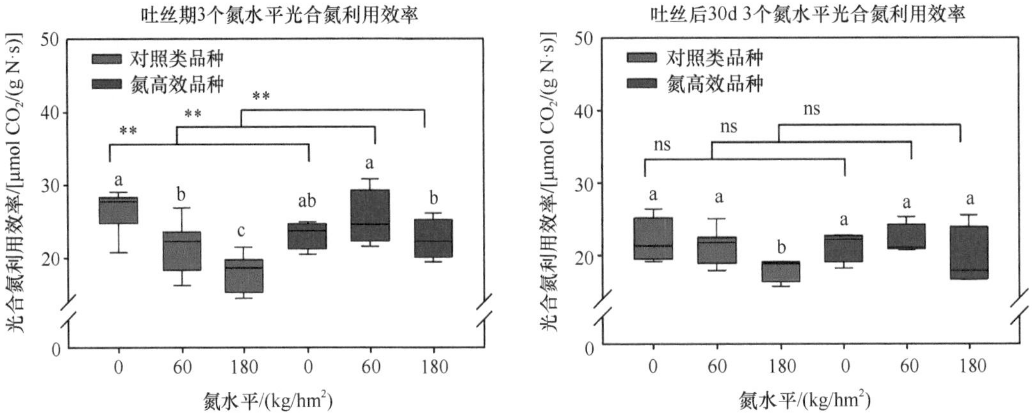

图 4-2　不同时期不同氮水平下不同氮效率玉米品种叶片光合氮利用效率的变化

** 表示差异极显著（$P<0.01$），ns 表示差异不显著（$P>0.05$）。下同

4.1.2.2　不同时期不同氮水平下不同氮效率玉米品种叶片中可溶性氮组分的差异

玉米叶片中的可溶性氮组分可以分为可溶性蛋白、游离氨基酸和硝态氮，可溶性蛋白又包括 PEPC、PPDK 和 Rubisco 等，它们都是参与植物光合作用的关键酶类。如图 4-3 所示，在吐丝期，随着施氮量的降低，对照类品种和氮高效品种叶片中可溶性蛋白的含量都在显著

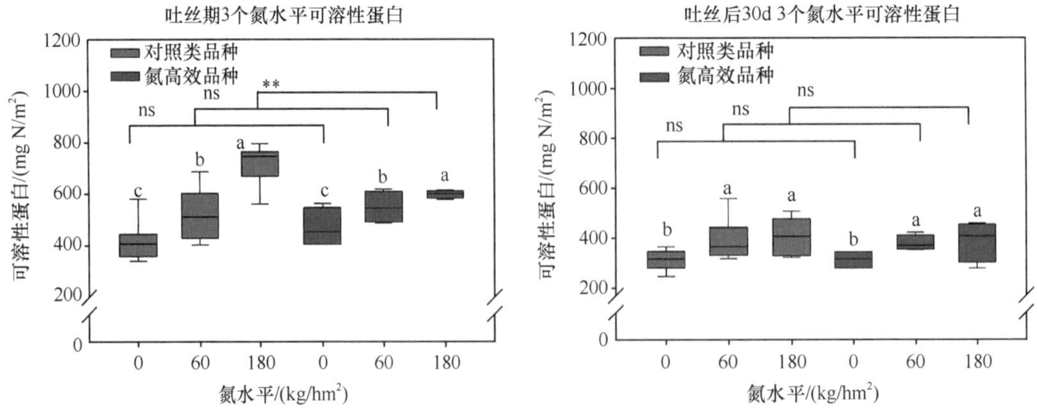

图 4-3　不同时期不同氮水平下不同氮效率玉米品种叶片中可溶性氮组分的变化

降低。相对于正常供氮（180kg/hm^2），吐丝期对照类品种在 0kg/hm^2、60kg/hm^2 条件下叶片中可溶性蛋白含量分别显著降低 42%、27%；氮高效品种在 0kg/hm^2、60kg/hm^2 条件下分别显著降低 29%、16%；其中氮高效品种在 180kg/hm^2 条件下的可溶性蛋白含量为 598mg N/m^2，对照类品种可溶性蛋白含量为 714mg N/m^2，与对照类品种相比，氮高效品种叶片中可溶性蛋白含量显著低 16%。吐丝后 30d，两类品种对不同氮水平的响应与吐丝期基本一致。综上所述，对照类品种对低氮胁迫比较敏感，氮高效品种相对不敏感，与对照类品种相比，氮高效品种叶片中的可溶性氮组分均呈现下降的趋势。

4.1.2.3　不同时期不同氮水平下不同氮效率玉米品种叶片中不可溶性氮组分的差异

不可溶性氮组分包括类囊体氮素和细胞壁氮素，如图 4-4 所示，在吐丝期，随着施氮量的降低，对照类品种和氮高效品种叶片中不可溶性氮组分含量都在显著下降。相对于正常供氮（180kg/hm^2）条件下，吐丝期对照类品种在 0kg/hm^2、60kg/hm^2 条件下叶片中类囊体氮素分别显著降低 33%、15%；而氮高效品种与 60kg/hm^2 无显著差异，在 0kg/hm^2 条件下显著降低 30%，对低氮胁迫相对不敏感；氮高效品种在 180kg/hm^2 条件下类囊体氮素含量为 492mg/m^2，对照类品种叶片中类囊体氮素含量为 565mg/m^2，与对照类品种相比，氮高效品种显著低 13%。吐丝后 30d，不同氮效率玉米品种在不同施氮水平下类囊体氮素与吐丝期表现基本一致，且与对照类品种相比，氮高效品种叶片中类囊体氮素含量在 180kg/hm^2 条件下显著低 27%（图 4-4）。

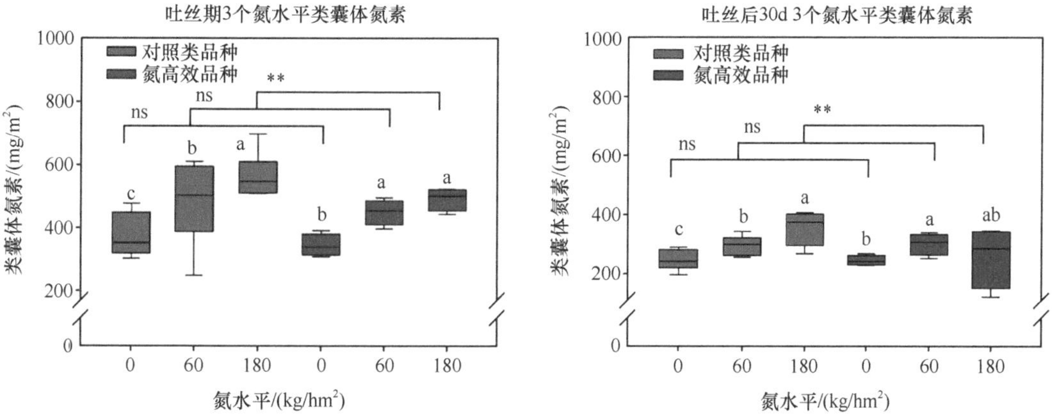

图 4-4　不同时期不同氮水平下不同氮效率玉米品种叶片中不可溶性氮组分的变化

因此，不同氮效率玉米品种叶片中不可溶性氮组分对不同氮水平的响应一致，均随着施氮水平的降低而显著下降，氮高效品种对氮胁迫相对不敏感，氮高效品种在 180kg/hm^2 条件下有较低的不可溶性氮组分。

4.1.3　玉米氮高效基因型叶片氮转移分子调控机制

4.1.3.1　叶片衰老与氮素再活化的关系

玉米籽粒氮主要有两个来源：营养器官中的氮素再转移和从土壤中吸收的氮的直接分配（Coque et al.，2008）。其中，45%～65% 的籽粒氮素来源于吐丝后衰老器官中氮的再转移（Gallais and Coque，2005；Hirel et al.，2007）。‘先玉 335’是一个具有较高价值的商业杂交种，表现为高产、高籽粒氮浓度和高氮素转移效率（Chen et al.，2015a）。以氮素利用高效品种‘先玉 335’的双亲‘PH6WC’和‘PH4CV’为研究材料，通过两年大田研究发现，两个自交系间的籽粒产量差异不显著，但是‘PH4CV’吐丝后比‘PH6WC’叶片衰老快（图 4-5），且‘PH4CV’籽粒氮浓度和氮含量显著高于‘PH6WC’（表 4-2）。这意味着叶片衰老的速度可能与籽粒中的氮浓度有关（Gallais and Coque，2005；Thomas and Ougham，2014）。籽粒氮浓度的基因型与年际效应互作不显著，表明营养器官向籽粒的氮素转移存在显著的基因型差异，且‘PH4CV’与‘PH6WC’的籽粒氮浓度差异相对稳定，受环境影响小。

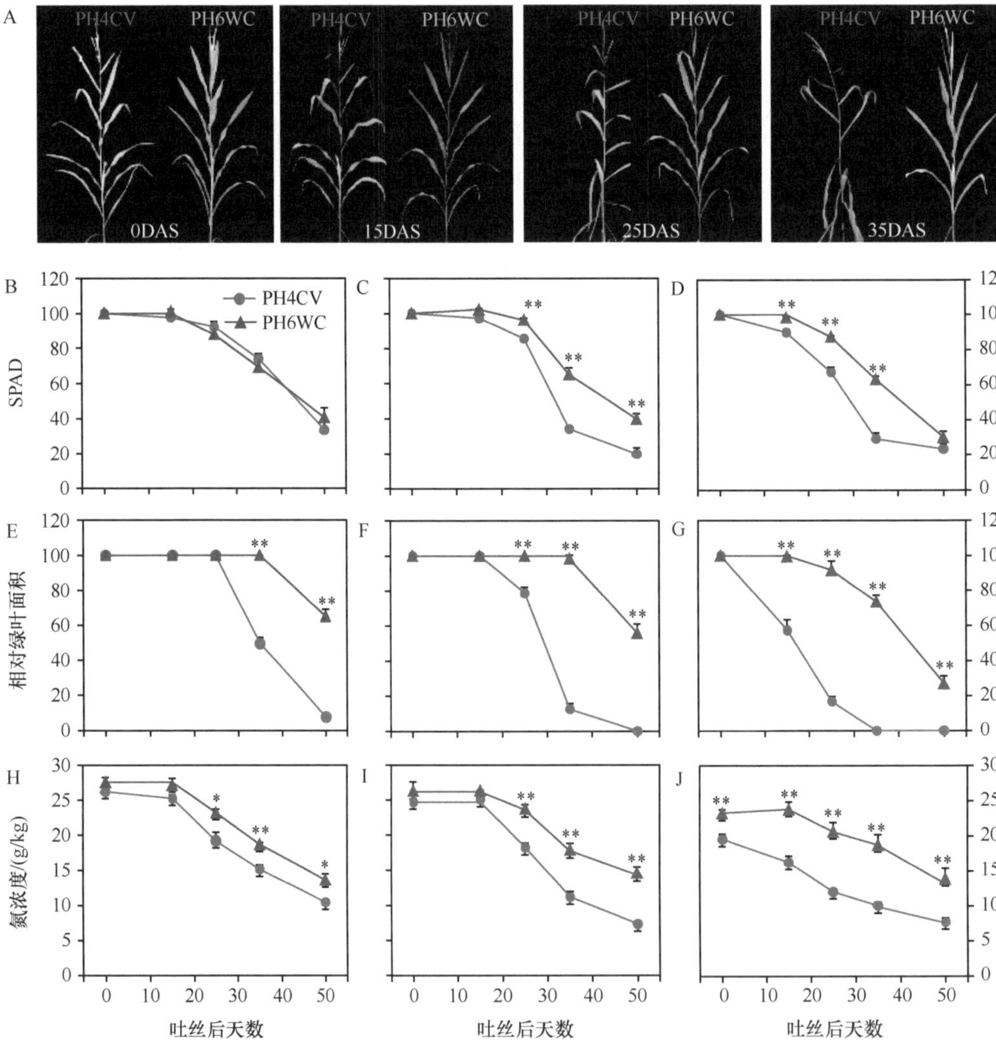

图 4-5　吐丝后叶片衰老过程中‘PH4CV’和‘PH6WC’的表型变化

A. 吐丝后各时间点‘PH4CV’和‘PH6WC’叶片衰老表型；B. 穗上第三叶的 SPAD 变化；C. 穗位叶的 SPAD 变化；D. 穗下第三叶的 SPAD 变化；E. 上部叶的相对绿叶面积变化；F. 中部叶的相对绿叶面积变化；G. 下部叶的相对绿叶面积变化；H. 上部叶氮浓度变化；I. 中部叶氮浓度变化；J. 下部叶氮浓度变化。误差线表示标准误（SE），* 表示 $P<0.05$；** 表示 $P<0.01$；吐丝后 5 个测量时间点分别为 0DAS、15DAS、25DAS、35DAS 和 50DAS（DAS 表示吐丝后天数）。下同

表 4-2　两个玉米自交系两年的产量、籽粒氮浓度和籽粒氮含量

年份	基因型	产量/(g/株)	籽粒氮浓度/(g/kg)	籽粒氮含量/(g/株)
2016	PH4CV	85.8a	15.6a	1.3a
	PH6WC	84.0a	14.5b	1.1b
2017	PH4CV	89.2a	16.9a	1.4a
	PH6WC	83.3a	15.6b	1.2b
方差分析	年份	NS	*	**
	基因型	NS	*	**
	年份×基因型	NS	NS	NS

注：同列不同小写字母表示在同一年份不同基因型之间差异显著（$P<0.05$），NS 表示差异不显著，*、** 分别表示在 0.05、0.01 水平差异显著

叶片的 SPAD、相对绿叶面积和氮浓度反映了植物体内氮素营养状态。在成熟期，‘PH6WC’的相对绿叶面积、叶片氮浓度分别比‘PH4CV’高 88.4%、23.3%（图 4-5）。不同部位叶片中也发现‘PH4CV’比‘PH6WC’衰老启动早，且保绿性差。在吐丝期，^{15}N 主要分布在叶片和茎（‘PH4CV’占 89.2%，‘PH6WC’占 88.9%）中，成熟期‘PH4CV’和‘PH6WC’营养器官中（叶片和茎）^{15}N 的分配分别下降到 16.4% 和 30.3%（图 4-6）。在成熟期，‘PH4CV’籽粒中的花前氮素转移量显著高于‘PH6WC’。与‘PH6WC’相比，‘PH4CV’

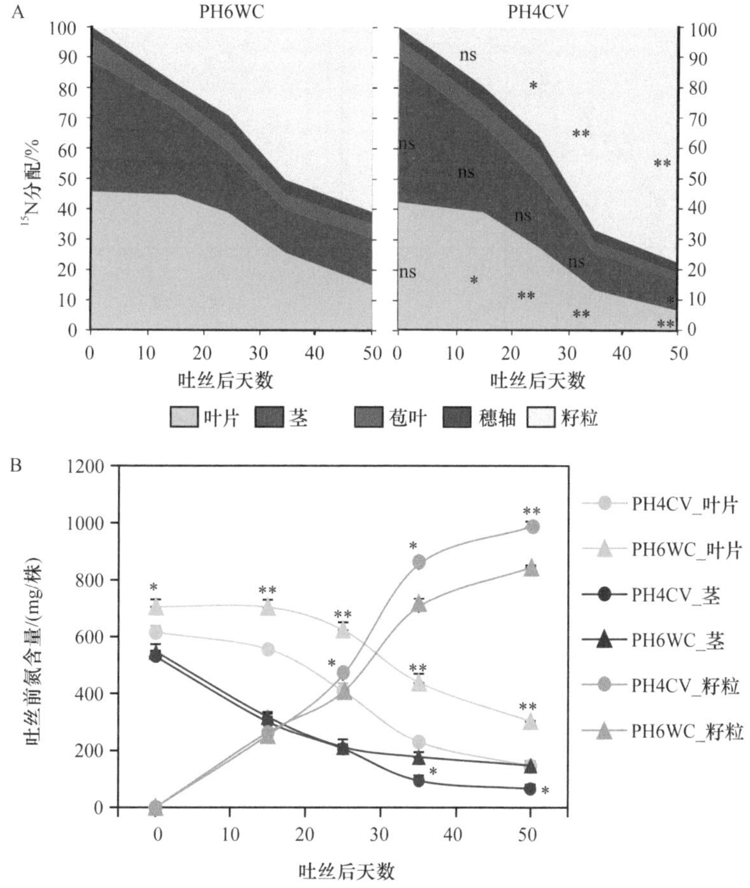

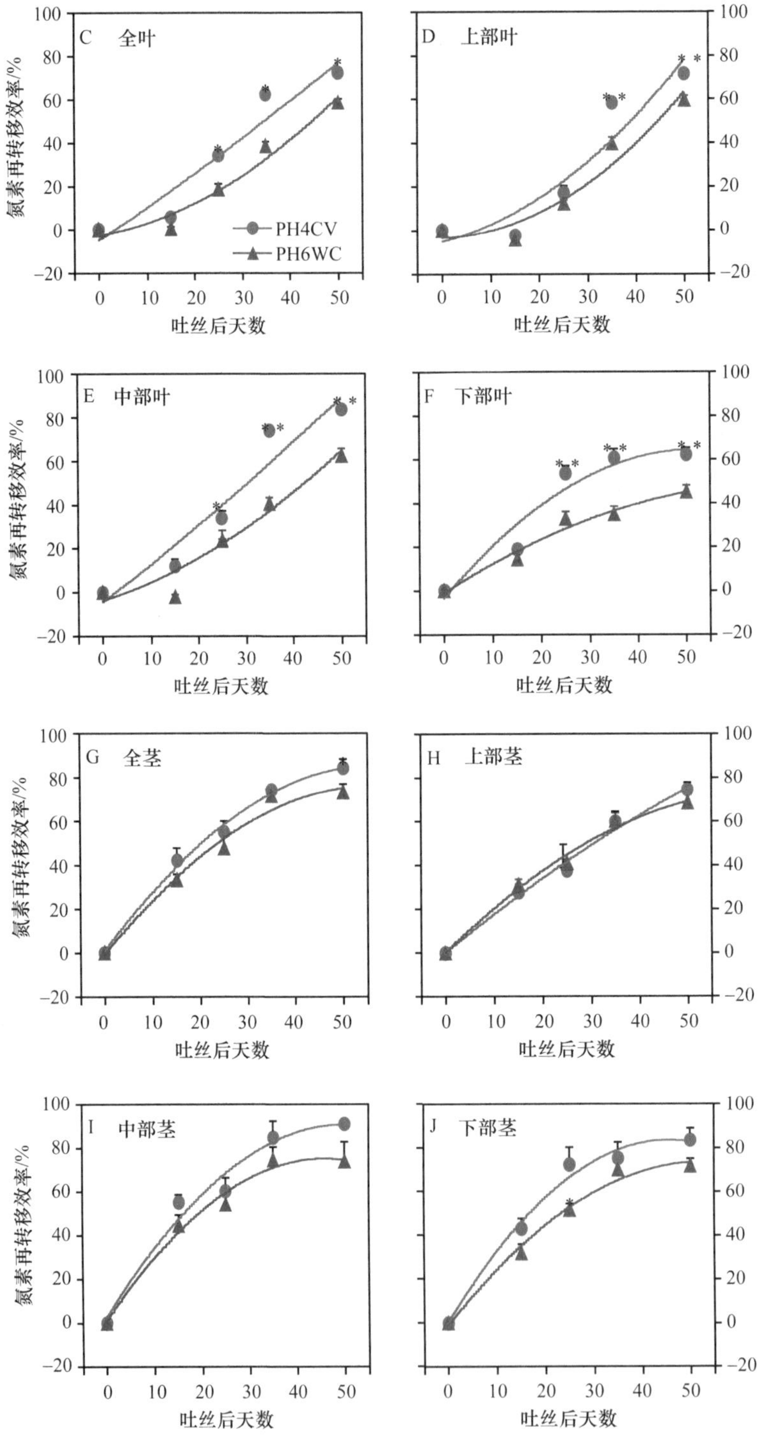

图 4-6 ‘PH6WC’和‘PH4CV’在叶片衰老过程中各器官的氮素分配与转移

A. 叶片衰老过程中吐丝前吸收的 ^{15}N 在吐丝后不同时期不同器官中的分配；

B. 吐丝前吸收的氮在吐丝后不同时期不同器官中的分配；C～J. 叶片衰老过程中不同时期叶片不同部位氮素再转移效率

在吐丝 15d（15DAS）到 35DAS ^{15}N 快速且大量地分配到籽粒中。‘PH4CV’和‘PH6WC’之间叶片的氮转移效率差异显著，但在茎秆上无显著差异（图 4-6）。在上部叶片中，‘PH4CV’在 35DAS 和 50DAS 的氮转移效率显著高于‘PH6WC’（46.6%）；在中下部叶片中，‘PH4CV’的氮转移效率从 25DAS 到成熟期都显著高于‘PH6WC’。综上所述，叶片衰老与氮转移效率呈线性相关，两个自交系间氮转移效率存在显著的基因型差异，中下部叶片是玉米氮转移的关键部位，15DAS 到 35DAS 是提高氮转移效率的关键时期。

4.1.3.2　叶片衰老和氮再活化过程的转录组分析

在‘PH6WC’中检测到 1528 个差异表达基因，在‘PH4CV’中检测到 7624 个差异表达基因（图 4-7），其中 889 个差异表达基因属于两个自交系共有的。GO 富集分析表明，‘PH6WC’中的差异表达基因主要富集在胞外区域和转运体活性功能上，‘PH4CV’中的差异表达基因主要富集在信号转导、转运等功能上，两个自交系共有的差异表达基因主要富集在细胞氨基酸和衍生物代谢过程等功能上（图 4-7），表明‘PH6WC’和‘PH4CV’吐丝后叶片衰老和氮素再活化的调控机制存在显著差异。GO 注释表明 0DAS 和 15DAS 的差异表达基因主要富集在细胞膜蛋白、对硝酸盐的响应、氧化还原过程和代谢过程等功能上；而在 25DAS 时，差异表达基因主要富集在大分子分解代谢过程、细胞内蛋白转运、光合作用过程、氧化还原过程等功能上（图 4-7），差异表达基因的 GO 富集分析揭示了 25DAS 是转录活性变化的主要时期。

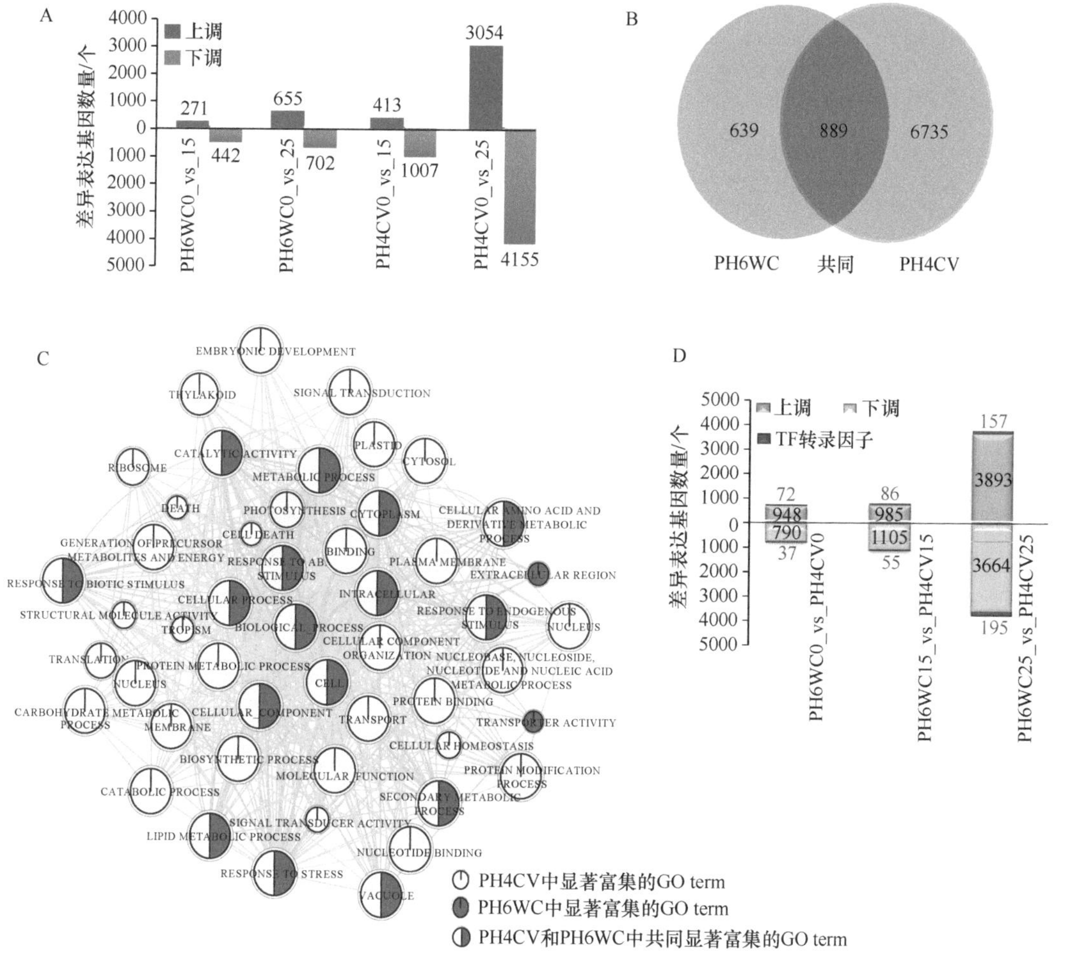

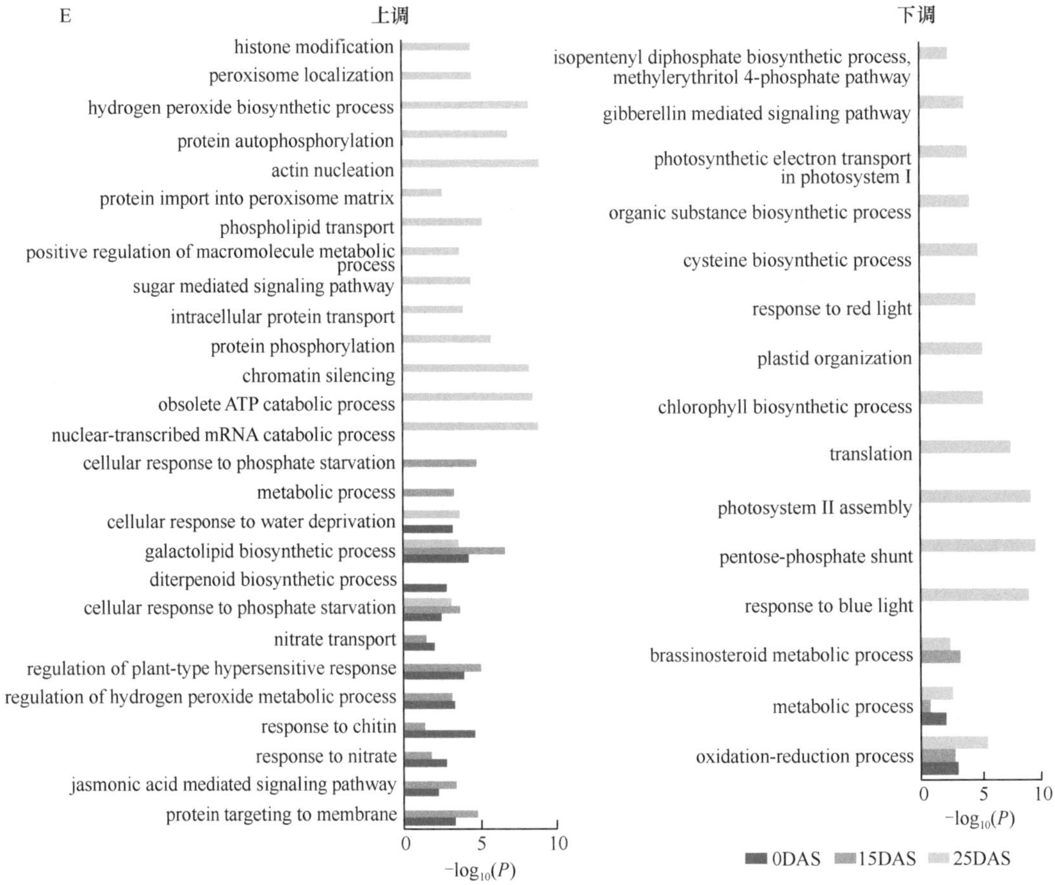

图 4-7　叶片衰老过程中‘PH6WC’和‘PH4CV’基因的差异表达

A. 与‘PH6WC’相比，‘PH4CV’在不同叶片衰老阶段上调和下调表达的基因数量；B. 叶片衰老过程中，分别在‘PH6WC’和‘PH4CV’中及两个基因型中共同鉴定到的差异表达基因数量；C.‘PH6WC’和/或‘PH4CV’中差异表达基因的 GO 富集图谱，蓝色和黄色圆圈分别表示‘PH6WC’和‘PH4CV’中显著富集的 GO term，‘PH6WC’和‘PH4CV’都显著富集的 GO term 用一半蓝色一半黄色的圆圈显示；D. 与‘PH6WC’相比，‘PH4CV’在叶片衰老过程中各阶段基因上调和下调表达的数量，‘PH4CV’在叶片衰老各阶段转录因子（TF）上调或下调的数量；E. 叶片衰老不同阶段在‘PH4CV’中上调基因和下调基因显著富集的 GO term（生物学过程）（校正 $P \leqslant 0.01$）

4.1.3.3　共表达网络分析鉴定玉米氮素转移核心基因

在 9187 个差异表达基因中共鉴定到 9 个基因共表达模块。其中，红色和蓝绿色模块与氮素转移性状呈高度正相关（图 4-8）。相反，棕色和粉色模块与氮素转移性状呈显著负相关。我们发现红色模块在‘PH4CV’中的 15DAS 达到峰值表达且与氮转移呈显著正相关，所以红色模块中的基因为早期氮转移响应的基因，在氮转移的早期过程中起作用。同样地，蓝绿色模块中的基因表达在‘PH4CV’中的 25DAS 达到峰值，为氮转移后期响应基因。

在氮转移早期响应模块中，鉴定到 8 个调控氮转移启动的核心基因。在 8 个核心基因中，包含了两个乙烯合成相关基因和一个细胞分裂素降解相关基因，以及两个 *WRKY* 和一个 *MYB* 转录因子。此外，一个谷胱甘肽 *S*-转移酶基因和一个硝酸盐转运蛋白/肽转运蛋白 *ZmNPF4.10*（图 4-8）也被鉴定到。在氮转移后期响应的蓝绿色模块中共鉴定到 12 个调控氮转移进展的核心基因，编码不同的蛋白质，包括泛素蛋白、肽酶、谷氨酰胺降解和次生代谢物转运蛋白。

在这 12 个基因中，8 个基因参与泛素和自噬相关的降解途径（图 4-8D）。此外，还有一个与脱落酸（ABA）生物合成相关的基因 *ZmAO4*，与其他基因也高度相关（图 4-8）。

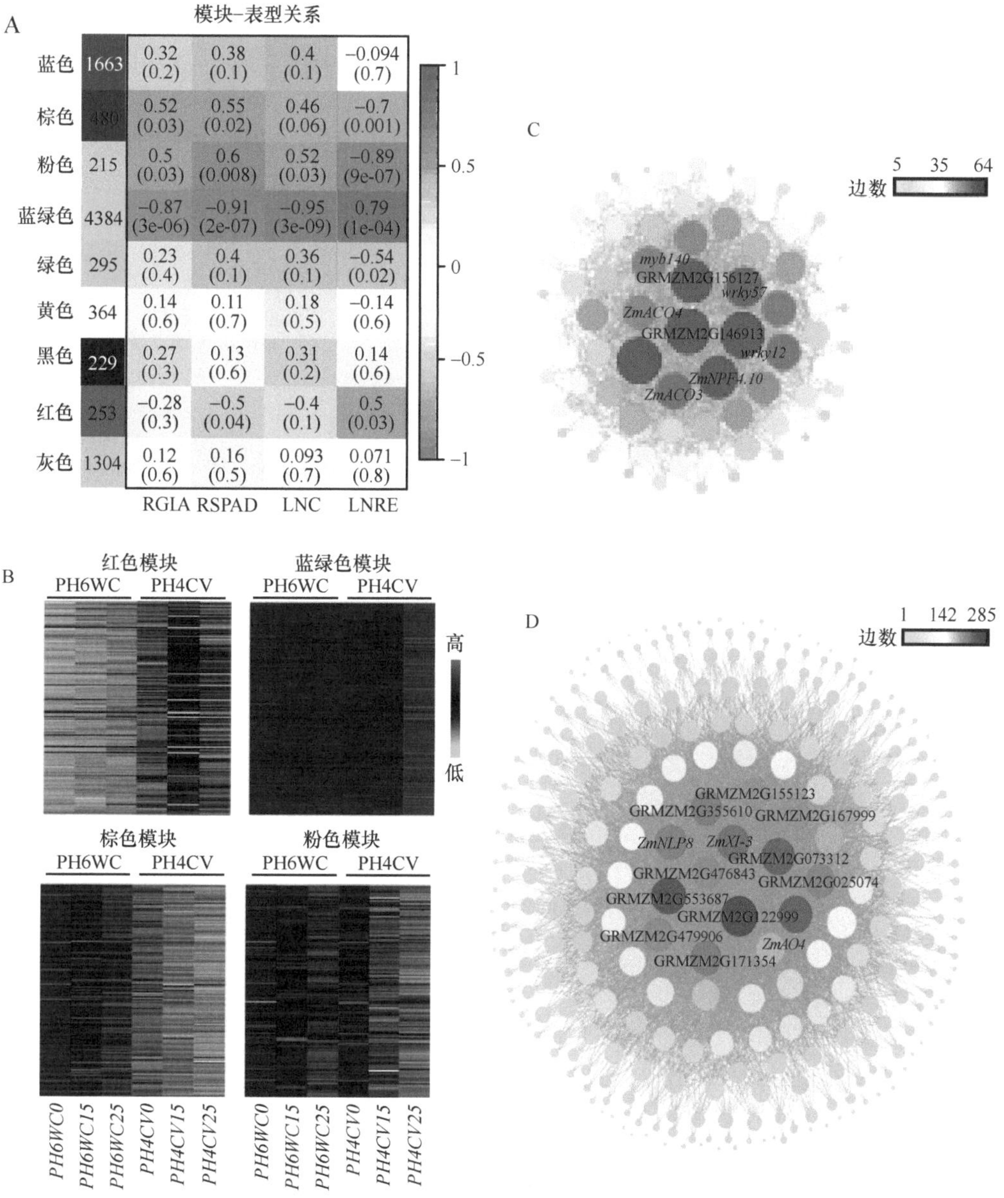

图 4-8　叶片衰老过程中氮素再转移相关基因的加权基因共表达网络分析（WGCNA）

A. 模块-性状相关分析，左边的面板显示了 9 个模块，右边的颜色刻度显示了从 −1（蓝色）到 1（红色）的模块性状相关性（括号外数据为相关系数，括号内数据代表 *P* 值），RGLA 表示穗位叶的相对绿叶面积，RSPAD 表示穗位叶的相对叶绿素含量（SPAD），LNC 表示穗位叶氮浓度，LNRE 表示穗位叶氮素再转移效率；B. 红色、蓝绿色、棕色和粉色模块共表达基因的动态表达模式热图；C. 红色模块的基因网络图；D. 蓝绿色模块的基因网络图

4.1.3.4　QTL 定位氮转移候选基因及氮转移的转录调控网络

为了解析叶片衰老和氮转移的遗传基础，我们使用一个以‘PH4CV’和‘PH6WC’为双亲的 DH 系群（由北京农林科学院赵久然研究员团队提供），此群体共有 240 个系，利用相对绿叶面积性状定位到一个主效的 QTL 位点 *qNT5.04*，物理置信区间为 6.0Mb（第 5 染色

体：167.0～173.0Mb），包含 130 个基因（图 4-9）。将该主效 QTL 位点与我们的转录组分析结果整合，发现有 22 个基因为‘PH4CV’和‘PH6WC’之间在氮转移过程中的差异表达基因。根据共表达分析，这 22 个候选基因中有 10 个属于蓝绿色模块。在这 10 个候选基因中，有 8 个基因在拟南芥中有注释，其中只有 *ZmASR6* 和 GRMZM2G172230 参与了衰老/蛋白降解过程，是最可能的候选基因。*ZmASR6* 是植物特异性 ABA 胁迫成熟（ASR）基因家族中的一员，其对 ABA 和多种非生物胁迫的响应可能与衰老过程中氮的再转移有关（Trouverie et al.，2003；Virlouvet et al.，2011）。更值得注意的是，GRMZM2G172230 编码的 ATP 依赖的叶绿体蛋白酶可能是参与氮转移过程的最佳候选基因。

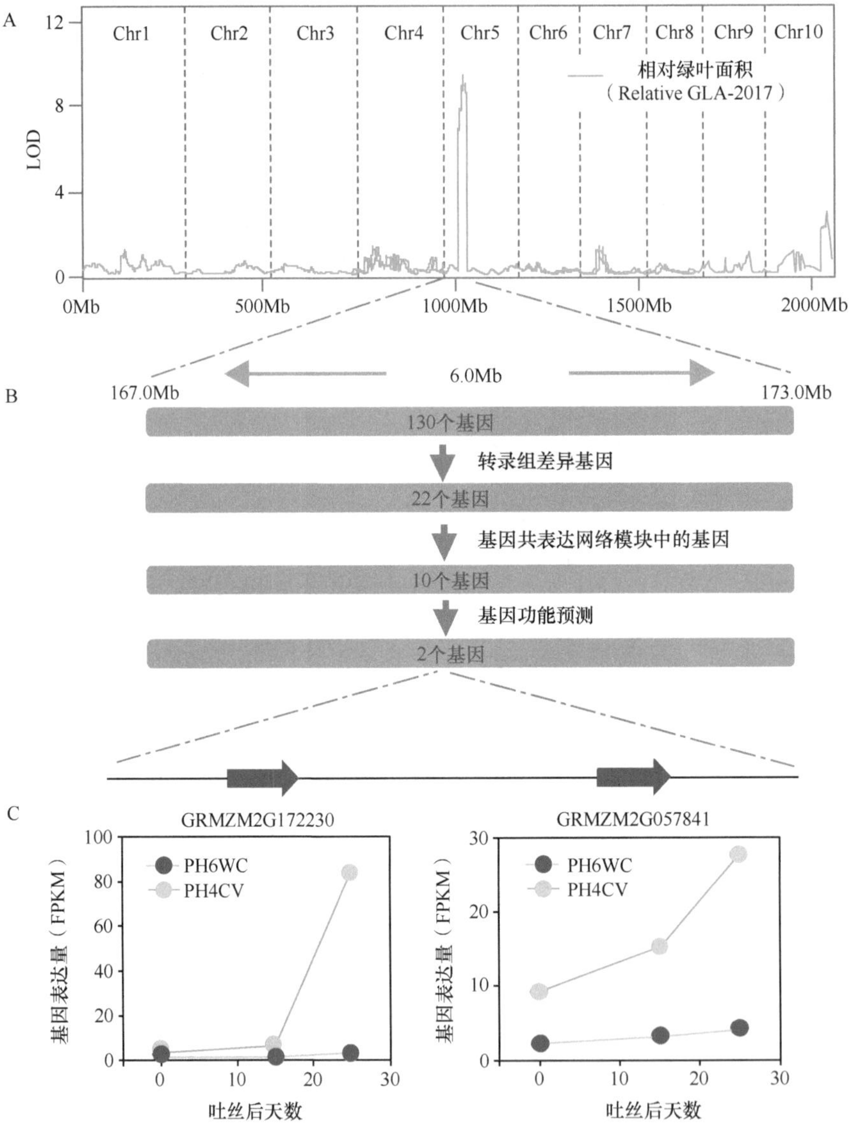

图 4-9　采用 QTL 和组学方法鉴定的氮素再转移候选基因

A.‘PH4CV’和‘PH6WC’分离群体的相对绿叶面积（GLA）性状的 QTL 定位；B. QTL 位点上候选基因预测过程，利用‘PH4CV’和‘PH6WC’的 RNA-seq DEG、WGCNA 分析和基因功能注释 3 种方法预测 QTL 位点上的候选基因；C. QTL 位点上的候选基因在‘PH4CV’与‘PH6WC’中的动态表达变化综上所述，氮转移高效基因型受乙烯和细胞分裂素（CTK）水平变化诱导，在吐丝 15d 启动氮转移，吐丝 25d ABA 和茉莉酸（JA）的合成增加，激素信号激活 NAC 和 WRKY 转录因子与下游靶基因结合，加强了衰老及叶绿素分解代谢途径相关基因的上调表达，从而促进叶绿体降解氮素向籽粒的转移（图 4-10）。

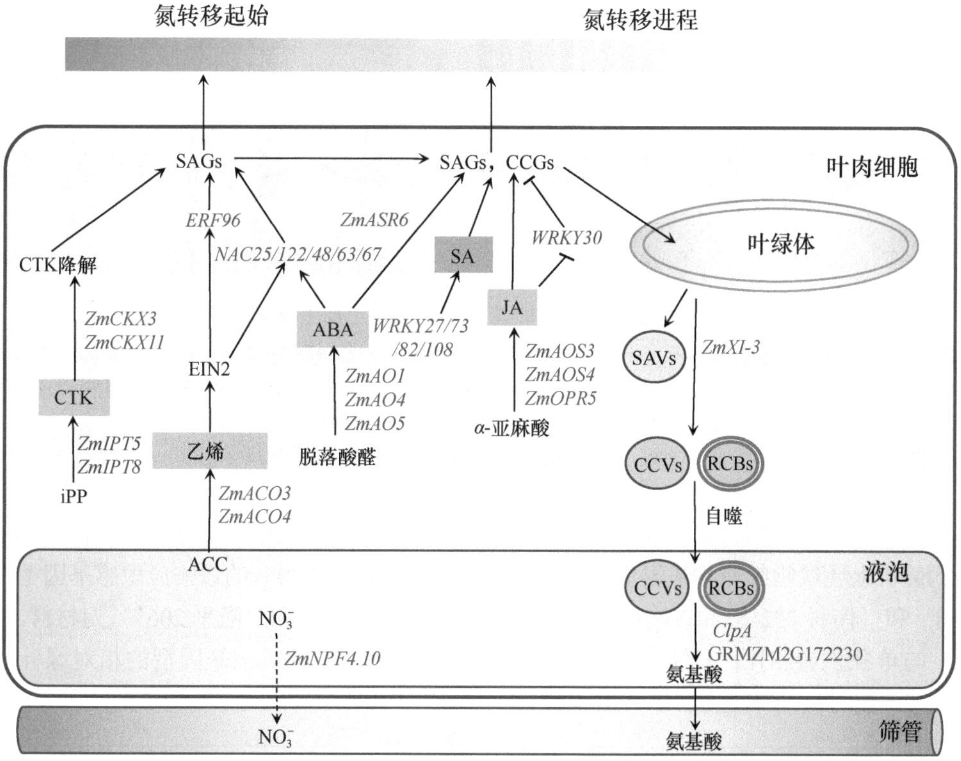

图 4-10　一种可能的氮素转移调控网络

SAGs：衰老相关基因；CCGs：叶绿素分解基因；CTK：细胞分裂素；iPP：异戊烯二磷酸；EIN2：乙烯不敏感转录调节基因；ACC：1-氨基环丙基-1-羧酸；ABA：脱落酸；SA：水杨酸；JA：茉莉酸；SAVs：非自噬途径依赖的衰老相关囊泡；CCVs：叶绿体囊泡；RCBs：自噬途径依赖的 Rubisco 包含小体

4.1.4　铵硝混合供应氮素促进玉米增产增效生理机制

4.1.4.1　不同玉米品种对适量铵硝混合营养的响应

对于大多数植物，在硝态氮和铵态氮混合供应条件下往往比单独供硝或者单独供铵条件下生长更好（Guo et al.，2007；Wang et al.，2019a）。但是同一作物的不同品种对不同形态氮素的响应和吸收存在明显的基因型差异（Dai et al.，2001；Feng et al.，2003；Dong et al.，2006）。我们利用 11 个玉米主栽品种或者新育成品种，在 1mmol/L 氮浓度下，设置 3 个处理：CK（全硝）、10% 铵（铵硝比 1∶9，CK+A2）、25% 铵（铵硝比 1∶3，CK+A3）。结果发现，不同玉米品种对铵态氮的响应存在显著的基因型差异。与单独供硝（CK）相比，以增铵处理是否显著增加了玉米地上部生物量为标准，将不同的玉米品种分为铵响应敏感基因型和铵响应不敏感基因型。铵响应敏感基因型有‘郑单 958’‘伟科 702’等，铵响应不敏感基因型有‘登海 605’‘隆平 206’等。对于铵响应敏感基因型，增铵处理使铵响应敏感基因型地上部生物量显著增加了 11%～22%（图 4-11），但 10% 和 25% 增铵处理间地上部生物量无显著差异。

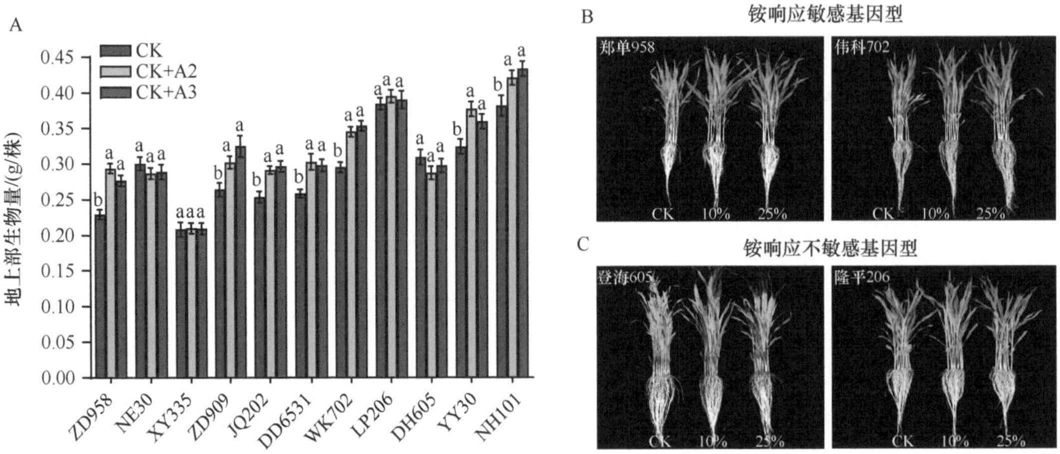

图 4-11　氮素形态对 11 个玉米品种的地上部生物量的影响

CK、CK+A2、CK+A3 分别代表单独供硝（4mmol/L）、铵硝比 1∶9（0.4mmol/L NH_4^++3.6mmol/L NO_3^-）、铵硝比 1∶3（1mmol/L NH_4^++3mmol/L NO_3^-），每个氮素形态处理 4 个生物学重复，误差线表示标准误（SE），图柱上不含有相同小写字母的表示同一品种不同处理之间差异显著（$P<0.05$）。ZD958：郑单 958；XY335：先玉 335；ZD909：中单 909；JQ202：金庆 202；DD6531：东单 6531；WK702：伟科 702；LP206：隆平 206；DH605：登海 605；YY30：宇玉 30；NH101：农华 101。下同

4.1.4.2　铵响应敏感基因型玉米氮高效的生理机制

为解析上述铵响应差异基因型铵响应的生理机制，以筛选得到的铵响应敏感基因型（‘郑单 958’和‘伟科 702’）和铵响应不敏感基因型（‘登海 605’和‘隆平 206’）为材料，研究发现，与单独供硝相比，10% 增铵处理显著或极显著增加了铵响应基因型的相对绿叶面积、光合速率，但对气孔导度无影响（图 4-12）。

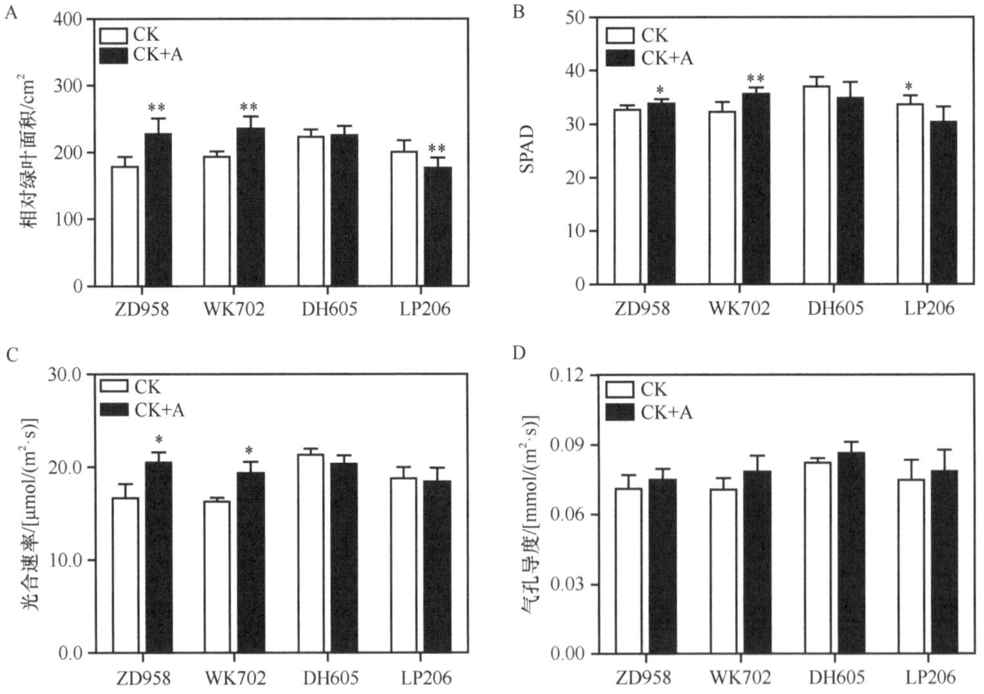

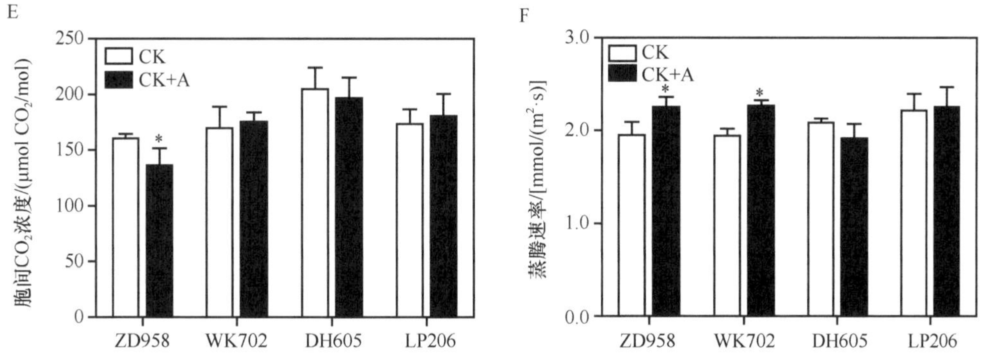

图 4-12　氮素形态对玉米杂交种‘郑单 958’‘伟科 702’‘隆平 206’‘登海 605’相对绿叶面积（A）、SPAD（B）、叶片光合速率（C）、气孔导度（D）、胞间 CO_2 浓度（E）和蒸腾速率（F）的影响

星号代表氮素形态之间的差异显著性（* 表示 $P<0.05$，** 表示 $P<0.01$）。下同

对于铵响应基因型，与单独供硝相比，增铵处理显著或极显著增加了‘郑单 958’和‘伟科 702’的地上部和根系的可溶性蛋白与游离氨基酸浓度（图 4-13）。铵响应玉米品种根中氨基酸浓度较高，表明进入根的 NH_4^+ 首先进入胞质内的同化途径，从而优于通过 NO_3^- 的还原形成 NH_4^+ 再同化的途径。对于‘郑单 958’，与单独供硝相比，增铵处理显著或极显著增加了其地上部和根系的可溶性糖浓度，但‘伟科 702’无响应。对于铵响应不敏感基因型‘登海 605’，地上部和根系中可溶性蛋白、可溶性糖浓度在两个氮素形态处理间无显著性差异。氮对硝态氮、铵态氮的吸收与同化主要由相应的硝酸盐、铵转运蛋白所介导。在根系中，与单独供硝相比，增铵处理显著上调了铵响应基因型‘郑单 958’和‘伟科 702’根系中 *ZmAMT1.3* 和 *ZmNADH-GOGAT* 的表达，促进了氮素吸收和转运。

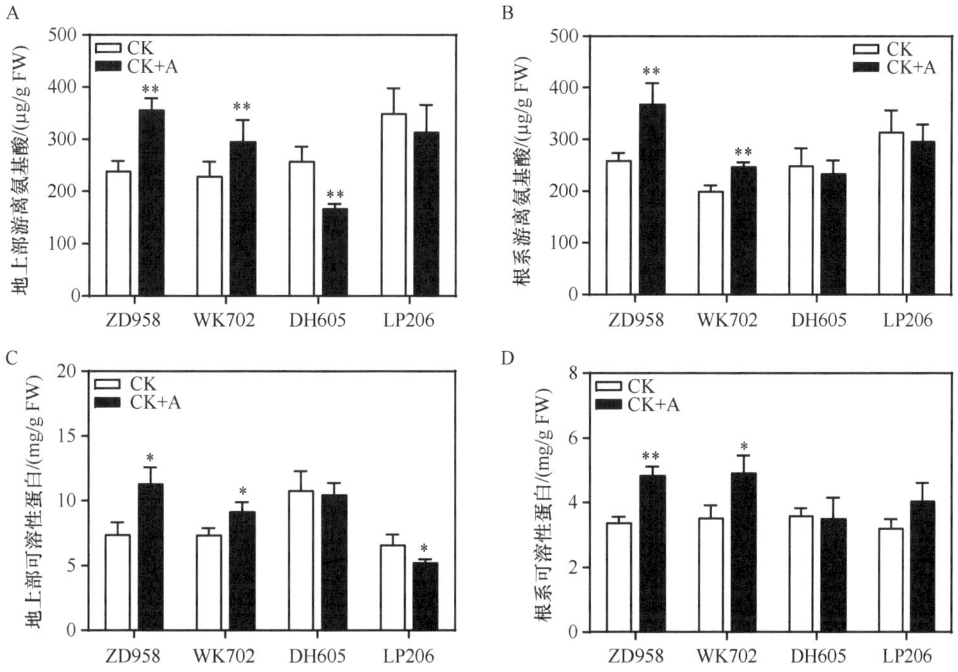

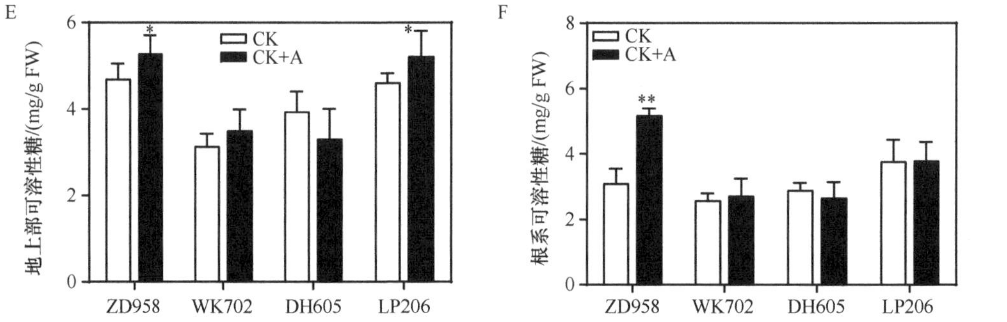

图 4-13　氮素形态对玉米杂交种‘郑单 958’‘伟科 702’‘隆平 206’‘登海 605’地上部（A）和根系（B）游离氨基酸浓度、地上部（C）和根系（D）可溶性蛋白浓度、地上部（E）和根系（F）可溶性糖浓度的影响

4.1.4.3　不同氮素形态下铵响应差异基因型玉米的减氮增效潜力评价

在大田中发现，施用硫酸铵/硝酸钙（1∶1）相对于施用尿素或硝酸钙能显著增加铵响应敏感基因型玉米的产量，‘郑单 958’在施用硫酸铵/硝酸钙（1∶1）处理下比施用尿素或硝酸钙产量两年平均分别增加了 8.8% 和 12.8%，‘伟科 702’在 2018 年施用硝硫酸铵/硝酸钙（1∶1）处理下比施用硝酸钙产量增加了 7.2%，在 2019 年施用硝硫酸铵/硝酸钙（1∶1）处理下比施用尿素产量增加了 10.8%（图 4-14）。而对于铵响应不敏感基因型玉米‘登海 605’，在施用硝酸钙处理下比施用尿素产量两年平均增加了 9.4%。对于‘隆平 206’，2018 年施用硝酸钙处理下比施用硫酸铵/硝酸钙（1∶1）产量显著增加了 7.9%，2019 年施用硝酸钙处理下比施用尿素产量增加了 10.7%（图 4-14）。因此，在生育期前期铵硝混合施用即表现出增产效果。

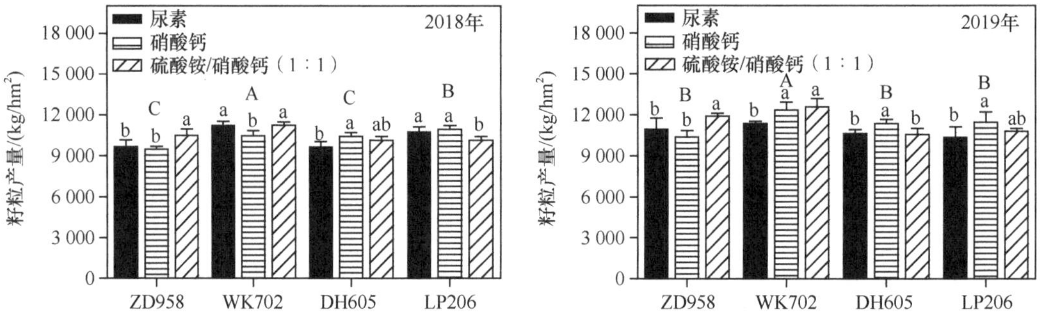

图 4-14　铵响应差异基因型玉米在施用不同形态氮素下的产量

每个施肥处理 4 个生物学重复，图柱上不含有相同小写字母的代表同一品种不同氮处理之间差异显著（$P<0.05$），不含有相同大写字母的代表不同品种之间差异显著（$P<0.05$）

4.1.5　有机无机配施促进玉米增产增效生物学机制

有机无机配施、单施无机肥料和单施有机肥料是现代农业的主要施肥方法。有机无机配施在实际生产中是中低产田维持作物高产且培肥地力的重要途径。有机无机配施对玉米均有增产增效效果，并且与氮素养分供应关系密切。有机和无机养分的配施不仅可以提高土壤养分有效性，促进养分吸收，而且改善地上部和根系的生长，显著增加玉米产量、植株高度、根和地上部鲜重以及干重（Mugwira et al.，2002；Masood et al.，2014；Hassan et al.，2020）。谷氨酰胺是氮代谢的重要组分，并且是植物体内平衡 NO_3^- 和 NH_4^+ 的氮信号。通过对‘郑单

958’（ZD958）及其母本‘郑 58’（Z58）、父本‘昌 7-2’（Chang7-2）在有机无机配施条件下研究，发现不同基因型间影响差异较显著（图 4-15）。有机无机配施提高了母本‘郑 58’的干重、根长、SPAD、地上部氮浓度及根部氮浓度，并降低了其根冠比。但父本‘昌 7-2’对有机无机配施的响应不如母本，干重、根长和根冠比均无显著差异，同时植株氮浓度显著降低。

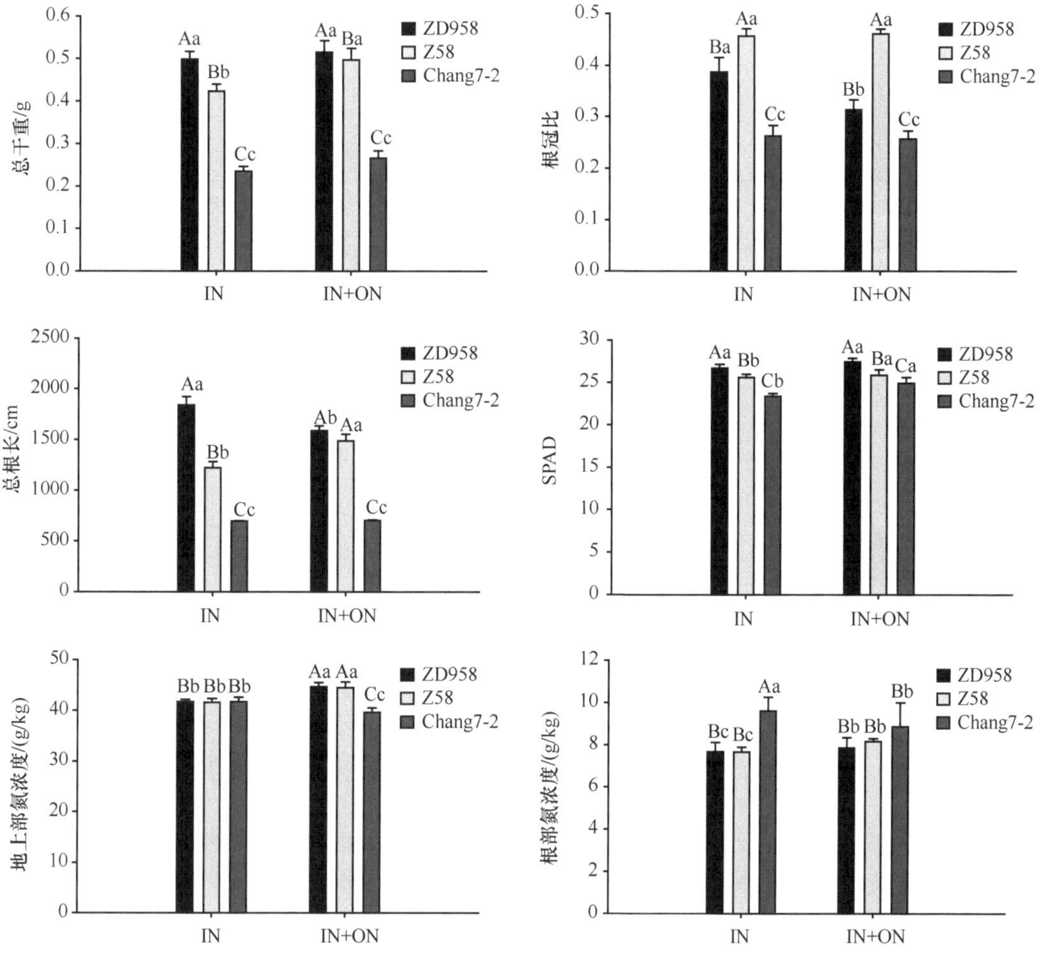

图 4-15　‘郑单 958’及其母本‘郑 58’、父本‘昌 7-2’在无机氮和无机有机配施条件下的干重、根冠比、根长、SPAD 及氮浓度

IN 代表无机氮肥施用处理，IN+ON 代表有机无机配施处理；图柱上不含有相同大写字母的表示同一施肥处理下不同品种之间差异显著（$P<0.05$），不含有相同小写字母的表示不同施肥处理之间差异显著（$P<0.05$）

有机无机配施增加玉米谷氨酰胺合成酶（GS）/谷氨酸合酶（GOGAT）活性，从而提高植株的谷氨酸、天冬酰胺、游离氨基酸和可溶性蛋白的含量。‘郑单 958’地上部铵态氮转运蛋白基因 *ZmAMT1.1*、*ZmAMT1.3* 和氨基酸转运蛋白基因 *ZmLHT1* 的表达量均显著或极显著提高；根部铵态氮转运蛋白基因 *ZmAMT1.3*、硝态氮转运蛋白基因 *ZmNRT2.1* 和氨基酸转运蛋白基因 *ZmAAP2* 表达量显著或极显著上调；但硝态氮转运蛋白基因 *ZmNRT1.1* 的表达量与对照相比无差异（图 4-16）。从分子生物学角度解释了有机无机配施在作物生理上增产增效的机制。

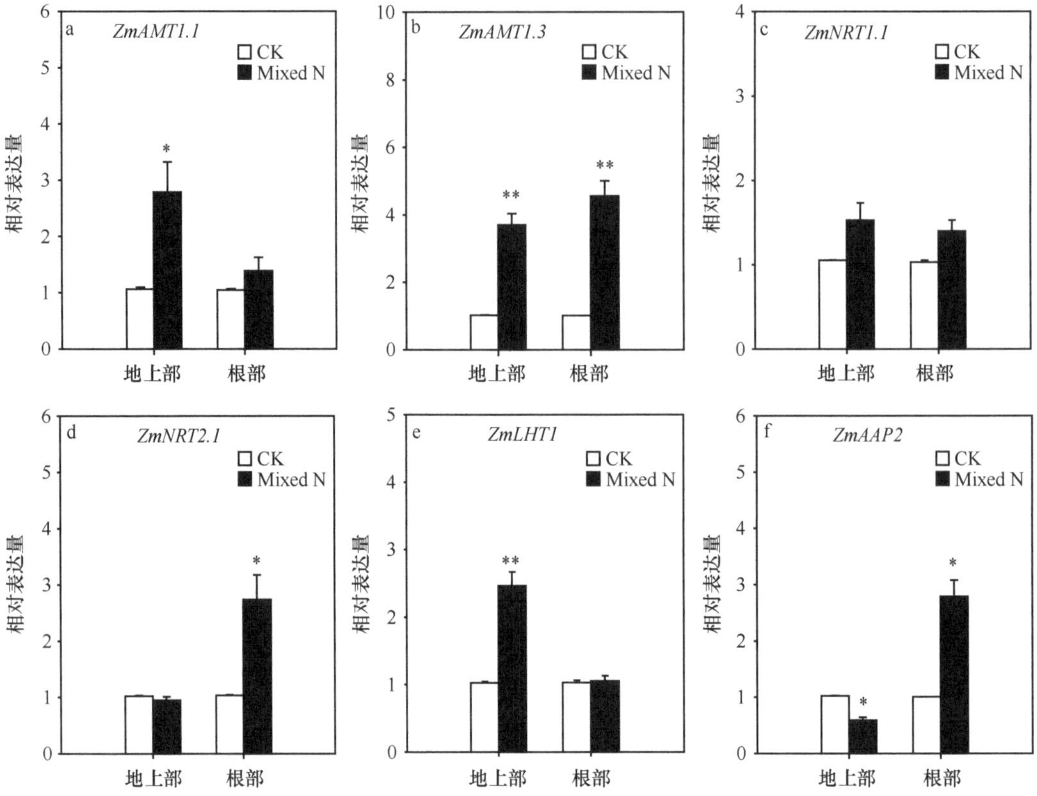

图 4-16 ‘郑单 958’在有机无机配施条件下的基因表达（Hassan et al.，2020）

CK 代表 2mmol/L NH_4NO_3；Mixed N 代表 1.6mmol/L NH_4NO_3+0.4mmol/L 谷氨酰胺。* 表示 $P<0.05$；** 表示 $P<0.01$

4.2 水稻氮高效基因型减氮增效潜力及其生物学机制

我国水稻高产大多基于施用高量的化学肥料来获得，由此带来巨大的环境压力（彭少兵等，2002；巨晓棠和谷保静，2014；于飞和施卫明，2015）。水稻不同品种间氮素利用率存在基因型差异，氮素的吸收利用与产量形成关系密切（张亚丽等，2008；朱兆良等，2010；Xu et al.，2012；Plett et al.，2018；Hawkesford and Griffiths，2019）。因此选育氮高效水稻，评价它们的减氮增效潜力，明晰不同生育期高效吸收利用氮素的生物学机制，对于我国实现水稻高产和环境保护双赢的目标具有重要意义。

4.2.1 水稻氮高效基因型减氮增效潜力

张亚丽等（2008）的研究表明，以江苏省 2011～2016 年种植面积在 100 万亩（1 亩≈666.7m^2，后文同）以上的 34 个粳稻品种作为供试材料，在 0kg/hm^2 和 270kg/hm^2 氮水平下开展田间试验。结果表明，供试水稻的氮吸收效率差异显著。以平均籽粒产量为标准，在两个氮水平处理下籽粒产量均高于供试基因型平均值的为双高效，有 11 个水稻品种；籽粒产量均低于供试基因型平均值的为双低效，有 9 个水稻品种。为了探明氮高效水稻品种的节氮潜力，随机选取 2 个氮高效品种，以区试品种‘武育粳 3 号’作为对照品种，在 5 个氮水平下实施田间试验。以‘武育粳 3 号’获得最高产量时的施氮量为标准，进行线性加平台分析，结果表明，区试品种‘武育粳 3 号’的最高产量为 8325kg/hm^2，达到它自身最高产量所需要的施氮量为 170kg/hm^2，因此推算氮高效水稻品种的节氮潜力分别可达到 17.7%、31.1%。

4.2.2　水稻苗期氮素高效吸收的生物学机制

根据水稻的需肥规律，水稻的吸氮高峰在分蘖拔节–齐穗期，但生产中江苏省常规的田间管理基肥、蘖肥、穗肥比例为 4∶3∶3。如果单从植物对氮素吸收来考虑，基肥、蘖肥后移既可满足水稻对氮素的需求又能降低氮肥损失，应该是稻田减氮增效的最佳途径之一。但由于氮肥基施可随耕作深施入土壤和节省人工等，氮肥后移在生产中推广有一定难度。Chen 等（2015b）发现水稻后期的氮素高效吸收并不能降低稻田的氮素损失，只有生育前期的氮素高效吸收品种显著降低农田的氮素损失。因此，解析水稻苗期氮素的高效吸收利用对于实现水稻高产和环境保护双赢的目标具有重要意义。

氮肥后移还可能存在影响水稻分蘖并最终导致产量下降的风险。Sun 等（2015）的研究表明，苗期水稻根际的高铵供应强度是保障水稻分蘖的重要因素。因此对于水稻苗期，出现作物本身需要高强度供氮以满足分蘖需求而高强度施肥又容易导致损失严重的两难境地。解析水稻苗期分蘖对氮素供应响应的生理机制对于水稻苗期的氮素高效吸收具有重要意义。

4.2.2.1　硝态氮高效吸收的生物学机制

淹水条件下硝化作用被强烈抑制，土壤中 NH_4^+ 为主要存在形态，所以水稻被认为是喜铵作物（Arth et al.，1998）。水稻具有发达的通气组织，根际硝化微生物将 NH_4^+ 氧化成 NO_3^-。即便是完全淹水条件下，水稻根系也是处于铵硝混合营养中（段英华等，2004）。^{15}N 同位素实验表明，水稻可吸收相当量的 NO_3^-（Luo et al.，1993；Kirk and Kronzucker，2005）。

1. 硝酸盐转运蛋白的表达对氮素高效吸收利用的重要作用

植物进化了至少 3 种类型的吸收系统：组成型和诱导型高亲和力硝酸盐转运系统及低亲和力硝酸盐转运系统。由于稻田根际 NO_3^- 浓度低，高亲和力转运系统 *NRT2* 家族成员被认为在水稻吸收 NO_3^- 中起主要作用（Yan et al.，2011）。*OsNRT2* 家族成员 *OsNRT2.1/2.2/2.3a* 在 NO_3^- 供应下表达上调，并且需要伴侣蛋白 *OsNAR2.1* 用于 NO_3^- 吸收（Yan et al.，2011）。*OsNRT2.3a* 主要在根系木质部薄壁细胞中表达，并被证明在低 NO_3^- 条件下将 NO_3^- 从根部运输到地上部（Tang et al.，2012）；*OsNRT2.3b* 在地上部的韧皮部中表达，参与地上部 NO_3^- 的转运（Fan et al.，2016）。*OsNRT2.4* 编码双亲和硝酸盐转运蛋白并参与根生长和 NO_3^- 吸收（Wei et al.，2018）。此外，低亲和力硝酸盐转运系统 *NRT1/NPF* 家族的几个成员，如 *OsNRT1.1B*（Hu et al.，2015）、*OsNRT1.2*、*OsNPF2.4*、*OsNPF2.2* 和 *OsNPF7.2* 也已被确定参与水稻体内 NO_3^- 转运。

近年来，NO_3^- 转运蛋白基因被应用于提高作物氮素利用率等育种方面（图 4-17）。Hu 等（2015）确定了低亲和力的 NO_3^- 转运蛋白基因 *OsNRT1.1B* 在粳稻中的高表达可能通过改善对不同 NO_3^- 浓度的感应并增强氮在籽粒中积累的能力来提高氮素利用率。适当增强水稻 *NRT2* 基因的表达也能显著提高籽粒产量和氮素利用率（Chen et al.，2016，2017；Fan et al.，2016）。*OsNRT2.3b* 具有细胞 pH 敏感基序，其表达增强有利于韧皮部的 pH 平衡，从而改善其他养分的吸收。水稻、大麦、玉米等超表达 *OsNRT2.3b*，这些作物的产量均显著增加（Fan et al.，2016）。

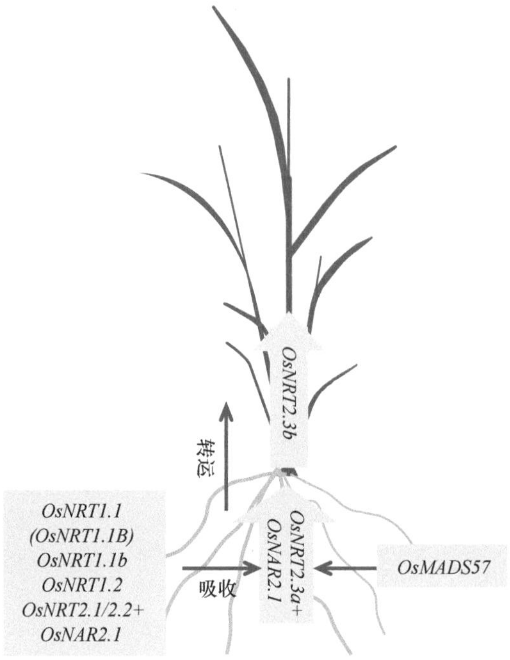

图 4-17　参与水稻苗期氮素高效吸收的硝酸盐转运蛋白基因及其调控基因

2. 参与硝酸盐转运蛋白基因转录水平的调控机制

既然硝酸盐转运蛋白表达水平对于作物的氮素高效吸收利用具有重要作用，解析其表达水平的调控机制就显得尤为重要。目前，拟南芥中调控硝酸盐转运蛋白基因表达的转录因子已比较清楚，但在水稻中还未见报道（Kant，2018）。

研究已明确 MADS-box 转录因子家族的成员基因 *AtANR1* 在 NO_3^- 调控拟南芥侧根生长的过程中起到信号转导的作用（Zhang and Forde，1998）。Arora 等（2007）通过比对保守氨基酸序列，找到与其同源的水稻 MADS-box 转录因子 *OsMADS23/25/27/57/61*。研究表明水稻 AGL17-like 家族的基因可能参与 NO_3^- 调控水稻根系的发育过程（Yan et al.，2014；Yu et al.，2014，2015）。Huang 等（2019）首次报道了一个参与水稻 NO_3^- 吸收转运的转录因子 *OsMADS57*。*OsMADS57* 作为 *OsNRT2.3a* 的转录调节因子，调控水稻 NO_3^- 从根到地上部的转运。同时还发现 *OsMADS57* 还参与调控低氮诱导的水稻主根伸长，说明 *OsMADS57* 在响应外部氮素调控根系发育中起重要作用（图 4-17）。

4.2.2.2　降低铵离子外排流失的生物学机制

从前面章节可知，水稻生产中苗期的氮肥投入约占总施肥量的 70%，从氮素的吸收规律角度来考虑，水稻生长季后期对氮素的需求旺盛，因此，不仅需要增强水稻苗期的吸收能力，还需要提高吸收进入植株体内氮的保持能力，即保氮能力。稻田土壤中的无机氮源以 NH_4^+ 为主，但高浓度 NH_4^+ 对细胞有毒，因此细胞有外排 NH_4^+ 以解毒的本能。通过调控水稻苗期根系细胞耐铵性和生长来增加铵的库容与代谢，从而减少根内铵离子的外排流失，对提高水稻的氮素利用率有一定意义。

1. 水稻苗期根系铵外排与氮素高效利用的机制

铵是水稻吸收的最主要氮源之一，也是氮代谢的关键中间产物，但细胞对铵的敏感性是生物界普遍存在的现象。如果细胞对铵的耐性低，不仅会减少根系对 NH_4^+ 的吸收和限制细胞内硝态氮同化成铵的过程，根系还本能地外排 NH_4^+ 以减少根内铵的浓度，这会减弱植株的保氮能力。研究表明，当植物组织中氮水平接近上限阈值时，NH_4^+ 和 NO_3^- 的吸收均趋向于下降（Glass et al.，2002）。在水稻体内高浓度铵条件下，根系质膜 NH_4^+ 内流几乎与等量外流同时发生，从而形成根系质膜 NH_4^+ 的无效循环，造成体内氮素大量散失（Britto and Kronzucker，2002，2006）。水稻根系 NH_4^+ 外排量的大小与栽培品种、植物组织尤其是根部的氮水平密切关联。

很多研究者认为氮高效水稻不仅具有高产的特性，而且具有高效保氮能力（崔世友等，2006；张亚丽，2006；Shi et al.，2010）。水稻的氮素高效利用与其苗期更高的体内保氮能力关系密切：相比氮高效水稻‘武运粳 23’，氮低效水稻‘桂单 4 号’在根系伸长区 NH_4^+ 外排更多（Chen et al.，2013c）；利用氮高效超高产杂交稻进行研究也发现，超高产水稻‘甬优’和‘嘉优’与常规稻‘秀水’相比具有更高的铵态氮保有阈值（Chen et al.，2020）。在 2mmol/L NH_4^+ 处理下，超高产水稻‘甬优’和‘嘉优’在根系伸长区 NH_4^+ 吸收更多，但常规稻‘秀水’根系伸长区出现 NH_4^+ 外排；当 NH_4^+ 浓度达 15mmol/L 时，‘甬优’和‘嘉优’出现 NH_4^+ 外排的趋势，但外排量远小于常规稻‘秀水’。这进一步说明氮高效水稻苗期有更高的 NH_4^+ 保有能力，增强的保氮能力会明显加大对 NH_4^+ 的吸收能力，在体内更好地储存 NH_4^+ 并代谢，减少外排量和能量消耗。提高水稻保氮能力的另一个途径是增强根系生长。更大的根系生物量、更深的根系分布和根系长度对于产量提高与氮素库容有重要意义（Ju et al.，2015）。在低浓度（0.05mmol/L 和 0.5mmol/L）和高浓度（10mmol/L）NH_4^+ 条件下，超高产水稻根系生长指标显著好于常规水稻品种，而且超高产水稻更强的根系生长明显促进了地上部生物量的积累，并保持高浓度铵条件下根内铵的吸收和代谢能力。综上所述，氮高效水稻苗期根系伸长区的 NH_4^+ 外流明显低于氮低效水稻，进而体内铵的保有能力大于氮低效水稻，这可能是其能维持较好的根系生长和氮素吸收效率的主要机制。水稻根系 NH_4^+ 外流水平也可以作为筛选苗期保氮能力强、氮素吸收利用率高的水稻品种的重要理论指标。

2. 降低水稻苗期铵离子外排的生物学机制

根系 NH_4^+ 外排是导致植株氮损耗的重要途径，而造成根系 NH_4^+ 外排的关键因素之一就是细胞对 NH_4^+ 的耐受能力差异。提高细胞对 NH_4^+ 的耐受能力，可以有效增强植株体内铵的保有水平，降低由于无法忍受体内铵累积而导致的 NH_4^+ 外排散失。关于提高水稻苗期耐铵性响应并降低根系 NH_4^+ 外排的生物学机制，总结概括为以下几点。

（1）铵钾平衡对降低水稻根系铵外排的影响

在细胞高浓度铵条件下，植物体内的离子尤其是 K^+ 的摄取量下降，导致 K^+ 大量流失。外源补充 K^+ 会明显减少水稻 NH_4^+ 外排（Hoopen et al.，2010）。NH_4^+ 外排过程受到 *VTC1* 基因的调控。

外部低钾条件下水稻有更明显的铵外排。外部高钾（5mmol/L）条件下，与 10mmol/L NO_3^- 以及低浓度 NH_4^+（0.1mmol/L）相比，水稻在 10mmol/L NH_4^+ 时具有更高的生长水平。这说明 K^+ 充足时，水稻更喜 NH_4^+ 而非 NO_3^-（Balkos et al.，2010），而且不论 NH_4^+ 还是 NO_3^-，水稻均在 5mmol/L K^+ 条件下生长最好。Balkos 等（2010）发现在 10mmol/L NH_4^+ 和 5mmol/L K^+ 条件下，NH_4^+ 的外排/内流值、根部 NH_4^+ 的交换率均最小；而水稻体内蛋白质含量、谷氨酰胺

合成酶（GS）和磷酸烯醇丙酮酸羧化酶（PEPC）的活性最高。这说明当肥料配比为10mmol/L NH_4^+ 和 5mmol/L K^+ 时，水稻苗期的生长最好。而且即使在低浓度 NH_4^+（0.1mmol/L）或 10mmol/L NO_3^- 时，提高 K^+ 含量也会促进植物的生长，这对农业生产有重要意义。中国目前很多水稻种植区域都面临缺钾的情况，如南方地区超过 70% 的土壤普遍缺钾（Yang et al.，2005）；在亚洲其他地区这种缺钾状况也很明显，如印度恒河平原区土壤缺钾也比较严重（Singh et al.，2003），在这些地区土壤缺钾是影响水稻生长的重要因素（Yang et al.，2005）。因此在施肥过程中重视肥料配比，尤其是铵/钾肥的配比相当重要。

（2）GS1 和 NADH-GOGAT 循环在增强水稻铵代谢能力、降低铵离子外排中的作用

谷氨酰胺合成酶是 NH_4^+ 代谢的关键酶，当其活性被抑制会导致组织无法承受过量 NH_4^+ 累积，引发更严重的 NH_4^+ 外排。在高等植物中尤其在水稻中，GS1 和 NADH-GOGAT 在铵的解毒中发挥主要作用（Peterman and Goodman，1991；Ishiyama et al.，1998；Yamaya and Kusano，2014）。Ishiyama 等（2003，2004）发现 *OsGln1.2*（编码 GS1）和 *OsGlt1*（编码 NADH-GOGAT）在水稻根部细胞中被 NH_4^+ 诱导表达呈浓度依赖性。与野生型相比，水稻 *OsGln1.2* 或 *OsGlt1* 突变体根中游离 NH_4^+ 显著增加（Tamura et al.，2010），是诱发水稻体内 NH_4^+ 外排的重要因素。

（3）植物体内激素平衡对水稻根系细胞耐铵性的影响

通过比较铵敏感水稻品种‘Kasalath’和耐铵性水稻品种‘Koshihikari’的根系生长、体内生长素（IAA）水平以及与 IAA 相关的基因转录发现：铵可以明显降低水稻根系中游离态 IAA 水平。相比铵敏感水稻品种‘Kasalath’，耐铵性水稻品种‘Koshihikari’具有更高的 IAA 合成能力，并且 IAA 的降解水平更低，可以维持细胞高铵条件下更多的体内 IAA 水平，从而使水稻细胞耐受高浓度铵（Di et al.，2018）。

Wang 等（2020a）研究发现赤霉素（GA）在水稻细胞耐铵性和多胺积累过程中有重要作用。铵可以明显减少水稻叶部 GA_4 的产生。对野生型水稻外源补充 GA，或者水稻 GA 合成增加的突变体 *eui1*，都增加水稻对铵的敏感性。GA 导致的水稻铵敏感与其诱导的体内多胺增加有关。水稻赤霉素含量增加突变体 *eui1* 在高铵条件下具有更高的多胺水平，从而导致该突变体对高铵敏感。外源施用多胺会加重水稻的铵敏感，而多胺合成抑制剂会有效增强水稻对细胞高浓度铵的耐性。

脱落酸（ABA）在环境胁迫响应中具有重要作用，铵浓度增加会导致组织 ABA 积累。水稻 ABA 高积累突变体（*Osaba8ox*）和 ABA 低积累突变体（*Osphs3-1*）分别对高铵表现出抗性和敏感性，说明 ABA 积累在水稻耐铵性中有重要作用（Sun et al.，2020a）。ABA 会降低铵的积累和铵诱导的氧化伤害，ABA 的这种作用主要通过增强抗氧化酶和谷氨酰胺合成酶（GS）活性来完成。*OsSAPK9* 和 *OsZIP20* 基因是参与高铵 ABA 响应途径的关键一环。当 *OsSAPK9* 和 *OsZIP20* 基因缺失时，ABA 无法诱导增强的抗氧化酶和谷氨酰胺合成酶活性，水稻也会表现出明显的铵敏感特征。*OsSAPK9* 可以直接作用于 *OsZIP20* 蛋白，从而导致后者磷酸化，强化其功能（Sun et al.，2020a）。

此外，铵会通过 miR444 来增加水稻油菜素内酯（BR）的合成，从而调控水稻对细胞高浓度铵的敏感性。miR444 直接作用于水稻 BR 合成基因的 MADS-box 靶标，从而直接抑制 BR 合成关键基因 *OsBRD1* 的表达。铵会诱导水稻根部 miR444-*OsBRD1* 信号放大级联，从而提高 BR 水平来抑制水稻根系的伸长（Jiao et al.，2020）。

总之，水稻苗期的铵外排量低、保氮能力强与其氮利用率密切相关，通过增强水稻苗期

耐铵性、促进根系生长，可有效降低根系的 NH_4^+ 外排，提高水稻氮利用率。氮利用率高的水稻品种对铵的敏感程度低，耐铵能力强，因此 NH_4^+ 外排量低、保氮能力强，机制上可以总结为（图 4-18）：①氮高效水稻根系生长健壮，氮素库容增加；②氮高效水稻对细胞铵的敏感性低，可以维持更高的铵库存阈值，降低 NH_4^+ 外排，增强保氮能力；③ IAA 和 ABA 与 BR 和 GA 等激素信号通过相关基因途径发挥着重要的作用。尽管许多研究还处于探索阶段，但随着水稻苗期降低铵外排、增强保氮能力研究的不断更新完善，该领域研究将会进入一个新的阶段。

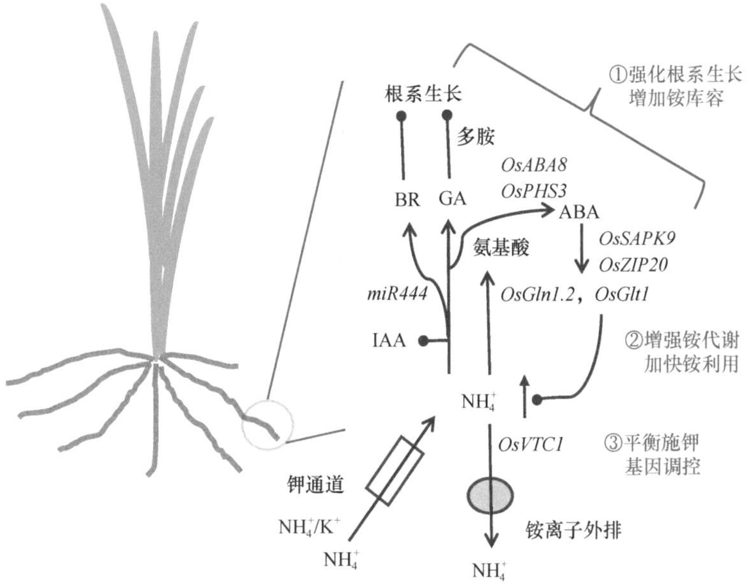

图 4-18　降低水稻苗期根系铵离子外排流失的生物学机制

4.2.2.3　生长素外流蛋白基因 *OsPIN9* 参与氮素调控的水稻分蘖生长

1. 与 NO_3^- 相比，NH_4^+ 更能促进水稻分蘖的发生

分蘖是水稻的重要农艺性状之一，营养元素中以氮素对分蘖的生长影响尤为显著（Luo et al.，2020）。不仅氮素供应水平影响水稻分蘖（Tian et al.，2017），氮素形态也对水稻分蘖有显著影响（Hou et al.，2021）。与 NO_3^- 处理相比，NH_4^+ 处理下水稻的分蘖数显著增加，并且 NH_4^+ 促进水稻分蘖主要是因为促进水稻分蘖芽的伸长，而分蘖芽形成并不受影响。

尽管 NH_4^+ 诱导的分蘖可能是由于氮吸收代谢的增强（Funayama et al.，2013；Yi et al.，2019），但植物可以整合内部系统信号以响应植物的生长状态，从而精细地调整植物地上部和根的生长发育（Wang et al.，2018）。生长素是调节植物地上部分枝的主要激素之一（Ongaro and Leyser，2008）。与 NO_3^- 处理相比，NH_4^+ 处理下水稻根茎接合处和根中都积累了更高的生长素浓度，^{3}H-IAA 从地上部到根的运输也显著增强，这表明铵态氮可能增强了生长素的合成和极性运输。芯片结果表明，在 65 个生长素合成和运输基因中，生长素外流蛋白基因 *OsPIN5b* 和 *OsPIN9* 的表达对铵的响应最强。据报道，*OsPIN5b* 编码一种内质网定位蛋白，调控细胞内的生长素稳态，但是过表达 *OsPIN5b* 导致分蘖减少（Lu et al.，2015），表明 *OsPIN5b* 不参与 NH_4^+ 诱导的水稻分蘖生长。因此，*OsPIN9* 被认为是铵促进分蘖发育过程中发挥作用的候选基因。

2. 解析生长素外流蛋白基因 *OsPIN9* 参与铵态氮调控水稻分蘖的作用机制

为了探析 *OsPIN9* 是否参与氮素调控水稻分蘖生长，我们创建其超表达和突变体材料并获得稳定遗传的突变体、超表达和野生型等转基因株系（Hou et al.，2021）。田间试验结果表明，与野生型相比，突变体总分蘖数目减少，降幅为 21%，而超表达植株总分蘖数目显著增加，增幅为 27%。

通过生物信息学分析，我们预测该基因定位于细胞质膜。*OsPIN9* 基因融合的 GFP（绿色荧光蛋白）均定位于细胞质膜。而且通过蛙卵实验和酵母回补实验证明 *OsPIN9* 所编码的蛋白具有外排生长素的功能。实时荧光定量逆转录（RT-qPCR）的结果表明，与硝态氮相比，铵态氮和铵硝混合营养处理下 *OsPIN9* 的表达均增强；且不同时间点的结果表明，从铵态氮处理第 5 天开始，*OsPIN9* 的表达增强，并随着处理时间的延长而逐渐增强。更为重要的是，*pOsPIN9: OsPIN9-GFP* 转基因植株在铵态氮处理下水稻根部中柱 GFP 的荧光强度显著高于硝态氮处理，这说明铵态氮能增强该基因的 RNA 和蛋白质水平的表达。

为了进一步探究 *OsPIN9* 是否参与铵态氮调控水稻分蘖芽的伸长，我们设置两个氮素形态（铵态氮和硝态氮）处理 *OsPIN9* 转基因株系。结果表明，与野生型相比，*ospin9* 突变体的分蘖数目无论在 NH_4^+ 还是 NO_3^- 处理下均少于野生型，表明 *OsPIN9* 突变后水稻对 NH_4^+ 已没有响应。此外，在 NH_4^+ 处理条件下 *OsPIN9* 超表达的分蘖数目显著高于野生型，而在 NO_3^- 处理条件下，*OsPIN9* 超表达的分蘖数目与野生型没有显著差异。我们测定 ^{3}H-IAA 从水稻分蘖茎向根茎接合处的极性运输发现，与野生型相比，突变体的 ^{3}H-IAA 运输显著下降；而超表达材料的 ^{3}H-IAA 运输在铵态氮处理下显著增强。

OsPIN9 能否参与不同遗传背景下的氮高效材料苗期的分蘖生长呢？我们从前期筛选的不同氮效率水稻中筛选分蘖差异大的材料，与氮低效品种相比，氮高效水稻在 0.3mmol/L 铵态氮处理 1 周时分蘖显著增加，且 *OsPIN9* 的表达水平也显著增加；而在 3mmol/L 铵态氮处理下的不同氮效率水稻品种的分蘖和 *OsPIN9* 的表达水平差异不显著。

综上所述，从大面积推广的粳稻品种（以江苏省为例）中选育氮高效水稻，评价它们的减氮增效潜力，与区试品种相比，氮高效品种的节氮潜力显著。水稻氮高效包括两个关键过程：生育前期对氮素的高效吸收和保有能力及生育后期氮素在植物体内的高效利用。土壤供氮水平和供氮时间与植物需氮规律的不协调是造成稻田氮损失量居高不下的主要原因。单从植物对氮素的吸收规律来考虑，基、蘖肥后移既可满足水稻植株对氮素的需求又能降低氮肥损失，但现有研究发现，苗期水稻根际的铵供应强度是保障和促进水稻分蘖的重要因素，因此在保证产量的基础上筛选分蘖对供铵强度需求低的氮高效水稻是减氮增效的重要前提。水稻苗期的耐铵性与其氮利用率有密切关系，通过增强水稻苗期耐铵性，可以有效提高水稻的氮利用率。氮利用率高的水稻品种对铵的敏感程度低，耐铵能力强，铵外排量和能耗低。

4.3　小麦氮高效基因型减氮增效潜力及其生物学机制

小麦是世界上的主要粮食作物，提供了人类消耗蛋白质总量的 20.3%、热量的 18.6%、食物总量的 11.1%。全世界常年种植小麦一般在 2.2 亿 hm^2，占世界谷物总面积的 32%。2019 年全球小麦总产量在 7.31 亿 t 左右，占谷物总产量 27.15 亿 t 的 26.9%。我国是世界上小麦种植面积和总产量最高的国家，2019 年我国小麦总产量为 1.3 多亿吨，占全球小麦的 18.3%。

品种更替和施肥增加均使小麦单产增加。在全球范围内，2014～2015 年禾谷类农作物施用氮肥 57.3Mt N，占全球农作物氮肥用量的 55.9%；而小麦是施用氮肥最多的农作物，占全球农作物氮肥用量的 18.2%，其次为玉米（17.8%）和水稻（15.2%）（图 4-19；Heffer et al.，2017）。我国小麦的年总产量和单位面积产量均低于水稻和玉米（图 4-19A 和 B），但年氮肥用量相当（图 4-19C），一是说明小麦生产需要较多的氮肥，二是需要提高小麦的氮肥利用率。鉴于小麦在我国粮食安全中的重要性、我国为全球最大小麦生产国，提高小麦氮肥利用率对保障我国和世界的粮食安全与环境安全均具有重要意义。黄淮麦区是我国小麦的主要产区，并且小麦生产逐渐向高产的黄淮麦区集中（郝晓燕等，2018）。提高黄淮麦区小麦氮肥利用率是实现我国小麦生产节肥增效的关键。

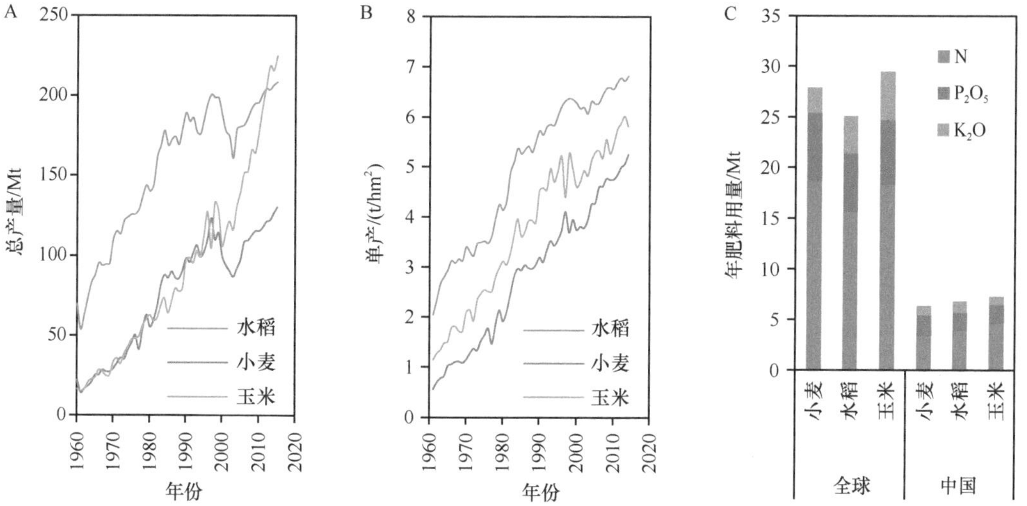

图 4-19　1960～2015 年全球粮食作物总产量、单产变化及 2014～2015 年粮食作物氮磷钾肥料用量

A. 年总产量；B. 单位面积产量；C. 年肥料用量。A 和 B 数据引自国家统计局 http://www.stats.gov.cn/，C 数据引自 Heffer 等（2017）

4.3.1　小麦氮高效基因型减氮增效潜力

2016～2017 年小麦生长季，在河北省赵县对 6 个小麦品种（包括区试对照和主栽品种）和 6 个自育小麦新品系在两个施氮水平下进行了产量品比试验。在 6 个小麦品种中，‘济麦 22’和‘矮抗 58’是我国种植面积较大的小麦品种，‘衡 4399’为区试对照品种，‘石 4185’和‘良星 99’曾经是区试对照品种，KN2011 为氮高效对照品种。在 N0 处理中，自育小麦新品系‘1672’和‘1587’的产量较高，比区试对照‘衡 4399’和大面积推广品种‘济麦 22’增产 20% 以上；在 N180 处理中，‘1672’和‘1587’比‘衡 4399’和‘济麦 22’分别增产 4.3% 和 12.3%（图 4-20）。

2017～2018 年小麦生长季，在河北省赵县对这两个氮高效小麦新品系（‘1672’和‘1587’）和 10 个河北省主栽品种（包括区试对照）在 6 个供氮水平下进行了小区产量品比试验。新增加的小麦品种‘石麦 19’为此前我们鉴定的氮高效小麦品种，‘冀 325’和‘石麦 25’为新审定的高产小麦品种，‘冀 418’和‘冀 181’为耐逆小麦品种。各供试小麦品种（系）在不施肥处理（N0）的产量明显低于施肥处理的产量；随着施肥量增加到 N90，小麦的产量显著增加，但施肥量高于 N90 以后增产幅度明显降低。12 个小麦品种（系）在不同施氮水平下的产量具有较大差异（图 4-21）。N0 处理中产量较高的是‘石麦 19’和‘1672’，其中‘1672’比‘济麦 22’和‘衡 4399’分别增产 33.1% 和 10.6%，表现出耐低氮特性。N90 处理中，‘1672’的产量最高，折合 6570kg/hm²，分别比‘济麦 22’、‘衡 4399’增产 12.0%、7.6%。

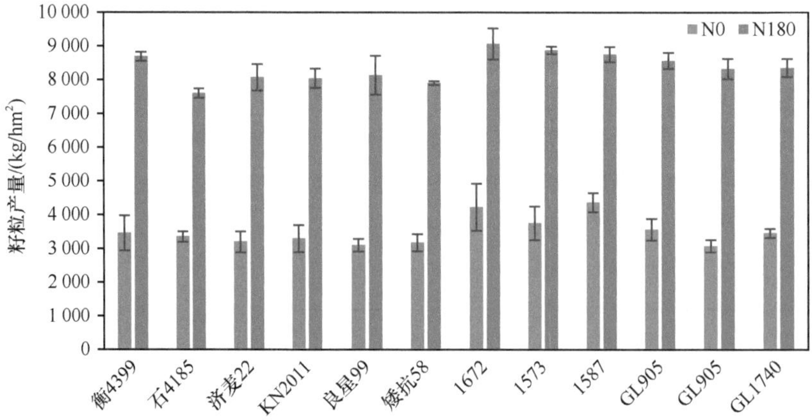

图 4-20　2016～2017 年小麦生长季各小麦品种（系）实收产量

N0、N180 分别代表氮肥施用量 0kg/hm²、180kg/hm²，数据为 4 个重复的平均值±标准误

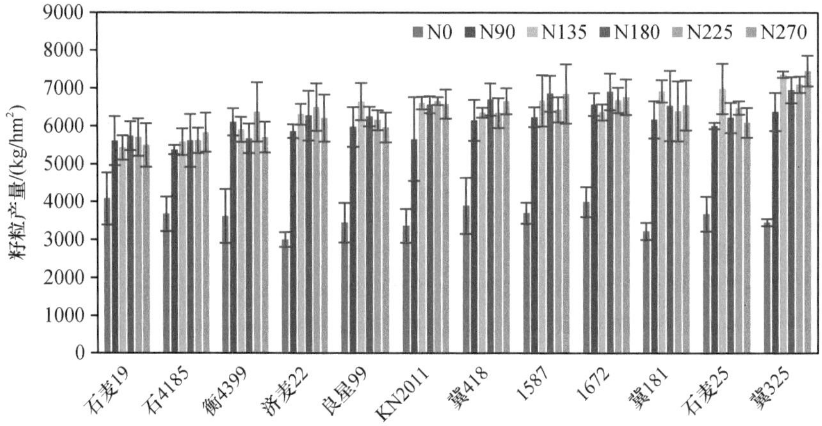

图 4-21　2017～2018 年小麦生长季各小麦品种（系）实收产量

N0、N90、N135、N180、N225、N270 分别代表氮肥施用量 0kg/hm²、90kg/hm²、135kg/hm²、180kg/hm²、225kg/hm²、270kg/hm²，数据为 4 个重复的平均值±标准误

我们用线性加平台模型对各小麦品种（系）节肥潜力进行了评估。根据模型计算结果，‘冀 325’是最高产量最高的小麦品种，也是对氮肥响应最好的品种之一，与区试对照‘衡 4399’相比，具有 14% 的节氮潜力。与区试对照‘衡 4399’相比，品系‘1672’的最高产量较高，具有 27% 的节氮潜力（表 4-3）。与‘1587’相比，‘冀 325’和‘1672’具有明显的节肥增产能力（图 4-22），根据线性加平台模型计算，节氮潜力分别为 15%、25%。‘石麦 19’虽然具有很好的节氮潜力，但最高产量低于‘衡 4399’和‘济麦 22’（表 4-3）。

表 4-3　线性加平台模型对各小麦品种（系）节氮潜力的评估

品种（系）	PLATEAU/（kg/hm²）	INTERCPT/（kg/hm²）	SLOPE/（kg/kg）	JOINT/（kg/hm²）	当 y=5951 的施氮量/（kg/hm²）	节氮潜力/%
衡 4399	5950.8	3617.0	25.9	90.00	90	

续表

品种（系）	PLATEAU/（kg/hm²）	INTERCPT/（kg/hm²）	SLOPE/（kg/kg）	JOINT/（kg/hm²）	当 y=5951 的施氮量/（kg/hm²）	节氮潜力/%
冀 325	7215.8	3456.0	32.4	115.92	77	14
1672	6658.4	3999.0	29.5	90.00	66	27
1587	6702.8	3698.0	28.2	106.64	80	11
冀 418	6511.3	3891.0	25.1	104.25	82	9
冀 181	6461.8	3225.0	32.7	98.88	83	8
石麦 25	6445.5	3677.0	25.9	106.94	88	2
良星 99	6251.5	3446.0	28.1	99.27	89	1
济麦 22	6324.5	3000.0	31.8	104.44	93	−3
石麦 19	5594.4	4079.0	30.3	50.00	62	31

注：PLATEAU 代表最高产量，INTERCPT 代表最低产量，SLOPE 代表氮肥生产效率，JOINT 代表优化氮肥用量

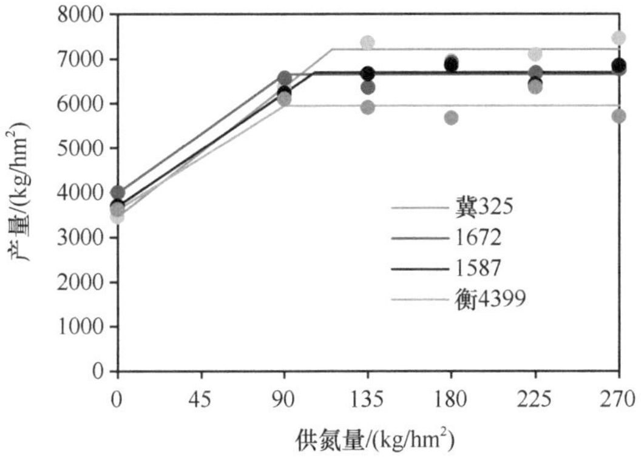

图 4-22　2017～2018 年小麦生长季不同小麦品种（系）对氮肥响应的线性加平台曲线

2019～2020 年小麦生长季再次进行小区品比试验，与‘衡 4399’相比，品系‘1672’仍表现出很好的节肥增产潜力（图 4-23）。‘冀 325’在生产中也表现出很好的节肥增效效果。据河北新闻网 2020 年 6 月 14 日报道，对河北省宁晋示范基地两块代表性示范田 10.1 亩进行联合收割机现场收获，在节约灌溉水 50%、节省化肥 24% 的情况下，‘冀麦 325’亩产 672.7kg。综合多年的试验结果，品系‘1672’表现出稳定的节肥增产潜力；小麦品种‘冀 325’不仅产量高，而且节水节肥性状突出。根据这些研究，通过选育和推广氮高效小麦新品种，可以达到氮肥施用减少 20% 条件下产量不减的目标。

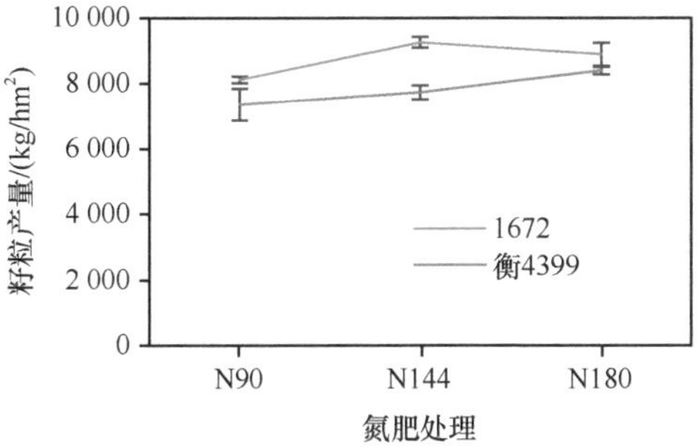

图 4-23　2019～2020 年小麦生长季不同小麦品种（系）实收产量

N90、N144、N180 分别代表氮肥用量为 90kg/hm²、144kg/hm²、180kg/hm²，数据为 3 个重复的平均值±标准误

4.3.2 小麦氮高效基因型减氮增效的生物学机制

4.3.2.1 小麦高效吸收氮素的生物学机制

从氮素的吸收利用来看，植物的氮素利用效率（N use efficiency）可分为氮素吸收效率（N uptake efficiency）和氮素同化效率［N utilization（assimilation）efficiency］（Hirel et al.，2007；Teng et al.，2017）。研究表明，高效吸收氮素是实现农作物氮高效高产的重要基础。农作物从土壤中获取氮素的能力与根系大小、形态构型及其对土壤中氮素丰缺的响应有关。根系大小和分布决定了根系与土壤的接触面积，从而影响到根系吸收氮素的效率。在我国，多个大田试验结果发现根系大小、在深层土壤中的分布与小麦吸氮量和籽粒产量显著正相关（张丽娟等，2005；Dai et al.，2014；Liu et al.，2018；Guo et al.，2019）。在小麦中，控制根系生物量和形态的 QTL 与控制吸氮量的 QTL 连锁，说明根系在高效利用氮素方面的重要性（An et al.，2006；Fan et al.，2018；Zhang et al.，2019）。聚合控制根系生物量的 QTL 可以显著增加吸氮量（Ren et al.，2017）。‘小偃 54’的根系发达，吸收各层土壤氮素的效率高于‘京 411’（张丽娟等，2005）。我们利用土柱栽培方法测定了‘小偃 54’/‘京 411’重组自交系群体（RIL）在不同土层的根系分布，并定位了相关的 QTL。1A 染色体上 *Xcfd58*～*Xcfa21581* 标记区间与地上部生物量、根系总重连锁，加性效应来自‘京 411’；4A 染色体上的 *Xbarc52*～*Xbarc70.1* 标记区间控制根系总重、0～30cm 和＞60cm 土层根系重，加性效应来自‘小偃 54’；5B 染色体上的 *Xbarc4*～*Xbarc216* 标记区间控制根系总重和 0～30cm 土层根系重，加性效应来自‘小偃 54’（Ren et al.，2017）。将这 3 个位点进行聚合，可以显著增加根系总重和不同土层中的根系重，也显著增强了吸收氮、磷的能力（表 4-4）。研究发现，在小麦中超量表达促进根系生长的基因可显著增加不同氮水平条件下的吸氮量和籽粒产量（He et al.，2015；Qu et al.，2015；Shao et al.，2017）。这些研究表明改良小麦的根系形态构型在节肥增效方面具有重要意义。

表 4-4 聚合控制根系形态的 QTL 增加小麦吸收氮、磷的能力

性状	*Xcfd58-1A + Xbarc70.1-4A + Xbarc216-5B*		
	正效应	负效应	增幅/%
根系总重/(g/株)	0.301±0.005A	0.230±0.042B	30.9
0～30cm 根系重/(g/株)	0.167±0.011A	0.131±0.023B	27.0
30～60cm 根系重/(g/株)	0.067±0.008A	0.045±0.012B	47.5
＞60cm 根系重/(g/株)	0.067±0.006a	0.053±0.013b	26.6
吸氮量/(g/株)	55.1±5.6A	44.2±7.2B	24.6
吸磷量/(g/株)	5.58±0.41A	4.43±0.72B	26.1

注：同一行数据后不含有相同大写字母的表示某性状在 0.01 水平差异显著，不含有相同小写字母的表示某性状在 0.05 水平差异显著

小麦的根系形态受到复杂的基因网络调控。我们在小麦中克隆了调控根系形态及其对氮水平响应的基因（图 4-24）。*TaTRIP1* 参与油菜素内酯信号转导，调控根尖氧化物酶（POD）活性和活性氧积累，影响根尖分生区活性，从而调控小麦的主根长（He et al.，2014）。低氮处理上调转录因子 *TaNF-YA1* 的表达，在小麦中超量表达该基因显著提高了生长素合成通路基

因 *TaTAR2* 的表达，促进侧根生长；该基因还可以显著上调硝酸根转运基因 *TaNRT2.1* 的表达，提高了小麦根系吸收硝态氮的速率。因此，*TaNF-YA1* 通过调控小麦根系形态和功能增强了小麦吸收氮素的能力（Qu et al.，2015）。

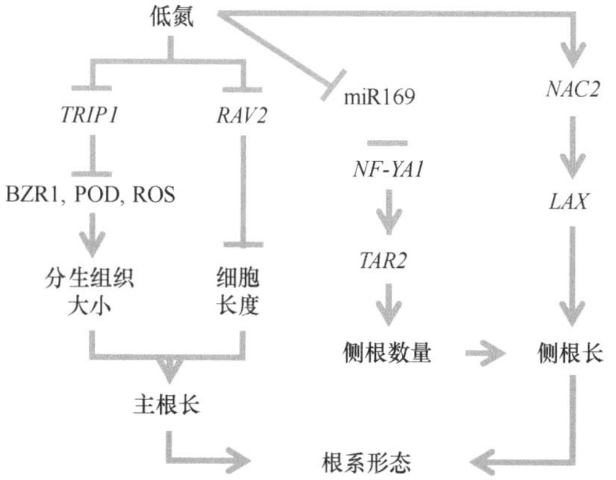

图 4-24　小麦中调控根系形态的基因网络

TRIP1：转化生长因子 β 受体互作蛋白 1［transforming growth factor (TGF)-beta receptor-interacting protein-1］；BZR1：芸薹素唑耐受因子（BRASSINAZOLE-RESISTANT 1）；POD：过氧化物酶（peroxidase）；ROS：活性氧（reactive oxygen species）；RAV2：RELATED TO ABI3/VP1 2；NF-YA1：植物核因子 Y 亚基 A1（NUCLEAR FACTOR Y, SUBUNIT A1）；TAR2：色氨酸转氨酶相关酶 2（TRYPTOPHAN AMINOTRANSFERASE RELATED 2）；NAC2：NAC 结构域转录因子 2（NAC-domain transcription factor 2；LAX：生长素内向转运载体（auxin influx carrier）

小麦的侧根生长对供氮水平的响应受到生长素的调控。吲哚丙酮酸途径（IPA）是生长素合成的主要途径。该途径的第一步反应为色氨酸（Trp）在色氨酸转氨酶（TAA1 及其相关蛋白 TAR1/TAR2）的催化作用下转化为 IPA；IPA 再由黄素单加氧酶（YUC）催化生成吲哚乙酸（IAA）。我们此前的研究表明拟南芥 *TAA/TAR* 基因家族成员 *TAR2* 参与调控低氮诱导的侧根数量的增加（Ma et al.，2014）。我们通过同源克隆获得 15 个小麦 *TAR2* 同源基因（*TaTAR2*），并对其表达特性和主要成员 *TaTAR2.1* 的生物学功能进行了研究。结果显示，各个成员在低氮胁迫下呈现不同程度的上调表达；与其他成员相比，*TaTAR2.1* 在各个组织器官中均有相对较高的表达水平，尤其在根系中的表达量最高。在拟南芥野生型 Col-0 背景下超量表达 *TaTAR2.1-3A* 能够显著增加侧根根尖、侧根原基、主根根尖以及地上部的 DR5::GUS 染色，促进了高氮和低氮条件下地上部生物量、根尖分生区细胞数量、主根长度及可见侧根数的增加（图 4-25A 和 B）。在 *tar2-c* 突变体背景下超表达 *TaTAR2.1-3A* 能够恢复突变体低氮下侧根少的表型。以上结果说明 *TaTAR2.1-3A* 与拟南芥 *TAR2* 的功能相似，参与生长素的生物合成。在小麦中超表达 *TaTAR2.1-3A* 提高了苗期地上部鲜重、增加了根尖数和总根长，提高了低氮和高氮条件下的籽粒产量和吸氮量；而减量表达 *TaTAR2.1* 具有相反的表型（图 4-25C～E）。以上结果说明 *TaTAR2.1* 是小麦生长发育过程中不可缺少的、生长素合成过程中的重要成员，参与调控小麦侧根生长对供氮水平下的响应，从而影响了根系从土壤中获取氮素的能力。

硝态氮和铵态氮是现代农业最主要的氮源，植物主要通过根系中的硝酸根转运蛋白（NRT1/2）和铵根转运蛋白（AMT）实现氮素的吸收（Xu et al.，2012；Krapp et al.，2014）。*NRT1/NPF* 基因家族编码一类低亲和硝酸根转运蛋白，而 *NRT2* 基因家族编码高亲和硝酸根转运蛋白，NRT1 和 NRT2 构成了植物吸收硝态氮的高、低亲和硝酸根转运系统以应对经常变化的土壤环境。在水稻中，*OsNRT1.1b* 的优良等位变异或者超量表达 *OsNRT1.1b* 可增加不同供氮水平下的水稻吸氮量和产量（Hu et al.，2015）。在水稻中超量表达 *OsNRT2.3b* 和硝酸根诱导表达的启动子驱动 *OsNRT2.1* 可在不同供氮水平下增加水稻对氮素的吸收和产量（Chen et al.，2016；Fan et al.，2016）。

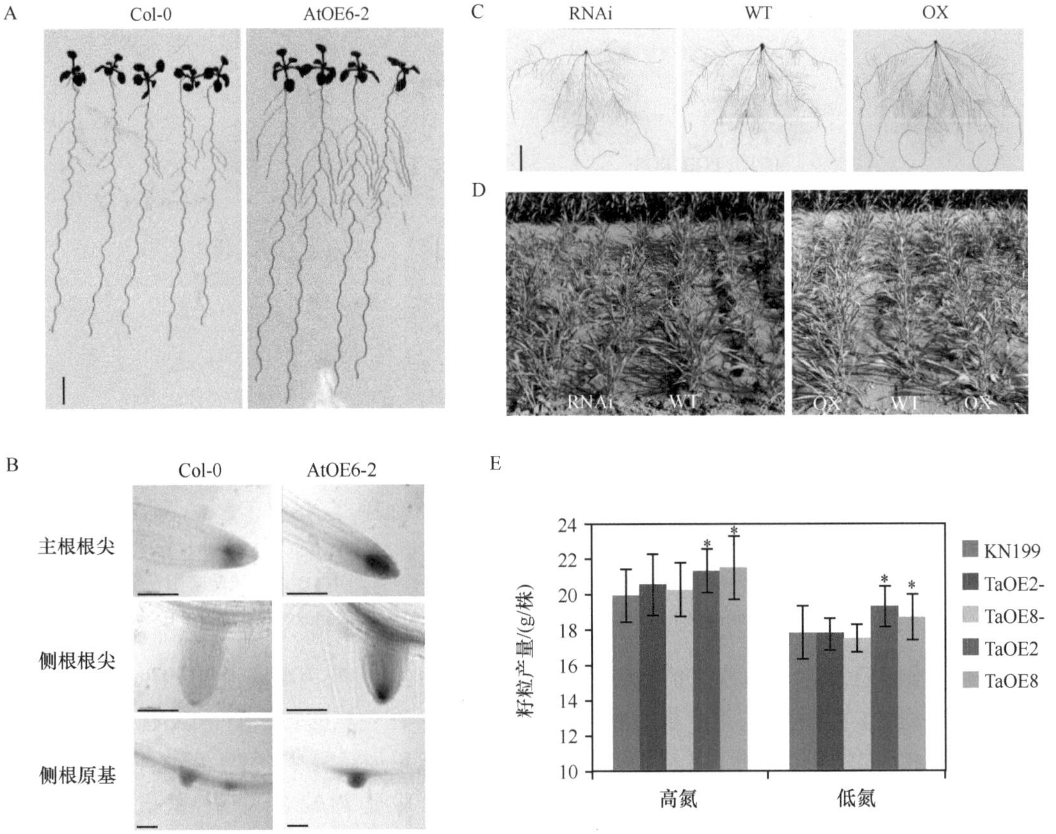

图 4-25　*TaTAR2.1-3A* 促进小麦根系生长和提高小麦籽粒产量

在拟南芥中超量表达 *TaTAR2.1-3A* 可促进侧根生长（A）、增加根系中生长素积累（B，DR5::GUS 染色）。Col-0：野生型拟南芥；AtOE6-2：超量表达 *TaTAR2.1-3A* 转基因株系。C 和 D 展示调控 *TaTAR2.1* 表达量对小麦根系和地上部生长的影响。WT：受体亲本 KN199；OX：超量表达 *TaTAR2.1-3A* 转基因株系；RNAi：*TaTAR2.1*-RNAi 转基因株系。E 展示超量表达 *TaTAR2.1-3A* 对小麦籽粒产量的影响。KN199：受体亲本；TaOE2 和 TaOE8：超量表达 *TaTAR2.1-3A* 转基因株系；TaOE2-、TaOE8-：分别从 TaOE2、TaOE8 T_2 代分离出的阴性对照。数据为 4 个重复的平均值±标准误。* 表示野生型和转基因株系之间差异显著（$P<0.05$）

我们在小麦中克隆了一个受硝态氮诱导的 NAC 调控因子 *TaNAC2-5A*。在小麦中超量表达 *TaNAC2-5A* 可以促进根系生长（图 4-26），上调高亲和硝态氮转运蛋白基因 *TaNRT2.1-6B*、低亲和硝态氮转运蛋白基因 *TaNPF7.1-6D* 和谷氨酰胺合成酶基因 *TaGS2* 的表达，提高了根系吸收硝酸根的速率。在苗期盆栽试验中，超量表达 *TaNAC2-5A* 增加了小麦对氮素的吸收、增加分蘖和地上部干重。在大田试验中，超量表达 *TaNAC2-5A* 增加了小麦对氮素的吸收和氮素向籽粒的转运（较高的籽粒氮浓度和氮收获指数），也增加了籽粒产量（图 4-26）。深入分析表明，*TaNAC2-5A* 可直接与 *TaNRT2.1-6B*、*TaNPF7.1-6D* 和 *TaGS2-2A* 的启动子结合（He et al.，2015）。研究发现 *TaNAC2-5A* 还可以直接调控 *TaNRT2.5* 的表达（Li et al.，2019）。在小麦中超量表达 *TaNRT2.5-3B* 显著增加了小麦的吸氮量和籽粒产量；而通过 RNA 干扰降低 *TaNRT2.5* 的表达则显著降低吸氮量和籽粒产量（表 4-5）。进一步的研究表明，*TaNRT2.5* 在灌浆期根系中的表达量高于在苗期根系中的表达量，而超量表达 *TaNRT2.5* 增加了小麦在开花以后的吸收量（Li et al.，2019）。这些研究表明 TaNAC2 调控了硝酸根转运蛋白基因和氮素同化基因的表达，在硝酸盐信号转导和氮素吸收利用方面发挥了重要作用，在培育氮高效和高产小麦新品种方面具有很好的应用前景。

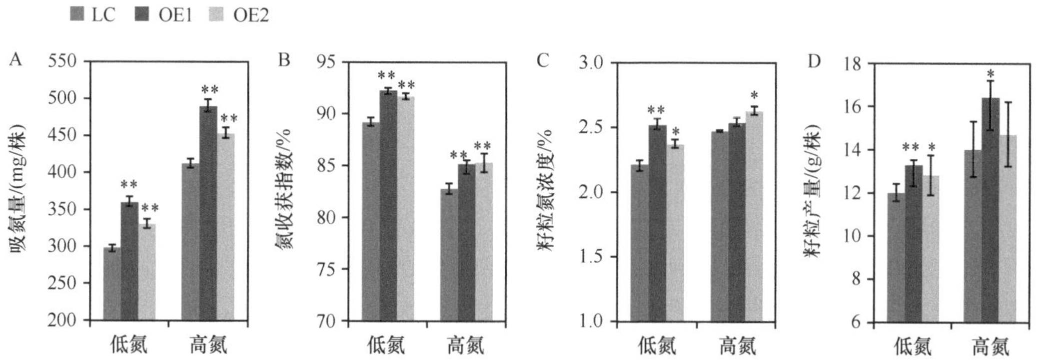

图 4-26 超量表达 *TaNAC2-5A* 对小麦吸收氮素和籽粒产量的影响

LC：野生型；OE1：转基因株系 1；OE2：转基因株系 2。数据为 4 个重复的平均值±标准误。

*、** 分别表示野生型和转基因株系之间差异显著（$P<0.05$）、差异极显著（$P<0.01$）

表 4-5 *TaNRT2.5* 转基因株系的性状和吸氮量

性状	野生型对照	超量表达转基因株系		减量表达转基因株系	
		OE102-6	OE103-1	R100-1	R109-2
生物学产量/(g/株)	36.58±3.32	42.78±5.49*	43.11±4.49*	32.34±3.75*	32.65±2.56*
籽粒产量/(g/株)	12.98±1.66	15.75±1.24*	15.50±1.02*	10.94±1.58*	10.61±1.71*
单株穗数/穗	11.96±1.58	13.58±1.88*	13.86±2.17*	9.90±1.56*	10.10±2.46*
穗粒数/粒	65.17±1.41	64.58±1.88	67.22±1.92	58.50±1.88*	62.43±1.41
千粒重/g	41.83±0.38	42.95±1.76	41.33±0.89	41.04±0.91	41.16±0.66
籽粒氮浓度/%	2.12±0.04	2.22±0.07	2.18±0.06	2.13±0.07	2.13±0.06
秸秆氮浓度/%	0.59±0.09	0.60±0.04	0.59±0.03	0.58±0.03	0.59±0.03
吸氮量/(mg/株)	406.5±41.0	492.9±34.2*	478.7±33.5*	347.3±24.0*	346.2±18.2*

注：数据为 4 个重复的平均值±标准误。* 表示野生型和转基因株系之间差异显著（$P<0.05$）

4.3.2.2 小麦高效同化氮素的生物学机制

除部分植物可以与固氮菌协同直接固定大气中的氮外，其他植物的氮素主要来自根系吸收。铵态氮进入植物体内后可直接用于氨基酸合成。硝态氮的利用则要先经过两步还原反应：先在细胞质中由硝酸还原酶（nitrate reductase，NR）将 NO_3^- 还原为 NO_2^-，然后转移到叶绿体中，由亚硝酸还原酶（nitrite reductase，NiR）还原为 NH_4^+，再用于合成氨基酸。合成氨基酸时，首先由谷氨酰胺合成酶（glutamine synthetase，GS）和谷氨酸合酶（glutamate synthase，GOGAT）催化合成谷氨酰胺（glutamine，Gln）和谷氨酸（glutamate，Glu），这两种氨基酸是所有主要氨基酸、核酸和叶绿素等含氮化合物的氮素供体（Lea，1993）。从上述可知，GS 催化铵离子进入氨基酸的第一步反应，在与 GOGAT 的配合下，可净生成一分子谷氨酸；谷氨酸和谷氨酰胺则为天冬氨酸和天冬酰胺提供氨基；植物体内的其他主要氨基酸的氨基则直接或间接来自这 4 种氨基酸。由此可见，GS 在氨基酸的合成途径中居于一个关键位置。用于合成氨基酸的游离氨，既可以来自亚硝酸根的还原，也可以是光呼吸的产物，因此 GS 在氨的初级同化和再同化中都具有重要功能。

GS 广泛存在于各种生物界中。GS 可分为 3 类，即 GS-Ⅰ、GS-Ⅱ和 GS-Ⅲ。植物 GS 都属于 GS-Ⅱ，GS-Ⅱ又分为两个亚类，即 GS1 和 GS2。GS1 主要分布在根、维管等非绿色组织中，位于细胞质，主要功能是根和维管组织中的铵同化（Miflin and Habash，2002；Martin et al.，2006；Bernard et al.，2008）；GS2 主要分布在叶片等绿色组织中，传统上认为其定位于叶绿体，负责叶绿体中由 NO_2^- 还原铵的初级同化，或者叶肉细胞中由光呼吸产生的铵的再同化（Edwards and Coruzzi，1989）。

小麦的每一个基因组携带 3 个 *GS1* 基因和 1 个 *GS2* 基因。生理性状之间的相关性分析和 QTL 定位均表明 GS 在小麦氮素利用方面的重要作用。在灌浆期，旗叶中的 GS 活性与全氮含量、叶绿素含量、可溶性蛋白和氨基酸含量显著正相关（Habash et al.，2007；Kichey et al.，2007）。花后氮素吸收和再利用效率对籽粒产量和籽粒蛋白含量有重要影响。研究表明，籽粒中约 70% 来自氮素的再利用，但品种间存在显著差异，这种差异即与叶片 GS 活性有关（Kichey et al.，2007；Zhang et al.，2017b）。因此，GS 活性被认为可以作为选择氮高效小麦品种的指标。一些 *GS1* 基因还与控制氮素利用和农艺性状的 QTL 共定位。*GS1.2-4A* 与叶片 GS 活性（GS activity/leaf）和籽粒氮浓度共定位；*GS1.1-6A* 和 *GS1.1-6D* 与叶片 GS 活性（leaf GS activity/mg protein）共定位；*GS1.1-6B* 与籽粒氮含量（N/grain，N/ear）和千粒重共定位（Habash et al.，2007）。在硬粒小麦中也发现控制籽粒蛋白含量的 QTL 与 *GS1* 连锁（Gadaleta et al.，2011）。这些结果说明 *GS* 基因的优良等位变异可用于选育氮高效和高产小麦新品种。

通过对我国 260 个小麦微核心种质资源 *GS2* 基因组序列的分析，分别发现了 *TaGS2-2A*、*TaGS2-2B*、*TaGS2-2D* 的 2 种、6 种、2 种单倍型（Li et al.，2011a）。等位基因间碱基序列差异主要发生在内含子区。用这些单倍型与产量和氮素利用效率进行关联分析，结果发现，在 *TaGS2-2A* 的 2 种单倍型中，*TaGS2-2Ab*（以氮高效的‘小偃 54’为代表）与低氮条件下较高的籽粒氮含量和千粒重关联，小麦育成种中的分布频率显著增加。在 *TaGS2-2B* 的 6 种单倍型中，*TaGS2-2Bd* 在育种过程中被淘汰，而 *TaGS2-2Bb*（以‘小偃 54’为代表）则在小麦育成种中的分布频率显著增加。关联分析表明，含有 *TaGS2-2Bd* 的小麦种质在低氮和高氮条件下的根系和地上部生物量均较低，而 *TaGS2-2Bb* 可提高小麦在低氮和高氮条件下的产量。在 *TaGS2-2D* 的 2 种单倍型中，*TaGS2-2Da* 可显著提高低氮和高氮条件下的千粒重以及小麦营养生长阶段的氮素吸收效率。以上结果表明，一些优良的 *GS2* 单倍型可能有助于提高小麦氮素利用效率、改良农艺性状。

通过体外酶活性测定，优良单倍型 *TaGS2-2Ab* 编码的蛋白具有较高的酶活性（Hu et al.，2018）。将 *TaGS2-2Abpro::TaGS2-2Ab* 转化冬小麦品种‘冀 5265’，获得的转基因株系显著增加了叶片中 *GS2* 基因的表达丰度和酶活性。连续两年的大田试验结果表明，在低氮和高氮条件下，转基因株系的籽粒产量、穗数、穗粒数和千粒重均高于野生型。深入研究表明，转基因表达 *TaGS2-2Ab* 显著增加了根系吸收氮素的能力，增加了小麦在开花前和开花后的吸氮量，促进氮素向籽粒的转运进而增加了氮收获指数（图 4-27），显著提高了灌浆期旗叶的光合速率和延长了叶片功能期。这些结果表明，*TaGS2* 基因在氮素的高效利用中起着重要的作用，而等位基因 *TaGS2-2Ab* 在小麦养分高效利用遗传改良中具有重要的应用价值。

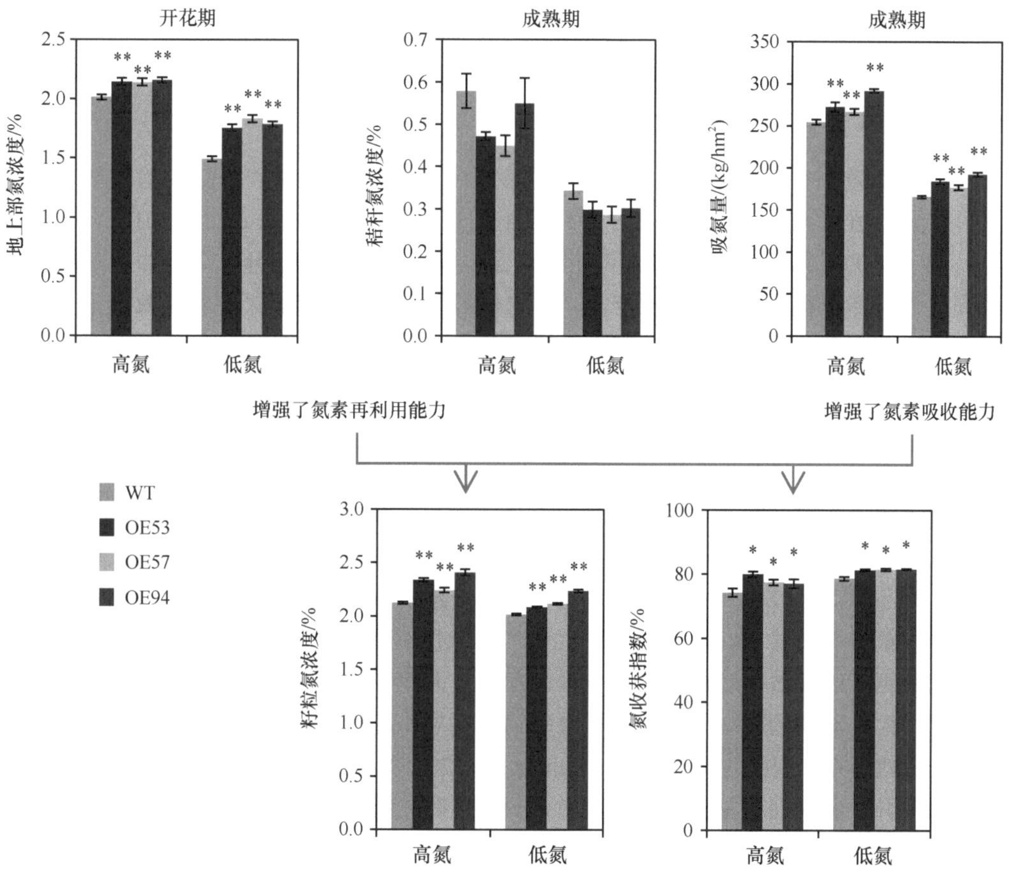

图 4-27　*TaGS2-2Abpro::TaGS2-2Ab* 转基因小麦的氮素利用性状

WT：野生型亲本‘冀 5265’；OE：转基因株系。数据为 4 个重复的平均值±标准误。

*、** 分别表示野生型和转基因株系之间差异显著（$P<0.05$）、差异极显著（$P<0.01$）

4.4　油菜氮高效基因型减氮增效潜力及其生物学机制

4.4.1　油菜氮高效基因型减氮增效潜力

4.4.1.1　油菜的生产现状

油菜（*Brassica napus*）是我国第一大油料作物，国产菜籽油占国产油料作物产油量的 55% 以上。与其他作物相比，油菜不与粮“争地”，且对轮作系统有积极影响。因此，发展油菜生产对维护国家食用油供给安全和合理利用耕地资源具有重要的战略意义。近年来，随着消费升级，新的消费需求为油菜发挥菜用、蜜用、饲用、肥用和休闲观光等多重功能提供了广阔的市场前景和发展空间（王汉中，2018）。油菜在我国的栽培历史十分悠久，其中甘蓝型油菜是我国油菜中种植面积最大、总产量最高的一类（沈金雄和傅廷栋，2011）。我国油菜年种植面积近 1 亿亩，总产量超过 1300 万 t，居世界第一（国家统计局，2019）。我国油菜种植区域广泛，形成了以长江流域冬油菜产区为主、北方春油菜产区和黄淮流域冬油菜产区为辅的区域格局。其中春油菜产区主要位于内蒙古自治区和青海省。一方面，油菜本身对氮素的依赖程度高，需求量达 140～210kg/hm^2，但其氮素利用效率较低，且对缺氮敏感（Bouchet et al.，2016）；另一方面，我国油菜生产中氮肥过量施用的现象非常普遍（鲁剑巍等，2018）。

因此，在当前节肥增效的大背景下，保持高产的同时减少氮肥投入对于确保油菜在农业、环境和经济等各方面的竞争力至关重要。

4.4.1.2　油菜氮效率的基因型差异

植物的氮效率在不同物种以及同一物种的不同品种之间存在着广泛的基因型差异，而且这种差异与植物所处的氮水平密切相关，油菜同样如此（Bouchet et al.，2016；丁广大等，2017）。早在 1977 年，Grami 等发现两个春油菜品种氮效率存在差异，认为油菜对氮素的吸收与利用方面存在着遗传特性。近年来，国内外多个研究小组分析了油菜氮效率相关指标的遗传多样性，结果表明无论是冬油菜还是春油菜，其氮效率均存在显著的基因型差异（Wang et al.，2014a；Han et al.，2016；He et al.，2017；Storer et al.，2018；Li et al.，2020）。Wiesler 等（2001）通过田间试验发现，油菜不同品种在生长发育、籽粒产量、含油量、蛋白质含量、氮素吸收和利用效率以及光合活性等方面存在显著差异，研究发现氮素吸收与籽粒产量存在密切关系。曹兰芹等（2012）、张玉莹等（2014）在不同供氮水平下对 50 份甘蓝型油菜的氮效率及其他相关性状的基因型差异进行研究发现，不同品种间的氮吸收效率均表现出不同程度的变异，品种间氮吸收效率最大相差达 4 倍，变异系数达 28%，根系氮累积量及其占总吸氮量的变异系数均超过 50%。Kessel 等（2012）通过大田试验调查了 36 个冬油菜品种的氮效率，发现其氮素吸收效率和氮素利用效率均存在较大差异，在不施氮条件下氮素吸收效率起主导作用，而在施氮的情况下氮素利用效率则起主导作用。同时，研究发现油菜的遗传育种进程对其氮效率有着积极的促进作用（Stahl et al.，2019）。充分发掘和利用甘蓝型油菜氮效率的基因型差异，将为油菜氮高效的生理和分子机理研究提供坚实的材料基础，为筛选和培育氮高效品种、提高氮肥利用率及减少氮肥用量提供前提条件。

4.4.1.3　油菜氮高效基因型减氮增效的生物学潜力

甘蓝型油菜的氮效率存在显著的基因型差异。我们以前期筛选获得的 52 份甘蓝型油菜不同氮效率种质资源为材料，分别于 2017～2018 年、2018～2019 年油菜生长季在湖北省武汉市华中农业大学及湖北省沙洋县曾集镇开展田间试验。供试材料部分为目前市场推广品种，另一部分为我们筛选的不同氮效率材料。试验采取随机区组设计，设置高氮（HN，210kg/hm^2）、中氮（MN，168kg/hm^2）、低氮（LN，70kg/hm^2）、不施氮共 4 个氮肥处理，以计算油菜的节氮潜力（张浩等，2021）。

以试验获得的产量数据为基础，我们对在不同环境下氮效率表现稳定的材料进行了统计分析，并计算其节氮增产潜力。结果表明，低氮高效型材料在 LN 水平下产量高于供试材料的平均产量，具有 12.23% 的节氮潜力和 10.88% 的增产潜力，在 MN 和 HN 条件下不具备节氮及增产潜力；双高效型材料无论在何种氮水平下产量均高于供试材料的平均产量，在 LN 胁迫下减产幅度为 68.17%，具有 16.99% 的节氮潜力和 17.56% 的增产潜力，而在 MN 和 HN 水平下的节氮潜力则达 16.96%～21.94%，增产潜力达 21.57%～40.52%；双低效型材料的产量特征与双高效型相反，在 LN 胁迫下减产幅度达 71.85%，且在所有氮水平下均不具有节氮和增产潜力；高氮高效型材料在 LN 水平下产量低于供试材料的平均值，减产幅度为 83.04%，在 HN 条件下节氮潜力和增产潜力分别高达 36.50% 和 49.59%，居所有不同类型氮效率材料的最高水平。

高产氮高效品种在满足高产的同时又能保证较高的氮效率，从而在一定程度上减少了氮肥的投入。在氮肥供应充足的条件下，双高效型、高氮高效型材料具有 16.96%、36.50% 的节氮潜力和 21.57%、49.59% 的增产潜力，即为高产氮高效品种的重要选育目标。低氮高效型和双低效型油菜则不具备节氮增产潜力。此外，试验结果表明高氮高效型材料在低氮胁迫下的减产幅度高达 83.04%，说明此类材料对氮肥敏感性较高且抗逆性相对较差。高氮高效型材料在已经达到高产的基础上继续增加氮肥投入其产量仍有较大的上升空间，即实现“超高产”。双高效型材料在 3 个氮水平下均具有 16.96%～21.94% 的节氮潜力和 17.56%～40.52% 的增产潜力（图 4-28），在实现高产氮高效的同时具有相对较强的抗逆性，在开展“减肥增效”中潜力更大，可作为选育的重点。

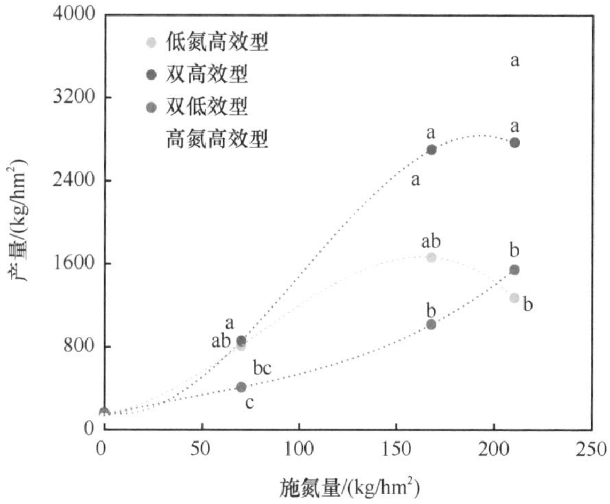

图 4-28　不同氮效率类型油菜对氮肥的响应曲线

4.4.2　油菜氮高效基因型响应不同氮源的基因型差异

土壤中的氮以各种复杂的化学形态存在，其中硝态氮（NO_3^-）和铵态氮（NH_4^+）是植物可吸收利用的主要无机氮形态。在通气良好的土壤中，无机氮的主要形态是硝酸盐；在淹水土壤或酸性土壤中，铵态氮含量往往更高。植物对 NO_3^- 和 NH_4^+ 的吸收利用机理不同，而不同形态氮素对植物的生长和生理过程，如干物质积累、根系形态、光合作用、氮素同化等，也会产生较大影响。因此，在长期的进化过程中，植物形成了对不同氮素形态的偏好性。有些植物喜欢硝态氮源，如烟草，有些植物偏好铵态氮源，如水稻，而多数植物在混合氮源中生长更好（Xu et al.，2012）。甘蓝型油菜是我国重要的油料作物，对氮肥的需求量较大，且氮效率存在显著的基因型差异（Bouchet et al.，2016；丁广大等，2017；鲁剑巍等，2018）。我国油菜种植区域广泛，在土壤类型上既有稻油轮作区的水田，也有山地旱地土壤，但不同土壤类型中氮素的形态及含量差异较大。在南方偏酸性的稻油、稻稻油轮作水田土壤中多以铵态氮为主，而在云南山地以及北方旱地土壤中多以硝态氮为主。因此，研究不同氮素形态及配施对不同氮效率油菜生长及生理过程的影响具有重要意义。

近年来的研究表明，油菜在不同氮素形态及混合供应条件下表现出显著的生长差异，而这种差异在不同的品种间表现不同（张树杰等，2011；Qin et al.，2017b；唐伟杰等，2018）。油菜品种‘中双 9 号’属于喜硝品种，在铵硝比为 25∶75 的条件下生长最好，当营养液中的铵态氮浓度超过 50% 时，其生长会受到严重抑制（张树杰等，2011）。为了揭示调控不同基因型油菜氮素利用效率差异的机制，研究人员采用转录组对硝酸铵、纯硝和纯铵条件下氮高效和氮低效油菜品种进行分析，结果发现两种不同氮效率油菜品种在纯铵条件下各生理指标表现出相同的变化趋势。相比硝酸铵和纯硝处理，在纯铵条件下油菜的生物量、氮素积累和根长均下降，氮、碳水化合物及脂类等的代谢过程均受到抑制，氮同化和转运相关基因、细胞壁合成相关基因、纤维素合成基因的表达下调，最终导致油菜生长受到抑制（Tang et al.，2019）。这些研究均表明油菜偏好硝态氮源，但是品种间存在较大的基因型差异。

我们以本室收集的52份不同氮效率油菜品种为实验材料，测定了在不同铵硝配比（NH_4^+∶NO_3^-分别为6∶0、4.5∶1.5、1.5∶4.5、0.5∶5.5、0∶6，全氮浓度为6mmol/L）营养条件下油菜干物质量、根冠比、养分含量等表型值。结果发现甘蓝型油菜品种在不同铵硝配比下存在显著的基因型差异。通过干重表型进行分析，我们发现52个油菜品种的长势总体可以分为4类（图4-29）。第一类，在适宜铵硝配比条件下长势最优，称为铵硝混合型品种；第二类，在纯硝的条件下长势较好，但随着铵浓度的增加，长势受到显著抑制，称为铵敏感型品种；第三类，在纯硝、纯铵条件下生长均较好的品种，称为耐铵型品种；第四类，随着铵浓度的改变其长势无明显变化规律的品种，为一般型品种。上述研究表明，油菜属于喜硝作物，但对于部分品种，在供应NO_3^-时搭配适量的NH_4^+则更有利于其生长，但NH_4^+的比例不宜过高。

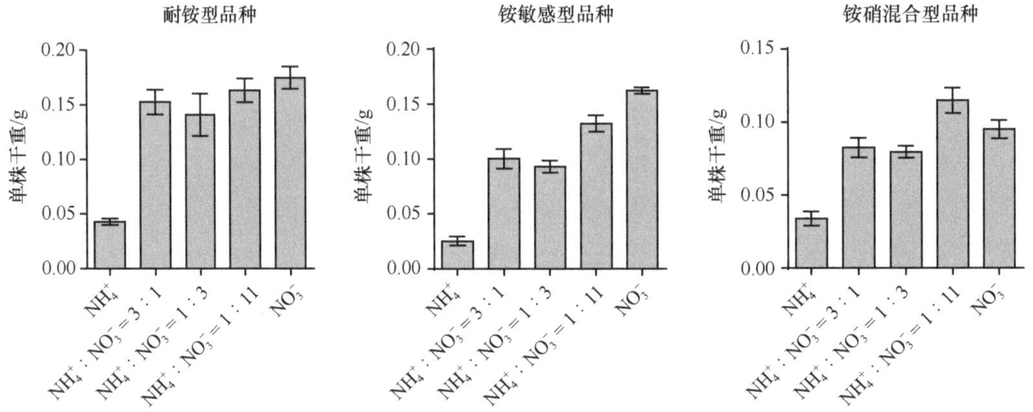

图4-29 不同类型油菜对氮源及配比的响应

4.4.3 油菜氮高效基因型氮素高效吸收的生物学机制

土壤氮是植物氮的主要来源。因此，根系吸收和转运氮的能力决定着植物的氮吸收效率。研究表明，根系在油菜高效吸收氮素的过程中发挥了重要作用（Bouchet et al.，2016）。在营养生长阶段，氮高效油菜品种的根系生长比地上部更加迅速，以利于其吸收更多的氮素供地上部生长发育（Kamh et al.，2005）。通过对不同氮效率基因型油菜响应不同氮水平的根系形态变化进行研究，研究人员发现油菜氮高效基因型的根系在高氮、低氮处理间的变异幅度是氮低效基因型的两倍以上，缺氮条件下油菜氮高效基因型根系的活跃吸收面积及根系活力的下降幅度要明显小于氮低效基因型。无论是在高氮还是低氮环境下，油菜氮高效基因型与氮低效基因型相比均具有更加发达的根系系统，进而有利于高效种质吸收累积更多的氮（Ye et al.，2010；Wang et al.，2014a；Li et al.，2020）。这些结果表明发达的根系是油菜氮高效种质应对低氮胁迫的重要前提（图4-30）。

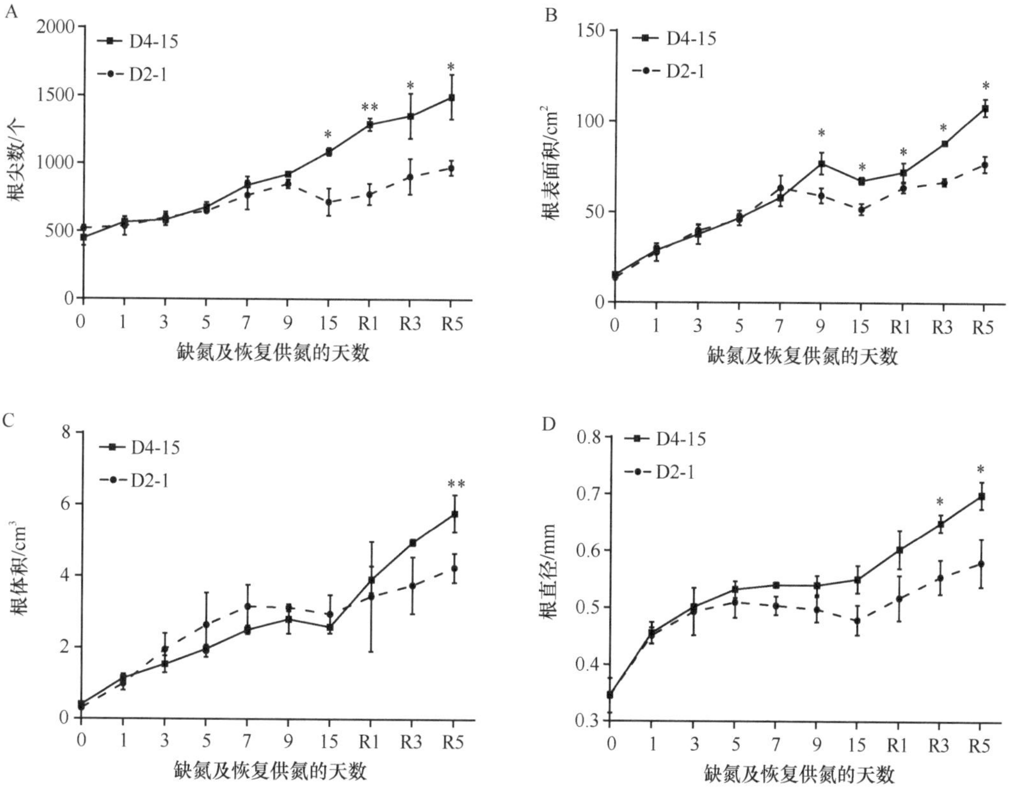

图 4-30　油菜氮高效基因型（D4-15）和氮低效基因型（D2-1）响应氮素胁迫的根系形态差异

R 为恢复供氮

植物从土壤中吸收氮素主要依赖硝酸盐转运蛋白（nitrate transporter，NRT）和铵转运蛋白（ammonium transporter，AMT）（Xu et al.，2012）。这些蛋白主要位于细胞膜上。位于液泡膜上的氯离子通道（chloride channel，CLC）以及慢阴离子通道相关同系物（slow-type anion channel associated homolog，SLAC1/SLAH1-4）对于 NO_3^- 的吸收和运输也具有重要作用。研究表明，氮转运蛋白受氮素形态及氮水平的调节，通过调控氮转运蛋白的表达可以改变植物的氮效率。研究发现油菜氮高效基因型根系中 *NRT1*、*NRT2*、*CLC* 和 *AMT* 家族基因的表达量要显著高于氮低效基因型，表明这些基因可能直接参与调控油菜的氮效率（Wang et al.，2014a；Li et al.，2020）。例如，缺氮显著诱导了油菜硝酸根转运子基因（*BnNRT1.1*、*BnNRT2.5*、*BnNRT2.6* 和 *BnNRT2.7*）的表达，而且 *BnNRT1.1*、*BnNRT2.5*、*BnNRT2.6* 和 *BnNRT2.7* 在氮高效油菜种质根中的相对表达量均显著或极显著高于氮低效种质。Han 等（2016）研究发现油菜氮高效基因型通过降低 NO_3^- 在根部细胞液泡中的分配和提高其向地上部转运来实现更高的氮效率，而 *NRT1;5* 和 *NRT1;8* 可能发挥了重要作用。这些研究表明高效的吸收转运系统对油菜氮高效发挥着重要的作用，然而其具体作用机制并不清楚。通过利用拟南芥同源基因序列在油菜全基因组中进行比对，我们发现油菜中含有 193 个 NPF 家族基因、25 个 NRT2 家族基因、11 个 NRT3 家族基因，以及 20 个 AMT 家族基因。结合正常氮和低氮条件下的转录组数据分析，我们发现 NPF 家族中有 107 个基因的表达模式受氮素胁迫调控，NRT2 家族有 16 个，NRT3 家族有 11 个，AMT 家族有 14 个。这将为后期深入解析油菜高效吸收氮素机制提供重要的理论依据。

4.4.4　油菜氮高效基因型硝酸盐短途分配的优化机制及其减氮增效潜力

硝酸盐的短途分配主要是指硝酸盐在液泡–细胞质间的分配。硝酸盐在液泡中的累积主要依赖液泡膜上的两个质子泵和氯离子通道（CLC）蛋白，液泡膜质子泵和氯离子通道蛋白CLCa的活性降低，有利于减少硝态氮在液泡的累积，促使更高比例的硝态氮分配到细胞质中被代谢利用（De Angeli et al.，2006；Han et al.，2014，2015，2016；姚珺玥等，2019；Liao et al.，2019；Liang and Zhang，2020；梁桂红等，2020a）。研究发现，与氮低效基因型油菜相比，氮高效基因型根系中液泡的硝态氮储存能力降低，因而促进了硝态氮从根向地上部的转运，提高了油菜的氮素利用效率（Han et al.，2016；Liang and Zhang，2020）。在上述研究的基础上发现，油菜负责向液泡累积硝态氮的氯离子通道蛋白CLCa在细胞质–液泡的硝态氮短途分配中起关键作用，油菜CLCa家族共计有4个成员，基因共表达网络分析表明*BnaA7.CLCa*为该家族的核心成员基因（图4-31A）。在油菜中敲除*BnaA7.CLCa*基因，更大比例的硝态氮留存在细胞质得以高效利用，从而显著提高油菜的氮素利用效率，提高幅度达15.7%（图4-31B）。

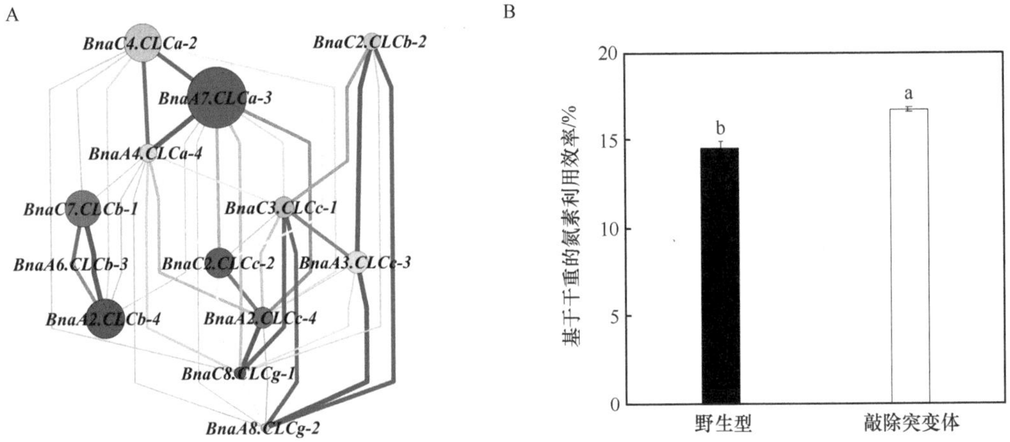

图4-31　油菜全基因组*BnaCLC*基因的共表达网络分析（A）及敲除*BnaA7.CLCa*对油菜氮素利用效率的影响（B）（Liao et al.，2018）

低氮条件下，油菜利用了硝态氮优化分配与利用机制，有更大比例的硝态氮分配到细胞质以及地上部分，充分利用太阳光能进行硝态氮代谢和能量转换，从而提高了氮素利用效率。此外，液泡储存的硝态氮不能被油菜直接利用，只有分配到液泡外细胞质中的硝态氮才能被迅速代谢和利用。因此，更高比例的硝态氮分配到根部细胞质和地上部是油菜氮高效基因型氮素利用效率高和低氮适应性强的重要原因（张振华，2017）。

4.4.5　油菜氮高效基因型硝酸盐长途转运的优化机制及其减氮增效潜力

硝酸盐的长途转运主要是指硝酸盐在根系–地上部以及老叶–新叶间的分配过程。拟南芥木质部介导的硝酸盐长途转运及其在根系和地上部的分配，主要受*NRT1*家族的2个成员*NRT1.5/NPF7.3*和*NRT1.8/NPF7.2*的协同调控，且两者的表达都受到硝酸盐的强烈诱导（Lin et al.，2008；Li et al.，2010；梁桂红等，2019；Wu et al.，2019a）。

在拟南芥中，*NRT1.5*基因存在一个单一拷贝，主要在根部原生木质部的中柱鞘细胞中表达，负责将根部细胞质中的硝酸盐装载进入木质部以运往地上部分（Lin et al.，2008；余音等，2017；Han et al.，2017）。在油菜中，*NRT1.5*有4个同源基因且均主要在根系中表达。在低氮条件下，它们的表达水平均显著下调（图 4-32A），减少硝酸盐从根系向地上部的转运；同时基因共表达网络分析显示 *BnaA5.NRT1.5* 在根系硝酸盐的木质部装载过程中发挥主要作用（4-32B）（Hua et al.，2018；梁桂红等，2019）。

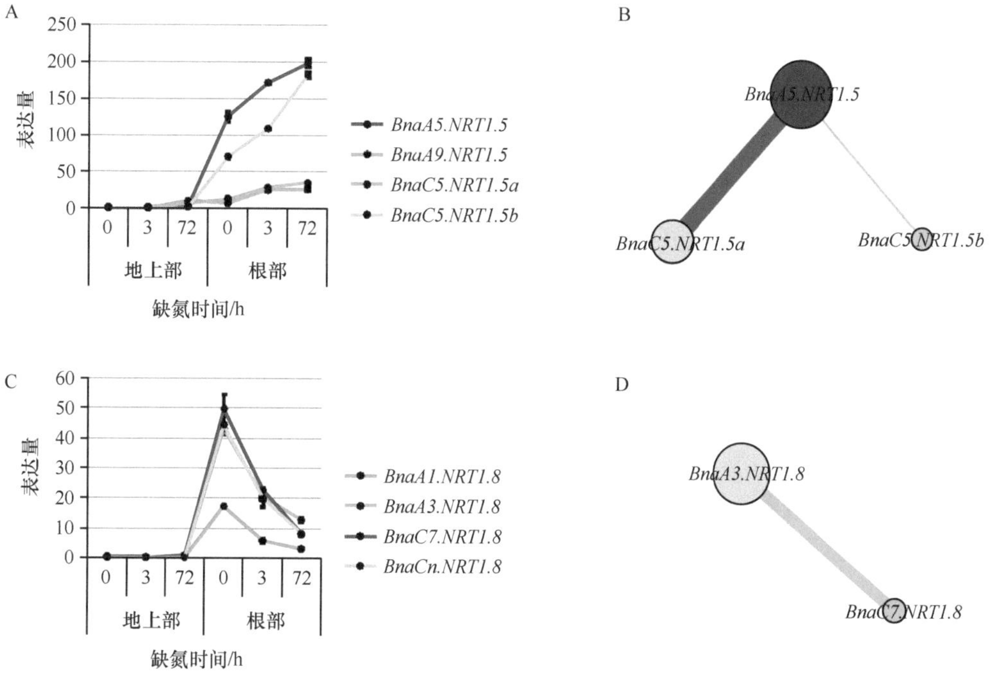

图 4-32　甘蓝型油菜 *NRT1.5* 和 *NRT1.8* 基因对低氮的响应及基因共表达网络分析（Hua et al.，2018）

AtNRT1.8 在木质部薄壁细胞中表达，通过调控硝酸盐在木质部的卸载进而影响硝酸盐从根向地上部分的运输（Li et al.，2010；梁桂红等，2019）。在拟南芥中，该基因存在一个单一拷贝。在油菜中，*NRT1.8* 有 4 个同源基因且均主要在根系中表达。在低氮条件下，它们的表达水平均显著上调，通过加强木质部硝酸盐的卸载而减少硝酸盐向地上部的转运（图 4-32C）；同时基因共表达网络分析显示 *BnaA3.NRT1.8* 在根系硝酸盐的长途转运过程中发挥主要作用（图 4-32D）。

NRT1.7/NPF2.13 在拟南芥新叶-老叶间的氮素再分配过程中发挥着重要作用，该基因属于硝酸盐转运蛋白 NRT1 家族成员之一，在拟南芥中存在一个单一拷贝，主要在叶片韧皮部的薄壁细胞中表达，负责植物韧皮部硝酸盐由衰老叶向幼嫩叶的再转运过程（Fan et al.，2009；梁桂红等，2020b）。与 *AtNRT1.7* 基因主要在叶脉韧皮部表达不同的是，该基因在油菜中有 6 个同源基因，其中 2 个（*BnaA2.NRT1.7* 和 *BnaC2.NRT1.7*）主要在地上部表达，2 个（*BnaA7.NRT1.7b* 和 *BnaC6.NRT1.7b*）在根系中表达，2 个（*BnaA7.NRT1.7a* 和 *BnaC6.NRT1.7a*）在地上部和根系中均有表达（图 4-33A）。在低氮条件下，甘蓝型油菜中 *NRT1.7* 基因在地上部和根部的表达均受到调控。低氮处理 0～3h 后，*BnaC2.NRT1.7* 基因在地上部的表达被抑制，3～72h 内趋于平缓。根部 *BnaA7.NRT1.7b* 和 *BnaC6.NRT1.7b* 基因在 0～72h 内表达被诱导持续上调（图 4-33B）。氮饥饿 3d 后供氮 6h，*BnaNRT1.7* 家族成员地上部和根部的表达均诱导下调。其中，地上部 *BnaC2.NRT1.7* 基因的表达显著下调，根部 *BnaA7.NRT1.7b* 和 *BnaC6.NRT1.7b* 基因的表达下调显著，且在 6h 时达到最小值（图 4-33C）。从基因的共表达网络分析中可以看出，*BnaNRT1.7* 家族成员中有 5 个成员（*BnaC2.NRT1.7*、*BnaA7.NRT1.7a*、

BnaA7.NRT1.7b、*BnaC6.NRT1.7a*、*BnaC6.NRT1.7b*）在响应低氮胁迫中均起到调控作用，其中 *BnaC2.NRT1.7* 和 *BnaC6.NRT1.7b* 占主导作用，分别在地上部和根部氮素再转移过程中发挥核心作用（图 4-33D）（Zhang et al.，2018c；梁桂红等，2020b）。

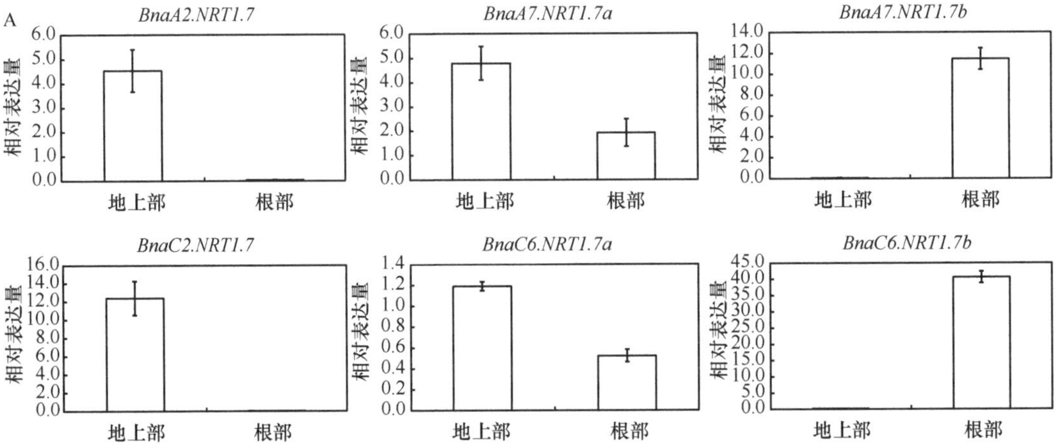

B

FPKM	S: 0h	S: 3h	S: 72h	R: 0h	R: 3h	R: 72h
BnaA2.NRT1.7	7.23	7.22	7.48	0.0575	0.0540	0.0378
BnaA7.NRT1.7a	8.33	8.05	8.70	0.681	0.671	1.41
BnaA7.NRT1.7b	0.351	0.749	0.767	6.28	7.62	14.5
BnaC6.NRT1.7a	8.85	7.80	15.4	0.485	0.561	1.12
BnaC6.NRT1.7b	0.282	1.72	1.58	15.4	20.1	36.4
BnaC2.NRT1.7	53.6	33.8	34.7	0.0828	0.0314	0.0546

C

FPKM	S: 0h	S: 6h	S: 0h	R: 6h
BnaA2.NRT1.7	23.72	11.78	0.10	0.13
BnaA7.NRT1.7a	18.99	8.72	4.49	1.76
BnaA7.NRT1.7b	2.18	3.67	35.44	20.05
BnaC6.NRT1.7a	16.52	6.23	2.86	1.49
BnaC6.NRT1.7b	4.46	4.38	81.04	38.81
BnaC2.NRT1.7	134.58	81.64	0.13	0.13

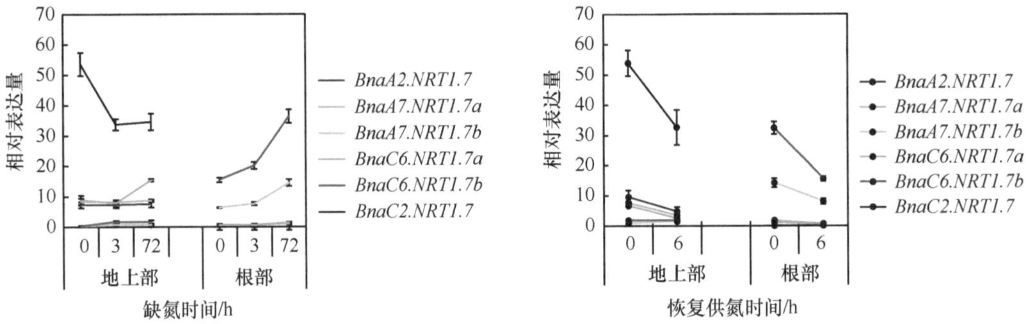

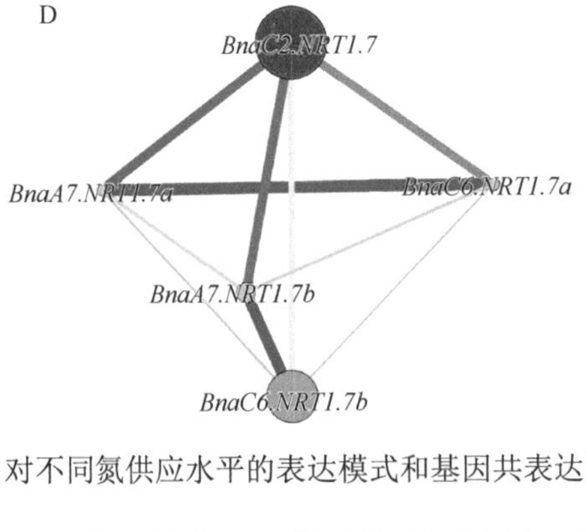

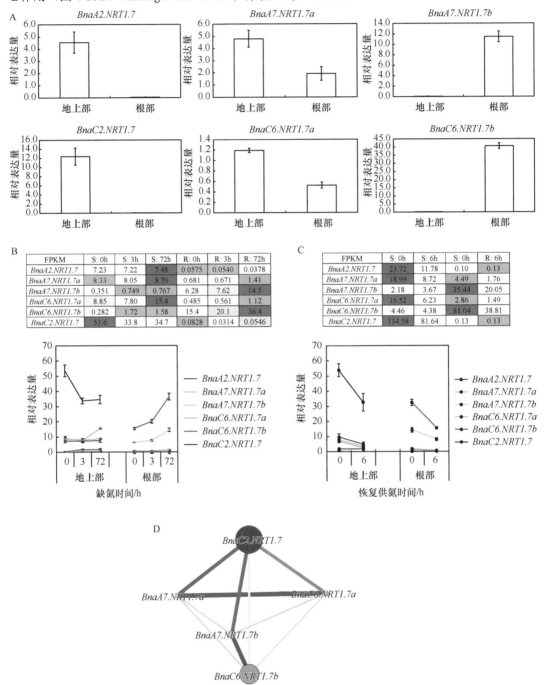

图 4-33　*BnaNRT1.7s* 对不同氮供应水平的表达模式和基因共表达网络分析（Zhang et al.，2018c）

除硝态氮以外，铵态氮作为植物可直接吸收利用的另一种重要的无机氮源，显著影响了氮素利用效率。项目揭示了油菜和拟南芥硝态氮转运蛋白基因 *NRT1.1* 通过信号功能调控根系铵态氮吸收和碳氮代谢的解偶联机制。具体结果表明，在高铵盐浓度下，野生型（Col-0）的 *NRT1.1* 基因通过信号转导功能上调了铵态氮吸收转运蛋白家族基因（*AMT1*），提高了根系对铵态氮的吸收；然而，根系对氮素的代谢（GS/GOGAT 循环）能力显著下降，引起植物体的碳氮代谢解偶联，致使大量可溶性糖累积、氨基酸代谢下降，导致野生型植株体内铵态氮大量累积，诱发了乙烯的产生和加速植株的衰老，导致铵态氮不能被高效利用（图 4-34A）。然而，相应的 *nrt1.1* 突变体根系中 *AMT1* 家族基因没有受到环境中高浓度铵盐的显著诱导，碳氮代谢过程受高铵态氮浓度的影响较小，植物根系维持较高的 GS、GOGAT 和 GDH 活性，增强对铵态氮的同化能力，通过提高 GOGAT 和 GDH 活性增强了氨基酸合成，从而减少了植株体内铵态氮的累积，缓解了铵毒症状的发生，实现了铵态氮素的高效利用（图 4-34B）（Jian et al.，2018）。研究结果为十字花科植物（油菜）合理施用铵态氮并实现铵态氮高效利用提供了理论支撑。

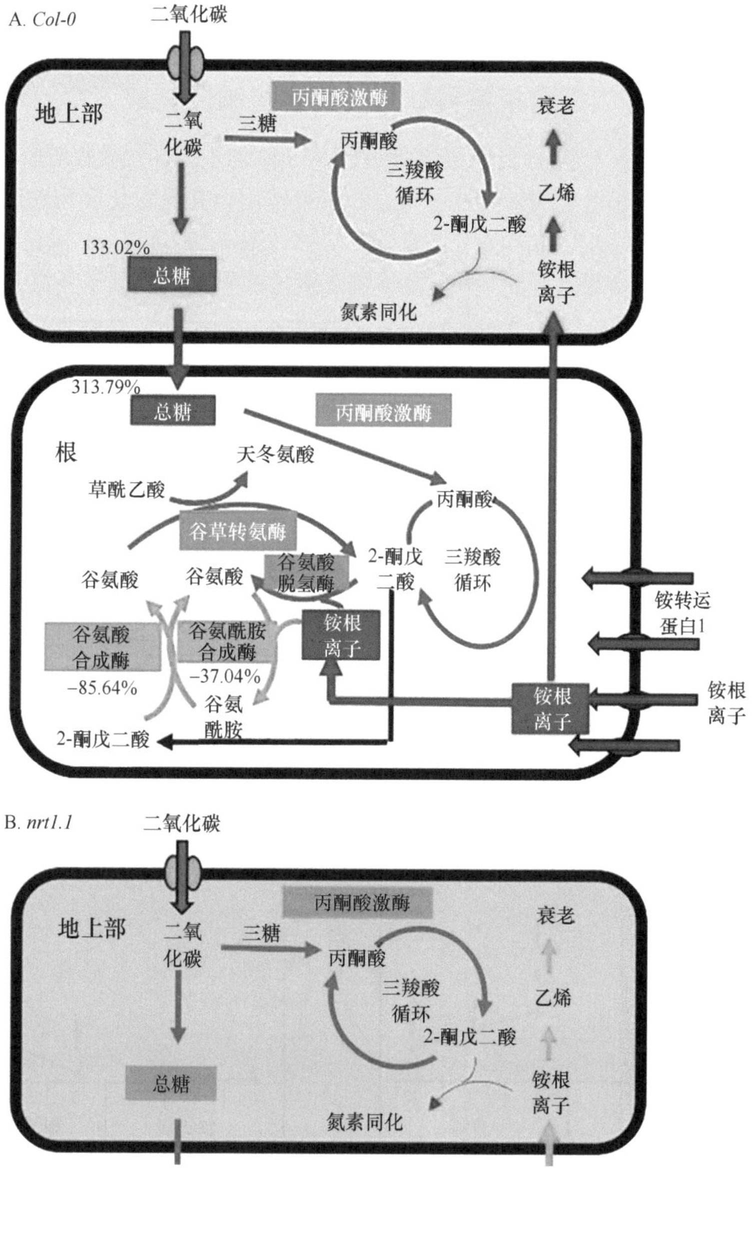

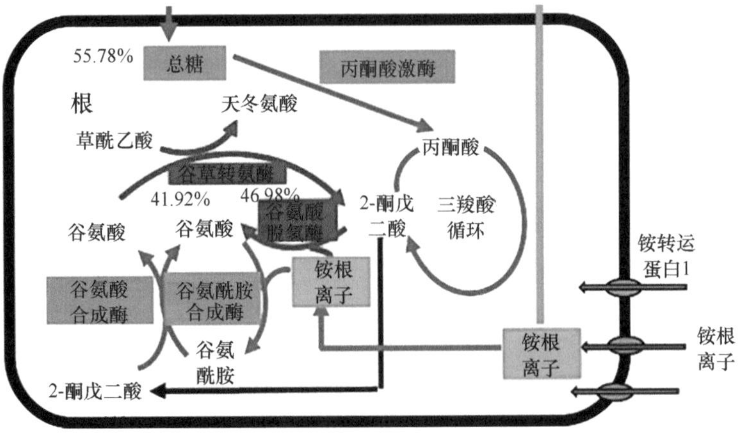

图 4-34　硝态氮转运蛋白基因 *NRT1.1* 介导的铵态氮高效利用机制（Jian et al.，2018）

Col-0 表示野生型，*nrt1.1* 表示 NRT1.1 的功能缺失型突变体

4.4.6　油菜氮高效基因型有机氮再利用的优化机制及其减氮增效潜力

油菜基因组中共存在 4 个 E3 泛素连接酶基因 *NLA1*，均主要在油菜根部表达（图 4-35A），说明该基因可能在地上部氮素的转运过程中发挥主要作用，其泛素化底物应该也是主要在地上部发挥作用。油菜 *NLA1* 受到缺氮水平的显著抑制（图 4-35B 和 C），这表明 *NLA1* 的泛素化底物受到低氮水平的诱导，说明油菜 *NLA1* 的泛素化底物可能参与了低氮水平下氮素的高效再分配，这对于油菜在低氮条件下的适应性极其重要。利用不同氮素水平下的转录组数据和基因共表达网络分析，我们鉴定到 *BnaC5.NLA1* 为该家族基因的核心成员基因（图 4-35D）。10 个顺式作用元件均能结合到 *BnaNLA1* 家族基因的启动子上，其中丰度较大的主要有

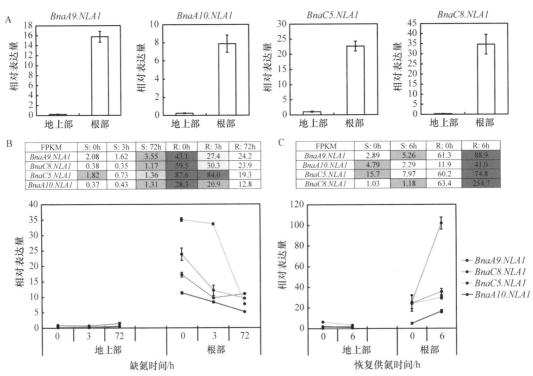

A

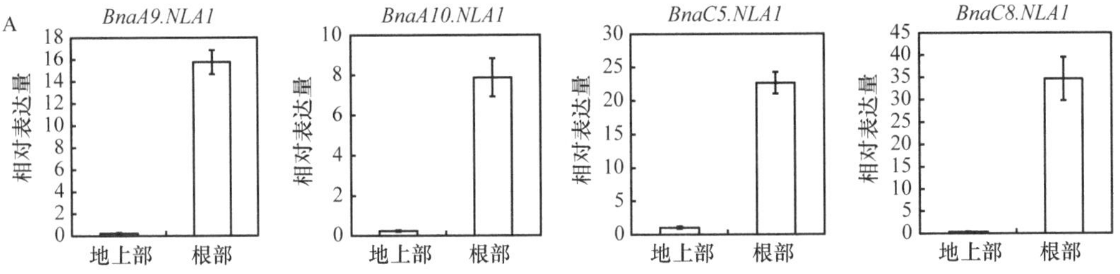

B

FPKM	S: 0h	S: 3h	S: 72h	R: 0h	R: 3h	R: 72h
BnaA9.NLA1	2.08	1.62	3.55	43.1	27.4	24.2
BnaC8.NLA1	0.38	0.35	1.17	59.5	30.3	23.9
BnaC5.NLA1	1.82	0.73	1.36	87.6	84.0	19.3
BnaA10.NLA1	0.37	0.43	1.31	28.3	20.9	12.8

C

FPKM	S: 0h	S: 6h	R: 0h	R: 6h
BnaA9.NLA1	2.89	5.26	61.3	88.9
BnaA10.NLA1	4.79	2.29	11.9	41.0
BnaC5.NLA1	15.7	7.97	60.2	74.8
BnaC8.NLA1	1.03	1.18	63.4	254.7

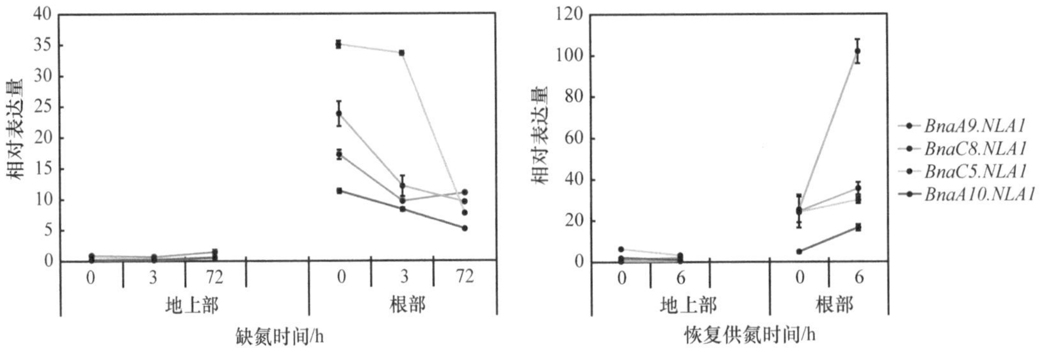

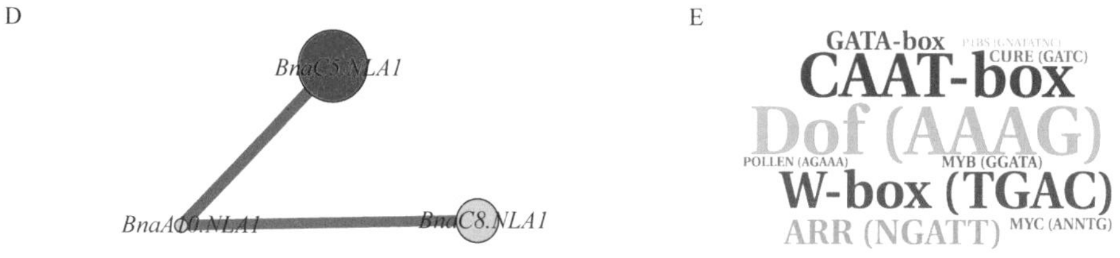

图 4-35　*BnaNLA1* 对不同氮供应水平的表达模式、基因共表达网络及顺式作用元件（Zhang et al.，2018c）

Dof（AAAG）、CAAT-box、W-box（TGAC）等，其中大多数启动子参与了植物对氮的响应（图 4-35E）（Zhang et al.，2018c）。

进而我们通过对 102 份油菜品种进行低氮处理，筛选出两个油菜品种：低氮抗性品种和低氮敏感品种（图 4-36A 和 B），并分析了油菜 *BnaC5.NLA1* 在低氮敏感基因型和低氮抗性基因型间的表达差异，发现低氮抗性基因型中的 *BnaC5.NLA1* 表达量显著高于低氮敏感基因型（图 4-36C），而其泛素化降解核心底物 *BnaC2.NRT1.7* 调控了氮素从老叶向新叶的转运，该基因在低氮敏感基因型中具有较高的表达丰度（图 4-36D）（Zhang et al.，2018c；梁桂红等，

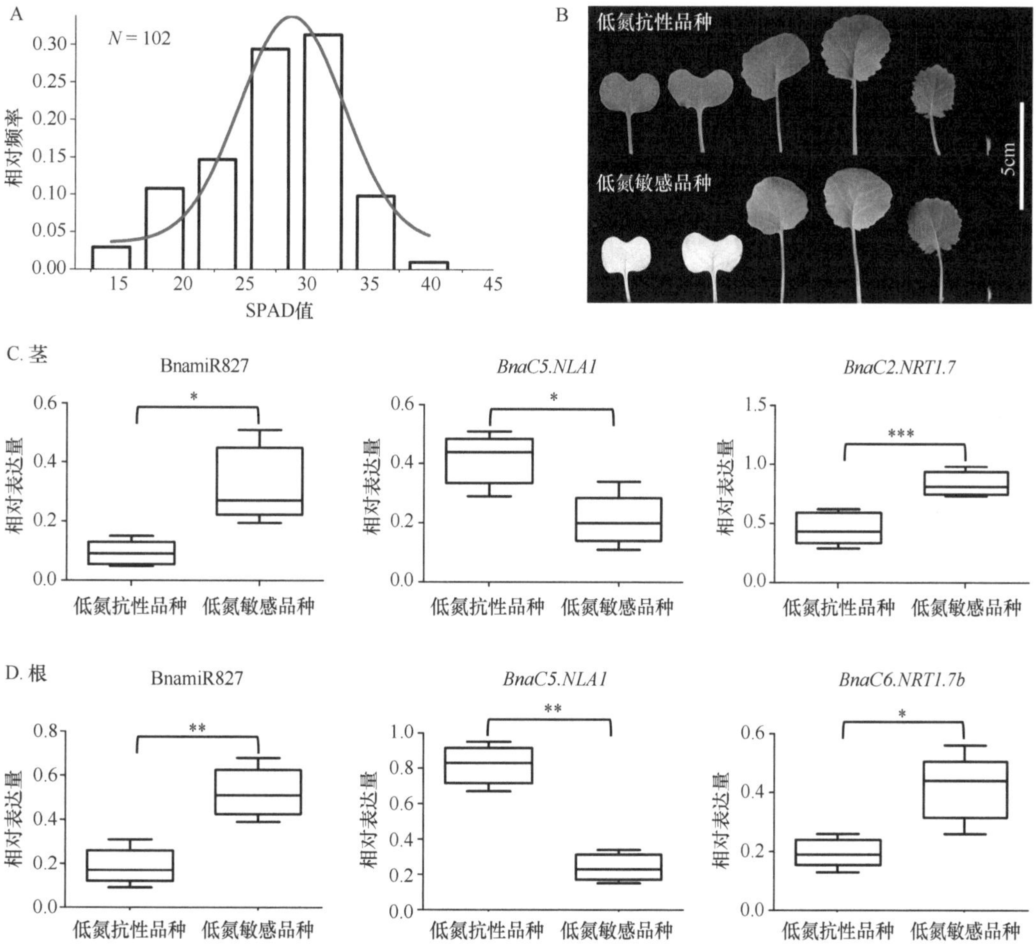

图 4-36　BnamiR827-BnaNLA1-BnaNRT1.7 通路介导油菜地上部硝态氮的再分配（Zhang et al.，2018c）

*、**、*** 分别表示在 0.05、0.01、0.001 水平差异显著

2020b）。*NRT1.7* 在低氮条件下会促进氮素由老叶向新叶的转运，以满足新生叶的生长需求。因此，我们认为 *BnaC2.NRT1.7* 的较高表达导致了老叶中的氮素过快向新叶转运，加速了老叶的衰老，增加了油菜对低氮的敏感性。

油菜根系吸收的硝态氮转运至地上部后，较大比例以有机氮的形式储存在叶片中。在油菜衰老或者缺氮的条件下，地上部氮素的再分配主要来源于有机氮降解形成的氨基酸等小分子有机含氮化合物，它们的源库再分配主要依赖于氨基酸通透酶、酰脲通透酶、氨基酸转运子等转运蛋白。因此，研究认为 E3 泛素连接酶 NLA 调控的无机氮再分配不是植物低氮适应性的主要调控途径，NLA 的下游核心靶蛋白应该是小分子有机含氮化合物的转运子。

我们利用拟南芥野生型和突变体 *nla* 为试验材料，低氮处理后突变体 *nla* 出现明显的黄化衰老现象（图 4-37）（Liao et al.，2020），并通过高通量的转录组和蛋白质组数据分析，以期揭示 NLA 下游的核心靶蛋白。转录组和蛋白质组分析均表明，在低氮处理下，只有参与氨基酸再转运的 LHT1 在 *nla* 突变体中表现出显著上调的趋势。在野生型和突变体中，我们并未鉴定其他有机氮转运蛋白的差异表达。

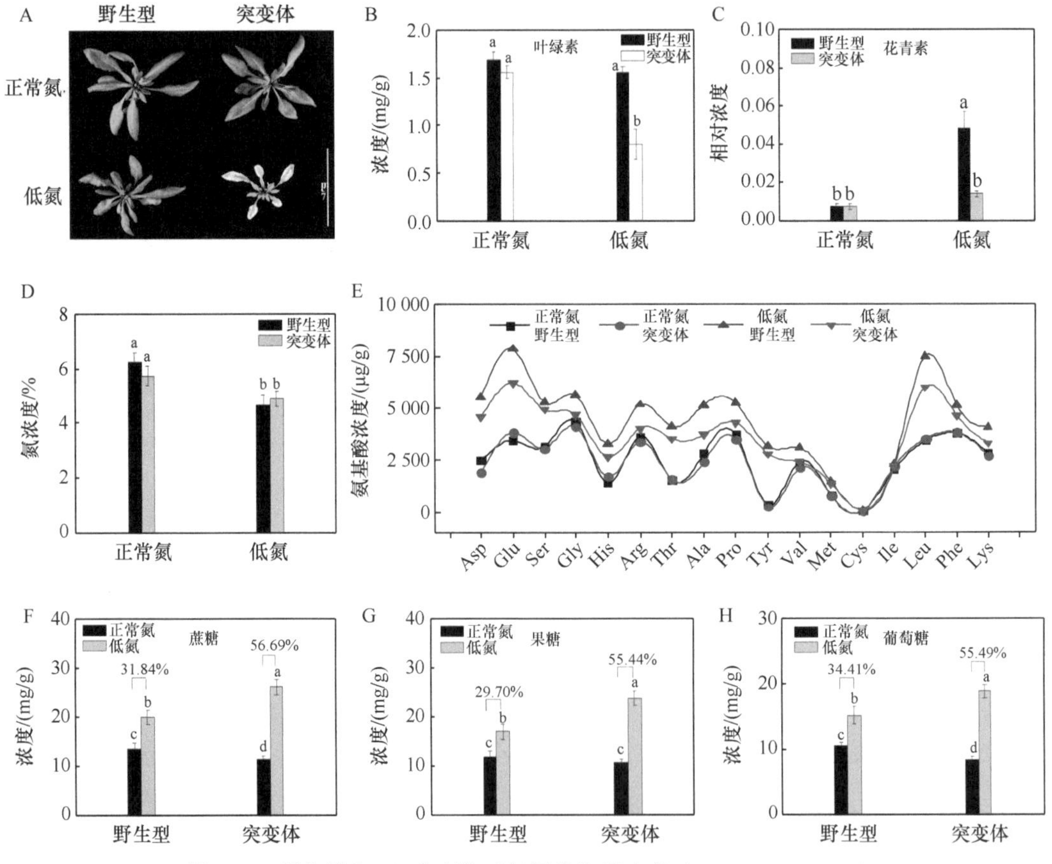

图 4-37　野生型和 *nla* 突变体对低氮的生理响应（Liao et al.，2020）

综上所述，如图 4-38 所示，我们推测 NLA 可能主要是通过调控氨基酸转运蛋白 LHT1 的泛素化降解来调控植物的氮素源库分配，进而调控植物的低氮适应性和氮素利用效率。

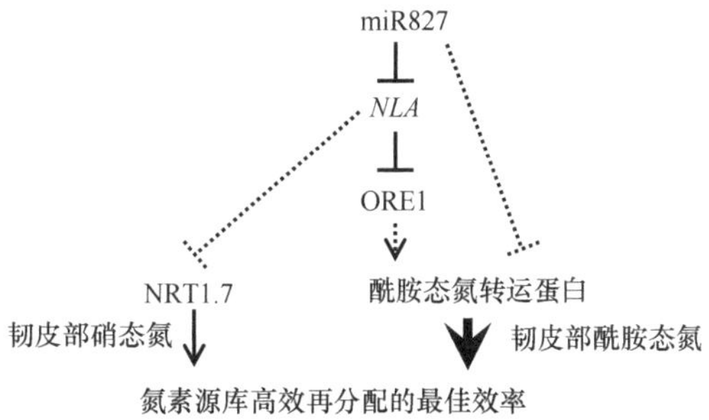

图 4-38　*NLA* 介导的泛素化降解调控植物的氮素源库分配和低氮适应性（Liao et al.，2020）

4.5　结论与展望

充分挖掘作物吸收利用氮素的遗传潜力是提高减氮增效的重要途径之一。研究结果表明，在铵硝混合或有机无机配施条件下，存在显著的基因型差异，旱地喜硝作物玉米、小麦、油菜一些氮高效品种可以增强氮素吸收同化能力；而喜铵作物水稻的一些氮高效品种则更为耐高铵，少量供硝促进植株生长，提高氮素利用效率。在相同供氮水平下，玉米和小麦的一些氮高效品种可以通过减少叶片中的氮素冗余，增加花后氮素转移效率；油菜氮高效品种则通过优化地下部液泡硝酸盐的储存，提高体内无机氮向地上部的分配，增加地上部氮代谢；而水稻氮高效品种可以在低铵供应强度下，通过增强生长素的极性运输，促进分蘖形成，提高氮素利用效率。因此，在生产实践中，针对不同的生态环境条件，选用适合的氮高效绿色品种。根据品种特性，在适宜供氮水平下，有机无机和铵硝混合施用，挖掘氮高效品种的生物学潜力，可以实现高产、氮高效、环境友好的目标。

第 5 章　稻田肥料氮去向、损失规律及调控

中国是水稻生产大国，大米总产量占世界的 29.8%，居世界之首（杜延军和朱思齐，2018）。稻田作为我国重要的粮食生产系统，其面积仅占全国耕地总面积的 25%，却贡献着全国近一半的粮食产量，对我国乃至世界粮食安全保障有着重要意义（刘珍环等，2013）。国家统计局的调查数据（国家统计局，2019）显示，1978 年水稻播种面积近 $3.44\times10^7hm^2$，2010 年降低为约 $3.01\times10^7hm^2$，之后一直维持在此数量上下波动，2018 年为 $3.02\times10^7hm^2$。氮肥在我国水稻增产中一直发挥着举足轻重的作用。根据国际肥料工业协会（IFA）报告，我国稻田氮肥用量约占全国化学氮肥总用量的 15.5%（IFA，2020），单季水稻氮肥用量平均为 $209kg/hm^2$（Chen et al.，2014a），这一用量比世界稻田氮肥平均用量高出 90%，也高于全国农作物平均施氮量 $189kg/hm^2$（国家统计局，2019）。稻田损失且对环境产生影响的活性氮比例若按施氮量的 24% 计算，则包括氨挥发、淋溶、径流中的各种有机和无机氮化物，以及 N_2O 等，累计氮损失接近 1.7×10^6t（Cui et al.，2018）。2011 年，欧盟对欧洲农业生产系统的氮评估结果显示，氮肥所导致的负面环境影响已大于其所带来的农学收益（Sutton et al.，2011）。尽管目前还没有针对我国水稻生产体系从农业经济效益、环境与健康风险等方面完整评估氮肥综合效应的科学报告，但根据 Cui 等（2018）发表在 *Nature* 上的全国主产区三大粮食作物肥料氮用量、活性氮损失量、CO_2 排放数量以及粮食增产收益数据进行粗略估计，我国水稻生产中活性氮排放所带来的环境影响成本已超过施用化学氮肥所带来的水稻增产收益。

在围绕这一命题进行的多学科研究中，稻田肥料氮去向、损失规律及其调控是一项基础性的研究工作。中国科学院南京土壤研究所朱兆良院士团队曾围绕太湖平原稻田，开展了长期和大量的室内培养、^{15}N 微区、盆栽、原状土柱及多点田间试验，系统研究了水稻土供氮能力，评价了氮肥去向和氮素收支的定量分配，揭示了作物产量、氮肥利用率和损失率与施氮量的关系及主要损失途径的分异特征，并提出了“区域总量控制与田块微调相结合”的稻田适宜施氮量的推荐理念和方法（朱兆良，2010）。这是目前我国稻田氮素研究较为系统的区域代表结果。然而，由于气候、水热条件及作物熟制、农田管理的不同，加之研究相对较少，太湖稻田的相关研究结果很难扩展到我国其他稻作区。我国稻田分布广、水稻土类型多样，化肥氮投入和作物利用率差异巨大。以东北平原和长三角平原稻田为例，在 $8t/hm^2$ 目标产量下，东北稻田（黑泥土）仅需投入化肥氮 150kg N/hm^2，氮肥利用率为 45%～46%，总损失低至 21%～38%（韩晓增等，2003）；而长三角稻田（黄泥土）维持相同目标产量则需要 200～300kg N/hm^2 化肥氮，氮肥当季利用率仅为 29%～31%，而损失高达 53%～57%（Zhao et al.，2009）。鉴于上述研究源于不同地区，水热条件、水稻品种及农田管理均不同，土壤也不同，各典型区域稻田氮素来源、去向及氮肥利用与损失规律有何差异以及造成这种差异的原因尚不得而知。一般，肥料氮施入稻田后，利用率和损失大小受到其在土壤中的转化特点和水肥耕种条件的共同影响。肥料氮土壤转化主要取决于土壤自身属性，而水肥耕种条件又具有区域共性特点。因此，针对我国水稻生产体系氮肥利用率和损失率区域差异大，氮素来源、去向特征不清楚等问题，选择我国东北平原寒区单季稻、太湖平原单季晚稻、华中双季稻种植区开展联网研究。在 3 个稻区中，水稻播种面积和稻谷总产量以黑龙江、江苏、湖南较多，三省水稻播种面积累计占全国的 33%，稻谷总产量也占到全国的 34%（国家统计局，

2019）。以下分节论述黑龙江五常、江苏常熟和湖南浏阳的田间试验信息，稻田肥料氮去向、损失过程以及调控方法方面所取得的定点观测结果，以及对肥料氮作物利用和损失规律及其区域差异比较上的一些新认识。

5.1　黑龙江寒区单季稻田肥料氮去向、损失规律与调控

5.1.1　试验观测

施氮梯度小区试验地点位于黑龙江省五常市龙凤山镇辉煌村（44°53′1.1″N，127°31′35.4″E）。水稻为该地区的典型作物。供试水稻土为冲积土，由黏土冰水沉积物发育而成，基本理化性质如表 5-1 所示。

表 5-1　供试土壤的理化性质

全氮/(g/kg)	碱解氮/(mg/kg)	速效磷/(mg/kg)	速效钾/(mg/kg)	pH	有机质/(g/kg)
1.74	168	70	97	6.17	22.6

小区试验采用随机区组设计，设 5 个处理，4 次重复，每个小区长 12m、宽 6m，小区面积为 $72m^2$，小区四周起始处各 1m 内不予取样。设置 5 个氮水平，分别为 $0kg/hm^2$（N0）、$75kg/hm^2$（N75）、$105kg/hm^2$（N105）、$135kg/hm^2$（N135）、$165kg/hm^2$（N165），磷肥、钾肥施用量相同，分别为 50kg P_2O_5/hm^2、90kg K_2O/hm^2。各处理氮肥按照基肥、分蘖肥、穗肥的比例 4∶3∶3 施用，磷肥做基肥，钾肥按基肥和穗肥的比例 1∶1 施用。施肥时各小区内田面水保持约 3cm 后表施肥料。供试肥料分别为尿素（N，46.4%）、重过磷酸钙（P_2O_5，44%），氯化钾（K_2O，60%）。肥料施用时间及施用量如表 5-2 所示。

表 5-2　肥料施用时期和施用量

处理	总量/(kg/hm^2)			基肥/(kg/hm^2)			分蘖肥/(kg/hm^2)	穗肥/(kg/hm^2)	
	N	P_2O_5	K_2O	N	P_2O_5	K_2O	N	N	K_2O
N0	0	50	90	0	50	45	0	0	45
N75	75	50	90	30	50	45	22.5	22.5	45
N105	105	50	90	42	50	45	31.5	31.5	45
N135	135	50	90	54	50	45	40.5	40.5	45
N165	165	50	90	66	50	45	49.5	49.5	45

微区试验设 4 个氮梯度，分别为 N75、N105、N135、N165，4 次重复，微区埋置于对应处理的小区内。微区桶直径为 49cm，高 50cm，材质为聚乙烯（PE），桶内移栽 4 穴稻苗，每穴 2 或 3 株。施用 ^{15}N 标记尿素，丰度为 15.24%（含氮量 46.4%；由上海化工研究院提供），其他肥料和管理措施同小区。

5.1.2　施氮量对水稻产量的影响

水稻对氮素的响应与水稻品种有关，对于‘松粳 3 号’，产量随着施氮量的增加而增加，当达到 $135kg/hm^2$ 时，继续增加施氮量，产量虽有增加趋势但是增产不明显，氮肥响应符合线性加平台模型，施肥量的转折点为 135～$138kg/hm^2$（图 5-1）；对于‘稻花香 2 号’（‘五优稻

4 号’），当氮肥用量超过 105kg/hm² 时水稻产量开始下降，因此氮肥产量响应为二次曲线，经济合理的施氮量为 105～110kg/hm²（图 5-1）。两个品种对氮素响应不同，这与水稻抗倒伏能力有关。‘松粳 3 号’属于耐肥和抗倒伏能力强的品种，即使多施氮也不减产，因此该品种减氮潜力有限。‘稻花香 2 号’属于易倒伏品种，施氮量多容易造成倒伏，因此农户施氮量少。总体而言，2019 年产量明显高于 2018 年，温度高是产量较高的原因。

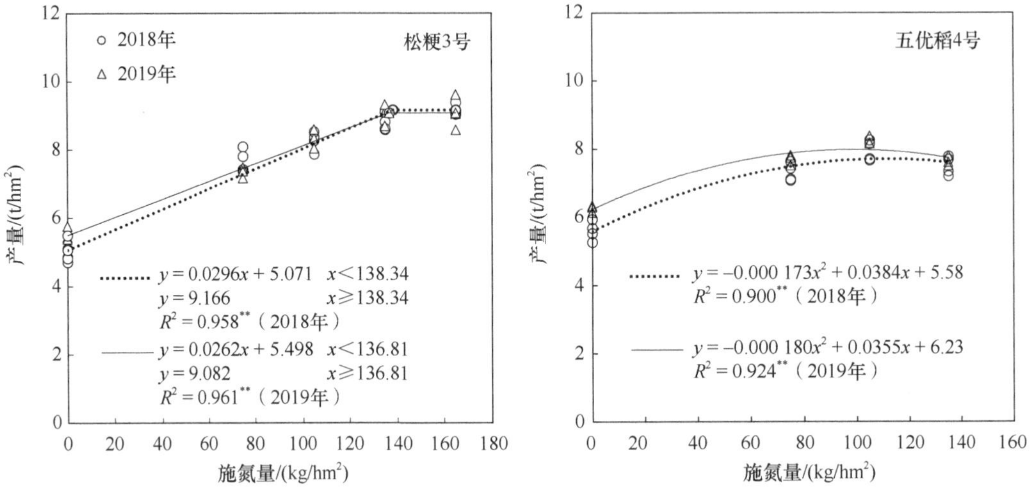

图 5-1　施氮量与水稻产量的关系

5.1.3　氮肥利用率

随着施氮量的提高，‘松粳 3 号’百千克籽粒吸氮量显著增加，从平均约 1.2kg（空白处理）提高到 1.7kg 以上，增加明显，氮肥利用率与施氮量关系不大（除了 2019 年 N75 处理），氮肥利用率平均约为 55%。氮肥农学效率随着施氮量的增加先增加后降低，施氮量为 105kg/hm² 时，氮肥农学效率最高，再增加施肥量则氮肥农学效率降低。随着氮肥用量的提高氮肥偏生产力和氮肥生理效率降低，与施氮量负相关（表 5-3）。从协调水稻产量和氮效率角度出发，氮肥用量为 105～135kg/hm² 时，氮肥吸收效率没有差异，但是能够保持较高的氮肥农学效率，是比较适宜的氮量。2019 年百千克籽粒吸氮量明显高于另外两年，可能与温度高有关。

表 5-3　水稻产量、氮肥农学效率、氮肥生理效率和氮肥偏生产力

年份	施氮量/（kg/hm²）	产量/（t/hm²）	百千克籽粒吸氮量/kg	氮肥利用率/%	氮肥农学效率/（kg/kg）	氮肥生理效率/（kg/kg）	氮肥偏生产力/（kg/kg）
2017	0	5.93d	1.05c				
	75	7.75c	1.18bc	39.17b	24.33ab	61.87a	103.39a
	105	8.78b	1.25b	45.02ab	27.17a	60.50a	83.65b
	135	9.19a	1.41a	49.66a	24.14ab	48.74b	68.07c
	165	9.37a	1.49a	47.07ab	20.86b	44.55b	56.80d
2018	0	4.88d	1.09c				
	75	7.68c	1.27bc	58.75a	37.30a	63.49a	102.40a
	105	8.27b	1.40b	59.48a	32.25ab	54.71b	78.76b

续表

年份	施氮量/(kg/hm²)	产量/(t/hm²)	百千克籽粒吸氮量/kg	氮肥利用率/%	氮肥农学效率/(kg/kg)	氮肥生理效率/(kg/kg)	氮肥偏生产力/(kg/kg)
2018	135	8.79a	1.44a	54.46a	28.93bc	53.33bc	65.11c
	165	9.17a	1.58a	55.22a	25.98c	47.25c	55.57d
2019	0	5.53d	1.58c				
	75	7.35c	1.53c	33.16b	24.19ab	73.71a	97.97a
	105	8.32b	1.69bc	50.42a	26.56a	52.70b	79.26b
	135	9.04a	1.77b	53.51a	25.96a	48.52c	66.95c
	165	9.08a	2.09a	61.78a	21.50b	35.11d	55.03d

注：同列数据后不含有相同小写字母的表示同一年份不同施氮量处理之间差异显著（$P<0.05$）。下同

5.1.4 肥料 ^{15}N 利用率、土壤残留与总损失

采用微区试验研究了肥料 ^{15}N 利用率、土壤残留与总损失，结果如表 5-4 所示。2017 年水稻吸氮量占全氮量的比例为 26.42%～28.53%，与施氮量高低关系不大。肥料氮残留比例为 19.28%～24.49%，除了 N75 和 N165 之间差异显著，其他处理间差异不显著。同时，氮素表观损失与施氮量也不存在明显关系；上述结果表明，第一季氮素损失约占 50%，第二季还有约 15% 的氮素损失，两季氮素表观损失约占施肥量的 2/3。两季累计肥料氮只有不到 30% 被水稻吸收，土壤残留的氮只有 9% 左右。氮素吸收、土壤残留和损失的比例和氮肥用量关系不大。无论是肥料氮吸收利用率还是差减法的利用率（表 5-3，表 5-4），都与氮肥用量无显著关系，但是差减法的利用率显著高于示踪法，存在明显的激发效应。

表 5-4 肥料 ^{15}N 去向

年份	处理	施氮量/(kg/hm²)	吸氮量/(kg/hm²)	残留氮量/(kg/hm²)	损失量/(kg/hm²)	利用率/%	残留率/%	损失率/%
2017	N75	75	21.04	18.37	35.59	28.05	24.49	47.45
	N105	105	27.74	22.97	54.29	26.42	21.88	51.70
	N135	135	35.70	28.29	71.01	26.44	20.96	52.60
	N165	165	47.08	31.81	86.10	28.53	19.28	52.18
	$LSD_{0.05}$		5.42	5.40	10.10	4.58	5.23	8.54
2018	N75	0	0.80	7.53	10.04	1.07	10.04	13.39
	N105	0	1.13	8.64	13.20	1.08	8.23	12.57
	N135	0	1.49	13.24	13.57	1.10	9.81	10.05
	N165	0	2.24	15.48	14.10	1.36	9.38	8.55
	$LSD_{0.05}$		0.33	3.63	5.75	0.25	1.90	5.31
2017 和 2018	N75	75	21.84	7.53	45.63	29.12	10.04	60.84
	N105	105	28.87	8.64	67.49	27.50	8.23	64.27
	N135	135	37.19	13.24	84.58	27.54	9.81	62.65
	N165	165	49.32	15.48	100.20	29.89	9.38	60.73
	$LSD_{0.05}$		5.24	3.63	4.60	4.43	1.90	3.94

5.1.5　肥料氮主要损失过程的发生规律

5.1.5.1　氨挥发

氨挥发一般发生在施肥后的10d内，施肥后第2～4天出现氨挥发的高峰（图5-2）。北方稻田氨挥发量较低，只有氮肥施用量的1%～2%。不同时期氨挥发通量也存在差异，穗肥氨挥发最低，明显少于基肥和分蘖肥的氨挥发，分蘖肥氨挥发高于基肥。氨挥发存在明显的年际差异，2017年氨挥发通量都要低于2018年。其中2017年穗肥的氨挥发通量要显著低于2018年，也低于同年份的基肥氨挥发，这与2017年温度低、降水量较高有关。

综合两年氨挥发累积量与积温来看，氨挥发与温度之间的关系符合二项式模型，结果如图5-3所示，2017年 R^2=0.9818，2018年 R^2=0.9953。温度是氨挥发的重要影响因素之一，但

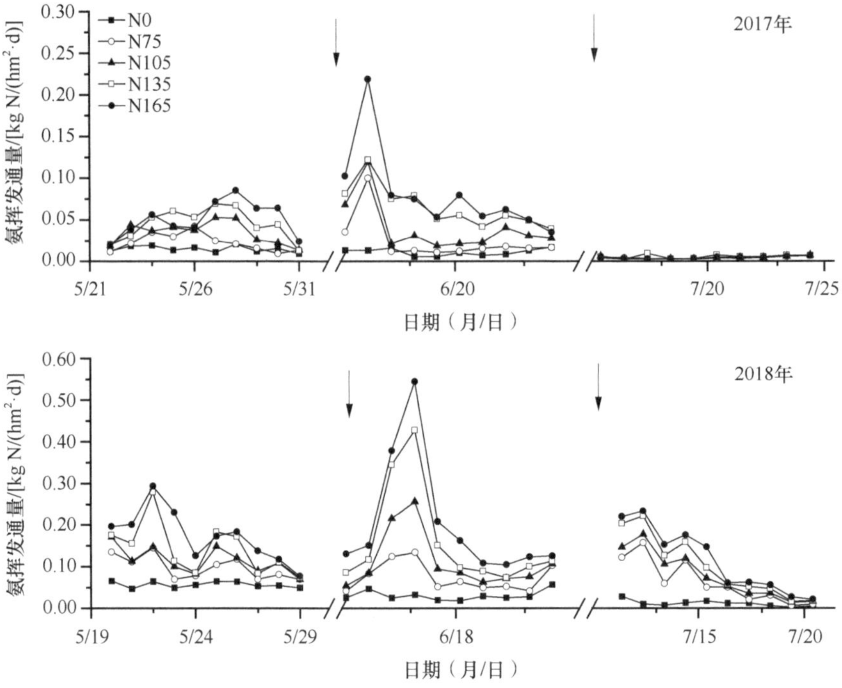

图5-2　氨挥发通量变化

图中箭头分别指向水稻季追施分蘖肥、穗肥的日期

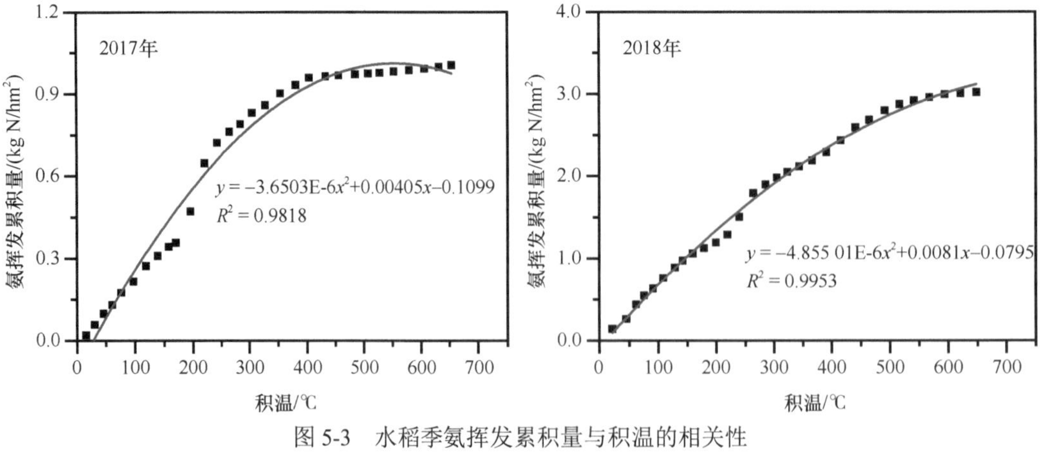

图5-3　水稻季氨挥发累积量与积温的相关性

是温度对氨挥发的影响存在滞后性，瞬时温度与氨挥发通量之间存在差异，因此本试验通过阶段性积温与阶段性氨挥发累积量进行相关模型的拟合，两年环境有所差异，氨挥发通量、累积量差异较大，但是拟合结果相关性均较高。

氨挥发和氮肥用量关系如图 5-4 所示，随着氮肥用量的增加，氨挥发总量增加，两者为显著线性正相关，2017 年的 R^2 值为 0.9777，2018 年 R^2 值为 0.9906。2017 年氨挥发总量约为 1kg N/hm²，不到施肥量的 1%；2018 年氨挥发总量为 2.3～4.9kg N/hm²，约占施肥量的 2%。可见，氨挥发不是寒地稻田氮损失的主要途径。

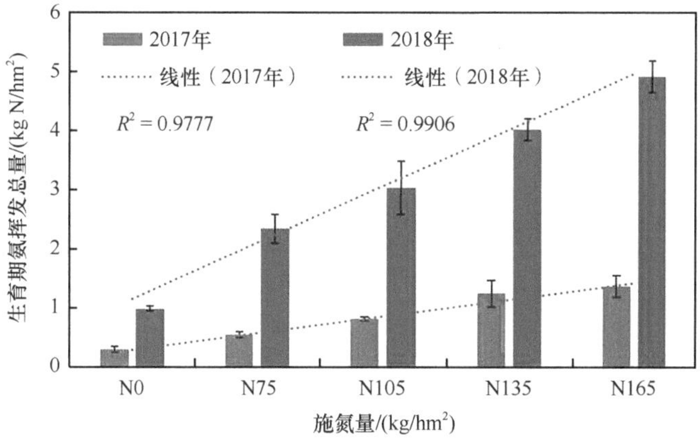

图 5-4　稻田氨挥发总量

5.1.5.2　氮素损失

（1）地表径流

径流损失的氮素主要取决于降雨强度和发生时间。东北地区降雨发生间隔和降雨强度变化较大。从图 5-5 径流氮季节变化可知，2017 年发生两次强降雨，发生时间与施肥后养分高峰期错开，各处理间田面水氮含量差异不显著。因此，各处理氮素损失主要与田面水氮含量有关，径流损失的氮素只有 2.8kg/hm²，与施氮量关系不显著；2018 年只发生一次径流，由于不在施肥后田面水养分高峰期，氮含量较低，径流损失的氮素较少。

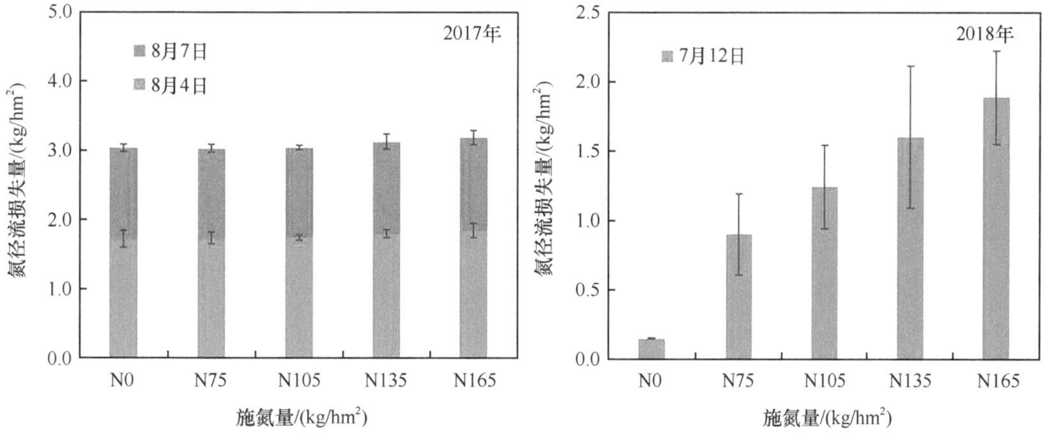

图 5-5　径流氮季节变化

（2）淋溶损失

氮累积淋溶损失量年际差异不大（图 5-6）。从氮累积淋溶损失量来看，2017 年 N165 处理明显高于其他处理，为 6.8kg/hm^2；而 2018 年 N135、N165 处理要高于其他处理，分别为 6.1kg/hm^2、6.5kg/hm^2。整体而言，氮淋溶损失量未超过施氮量的 3%。

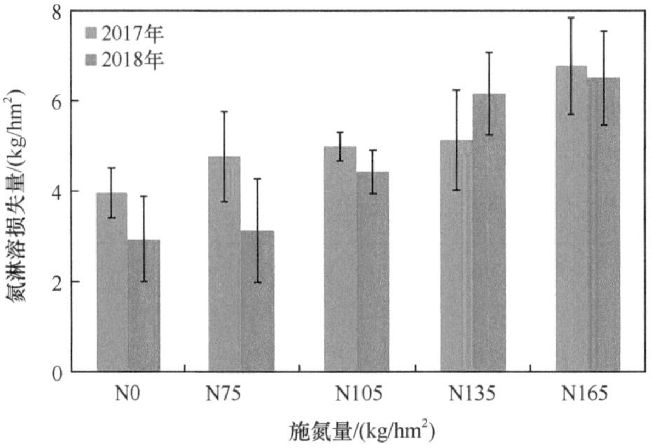

图 5-6　氮累积淋溶损失量

5.1.6　氮素收支特征

由表 5-5 可知，稻田中其他来源的氮为 40.2～52.52kg/hm^2，占养分总输入量的 19.6%～33.3%。其中共生固氮最高，其次是干湿沉降带入的氮。无论施肥与否，水稻吸收和损失的氮高于氮素的投入，施肥为 105kg/hm^2 时，氮素亏缺约为 16kg/hm^2。由于氮肥用量增加，氮素损失和吸收也同比例增加，导致氮素亏缺不但未减少，反而变大，约有 20kg/hm^2 的赤字，与未施肥的赤字大致相当。氮素输出项目中，作物吸收第一，其次是表观反硝化损失。由于作物吸收和损失的氮都与氮量呈正相关关系，因此氮素平衡状况差异不显著。

表 5-5　氮素收支特征　　（单位：kg/hm^2）

年份	项目		处理		
			N0	N105	N165
2017	氮输入	干湿沉降	16.74	16.74	16.74
		灌溉	4.95	4.95	4.95
		氮肥	0.00	105.00	165.00
		稻苗	0.83	0.83	0.83
		生物固氮	30.00	30.00	30.00
		总输入	52.52	157.52	217.52
	氮输出	作物吸收	68.19	110.32	148.06
		氨挥发	0.30	0.81	1.36
		径流	2.80	2.74	2.65
		淋溶	3.96	4.99	6.77
		表观反硝化		47.36	78.99
		总输出	75.25	166.22	237.83
	平衡（总输入−总输出）		−22.73	−8.7	−20.31
2018	氮输入	雨水	4.92	4.92	4.92
		灌溉	4.45	4.45	4.45

续表

年份	项目		处理		
			N0	N105	N165
2018	氮输入	氮肥	0.00	105.00	165.00
		稻苗	0.83	0.83	0.83
		生物固氮	30.00	30.00	30.00
		总输入	40.20	145.20	205.20
	氮输出	作物吸收	63.15	110.96	144.58
		氨挥发	0.98	3.03	4.92
		径流	0.01	0.12	0.18
		淋溶	2.94	4.42	6.50
		表观反消化		49.59	74.53
		总输出	67.08	168.12	230.71
	平衡（总输入–总输出）		−26.88	−22.92	−25.51

5.1.7　氮肥高效利用与损失阻控的有效途径

尿素表施时，水稻各施肥期土壤表层和田面水 NH_4^+-N 的浓度高，一方面导致氨挥发损失高，另一方面表层土壤氧化还原过程加速铵态氮反硝化，产生硝态氮，硝态氮随水进入稻田土壤还原层，发生反硝化脱氮损失。减少氮素在水层中的存留时间，增加氮素在土壤中的保存时间，可以有效减少氮素的气态损失。这可以通过氮肥深施、开发新型肥料、添加脲酶抑制剂及其他农学管理措施来实现。

其中氮肥深施是增加氮素保存时间最有效的措施。氮肥基蘖同施或者与控释肥料一次性深施是各种施肥措施中减少氮素气态损失最有效的方法。考虑到气候和土壤条件变异较大，水稻移栽后容易发生药害，影响水稻吸氮，造成缺肥；土壤供氮能力强的地块也存在贪青晚熟的风险，需要在水稻拔节期进行氮素诊断，判断是否需要补肥或者采取水分管理方式避免水稻贪青。采用速效氮肥和控释氮肥深施的施肥方式，并配合关键期的氮素营养诊断技术，既能有效减少稻田氮素气态损失，又能保证水稻籽粒产量，达到减氮增效的效果。

5.1.7.1　控释肥对水稻产量的影响

试验在黑龙江建三江分局（46°58′38″N、132°52′19″E）和红兴隆分局（46°42′48″N、131°33′55″E）国营农场进行。供试土壤为白浆土型水稻土和草甸土型水稻土，水稻品种为‘龙粳 31’，田间试验共设置了 2 个处理：①常规施肥（FFP），按照农户习惯进行，氮量为 99～150kg/hm²，氮肥分 3 次施用，追肥氮表施；②一次施控释肥（PCU），氮量为 99～120kg/hm²，肥料全部侧深施用；每个处理 4 个重复。施用的化肥为：氮肥（尿素，46%）、控释尿素（N 44%）、磷肥（二铵，P_2O_5 46%）、钾肥（氯化钾，K_2O 60%）。稻秧（秧龄为 30d）栽插间距为 30cm×14cm。对于尿素表施的处理，尿素分 3 次均匀撒施于田面水中。所有处理的磷肥（90kg/hm²）和钾肥（120kg/hm²）都作为基肥一次性撒施于田面水中。插秧前一周开始泡田，除了中期烤田和末期排水，稻田田面水始终维持在 3～5cm 的深度。各小区处理间随机区组排列，小区面积为 3～5 亩。

与习惯施肥相比，PCU 处理在用氮量相同或者减少氮肥的情况下，水稻平均增产 9.53%，变动为 0.6%～18.1%（表 5-6），除了一个试验点，其他试验点均差异显著；对应的干物质和氮积累平均分别提高了 7.14% 和 12.63%。同时，氮肥偏生产力从平均 74.03kg/kg 提高到 93.55kg/kg，平均增加了 26.4%，变动为 8.9%～67.2%。

表 5-6 水稻产量、干物质积累、氮积累和氮肥偏生产力

年份	农户	处理	施氮量/（kg/hm^2）	产量/（t/hm^2）	干物重/（t/hm^2）	氮积累/（kg/hm^2）	氮肥偏生产力/（kg/kg）
2013	F1	FFP	120	9.39b	14.34b	108.92b	78.3b
		PCU	100	10.50a	16.32a	140.90a	105.0a
2014	F1	FFP	120	9.11a	14.08a	109.31a	75.9b
		PCU	100	9.16a	14.37a	109.97a	91.6a
	F2	FFP	100	8.95b	14.16b	110.70b	89.5b
		PCU	100	9.95a	14.88a	127.16a	99.5a
2015	F1	FFP	120	8.35b	12.97b	100.45b	69.6b
		PCU	100	9.86a	15.05a	117.01a	98.6a
	F2	FFP	100	9.55b	15.40b	119.97b	95.5b
		PCU	100	10.55a	16.40a	153.38a	105.5a
2017	F3	FFP	125	8.67b	13.24b	117.05b	69.4b
		PCU	105	9.53a	14.04a	128.59a	90.7a
	F6	FFP	165	8.78b	13.64b	118.46b	53.2b
		PCU	105	9.38a	14.06a	126.56a	89.3a
	F7	FFP	125	8.63b	13.91b	116.44b	69.0b
		PCU	110	9.68a	15.04a	130.61a	88.0a
	F8	FFP	156	8.78b	13.40b	118.46a	56.3b
		PCU	105	9.23a	13.84a	124.54a	87.9a
2019	F4	FFP	99	8.06b	15.49b	108.75b	81.4b
		PCU	99	8.78a	16.56a	115.81a	88.6a
	F5	FFP	99	7.58b	14.85b	105.40b	76.5b
		PCU	99	8.36a	16.07a	115.24a	84.4a
平均		FFP	120.8	8.71b	14.14b	112.17b	74.03b
		PCU	102.1	9.54a	15.15a	126.34a	93.55a

5.1.7.2 控释肥对稻田氨挥发的影响

以采自建三江的白浆土型水稻土和庆安的草甸土型水稻土为供试土壤，对比分析尿素（U）、尿素+脲酶抑制剂（U+NBPT）和控释肥（PCU）的氨挥发累积量。施肥后氨挥发累积量呈逐渐攀升的趋势（图 5-7），在施肥第 7 天后土壤类型和氮肥种类对氨挥发累积量的影响显著（表 5-7）。白浆土型水稻土氨挥发累积量显著高于草甸土型水稻土。

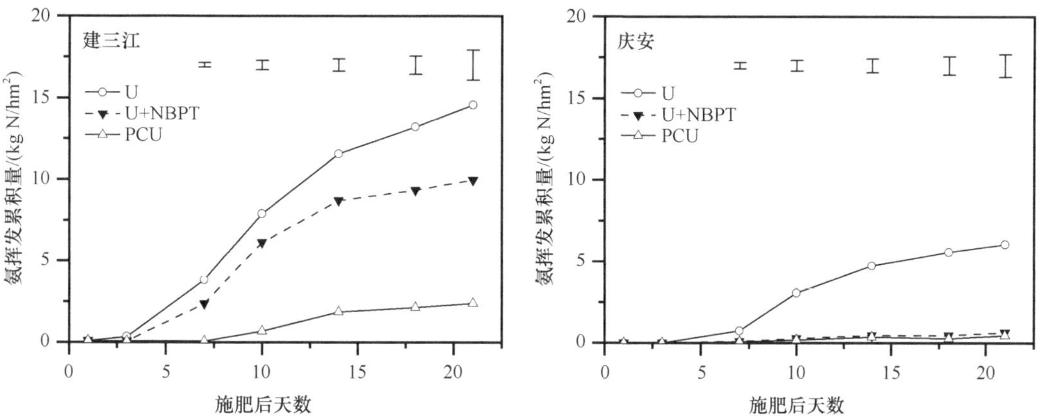

图 5-7　氨挥发累积量

在 21d 时，两种土壤施用尿素的氨挥发累积量分别为 14.56kg N/hm^2、6.14kg N/hm^2，加入 NBPT 后氨挥发累积量比尿素处理分别降低了 31.3%、89.9%，应用 PCU 后分别降低了 83.2%、88.1%。在白浆土型水稻土上 PCU 减少氨挥发量的效果好于 NBPT 处理，在草甸土型水稻土上 NBPT 和 PCU 处理效果相近。

表 5-7　氨挥发累积量的变异分析

变异来源	Pr>*F*						
	1d	3d	7d	10d	14d	18d	21d
土壤类型	NS	NS	<0.001	<0.001	<0.001	<0.001	<0.001
氮肥种类	NS	NS	<0.001	<0.001	<0.001	<0.001	<0.001
土壤类型×氮肥种类	NS	NS	<0.001	<0.001	<0.001	<0.001	<0.001

5.1.7.3　控释肥对田面水 pH 的影响

不施肥处理田面水 pH 表现为先增加后降低再增加的趋势（图 5-8）。施用尿素后，田面水 pH 在第 7 天或者第 14 天达到峰值，此后 pH 降低。添加抑制剂或者 PCU 处理，田面水 pH 随时间波动更大。

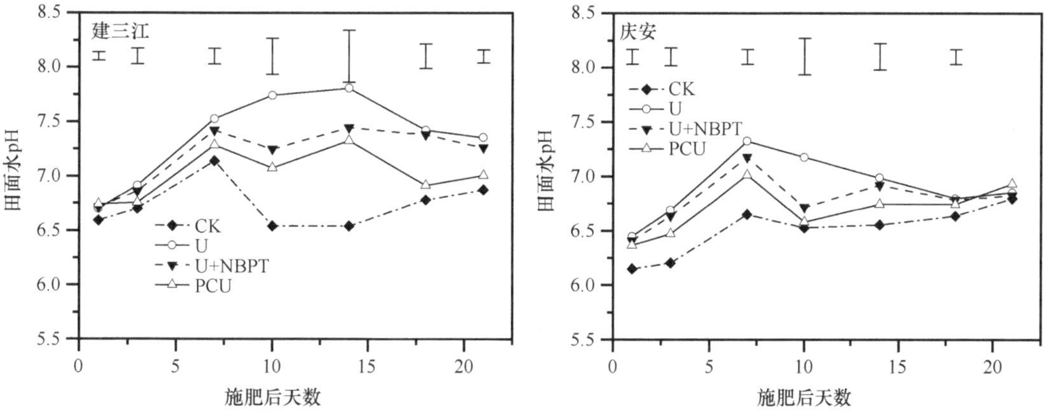

图 5-8　施肥后田面水 pH

土壤类型和氮肥种类均对田面水 pH 有极显著影响（表 5-8）。施尿素后田面水 pH 明显增加，这种增加至少可以持续两周，与不施氮肥处理相比，白浆土型水稻土、草甸土型水稻土的 pH 分别增加了 0.91%～16.2%、1.46%～9.1%（图 5-8）。与单施尿素相比，添加脲酶抑制剂后，田面水 pH 有降低趋势，两种土壤均在第 10 天降低显著，其他时期两处理间差异不显著；多数时期 PCU 处理和不施氮肥处理田面水 pH 接近，草甸土型水稻土施肥后 7d 内田面水 pH 增加了 2.21%（$P<0.05$），而白浆土型水稻土在第 10 天和第 14 天田面水 pH 显著提高。整个试验期间，草甸土型水稻土田面水 pH 显著低于白浆土型水稻土。

表 5-8　田面水 pH 变异分析

变异来源	Pr＞*F*						
	1d	3d	7d	10d	14d	18d	21d
土壤类型	＜0.001	＜0.001	＜0.001	＜0.001	＜0.001	＜0.001	＜0.001
氮肥种类	＜0.001	＜0.001	＜0.001	＜0.001	＜0.001	＜0.001	＜0.001
土壤类型×氮肥种类	NS	0.047	0.023	NS	NS	0.003	＜0.001

5.1.7.4　控释肥对田面水铵态氮的影响

两种土壤所有处理田面水铵态氮含量均呈现出先上升后下降的趋势，第 10 天出现峰值（图 5-9）。施肥后第 3 天和第 10 天，白浆土型水稻土铵态氮含量高于草甸土型水稻土，并且土壤和氮肥种类对田面水铵态氮影响存在明显交互效应。

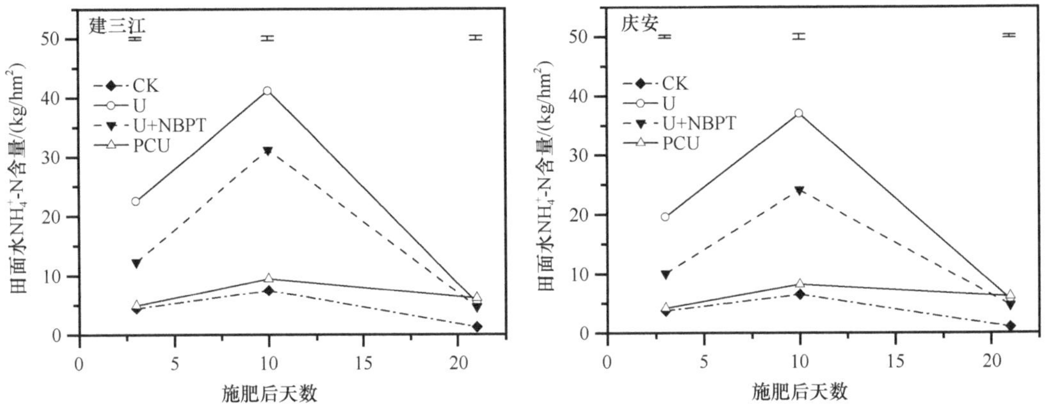

图 5-9　施肥后田面水铵态氮含量

从图 5-9 可以看出，施用尿素后，铵态氮含量明显增加，加入 NBPT 处理 10d 内，两种土壤中的铵态氮含量分别比施尿素处理降低了 23.8%～45.2%、35.4%～49.7%，在应用 PCU 后 10d，两种土壤中 PCU 处理比施尿素处理的水中铵态氮含量分别减少了 77.1%～79.7%、78.2%～80.1%。到第 21 天时，3 种施肥处理无显著差异。整个试验期间白浆土型水稻土田面水铵态氮含量高于草甸土型水稻土。

5.1.7.5　控释肥对氮肥去向的影响

氮肥种类对无机氮和尿素氮的回收量、氨挥发和未知氮含量有显著影响，土壤类型对氨挥发和其他去向氮的影响显著。试验结束时，只有庆安点土壤中无机氮含量存在差异（表 5-9），U+NBPT 和 PCU 处理提高了土壤无机氮含量。两个试验点上，由于 PCU 处理中回收了 30% 左右的氮，因此总回收率显著高于其他两个处理，PCU 处理回收量增加了 90.7%～154.3%。添加 NBPT 对尿素处理氮素总回收率无显著影响，与尿素相比，加入 NBPT 后氨挥发量降低了 31.2%～90.0%，施用 PCU 后氨挥发降低了 83.2%～88.3%。其他去向的氮，PCU 处理也显著低于另外两个施肥处理。

表 5-9　土壤和田面水中无机氮与尿素氮回收量

地点	处理	田面水/（mg/管）	土壤/（mg/管）	控释尿素/（mg/管）	回收氮/（mg/管）	氨挥发/（mg/管）	其他去向氮/（mg/管）
建三江	U	0.88a	7.42a		8.30b	2.85a	8.45a
	U+NBPT	0.69a	7.90a		8.59b	1.96b	9.04a
	PCU	0.94a	8.52a	6.37	15.83a	0.48c	2.23b
庆安	U	0.75a	5.17b		6.92b	1.20a	12.48a
	U+NBPT	0.69a	7.08a		7.77b	0.12b	11.70a
	PCU	1.03a	8.89a	7.68	17.60a	0.14b	0.98b
方差分析	土壤类型	NS	NS		NS	*	*
	氮肥种类	NS	NS		*	*	*
	土壤类型×氮肥种类	NS	NS		NS	*	NS

注：* 表示在 0.05 水平差异显著；NS 表示差异不显著（$P>0.05$）

5.2　江苏晚稻单季稻田肥料氮去向、损失规律与调控

5.2.1　试验观测

田间小区试验和微区试验于 2017～2019 年在位于江苏省常熟市辛庄镇的中国科学院常熟农业生态实验站（31°32′45″N、120°41′52″E）进行。该实验站位于太湖流域地区，属于亚热带湿润气候区，年均气温为 15.5℃，年均降水量为 1038mm，年均无霜期为 224d，该地区主要粮食种植制度为稻麦轮作。供试土壤为潜育型水稻土（乌栅土），由湖相沉积物发育而成。供试土壤表层（0～20cm）理化性质如表 5-10 所示。

表 5-10　田间小区土壤基本理化性质

土壤类型	pH	CEC/（cmol/kg）	有机质/（g/kg）	全氮/（g/kg）	全磷/（g/kg）	速效氮/（mg/kg）	有效磷/（mg/kg）	土壤容重/（g/cm^3）
乌栅土	7.36	17.7	35.0	2.09	0.93	12.4	5.0	1.20

小区试验于 2017～2019 年水稻季进行，共设置 5 个处理：CK（对照处理，不施氮肥）、N150（低氮处理）、N210（减氮处理）、N270（常规施氮）、N330（高氮处理）。每个处理 4 个重复，处理间随机区组排列，小区面积为 $42m^2$（6m×7m），小区之间田埂用薄膜覆盖，防止水肥互串。所用氮肥为尿素（N 46%），磷肥为过磷酸钙（P_2O_5 12%），钾肥为氯化钾（K_2O 60%）。氮肥分 3 次施用，施肥比例为 4∶3∶3，磷肥和钾肥各处理施用量相同，均作基肥一次性施入。氮肥具体施肥量和施肥时间如表 5-11 所示。

表 5-11　氮肥施用量和施用时间

处理	总施氮量/(kg/hm²)	基肥/(kg/hm²)	分蘖肥/(kg/hm²)	孕穗肥/(kg/hm²)
CK	0	0	0	0
N150	150	60	45	45
N210	210	84	63	63
N270	270	108	81	81
N330	330	132	99	99
施肥时间		2017 年 6 月 27 日 2018 年 6 月 11 日 2019 年 6 月 12 日	2017 年 7 月 10 日 2018 年 7 月 9 日 2019 年 7 月 10 日	2017 年 8 月 16 日 2018 年 8 月 7 日 2019 年 8 月 5 日

供试水稻品种为‘常优 6 号’，稻秧（秧龄为 30d 左右）株行距为 20cm×20cm。除烤田外，田面水深度保持在 3～5cm 直至收获前 10d 左右。3 个水稻季水稻收获时间分别为 2017 年 11 月 4 日、2018 年 11 月 10 日、2019 年 11 月 5 日。

氨挥发采用密闭式间歇通气-稀硫酸吸收法采集，采用靛酚蓝比色法测定吸收液的 NH_4^+-N 浓度。在水稻生育期，采集氨挥发的同时采集田面水样品，用于测定田面水中 NH_4^+-N、NO_3^--N 和 TN 浓度。同一个小区的水样混合后过滤，采用靛酚蓝比色法测定田面水中的 NH_4^+-N 浓度，采用紫外分光光度法测定 NO_3^--N 浓度，采用过硫酸钾氧化-紫外分光光度法测定 TN 浓度。

利用不同深度的淋溶管采集土壤淋溶水。淋溶管为一根包含 20cm、60cm 和 100cm 3 个深度的土壤溶液采集装置。在水稻生育期内每隔 10～20d 采集不同深度淋溶水。通过土壤水分垂直渗漏量和土壤水溶液氮素浓度来估算氮淋溶损失量，在水稻淹水期内，土壤水分垂直渗漏速率平均为 5mm/d（朱兆良和文启孝，1992）。

水稻成熟后，每个小区的地上部分人工收割 3 个 1m×1m 的样方，分成籽粒和秸秆，然后风干和称重，计算干物质重。测产后，另取一部分籽粒和秸秆样品于 80℃的烘箱中烘 24h 直至恒重，之后用粉碎机粉碎，测定籽粒和秸秆氮含量。籽粒和秸秆氮含量用浓硫酸混合催化剂消煮-凯氏定氮法测定。作物吸氮量根据干物质重和氮含量进行计算，氮肥表观利用率（NRE，%）为施氮处理作物吸氮量与不施氮处理作物吸氮量的差值除以施氮量，氮肥农学效率（ANE，kg/kg）为施氮处理与不施氮处理作物产量的差值除以施氮量。

利用布置在小区内的聚氯乙烯（PVC）圆框进行微区试验。圆框高 50cm，2017 年微区内径 38cm，种植水稻 3 穴，2018 年和 2019 年微区内径 48cm，种植水稻 4 穴，底部削尖打入土壤中 40cm，微区内施氮量同小区施氮量，施用 ^{15}N 标记尿素，丰度为 10.12%（上海化工研究院）。微区田间管理与对应小区相同。作物收获后，采集地上部分、水稻根和土壤样品。水稻植株分为籽粒和秸秆，分别称重。微区内按深度 0～20cm、20～40cm 取土样，风干。将 0～20cm 土层内所有水稻根系挑出。籽粒、秸秆和根放入 80℃烘箱中烘至恒重，植株和土壤样品均研磨成粉过 100 目筛，待测。植株和土壤氮含量用浓硫酸混合催化剂消煮-凯氏定氮法测定，^{15}N 丰度利用同位素质谱仪（MAT-251，USA）测定。

5.2.2　施氮量对水稻产量的影响

2017～2019 年水稻季各处理的籽粒产量逐年增加，存在年际差异，3 个水稻季均是施氮量为 270kg/hm^2 时，水稻籽粒的产量最高，施氮量增加到 330kg/hm^2 时，籽粒产量反而下降，与施氮量为 210kg/hm^2 时的产量无显著差异（表 5-12）。说明从籽粒产量的角度来考虑，当地水稻平均施氮量（300kg/hm^2）远高于水稻生长的需氮量，氮肥投入过多。

表 5-12　2017～2019 年水稻籽粒产量

处理	施氮量/(kg/hm^2)	产量/(t/hm^2)			
		2017 年	2018 年	2019 年	年平均值
CK	0	5.39a	6.83a	7.00a	6.41a
N150	150	8.07b	9.72b	10.39b	9.39b
N210	210	8.31c	10.44c	11.09c	9.95c
N270	270	8.43b	10.54c	11.28c	10.08d
N330	330	8.30c	10.47c	11.21c	9.99c

由水稻籽粒产量和施氮量的响应曲线可知，水稻籽粒产量与施氮量之间存在极显著的一元二次线性关系（图 5-10），通过 3 个水稻季平均籽粒产量和施氮量的响应关系得出，当施氮量为 272kg/hm^2 时，水稻籽粒产量最高为 10.11t/hm^2。从粮食生产角度来看，施氮量为 266kg/hm^2 时即能满足需求，继续增加施氮量既不会使产量增加，还会造成资源的浪费，导致更多的氮素进入周边环境，带来一系列环境问题。

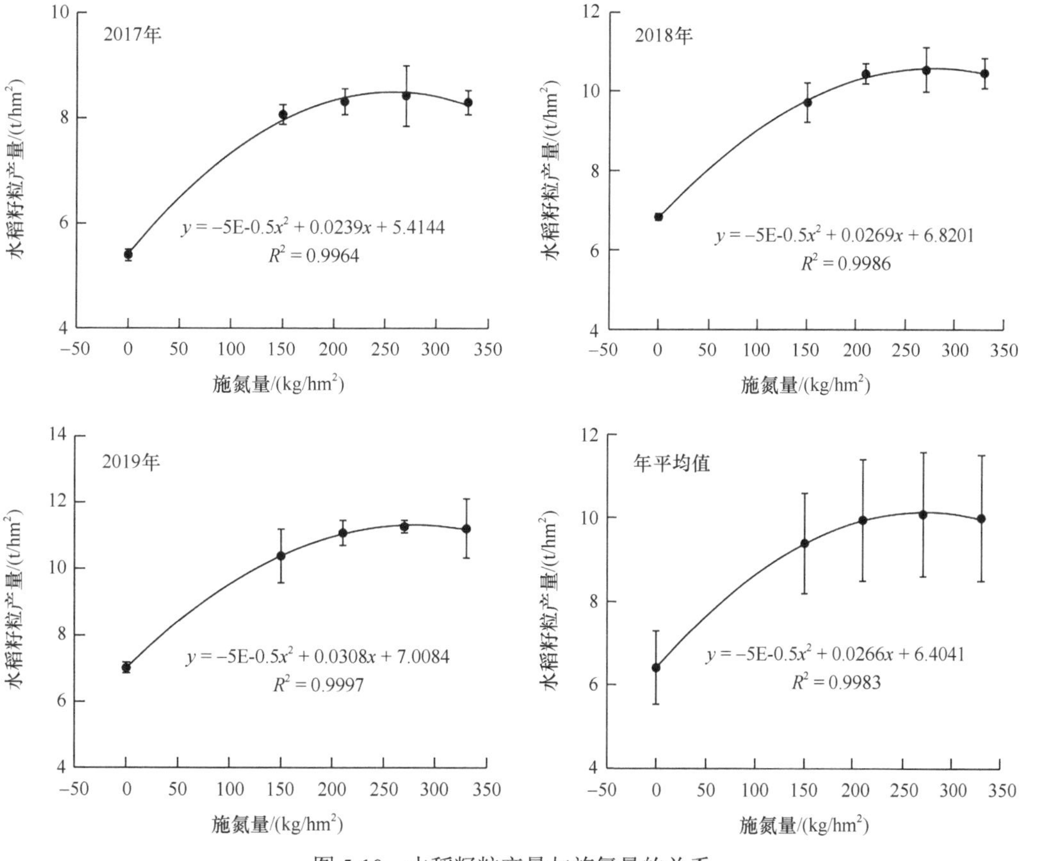

图 5-10　水稻籽粒产量与施氮量的关系

5.2.3　氮肥利用率

从2017～2019年3个水稻季平均值来看，水稻籽粒产量和秸秆产量在施氮量为270kg/hm^{2}时均最高，而籽粒吸氮量和秸秆吸氮量均随施氮量的增加而显著增加，所以植株地上部分总吸氮量随施氮量的升高而增加，施氮量为330kg/hm^{2}时水稻植株所吸收的氮没有转移到籽粒，而是通过秸秆从稻田带走一部分氮素，造成损失。氮肥农学效率随施氮量的增加而显著降低，提高氮肥农学效率需要在单施氮肥的基础上结合其他优化施肥措施和田间管理来实现。从氮肥表观利用率来看，施氮量为330kg/hm^{2}时的氮肥表观利用率最低（表5-13）。

表5-13　2017～2019年水稻季植株产量、吸氮量与氮肥农学效率和氮肥表观利用率

年份	施氮量/(kg/hm^2)	籽粒		秸秆		植株总吸氮量/(kg/hm^2)	氮肥农学效率/(kg/kg)	氮肥表观利用率/%
		产量/(t/hm^2)	吸氮量/(kg/hm^2)	产量/(t/hm^2)	吸氮量/(kg/hm^2)			
2017	0	5.39a	58.02a	5.75a	28.16a	86.18a		
	150	8.07b	92.14b	7.76b	58.49b	150.63b	17.82c	42.97a
	210	8.31c	95.49b	8.90c	76.25c	171.75b	13.91b	40.75a
	270	8.43d	100.04c	10.03d	95.98d	196.03c	11.23b	40.69a
	330	8.30c	101.40c	10.24d	111.35e	212.75d	8.81a	38.36a
2018	0	6.85a	66.78a	6.71a	34.51a	101.29a		
	150	9.72b	107.78b	10.35b	58.05b	165.84b	19.26d	43.03a
	210	10.44d	114.25c	11.90c	77.48c	191.73c	17.23c	43.07a
	270	10.54d	116.14c	12.89d	97.59d	219.26d	13.77b	43.69a
	330	10.47c	131.06d	12.90d	127.20e	258.25e	11.03a	47.56a
2019	0	7.01a	61.64a	6.39a	26.33a	7.97a		
	150	10.39b	108.28b	9.75b	50.26b	158.54b	22.57c	47.05b
	210	11.09c	116.74c	10.84b	65.16c	181.90c	19.42c	44.73ab
	270	11.28c	129.13d	11.66c	76.30d	205.44d	15.82b	43.51ab
	330	11.21c	132.98d	11.83c	79.25d	212.23d	12.75a	37.65a
年平均值	0	6.41a	62.14a	6.29a	29.67a	91.81a		
	150	9.39b	102.73b	9.29b	55.60b	158.34b	19.88d	44.35a
	210	9.95c	108.83c	10.55bc	72.96c	181.79c	16.85c	42.85a
	270	10.08d	115.11d	11.53c	89.96d	206.91d	13.61b	42.63a
	330	9.99c	121.81d	11.66c	105.93e	227.74e	10.86a	41.19b

5.2.4　肥料^{15}N利用率、土壤残留与总损失

2017～2019年水稻季^{15}N微区水稻收获后，对植株和土壤^{15}N含量进行测定。^{15}N微区试验与小区试验表现出一样的规律，植株的^{15}N吸收率随施氮量的上升而增加。通过^{15}N同位素标记示踪法发现，施氮量越高，土壤中残留的氮素越多。施氮量270kg/hm^{2}和330kg/hm^{2}两个处理植株的^{15}N吸收率低于施氮量150kg/hm^{2}和210kg/hm^{2}处理，植株氮含量和土壤残留氮均随着施氮量的增加而显著增加；施氮量为330kg/hm^{2}时，植株的^{15}N利用率最低，土壤残留

量最高，导致 ^{15}N 损失率要显著高于其他处理；施氮量为 270kg/hm² 时，植株的 ^{15}N 吸收率最高，^{15}N 损失率最低（表 5-14）。

表 5-14　2017～2019 年水稻季肥料 ^{15}N 去向

年份	施氮量/（kg/hm²）	植株吸收量/（kg/hm²）	植株利用率/%	土壤残留量/（kg/hm²）	土壤残留率/%	^{15}N 损失率/%
2017	150	53.23a	35.49b	31.96a	16.09a	48.42b
	210	65.22b	31.06a	41.42b	19.72b	49.22b
	270	94.97c	35.17b	60.63c	22.45c	42.38a
	330	97.63c	29.58a	68.84d	20.86b	49.56b
2018	150	51.79a	34.52b	27.09a	18.06a	47.42b
	210	70.78b	33.71b	43.48b	20.71b	45.58a
	270	89.44c	33.13b	54.32c	20.12b	46.75b
	330	102.46d	31.05a	76.29d	23.12c	45.83a
2019	150	45.57a	30.38b	24.13a	19.51a	50.11c
	210	65.68b	31.28b	43.93b	20.92b	47.8b
	270	87.57c	32.43b	63.20c	23.41c	44.16a
	330	89.87c	27.23a	66.64c	20.19a	52.58c
年平均值	150	50.20a	33.46c	27.73a	18.48a	48.06b
	210	67.23b	32.01b	42.94b	20.45b	47.54b
	270	90.66c	33.58c	59.38c	21.99c	44.43a
	330	96.65c	29.29a	70.59d	21.39c	49.32c

从 ^{15}N 微区试验可以看出，水稻植株样品对氮素的利用率为 29.29%～33.58%，土壤残留率为 18.48%～21.99%，损失率高达 44.43%～49.32%。投入农田系统的化学氮肥有很大一部分未能被作物吸收，也没有残留到土壤中保持肥力，而是通过不同损失途径进入环境，施氮量越高，进入环境的氮素越多。

5.2.5　肥料氮主要损失过程的发生规律

氮肥的主要损失途径分为气态损失和液态损失两方面。其中气态损失主要是通过氨挥发和硝化-反硝化两个氮素转化过程产生。江苏太湖地区稻田的肥料氮气态损失以氨挥发为主，占施氮量的 9.11%～11.89%。硝化-反硝化过程产生的气态氮有 N_2、N_2O、NO_x，其中 N_2O 是重要的温室气体，会破坏臭氧层，对环境影响最大，江苏太湖地区的 N_2O 排放量占施氮量的 0.11% 左右。而 NO 排放量仅占到施氮量的 0.01%～0.02%（Zhao et al.，2015）。

农田肥料氮的液态损失则主要包括径流和淋溶。径流损失主要发生在降雨时以及烤田前田间排水。当土壤入渗能力小于降雨强度时会产生地表径流，土壤中的氮随地表径流损失。通过径流损失的氮是造成地表水活性氮富集的重要原因之一。江苏太湖地区稻田氮的径流损失占施氮量的 0.3%～5.8%（田玉华等，2007a）。氮淋溶损失是施入土壤中的肥料氮或土壤氮伴随着降雨或者灌溉水向下迁移至根系活动层以下，而不能被作物根系吸收而导致的氮损失。稻田土壤氮淋溶损失以 NO_3^--N 为主，土壤性质、水分条件和氮肥施用量均会影响土壤氮素淋溶强度。太湖地区稻田氮淋溶损失量占施氮量的 1.55%～4.04%。小区试验稻田田埂较高，且有薄膜覆盖，在强降水前或施肥前控制田面水深度，2017～2019 年水稻季未观测到明显的径流事件。

5.2.5.1　氨挥发通量和挥发累积量

氨挥发是铵态氮肥水解过程中产生的氨从土壤表层或者水田表面扩散进入大气的过程。氮肥在施入农田后会在土壤的固相-液相-气相界面上发生一系列的物理化学变化，其中氨挥发的速率主要取决于固相-液相-气相间 NH_4^+-N 和 NH_3 的平衡。氨挥发主要受到农田管理，气象条件和土壤理化性质的影响（朱兆良和文启孝，1992；Bouwman et al.，2002b）。

通过连续 3 个水稻季的监测，稻田氨挥发日通量受施肥影响显著，且挥发通量随着氮肥施用量的增加而增加。氨挥发日通量与田面水 NH_4^+-N 浓度高低的趋势一致，施肥处理氨挥发主要发生在施肥后 10d 内，在这期间尿素水解，田面水 NH_4^+-N 浓度高，为氨挥发提供了来源。2017 年水稻季稻田的氨挥发峰值出现在施拔节肥后 3～5d 内，在水稻拔节期的氨挥发通量显著高于水稻基肥期和孕穗期。而 2018 年水稻季的排放峰值则出现在基肥施用后第 2 天，在水稻基肥期的氨挥发通量显著高于水稻拔节期和孕穗期。2019 年水稻季施肥处理氨挥发主要出现在施肥后 5～7d 内，排放峰值则出现在分蘖肥施用后第 2 天（图 5-11）。在水稻拔节期的氨挥发通量显著高于水稻基肥期和孕穗期。排放峰值年际差异主要是受施肥时间、采样期的温度和降水以及田间水分管理的影响。

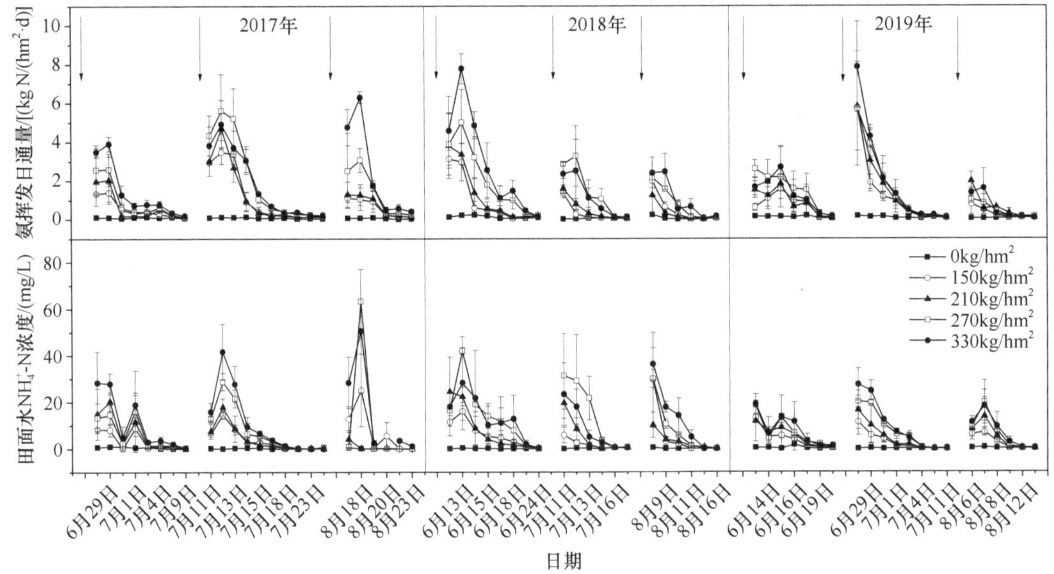

图 5-11　2017～2019 年水稻季氨挥发日通量和田面水 NH_4^+-N 浓度变化

图中箭头指向水稻季 3 次施肥日期

氨挥发累积量随施氮量的增加而增加（表 5-15），占施氮量的比例为 9.11%～11.89%。2017 年水稻季氨挥发累积量显著高于 2018 年和 2019 年，原因是 2017 年水稻季采样期内气温高于 2018 年和 2019 年水稻季，更有利于氨挥发。施氮量在 270kg/hm^2 以上时，氨挥发累积量显著增加。而施氮量 150kg/hm^2 和 210kg/hm^2 处理的氨挥发累积量在生育期年均无显著差异（表 5-15）。

表 5-15　2017～2019 年水稻生育期稻田氨挥发累积量

年份	施氮量/(kg/hm^2)	氨挥发累积量/(kg N/hm^2)				占施氮量比例/%
		基肥期	拔节期	孕穗期	生育期	
2017	0	1.15a	0.45a	0.45a	2.05a	
	150	5.41b	13.14b	4.07b	22.62b	13.24b
	210	6.51b	13.62b	4.52b	24.65b	10.42a
	270	8.77c	23.04c	8.92c	40.73c	14.06c
	330	13.43d	20.78c	15.37d	49.59d	14.19c
2018	0	1.36a	0.43a	0.49a	2.27a	
	150	8.47b	2.10b	3.11b	13.69b	7.61b
	210	10.92b	3.21b	1.97b	16.11b	6.59a
	270	19.05c	9.47c	5.12c	33.64c	11.62c
	330	26.49c	7.44c	6.90c	40.83c	11.68c
2019	0	1.00a	1.18a	0.66a	2.85a	
	150	5.96b	11.27b	1.97b	19.19b	10.90c
	210	6.90b	13.46bc	4.16d	24.52c	10.32b
	270	11.66e	14.80c	3.34c	29.80d	9.98ab
	330	9.86d	17.86d	4.12d	31.83d	8.78a
年平均值	0	1.17a	0.94a	0.53a	2.39a	
	150	6.61b	8.90b	3.00b	18.50b	10.58b
	210	8.24b	10.10b	3.55b	21.76b	9.11a
	270	13.26c	15.48c	5.79c	34.72c	11.89c
	330	15.93c	15.36c	8.96d	40.75d	11.55bc

2017 年水稻季、2019 年水稻季氨挥发主要发生在水稻拔节期，氨挥发累积量分别占生育期氨挥发累积量的 41.09%～67.78%、49.66%～58.73%。而 2018 年水稻季氨挥发主要发生在水稻基肥期，氨挥发累积量占生育期氨挥发累积量的 56.62%～58.09%。从 3 年平均值来看，水稻基肥期和分蘖拔节期氨挥发占生育期氨挥发累积量的 78.42%～83.68%（表 5-15）。基肥期氨挥发累积量高主要是因为氮肥施用量高（40%），水稻植株矮小，插秧后一周内对氮肥吸收少，造成了较高的氨挥发。水稻拔节期氨挥发累积量高是因为气温升高促进了氨挥发。水稻孕穗期植株生物量大，吸氮量增加，施入的氮肥被植株吸收利用，同时地上部分植株遮挡降低水面温度，减少了氨挥发。

从氨挥发累积量与施氮量之间的关系（图 5-12）可以看出，2017 年、2018 年和 2019 年稻田氨挥发累积量与施氮量呈极显著的二次曲线关系，氨挥发量随施氮量的增加而增加，且 2017 年水稻季的增加强度高于 2018 年和 2019 年水稻季。

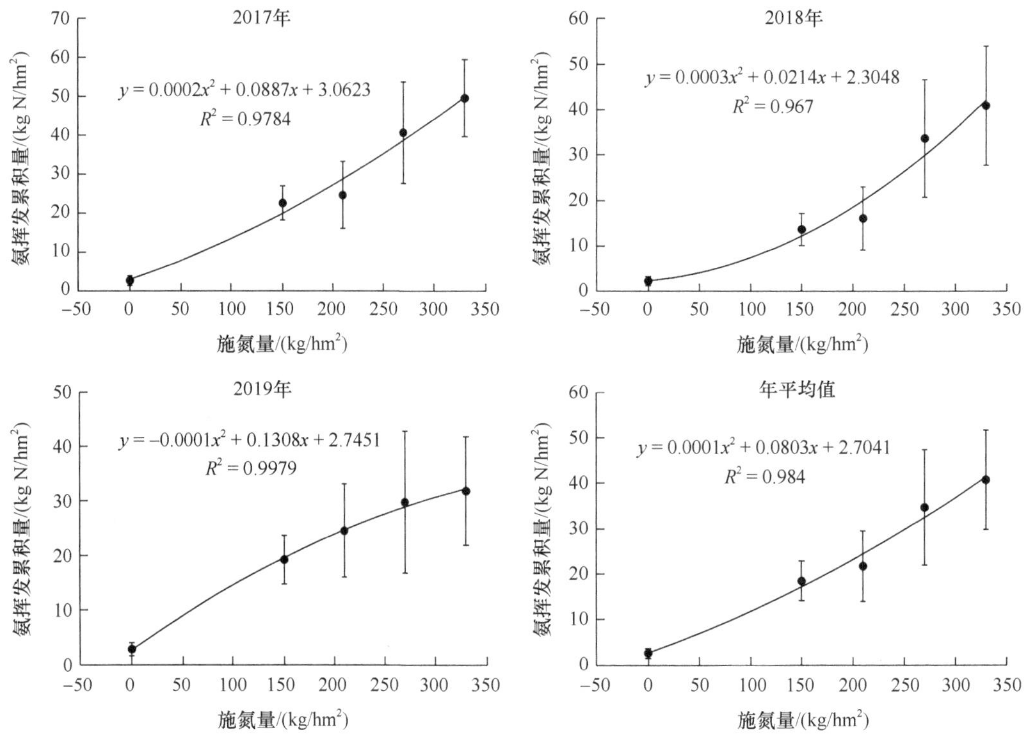

图 5-12　氨挥发累积量与施氮量的关系

5.2.5.2　氮淋溶损失

2018～2019 年水稻季氮淋溶损失量均随着施氮量的增加而增加（表 5-16），施氮量与氮淋溶损失量呈显著的二次曲线关系（图 5-13），2019 年水稻季各处理氮淋溶损失量高于 2018 年水稻季。施氮量在 150～210kg/hm^2 时，氮淋溶损失量无显著差异；当施氮量增加至 270kg/hm^2 时则显著增加；继续增加施氮量至 330kg/hm^2 时，氮淋溶损失量又无显著差异。通过两个水稻季的监测结果可知，江苏稻田的氮淋溶损失量占施氮量的 1.55%～4.04%。

表 5-16　2018～2019 年水稻季稻田氮淋溶损失量

施氮量/(kg/hm^2)	100cm 处氮淋溶损失量/(kg/hm^2)			占施氮量比例/%		
	2018 年	2019 年	年平均值	2018 年	2019 年	年平均值
0	8.49a	5.90a	7.19a			
150	12.88b	10.03b	11.45b	2.76b	2.92b	2.84b
210	12.17ab	8.74b	10.45b	1.35a	1.75a	1.55a
270	21.24c	14.91c	18.09c	3.35c	4.72c	4.04d
330	20.49c	16.96c	18.72c	3.35c	3.64bc	3.49c

5.2.6　氮素收支特征

稻田的氮主要来源于化学氮肥投入、干湿沉降、灌溉、非生物固氮和秧苗带入的氮。而氮输出除了作物吸收带走的氮，还包括氨挥发、径流、淋溶和反硝化损失的氮。2017～2019 年江苏稻田田间试验氮素收支如表 5-17 所示，氮输入差异主要由施氮量造成，其他氮输入来

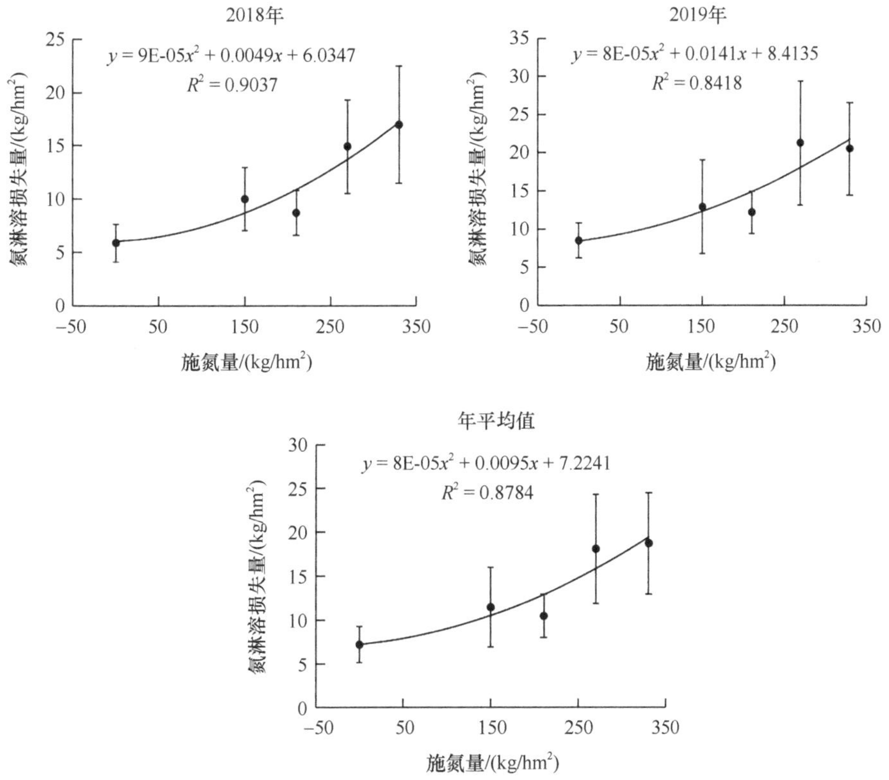

图 5-13　水稻季稻田氮淋溶损失量与施氮量的关系

源的氮素一致，氮输出主要受到施氮量大小的影响，施氮量影响作物吸收和各损失途径的氮，造成差异。除施氮量为 270kg/hm^2 和 330kg/hm^2 外，氮输出大于氮输入。江苏地区稻田氮素主要输出途径是反硝化和氨挥发，氮素投入有盈余，氮肥投入越多，盈余量越大。

表 5-17　江苏水稻季稻田氮素收支平衡　（单位：kg/hm^2）

项目		处理				
		0kg/hm^2	150kg/hm^2	210kg/hm^2	270kg/hm^2	330kg/hm^2
氮输入	沉降	13.78	13.78	13.78	13.78	13.78
	氮肥		150	210	270	330
	秧苗	0.83	0.83	0.83	0.83	0.83
	灌溉	23.38	23.38	23.38	23.38	23.38
	非生物固氮	30	30	30	30	30
	总输入	67.99	217.99	277.99	337.99	397.99
氮输出	作物吸收	91.81	158.34	181.79	206.91	227.74
	氨挥发	2.65	18.51	21.89	34.53	40.09
	径流					
	淋溶	7.19	11.45	10.45	18.09	18.72
	反硝化		42.11	67.49	67.34	103.95
	总输出	101.65	230.41	281.62	326.87	390.50
平衡（总输入−总输出）		−33.66	−12.42	−3.63	11.12	7.49

注：反硝化由微区氮总损失扣除氨挥发、淋溶和径流估算

5.2.7 氮肥高效利用与损失阻控的有效途径

氨挥发是江苏太湖地区稻田氮素最主要的损失途径。改进施肥技术、稻田养萍、开发新型肥料、添加脲酶抑制剂及其他农学管理措施等可有效减少稻田氨挥发。减少氨挥发的关键是降低土壤表层或田面水 NH_4^+-N 的浓度，当氮肥深施时，其水解生成的 NH_4^+-N 可被土壤颗粒吸附和固持，限制 NH_4^+-N 在土壤中的扩散，可更长时间地保存氮肥，从而有效抑制氨挥发，是各种施肥措施中减少氨挥发最有效的方法。氮肥深施形式包括：与表层土混施、条施、穴施及根区施肥等。

根区施肥是指将肥料施到每穴植物根系生长密集的部位，根系生长至施肥点附近的时间和距离更短，更有利于作物的快速吸收和利用，从而更好地匹配养分供应与作物的氮需求。根区施肥适用于株行距较大且需肥量高的作物。根区施肥是把氮肥点状深施于每一穴作物的根层，因此，与条施或表层土混施相比，根区施肥具有进一步减少氮肥损失的潜力（Liu et al.，2015）。当肥料深施深度为 10cm 时，深施的氮肥在土下 10cm 处 NH_4^+-N 的扩散速度很慢，扩散范围在土表以下 4～13cm，NH_4^+-N 更易向施肥点上方扩散，施肥点下方和侧方的 NH_4^+-N 浓度维持在较低水平，肥效可以持续 45d 左右直至烤田期（Yao et al.，2018b）。

稻田的环境条件能够满足浮萍生长过程中对光照、温度、水分及养分的需求（吴雪飞等，2012）。水稻生长前期，由于水稻根系尚未完全建立，基肥时施入的大量氮肥很容易以氨挥发的形式损失。通过在稻田里放养浮萍，可将田面水中的部分氮肥吸收固持在体内，同时可截获日光照射、降低田面水温度、阻止田面水 pH 的上升，当浮萍覆盖整个稻田水面时，还可起到物理隔膜的作用，阻止氨向大气的扩散（Li et al.，2009）。红萍具有很强的固氮能力，其固氮速率为 0.26～0.76kg N/(hm^2·d)，一个水稻季养萍生长周期内红萍固氮量为 49～60kg N/hm^2（Yao et al.，2017）。红萍死亡后分解迅速，红萍氮的释放以铵态氮形式为主，也可被水稻吸收利用（李华等，2006）。在稻田放养红萍，不仅不妨碍水稻的生长，而且有一定程度的增产效果。

5.2.7.1 肥料深施技术和稻田养萍在田间的实施

对于水稻田，氮肥深施的水稻产量、吸氮量和氮的有效性均优于传统的氮肥表施。大颗粒尿素深施具有缓释的效果，由于深施的大颗粒尿素可避免多种途径的氮损失，因此可显著提高作物的吸氮量，继而使得大颗粒尿素深施的农学效益优于普通尿素的表施。氮肥深施应首先选择大颗粒的尿素、复合肥或者缓控释肥，方便肥料通过施肥孔到达水稻根系附近。其次是选择合适的深度和位置，在距离水稻植株 5cm 土下 10cm 的位置，统一选在植株同一侧，保证施肥的均匀（图 5-14）。

稻田养萍需在水稻施肥插秧前将红萍放养在已经灌水泡田的秧田里，使其重新生根，适应田间环境。红萍适宜的生长温度为 18～30℃，温度过高或过低则会生长缓慢，温度过高时颜色转红。红萍喜阴，在插秧前后，光照太强，红萍生长缓慢，秧苗长大后，红萍在禾苗的荫蔽条件下繁殖迅速，生长旺盛。烤田期红萍会缺水死亡，待重新灌水后再添加红萍。红萍要均匀投入稻田中，田面被红萍全部覆盖（图 5-15）。

为了探索肥料深施和稻田养萍对江苏太湖地区提高氮肥利用率和减少稻田氨挥发的影响，研究人员于 2019 年在中国科学院常熟农业生态实验站（31°15′15″N、120°57′43″E）开展田间小区试验。共设置了 5 个处理：① CK（对照处理，不施氮肥）；② CT（施氮量 300kg/hm^2，

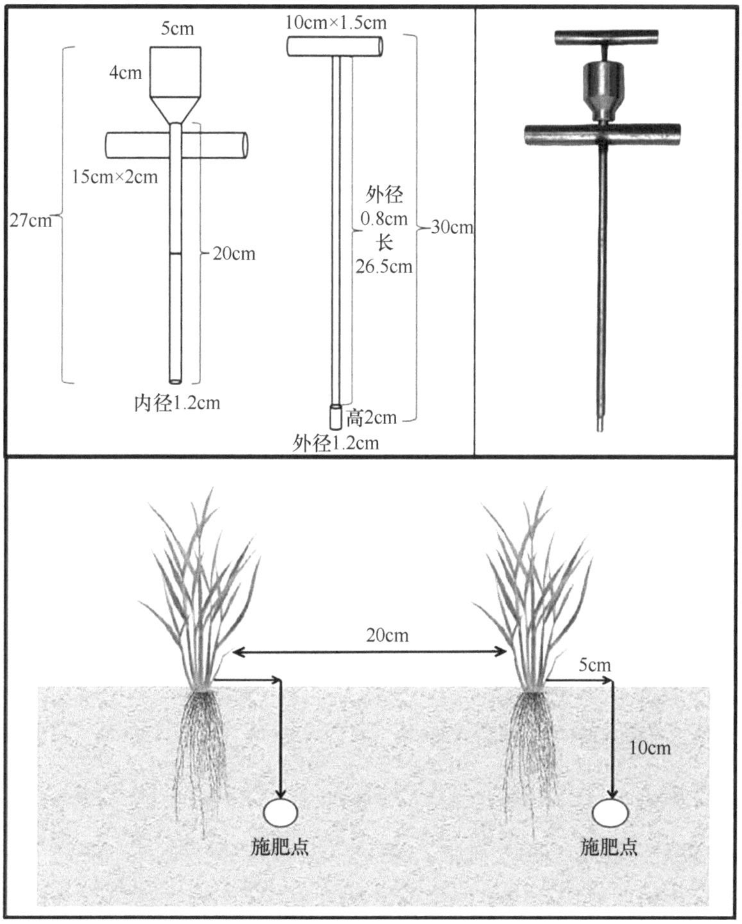

图 5-14　根区施肥工具及施肥位置示意图

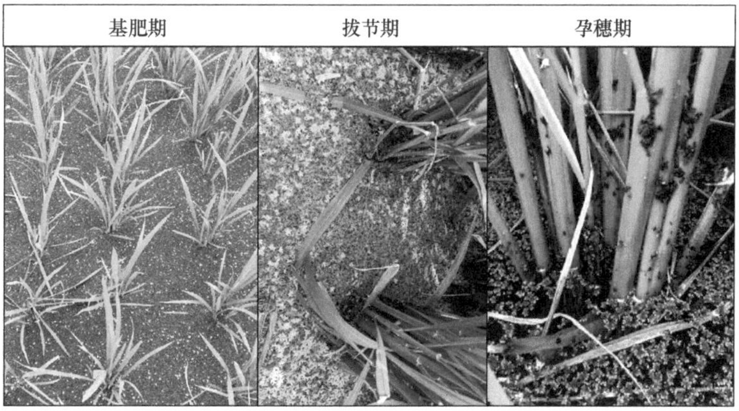

图 5-15　水稻不同生育期红萍生长状况

尿素分 3 次表施）；③ RN（减氮处理 225kg/hm^2）；④ RND（减氮深施处理 225kg/hm^2）；⑤ RNDA（减氮深施加红萍处理 225kg/hm^2）。各处理氮肥施用量如表 5-18 所示，每个处理 4 个重复。在 5 个处理中，CK、CT 和 RN 处理随机区组排列，小区面积为 42m^2（6m×7m），小区之间田埂（宽 40cm、高 20cm）用塑料薄膜覆盖，防止水肥互串。RND 和 RNDA（2m×

$2m=4m^2$）以裂区方式设置在 RN 小区里。RND 和 RNDA 用 2m×2m 的 PVC 塑料框隔开，PVC 框土埋深度为 25cm，高出土表以上 15cm 以防止水肥互串。PVC 框上部安装有 PVC 管用于灌水。氮肥为尿素（含氮量 46%），CT 和 RN 处理分 3 次（4∶3∶3）均匀撒施于田面水中；RND 和 RNDA 处理分两次施用（7∶3），其中基肥期 50% 的氮肥深施、20% 的氮肥表施，孕穗肥为表施。

表 5-18　各处理施肥量和红萍用量

处理	施肥方式	施氮量/（kg/hm^2）	基肥/（kg/hm^2）	分蘖肥/（kg/hm^2）	孕穗肥/（kg/hm^2）	施肥比例	红萍鲜重/（t/hm^2）
CT	表施	300	120	90	90	4∶3∶3	0
RN	表施	225	90	67.5	67.5	4∶3∶3	0
RND	深施	225	157.5	0	67.5	7∶3	0
RNDA	深施+红萍	225	157.5	0	67.5	7∶3	3

3 次施肥时间分别为 6 月 16 日、7 月 4 日和 8 月 6 日。磷肥（过磷酸钙，P_2O_5 12%）和钾肥（氯化钾，K_2O 60%）作为基肥一次性撒施于田面水中。水稻品种为‘常优 6 号’，稻秧（秧龄为 30d 左右）栽插间距为 20cm×20cm。除了中期烤田和末期排水，稻田田面水始终维持在 3～5cm 的深度。RNDA 处理在插秧后均匀撒入红萍，覆盖整个稻田表面，有缺失时及时补充，烤田后施分蘖肥前重新补入红萍。

5.2.7.2　氮肥深施与稻田养萍对水稻产量和氮肥利用率的影响

基肥期 50% 氮肥深施配合 20% 氮肥表施，能够在秧苗根系较少时在浅土层提供足够的氮素供其成活返青，深施的氮肥则可以持续提供充足氮源供水稻在分蘖拔节期所用，在水稻孕穗期需要大量氮素时，追施 30% 氮肥，可保证水稻籽粒孕穗灌浆所需，保证产量。在同等施氮量条件下，氮肥部分深施处理（RND 和 RNDA）的植株分蘖数和植株高度在水稻分蘖拔节期显著高于氮肥表施处理（RN）（图 5-16）。

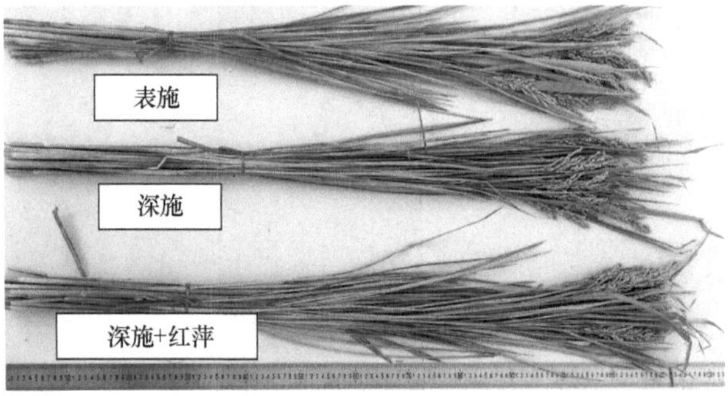

图 5-16　不同施肥处理下水稻收获期植株生长状况

氮肥施用量从 $300kg/hm^2$（CT）减至 $225kg/hm^2$（RN），水稻籽粒和秸秆产量并未减少，植株含氮量减少导致总吸氮量有所下降，氮肥农学效率、氮肥表观利用率分别增加 34.47%、22.88%。将 50% 氮肥在基肥时深施处理（RND）相比表施处理（RN）秸秆产量、秸秆吸氮量、氮肥农学效率和氮肥表观利用率均显著增加。其中，水稻籽粒增产 4.44%，氮肥表观利用率增加 33.60%。在 50% 氮肥深施基础上稻田养萍处理（RNDA）的籽粒产量、秸秆产量进一步分别增加5.64%、12.28%，但是植株总吸氮量下降5.44%，导致加红萍处理（RNDA）比不加红萍处理（RND）的氮肥表观利用率减少8.36%（表5-19）。氮肥部分深施和稻田养萍可以在减少施氮量的前提下进一步保证甚至增加水稻产量，提高氮肥利用率。

表5-19　不同处理水稻植株产量、吸氮量与氮肥农学效率和氮肥表观利用率

处理	施氮量/（kg/hm²）	籽粒		秸秆		植株总吸氮量/（kg/hm²）	氮肥农学效率/（kg/kg）	氮肥表观利用率/%
		产量/（t/hm²）	吸氮量/（kg/hm²）	产量/（t/hm²）	吸氮量/（kg/hm²）			
CK	0	6.10a	51.45a	6.35a	23.81a	75.26a		
CT	300	10.31b	117.96b	10.43b	71.36c	189.33c	14.04a	38.02a
RN	225	10.35b	122.71d	10.83b	57.67b	180.39b	18.88b	46.72b
RND	225	10.81bc	120.52c	11.97c	95.19e	215.70e	20.95b	62.42c
RNDA	225	11.38c	126.26e	13.44d	77.71d	203.97d	23.46c	57.20b

5.2.7.3　氮肥深施和稻田养萍对稻田氨挥发的影响

氮肥表施处理（CT和RN）田面水NH_4^+-N浓度和氨挥发日通量在水稻生育期均保持一致的变化规律，氨挥发发生在施肥后一周内，排放峰值出现在分蘖肥施用后第2天，减氮处理（RN）田面水NH_4^+-N浓度和氨挥发日通量均低于常规施氮量处理（CT）。50%氮肥作为基肥深施（RND和RNDA）时，从基肥施入到施孕穗肥前，田面水NH_4^+-N浓度和氨挥发日通量均维持在较低水平，孕穗肥施入后田面水NH_4^+-N浓度和氨挥发日通量显著上升，与表施处理规律一致（图5-17）。

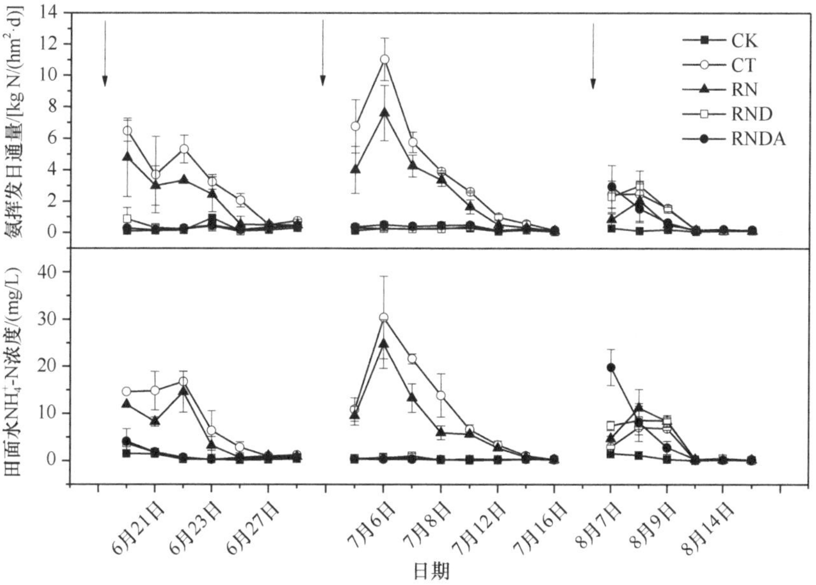

图5-17　氨挥发日通量和田面水NH_4^+-N浓度的变化

氮肥表施时，减氮处理（RN）在水稻各生育期的氨挥发累积量均显著低于常规施氮处理（CT），总量下降33.93%，占施氮量的比例下降16.03%。50%氮肥深施处理（RND）显著降低了基肥期和拔节期的氨挥发累积量。孕穗期由于氮肥表施，排放量虽然有所增加，但总量相比 CT、RN 分别减少了 78.74%、67.82%，占施氮量的比例分别减少了 81.31%、77.74%。50% 氮肥深施加红萍处理（RNDA）相比（CT 和 RN）进一步减少了氨挥发累积量，与不加红萍处理（RND）相比减少 8.88%，占施氮量的比例减少 14.73%（表 5-20）。

表 5-20 水稻生育期稻田氨挥发累积量

处理	施氮量/(kg/hm^2)	氨挥发累积量/(kg N/hm^2)				占施氮量比例/%
		基肥期	拔节期	孕穗期	生育期	
CK	0	2.87a	2.11a	1.13a	6.11a	
CT	300	26.00d	37.96d	8.60c	72.57d	22.15b
RN	225	17.51c	25.99c	4.46b	47.95c	18.60b
RND	225	4.01b	2.62b	8.80c	15.43b	4.14a
RNDA	225	3.80b	3.77b	6.48bc	14.06b	3.53a

5.3 湖南双季稻田肥料氮去向、损失规律与调控

5.3.1 试验观测

湖南双季稻小区试验共设置 4 个处理（表 5-21），施氮量由低到高分别为：不施氮肥 N0（对照处理），低施氮量 N1（按纯氮计，下同，早晚稻均为 90kg/hm^2），“十二五”推荐施氮量 N2（早稻 120kg/hm^2、减氮 20%，晚稻 135kg/hm^2、减氮 25%），本地农户习惯施氮量 N3（早稻 150kg/hm^2，晚稻 180kg/hm^2）。所有处理磷、钾肥施用量保持一致，各处理 3 个重复，共计 12 个小区，按单因素随机区组排列，小区面积为 20m^2。各小区之间用水泥田埂（宽 20cm、高 25cm）隔开，防止串水串肥。早稻品种为‘中早 39’，晚稻品种为‘泰优 390’，早稻、晚稻株行距分别为 16.7cm×20.0cm、20.0cm×20.0cm。氮肥施用普通尿素（N 含量 46%），基肥期施入 60%，追肥期施入 40%；磷肥施用过磷酸钙（P_2O_5 含量 12%），早稻为 72kg/hm^2，晚稻为 60kg/hm^2，均做基肥一次性施入；钾肥施用氯化钾（K_2O 含量 60%），早稻为 90kg/hm^2，晚稻为 105kg/hm^2，基肥期施入 60%，追肥期施入 40%。水稻基肥在插秧前施入，追肥于插秧 10d 后施入，所有小区田间管理保持一致。

表 5-21 2017～2018 年田间小区试验早稻和晚稻施肥量

作物	处理	氮肥/(kg/hm^2)	磷肥/(kg/hm^2)	钾肥/(kg/hm^2)
早稻	N0	0	72	90
	N1	90	72	90
	N2	120	72	90
	N3	150	72	90
晚稻	N0	0	60	105
	N1	90	60	105
	N2	135	60	105
	N3	180	60	105

5.3.2　施氮量对水稻产量的影响

表 5-22 为 2017～2018 年各处理产量情况，其中晚稻产量高于早稻，早稻、晚稻及双季稻籽粒与秸秆产量均为 N0 最低，N3 最高（2017 年晚稻籽粒产量除外），施氮处理的籽粒与秸秆产量均显著高于对照处理。通过比较 3 个施氮处理的籽粒与秸秆产量，可以发现 N2 和 N3 显著高于 N1，N3 虽高于 N2，但除 2017 年早稻秸秆外均未达到显著水平。

表 5-22　2017～2018 年双季稻籽粒与秸秆产量　（单位：kg/hm^2）

年份	部位	处理	早稻	晚稻	双季稻
2017	籽粒	N0	4 449.1c	4 685.1c	9 134.2c
		N1	5 103.4b	5 075.9b	10 179.3b
		N2	5 403.5a	5 547.4a	10 950.9a
		N3	5 460.1a	5 526.3a	10 986.4a
	秸秆	N0	4 305.4d	4 767.6c	9 073.0d
		N1	4 556.6c	5 080.6b	9 637.2c
		N2	4 752.7b	5 574.4a	10 327.1b
		N3	4 994.8a	5 620.5a	10 615.3a
2018	籽粒	N0	3 992.3c	4 661.0c	8 653.3c
		N1	4 656.4b	5 374.3b	10 030.7b
		N2	5 087.8a	5 681.3a	10 769.2a
		N3	5 213.4a	5 804.3a	11 017.7a
	秸秆	N0	4 108.6c	4 557.6c	8 666.2c
		N1	4 644.4b	5 213.3b	9 857.8b
		N2	4 985.5a	5 513.9a	10 499.3a
		N3	5 082.7a	5 661.5a	10 744.2a

2017 年早稻 N1、N2、N3 的籽粒（秸秆）产量分别为 5103.4（4556.6）kg/hm^2、5403.5（4752.7）kg/hm^2、5460.1（4994.8）kg/hm^2，相较于 N0 分别提高 14.71%（5.83%）、21.45%（10.39%）、22.72%（16.01%）；晚稻 N1、N2、N3 的籽粒（秸秆）产量分别为 5075.9（5080.6）kg/hm^2、5547.4（5574.4）kg/hm^2、5526.3（5620.5）kg/hm^2，相较于 N0 分别提高 8.34%（6.57%）、18.41%（16.92%）、17.95%（17.89%）；双季稻 N1、N2、N3 的籽粒（秸秆）产量分别为 10 179.3（9637.2）kg/hm^2、10 950.9（10 327.1）kg/hm^2、10 986.4（10 615.3）kg/hm^2，相较于 N0 分别提高 11.44%（6.22%）、19.89%（13.82%）、20.28%（17.00%）。2018 年早稻 N1、N2、N3 的籽粒（秸秆）产量分别为 4656.4（4644.4）kg/hm^2、5087.8（4985.5）kg/hm^2、5213.4（5082.7）kg/hm^2，相较于 N0 分别提高 16.63%（13.04%）、27.44%（21.34%）、30.59%（23.71%）；晚稻 N1、N2、N3 的籽粒（秸秆）产量分别为 5374.3（5213.3）kg/hm^2、5681.3（5513.9）kg/hm^2、5804.3（5661.5）kg/hm^2，相较于 N0 分别提高 15.30%（14.39%）、21.89%（20.98%）、24.53%（24.22%）；双季稻 N1、N2、N3 的籽粒（秸秆）产量分别为 10 030.7（9857.8）kg/hm^2、10 769.2（10 499.3）kg/hm^2、11 017.7（10 744.2）kg/hm^2，相较于 N0 分别提高 15.92%（13.75%）、24.45%（21.15%）、27.32%（23.98%）。施用氮肥可以显著提高水稻产量，但当施肥量达到一定水平

时，继续增加施氮量，产量增幅会降低。从产量水平考虑，本研究效果较好的处理为N2和N3，水稻产量均显著高于N0和N1，但两者间差异不显著。

由表5-23可知，施氮处理的结实率和千粒重略高于对照但差异不显著，而有效穗数和穗粒数显著高于对照，这表明本试验中决定水稻产量的主要构成因素是有效穗数和穗粒数。2017年，与N0相比，N1、N2、N3早稻每穴有效穗数分别增加3.3穗、4.7穗、4.5穗，穗粒数分别增加30粒、15.3粒、32粒；晚稻每穴有效穗数分别增加2.4穗、3.3穗、3.8穗，穗粒数分别增加11.4粒、8.8粒、16.5粒。2018年，与N0相比，N1、N2、N3早稻每穴有效穗数分别增加2.9穗、4.1穗、4.3穗，穗粒数分别增加34.9粒、21.3粒、12.3粒；晚稻每穴有效穗数分别增加3.8穗、4.6穗、4.8穗，穗粒数分别增加19.9粒、25.2粒、29.0粒。

表5-23　双季稻产量构成因素

年份	水稻季	处理	有效穗数/(穗/穴)	穗粒数/粒	结实率/%	千粒重/g
2017	早稻	N0	8.4b	103.9b	75.8a	23.5ab
		N1	11.7a	133.9ab	77.7a	23.6ab
		N2	13.1a	119.2ab	76.8a	22.0b
		N3	12.9a	135.9a	80.7a	23.7a
	晚稻	N0	9.0c	95.4b	85.86a	23.2a
		N1	11.4b	106.8ab	82.28a	22.3a
		N2	12.3ab	104.2ab	84.96a	23.0a
		N3	12.8a	111.9a	84.34a	22.6a
2018	早稻	N0	8.3c	100.2b	75.4ab	24.0a
		N1	11.2b	135.1a	69.1b	24.8a
		N2	12.4ab	121.5ab	80.0a	24.4a
		N3	12.6a	112.5ab	70.3ab	25.3a
	晚稻	N0	10.1c	85.7c	80.7a	22.3a
		N1	13.9b	105.6b	76.0a	22.0a
		N2	14.7a	110.9ab	85.5a	22.6a
		N3	14.9a	114.7a	80.4a	22.7a

5.3.3　氮肥利用率

从表5-24可知，N0、N1、N2、N3单季水稻平均吸氮量分别为70.6kg/hm^2、96.1kg/hm^2、107.1kg/hm^2、112.5kg/hm^2，且各处理间显著差异，表明水稻吸氮量随着施氮量的增加而显著增加。通过比较各处理的氮素利用效率，可以发现N3氮肥吸收利用率只有25.6%，说明农户习惯施肥量虽然能保证一定的水稻产量，但氮素吸收利用率最低，这势必导致大量的氮素损失，破坏农业生态环境。N2氮肥吸收利用率、氮肥农学效率、氮肥生理效率分别为28.7%、8.3kg/kg、27.0kg/kg，相较N3处理分别增加了12.11%、27.69%、7.57%。因此，在农户习惯施肥量的基础上减氮20%～25%，不仅能够保证水稻稳定的产量，还能提高氮素利用效率，减少氮素损失。

表 5-24　2017～2018 年双季稻氮肥利用率

年份	水稻季	处理	吸氮量/（kg/hm²）	氮肥吸收利用率/%	氮肥农学效率/（kg/kg）	氮肥生理效率/（kg/kg）	氮肥偏生产力/（kg/kg）	百千克籽粒吸氮量/kg
2017	早稻	N0	66.0d					1.48
		N1	95.3c	32.5a	7.3a	22.4a	56.7a	1.87
		N2	102.2b	30.1ab	8.0a	26.5a	45.0b	1.89
		N3	108.0a	28.0b	6.7a	24.1a	36.4c	1.98
	晚稻	N0	75.4c					1.61
		N1	99.0b	26.3ab	4.3b	16.5b	56.4a	1.95
		N2	111.7a	27.0a	6.4a	23.7a	41.1b	2.01
		N3	115.3a	22.2b	4.7b	21.0ab	30.7c	2.09
2018	早稻	N0	65.7d					1.65
		N1	87.5c	24.2b	7.4b	30.1a	51.7a	1.88
		N2	101.2b	29.6a	11.1a	30.8a	42.4b	1.99
		N3	108.1a	28.3ab	8.1ab	28.9a	34.8c	2.07
	晚稻	N0	75.1d					1.61
		N1	102.4c	30.3a	8.0a	26.1a	59.7a	1.91
		N2	113.2b	28.2a	7.6ab	27.0a	42.1b	1.99
		N3	118.4a	24.1b	6.4b	26.4a	32.2c	2.04
两年四季平均		N0	70.6d					1.59
		N1	96.1c	28.3a	6.7b	23.8b	56.1a	1.90
		N2	107.1b	28.7a	8.3a	27.0a	42.7b	1.97
		N3	112.5a	25.6b	6.5b	25.1ab	33.5c	2.04

另外，比较 2017～2018 年各单季水稻的氮肥利用率，发现除氮肥生理效率外，氮肥吸收利用率、氮肥农学效率及氮肥偏生产力都表现为 N3 低于 N1 和 N2。再比较 N2 和 N1 氮肥相关利用率，发现 2018 年早稻季 N2 氮肥吸收利用率与 N1 相当；氮肥农学效率高于 N1，在 2017 年晚稻季和 2018 年早稻季达到显著水平；氮肥生理效率高于 N1，在 2017 年晚稻季达到显著水平；氮肥偏生产力显著低于 N1。综合两年的试验结果，我们认为 N2 施氮量下水稻吸氮量及氮肥利用率均处于较高水平，适合本地区水稻种植。

5.3.4 肥料 ^{15}N 利用率、土壤残留与总损失

5.3.4.1 2017 年早稻微区 ^{15}N 去向

施入稻田的氮肥主要有 3 种去向：作物吸收、土壤残留和各种途径的氮素损失（如氨挥发、淋溶及硝化和反硝化）。由表 5-25 可知，N1、N2、N3 的 ^{15}N 吸收量分别为 0.37g、0.49g、0.61g，土壤残留量分别为 0.32g、0.44g、0.56g，总损失量分别为 0.81g、1.06g、1.32g。各处理 ^{15}N 吸收量、残留量及损失量均与施氮量正相关，且处理间差异显著。各处理间氮肥利用率和损失率差异不显著，但 N3 的土壤残留率显著高于 N2 和 N1。^{15}N 同位素标记示踪法结果显

示，早稻季肥料氮去向为：作物吸收利用 24.49%～24.53%，土壤残留 21.45%～22.62%，氮素损失 52.88%～54.02%。

表 5-25 2017 年早稻肥料 ^{15}N 去向

处理	施氮量/g	氮肥利用率		土壤残留率		氮素损失	
		^{15}N 吸收量/g	利用率/%	^{15}N 残留量/g	残留率/%	^{15}N 损失量/g	损失率/%
N1	1.50	0.37c	24.53a	0.32c	21.45c	0.81c	54.02a
N2	1.99	0.49b	24.49a	0.44b	22.11b	1.06b	53.41a
N3	2.49	0.61a	24.50a	0.56a	22.62a	1.32a	52.88a

5.3.4.2 早稻土壤剖面残留 ^{15}N 的分布

从图 5-18 可知，土壤中 ^{15}N 的残留量随着土层深度的增加急剧下降，^{15}N 主要残留于耕层土壤。随着施氮量增加，各土层的 ^{15}N 残留量也显著增加。0～20cm 土层中各处理 ^{15}N 残留量占总残留量的 76.65%～77.57%，20～40cm 土层中各处理 ^{15}N 残留量占总残留量的 18.46%～19.21%，40～60cm 土层中各处理 ^{15}N 残留量占总残留量的 3.98%～4.14%。

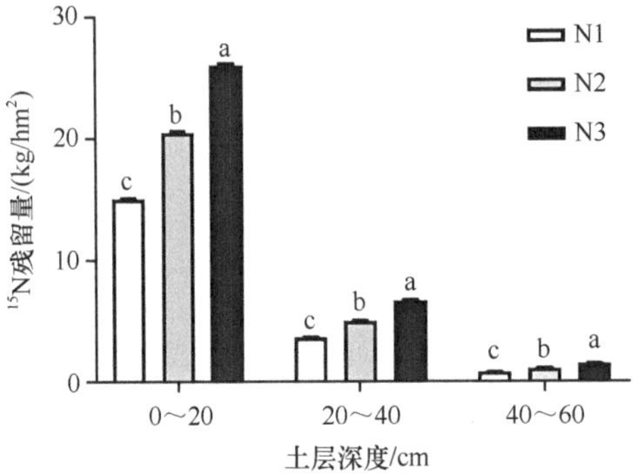

图 5-18 2017 年早稻各土层 ^{15}N 残留量

5.3.4.3 2017 年晚稻微区 ^{15}N 去向

2017 年晚稻 ^{15}N 去向规律与早稻基本类似（表 5-26），^{15}N 吸收量、土壤残留量、损失量均随施氮量的增加而显著增加，其中 N1、N2、N3 的 ^{15}N 吸收量分别为 0.40g、0.59g、0.76g，土壤残留量分别为 0.33g、0.50g、0.69g，总损失量分别为 0.77g、1.15g、1.54g。处理间氮肥利用率及损失率差异不显著，N3 残留率显著高于 N1，N2 残留率略高于 N1，但未达到显著水平。晚稻季各处理肥料氮去向为：作物吸收利用 25.32%～26.59%，土壤残留 22.19%～23.13%，氮素损失 51.12%～51.54%。

表 5-26 2017 年晚稻肥料 ^{15}N 去向

处理	施氮量/g	氮肥利用率		土壤残留率		氮素损失	
		^{15}N 吸收量/g	利用率/%	^{15}N 残留量/g	残留率/%	^{15}N 损失量/g	损失率/%
N1	1.50	0.40c	26.59a	0.33c	22.19b	0.77c	51.22a
N2	2.24	0.59b	26.47a	0.50b	22.41ab	1.15b	51.12a
N3	2.99	0.76a	25.32a	0.69a	23.13a	1.54a	51.54a

5.3.4.4　晚稻土壤剖面残留 ^{15}N 的分布

由图 5-19 可知，晚稻季各土层 ^{15}N 残留规律与早稻季类似，^{15}N 的残留量随着土层深度的增加显著下降。随着施氮量的提高，各土层 ^{15}N 残留量也显著增加。其中，0～20cm 土层中各处理 ^{15}N 残留量占总残留量的 77.50%～77.87%，20～40cm 土层中各处理 ^{15}N 残留量占总残留量的 18.15%～18.65%，40～60cm 土层中各处理 ^{15}N 残留量占总残留量的 3.75%～3.97%。

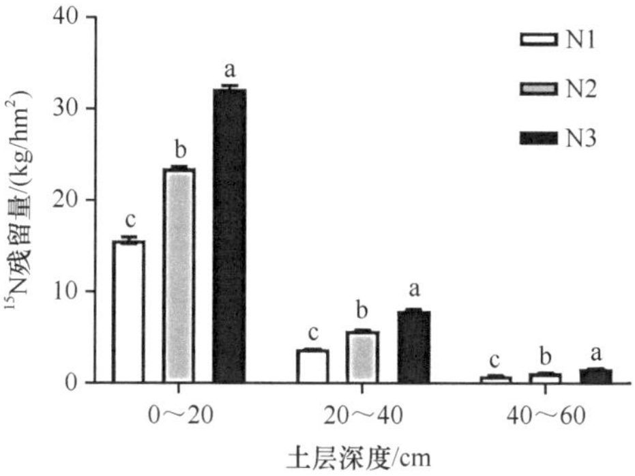

图 5-19　2017 年晚稻各土层 ^{15}N 残留量

综合早稻、晚稻 ^{15}N 残留规律，我们发现肥料 ^{15}N 主要残留在 0～20cm 土层，占总残留量的 78% 左右；在肥料氮去向中，作物吸收的约占 25%，土壤残留的约占 22%，氮素总损失约占 53%。

5.3.5　肥料氮主要损失过程的发生规律

5.3.5.1　双季稻田氨挥发

由图 5-20 可知，氮肥的施用显著增加了氨挥发的速率。在 2017 年早稻氨挥发日通量变化中，基肥期间，N1、N2、N3 都在第 3 天达到最高，之后逐渐降低，最后趋近 N0，各处理最大值分别为 9.66kg N/(hm^2·d)（N3）、6.12kg N/(hm^2·d)（N2）、5.71kg N/(hm^2·d)（N1）；追肥期间，N3 在第 1 天达到最高，N2 和 N1 在第 3 天达到最高，之后逐渐降低，最后趋近 N0，各处理最大值分别为 11.27kg N/(hm^2·d)（N3）、7.88kg N/(hm^2·d)（N2）、6.35kg N/(hm^2·d)（N1）。在 2017 年晚稻氨挥发日通量变化中，基肥期间，N3 于第 2 天达到最高，N2 和 N1 在第 3 天达到最高，之后逐渐降低，最后趋近 N0，各处理最大值分别为 6.31kg N/(hm^2·d)（N3）、3.19kg N/(hm^2·d)（N2）、3.42kg N/(hm^2·d)（N1）；追肥期间，常规处理于第 3 天达到最高，N2 和 N1 处理在第 4 天达到最高，之后逐渐降低，最后趋近 N0，各处理最大值分别为 11.21kg N/(hm^2·d)（N3）、7.00kg N/(hm^2·d)（N2）、5.32kg N/(hm^2·d)（N1）。在 2018 年早稻氨挥发日通量变化中，基肥期间，N3 处理于第 1 天达到最高，N2 和 N1 处理在第 2 天达到最高，之后逐渐降低，最后趋近 N0，各处理最大值分别为 6.24kg N/(hm^2·d)（N3）、4.57kg N/(hm^2·d)（N2）、4.02kg N/(hm^2·d)（N1）；追肥期间，3 个处理均在第 1 天达到最高，之后逐渐降低，最后趋近 N0，各处理最大值分别为 8.11kg N/(hm^2·d)（N3）、4.60kg N/(hm^2·d)（N2）、4.27kg N/(hm^2·d)（N1）。2018 年晚稻季氨挥发日通量变化规律与早稻季大抵相同。施用普通尿素的双季稻田，各处理氨挥发速率均在施肥后 1～4d 达到最大，之后 10d 内逐渐降低，最后趋近于对照处理，施氮量越高，氨挥发日通量达到峰值的时间越早。

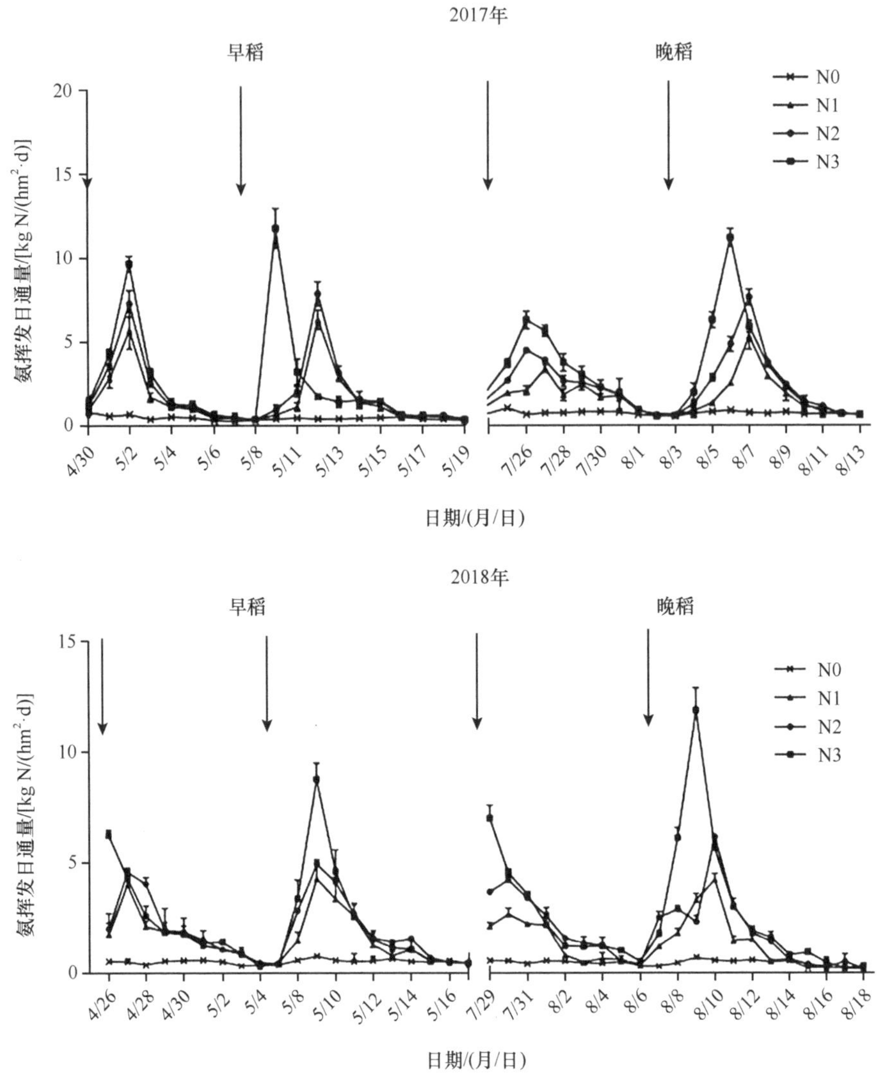

图 5-20　2017 年和 2018 年双季稻氨挥发日通量

图中箭头指向水稻季施肥日期

由表 5-27 可知，2017 年和 2018 年晚稻、双季稻 N3 处理的氨挥发累积量高于 N1 和 N2 处理，N2 处理的氨挥发累积量显著高于 N1。N0 处理的氨挥发累积量最低，这表明氮肥的施用显著促进了稻田的氨挥发，且双季稻田氨挥发累积量与施氮量呈显著正相关关系。在损失率方面，各水稻季氨挥发规律与挥发累积量相近，除 2018 年早稻季外，均表现为 N3＞N2＞N1。综合两年监测数据，可以明确本试验各处理双季稻周年氨挥发累积量为 20.04～111.97kg N/hm^2、损失率为 22.33%～26.68%。

表 5-27　双季稻氨挥发累积量及其损失率

年份	处理	氨挥发累积量/(kg N/hm^2)			损失率/%		
		早稻	晚稻	双季稻	早稻	晚稻	双季稻
2017	N0	10.25d	15.38d	25.63d			

续表

年份	处理	氨挥发累积量/(kg N/hm²)			损失率/%		
		早稻	晚稻	双季稻	早稻	晚稻	双季稻
2017	N1	32.19c	36.39c	68.58c	24.38	23.34	23.86
	N2	40.19b	49.68b	89.87b	24.95	25.41	25.19
	N3	48.07a	63.90a	111.97a	25.22	26.95	26.16
2018	N0	10.45c	9.59d	20.04d			
	N1	32.11b	28.10c	60.22c	24.07	20.59	22.33
	N2	39.67a	44.32b	83.98b	24.35	25.95	25.20
	N3	45.80a	62.13a	107.93a	23.57	29.27	26.68

5.3.5.2　双季稻田 N_2O 排放

由表 5-28 可知，2017 年早稻、晚稻 N_2O 排放量均以 N0 最低，且 N0 低于各施氮处理，N3 高于 N1、N2，N2 高于 N1，但未达到显著水平，这表明氮肥的施用促进了稻田 N_2O 的排放。具体来说，N3 处理的 N_2O 排放量最高，早稻、晚稻分别为 1.40kg N/hm^2、1.60kg N/hm^2，损失率分别为 0.52%、0.47%。2018 年早稻、晚稻 N_2O 排放量的规律与 2017 年一致，早稻、晚稻 N_2O 排放量均以 N3 最高，分别为 1.46kg N/hm^2、1.69kg N/hm^2，损失率分别为 0.45%、0.54%。从双季稻层面来看，各处理 N_2O 排放量为 1.38～3.15kg N/hm^2、损失率为 0.49%～0.72%。

表 5-28　双季稻 N_2O 排放量及其损失率

年份	处理	N_2O 排放量/(kg N/hm²)			损失率/%		
		早稻	晚稻	双季稻	早稻	晚稻	双季稻
2017	N0	0.62b	0.76c	1.38c			
	N1	1.18ab	1.32b	2.50b	0.63	0.62	0.62
	N2	1.37a	1.38b	2.75b	0.63	0.46	0.54
	N3	1.40a	1.60a	3.01a	0.52	0.47	0.49
2018	N0	0.79b	0.71c	1.50c			
	N1	1.31a	1.48b	2.79b	0.58	0.86	0.72
	N2	1.38a	1.50b	2.87b	0.49	0.58	0.54
	N3	1.46a	1.69a	3.15a	0.45	0.54	0.50

5.3.5.3　双季稻田氮淋溶损失

从表 5-29 可知，各处理氮淋溶损失规律基本一致，均随施氮量的增加而显著增加。2017 年早稻、晚稻 N3 处理的全氮淋溶损失量（率）均最高，分别为 18.08kg N/hm^2（10.07%）、22.89kg N/hm^2（11.53%），显著高于 N1 和 N2 处理。2018 年早稻、晚稻 N3 处理的全氮淋溶损失量（率）分别为 17.55kg N/hm^2（9.72%）、20.10kg N/hm^2（9.58%），高于 N1 和 N2 处理。两年间各处理氮淋溶损失规律基本相同，其中单季水稻全氮淋溶损失量为 2.13～22.89kg N/hm^2、淋溶损失率为 8.54%～11.53%，双季稻全氮淋溶损失量为 5.10～40.97kg N/hm^2、淋溶损失率为 8.63%～10.87%。

表 5-29　双季稻淋溶水各形态氮淋溶损失量（60cm）和全氮淋溶损失率

年份	水稻季	处理	各形态氮淋溶损失量/(kg N/hm^2)			全氮淋溶损失率/%
			NH_4^+-N	NO_3^--N	全氮	
2017	早稻	N0	1.17b	1.27d	2.97d	
		N1	7.04a	2.73c	11.29c	9.24a
		N2	7.49a	3.27b	14.33b	9.47a
		N3	7.18a	4.47a	18.08a	10.07a
	晚稻	N0	0.78c	0.90c	2.13d	
		N1	6.97b	2.86b	11.55c	10.47a
		N2	8.21ab	3.56a	16.82b	10.88a
		N3	8.48a	4.13a	22.89a	11.53a
2018	早稻	N0	0.07b	1.23c	2.97c	
		N1	0.08b	2.24b	10.82b	8.72a
		N2	0.11b	2.76a	14.26a	9.41a
		N3	0.21a	2.68a	17.55a	9.72a
	晚稻	N0	0.09d	2.66c	2.86d	
		N1	0.18c	4.00b	10.55c	8.54a
		N2	0.28b	4.74a	14.93b	8.94a
		N3	0.42a	5.01a	20.10a	9.58a

5.3.5.4　双季稻田氮径流损失

从表 5-30 可知，氮肥的施用显著增加了氮径流损失量。2017 年和 2018 年早稻、晚稻各形态氮径流损失量均属 N0 最低、N3 最高。2017 年和 2018 年早稻、晚稻 N3 处理的全氮径流损失量显著高于 N1 和 N2 处理（2017 年晚稻除外）。单季水稻全氮径流损失量为 1.88～6.64kg N/hm^2、损失率为 1.68%～3.64%，双季稻全氮径流损失量为 3.78～12.98kg N/hm^2、损失率为 1.67%～3.38%。

表 5-30　双季稻径流水各形态氮径流损失量及全氮损失率

年份	水稻季	处理	各形态氮径流损失量/(kg N/hm^2)			全氮损失率/%
			NH_4^+-N	NO_3^--N	全氮	
2017	早稻	N0	1.26c	0.49c	2.48c	
		N1	3.30b	1.37b	5.29b	3.12a
		N2	3.58b	1.37b	5.66b	2.66b
		N3	4.16a	1.60a	6.34a	2.57b
	晚稻	N0	1.27c	0.30c	2.15c	
		N1	3.53b	1.05ab	5.43b	3.64a
		N2	3.65b	1.00b	5.81ab	2.71b
		N3	4.61a	1.25a	6.64a	2.49b

续表

年份	水稻季	处理	各形态氮径流损失量/(kg N/hm^2)			全氮损失率/%
			NH_4^+-N	NO_3^--N	全氮	
2018	早稻	N0	1.04c	0.40c	1.90c	
		N1	2.84b	0.62b	3.57b	1.86b
		N2	3.10b	0.63b	3.92b	1.68b
		N3	4.34a	0.73a	5.24a	2.23a
	晚稻	N0	0.95d	0.43d	1.88c	
		N1	2.45c	0.83c	3.86b	2.20a
		N2	2.71b	0.91b	4.12b	1.66b
		N3	3.44a	1.03a	4.98a	1.72b

5.3.5.5 双季稻田土壤氮素残留情况

从表 5-31 可知，随着土层深度的增加，土壤 NO_3^--N 和全氮含量呈明显下降的趋势，而 NH_4^+-N 含量先降低后升高。2017 年、2018 年在晚稻收获后，NH_4^+-N、NO_3^--N 及全氮含量在各土层均以 N2 和 N3 较高、N1 次之、N0 最低。

表 5-31 2017～2018 年各处理不同土层氮含量

年份	土层深度/cm	处理	早稻种植前			晚稻收获后		
			NH_4^+-N/(mg/kg)	NO_3^--N/(mg/kg)	全氮/(mg/kg)	NH_4^+-N/(mg/kg)	NO_3^--N/(mg/kg)	全氮/(mg/kg)
2017	0～20	N0	8.332a	6.842b	1.192c	8.613d	7.346c	1.191c
		N1	7.663b	6.055d	1.226b	9.862b	6.193d	1.229b
		N2	7.548c	7.392a	1.354a	9.252c	9.366b	1.361a
		N3	7.522c	6.624c	1.348a	10.952a	10.483a	1.362a
	20～40	N0	7.846a	4.193b	0.682d	7.353ab	3.794c	0.679d
		N1	6.495c	3.717c	0.729c	7.066c	3.423d	0.731c
		N2	6.161d	3.342d	0.856b	7.292bc	4.155b	0.858b
		N3	7.135b	4.613a	0.927a	7.602a	5.931a	0.931a
	40～60	N0	7.033b	2.802a	0.583c	6.086d	2.712a	0.582b
		N1	7.986a	2.382b	0.588bc	7.784c	2.725a	0.588b
		N2	8.043a	2.424b	0.642a	8.470b	2.611b	0.643a
		N3	7.111b	2.403b	0.635ab	8.749a	2.560b	0.636a
2018	0～20	N0	8.382c	7.753b	1.191b	8.364c	7.792c	1.188b
		N1	8.833b	6.849c	1.228ab	9.882bc	7.969c	1.235b
		N2	9.040ab	8.061ab	1.361a	11.466ab	9.855b	1.369a
		N3	9.331a	8.381a	1.362a	12.563a	10.662a	1.372a
	20～40	N0	8.042c	5.129a	0.680b	8.564d	4.761c	0.679b
		N1	8.228bc	4.452b	0.732b	9.821c	4.966c	0.732b

续表

年份	土层深度/cm	处理	早稻种植前			晚稻收获后		
			NH_4^+-N/(mg/kg)	NO_3^--N/(mg/kg)	全氮/(mg/kg)	NH_4^+-N/(mg/kg)	NO_3^--N/(mg/kg)	全氮/(mg/kg)
2018	20～40	N2	8.392ab	4.559b	0.858a	11.272b	6.094b	0.857a
		N3	8.471a	5.052a	0.933a	12.455a	7.655a	0.939a
	40～60	N0	9.043c	3.846a	0.580a	7.086d	3.424d	0.578a
		N1	9.135c	3.226b	0.572a	9.133c	3.896c	0.572a
		N2	9.393b	3.456b	0.642a	10.326b	4.381b	0.649a
		N3	9.566a	3.532b	0.638a	12.335a	5.084a	0.643a

由表 5-32 可知，稻田土壤无机氮和全氮残留量均随施氮量的增加而增加，这说明氮肥的施用能够提高土壤无机氮含量，提高土壤肥力。2017 年，N0、N1、N2、N3 土壤无机氮残留量分别为 −3.28kg/hm^2、7.37kg/hm^2、16.81kg/hm^2、29.34kg/hm^2，全氮残留量分别为 −13.66kg/hm^2、13.42kg/hm^2、26.90kg/hm^2、50.96kg/hm^2；2018 年，N0、N1、N2、N3 处理土壤无机氮残留量分别为 −5.70kg/hm^2、12.46kg/hm^2、26.47kg/hm^2、41.53kg/hm^2，全氮残留量分别为 −15.18kg/hm^2、17.50kg/hm^2、35.54kg/hm^2、53.02kg/hm^2。

表 5-32　2017～2018 年土壤氮素残留量

年份	处理	无机氮残留量/(kg/hm^2)	全氮残留量/(kg/hm^2)
2017	N0	−3.28	−13.66
	N1	7.37	13.42
	N2	16.81	26.90
	N3	29.34	50.96
2018	N0	−5.70	−15.18
	N1	12.46	17.50
	N2	26.47	35.54
	N3	41.53	53.02

5.3.6　氮素收支特征

表 5-33 为 2017～2018 年双季稻系统不同处理全氮收支情况。在氮投入方面，2017 年、2018 年双季稻 N0 处理的氮投入总量分别为 145.44kg/hm^2、148.39kg/hm^2，N1、N2、N3 处理在 N0 基础上每年增加氮肥 180kg/hm^2、255kg/hm^2、330kg/hm^2，2017 年氮投入总量分别为 325.44kg/hm^2、400.44kg/hm^2、475.44kg/hm^2，2018 年氮投入总量分别为 328.39kg/hm^2、403.39kg/hm^2、478.39kg/hm^2，其中 2017 年肥料氮占氮投入总量的 55.31%～69.41%、2018 年肥料氮占氮投入总量的 54.81%～68.98%，这说明农田系统中的氮主要来源于肥料。除了肥料氮，由灌溉水带入的氮和生物固氮也是双季稻田氮的重要来源。在氮支出方面，2017 年 N0、N1、N2、N3 的氮支出总量分别为 164.48kg/hm^2、312.39kg/hm^2、376.07kg/hm^2、443.24kg/hm^2，2018 年分别为 156.80kg/hm^2、299.22kg/hm^2、374.01kg/hm^2、438.50kg/hm^2，其中作物吸收是氮支出的最主要途径，其次是氨挥发和氮淋溶损失，N_2O 排放和径流氮损失占比相对较小。

比较各处理的氮收支差项，发现两年间 N1、N2、N3 的收支差均为正，N0 的收支差均为负，这表明施氮处理氮素平衡表现为盈余，且氮肥的施用可以补充土壤氮素。2017 年 N0、N1、N2、N3 的氮素收支差分别为 $-19.04kg/hm^2$、$13.05kg/hm^2$、$24.37kg/hm^2$、$32.20kg/hm^2$，2018 年分别为 $-8.41kg/hm^2$、$29.17kg/hm^2$、$29.38kg/hm^2$、$39.89kg/hm^2$，这表明随着施氮量的增加，氮素盈余量也相应增加。综合来看，本试验中 N2 处理既保证了作物较高的吸氮量，同时氮素收支差也相对较低，是最优的施氮量。

表 5-33　2017～2018 年双季稻全氮收支情况

年份	处理	氮投入/(kg/hm^2)					氮支出/(kg/hm^2)				收支差
		施肥	灌溉	种苗	沉降	生物固定	作物吸收	气态损失	液态流失	土壤残留	
2017	N0	0	63.94	0.54	20.96	60	141.40	27.01	9.73	−13.66	−19.04
	N1	180	63.94	0.54	20.96	60	194.33	71.08	33.56	13.42	13.05
	N2	255	63.94	0.54	20.96	60	213.93	92.62	42.62	26.90	24.37
	N3	330	63.94	0.54	20.96	60	223.35	114.98	53.95	50.96	32.20
2018	N0	0	63.59	0.55	24.25	60	140.83	21.54	9.61	−15.18	−8.41
	N1	180	63.59	0.55	24.25	60	189.91	63.01	28.80	17.50	29.17
	N2	255	63.59	0.55	24.25	60	214.38	86.86	37.23	35.54	29.38
	N3	330	63.59	0.55	24.25	60	226.53	111.08	47.87	53.02	39.89

5.3.7　氮肥高效利用与损失阻控的有效途径

经过为期两年较为系统和全面的工作，得到以下结果：双季稻籽粒产量为 8653.3～11 017.7kg/hm^2，氮肥吸收利用率为 22.2%～32.5%，氮主要损失途径是氨挥发，损失率为 16.04%～26.93%。综合来看，本研究中双季稻产量以及氮肥利用率均属于较低水平，而氮肥损失率相对较高。因此，需要寻找有效措施来提高氮肥利用率，阻控氮素损失，最终实现氮肥的高效利用。本实验所用氮肥为普通尿素，造成氨挥发损失较高，课题组基于多年的研究结果，认为施用控释尿素可能是本地区阻控氮素损失、提高氮肥利用率的有效途径。

5.3.7.1　控释尿素试验基本概况

本研究所在试验基地还包含一个控释尿素试验。该控释尿素试验设置与安排和上一个试验相近（表 5-21），各处理为与该试验早稻、晚稻等氮量的控释尿素（分别以 CRU1、CRU2、CRU3 表示）。小区面积、早稻和晚稻品种、田间管理措施均与上一个试验研究保持一致，故控释尿素试验结果与普通尿素试验结果具备可比性。

5.3.7.2　控释尿素试验双季稻产量、氮肥利用率及氨挥发

综合表 5-34～表 5-36，再与普通尿素试验的数据比较，可知施用控释尿素明显增加了双季稻籽粒和秸秆的产量，提高了双季稻的氮肥利用率，同时降低了氨挥发量。具体而言，相较于普通尿素，施用控释尿素后，双季稻籽粒产量增加 20.30%～31.50%、秸秆产量增加 20.42%～31.52%、氮肥吸收利用率提高 26.48%～37.22%、氮肥农学效率提高 30.60%～67.87%、氮肥生理效率提高 12.41%～39.22%、氮肥偏生产力提高 13.40%～34.35%、氨挥发

量减少 2.80%～22.19%。因此，施用控释尿素可作为一种实现氮肥高效利用与损失阻控的有效途径。

表 5-34　2019 年控释尿素试验双季稻籽粒与秸秆产量　（单位：kg/hm^2）

部位	处理	早稻	晚稻	双季稻
籽粒	CK	4 974.09d	5 237.94c	10 212.04c
	CRU1	6 139.39c	6 106.31b	12 245.70b
	CRU2	6 743.57b	6 923.16a	13 666.72a
	CRU3	7 180.03a	7 267.08a	14 447.12a
秸秆	CK	4 809.13	5 325.41	10 134.54
	CRU1	5 487.06	6 118.06	11 605.12
	CRU2	5 930.37	6 955.68	12 886.05
	CRU3	6 569.16	7 392.08	13 961.24

表 5-35　2019 年双季稻氮肥利用率

水稻季	处理	氮肥吸收利用率/%	氮肥农学效率/(kg/kg)	氮肥生理效率/(kg/kg)	氮肥偏生产力/(kg/kg)
早稻	CK				
	CRU1	38.74a	11.32a	33.60a	63.79a
	CRU2	35.88b	10.80ab	31.80ab	56.25b
	CRU3	33.38c	9.31b	28.92b	45.50c
晚稻	CK				
	CRU1	38.92a	11.18a	32.67a	63.45a
	CRU2	36.72b	10.88a	31.05a	55.49b
	CRU3	35.96c	9.31b	27.51b	44.52c
平均	CK				
	CRU1	38.83a	11.25a	33.14a	63.62a
	CRU2	36.30b	10.84a	31.42a	55.87b
	CRU3	34.67c	9.31b	28.22b	45.01c

表 5-36　2019 年双季稻氨挥发累积量和损失率

水稻季	处理	氨挥发累积量/(kg N/hm^2)	损失率/%
早稻	CK	9.55d	
	CRU1	26.23c	18.53a
	CRU2	31.36b	18.18a
	CRU3	36.82a	18.18a
晚稻	CK	11.62d	
	CRU1	26.45c	16.48c
	CRU2	37.50b	19.17b
	CRU3	49.45a	21.02a

续表

水稻季	处理	氨挥发累积量/(kg N/hm^2)	损失率/%
双季稻	CK	21.17d	
	CRU1	52.69c	17.51c
	CRU2	68.86b	18.70b
	CRU3	86.27a	19.73a

5.4　稻田氮素利用与损失的区域差异

5.4.1　施氮增产效果比较

在前述 2～3 年田间观测结果的基础上，利用一元二次曲线（$y=cx^2+bx+a$）模拟黑龙江、江苏、湖南稻田水稻平均产量与施氮量的变化关系，如图 5-21 所示。产量曲线中 a 值代表了土壤基础产量，可以看出，五常、常熟、浏阳稻田无氮区水稻产量（a 值）分别约为 5.4t/hm^2、6.4t/hm^2、8.9t/hm^2，从北到南呈现增加趋势。一次项系数 b 和二次项系数 c 主要影响产量曲线的走向，五常、常熟、浏阳三点反应方程中 b 值分别为 0.0389、0.0266、0.0086，表明单位施氮量增产作用从北到南是降低的。c 值均为负值，说明施氮量增加后，单位施氮量的增产效果都下降。但是五常点 c 值比其他两点要大，表明随施氮量的增加，其单位施氮量的增产效果降幅较大。综合两者可以看出，五常点水稻单位施氮量的增产效果最高，常熟点次之，而浏阳点最低。各点氮肥农学效率随施氮量增加均呈线性降低趋势（图 5-21），但是五常点各施氮量下相应氮肥农学效率较高（23～31kg/kg），而线性下降斜率最大的结果也说明了

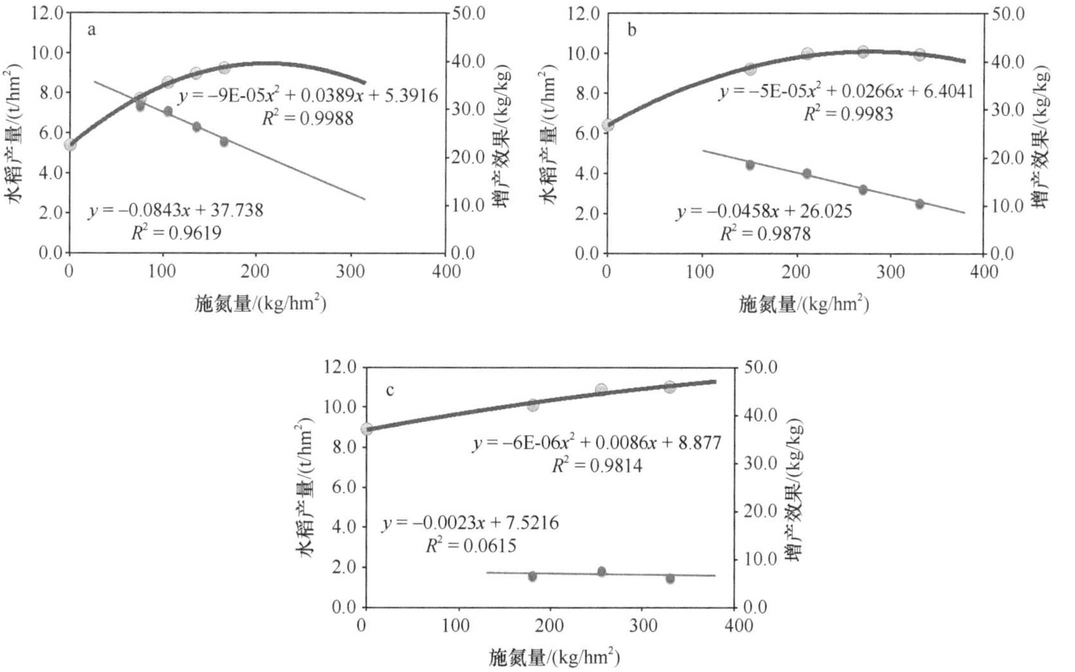

图 5-21　施氮对黑龙江单季稻（a）、江苏晚稻（b）、湖南双季稻（c）产量的影响及增产效果

各点数据为年度重复的平均值；氮肥增产效果（即氮肥农学效率）为施用单位氮肥与不施氮肥对照相比的增产量；湖南双季稻田数据将早稻和晚稻合并计算

这一点。各点施氮量与水稻产量以及增产效果的明显差异，除水肥耕种不同外，还应与土壤基础供氮能力大小有关。

5.4.2　氮肥表观利用率和表观稻谷生理效率比较

氮肥的增产效果取决于作物对氮肥的吸收效率和所吸收化肥氮形成稻谷产量的生理效率。在非标记的氮肥试验中，可以用氮肥表观利用率和表观稻谷生理效率（即施氮区水稻地上部分比无氮区多吸收 1kg N 所增产的稻谷公斤数）来衡量（朱兆良等，2010）。

从图 5-22 可以看出，试验中各施氮量下，五常点当季氮肥表观利用率和氮肥生理效率分别为 50%～60% 和 49%～58%，远高于常熟点、浏阳点的 42%～43% 和 36%～46%、26%～28% 和 24%～27%。这说明相比其他两点，五常点氮肥增产效果最好（图 5-21），主要是由于水稻的氮肥表观利用率和氮肥生理效率较高。有意思的是，在各点设置的施氮水平区间内，五常点和常熟点的氮肥表观利用率差异并不大，也并未随施氮量的增加表现出降低的趋势，相反氮肥生理效率均逐渐降低，这表明施氮后，吸收氮的转运效率逐步降低，导致氮肥的增产效果降低。由此看来，在五常点和常熟点，培育具备更高氮转运效率和增产潜力的新品种，可能是进一步提高氮肥增产效果并获得更高产量的基础。对于浏阳点双季稻，其肥料氮表观利用率和氮肥生理效率均很低，通过施肥、栽培技术改进结合氮高效品种培育从而提高氮肥利用率是关键。

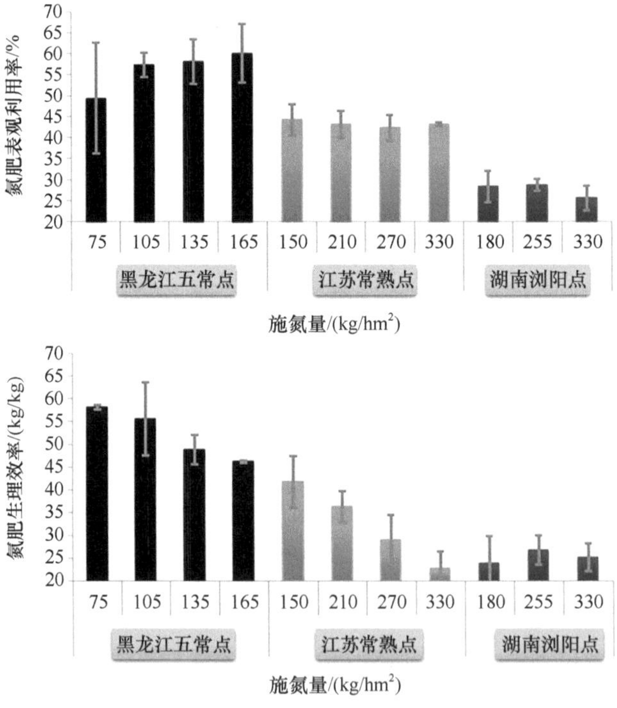

图 5-22　黑龙江单季稻、江苏晚稻、湖南双季稻氮肥表观利用率和氮肥生理效率

图中数值为平均值±标准误差

5.4.3　氮素收支特征与主要损失途径比较

农田氮素收支可反映出某一土壤–作物种植系统的氮素盈余或亏缺状况、氮素利用和损失情况，能为农田氮肥优化管理和损失及其环境影响控制提供方向指导。以往，关于稻田氮素

收支的研究大多在太湖平原。Zhao 等（2012a）在田块尺度观测了苏南稻田包括化肥、固氮、种子、河水和干湿沉降等氮输入量和作物收获带走、氨挥发、径流、淋失和反硝化等氮输出量，由此获得了太湖平原单季晚稻田氮素收支平衡的定量观测结果，指出该区稻田是“高投、高损、高污”系统，大量输入氮未能明显存留在土壤中，会通过各种损失途径离开系统并对环境产生直接影响。然而，就不同稻区来说，氮素收支平衡情况应该是很不相同的，因此在氮肥优化管理和损失及其环境影响控制的重点和方向上也可能存在很大不同。对于东北平原寒区单季稻和华中双季稻种植区，过去农田氮损失的诸多观测均是基于单一作物季的某一或若干途径，氮素收支特征的有限研究也往往仅考虑稻田氮输入扣除作物收获的表观盈余量，并未详细分解氮收支各项，或基于文献调查参数的汇总输入和输出结果。这在很大程度上限制了各稻区降低氮肥损失和环境影响对策的研发。基于此，在前述同时开展的 2～3 年稻田观测结果基础上，研究人员编制了五常点（表 5-5）、常熟点（表 5-17）、浏阳点（表 5-33）氮素平衡账。可以看出，三点稻田氮素收支特征大不相同。氮输入总量以五常点最低，常熟点次之，浏阳点最高。化肥氮均是最大的稻田氮输入源；但环境来源氮（大气沉降和灌溉）也是重要的输入氮源；其中常熟点、浏阳点相对较高，分别达 37kg/hm^2、84kg/hm^2，这也在一定程度上反映出相应稻区氮污染的状况。三点氮输出总量表现出与氮输入同样的趋势，以五常点最低，常熟点次之，浏阳点最高。在各项氮损失中，氨挥发和反硝化等气态损失占比均要高于淋溶和径流等随水流失途径。因为稻田淹水的耕作层和地下饱和土壤层均存在反硝化，且稻田淹水后土壤 pH 上升和藻类的生长，加之夏季温度较高、光照强等因素都会加快氮的气态排放，这符合一般规律。尽管反硝化损失比例较高，但由于反硝化主要产物为惰性 N_2，对环境并不产生明显影响。在 3 个观测点上，氨挥发、淋溶及径流等活性氮排放率也明显不同。五常点 165kg/hm^2 化肥氮处理其活性氮排放仅为投入总氮量的 5% 左右，加之其总氮输入量较低，因此总活性氮排放量也较其他两点低，环境影响不大；常熟点和浏阳点在 330kg/hm^2 化肥氮投入下活性氮排放率很高，分别达投入总氮量的约 14% 和 34%，由于总氮输入量高达 400kg/hm^2 以上，因此对环境影响较大。从氮素收支平衡来看，五常点表现出小程度氮亏缺，而常熟点和浏阳点均表现出不同程度的氮盈余。综合上述，在五常点，反硝化应该是优化施氮和阻控损失的关键点；与此不同，在常熟点，降低肥料氮损失和环境影响、提高氮肥利用率的着力点是减少反硝化和氨挥发；在浏阳点，由于供试红壤性水稻土的土壤结构及试验田排水存在问题，除了气态损失，氮淋溶也是损失阻控的关键点。有意思的是，本次通过田间定点观测在常熟点得到的 210～330kg/hm^2 化肥氮施用下稻田氮投入与输出之差仅为 4.9～14kg/hm^2，与 Zhao 等（2012a）的报道结果 14.9kg/hm^2 接近。浏阳点稍高，255～330kg/hm^2 化肥氮施用下为 24～40kg/hm^2。进一步表明这两个地区稻田“高损失、高污染”的特征，大量投入的化肥氮又进一步通过各种损失重新离开系统并产生明显的环境影响。

5.4.4　稻田氮素利用与损失区域差异的原因探讨

5.4.4.1　问题的提出

前述黑龙江五常、江苏常熟和湖南浏阳三点稻田施氮增产效果和氮肥利用率依次降低（图 5-21，图 5-22），而氮素损失量却明显增加，这表明稻田水稻氮素利用与肥料氮损失存在巨大的区域差异。由于浏阳点为双季稻田，低施氮量（180kg/hm^2）条件下早稻和晚稻合计产量即超过 10t/hm^2，不施氮基础产量也达 8.9t/hm^2，远高于其他两点，这主要是试验开始之前该研究点有机肥源的大量投入，导致基础肥力明显提升（水稻土有机碳、全氮含量分别可达24.9g/kg、2.27g/kg），因此，也难以与其他两点对比研究。以下仅对五常和常熟两点单季稻上所获观测数据作进一步的分析和探讨。

根据图5-21施氮量-水稻产量变化曲线，可得到五常点、常熟点的施氮理论最高产量，两者比较接近，分别为9.6t/hm^2、9.9t/hm^2，但是相对应的理论施氮量差别较大，分别为215kg/hm^2、265kg/hm^2。以各自基础产量5.4t/hm^2、6.4t/hm^{2}计算最高产量时的增产量，五常点为4.2t/hm^2；常熟点较低，为3.5t/hm^2。为便于比较，假设目标增产量相同，为3.5t/hm^2，则五常点仅需施氮130kg/hm^2，而常熟点则需要265kg/hm^2，比前者多出一倍。相应氮肥增产效果（氮肥农学效率）分别为27kg/kg、14kg/kg，当季氮肥表观利用率分别约为53%、46%（图5-22）。综合比较可以得出如下初步认识：近似总产量或相同增产目标下，五常点稻田氮肥投入量低、利用率高、损失较少，而常熟点须投入的氮量高、利用率低、肥料氮损失很高。

鉴于两个观测点水热、光照等自然气候条件和水肥耕种等人为耕作条件均不同，水稻土类型也不同，这种氮肥利用和损失的区域差异应是气候、耕作管理和土壤共同作用的结果，较难区分其相对贡献。一般认为，肥料氮施入农田后作物吸收和各种损失同时发生，其相对大小决定了氮肥利用率和损失率。肥料氮的利用和损失程度又与其在土壤中的转化、保持和供应有密切关系。

5.4.4.2　土壤是导致氮肥利用与损失区域差异的主要因素

围绕这一问题，从黑龙江五常和江苏常熟点取土分别在两地开展了土壤互置盆栽试验，设0kg/hm^2、150kg/hm^2、300kg/hm^2 3个施氮处理。氮肥用15%丰度^{15}N标记尿素，分基肥（40%）、分蘖肥（30%）、拔节孕穗肥（30%）3次施用，基肥与盆栽土壤混合，追肥表面撒施。磷肥、钾肥用量一致，分别为90kg P_2O_5/hm^2、150kg K_2O/hm^2。两点均采用当地相应水稻品种，但植稻穴/棵数保持一致，其他管理同前述田间试验。由此获得两种土壤上在相同环境条件（水热、光照等自然气候条件，水肥耕种等人为耕作条件）下的水稻生长、氮肥利用和损失数据。从图5-23可看出，两种水稻土上，施氮增产效果在黑龙江点和江苏点均表现为黑

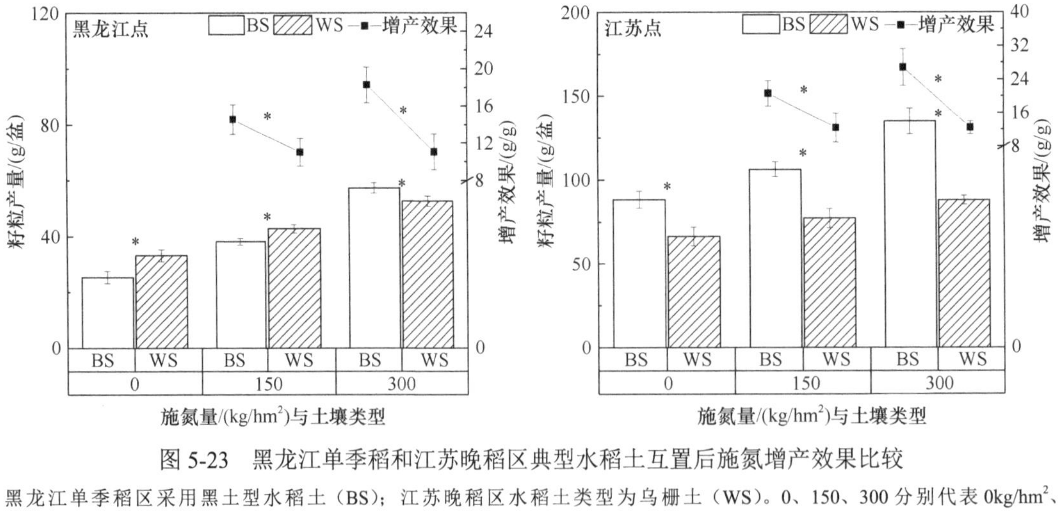

图5-23　黑龙江单季稻和江苏晚稻区典型水稻土互置后施氮增产效果比较

黑龙江单季稻区采用黑土型水稻土（BS）；江苏晚稻区水稻土类型为乌栅土（WS）。0、150、300分别代表0kg/hm^2、150kg/hm^2、300kg/hm^{2}的施氮处理。图中数据为4次盆栽重复的平均值±标准差，* 表示同一施氮处理下两种土壤所得结果差异显著（$P<0.05$）。下同

土型水稻土高于乌栅土，与前述田间试验一致。同一试验点为相同水稻品种，因此水稻植株地上总吸收氮量大小可在一定程度上反映出土壤供氮的能力（表 5-37）。不施氮条件下，黑土型水稻土的基础供氮能力低于乌栅土，但施氮后其地上累积氮量增加较快，300kg/hm^2 下可与乌栅土持平（黑龙江点），甚至超过乌栅土（江苏点）。黑土型水稻土南移至江苏后，水稻产量及地上累积氮量均显著增加，这主要是水稻生长季温度提升、土壤氮矿化能力增加所致，也与供试水稻品种的吸氮能力提高有关。

表 5-37 黑龙江单季稻和江苏晚稻区典型水稻土互置后水稻地上总吸氮量比较 （单位：mg/盆）

稻区	处理					
	BS-0	WS-0	BS-150	WS-150	BS-300	WS-300
黑龙江点	691.5±48.0*	964.8±30.3	1231±41.2*	1417±73.4	1863±136	1866±198
江苏点	1357±42.2	1239±25.6*	1900±99.3	1684±86.0*	2384±155	1968±141*

基于 ^{15}N 同位素标记示踪法可以计算水稻土互置盆栽试验的水稻 ^{15}N 利用率（图 5-24），并区分土壤和肥料对水稻吸氮量的贡献（表 5-38）。可以看出，相同施氮量下黑土型水稻土上 ^{15}N 利用率要高于乌栅土，在 300kg/hm^2 下尤为明显，与基于表观差减法的计算结果趋势一致。肥料对水稻植株累积氮量的贡献均随施氮量的增加而增加，在两个试验点上均表现为黑土型水稻土高于乌栅土。施氮量 150～300kg/hm^2 下，黑土型水稻土上植株肥料氮比例比乌栅土分别高出 24.4%～30.2%、14.6%～17.2%。随施氮量的增加，两种土壤肥料氮残留均增加，但相同施氮量下两种土壤残留氮无差异。但随着盆栽的南移，各施氮处理下土壤残留的肥料氮均逐步增加。根据 ^{15}N 肥料氮水稻地上部氮吸收和土壤残留，可估算两种土壤不同施氮量下表观肥料氮的总损失。黑龙江点各施氮处理下 BS 的肥料氮损失在 150kg/hm^2、300kg/hm^2 施氮处理下比 WS 分别低 28.1%、36.1%。而在江苏点，各施氮处理下两种土壤的肥料氮总损失无显著差异。

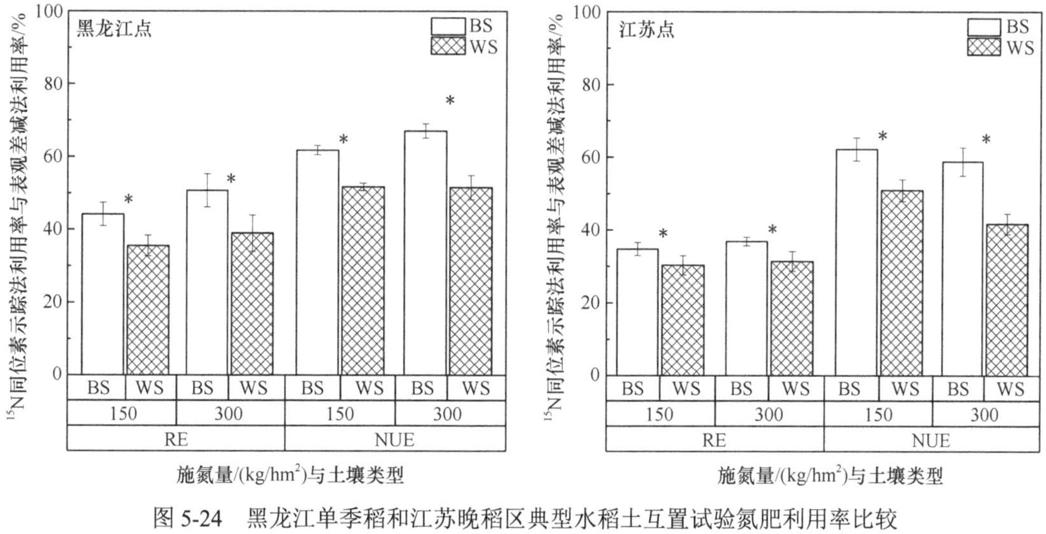

图 5-24 黑龙江单季稻和江苏晚稻区典型水稻土互置试验氮肥利用率比较

RE 为 ^{15}N 利用率；NUE 指表观差减法利用率

表 5-38　黑龙江单季稻和江苏晚稻区典型水稻土互置后水稻地上植株氮来源解析　（单位：mg/盆）

	项目	处理					
		BS-0	WS-0	BS-150	WS-150	BS-300	WS-300
黑龙江点	土壤来源氮量	691.5±48.0*	964.8±30.3	845.3±21.4*	1106±49.0	976.5±63.7*	1185±11.1
	肥料来源氮量（占施氮量比例）			385.9±20.2（44.2%）	310.3±27.2*（35.5%*）	886.2±79.6（50.7%）	680.5±87.6*（39.0%*）
	土壤残留肥料氮量（占施氮量比例）			284.1±33.0（32.5%）	280.4±10.6（32.1%）	493.8±17.6（28.3%）	492.0±13.3（28.2%）
	肥料氮总损失（占施氮量比例）			203.3±47.2*（23.3%*）	282.6±23.7（32.4%）	366.6±69.8*（21.0%*）	574.1±94.7（32.9%）
江苏点	土壤来源氮量	1357±42.2	1239±25.6*	1597±89.3	1419±64.7*	1741±136	1419±121*
	肥料来源氮量（占施氮量比例）			303.5±15.5（34.8%）	264.9±21.2*（30.3%*）	643.3±20.6（36.8%）	548.8±47.4*（31.4%*）
	土壤残留肥料氮量（占施氮量比例）			327.1±29.2（37.5%）	340.3±11.3（39.0%）	501.2±28.2（28.7%）	519.7±62.5（29.8%）
	肥料氮总损失（占施氮量比例）			242.7±41.0（27.8%）	268.1±21.0（30.7%）	602.1±45.0（34.5%）	678±101（38.8%）

土壤互置植稻试验是在相同水肥耕种管理下进行的，两种水稻土上所获得的作物生长响应和氮肥利用结果也表现出很好的一致性：黑土型水稻土上施氮后水稻的增产效果、氮肥利用水平均高于乌栅土，表明土壤不同的确是前述田间试验所获稻田氮肥利用与损失差异的主要原因之一。由此也可推断，两种土壤中氮素转化、保持和供应特征可能存在本质差异，进而控制着肥料氮施入各土壤中后的吸收利用和损失过程。

5.4.4.3　土壤氮转化是决定稻田氮利用与损失区域差异的重要原因

通常认为，土壤中不同氮库的各种转化决定了肥料氮的固持、释放及其在各形态氮库中的分配。肥料氮施入后，直接参与土壤不同氮库间的转化，其有效性和长效性取决于同时发生的各形态氮素转化过程的速率。通常采用的净转化速率方法虽然能指示氮素形态的绝对含量变化，却不能反映引起不同形态氮含量变化的同时发生的各个转化过程的作用强度和大小。近年来，基于自然林地土壤氮转化研究发展起来的 ^{15}N 同位素示踪结合模型数值优化算法（Müller et al.，2007），可同时量化土壤中同时发生的十多个氮素转化过程的初级转化速率。为了揭示上述两种土壤重要氮素转化过程及其在决定肥料氮形态、作物利用与各种损失（如反硝化、氨挥发等）去向中的作用，利用 ^{15}N 同位素示踪结合模型数值优化算法对两种土壤氮初级转化速率进行定量（图 5-25）。

结果表明，五常水稻土矿化、硝化速率很低，且矿化大于硝化，氮吸附能力高，暗示铵态或酰胺态氮肥施入土壤后有利于 NH_4^+ 在土壤中的保持和水稻的高效吸收，这是因为水稻也是喜铵作物。而常熟水稻土硝化、矿化速率较高，分别为五常水稻土的约 1.9 倍和 15 倍，硝化速率也远远高于矿化速率，说明 NH_4^+-N 向 NO_3^--N 转化速率高，然而土壤中 NO_3^--N 又是极易反硝化或淋溶损失的氮素形态，加之供试常熟水稻土为乌栅土，呈碱性，当铵态氮肥或酰胺态氮肥（主要是尿素）施入土壤水解转化为 NH_4^+-N 后，由于土壤对 NH_4^+-N 固持能力不强，也极易先通过氨挥发直接损失一部分，剩余的又很快转化为易损失态 NO_3^--N，造成土壤中 NH_4^+-N 总量不足，进而影响水稻吸收和利用。综上，两种土壤氮转化的不同可解释前面田间试验观测中水稻氮肥利用和损失差异（图 5-25），五常点供试水稻土低矿化和硝化能力，高土壤 NH_4^+-N 固持能力是其水稻施氮增产效果好、氮肥利用率高而损失率低的主要原因；而常熟点供试水稻土氮周转速率快，特别是矿化和硝化能力强，肥料氮土壤保持能力差，最终导致其氮肥增产效果不佳，且氮肥利用率低和损失较大。

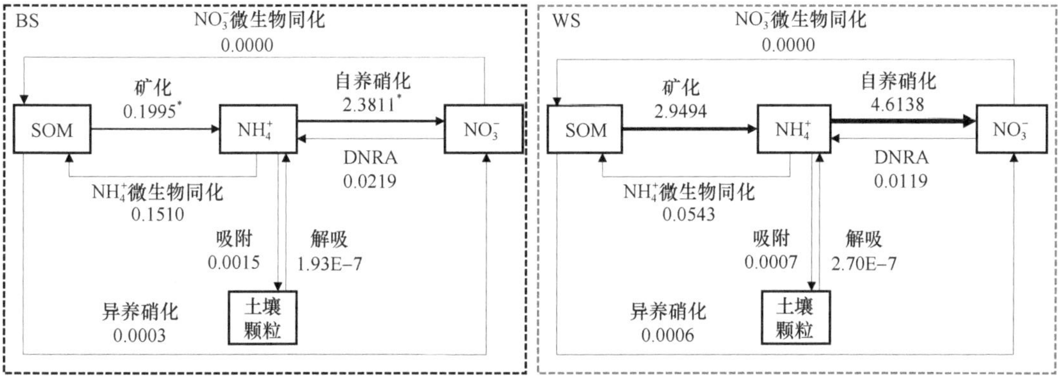

图 5-25　黑龙江单季稻和江苏晚稻区典型水稻土氮初级转化速率比较

图中数值单位为 mg/(kg·d)。BS 代表黑土型水稻土；WS 代表乌栅土。SOM：土壤有机质；DNRA：硝酸盐异化还原为铵

上述水稻土互置试验明确了氮转化在决定稻田氮利用与损失区域差异的关键作用。然而，土壤中不同氮库之间的各种转化过程和周转速率主要受土壤理化性质和生物属性控制，究竟土壤哪些关键理化性质和生物属性影响及控制着各形态氮之间的转化速率与氮素保持能力，仅仅依靠两个典型稻区的土壤尚无法解答，需要在区域或国家尺度上利用更多的水稻土类型开展研究，建立土壤主要氮素转化过程和土壤属性之间的定量关系，以期找到控制氮素转化过程的关键土壤属性因子，进而提出针对性的措施，实现氮肥利用和损失的高效调控（杨秉庚，2021）。本书第 2 章采集了全国主要稻区 50 种典型水稻土，分析了水稻土主要氮素转化过程速率、水稻氮吸收与损失以及土壤性质之间的关系：发现肥料氮吸收与铵在土壤中的滞留时间呈正相关，与初级硝化速率和土壤 pH 呈负相关；肥料氮损失与初级硝化速率呈正相关，而与铵的滞留时间呈负相关。这一发现说明高 pH 水稻土硝化快，损失大，利用率低；而低 pH 土壤利于氮保存，损失小，提高氮吸收。因此，在不同稻区的不同土壤上，定向调控土壤氮转化和增加作物对无机氮形态偏好的契合程度是提高氮肥利用率、减少损失的关键。

5.5　结论与展望

本章针对我国水稻生产体系氮肥利用率和损失率区域差异大、氮素来源去向特征不清楚等问题，主要介绍了东北平原寒区单季稻、太湖平原单季晚稻、华中双季稻种植区的典型稻田开展联网研究的相关结果，取得了一些新的认识，列述如下。

一是通过揭示五常、常熟单季稻和浏阳双季稻肥料氮去向和氮素收支特征，明确了各地区优化施氮和损失阻控的关键对象。在五常，稻田肥料氮损失整体较低，但反硝化损失占比最高，因此应进一步优化施氮和阻控损失；与此不同，在常熟，降低肥料氮损失和环境影响，提高氮肥利用率的着力点是减少反硝化和氨挥发；在浏阳，除了气态损失，氮淋溶也是损失阻控的关键。针对上述各点的区域特点，分别提出了速效长效供氮结合的掺混控释肥侧深施、基蘖肥一次性侧深施、硫包衣缓控释一次性耕层混基施等氮肥增效调控方法，经田间试验观

测验证均具有较好的效果。

二是明确了五常水稻氮利用的生理效率高、形成单位产量需氮量低，以及土壤氮矿化、硝化弱，损失低，供保氮能力强是其氮肥利用率高于常熟水稻的主要原因。尽管气候、品种差异是两地水稻氮利用与损失不同的最重要原因，由于气候不可控，而品种往往又受气候的密切影响与制约。因此，除品种培育外，应重视施氮量和土壤在影响氮利用与损失中的作用，着力优化施氮量，并提高土壤供保氮能力，这也是稻田氮肥增效调控的基础。

笔者仅以东北平原寒区单季稻、太湖平原单季晚稻和华中双季稻种植区的典型稻田为例开展了联网研究。然而，中国水稻土类型多样，土壤性质千差万别，实际种植条件下气候和耕种等因素也有很大差异。显然，未来有必要对稻区、水稻土类型进一步扩大研究范围，在研究方法上进一步改进，明确不同稻区肥料氮去向、损失规律，阐明气候、品种、土壤及人为管理等因素对氮利用和损失的影响机制，提出契合土壤、品种与管理的区域优化施氮技术方案，以期为全国大面积稻田提高氮肥利用率提供科技支撑。

第 6 章　旱地肥料氮去向、损失规律及调控

在农业生产过程中，施用化肥是保证粮食高产稳产的关键措施。中国是粮食生产大国，氮素肥料的发展为保障我国粮食的战略安全作出了重大贡献。但是，长期以来，我国旱地农业肥料利用率低，施氮数量不断增加，而增产效果逐步下降，环境风险远高于发达国家。因此，需要平衡作物对氮素的需求和土壤对氮素的供应，高度重视农业可持续发展和环境保护的协调与统一（张福锁等，2008；朱兆良，2008）。土壤–作物系统氮素去向以及养分投入和支出之间的平衡关系决定着作物生长和环境健康，是评价肥料氮农学和环境效应的基础，所以一直是氮素循环研究的重要内容。肥料氮在旱地农田生态系统中有 4 个去向，主要包括作物吸收、土壤残留、淋失或径流损失和气态损失。由于农田生态系统中肥料氮去向是施入土壤中肥料氮的转化和移动过程的综合表现，只有明确氮素损失途径和控制因素，才能明确调控手段，增强土壤对肥料氮的固持和供应能力，提高肥料利用率，降低环境风险。

1974 年，我国开始利用 ^{15}N 同位素示踪技术研究化肥氮在土壤中的去向。1980 年以后，这种研究逐步扩展到主要农区的主要作物和主要氮肥品种，并涉及不同损失途径的定量评价。利用同位素技术可明确肥料氮在土壤–作物系统中的回收，而 ^{15}N 标记肥料长期试验也有力地推动了化学氮肥在土壤–作物系统的长期去向方面的研究。因此，以东北、华北、西北和西南主要作物系统为研究对象，利用同位素示踪技术，田间和微区试验相结合，研究了氮素收支平衡状况及肥料氮去向。通过探讨不同类型土壤中氨挥发、径流、淋溶、反硝化、厌氧氨氧化等损失过程的发生规律、主控因子与调控原理，揭示主要农区代表性种植体系下肥料氮损失过程的发生通量与时空规律，明确导致氮肥吸收利用和损失特征存在区域性差异的管理与环境要素，从而建立旱地农田生态系统高效氮素循环调控模式，提高氮肥利用率，降低环境风险。

6.1　东北玉米肥料氮去向、损失过程与调控

东北地区是我国最重要的玉米主产区和商品粮生产基地之一，是全国的“黄金玉米带”，玉米种植面积为 $1.33\times10^7hm^2$，玉米产量占全国玉米总产量的 35%，种植面积大、产量高、品质好（国家统计局，2019）。黑土是东北地区主要的土壤类型，其主要特点是有机质含量高且土层深厚。东北是世界三大黑土区之一。“要认真总结和推广梨树模式，采取有效措施切实把黑土地这个‘耕地中的大熊猫’保护好、利用好，使之永远造福人民”是习近平总书记对保障国家粮食安全和优质农产品供给的黑土地给予的厚望。由于传统农业对耕地长期高强度利用和掠夺式经营，土壤有机质含量迅速降低，微生物活性下降，土壤退化严重，突出的特点是土壤肥力功能下降，对氮素的调控能力减退，肥料利用率降低，最终导致严重的环境污染和农业生产成本的提高，肥力效益和环境效益的矛盾日益凸显（Guo et al.，2010；杨雅丽等，2021）。提高氮肥利用率对于农田黑土的可持续发展具有重要意义，而开展东北玉米肥料氮去向、损失过程与调控原理的研究成为解决这一问题的关键所在。

6.1.1 氮素来源、去向及收支特征

6.1.1.1 氮素投入产出与氮素平衡

在旱地农田生态系统中，就土壤-作物体系而言，田间尺度上的氮素来源以化肥施用、秸秆归还和大气氮沉降为主（表 6-1）。东北区域作物（玉米）生育期内大气氮沉降总量平均为 18.3kg N/hm^2，其中硝态氮（NO_3^--N）约为 5.5kg N/hm^2、铵态氮（NH_4^+-N）约为 4.8kg N/hm^2，未知形态氮（有机氮、亚硝态氮等）的沉降量为 8.0kg N/hm^2（彭畅，2015）。进入土壤中的氮素，一部分被作物所吸收利用；另一部分残留在土壤中；还有一部分以氨挥发、通过硝化-反硝化生成 N_2、NO、N_2O 等气体逸出和硝酸盐的形式淋失，损失的这部分氮素会对环境造成污染（Zhang et al.，2015a）。氮素盈余是衡量氮素投入生产能力、环境影响和土壤肥力变化的最有效指标，当投入-产出-净收益在合理范围内时，氮素引起的环境代价最小，环境代价只是在收益达到最大值以后才开始显著增加（李庆奎等，1998；Oenema et al.，2003）。

表 6-1 东北旱地农田作物（玉米）体系中的氮素平衡 （单位：kg N/hm^2）

氮输入	处理			氮输出	处理		
	N1	N1+S	N2+S		N1	N1+S	N2+S
化肥氮	240	240	190	作物吸收	203.7	221.9	231.7
秸秆氮	0	60	60	氨挥发	1.59	1.56	1.48
大气沉降	18.3	18.3	18.3	反硝化	1.32	1.18	1.08
生物固氮	15	15	15	淋溶	36.7	39.0	30.8
种子	5	5	5				
总输入	278.3	338.3	288.3	总输出	243.31	263.64	265.06
盈余	74.6	116.4	56.6	收支平衡	34.99	74.66	23.24

注：N1代表传统施氮量；N1+S 代表传统施氮量+秸秆；N2+S 代表优化施氮量（减少氮肥施用量 20%）+秸秆。玉米种植期间无灌溉。种子氮输入数据来自赵荣芳等（2009）

从东北玉米种植体系氮素平衡状况（表 6-1）来看，传统施氮量为 240kg N/hm^2 时，已发现约有 40kg N/hm^2 损失到环境中，但在整个农田生态系统中氮素收支依然是正值，表明土壤氮库有所累积（Yan et al.，2013）。这种收支特征说明现有农田氮素管理对环境影响较大，仍具有很大的改善空间。免耕秸秆覆盖还田条件下氮肥减施 20% 处理年氮素盈余量为 56.6kg N/hm^2，但氮素收支为 23.24kg N/hm^2，能显著降低各种途径的损失。当氮肥施用量为 190kg N/hm^2 时，土壤-作物体系氮素维持在相对平衡的状态，即土壤中氮素的总量不会发生变化，可以获得较高的目标产量，同时不会造成大量的氮素损失。

6.1.1.2 肥料氮在东北黑土中的去向及迁移转化

本研究依托于吉林梨树（玉米）保护性耕作研发基地进行，通过在田间原位布设 ^{15}N 同位素微区试验进行肥料氮去向研究。淋溶盘埋设深度为 100cm，设置当地传统施氮量（N1）、传统施氮量+秸秆（N1+S）、优化施氮量+秸秆（N2+S）3 种氮肥管理措施。传统施氮量为 240kg N/hm^2，优化施氮量为减少氮肥施用量 20%，秸秆还田量为 7500kg/hm^2，玉米秸秆中含氮 4.8～5.0g/kg（张彬等，2010）。

从第一年标记肥料氮在土壤–作物系统中的去向（图 6-1）来看，41%～53% 的肥料氮被作物吸收利用，平均约有 34% 的肥料氮在土壤中残留，各处理的淋溶损失和未知途径损失为 12%～25%。在传统施肥条件下，秸秆覆盖还田虽然降低了肥料氮在土壤中的残留，但也降低了淋溶损失比例，显著促进了肥料氮在植物体内的回收，提高了玉米产量（图 6-2）。N2+S 处理减少了化肥施用量，但玉米产量和 N1+S 处理无显著差异，同时显著降低了肥料氮的淋溶损失和未知途径损失，肥料氮在土壤中的残留率和植物吸收利用率分别增加了 5% 和 8%。

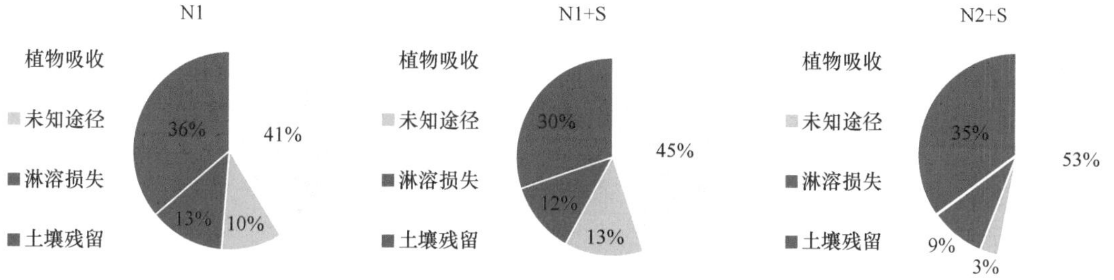

图 6-1　第一年标记肥料氮在土壤–作物系统中的去向

N1 代表传统施氮量；N1+S 代表传统施氮量+秸秆；N2+S 代表优化施氮量（减少氮肥施用量 20%）+秸秆。下同

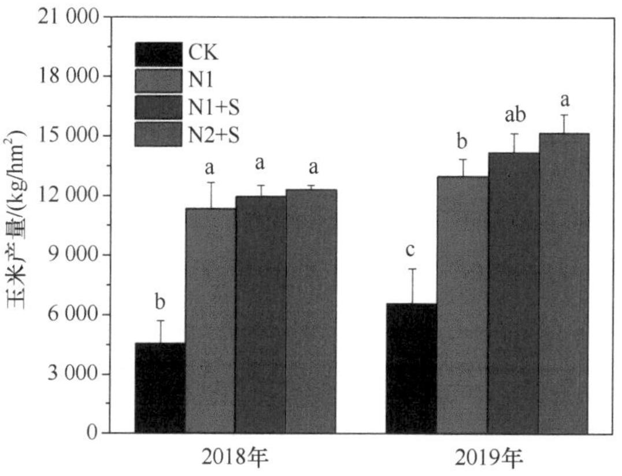

图 6-2　2018～2019 年玉米产量（“梨树模式”研发基地）

CK 代表无氮肥施用

在经过连续两个生长季后，肥料氮有 62.15%～71.57% 在土壤–作物系统中回收（图 6-3），其在土壤中的残留率占土壤–作物系统中总回收率的 18%～25%，说明施用的肥料氮主要被植物地上部分吸收利用。传统施肥处理中肥料氮在作物地上部中的总回收率为 45.11%，土壤残留率为 17.53%，淋溶损失为 22.74%，未知途径损失为 14.63%，秸秆覆盖还田可显著增加肥料来源的氮素在作物地上部中的累积回收率（4.11%），而肥料氮淋溶损失显著降低了 3.39%。秸秆覆盖还田增加了肥料氮在土壤–作物系统中的总累积回收率。与 N1+S 相比，N2+S 处理中肥料氮在植物中的累积回收率提高了 8.97 个百分点，土壤中的残留率提高了 0.45 个百分点，同时显著降低了淋溶损失，降低幅度为 6.32 个百分点，说明秸秆覆盖和优化氮肥施用量均有利于提高肥料氮在土壤–作物系统中的总回收率，降低肥料氮的淋失风险。

6.1.1.3　肥料氮在土壤剖面中的分布

施入土壤中的肥料氮，除被作物吸收利用及以各种途径损失外，大部分以有机氮形态及 NH_4^+-N 和 NO_3^--N 残留在土壤表层，或以硝酸盐的形式随土壤水溶液的运移向深层土壤中迁移

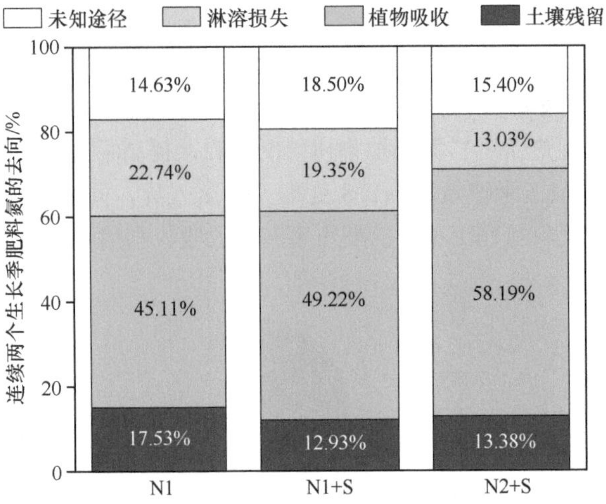

图 6-3　连续两个玉米生长季后肥料氮在土壤-作物系统中的去向

（张金波和宋长春，2004；Wu et al.，2018b）。秸秆还田处理以及氮肥减施+秸秆还田可显著提高当季玉米对肥料氮的吸收比例，同时提高微生物对肥料氮的同化作用，从而显著降低了肥料来源矿质态氮在土壤中的累积（图 6-4）。

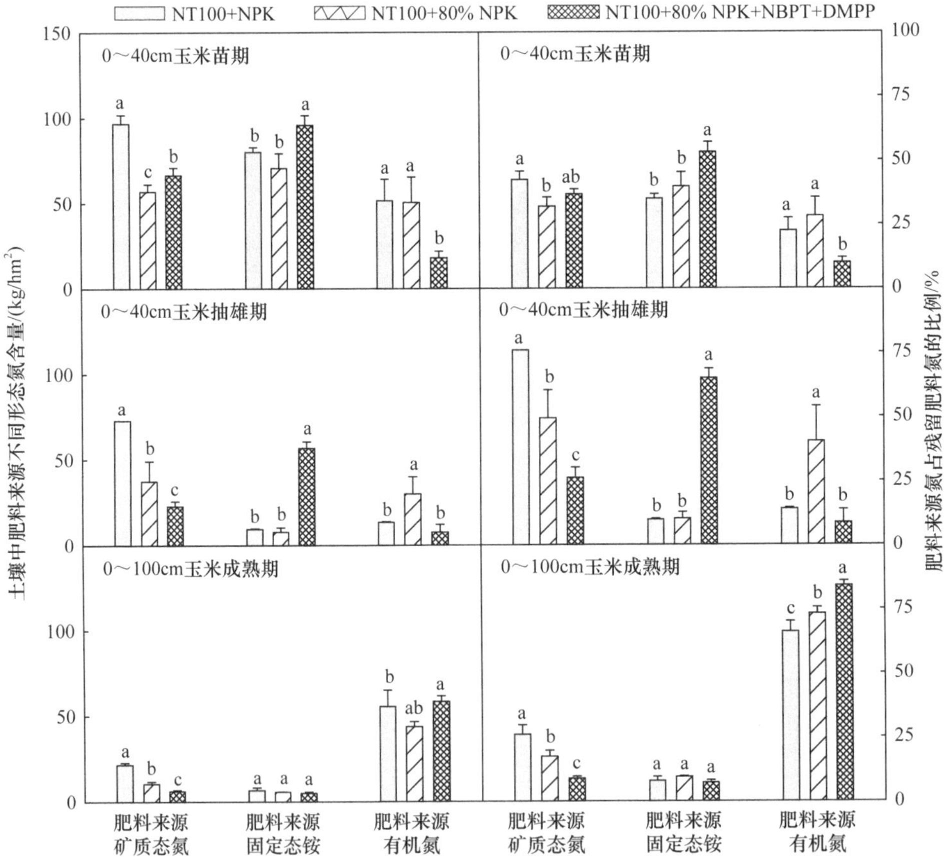

图 6-4　肥料氮在土壤不同形态氮库中的分布（“梨树模式”研发基地）

NT100+NPK：免耕，全量 7500kg N/hm² 秸秆覆盖下常规施肥处理；NT100+80%NPK：免耕，全量 7500kg N/hm² 秸秆覆盖下减施氮肥 20%；NT100+80%NPK+NBPT+DMPP：免耕，全量 7500kg N/hm² 秸秆覆盖下减施氮肥 20%，配施脲酶抑制剂（NBPT）和硝化抑制剂（DMPP）

玉米苗期，0～40cm 土层肥料来源矿质态氮和固定态铵的含量较高，占比 34.9%～53.4%，说明在施用基肥后，进入土壤中的无机氮肥向固定态铵库转变，被微生物同化固持的有机态氮含量较少，占比 10.0%～27.2%。在玉米抽雄期，肥料氮在各种氮组分中含量均明显降低。较传统施肥处理而言，氮肥减施 20% 处理明显降低了矿质态氮在土壤中的残留，降低幅度为 35.7kg N/hm^2，添加抑制剂显著增加了固定态铵的含量，占残留肥料氮的 65.1%。可见，添加抑制剂使得肥料氮向固定态铵库中累积，从而降低了 0～40cm 土层中矿质态氮的含量，降低了抽穗期肥料氮以 NO_3^--N 形态的淋溶损失。

随着玉米种植年限的增加，我们通过监测肥料氮在 0～100cm 土壤剖面中的残留和分布，发现在第一个玉米收获期（图 6-5），土壤中肥料来源硝态氮（$^{15}NO_3^-$-N）含量随土层深度的增加而增加，且肥料来源 $^{15}NO_3^-$-N 占土壤总 NO_3^--N 的比例也随土层深度的增加而增大。在 0～60cm 土层，各施肥处理的 NO_3^--N 含量差异不显著，但是在 60～100cm 土层中 N1 处理显著高于 N1+S，说明不同氮肥管理措施对肥料氮在深层土壤中的分布影响较大。在 0～100cm 土层，N1 处理肥料来源 $^{15}NO_3^-$-N 占土壤总 NO_3^--N 的比例较高，而秸秆覆盖还田会降低肥料来源 $^{15}NO_3^-$-N 占土壤 NO_3^--N 的比例，其原因在于秸秆覆盖还田促进了作物对肥料氮的吸收，降低了肥料来源 $^{15}NO_3^-$-N 在土壤剖面中的残留。

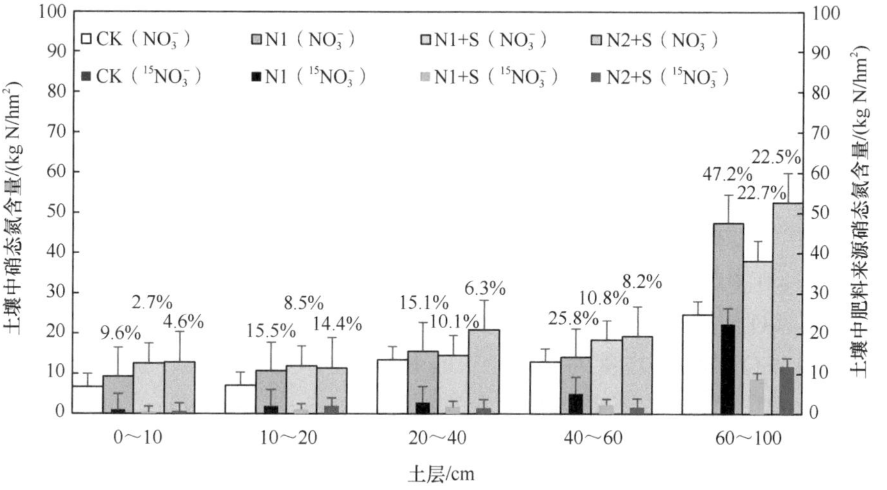

图 6-5 第一个玉米收获期各处理土壤中总 NO_3^--N 含量、$^{15}NO_3$-N 含量及 $^{15}NO_3$-N 占总 NO_3^--N 的比例

图中高柱对应土壤中硝态氮含量，矮柱对应土壤中肥料来源硝态氮含量，图柱上方百分数为土壤中肥料来源硝态氮含量与土壤中硝态氮含量的百分比。图 6-6 同此

在第二个玉米收获期，总 NO_3^--N 随土层深度的增加而增加，但残留在土壤中的肥料来源 $^{15}NO_3^-$-N 含量和肥料来源 $^{15}NO_3^-$-N 占土壤 NO_3^--N 比例均显著低于第一个玉米收获期（图 6-6）。其中，0～60cm 土层中的 $^{15}NO_3^-$-N 含量明显低于 60～100cm 土层，这是由于基肥中的肥料氮存在明显向下的垂直迁移，而 0～60cm 土层是玉米根系的主要活动分布区，这一区域内的肥料氮更容易被作物吸收利用。与 N1 处理相比，N1+S 和 N2+S 在第二个玉米收获期均显著降低了肥料来源 $^{15}NO_3^-$-N 在 0～100cm 土层中的残留并减缓了肥料来源 $^{15}NO_3^-$-N 向 60～100cm 土层中的垂直迁移。0～60cm 土层中肥料来源的 $^{15}NO_3^-$-N 含量和 $^{15}NO_3^-$-N/NO_3^--N 值均有明显降低的趋势，60～100cm 土层中 $^{15}NO_3^-$-N 含量显著降低（$P<0.05$），说明 60～100cm 土壤剖面中的 NO_3^--N 有向淋溶液中垂直迁移的动态规律，肥料来源的 $^{15}NO_3^-$-N 对深层土壤和淋溶液中的硝酸盐贡献率更高。

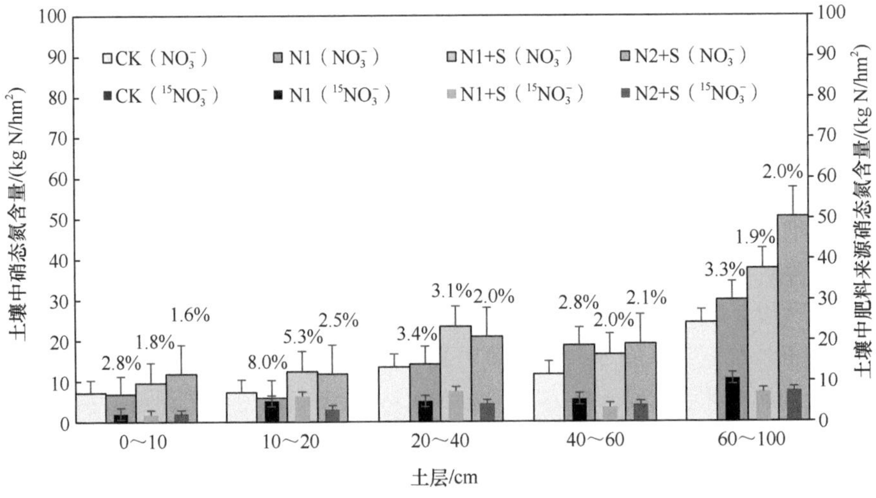

图 6-6　第二个玉米收获期各处理土壤中总 NO_3^--N 含量、$^{15}NO_3$-N 含量及 $^{15}NO_3$-N 占总 NO_3^--N 的比例

6.1.2　肥料氮的主要损失过程

6.1.2.1　肥料氮的 N_2O 和 N_2 损失

由于在东北黑土区玉米种植体系中，肥料氮深施至 10～15cm，氨挥发损失比例极低，肥料氮损失主要是通过硝化-反硝化过程生成 NO、N_2O、N_2 等气体逸出和硝酸盐的形式淋失及未知途径产生的损失。研究已表明，农田土壤是大气中 N_2O 的重要排放源，氮肥施用量的增大是农田土壤 N_2O 排放增加的重要原因（Ju et al.，2011）。硝化作用、反硝化作用、硝化微生物的反硝化作用以及硝酸盐异化还原成铵等过程均能产生 N_2O，其中硝化和反硝化反应被认为在农田释放 N_2O 中起主要作用（Wrage et al.，2001）。

东北黑土 N_2O 排放呈现明显的季节性变化，主要集中在玉米的生长季（图 6-7），第一个玉米生长季 N_2O 累积排放量为 0.4～1.01kg N/hm²，非生长季 N_2O 累积排放量为 0.23～0.35kg N/hm²，第二个玉米生长季 N_2O 累积排放量为 0.95～1.77kg N/hm²。较不施氮肥的 CK 处理相比，两个玉米生长季中 N1、N1+S 和 N2+S 处理均显著增加了 N_2O 累积排放量。第一个玉米生长季中与 N1 相比，秸秆覆盖还田显著降低了 N_2O 累积排放量（$P<0.05$），而在第二个玉米生长季中增加了 N_2O 累积排放量，表明秸秆覆盖还田在增加土壤肥力的同时，雨水相对较少时能降低单位氮素的 N_2O 损失，有利于氮素在土壤中的保留，在雨水充沛时却增大了 N_2O 的排放。在两个生长季中秸秆覆盖还田条件下氮肥减施 20% 均显著降低了 N_2O 累积排

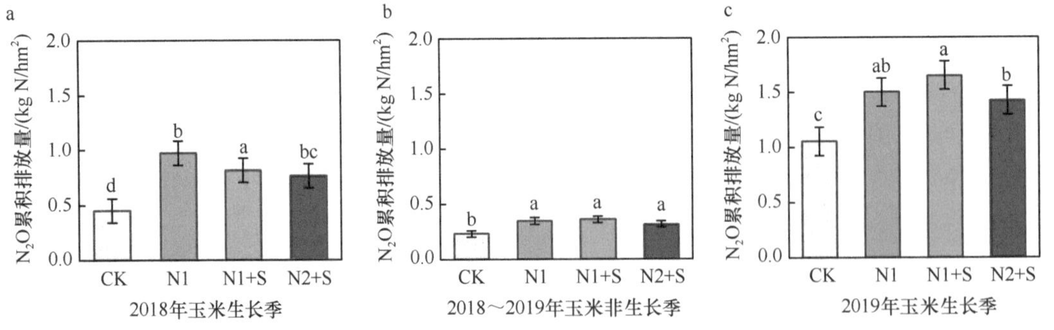

图 6-7　2018～2019 年玉米生长季和非生长季的 N_2O 累积排放量

图柱上不含有相同小写字母的表示玉米生长季或非生长季不同处理之间差异显著（$P<0.05$）

放量，降低比例分别为 6.1% 和 13.3%。在非生长季较 CK 相比，N1、N1+S 和 N2+S 处理的 N_2O 累积排放量均显著增加，N1、N1+S 和 N2+S 处理间的 N_2O 累积排放量没有显著性差异。非生长季的气温相对较低，土壤微生物活性变弱，主要通过土壤温度调节 N_2O 释放量。当土壤温度高于 5℃时，适于硝化和反硝化微生物发挥生物活性从而释放出 N_2O，而生长季的土壤温度较高，当温度为 25～35℃时 N_2O 达到最大排放通量（朱永官等，2014）。

反硝化产生的 N_2 是闭合全球氮循环的重要环节，同时也是肥料氮损失的重要途径。在玉米生长季和非生长季，N_2 总累积排放量为（6.54～8.78）kg N/hm^2，生长季的 N_2 损失率显著高于非生长季损失率（表 6-2），这主要是由于在生长季土壤中的肥料氮底物较多，随着作物的生长，肥料氮逐渐被作物吸收利用，可转化为 N_2 的底物含量逐渐降低。$N_2O/(N_2+N_2O)$（物质的量的比）值为 0.086～0.15，可能与施肥导致土壤酸度增加有关，使得 $N_2O/(N_2+N_2O)$ 值增加。东北农田 $N_2O/(N_2+N_2O)$ 值低于全球农田反硝化过程 $N_2O/(N_2+N_2O)$ 的平均值 0.38（Sgouridis and Ullah，2015）。N1+S 处理中 N_2 总累积排放量较低，导致 $N_2O/(N_2+N_2O)$ 值增大，说明土壤中 N_2O 排放量占土壤反硝化气体排放量比例较大，而 N2+S 处理的 N_2 总累积排放量较多。不同处理之间 $N_2O/(N_2+N_2O)$ 值的变化规律相似，玉米生长季前期，N_2O 的排放占主导地位，玉米生长季后期 N_2 的排放占主导地位。

表 6-2　生长季和非生长季 N_2 的累积排放量、损失率及 $N_2O/(N_2+N_2O)$ 值

处理	N_2 总累积排放量/(kg N/hm^2)	生长季 N_2 损失率/%	非生长季 N_2 损失率/%	$N_2O/(N_2+N_2O)$ 值
CK	7.29±0.28			0.086
N1+S	6.54±0.43	1.89±0.14	0.84±0.05	0.15
N2+S	8.78±0.40	3.27±0.27	1.35±0.08	0.11

由于施肥和秸秆还田的作用，土壤中的 NO_3^-、NH_4^+ 浓度在玉米苗期和抽穗期较高，充足的碳源底物为反硝化提供了电子，促进了土壤 N_2 和 N_2O 的排放。秸秆还田可以在一定程度上抑制土壤水分蒸发并减少热量的损失，起到保墒作用。当 NO_3^- 浓度较低、土壤中碳底物充足时，N_2 为反硝化作用的主要产物；当 NO_3^- 浓度较高、土壤碳底物不足时，NO_3^- 比 N_2O 更容易作为电子受体，土壤中过高的 NO_3^- 浓度会抑制 N_2O 还原酶的活性，使得 N_2/N_2O 值变小，产生相对较多的 N_2O（Wang et al.，2020b）。

6.1.2.2　肥料氮的淋溶损失

施入土壤中的尿素，在脲酶的作用下分解为 NH_4^+-N，经过硝化作用变为 NO_3^--N，其带负电荷，在土壤中不易被土壤胶体吸附，而 NH_4^+-N 在土壤中易被胶体吸附和被矿物晶格固定，不易发生淋溶损失。在土壤剖面中，肥料来源 NO_3^--N 含量在 60～100cm 土层中最高，NO_3^--N 向下迁移的速率较快，容易发生淋溶损失。从肥料氮在土壤中的淋溶损失（图 6-8）来看，淋溶损失中很大一部分也是 NO_3^--N，NH_4^+-N 的淋溶可以忽略不计（Kanwar et al.，1980；Baggs，2011）。第二年雨水充沛，各处理淋溶液中的全氮淋溶损失量明显高于第一年，且处理之间规律不一致，第一年全氮淋溶损失量呈现出 N1+S＞N1＞N2+S，而在第二年全氮淋溶损失量规律为 N1＞N1+S＞N2+S，氮淋溶损失量随施肥量的增大而增大，过量的施肥导致土壤中 NO_3^--N 的累积量增大。

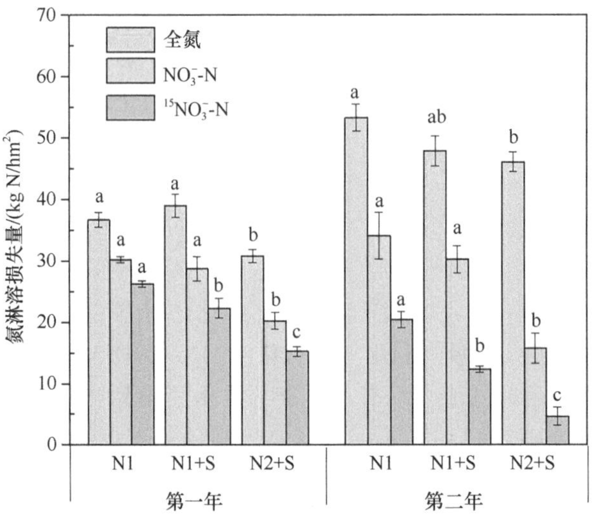

图 6-8　2018～2019 年淋溶液中 $^{15}NO_3^-$-N、NO_3^--N 及全氮的含量

图柱上不含有相同小写字母的表示第一年或第二年不同处理之间差异显著（$P<0.05$）

秸秆覆盖还田降低了淋溶液中 NO_3^--N 的淋失，N1+S 处理较 N1 处理两年分别降低了 0.8%、2.7%，与 N1+S 处理相比，N2+S 处理显著降低了土壤中 NO_3^--N 和肥料来源 $^{15}NO_3^-$-N 的淋溶损失量。与 N1 处理相比，N1+S 处理不仅降低了土壤中 NO_3^--N 淋溶损失量，而且能显著降低肥料来源 $^{15}NO_3^-$-N 的淋溶损失量和淋溶损失率，两年肥料来源的氮淋溶损失率分别降低了 1.7%、3.3%（表 6-3）。与 N1+S 处理相比，N2+S 处理能显著降低第一年淋溶损失的全氮、NO_3^--N 和肥料来源 $^{15}NO_3^-$-N 的淋溶损失量。因此，N2+S 处理通过增加肥料氮在土壤中的残留，促进植物对养分的吸收利用，降低肥料氮通过 NO_3^--N 产生的淋溶损失，从而保证粮食产量，降低环境风险。

表 6-3　2018～2019 年淋溶液中 NO_3^--N 占全氮比值（%）、肥料来源 $^{15}NO_3^-$-N 淋溶损失率（%）和 NO_3^--N 淋溶损失率（%）

处理	2018 年			2019 年		
	NO_3^--N/全氮	$^{15}NO_3^-$-N 淋溶损失率	NO_3^--N 淋溶损失率	NO_3^--N/全氮	$^{15}NO_3^-$-N 淋溶损失率	NO_3^--N 淋溶损失率
N1	82.6±1.8a	11.0±0.2a	12.6±0.5a	63.6±5.6a	8.5±0.6a	10.2±0.3a
N1+S	73.7±4.5ab	9.3±0.6b	11.8±0.4a	63.3±4.0a	5.2±0.2b	7.5±0.3b
N2+S	66.0±2.7b	8.0±0.4b	9.0±0.6b	34.4±1.0b	2.5±0.3c	4.1±0.4c

注：同列数据后不含有相同小写字母的表示 2018 年或 2019 年不同处理之间差异显著（$P<0.05$）

6.1.3　东北黑土氮肥高效利用与调控途径

6.1.3.1　免耕秸秆覆盖

东北旱地集约化农田有机输入不足，长期单施氮肥土壤中的微生物处于碳受限的状态，微生物活性和代谢受到抑制，使得进入土壤中的氮素的生物和化学转化过程受阻，肥料氮损失风险增加。矿质态氮和固定态铵是暂时的土壤氮素储存库，可在玉米生长过程中逐渐释放从而被作物吸收利用。微生物与植物之间存在着不同程度的竞争，微生物在植物生长前期会利用较多的氮来合成自身物质，在后期，植物可利用微生物分解产物来满足自身氮素需求（丁雪丽等，2008；Han et al.，2017）。由于土壤氮素转化关键过程是由微生物驱动的，氮肥高效利用调控实际上就是土壤氮素微生物转化过程的调控。免耕秸秆覆盖还田条件下，肥料氮减施 20% 能显著降低土壤中残留的矿质态氮的含量，在东北地区，秸秆还田配合肥料减施处理可调控肥料氮向固定态铵库和有机氮库的转化，调控土壤氮库的保肥供肥能力。研究表明（Liu et al.，2016b），秸秆覆盖还田处理能显著延长土壤表层微生物残体（氨基糖）积累的持续时间和积累强度（图 6-9）。秸秆还田能维持适宜的碳氮比，微生物通过同化作用将肥料氮转化为具有一定稳定性的有机氮化合物，降低氮素在土壤中的可移动性，竞争性抑制氮素的硝化和反硝化作用，减少硝酸盐的产生，从而降低肥料氮的淋失。

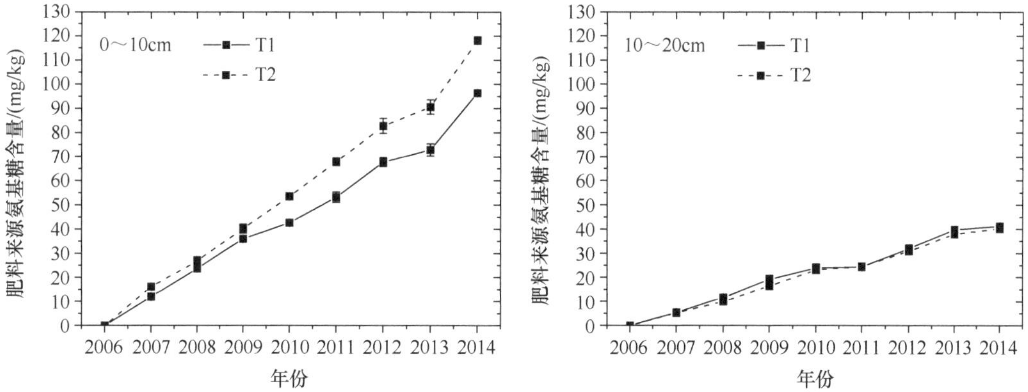

图 6-9　不同处理条件下土壤不同层次肥料来源氨基糖含量的年际变化

T1：单施肥料氮；T2：秸秆还田+肥料氮施用

6.1.3.2　优化氮肥施用量

在东北黑土区减量施氮、提质增效成为我国农业粮食生产持续发展的重要途径。免耕秸秆覆盖还田条件下，氮肥减施 20% 的情况下保持较高的玉米产量、提高氮肥利用率，年际呈现规律一致，在东北农田黑土基于传统施氮适当降低氮肥施用量起到提高氮肥利用率的效果，是实现化肥减施、绿色增效的重要途径。

6.1.3.3　添加硝化抑制剂

不同质地土壤的性质、肥料品种、耕作方式、施肥方式、水热调控等因素对肥料氮在土壤中的迁移转化也有较大影响。硝化抑制剂能直接或间接抑制土壤中亚硝化、硝化和反硝化作用，从而阻碍 NH_4^+-N 向 NO_3^--N 及氮氧化合物的转化过程，显著降低土壤中残留的矿质态氮的含量。在东北地区，抑制剂处理主要调控肥料氮向固定态铵库的转化，影响土壤氮素的可利用性和转化过程。与单施尿素处理相比，硝化抑制剂 DMPP 的施入显著减少了 N_2O 的排放，减排率达 41%～89%，说明抑制剂起到了减少土壤 N_2O 排放的作用（图 6-10）。硝化抑制剂与氮肥配合施用，施入的肥料氮能够较长时间以 NH_4^+-N 的形式残留在土壤剖面中，供作物吸收利用，同时可增加土壤中固定态铵的含量，以免高浓度 NO_3^--N 的出现，从而减少 NO_3^--N 的淋溶及 N_2O 排放。同时，由于底物反馈抑制作用，NH_4^+-N 累积在某种程度上会导致其矿化作用的减缓，也就是说土壤中氮的总矿化速率也间接受到硝化抑制剂的抑制。

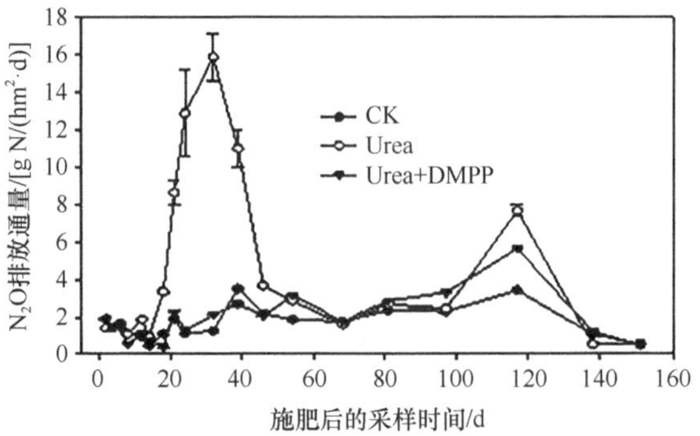

图 6-10 施肥后农田土壤 N_2O 的排放通量

CK：不施氮肥；Urea：单施尿素；Urea+DMPP：尿素+硝化抑制剂

6.2 华北小麦—玉米种植系统肥料氮去向、损失过程与调控

华北平原是我国重要的集约化农作区之一，冬小麦—夏玉米轮作是该区主要的种植体系，贡献了我国 2/3 小麦和 1/3 玉米产量，是我国重要的粮仓之一（Lu and Fan，2013；Han et al.，2017）。华北平原的氨排放强度高，可能和近年来雾霾频发有关（Zhang et al.，2018d）。自 20 世纪 90 年代以来，过量施用氮肥导致华北农田土壤包气带累积了大量的 NO_3^--N，土壤累积的大量 NO_3^--N 逐步向深层包气带和浅层地下水迁移，严重威胁了地下水质的安全（Zhou et al.，2016）。华北平原也是我国 N_2O 排放的热点地区（Shang et al.，2019），该地区农田 N_2O 的减排对全国乃至全球温室气体减排具有重要的意义。可持续的农田氮素管理不仅需要实现目标产量及相应的作物品质和经济效益，而且需要将活性氮排放及其环境影响降低至可接受的范围，也要维持或提高土壤肥力（巨晓棠和张翀，2021）。量化华北平原冬小麦—夏玉米轮作体系氮素收支是实现可持续氮素管理的有效手段，准确定量肥料氮损失途径及通量，有助于我们制定有针对性的活性氮减排措施，促进氮肥高效利用，从而实现作物高产、环境友好和土壤培肥的三重目标。

6.2.1 氮素来源、去向及收支特征

6.2.1.1 氮素投入产出与氮素平衡

对于传统施氮处理，化肥是华北农田冬小麦—夏玉米体系最重要的氮输入项，占氮总输入的 73%。化肥氮减量处理的化肥氮投入占氮总输入的 58%。增加畜禽粪便的还田率可极大减少化肥氮的投入，牛粪+化肥氮处理的化肥氮投入仅为 183kg N/hm^2，占氮总输入的 33%；牛粪氮投入量为 147kg N/hm^2，占氮总输入的 27%。秸秆氮也是华北农田重要的氮输入项，占氮总输入的 17%～26%。氮沉降成为目前华北农田重要的氮输入项，占氮总输入的 6%～10%。其他氮输入项，包括生物固氮、种子和灌溉三者之和占氮总输入的 3%～7%（表 6-4）。与传统施氮和化肥氮减量处理相比，牛粪+化肥氮处理提高了地上部作物吸收氮量，氨挥发和 NO_3^--N 淋溶是华北冬小麦—夏玉米体系氮素损失的主要途径。传统施氮处理氮素盈余高达 384kg N/hm^2，化肥氮减量处理、牛粪+化肥氮处理分别将氮素盈余降至 102kg N/hm^2、108kg N/hm^2。

表 6-4 华北平原冬小麦—夏玉米体系氮素收支与盈余 （单位：kg N/hm²）

项目	输入			项目	输出		
	传统施氮	化肥氮减量	牛粪+化肥氮		传统施氮	化肥氮减量	牛粪+化肥氮
化肥	560	268	183	地上部吸收	386	357	443
有机肥	0	0	147	氨挥发	19	10	11
秸秆	134	115	145	NO_3^--N 淋溶	44	16	24
大气沉降	46	46	46	N_2O 排放	3.2	1.8	2.2
生物固氮	10	10	10	N_2 排放	18	12	16
灌溉	15	15	15				
种子	5	5	5				
总输入	770	459	551	总输出	470.2	396.8	496.2
氮素盈余	384	102	108	收支平衡	299.8	62.2	54.8

注：数据基于 2006～2020 年在中国农业大学上庄试验站开展的长期定位试验。其中化肥、有机肥和秸秆氮输入是基于多年田间试验结果求得的平均值；氨挥发、NO_3^--N 淋溶、N_2O 排放和 N_2 排放是基于该长期定位试验多年（2～3 年）实测的数据求得的平均值；大气沉降是根据华北氮沉降量求得的历史平均值（张颖等，2006；Xu et al.，2015）；灌溉和种子氮输入来自赵荣芳等（2009）

6.2.1.2 肥料氮在华北潮土中的去向

肥料氮去向的研究依托 2006 年在华北（上庄）布设的“潮土冬小麦—夏玉米体系不同碳氮管理的长期定位试验”进行。实验共设 7 个处理，每个处理 3 次重复，共 21 个小区。7 个处理分别为不施氮（N0）、不施氮+秸秆还田（N0+S）、优化施氮（Nopt）、优化施氮+秸秆还田（Nopt+S）、农户传统施氮（Ncon）、农户传统施氮+秸秆还田（Ncon+S）、长期有机无机氮肥配施（Nbal+M+S）。2017 年 6 月夏玉米播种前，在以上长期定位试验 7 个处理中各设置一个 ^{15}N 微区，在 2017 年 6～9 月的夏玉米季分四叶肥和十叶肥施用 ^{15}N 标记的氮肥（同位素丰度为 5.15%），研究肥料 ^{15}N 在夏玉米当季的去向。玉米季四叶肥和十叶肥的施氮量均为 80kg N/hm²（深施 8～10cm）。除氮肥外，玉米季的磷、钾、锌肥施用量分别为 100kg P_2O_5/hm²、100kg K_2O/hm²、30kg $ZnSO_4$/hm²，在玉米四叶期施氮肥时一次性施入。

长期不施氮处理（N0 和 N0+S）在供氮后的秸秆、籽粒和地上部生物量与长期有机无机氮肥配施处理（Nbal+M+S）无显著性差异，秸秆、籽粒生物量分别为 7.92～9.84t/hm²、9.58～10.19t/hm²，平均值分别为 8.74t/hm²、9.87t/hm²。长期单施化肥氮处理（Nopt、Nopt+S、Ncon、Ncon+S）的秸秆、籽粒产量整体上要低于长期不施氮和有机无机氮肥配施处理，分别为 5.85～7.36t/hm²、6.34～8.45t/hm²，平均值分别为 6.57t/hm²、7.47t/hm²（图 6-11）。

在相同施氮量下，N0 和 N0+S 处理的地上部吸收肥料氮量（100～104kg N/hm²，平均值 102kg N/hm²）显著高于其他 5 个处理。Nbal+M+S 处理的地上部吸收肥料氮量（78kg N/hm²）显著高于 Ncon+S 处理的地上部吸收量（61kg N/hm²）。长期单施化肥氮处理（Nopt、Nopt+S、Ncon 和 Ncon+S）的地上部吸收肥料氮量为 61～69kg N/hm²（平均值 66kg N/hm²），且两两处理之间的地上部吸收肥料氮量无显著性差异（图 6-12）。由于所有处理的施氮量相同，肥料氮利用率的相对大小表现出和作物地上部吸收肥料氮量相同的趋势。N0 和 N0+S 处理的肥料氮利用率（63%～65%，平均值 64%）显著高于其他 5 个处理。Nbal+M+S 处理的肥料氮利用率（49%）显著高于 Ncon+S 处理的肥料氮利用率（38%）。长期单施化肥氮处理（Nopt、

Nopt+S、Ncon 和 Ncon+S）的肥料氮利用率为 38%～43%（平均值 41%），且两两处理之间的肥料氮利用率无显著性差异。

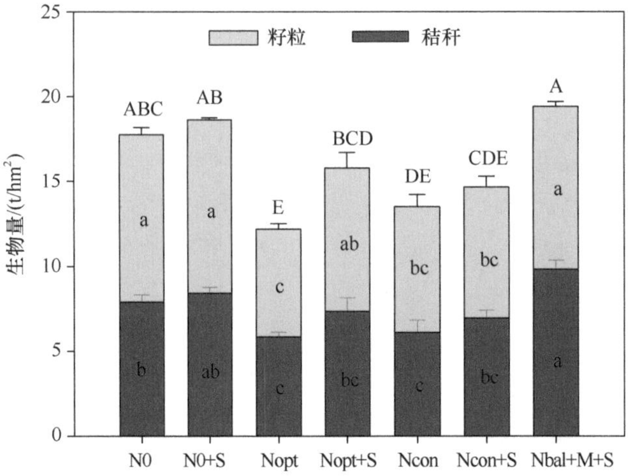

图 6-11　当季夏玉米籽粒和秸秆生物量（张翀，2020）

图柱上不含有相同小写字母的表示籽粒或秸秆生物量在不同处理之间差异显著（$P<0.05$），不含有相同大写字母的表示籽粒与秸秆生物量之和在不同处理之间差异显著（$P<0.05$）。误差线代表标准误。S 代表秸秆，M 代表牛粪。下同

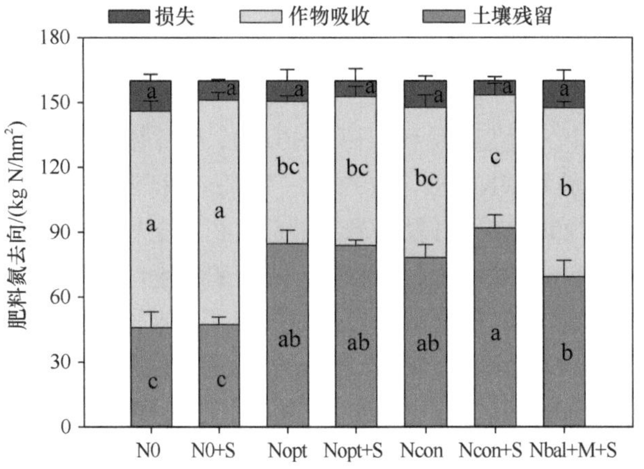

图 6-12　当季夏玉米肥料氮去向（张翀，2020）

图柱上不含有相同小写字母的表示对应图例上相应参数在不同处理之间差异显著（$P<0.05$）

N0 和 N0+S 处理的土壤肥料氮残留量最低，为 46～47kg N/hm^2，占施氮量的 29%。长期单施化肥氮处理的土壤肥料氮残留量为 78～92kg N/hm^2（平均值 85kg N/hm^2），占施氮量的 49%～58%（平均值 53%），且两两处理之间的土壤肥料氮残留量及其占施氮量的比例无显著性差异。Nbal+M+S 处理的土壤肥料氮残留量介于以上两组处理之间，为 69kg N/hm^2，占施氮量的 43%。所有处理的肥料氮损失量为 7～14kg N/hm^2（平均值 10kg N/hm^2），占施氮量的 4%～9%（平均值 6%），且两两处理之间的肥料氮损失量及其占施氮量的比例无显著差异（图 6-12）。

6.2.1.3　肥料氮在华北潮土剖面中的分布

当季夏玉米收获后，肥料氮的残留随着土壤深度增加而减少。且肥料氮主要残留于 60cm

以上的土壤剖面中，0～60cm 剖面的土壤肥料氮残留量可占 0～100cm 剖面肥料氮残留总量的 93%～96%（平均值 95%）（图 6-13a）。后茬冬小麦收获后，0～40cm 的 2 个土壤层次的肥料氮残留量减少，而 40cm 以下的 3 个土壤层次的肥料氮残留量均有所增加（图 6-13b），说明当季夏玉米施用的 ^{15}N 肥料在后茬冬小麦季已经向土壤深层迁移。

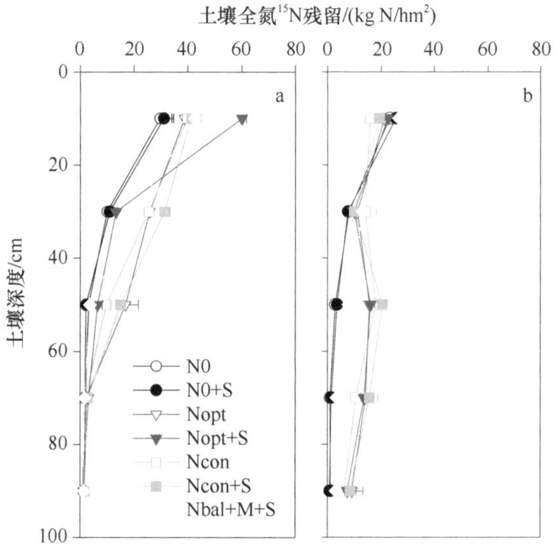

图 6-13　土壤全氮中肥料氮在当季夏玉米收获后（a）和后茬冬小麦收获后（b）的残留量（张翀，2020）

误差线代表标准误（*n*=3）

6.2.2　肥料氮的主要损失过程

6.2.2.1　氨挥发

华北平原夏玉米—冬小麦轮作施肥后的氨挥发通量呈现上升的趋势，一般在一周内达到氨排放高峰，随后呈现逐步下降的趋势。与此同时，氨挥发受降雨和温度影响，若在施肥后遇到较大幅度的降温、降雨，则氨挥发通量会迅速下降，从而减少氨挥发量（图 6-14）。在高温高湿的夏玉米季，农户传统施氮方式多以雨前撒施为主，但由于气象条件的不确定性，可能没有足够的降雨将施用的氮肥转移至土壤耕层，造成夏玉米季氨挥发损失极大。多年研究结果表明：华北夏玉米季氨挥发累积量为 78kg N/hm^2，占施氮量的 27%。冬小麦季由于气温

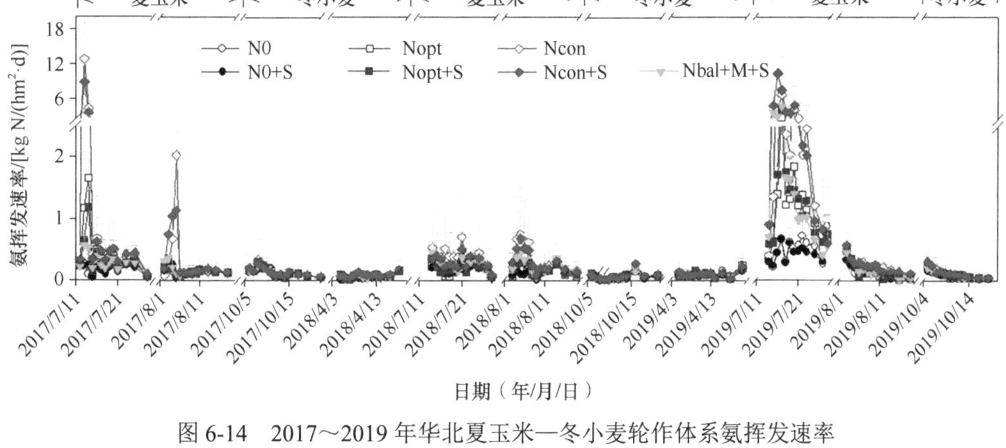

图 6-14　2017～2019 年华北夏玉米—冬小麦轮作体系氨挥发速率

较低且施肥后进行翻耕或灌水，氨挥发损失相对较低，氨挥发累积量为 48kg N/hm^2，占施氮量的 17%。整个夏玉米—冬小麦轮作体系氨挥发累积量为 131kg N/hm^2，占施氮量的 23%（Ju and Zhang，2017）。

6.2.2.2　硝态氮淋溶

华北农田 NO_3^--N 淋溶不仅受到年降雨或灌水总量的影响，也受到降雨频次和降雨强度的影响。在冬小麦季，降雨较少，为了满足冬小麦对水分的需求，冬小麦返青期后需要灌水 2 或 3 次。但由于冬小麦需水量较大且土壤含水量较低，几乎很少发生 NO_3^--N 淋溶事件（图 6-15）。在雨热同期的夏玉米季，由于降雨频次和单次降雨量均很高，造成土壤水分经常处于饱和状态，导致累积 NO_3^--N 极易移出根区而发生淋溶事件，夏玉米季 NO_3^--N 淋溶损失量占全年总 NO_3^--N 淋溶损失量的 80%（图 6-15）。在常规氮素管理下，冬小麦和夏玉米季 NO_3^--N 淋溶损失量分别为 27kg N/hm^2 和 7kg N/hm^2，分别占施氮量的 11% 和 3%。冬小麦—夏玉米轮作体系 NO_3^--N 淋溶损失量为 34kg N/hm^2，占施氮量的 6%（Ju and Zhang，2017）。由于没有令人满意的 NO_3^--N 淋溶的测定方法，获取不同作物体系可靠的 NO_3^--N 淋溶数据依然存在较大的不确定性。尽管如此，可以确定 NO_3^--N 淋溶是华北农田氮素的重要损失途径。

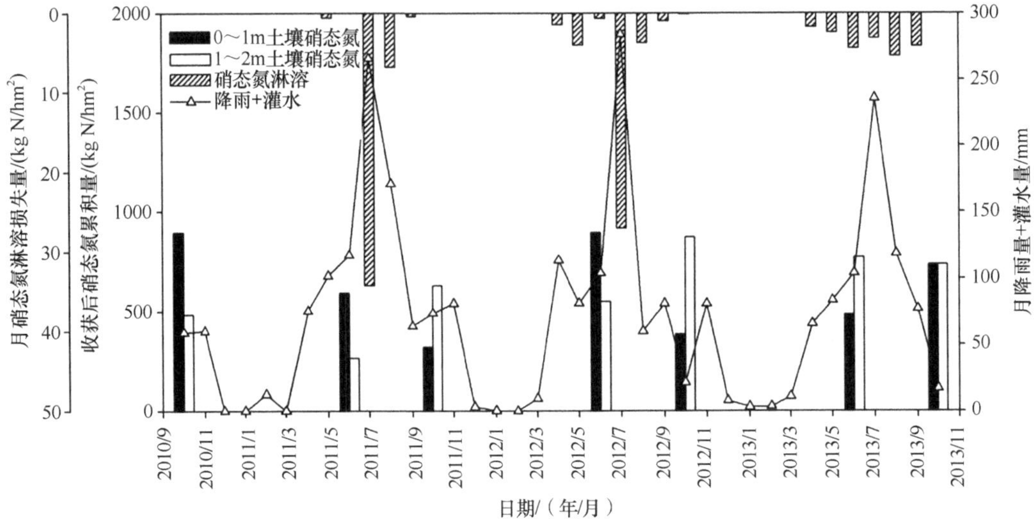

图 6-15　华北冬小麦—夏玉米轮作硝态氮累积量、月尺度淋溶损失量、降雨量和灌水量动态及关系（Huang et al.，2017）

6.2.2.3　N_2O 排放

在华北石灰性低有机碳的潮土中，N_2O 排放高峰一般发生在尿素或铵态氮肥施用后的 0.5～2 周，降雨和灌水事件可引起小的 N_2O 排放峰。在作物生长的其他时段，即使土壤 NO_3^--N 含量较高，N_2O 排放也很弱（图 6-16）。在冬小麦—夏玉米轮作体系中，施肥事件引起的 N_2O 排放量占全年总排放量的 30%～70%（Ju et al.，2011；Gao et al.，2014）。尿素或铵态氮肥在施肥后的 0.5～2 周内即迅速转化为 NO_3^--N，与 N_2O 排放高峰相吻合（Wan et al.，2009）。通过一系列田间原位观测，华北冬小麦、夏玉米、冬小麦—夏玉米轮作的 N_2O 排放因子分别为 0.1%～0.2%、0.4%～0.6%、0.1%～0.6%，显著低于联合国政府间气候变化专门委员会（IPCC）提出的排放因子缺省值（1%）（De Klein et al.，2006），也明显低于欧洲土壤以反硝化为主导产生过程的 N_2O 排放因子缺省值（Leip et al.，2011），这些差异可能主要是由不同的土壤氮素转化过程所主导的。

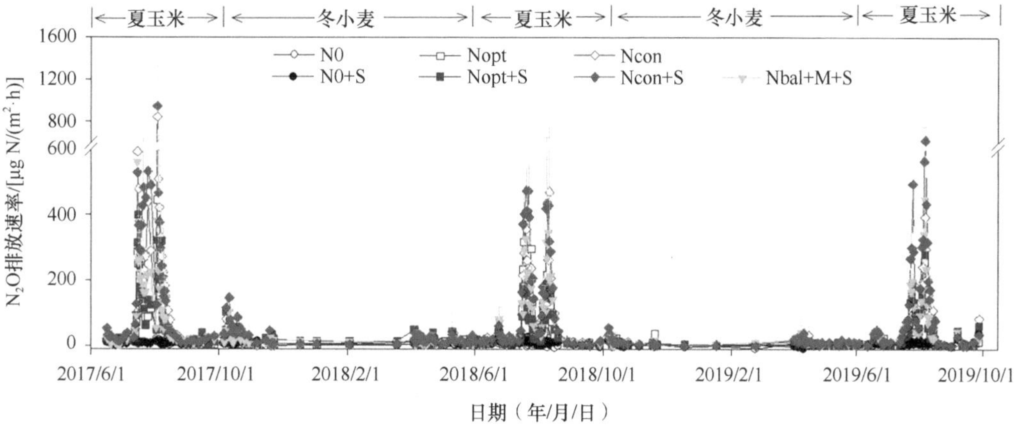

图 6-16　2017～2019 年华北夏玉米—冬小麦体系 N_2O 排放

6.2.2.4　反硝化损失

通过汇总华北农田常规氮素管理措施下反硝化损失量发现，夏玉米、冬小麦、冬小麦—夏玉米轮作的反硝化损失分别为 10.1kg N/hm^2、2.3kg N/hm^2、10.3kg N/hm^2，分别占施氮量的 2.3%、0.5%、1.3%（Ju and Zhang，2017）。与南方水稻—小麦轮作体系相比，华北农田冬小麦—夏玉米体系反硝化损失量相对较低（Zhao et al.，2012b），这可能是由于华北农田土壤有机碳含量较低且经常处于通气性良好状态（Zhou et al.，2016）。此外，目前北方旱地土壤反硝化通量的估算大部分采用乙炔抑制法，该方法存在一些缺陷，如乙炔难以均匀扩散，且乙炔中杂质也会影响反硝化。因此，必须采用其他可靠的方法，如同位素标记法（Buchen et al.，2016）、氦环境土柱培养–氮气直接测量法（Wang et al.，2011a）来准确定量华北农田土壤氮素反硝化损失。

6.2.2.5　常规和优化施氮量下肥料氮的损失途径

研究以 2006 年在中国农业大学上庄试验站开展的长期定位试验为例，分析了传统和优化施氮量下冬小麦—夏玉米体系各肥料氮损失途径及通量。常规处理、优化处理的施氮量分别为 560kg $N/(hm^2·a)$、320kg $N/(hm^2·a)$（表 6-5）。在常规和优化施氮量下，NO_3^--N 淋溶均高于相应施氮量下的氨挥发和其他途径的肥料氮损失。因此，NO_3^--N 淋溶是最主要的肥料氮损失途径。由于夏玉米季采用了条施肥料后覆土的方式，氨挥发显著降低，常规和优化施氮量下氨挥发分别占施氮量的 3.9% 和 3.3%。此外，由于田间其他农艺管理措施的优化，常规和优化施氮量下 NO_3^--N 淋溶损失量分别占施氮量的 6% 和 5.6%，低于华北的其他研究结果 18%～25%（赵荣芳等，2009；朱兆良等，2010），也可能是由于吸杯法与土壤的接触面积较小，不能量化优先流对 NO_3^--N 淋溶的贡献。但 NO_3^--N 淋溶和氨挥发仍然是华北冬小麦—夏玉米体系肥料氮的主要损失途径。常规和优化施氮量下 N_2 排放量分别占施氮量的 1.7% 和 1.6%（未发表数据）。常规和优化施氮量下 N_2O 排放量分别占施氮量的 0.4% 和 0.5%。常规和优化施氮量下氮肥总损失量分别占施氮量的 12.1% 和 10.9%，低于华北其他典型文献的结果（Ju et al.，2009；Ju and Zhang，2017），其原因主要是深施造成氨挥发较低及测定方法造成 NO_3^--N 淋溶可能被低估。

表 6-5　常规和优化施氮量下华北冬小麦—夏玉米体系肥料氮的主要损失途径及通量

处理	施氮量/[kg N/(hm²·a)]	各途径氮素损失量/[kg N/(hm²·a)]				
		氨挥发	NO_3^--N 淋溶	N_2 排放	N_2O 排放	总损失量
常规	560	22.1	33.7	9.7	2.5	68.0
优化	320	10.5	17.8	5.2	1.5	35.0

6.2.3　华北冬小麦—夏玉米轮作氮肥高效利用与调控途径

6.2.3.1　采用合理施氮量

在华北的研究结果表明，当施氮量超过合理施氮量范围时，各途径的活性氮损失会呈指数（或其他非线性）增长的趋势（巨晓棠和张翀，2021）。合理施氮量如何确定一直是科学家关注的重要科学问题。Ju 和 Christie（2011）提出了基于目标产量和维持土壤氮素平衡的“理论施氮量”概念和方法（图 6-17）。推导出推荐施氮量（N_{fert}，kg N/hm²）约等于作物地上部吸氮量的规律和算式：$N_{fert}≈Y/100×N_{100}$，其中 Y 为目标产量（kg/hm²），N_{100} 为百千克收获物需氮量（kg）。依据理论施氮量算式可计算得到：小麦在目标产量为 5t/hm²、6t/hm²、7t/hm² 时，理论施氮量分别为 140kg N/hm²、168kg N/hm²、196kg N/hm²。玉米在目标产量 7t/hm²、8t/hm²、9t/hm² 时，理论施氮量分别为 161kg N/hm²、184kg N/hm²、207kg N/hm²（巨晓棠，2015）。以上计算所采用的百千克收获物需氮量是根据当前生产条件和产量水平下的全国不同生态区的统一值，小麦、玉米的百千克收获物需氮量分别取值 2.8kg、2.3kg。百千克收获物需氮量与区域、作物、品种、产量水平、生产条件等因素密切相关，会发生一些时空变异。例如，东北水稻百千克收获物需氮量仅为 1.4kg，远低于全国平均水平的 2.4kg（巨晓棠，2015）。因此，未来需要率定和细化不同生态区、作物、地力和产量水平等因素下百千克收获物需氮量，从而为合理施氮量的确定提供准确的参数（巨晓棠和张翀，2021）。

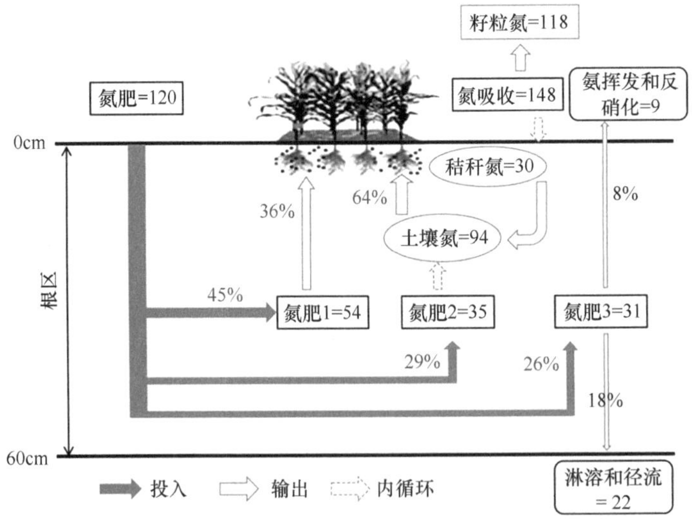

图 6-17　土壤-作物体系主要氮素流动通量（Ju and Christie，2011）

线条粗细代表通量大小。氮肥 1 为作物吸收肥料氮；氮肥 2 为土壤残留肥料氮；氮肥 3 为肥料氮损失；土壤氮为作物吸收土壤氮；图中百分数表示占施氮量的比率，其中作物吸收肥料氮和土壤氮的百分数是指占作物总吸氮量的比率

6.2.3.2　改进施肥技术

当前华北夏玉米季常规的追肥方式为撒施尿素，等待下雨。在雨热同期的夏季，加上碱性土壤，为氨挥发创造了极为有利的土壤−气候条件（Zhang et al.，2020）。深施尿素是减少氨挥发的重要措施，张亚倩（2020）的研究结果表明，尿素在夏玉米季开沟深施 10cm 时，氨挥发损失率仅为 0.1%～0.2%。但在河南封丘的结果表明，深施尿素的氨挥发损失率为 11%～12%，这可能是由于该研究尿素施用深度（文中未提及）较浅。因此，笔者建议，在华北夏玉米季尿素的施用深度要达 8～10cm，不建议采用大于 10cm 的施肥深度，因为会增加人力、物力的投入成本。

采用合理的施氮量，条施深度达 8～10cm，氨挥发和 NO_3^--N 淋溶均可降低到可接受的范围内（Huang et al.，2017；张亚倩，2020）。近年来，有些研究表明，条施尿素尽管可以显著降低氨挥发，但会促进 N_2O 排放量的增加（张亚倩，2020）。如何实现农田氨挥发和 N_2O 的同时减排？笔者在北京和河北的研究结果表明，条施添加硝化抑制剂尿素，能够同时将氨挥发和 N_2O 控制在较低水平（张亚倩，2020；表 6-6）。未来可在工厂化生产阶段将硝化抑制剂添加到尿素中，通过技术的物化来实现农田活性氮同时减排。

表 6-6　不同氮肥管理措施对夏玉米氨和 N_2O 的减排效果

处理	氨减排潜力/%	N_2O 减排潜力/%
DP+U	−98	+17
BC+U+DMPP	+134	87
DP+U+DMPP	−77	−80
BC+U+Limus	−51	−28
DP+U+Limus	−94	−38

注：以上减排潜力的对照处理为传统撒施尿素，数据来自张亚倩（2020）。BC 和 DP 分别代表撒施和条施后覆土，U 代表尿素，Limus、DMPP 分别为一种脲酶抑制剂、硝化抑制剂

6.2.3.3　有机无机管理结合

华北潮土的肥力相对较低，20 世纪 80 年代土壤耕层有机碳含量平均仅为 4.6～6.4g/kg，低于我国其他农作区和全国平均有机碳水平（9.6～11.3g/kg）。近年来，随着秸秆还田的实施，土壤耕层有机碳有所上升，达 5.8～11.2g/kg（平均值为 8.8g/kg）。除秸秆还田外，增施有机肥也是提高土壤有机碳的有效措施（张翀，2020）。在河南封丘的结果表明，等氮量的条件下，长期（18 年）施用有机肥处理的土壤有机碳、作物产量、作物地上部吸氮量和氮肥利用率显著高于单施化肥氮处理（Zhao et al.，2013）。这是因为增施有机肥可以提高土壤有机碳含量、土壤全氮和微生物量等指标（Lazcano et al.，2013）。向不同肥力潮土中施入等量的化肥氮后，高肥力土壤作物产量和氮肥利用率均高于低肥力的潮土，同时降低了氮肥通过各种途径的损失。这是由于高肥力土壤能够在作物生长前期固持施入土壤的肥料氮，减少肥料损失；在作物生长后期（即生长旺盛的时期）释放被土壤前期固持的肥料氮，实现了作物需氮和肥料供氮在时间上的匹配，从而提高作物产量及氮肥利用率（Liang et al.，2013）。因此，有机无机结合是氮素管理的金法则。

6.2.3.4　种植结构调整

自 20 世纪 80 年代以来，华北过度开采地下水用于种植业尤其是冬小麦季的灌溉，该问题受到了我国政策制定者的高度关注，农业农村部自 2016 年在华北地下水漏斗区开展了“季节性休耕”（一季休耕、一季种植）试点工作，即隔年种植冬小麦，在冬季休闲期种植绿肥以培肥土壤。由于我国现阶段出现了玉米阶段性供大于求、大豆供求缺口逐年扩大的现象，提倡在华北适当扩大夏大豆种植面积。

在华北的研究结果表明，与常规的冬小麦—夏玉米一年两熟作物体系相比，优化水氮、秸秆和耕作管理的冬小麦—夏玉米—春玉米和冬小麦—夏玉米—夏大豆两年三熟的体系可在不降低籽粒产量或地上部吸氮量的前提下，显著降低氮肥和灌溉水用量，并提高氮肥和灌溉水利用率（Gao et al.，2015）。尽管以上研究未定量不同种植模式下的氮素损失，但冬小麦—夏玉米—春玉米体系的氮素盈余显著低于常规冬小麦—夏玉米轮作体系，冬小麦—夏玉米—夏大豆体系的氮素盈余低于冬小麦—夏玉米—春玉米体系（Gao et al.，2015）。由于氮素盈余与各种活性氮损失呈指数增长的关系（巨晓棠和张翀，2021）。两年三熟的冬小麦—夏玉米—春玉米和冬小麦—夏玉米—夏大豆体系可降低氮素通过各种途径的损失。

6.3　西北小麦肥料氮去向、损失过程与调控

西北地区主要包括陕西、甘肃、宁夏、青海、新疆等 5 个省（区），降水普遍偏少，可耕地有 80% 以上为旱地，而其中 56% 的旱地种植小麦（山仑和陈国良，1993）。《中国统计年鉴 2019》数据显示，西北五省小麦产量总计 1338 万 t，占全国小麦总产量 13 144 万 t 的 10.2%。小麦种植面积总计 301.5 万 hm^2，占全国小麦种植面积 2430 万 hm^2 的 12.4%（国家统计局，2019）。西北五省（区）的小麦单位面积产量平均为 4438kg/hm^2，只有全国小麦单位面积产量（5416kg/hm^2）的 82%。因此，西北地区小麦存在种植面积大、产量偏低的特点。

黄土高原位于典型的半干旱温带大陆性气候区，降水少，加之全球气候变暖及区域性气候变化剧烈，旱作农业面临着严峻的考验，水土资源受限，氮素利用率偏低是本地区农业种植的“短板”（李世清和李生秀，2000a；Isaksen et al.，2009；赵新春和王朝辉，2010；赵护兵等，2013；俄胜哲等，2017）。过高的氮肥投入势必导致氮素损失风险增加，作物氮肥利用率下降。如何调整和优化农田氮肥用量，将合理施肥与地力提升有机结合，阻控农田肥料氮损失，提高氮肥利用率，保护西北旱地农田生态环境，已成为本地区亟待解决的主要科学与实践问题之一。

因此，采用 ^{15}N 同位素标记示踪法研究黄土高原地区（杨凌）不同耕作栽培模式［秸秆还田（SM）、地膜覆盖（FM）、对照（CT）］和施氮量［全量 180kg/hm^2（N180）、减量 20% 144kg/hm^2（N144）、不施氮 0kg/hm^2（N0）］条件下的化学氮肥吸收利用、损失途径及其阻控技术具有重要的理论与实践意义，通过深化理解氮肥在农田土壤中的化学、生物学和环境行为，精确评价肥料氮的利用效率，可为合理使用氮肥提供理论依据，为实现旱地水肥耦合、减氮增效、绿色发展的目标提供技术支撑。

6.3.1 氮素来源、去向及收支特征

6.3.1.1 氮素收支特征

西北旱地小麦种植的氮输入包括化肥氮、秸秆还田氮、氮沉降、非共生固氮、种子氮；氮输出包括作物吸收、氨挥发、硝化-反硝化等。不同耕作栽培措施对农田氮平衡的影响不同。由表 6-7 可得，在不施肥条件下，3 种耕作栽培模式的氮素盈余均为负值，分别为 $-60.0kg/hm^2$、$-66.0kg/hm^2$、$-31.7kg/hm^2$。说明在不施用氮肥的条件下，农田氮素亏缺，地力耗竭严重。覆膜栽培会加重土壤地力耗竭，而秸秆还田会缓解这种趋势。在施肥条件下，3 种耕作栽培模式的土壤氮素平衡均由负转正。常规栽培、覆膜栽培、秸秆还田处理在两种施肥量下（$144kg/hm^2$ 和 $180kg/hm^2$）的氮素盈余分别为 $18.8kg/hm^2$、$36.3kg/hm^2$，$17.7kg/hm^2$、$28.0kg/hm^2$，$34.5kg/hm^2$、$50.7kg/hm^2$。说明施肥具有维持和提高地力的作用，特别是秸秆还田条件下作用更为显著；在覆膜栽培条件下，施用氮肥的意义更大。施肥量在 144～$180kg/hm^2$ 条件下，常规栽培和覆膜栽培的农田氮素略有盈余，说明该施氮量是合理的，在长期秸秆还田条件下仍具有一定的减氮潜力。

表 6-7 2018～2019 年黄土高原旱地冬小麦—夏休闲生产系统氮素平衡计算 （单位：kg/hm^2）

项目		常规耕作			平膜覆盖			秸秆还田		
		不施氮[1]	减氮 20%	正常施氮	不施氮	减氮 20%	正常施氮	不施氮	减氮 20%	正常施氮
氮输入	化肥氮	0	144	180	0	144	180	0	144	180
	秸秆还田	0	0	0	0	0	0	48	48	48
	沉降[2]	31.9	31.9	31.9	31.9	31.9	31.9	31.9	31.9	31.9
	非共生固氮	15	15	15	15	15	15	15	15	15
	灌溉[3]	0	0	0	0	0	0	0	0	0
	种子	3.6	3.6	3.6	3.6	3.6	3.6	3.6	3.6	3.6
	总输入	50.5	194.5	230.5	50.5	194.5	230.5	98.5	242.5	278.5
氮输出	作物吸收	101.1	159.9	176.0	107.6	164.8	189.4	120.0	191.2	209.2
	氨挥发	7.8	14.0	16.5	7.4	9.6	11.2	8.4	14.9	16.6
	硝化-反硝化[4]	1.6	1.8	1.7	1.5	2.4	1.9	1.8	1.9	2.0
	总输出	110.5	175.7	194.2	116.5	176.8	202.5	130.2	208.0	227.8
平衡（总输入-总输出）		−60.0	18.8	36.3	−66.0	17.7	28.0	−31.7	34.5	50.7

注：1. 本试验区自 2017 年开始，不施氮处理也于 2017 年小麦种植起不再施用氮肥。2. 沉降由沉降桶法直接测得。3. 本研究为旱作雨养栽培，因此无灌溉氮输入。4. 硝化-反硝化由实测数据 N_2O 与估算数据 N_2［参考 Wang 等（2020b）计算］相加得出

6.3.1.2 肥料利用率、土壤残留与总损失

在西北小麦种植系统中，由于研究地点、降水量、管理措施、氮肥施用量等不同，化肥氮去向结果并不一致，化肥氮利用率变异性较大。Liang 等（2013）在陕西五泉通过 ^{15}N 田间微区试验得出，黄土高原旱地冬小麦当季氮肥利用率为 61%～65%，土壤残留为 26%～36%，氮肥损失较低。而 Li 等（2015）在陕西长武研究发现当季肥料氮小麦吸收、土壤残留和损失比例分别为 32.4%、32.3% 和 35.2%。

表 6-8 和表 6-9 是旱地小麦利用 ^{15}N 同位素标记示踪法得到的肥料氮去向及其氮肥残效。当季作物氮肥吸收量为 44.8～79.6kg/hm^2（利用率 31.1%～44.2%），第二季作物对残留肥料氮的吸收量为 6.8～11.2kg/hm^2（利用率 4.7%～6.2%），两季作物肥料总利用率约为 50%。第一季小麦收获后，肥料氮在土壤中的残留量为 37.3～74.1kg/hm^2（残留率 25.9%～41.2%），第二季土壤残留比第一季有所下降，在 25.3～58.6kg/hm^2（残留率 17.5%～32.6%）。当季肥料氨挥发损失量约为 4kg/hm^2（损失率 3% 左右），第二季氮肥对氨挥发的影响甚微（丰度低于仪器检测限）。当季肥料氮可检测到的比例约为 80%，有 20% 左右的肥料氮去向不明；第二季肥料氮可检测到的比例约为 75%，仍有约 25% 的肥料氮未知去向。另外，第二季土壤中的肥料氮残留占第一季肥料氮残留比例为 86.7%～94.4%。与常规耕作相比，第一季覆膜处理作物吸收和土壤残留量较高，秸秆还田处理作物吸收量较低，但土壤残留量较高。各处理氨挥发损失量差别不大，覆膜处理探明氮肥去向比例较高，未知去向比例较低。第二季覆膜和秸秆还田处理的肥料氮被作物吸收和土壤残留较多，两者在第二季探明肥料氮占第一季残留比例也高于常规耕作。综上，肥料氮施入土壤后以作物吸收和土壤残留为主，氨挥发损失的比例较低，为 2.4%～3.3%；还有 20% 左右的肥料氮去向不明。覆膜处理可以提高黄土高原旱地当季作物对肥料氮的吸收和土壤残留，显著降低了未知去向氮的比例；秸秆还田处理减少作物当季对肥料氮的吸收，但增加了肥料氮在土壤中的残留，有降低未知氮损失的趋势。

表 6-8　黄土高原旱地肥料氮去向（^{15}N 同位素标记示踪法）

处理	第一季作物吸收/(kg/hm^2)	第一季土壤残留/(kg/hm^2)	第一季氨挥发损失/(kg/hm^2)	第一季已知肥料氮去向/%
常规栽培减氮 20%	62.4	37.3	3.6	71.7
常规栽培正常施氮	78.7	59.7	4.7	79.5
覆膜栽培减氮 20%	66.7	46.4	4.7	81.8
覆膜栽培正常施氮	79.6	74.1	4.4	87.9
秸秆还田减氮 20%	44.8	56.5	4.5	73.5
秸秆还田正常施氮	66.6	64.7	4.9	75.7

注：正常施氮量为当地常规施氮量，即 180kg/hm^2。下同

表 6-9　第二季肥料氮的残效与累积利用率

处理	第二季作物吸收/(kg/hm^2)	第二季土壤残留/(kg/hm^2)	第二季已知肥料氮占第一季残留比例/%	两季累计作物吸收利用率/%	两季已知肥料氮去向/%
常规栽培减氮 20%	7.1	25.3	86.7	48.2	68.3
常规栽培正常施氮	10.3	44.0	90.9	49.4	76.4
覆膜栽培减氮 20%	6.8	37.0	94.4	51.0	80.0
覆膜栽培正常施氮	11.2	58.6	94.3	50.4	85.5
秸秆还田减氮 20%	9.2	43.7	93.6	37.6	71.3
秸秆还田正常施氮	10.1	47.3	88.7	42.6	71.6

注：第二季氨挥发 ^{15}N 丰度低于仪器检测限，故未列出

6.3.1.3　氮肥利用率与增产效果

黄土高原旱地小麦产量、氮肥表观利用率、氮肥农学效率及百千克产量需氮量对耕作模

式与施氮量的响应如表 6-10 所示。在 3 种耕作栽培模式下，施用氮肥均有显著的增产效应；其中常规栽培、覆膜栽培、秸秆还田条件下的增产率分别为 34.2%～45.9%、54.8%～62.6%、32.5%～51.5%，覆膜栽培处理的产量高于常规栽培，而秸秆还田处理与常规栽培相当。减氮 20% 处理与正常施肥处理的产量差异不显著，说明当地小麦种植至少有 20% 的减施潜力。各处理百千克籽粒需氮量为 2.5～3.1kg，平均值为 2.8kg。相对于常规栽培，不施肥条件下，覆膜和秸秆还田处理增加了百千克籽粒需氮量；而施肥条件下，覆膜栽培施肥处理有降低百千克籽粒需氮量的趋势；秸秆还田减氮处理的百千克籽粒需氮量有降低趋势。

表 6-10　黄土高原旱地耕作与施氮量对产量、氮肥表观利用率和氮肥农学效率的影响（2017～2018 年）

处理	籽粒产量/（kg/hm^2）	百千克籽粒需氮量/kg	氮肥表观利用率/%	氮肥利用率（^{15}N 同位素标记示踪法）/%	氮肥农学效率/(kg/kg)
常规栽培不施氮	5218	2.7			
常规栽培减氮 20%	5708	2.8	30.8	43.3	3.4
常规栽培正常施氮	6244	2.7	27.4	43.7	5.7
覆膜栽培不施氮	4856	3.0			
覆膜栽培减氮 20%	6552	2.6	51.4	46.3	11.8
覆膜栽培正常施氮	7159	2.5	47.1	44.2	12.8
秸秆还田不施氮	4545	3.1			
秸秆还田减氮 20%	5807	2.5	29.3	31.1	8.8
秸秆还田正常施氮	6400	2.8	37.1	37.0	10.3

常规栽培常规施肥时的氮肥表观利用率为 27.4%，减氮 20% 时为 30.8%；覆膜栽培和秸秆还田处理下常规、减量施肥的表观利用率分别为 47.1%、51.4% 和 37.1%、29.3%。与常规栽培相比，覆膜栽培显著提高了氮肥表观利用率，而秸秆还田处理对氮肥表观利用率的影响较小。与差减法相比，示踪法得到的氮肥利用率在不同栽培条件下有所差异。常规栽培条件下示踪法测定减氮 20%、常规施肥的氮肥利用率分别为 43.3%、43.7%，高于差减法；而在覆膜栽培条件下，两者分别为 46.3%、44.2%，低于差减法的结果；秸秆还田条件下，两者差异不大。两种方法均显示覆膜栽培处理的氮肥利用率高于常规栽培和秸秆还田处理。

常规栽培条件下，氮肥农学效率为 3.4～5.7kg/kg，覆膜栽培的氮肥农学效率为 11.8～12.8kg/kg，秸秆还田处理的氮肥农学效率为 8.8～10.3kg/kg。覆膜栽培的氮肥农学效率比常规栽培增加了 2～3 倍，主要原因是覆膜栽培条件下增产效应明显；而秸秆还田条件下的氮肥农学效率提高的主要原因是不施肥处理的产量降低。在秸秆还田条件下，如果不增施氮肥会刺激土壤有效氮的微生物固持作用，造成作物缺氮而减产。因此，在使用氮肥农学效率时一定要慎重，综合考虑其他影响因素的干扰。只有在其他因素一致的条件下，不同处理的氮肥农学效率才具有可比性。

6.3.2　肥料氮的主要损失过程

6.3.2.1　气态损失

氮肥施入土壤后，除了作物吸收和土壤残留，还有部分经氨挥发、硝化–反硝化作用等以气体形式进入大气，或随水流失到地下水或地表水，不但降低施肥的经济效益，还会造成不良的生态环境效应。旱地肥料氮在根系吸收层下的累积现象不容忽视，但是淋溶损失比较少，特别是土层深厚的黄土高原区，硝态氮淋溶进入地下水的概率更小。因此，西北地区肥料氮损失主要是 NH_3 和 N_2O 等气态氮损失。两种气体不仅造成氮肥利用率下降，还对环境造成一定的危害。

氮肥管理措施、农业耕作措施、土壤水温条件等均会对 NH_3 和 N_2O 的排放产生影响。Hoben 等（2011）和唐良梁等（2015）指出，土壤 NH_3 和 N_2O 排放量随施氮量的增加呈指数增加。一般认为，与传统耕作相比，少耕、免耕可有效降低 N_2O 排放。由于各地农业生态系统、种植体系、土壤类型、水氮管理等存在差异，秸秆还田和地膜覆盖对 NH_3 及 N_2O 排放的影响无统一定论。此外，土壤环境（水分、温度）也是影响 NH_3 和 N_2O 产生与排放的重要因素。

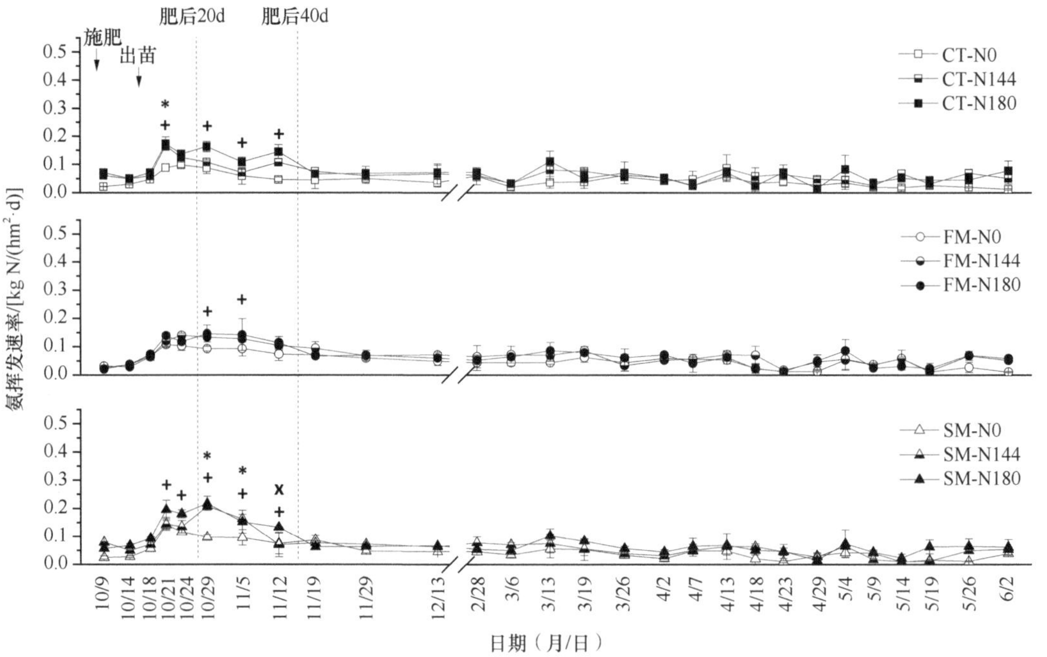

图 6-18　2017～2018 年不同耕作方式及施氮量下土壤氨挥发速率图

CT-N0：常规耕作不施肥；CT-N144：常规耕作减氮 20%；CT-N180：常规耕作正常施氮；FM-N0：覆膜栽培不施肥；FM-N144：覆膜栽培减氮 20%；FM-N180：覆膜栽培正常施氮；SM-N0：秸秆还田不施肥；SM-N144：秸秆还田减氮 20%；SM-N180：秸秆还田正常施氮。图中+表示 N180 处理当日氨挥发速率显著大于 N0 处理（$P<0.05$），* 表示 N144 处理当日氨挥发速率显著大于 N0 处理（$P<0.05$），×表示 N180 处理当日氨挥发速率显著大于 N144 处理（$P<0.05$）。下同

由图 6-18 和图 6-19 可以看出，西北地区小麦样地土壤氨挥发主要出现在施氮后的 40d 内，其中峰值出现在施肥后的 2～3 周。峰值的高低与施肥时间和施肥后的降雨等有关，耕作栽培措施对土壤氨挥发也具有重要影响。一般随施氮量的增加，氨挥发峰值增大。2017～2018 年，在常规耕作、平膜覆盖和秸秆还田处理中 N180 的氨通量峰值最高，分别为 0.17kg N/(hm^2·d)、0.12kg N/(hm^2·d)、0.21kg N/(hm^2·d)。2018～2019 年的峰值分别为 0.34kg N/(hm^2·d)、0.26kg N/(hm^2·d)、0.47kg N/(hm^2·d)，也出现于各耕作 N180 施氮量处理中。N180 和 N144 处理的氨挥发量通常显著高于 N0，尤其是 CT 和 SM（$P<0.05$）。2017～2018 年和 2018～2019 年氨挥发峰值差异的主要原因是施肥后降雨不同，2017 年施肥降雨量大、气温低，造成氨挥发降低；2018～2019 年施肥后没有有效降雨，气温高，土壤氨挥发明显增加。

覆膜栽培具有降低氨挥发的作用，而秸秆还田处理却会增加施肥后 40d 内的氨挥发。

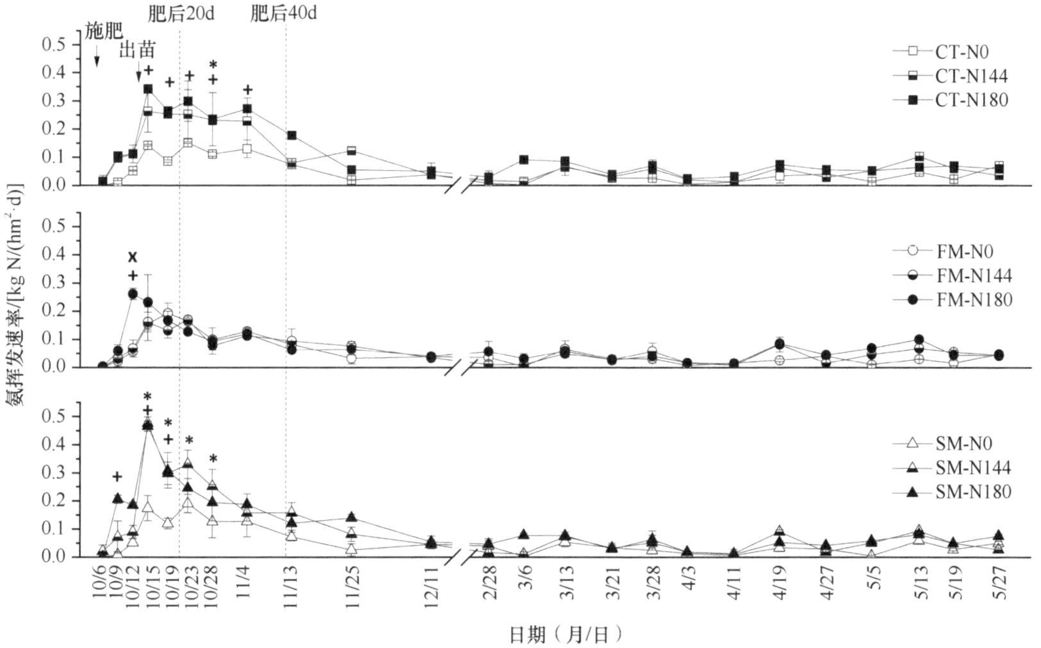

图 6-19　2018～2019 年不同耕作方式及施氮量土壤氨挥发速率图

表 6-11 列出了氨挥发、N_2O 等气态氮排放总量及氮肥损失率。各处理 N_2O 排放总量为 0.087～0.222kg N/hm^2，氮肥 N_2O 损失率为 0.026%～0.078%。而各处理氨挥发总量为 7.40～16.56kg N/hm^2，氮肥氨损失率为 1.55%～4.84%。覆膜栽培可以显著降低氮肥氨损失率，但同时增加了 N_2O 损失率；秸秆还田对氨挥发和 N_2O 的损失率影响不明显。在覆膜和秸秆还田时减氮处理有增加 N_2O 排放的趋势，原因有待进一步研究。

表 6-11　2018～2019 年气态氮损失途径、排放量及氮肥损失率

处理	N_2O 排放总量/(kg N/hm^2)	氮肥 N_2O 损失率/%	氨挥发总量/(kg N/hm^2)	氮肥氨损失率/%
常规栽培不施氮	0.087		7.80	
常规栽培减氮 20%	0.137	0.035	14.00	4.31
常规栽培正常施氮	0.146	0.033	16.52	4.84
覆膜栽培不施氮	0.110		7.40	
覆膜栽培减氮 20%	0.222	0.078	9.63	1.55
覆膜栽培正常施氮	0.192	0.046	11.19	2.11
秸秆还田不施氮	0.101		8.37	
秸秆还田减氮 20%	0.194	0.065	14.86	4.51
秸秆还田正常施氮	0.148	0.026	16.56	4.55

6.3.2.2　随水流失

西北黄土高原区土层深厚、年降水量较少，为肥料氮在土壤中长时间残留提供了基础，但也不排除雨季的强降雨过程对土壤氮素的淋溶作用。冬小麦—夏休闲是西北地区为缓解降雨不足采用的主要耕作模式，但由于休闲期间降水集中同时缺少植物吸收，不能被土壤吸附的硝态氮容易随水分向深层移动。戴健等（2013）研究指出平均 10mm 的夏休闲期降水可以使硝态氮向下淋溶 2～4mm。平水年夏季休闲期间硝态氮被淋溶到 1m 以下土层，但歉水年硝态氮淋溶作用弱，甚至还出现轻微上移（夏梦洁等，2018）。

不同耕作方式及施氮量显著影响耕作前和收获后土壤硝态氮的残留（图 6-20）。经两季小麦种植，N0 处理 0～200cm 土壤剖面中硝态氮含量均显著降低，说明土壤氮素被耗竭；而各施肥处理在土壤剖面不同位置出现了硝态氮的累积峰值，施肥量越大，峰值越高。其中，常规耕作（CT）与秸秆还田处理（SM）在 20～40cm 土层处有一个明显的峰值。覆膜处理（FM144、FM180）硝态氮含量主要残留在 0～20cm 土层，分别为 39.5mg/kg、79.6mg/kg，明显高于常规栽培和秸秆还田处理。经过 2 年施肥试验，各处理土壤硝态氮含量在深层 120～200cm 逐渐上升，说明硝态氮向深层淋溶不可忽视。覆膜可以延缓硝态氮的淋溶作用，图 6-20b 显示覆膜栽培的 160～180cm 处有一个小峰值，说明常规栽培和秸秆还田处理的部分硝态氮可能已经淋溶到了 2m 以下土层。

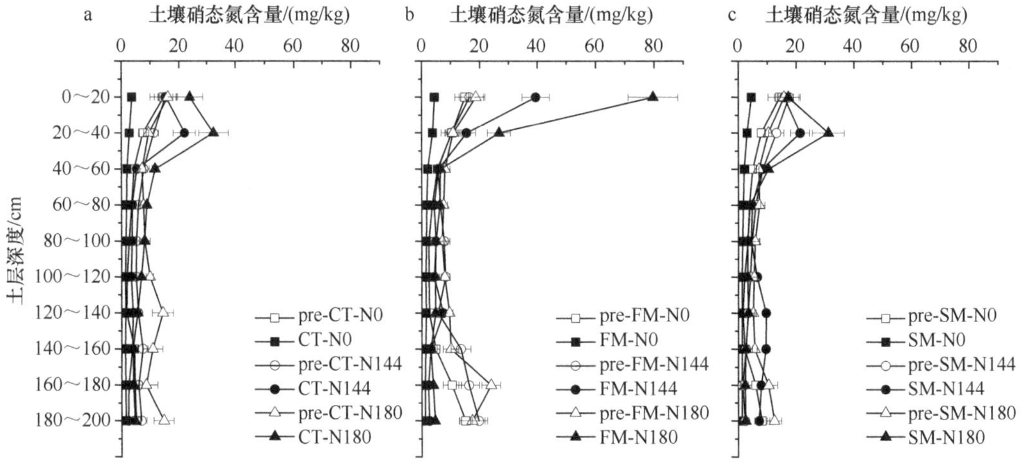

图 6-20　2018～2019 年不同耕作方式及施氮量耕前收获后 0～2m 土壤硝态氮残留图

a、b、c 分别对应常规耕作、覆膜栽培、秸秆还田。前缀 pre 方块、圆圈、三角（空心）分别表示 2018 年播种前 N0、N144、N180 土壤剖面中的硝态氮含量，无前缀方块、圆圈、三角（实心）分别表示 2019 年小麦收获后土壤剖面中的硝态氮残留量

6.3.3　西北旱地小麦氮肥高效利用与调控途径

西北地区降水较少、土壤瘠薄，因此水肥耦合和土壤有机质提升是调控肥料氮利用的关键措施。在肥料氮去向与主要损失过程研究的基础上，我们从合理施用氮肥、保护性耕作（地膜覆盖和秸秆还田等耕作措施）和控制肥料氮转化（施用脲酶抑制剂）等方面探讨了提高西北旱地小麦氮素利用和麦田肥料氮损失阻控的可能途径。

6.3.3.1　合理施肥

合理施肥是农田减氮增效工作的基础。通过合理施用氮肥达到产量、经济效益和环境效应的统一是减氮增效的主要目标。2016～2017 年在西北农林科技大学曹新庄试验农场开展的“基于产量、经济与环境效益的旱地冬小麦氮素合理施用阈值研究”大田试验结果如图 6-21 所示。当氮肥施用量为 217.5kg/hm^2 时，籽粒产量得到最大值 8022kg/hm^2（图 6-21a）；当氮肥施用量为 55.3kg/hm^2 时，速效氮残留量为最小值 108kg/hm^2（图 6-21b）；当氮肥施用量为 148.7kg/hm² 时，净收益最大为 5023 元/hm²（图 6-21c）。当速效氮残留最低时，产量只有 7000kg/hm²；当产量最高时，土壤残留氮急剧增加；而经济效益最高时产量较高，土壤氮素残留较低。因此，综合考虑小麦生产活动产量、经济、环境因素后，得出黄土高原地区旱地冬小麦种植的最佳施氮阈值应该在最大经济效益施肥量附近，以 150kg/hm² 为宜。这与当地推荐施肥标准（120～160kg/hm²）基本一致。

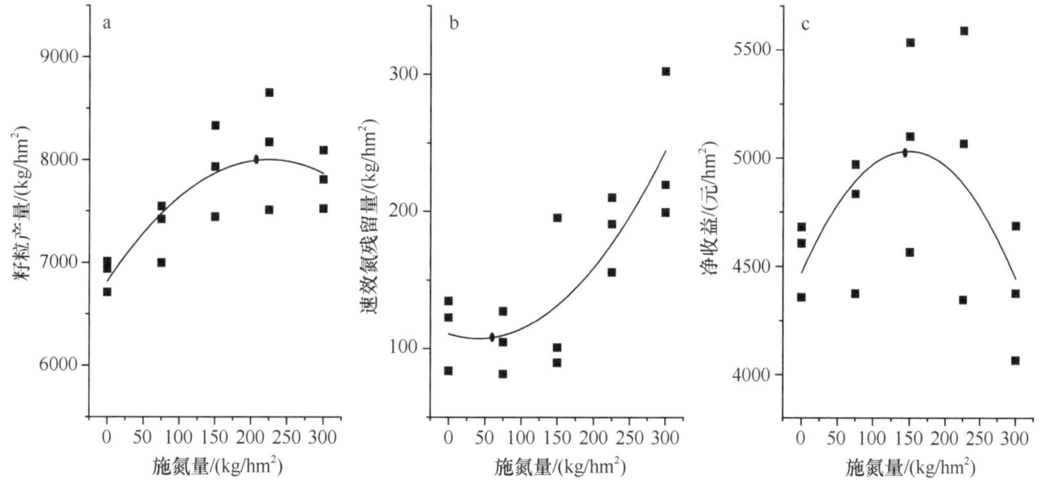

图 6-21　施氮量与籽粒产量（a）、速效氮残留量（b）、经济效益（c）的关系曲线

6.3.3.2　地膜覆盖和有机物料投入

目前，有许多研究表明地膜覆盖增温保墒，提高土壤微生物活性和养分有效性（Li et al.，2018a；Sun et al.，2020b）。同时秸秆还田将农业剩余物料归还土壤，从而达到农业资源循环利用，是实现农业可持续发展的一项重要举措（苗峰等，2012）。由表 6-10 和表 6-11 可得，平膜覆盖和秸秆还田处理的增产率均高于常规栽培各施氮处理，其中平膜覆盖达 55% 左右。氮肥表观利用率和氮肥农学效率以平膜覆盖显著优于常规耕作，秸秆还田处理略优于常规耕作。平膜覆盖可显著降低冬小麦田的氨挥发。因此，覆膜栽培可以增加作物对氮肥的利用，减少氨挥发和未知氮比例，也是旱地氮肥损失阻控的一条有效途径；秸秆还田改变土壤水热条件和碳氮循环，有利于农田的氮素平衡（表 6-7），长期秸秆还田有利于农田养分循环和土壤肥力的稳定、减少化肥氮的投入。

6.3.3.3　脲酶抑制剂

氨挥发是石灰性土壤氮素的一个主要损失途径，而尿素是我国的主要氮肥，施入土壤后会产生大量的铵态氮。理论上脲酶抑制剂（NBPT）可延缓尿素水解，减少土壤氨挥发，从而提高氮肥利用率，降低氨挥发风险。研究发现，在同一施氮水平下，脲酶抑制剂对小麦籽粒产量、穗数、穗粒数与千粒重均无显著性差异（表 6-12）。不施用脲酶抑制剂时小麦籽粒产量在 150kg/hm² 水平达到最大（8121.85kg/hm²），而使用脲酶抑制剂时在 225kg/hm² 水平达到最大（7939.58kg/hm²）。穗数、穗粒数与小麦产量变化趋势一致。但是在过量施氮条件下，如 300kg/hm² 添加脲酶抑制剂在一定程度上减少过量氮肥给植物带来的不利影响。因此脲酶抑制剂在旱地小麦的应用效果还需要进一步研究。

表 6-12　2018～2019 年施氮量与脲酶抑制剂对小麦产量及产量性状的影响

处理	籽粒产量/(kg/hm²)	穗数/(百万穗/hm²)	穗粒数/粒	千粒重/g
N0	6009.54±103.95Aa	3.87±0.05Aa	40±0.87Aa	39.21±0.81Aa
N75	6435.40±111.82Aa	4.20±0.02Ab	40±3.21Aa	39.05±0.42Aa
N150	8121.85±585.64Ac	4.32±0.03Ac	47±4.39Aa	38.92±0.09Aa
N225	7992.00±452.66Abc	4.45±0.09Ac	44±1.03Aa	39.02±0.34Aa
N300	6647.82±197.53Aa	4.39±0.04Ab	42±5.39Aa	39.01±0.39Aa
N0+NBPT	5484.20±451.93Aa	3.91±0.01Aa	34±3.47Aa	39.20±0.45Aa
N75+NBPT	6607.81±389.03Aab	4.21±0.06Ab	37±0.32Aa	39.01±0.27Aa
N150+NBPT	7384.55±689.17Aab	4.31±0.03Ab	37±4.91Aa	39.06±0.03Aa
N225+NBPT	7939.58±336.59Ab	4.45±0.06Ac	40±6.67Aa	38.88±0.46Aa
N300+NBPT	6967.59±509.23Aab	4.47±0.04Ac	44±8.02Aa	38.93±0.33Aa

注：N0～N300 分别表示化学肥料氮施用量为 0～300kg/hm²。同列数据后不含有相同大写字母的表示同一氮肥用量是否加入 NBPT 的差异显著（$P<0.05$），同列数据后不含有相同小写字母的表示同时添加或无 NBPT 时不同氮肥用量间的差异显著（$P<0.05$）

6.4　西南小麦—玉米种植系统肥料氮去向、损失过程与调控

西南地区最主要的土壤类型是紫色土，它是亚热带和热带气候条件下由紫色砂页岩发育而来的一种非地带性土壤，集中分布在四川盆地丘陵区和海拔 800m 以下的低山区，在滇、黔、苏、浙、闽、赣、湘、粤、桂等省（区）也有零星分布（何毓蓉等，2003）。紫色土多具成土母质的碱性特点，结构疏松，通气状况良好，硝化作用剧烈；同时紫色土土层浅薄、易受侵蚀，雨季壤中流极为发育，不具有湿润亚热带地区土壤保持无机氮的能力。紫色土农耕地集中分布在四川盆地丘陵区和三峡库区，面积多达 400 万 hm²，是长江中上游地区最重要的耕地资源，化肥氮年施入量为 300kg/hm² 以上。化肥氮的长期施用造成紫色土土壤养分比例失调，作物利用率不到 30%，氮淋溶损失高达 36kg/hm²（Zhu et al.，2009），给长江中下游地区带来沉重的环境压力和面源污染损害，严重影响长江经济带的绿色发展。因此，提高氮肥利用、减少氮肥损失是该区亟待解决的重大农业问题。

本研究重点关注硝酸盐淋失极为突出的紫色土坡耕地肥料氮去向及损失规律。依托设置在四川绵阳市盐亭县的中国科学院盐亭紫色土农业生态站（31°16′N，105°28′E）的长期施肥定位试验平台（施肥处理设置如表 6-13 所示），采用 ^{15}N 同位素示踪技术明确多种施肥措施（传统化肥、减施氮肥、减氮配施有机肥、减氮配施秸秆、减氮配施生物炭、减氮配施硝化抑制剂）对紫色土氮肥去向的影响，并分别利用大型回填土蒸渗仪、连续密闭室法（田玉华等，2007b）及静态箱-气相色谱/氮氧化物分析仪查明氮肥通过径流和淋溶、氨挥发及氮氧化物排放等途径的损失规律，探索西南紫色丘陵区节氮减排的农田土壤施肥管理模式。

表 6-13　紫色土玉米—小麦轮作体系减氮优化施肥设置

减氮优化处理		氮肥类型	玉米季		小麦季		年施化肥氮总量/(kg/hm²)
			化肥氮量/(kg/hm²)	减氮比例/%	化肥氮量/(kg/hm²)	减氮比例/%	
传统施肥	N380	化肥氮	210		170		380

续表

减氮优化处理		氮肥类型	玉米季		小麦季		年施化肥氮总量/(kg/hm²)
			化肥氮量/(kg/hm²)	减氮比例/%	化肥氮量/(kg/hm²)	减氮比例/%	
减氮	N280	化肥氮	150	29	130	24	280
优化	N260	化肥氮+硝化抑制剂	140	33	120	29	280
优化	N220	化肥氮+生物炭	120	43	100	41	280
优化	N190	化肥氮+秸秆还田	120	43	70	59	280
优化	N168	化肥氮+猪粪	90	57	78	54	280
对照	N0	不施肥	0		0		0

注：N168～N380 分别表示氮施用总量为 168～380kg/hm^2 时化肥氮的施用量。下同

6.4.1　氮素来源、去向的定量评价

6.4.1.1　氮素来源、去向及收支特征

西南旱地农田生态系统的氮素有很多来源，包括化学氮肥、有机肥（如作物秸秆、畜禽粪便等）、生物固定以及大气沉降（颜晓元等，2018）。实验设计中将肥料氮、灌溉水氮及大气沉降氮均计入在内，传统高氮处理氮素总输入为 410.95kg/hm^2，其余减氮施肥处理总输入为 310.95kg/hm^2，化肥是氮素来源的主体（表 6-14）。传统化肥处理下，小麦—玉米体系氮素盈余高达 140.7kg/hm^2，化肥减氮 29%～57% 可将氮素盈余降低至 66.3～92.8kg/hm^2（表 6-14）。其中，配施秸秆及生物炭处理氮素损失较低，氮素收支较高，提高了土壤氮库累积；配施猪粪及抑制剂处理显著降低了小麦—玉米体系氮素盈余，且提高了作物氮利用，但氮素损失量仍相对较高。农田土壤氮素的去向包括作物生长吸收、氨挥发、氮的淋溶和径流、脱氮以及土壤储存（颜晓元等，2018）。西南地区紫色土旱地作物吸收占氮素输出的 65%～78%，其中各施肥处理间籽粒氮差异不显著，表明减氮优化对作物产量没有显著减产效应，但除有机肥（N168）外，各减氮处理均显著降低了秸秆氮输出（$P<0.05$）；紫色土结构疏松，易受侵蚀，雨季壤中流极为发育，壤中流及地表径流是该区紫色土氮素损失的主要途径，传统高氮处理氮素损失量高达（65.19±4.86）kg N/(hm^2·a)，各减氮优化处理均显著降低径流损失量；紫色土旱地气态损失相对较小，传统高氮处理（N380）、硝化抑制剂处理（N260）氨挥发通量较高，分别为（14.18±1.00）kg N/(hm^2·a)、（12.76±0.85）kg N/(hm^2·a)，其余减氮优化处理均降低了氨态氮输出；氮氧化物损失为 0.58～3.15kg N/(hm^2·a)，各减氮优化处理没有显著降低氮氧化物氮的排放。根据氮素收支平衡计算，尚有 5%～15% 的氮去向未知。受气候等条件影响，小麦和玉米季氮素损失的主要途径存在差异，需针对不同作物类型筛选既保证作物产量又降低氮素损失的施肥方案。

表 6-14　西南地区玉米—小麦氮素收支平衡表　（单位：kg/hm^2）

项目		传统 N380 化肥氮	减氮 N280 化肥氮	优化 N260 化肥氮+硝化抑制剂	优化 N220 化肥氮+生物炭	优化 N190 化肥氮+秸秆还田	优化 N168 化肥氮+猪粪	对照 N0 不施肥
氮输入	化肥氮	380	280	260	220	190	168	0
	其他氮	0	0	20	60	90	112	0

续表

项目		传统 N380 化肥氮	减氮 N280 化肥氮	优化 N260 化肥氮+硝化抑制剂	优化 N220 化肥氮+生物炭	优化 N190 化肥氮+秸秆还田	优化 N168 化肥氮+猪粪	对照 N0 不施肥
氮输入	灌溉	0.15	0.15	0.15	0.15	0.15	0.15	0.15
	大气沉降	30.8	30.8	30.8	30.8	30.8	30.8	30.8
	总输入	410.95	310.95	310.95	310.95	310.95	310.95	30.95
氮输出	作物吸收	270.3	218.2	232.5	226.7	230.2	244.6	48.4
	氨挥发	14.18	7.16	12.76	5.11	3.86	2.68	0.75
	径流损失	65.19	45.63	44.33	36.49	32.79	44.94	12.69
	硝化反硝化	1.43	0.58	0.57	0.63	0.76	3.15	0.09
	总输出	351.1	271.57	290.16	268.93	267.61	295.37	61.93
氮收支		59.85	39.38	20.79	42.02	43.34	15.58	−30.98
盈余		140.7	92.8	78.4	84.2	80.7	66.3	−17.4

注：氮沉降数据为四川盆地干湿沉降之和，引自 Kuang 等（2016）

6.4.1.2　施氮量-产量响应关系

多年的田间试验表明，施肥显著增加了西南地区紫色土玉米和小麦产量（$P<0.05$），但小麦和玉米产量对化肥施用量的响应特征有所不同。在小麦季，传统高氮处理（N380）产量最高［（3197±43）kg/hm^2］，显著高于秸秆还田（N190）、生物炭（N220）、减氮处理（N280），但与有机肥（N168）、硝化抑制剂（N260）处理差异不显著，表明在小麦季化肥减量的同时可通过配施有机肥或添加硝化抑制剂的施肥方式保持作物产量。在玉米季，各减氮优化处理与传统高氮处理作物产量差异不显著，化肥施用量由 210kg/hm^2 减至 90kg/hm^2，通过配施有机肥并不影响产量，玉米季减氮空间较大，可通过多种优化措施减少化肥施用量（图 6-22）。

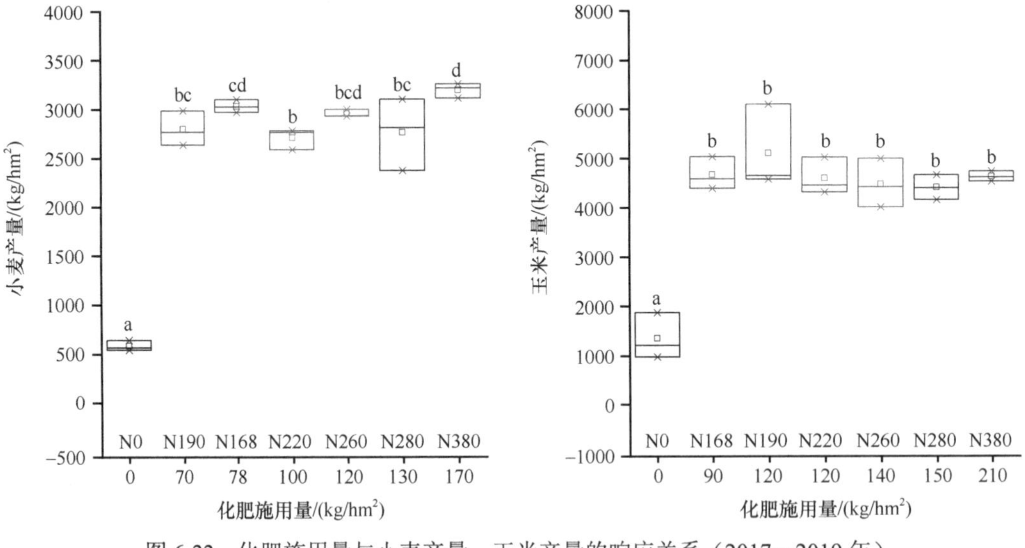

图 6-22　化肥施用量与小麦产量、玉米产量的响应关系（2017～2019 年）

6.4.1.3　氮肥利用率

本研究中所采取的各减氮优化施肥方式对紫色土小麦和玉米的氮肥表观利用率（apparent

recovery rate of applied nitrogen，RE）及氮肥生理效率（physiological efficiency of applied nitrogen，PE）影响显著（图 6-23）。与传统高氮处理（N380，55.52%±5.42%）相比，有机肥（N168）、生物炭（N220）处理显著提高了玉米季氮肥表观利用率，分别达 74.7%±4.0%、70.6%±3.9%；在小麦季硝化抑制剂处理（N260）对施入土壤的肥料氮的回收效率相对较高（75.7%±4.8%）。氮肥生理效率表征作物地上部吸收单位肥料氮所获得的籽粒产量的增加量，可反映作物吸收氮对产量和秸秆形成的贡献差异及利用效率，研究发现秸秆还田（N190）、有机肥（N168）、减氮（N280）处理显著提高了小麦对氮肥的生理效率，而在玉米季生物炭（N220）、抑制剂（N260）处理下作物吸收氮对产量形成的贡献更高。

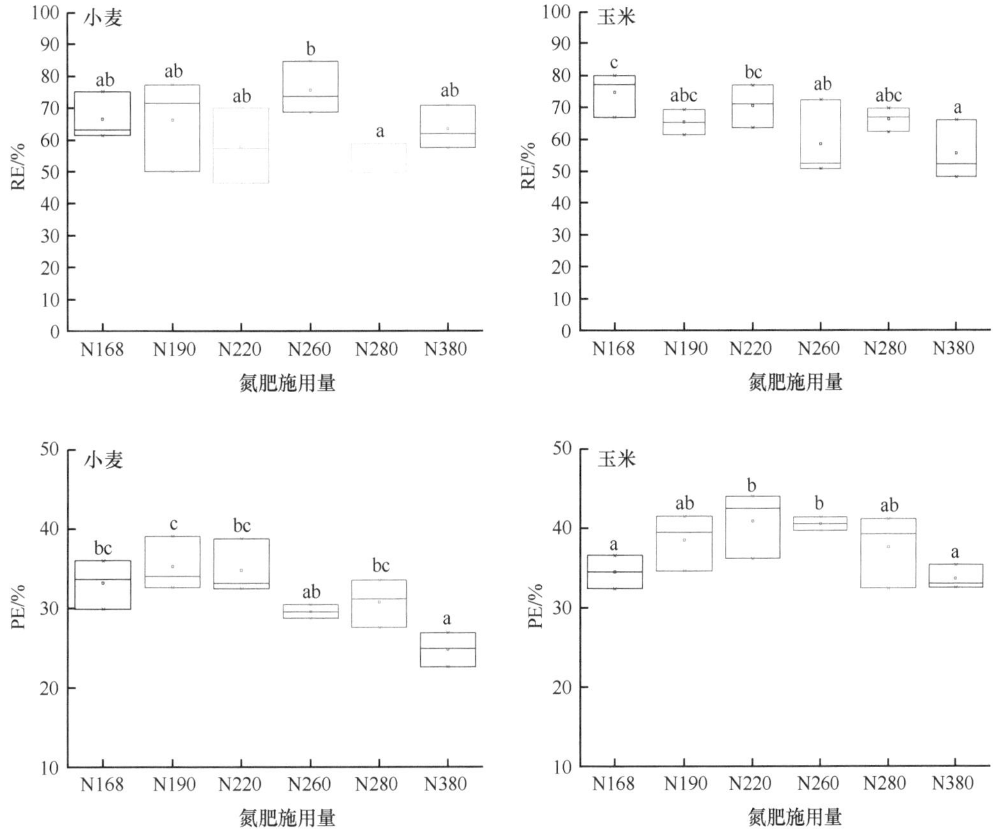

图 6-23　不同施肥方式下氮肥表观利用率（RE）及氮肥生理效率（PE）

6.4.1.4　化肥氮利用率、土壤残留与总损失

为进一步了解西南紫色土玉米—小麦轮作体系化肥氮去向，我们在不同处理中设置了 ^{15}N 微区示踪试验，研究发现，传统高氮施肥（N380）化肥氮利用率最低［14.8%±0.6%，(56.2±2.2) kg N/hm^2］，土壤残留率最低（27.6%±1.5%），化肥氮总损失最高（57.6%±2.0%）；各减氮优化处理均提高了氮利用率（18.7%～26.0%），除 N280 外其他优化施肥处理化肥氮利用率增加显著（P＜0.05）；秸秆还田（N190）、生物炭（N220）、减氮（N280）土壤残留率显著提高（图 6-24），分别达 40.7%±2.0%、35.4%±0.7%、33.6%±0.6%；各减氮优化处理均显著降低了化肥氮损失率，其中秸秆还田总损失率最低（38.0%±1.1%）。

小麦季和玉米季化肥氮去向有显著差异（图 6-25），小麦季化肥氮利用率相对较高（16.2%～31.4%），土壤残留率较高（34.2%～52.8%），全氮损失相对较少（20.0%～49.5%）；

而玉米季处于雨季，全氮损失率高达 44.8%～66.6%，土壤残留率为 20.7%～30.1%，化肥氮利用率仅为 11.8%～20.2%。

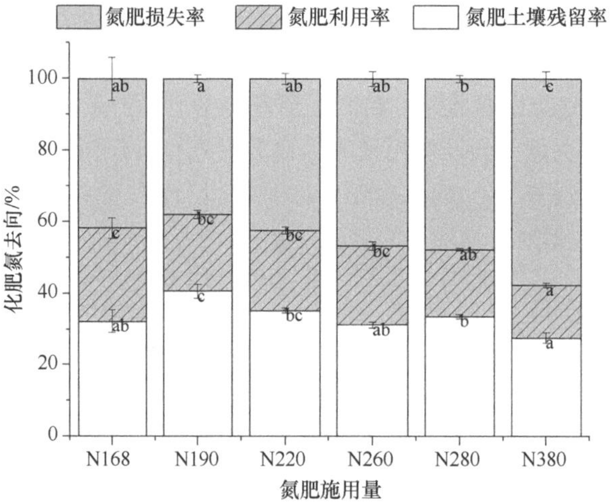

图 6-24　西南紫色土玉米—小麦轮作体系化肥氮去向

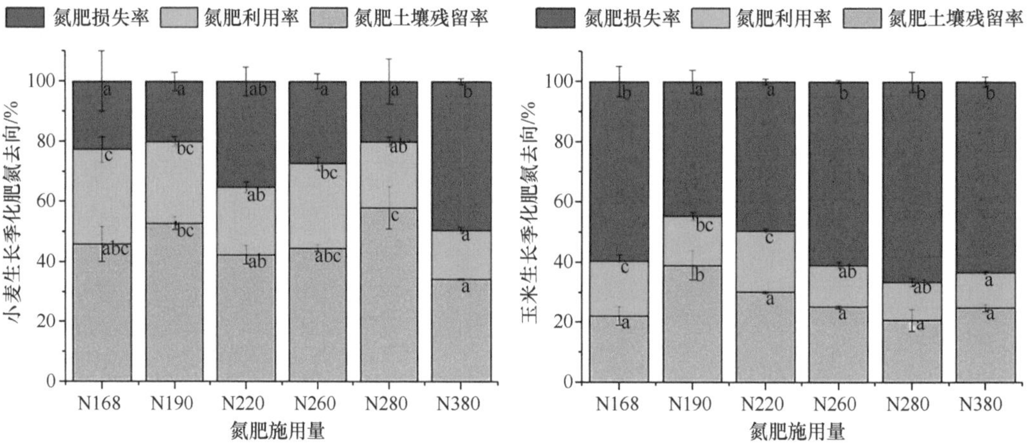

图 6-25　西南紫色土玉米季及小麦季化肥氮去向

各减氮施肥处理对化肥氮去向影响显著。在小麦季，传统高氮（N380）化肥氮利用率仅为 16.2%±1.1%，有机肥（N168）、秸秆还田（N190）、硝化抑制剂（N260）处理均显著提高了化肥氮利用率，分别达 31.4%±4.3%、27.2%±1.6%、28.2%±2.2%；此外，与传统高氮（34.2%±0.3%）相比，秸秆还田显著提高了土壤残留率（52.8%±2.2%，P<0.05），减氮处理土壤残留率最高（58.0%±7.0%）。

在玉米季，有机肥、秸秆还田及生物炭处理对提高化肥氮利用率影响显著，由传统高氮的 11.8%±0.5% 提高至 16.2%～20.2%；秸秆还田显著提高土壤残留率（P<0.05）；秸秆还田及生物炭处理可有效降低玉米季总损失。

6.4.2　肥料氮的主要损失过程

6.4.2.1　氨挥发

西南紫色土玉米—小麦轮作体系氨挥发通量为 2.68～14.18kg N/(hm^2·a)，占化肥氮用量的 1.2%～4.6%。施肥处理显著改变了氨挥发通量及排放因子，传统高氮处理（N380）氨挥发通量高达 14.18kg N/(hm^2·a)，排放因子为 3.54%；硝化抑制剂处理（N260）氨挥发通量为 12.76kg N/(hm^2·a)，排放因子显著高于 N380，达 4.62%；其余减氮优化处理均不同程度地降低了氨挥发（表 6-15）。

表 6-15　紫色土玉米—小麦轮作体系氨挥发特征

处理	玉米季		小麦季		玉米—小麦	
	氨挥发通量/［kg N/(hm^2·a)］	排放因子/%	氨挥发通量/［kg N/(hm^2·a)］	排放因子/%	氨挥发通量/［kg N/(hm^2·a)］	排放因子/%
N168	0.75±0.06a	0.54±0.07a	1.93±0.39ab	1.86±0.50a	2.68±0.33ab	1.15±0.20a
N190	1.27±0.21ab	0.84±0.17ab	2.58±0.64abc	3.01±0.92a	3.86±0.81bc	1.64±0.43ab
N220	1.14±0.09ab	0.73±0.08ab	3.97±0.64bc	3.32±0.60ab	5.11±0.62c	1.98±0.28ab
N260	2.78±0.71bc	1.80±0.51b	9.97±1.54d	8.50±1.46c	12.76±0.85e	4.62±0.33d
N280	1.68±0.31ab	0.94±0.20ab	5.48±0.51c	3.85±0.39ab	7.16±0.30d	2.29±0.11b
N380	3.46±1.20c	1.67±0.62ab	10.72±1.87d	6.03±1.10bc	14.18±1.00e	3.54±0.26c
N0	0.27±0.00a		0.48±0.03a		0.75±0.03a	

注：表中数据均为 3 年平均值，同列不含有相同小写字母的代表差异显著（P<0.05）。N0 代表不施肥。下同

氨挥发量与施肥深度关系密切。本研究中玉米季采用穴施，肥料施用深度约 10cm，因此氨挥发通量较低［0.27～3.46kg N/(hm^2·a)］，挥发的氨氮仅占化肥氮施用量的 0.5%～1.8%，添加硝化抑制剂（N260，双氰胺）能够抑制土壤硝化微生物的活性，减缓土壤中 NH_3 向 NO_3^--N 的转化，监测发现双氰胺显著促进了氨挥发（P<0.05）；其余各减氮优化施肥处理均可降低氨挥发通量。在小麦季，化肥撒施后覆土，肥料施用相对较浅，氨挥发通量［1.93～10.72kg N/(hm^2·a)］高于玉米季［0.27～3.46kg N/(hm^2·a)］，排放因子为 1.86%～8.50%，同玉米季一样，除 N260 处理外各减氮优化处理均降低氨挥发（表 6-15）。

6.4.2.2　氮氧化物损失

采用静态箱-气相色谱/氮氧化物分析仪研究了紫色土玉米—小麦轮作体系氮氧化物（包括 N_2O、NO）气体排放过程特征。紫色土玉米—小麦体系 52.2%～88.0% 的 N_2O 排放发生在施肥后 3 周内。施肥引起土壤 NH_4^+ 含量增加，并在硝化作用下迅速转化为 NO_3^-，硝化及反硝化底物充足，N_2O 排放主要取决于硝化-反硝化微生物活性，而在施肥 3 周以后土壤碳氮底物及环境温度成为 N_2O 排放的主要限制因子（Dong et al.，2018）。紫色土玉米—小麦轮作体系传统高氮施肥处理（N380）年累积排放量为（1.43±0.39）kg N/hm^2，排放系数为 0.4%，低 C/N 有机肥处理（N168）较化肥处理增加了土壤可利用碳含量，促进了反硝化作用，增加了氮氧化物排放［(3.15±0.07) kg N/hm^2］。其余减氮优化处理均降低了氮氧化物排放因子（0.17%～0.24%），其中高 C/N 的秸秆及生物炭处理一方面由于微生物同化作用竞争无机氮底物，相对抑制了反硝化 N_2O 排放；另一方面通过提高土壤 N_2O 还原酶活性，促进 N_2O 进一步还原为 N_2。此外，生物炭可能通过增加土壤对 NH_4^+ 的吸附抑制硝化过程中 N_2O 的产生。硝化抑制剂（N260，DCD）处理年累积排放量最低，仅为（0.57±0.09）kg N/hm^2，一般认为，在高氮投入的碱性土壤中，硝化作用的主要驱动者是氨氧化细菌，本实验设置中低量 DCD（1.5kg/hm^2）可能以底物竞争的形式干扰氨氧化细菌对 NH_3 的利用，进而抑制硝化作用，同时

减少反硝化反应底物，降低了 N_2O 的产生。

6.4.2.3 径流损失（地表径流及壤中流）

紫色土旱地土层浅薄（30～60cm），质地疏松，孔隙度大，土壤导水率较高且持水力低，下伏弱透水性母质——母岩层，这种土壤剖面结构极易使雨水蓄满下渗形成壤中流。西南地区小麦季为旱季，2017～2019 年未观测到径流损失；而玉米季处于雨季，壤中流极为发育，3 年玉米季平均径流损失高达 16.75%～35.83%，是氮肥的主要损失途径。传统高氮处理（N380）年均径流损失量为（65.19±4.86）kg/hm^2，各减氮优化处理均显著降低径流损失量，其中秸秆还田（N190）及生物炭（N220）处理径流损失量较低，生物炭可以吸附和保持水分，生物炭的孔隙结构能减小水分的渗滤速度，增强土壤对溶液中移动性很强和容易淋失的养分元素的吸附能力，减少硝酸盐的淋失；有机肥（N168）处理因施用猪粪泥浆含水量较大，径流损失量为（44.94±0.93）kg/hm^2，损失率（35.83%）显著高于其他施肥处理。化肥减施（N280）、硝化抑制剂（N260）处理氮径流损失量分别为（45.63±0.92）kg/hm^2、（44.33±5.32）kg/hm^2，损失率分别为 21.96%、22.60%；DCD 因易于淋失的特点在玉米季遭遇降雨产流时随之流失，对硝化作用的抑制作用减弱。因此，与减量施氮相比，其对紫色土径流氮损失的阻控效果并不理想（表 6-16）。

表 6-16 紫色土玉米季氮肥去向

处理	产量/(kg/hm^2)	NUE/%	土壤残留率/%	氨排放因子/%	径流损失率/%
N168	4667±191b	18.18±2.08c	22.17±3.18a	0.54±0.07a	35.83±1.03b
N190	5106±497b	16.21±1.28bc	39.00±4.85b	0.84±0.17ab	16.75±5.66a
N220	4593±217b	20.23±0.60c	30.13±0.31a	0.73±0.08ab	19.83±3.91a
N260	4476±286b	13.86±1.05ab	25.15±0.54a	1.80±0.51b	22.60±3.80a
N280	4406±145b	12.67±1.37ab	20.72±3.67a	0.94±0.20ab	21.96±0.62a
N380	4623±60b	11.78±0.49a	24.77±1.18a	1.67±0.62ab	25.00±2.31a
N0	1349±270a				

6.4.3 紫色土旱地农田氮肥高效利用与调控途径

西南地区紫色土旱地玉米—小麦轮作体系因受气温、降雨、作物利用等的影响，两季氮肥去向差异显著，其中因旱地土壤反硝化作用较弱，氮氧化物排放因子较低（仅为 0.17%～0.35%），本研究从氮肥利用率、土壤残留、氨挥发、径流损失等方面综合分析施肥方式对紫色土氮肥分配的影响，并提出适合当季的减氮控损的有效施肥措施。

6.4.3.1 玉米季调控途径

玉米季全氮损失率高达 44.8%～66.6%，玉米多采用穴施，施肥深度在 10cm 左右，因此氨挥发损失相对较低（0.54%～1.80%）；西南地区属于亚热带季风气候，玉米生长阶段 6～9 月属于雨季，而紫色土旱地土层浅薄（30～60cm），质地疏松，孔隙度大，土壤导水率较高且持水力低，径流损失（地表径流及壤中流）高达 16.75%～35.83%（表 6-16），其中由于紫色土具有上覆薄层土壤、下伏弱透水性母岩的岩土二元结构特点，孔隙松散，细微裂隙较多，雨季壤中流极为发育（Zhu et al.，2009），成为紫色土氮流失的主要途径。因此西南地区紫色土玉米季减氮的关键途径在于降低壤中流损失。减量配施秸秆（N190）及生物炭（N220）处理可显著降低径流氮损失量，秸秆施入石灰性紫色土后，腐解速度很快，腐殖质增加，土壤基质由钙质逐渐演变为黏土基质，形成絮凝团块状垒结（何毓蓉等，2003），生物炭也因其多孔结构可有效提高紫色土涵养水分能力、增加对营养元素的吸附、减少氮肥流失；另外，高 C/N 的秸秆及生物炭施入土壤后，促进了微生物对无机氮的同化作用，同时以底物竞争的方式抑制硝化作用，减少可移动氮损失。而有机肥（N168）处理 C/N 相对较低，不足以激发硝态氮的同化作用，更重要的是施用的猪粪泥浆含水量较大，施肥后显著提高了土壤含水量，在遭遇随之而来的降雨后迅速产流，因此氮损失率显著高于其他施肥处理。在作物吸收利用方面，与传统高氮相比，有机肥（31.42%±4.25%）、秸秆（27.22%±1.60%）及生物炭处理（28.15%±2.16%）显著提高了化肥氮利用率（$P<0.05$），试验表明各减氮优化处理均未显著减少作物产量；此外，与传统高氮（24.77%±1.18%）相比，秸秆还田显著提高了土壤残留率（39.00%±4.85%，$P<0.05$）。综合上述研究结果，减氮配施秸秆或生物炭是玉米季提高氮肥利用率并减少损失的有效途径，在保持作物产量、提高土壤残留的同时减少径流及氨挥发，具有良好的生态环境和经济效应。

6.4.3.2 小麦季调控途径

与传统高氮处理（16.23%±1.10%）相比，减氮后配施有机肥（N168）、秸秆（N190）、硝化抑制剂（N260）处理均显著提高了化肥氮利用率，分别达 31.42%±4.25%、27.22%±1.60%、28.15%±2.16%，其中有机肥（N168）及硝化抑制剂（N260）处理可保证小麦产量无显著减少；有机物施加可改善土壤理化性质，提高微生物活性，增加土壤保水保肥能力，减少养分的流失。硝化抑制剂通过抑制硝化作用，提高作物对 NH_4^+-N 的吸收利用率。各减氮优化处理均提高了土壤残留率，以秸秆还田及减氮处理作用显著；因小麦季处于旱季，研究期间未观测到径流损失，全氮损失相对较少（19.97%～49.54%），小麦—玉米体系氮氧化物排放因子仅为 0.17%～0.35%，氮肥损失以氨挥发为主，其中硝化抑制剂处理增加了铵态氮的滞留，导致氨排放因子（8.50%±1.46%）高于 N380（6.03%±1.10%）；有机肥、秸秆及生物炭替代部分化肥并减少化肥施用量，在后期逐步矿化分解，为作物及微生物生长持续供应碳氮养分，与化肥相比可显著降低氨挥发。综上分析，减氮配施有机肥是小麦季保持作物产量、提高氮肥利用率的同时减少氮素损失的最有效途径（表 6-17）。

表 6-17 紫色土小麦季氮肥去向

处理	产量/(kg/hm²)	NUE/%	土壤残留率/%	氨排放因子/%	径流损失率/%
N168	3034±38cd	31.42±4.25c	45.92±5.84abc	1.86±0.50a	0
N190	2797±103bc	27.22±1.60bc	52.81±2.20bc	3.01±0.92a	0
N220	2709±62b	22.26±1.80ab	42.39±3.07ab	3.32±0.60ab	0
N260	2957±23bcd	28.15±2.16bc	44.60±1.04abc	8.50±1.46c	0
N280	2763±212bc	21.99±1.66ab	58.01±7.03c	3.85±0.39ab	0
N380	3197±43d	16.23±1.10a	34.24±0.25a	6.03±1.10bc	0
N0	586±30a				

6.5　结论与展望

通过土壤-作物系统氮素收支平衡以及 ^{15}N 同位素示踪技术，我们发现氮素施入农田后作物吸收和各种损失同时发生，其相对大小决定了氮肥利用率和损失率。由于土壤、作物和气候的不同特点，不同农区典型种植体系肥料氮去向定量分配及氮素收支平衡特征有所不同。无论是小麦还是玉米种植，东北、华北、西北区域的作物对肥料的利用率均为33%～56%，土壤肥料氮残留为25%～45%，同时受到肥料运筹、水分管理和耕作方式的影响，旱地土壤通过优化施肥量和管理调控措施可显著提高肥料氮利用率；由于受到土壤属性、气候因素和施肥方式的影响，西南地区紫色土肥料利用率和土壤残留率均显著低于其他区域（图 6-26）。此外，在东北、华北和西北区域，我们注意到，残留肥料以硝酸盐形态在土壤剖面中逐渐迁移，从而使土壤中残留肥料氮具有进一步淋失的风险。

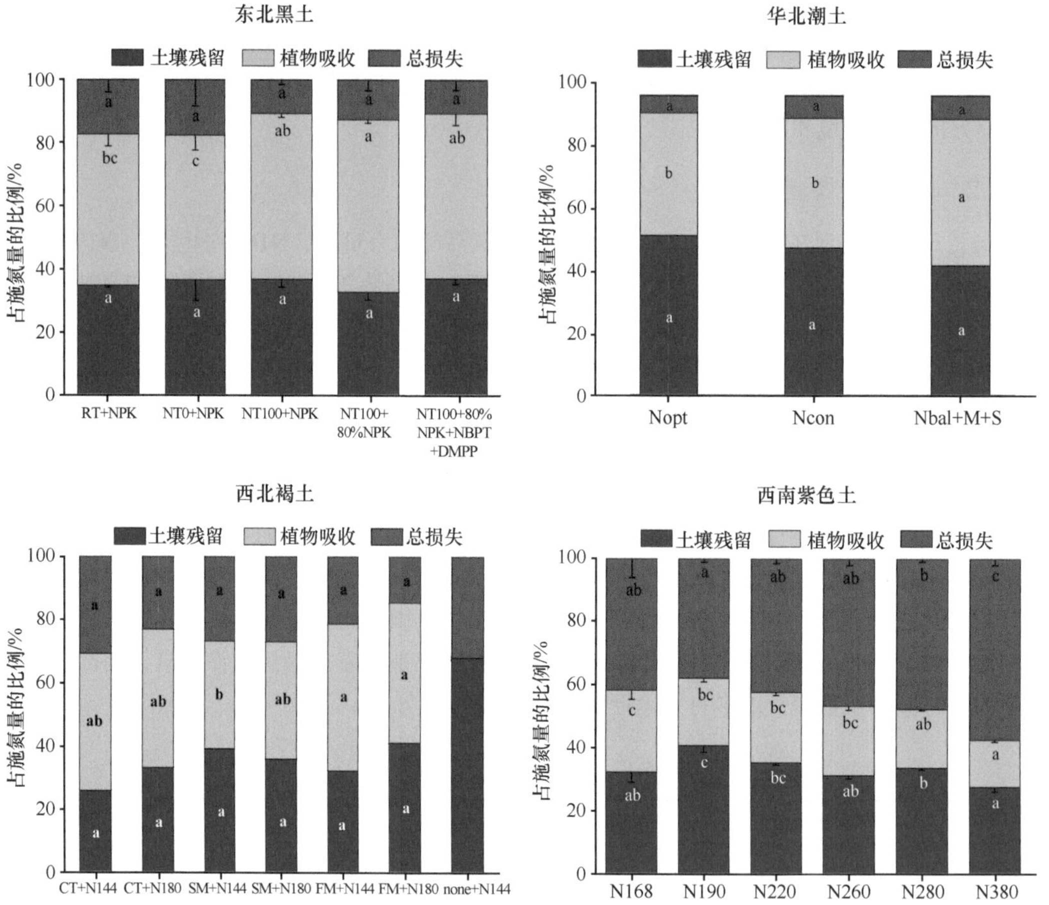

图 6-26　不同区域肥料氮去向以及在土壤-作物系统中的分配特征

在东北黑土中，RT+NPK：常规垄作+常规施肥；NT0+NPK：免耕+常规施肥；NT100+NPK：免耕秸秆覆盖还田+常规施肥；NT100+80%NPK：免耕秸秆覆盖还田+氮肥减施 20%；NT100+80%NPK+NBPT+DMPP：免耕秸秆覆盖还田+氮肥减施 20%+脲酶抑制剂+硝化抑制剂。在华北潮土中，Nopt：优化施氮；Ncon：传统施氮；Nbal+M+S：氮肥+有机肥+秸秆还田。在西北褐土中，CT+N144：常规栽培+氮肥减施 20%；CT+N180：常规栽培+全量施肥；SM+N144：秸秆还田+氮肥减施 20%；SM+N180：秸秆还田+全量施氮；FM+N144：地膜覆盖+氮肥减施 20%；FM+N180：地膜覆盖+全量施氮；none+N144：无作物种植+氮肥减施 20%。在西南紫色土中，N168：有机肥+化肥氮；N190：秸秆还田+化肥氮；N220：生物炭+化肥氮；N260：硝化抑制剂+化肥氮；N280：氮肥减施；N380：传统高量氮肥施用除植物利用和土壤残留外，肥料氮仍有相当比例通过气体逸出或随水淋失。对于偏碱性土壤，氨挥发是肥料氮的主要损失途径之一，可通过肥料深施降低肥料氮的氨挥发。对于东北黑土（中性），肥料深施 5～15cm 可使肥料氮氨损失降低至 0.5% 以下。因此控制反硝化过程气体排放和硝酸盐淋失（风险）是减少肥料氮损失的关键途径，但是调控手段和阻控机制因区域不同而异。对于东北雨养玉米种植体系，主要针对土壤退化使养分调控能力下降的问题，通过增碳保氮的耦合效应，增加有机氮库的积累，调控土壤氮库循环，减少无机氮的积累，可提高氮肥利用率。当减少氮肥施用量 20% 时，投入–产出–净收益在合理的范围内。并且，研究已发现集约化耕作种植的氮肥利用率以及农作物的产量要明显高于小面积田块，因此，在东北区域，需要进一步推进土地流转政策的落实，提高机械化水平，依法推进我国小面积田块的土地流转和集约化土地的管理经营。同时，秸秆还田以及秸秆还田替换部分化肥显著提高当季玉米对肥料氮的吸收比例，显著降低肥料来源矿质态氮在土壤中的累积，并且显著提高土壤氮初级矿化速率和微生物对 NH_4^+-N 的同化作用。所以，应切实贯彻农业农村部颁布实施的《东北黑土地保护性耕作行动计划（2020—2025 年）》，大力推广东北黑土区玉米保护性耕作技术体系的开发与应用。对于华北春小麦—夏玉米轮作体系，由于潮土具有很强的硝化能力，尿素或其他铵态氮肥施入土壤后能迅速转化为硝态氮，而低的土壤含碳量又使硝态氮很难被固持，增大氮淋溶的风险。所以，针对华北冬小麦—夏玉米轮作体系碳氮水失衡的问题，通过增碳控水减氮管理模式的构建，培育土壤有机碳氮库，通过抑制剂的使用调控无机库和有机库的转化，使无机养分能够较长时间地持留在土壤中，以降低氮素的损失并达到改善土壤肥力和增产的目的。在实践上，加快农户增产需求从“增加氮肥施用量”到“采用优化氮肥管理措施”的转变，从而减少氮肥的不合理使用。对于西北半干旱区小麦种植，则应进一步实行增碳节水，减少肥料氮的施用，阻控硝酸盐淋失。应进一步探讨合理施用氮肥、保护性利用（地膜覆盖和秸秆还田等耕作措施）和控制肥料氮转化（施用脲酶抑制剂）等方面措施提高西北旱地小麦氮素利用并阻控肥料氮损失。对于西南小麦—玉米种植系统，坡耕地的地表径流（壤中流）是肥料氮最主要的损失途径，尤其在玉米季，肥料氮的径流损失高达 35%（表 6-18）。因此，改变种植制度，利用有机物质覆盖减少径流，同时减少无机氮肥的施用量是降低该区域肥料氮损失的关键。

表 6-18　不同区域肥料氮的损失途径和调控方法

区域	东北黑土		华北潮土		西北褐土		西南紫色土	
损失途径	比例	有机调控	比例	有机调控	比例	有机调控	比例	有机调控
氨挥发	<0.5%	→或↓	3.7%～5.6%	↓	2.4%～3.3%	→	0.5%～3.5%	↓
N_2O+N_2	1.3%～1.4%	↓	0.7%～2.3%	↑	0.7%	未知	0.7%～1.7%	→或↑
NO_3^- 淋失或壤中流	2.8%～3.1%	→或↓	6.3%	↑	未知	↓	11%～23%	秸秆↓ 粪肥↑
总损失率	10%～18%		5%～15%		14%～30%		23%～26%	

注：表中“→”表示在调控措施下没有影响；“↑”表示在调控措施下影响增大；“↓”表示在调控措施下影响降低

因此，通过系统研究我国典型旱作农区的典型旱作农田生态系统的肥料氮去向、损失过程与调控原理，厘清了肥料氮的去向以及区域特征，阐明了肥料氮的损失途径和控制因子。只有通过施肥管理、作物残体管理、水肥耦合、碳源调控和抑制剂施用等农业措施调控植物氮吸收与肥料氮农田去向和损失过程的关系，明确碳氮耦合以及土壤组分协同变化在土壤氮库保持过程中的作用以及对肥料氮损失过程、损失途径和损失数量的影响，才能建立区域性旱地农田生态系统高效氮素循环调控模式。

第 7 章　果园/菜地肥料氮去向、损失规律及调控

近年来，我国果树、蔬菜产业发展迅速。全国果树种植面积由 1980 年的 178 万 hm^2 增加到 2015 年的 1280 万 hm^2，其中两大水果苹果、柑橘产量居世界第一位，面积分别达 232 万 hm^2、269 万 hm^2（邓秀新等，2018）。我国苹果种植面积及产量分别占世界的 48% 及 54%，已形成了环渤海湾、黄土高原两个优势产区，其中黄土高原 2017 年苹果种植面积、产量分别占我国苹果总面积、总产量的 52%、47%，成为全球集中连片种植苹果的最大区域。目前，我国已成为全球最大的蔬菜生产国及消费国，种植面积及产量占世界的 40%，其中设施蔬菜种植面积约为 387 万 hm^2，占蔬菜总产值的一半以上（喻景权和周杰，2016）。蔬菜及果树居我国种植业的第二位及第三位，是我国不少地方农业增效、农民增收、农村经济发展的支柱产业之一。

与粮食作物相比，果树、蔬菜施肥量较高，随着近年来蔬菜、果树种植面积的增加，其肥料消费量占我国种植业化肥用量的比例不断增加。目前，果树、蔬菜化肥消费量占我国种植业化肥消费量的 30% 以上。果园、菜地过量施肥问题突出，不仅浪费资源，导致土壤退化，增加生产成本，而且带来突出的环境问题。因此，查明果园及菜地肥料氮去向、损失规律及调控机理具有十分重要的理论及实践意义。为此，我们选择我国典型地区主要果树种类（苹果、柑橘、葡萄及桃树）及蔬菜栽培类型（露地及设施）为对象，查明我国这些系统肥料氮的损失途径及驱动机制，揭示果园及菜地这种高投入高种植强度种植体系下土壤氮转化特性及调控机制，提出我国典型地区果园及菜地肥料氮施用的限量标准草案。

7.1　露地蔬菜肥料氮去向、损失规律及调控

以华北典型一年两季露地蔬菜为对象，连续 3 年（2017～2019 年）研究氮肥主要去向。试验地位于河北省保定市清苑区（38.71°N、115.45°E），为已种植了 4 年露地蔬菜的菜地。该地区气候属于典型温带大陆性季风气候，3 年期间蔬菜生育期（5 月底至 11 月初）平均气温为 21.4～22.1℃（范围为 11.2～31.2℃），降水量为 330.7～366.2mm，占全年降水量的 84%～96%。

试验设置 8 个处理（表 7-1），包括：① 4 个氮水平，即 CK（对照）、N1（农户习惯水肥基础上减氮 50%）、N2（农户习惯水肥基础上减氮 20%）、N3（农户习惯水肥处理）；②减氮 20% 基础上配合氮肥增效剂或改良剂，即 N2I（尿素配合脲酶抑制剂和硝化抑制剂）、N2B［尿素配合生物炭 28t/(hm^2·a)］、N2S［玉米秸秆还田（还田量 6000kg/hm^2）］；③灌溉量降低 15%（N2LW）。各处理所施氮肥中 35% 为有机肥，每季蔬菜开始前全部做基肥一次性施用，方式为条施覆土，有机肥为充分发酵的商品有机肥；其余 65% 氮素为化学氮肥尿素，分 2 或 3 次追肥施入，追肥方式为撒施结合漫灌。磷肥为过磷酸钙，基肥一次性施用，施用方法同有机肥。所用钾肥为硫酸钾，分 2 或 3 次随追肥施入。其中 4 个处理设置了 ^{15}N 微区，尿素 ^{15}N 丰度为 20.19%，只在第一季黄瓜季施入。前两年灌溉方式均为机井水渠灌（灌溉出水速率约为 40m^3/h），水表记录；第 3 年灌溉为水管引流机井水漫灌，灌溉出水速率约为前两年的 62%。测定肥料氮的主要去向，包括地上部吸氮量、氨挥发（动态抽气法；郑蕾等，2018）、氮淋溶（简易渗漏池法；Wang et al.，2019b）、N_2O 排放（静态箱−气相色谱法；郑蕾等，2018）、土壤残留（土钻法）等。

表 7-1 试验处理设置及肥料用量

处理		$N-P_2O_5-K_2O$ 用量/[kg/(hm²·季)]			备注
		2017 年	2018 年	2019 年	
CK	对照	0-0-0	0-0-0	0-0-0	
N1	减氮 50%	390-390-780	300-200-300	275-200-300	
N2	减氮 20%	624-390-780	480-200-300	440-200-300	^{15}N 微区
N3	农户习惯	780-390-780	600-200-300	550-200-300	^{15}N 微区
N2I	减氮 20%+抑制剂	624-390-780	480-200-300	275-200-300	^{15}N 微区
N2B	减氮 20%+生物炭	624-390-780	480-200-300	275-200-300	^{15}N 微区
N2S	减氮 20%+秸秆	624-390-780	480-200-300	275-200-300	
N2LW	减氮 20%+节水 15%	624-390-780	480-200-300	275-200-300	
蔬菜类型		黄瓜—白菜	黄瓜*—茄子	黄瓜—白菜	
田间种植日期		5 月 20 日至 8 月 5 日，9 月 4 日至 11 月 10 日	4 月 30 日至 6 月 13 日，6 月 23 日至 11 月 4 日	5 月 2 日至 8 月 5 日，9 月 6 日至 11 月 10 日	

注：*2018 年黄瓜受雹灾影响，提前拉秧（黄瓜季 $N-P_2O_5-K_2O$ 实际施肥量为 357.5-200-200kg/hm²），下一季改种茄子，全年生育期长度与常年基本接近

7.1.1 氮收支状况及肥料氮去向

7.1.1.1 氮收支平衡状况

3 年 6 季蔬菜种植期间各施肥处理（不含对照 CK）的氮收支均显示盈余（表 7-2）。由于水肥条件充足，土壤的各种背景氮损失也较高，特别是氮淋溶及氨挥发，氮淋溶占盈余氮的 25.1%～48.8%，因此，氮收支显示盈余的氮以各种形式损失进入环境。

表 7-2 3 年 6 季蔬菜种植的氮收支总概算（0～80cm） （单位：kg N/hm²）

处理	氮输入					作物携出	氮平衡	部分氮损失途径		
	肥料氮	灌溉氮	氮沉降	非共生固氮	小计			氨挥发	N_2O 排放	氮淋溶
CK	0	7.53	78.43	45	503.6	793.9	−535.1	117.9	8.3	217.3
N1	1775	7.53	79.43	45	2387.8	1056.8	1086.2	294.9	23.0	529.6
N2	2840	7.53	80.43	45	3498.5	1374.6	1879.1	407.1	36.9	739.1
N3	3550	7.53	81.43	48	4271.7	1357.0	2669.9	524.7	49.8	892.8
N2I	2840	7.53	83.43	45	3541.7	1497.4	1799.4	341.4	21.1	622.2
N2B	2840	7.53	84.43	50	3532.2	1502.1	1785.2	373.8	35.7	645.3
N2S	2840	7.53	85.43	45	3515.6	1441.3	1829.4	246.7	—	680.1
N2LW	2840	7.53	86.43	45	3529.4	1387.5	1897.1	—	—	476.0

注：灌溉氮为灌溉水量乘以实际测定的灌溉水中无机氮浓度，氮沉降为本项目组刘学军教授在试验地附近的河北农业大学样点实际测定的数据，非共生固氮数据引自郭劲松等（2011）；氮淋溶为淋出 80cm 剖面的全氮；“—”表示相应处理数据缺失

7.1.1.2 肥料氮去向

按照本研究 ^{15}N 微区结合大区各个主要去向的测定（作物吸收、氮淋溶、氨挥发、N_2O

排放），种植一季露地蔬菜后不同水肥处理 0～80cm 土壤剖面的氮去向如图 7-1 所示。各去向的大小依次为作物吸收（差减法）＞土壤残留（^{15}N 同位素标记示踪法）＞氮淋溶＞氨挥发＞N_2O 排放，氮的当季利用率（差减法）为 N2B（18.3%）≈N2I（18.1%）＞N2（16.6%）＞N3（12.3%）。

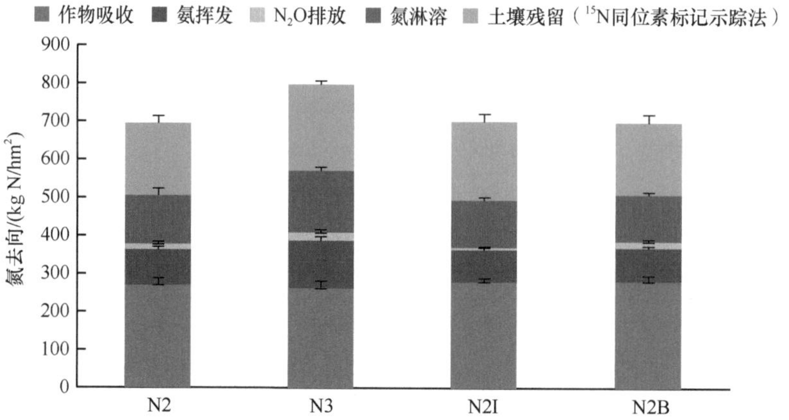

图 7-1　春播黄瓜当季氮去向（0～80cm，2017 年）

7.1.1.3　施氮量-产量响应关系

由于菜地土壤水肥条件都较为充足，农户习惯施氮量远远高于实际吸氮量（刘洋等，2017）。本试验由于 3 年的气候、土壤背景值、施肥及灌溉等都略有不同，因此 3 年试验期间施氮量与产量的响应函数各常数也不尽相同，3 年平均蔬菜年度产量与氮肥用量间呈显著二次函数关系，氮肥用量超过一定的施氮量时，蔬菜产量呈下降趋势。

7.1.1.4　氮肥利用率与增产效果

由于蔬菜作物根系浅、吸收深层土壤养分及水分的能力弱（范凤翠等，2013；杨冬艳等，2020），而且蔬菜作物营养体生物量大、叶面的水分蒸散也高，因此农户在菜地的氮肥用量普遍偏高，远超过蔬菜的吸收量。蔬菜作物氮肥单季利用率为 18%～33%（Song et al.，2009），大部分报道的氮素当季利用率在 15% 以下（Zhou et al.，2019；Bai et al.，2020a）。本研究各处理春播黄瓜、秋播白菜百千克产量吸氮量分别为 1.82～3.02kg、1.67～3.14kg，平均值分别为 2.41kg、2.47kg。3 年试验期间各蔬菜种植季的地上部氮肥利用率（表 7-3）结果显示，除了受雹灾影响的季节，农户习惯水肥处理每季蔬菜地上部氮肥利用率为 12.3%～32.6%（平均 17.1%），因每季施氮量不尽相同而有变化，第 3 年氮肥用量总体调低，因此利用率相对较高，各处理的氮肥利用率依次为 N2I＞N2B＞N2S＞N2＞N3＞N1，由于 N1 处理偏低，因此其氮肥利用率数值较低。氮肥偏生产力（不扣除无氮处理产量）为 132.9～226.7kg/kg；氮肥农学效率（扣除无氮处理产量）为 18.3～55.3kg/kg，各处理间的趋势及规律与氮肥利用率类似。

表 7-3　3 年试验期间蔬菜地上部氮肥利用率（差减法）

处理	2017 年		2018 年		2019 年		6 季平均	
	黄瓜	白菜	黄瓜*	茄子	黄瓜	白菜	氮肥利用率/%	氮肥偏生产力/(kg/kg)
N1	11.7	10.7	5.1	12.2	20.0	29.2	14.8	226.7
N2	16.6	17.4	7.9	19.3	31.3	25.4	19.7	165.1

续表

处理	2017 年		2018 年		2019 年		6 季平均	
	黄瓜	白菜	黄瓜*	茄子	黄瓜	白菜	氮肥利用率/%	氮肥偏生产力/(kg/kg)
N3	12.3	14.3	6.9	15.8	32.6	20.8	17.1	132.9
N2I	18.1	19.1	11.8	21.8	43.9	36.8	25.2	164.3
N2B	18.3	22.9	10.9	22.7	33.0	31.2	23.2	167.9
N2S	15.5	18.5	7.7	21.7	34.2	37.3	22.5	160.6
N2LW	17.2	17.4	7.8	19.5	26.1	36.2	20.7	159.9

注：*2018 年黄瓜受雹灾影响提前拉秧，数值仅为半生育期数据，不能代表黄瓜完整生育期状况

相比农户常规施氮，减氮 20% 处理的氮肥利用率平均提高了 2.6 个百分点，减氮 20% 基础上配合抑制剂、生物炭及秸秆还田的各处理，氮肥利用率分别提高了 8.1 个百分点、6.2 个百分点和 5.4 个百分点；相比同水平氮处理（N2）分别提高了 5.6 个百分点、3.5 个百分点和 2.8 个百分点。减氮 20%+灌溉量降低 15% 的处理（N2LW），其氮肥利用率与单纯减氮 20% 的处理接近，氮肥利用率平均为 20.7%。减氮+抑制剂处理的蔬菜产量及氮肥利用率最高，减氮+生物炭、减氮+秸秆还田和减氮+灌溉量降低 20% 处理次之，农户习惯水肥处理的蔬菜产量未显示有显著优势，而氮肥利用率则明显最低。

7.1.1.5　肥料 ^{15}N 利用率及后效

试验在第 1 年第 1 季的 4 个代表性处理（N2、N3、N2I、N2B）设置了 ^{15}N 微区，其中的化肥氮由 ^{15}N 标记尿素提供；另外 35% 的氮素由有机肥提供，为常规氮自然丰度有机肥（商品鸡粪）。结果显示（表 7-4），^{15}N 同位素标记示踪法得到的肥料利用率远低于差减法（表 7-4），仅为差减法利用率的 40.1%～47.2%。示踪法得到的不同处理肥料氮当季利用率为 7.7%～10.2%，各处理 ^{15}N 化肥氮当季利用率依次为 N2I（10.2%）＞N2B（9.3%）≈N2（9.3%）＞N3（7.7%）。化肥氮在当年第 2 季蔬菜中的残效为 2.8%～6.0%，依次为 N2B（6.0%）＞N2I（5.3%）＞N3（4.1%）＞N2（2.8%）。到第 3 年蔬菜生长的第 5 季及第 6 季，残效已降到 0.10%～0.21%，^{15}N 丰度值已接近自然丰度。

表 7-4　蔬菜地上部对 ^{15}N 标记尿素的利用率及残效

处理	第 1 季 ^{15}N 施用量/(kg/hm^2)	第 1 季黄瓜		第 2 季白菜		第 4 季茄子	
		^{15}N 吸收量/(kg/hm^2)	^{15}N 利用率/%	^{15}N 吸收量/(kg/hm^2)	^{15}N 残效/%	^{15}N 吸收量/(kg/hm^2)	^{15}N 残效/%
N2	80.4	7.48	9.3	2.27	2.8	2.40	2.9
N2I	80.4	8.20	10.2	4.27	5.3	3.87	4.8
N2B	80.4	7.47	9.3	4.79	6.0	2.57	3.2
N3	100.5	7.72	7.7	4.10	4.1	3.08	3.1

注：第 3 季黄瓜由于受雹灾影响，数据未列出

表 7-5 数据显示，施入的 ^{15}N 标记尿素在第 1 季黄瓜生长结束后在 0～80cm 土壤中仍残留 44.9%～51.0%，其中各处理的残留率依次为 N2B（51.0%）＞N3（46.8%）≈N2（46.5%）＞N2I（44.9%）；土壤中残留与第 1 季黄瓜吸收这两项合计对施入 ^{15}N 的回收率为 50.2%～60.3%，其余部分以其他形式（如淋溶、氨挥发、硝化和反硝化等过程）损失到环境中。种植

第 2 季蔬菜后，第 1 季施入的氮素在 0～80cm 土壤中依然残留 7.1%～10.8%，其中 N2 处理残留率最低（7.1%）、其余处理（N2B、N2I、N3）残留率略高，为 10.4%～10.8%；第 2 季蔬菜对第 1 季施入氮肥净残留量的利用率与第 1 季施入量的当季利用率接近，说明化肥氮施入土壤中后与土壤中氮的置换以及对短期内补充土壤氮有一定作用。到第 4 季蔬菜生长结束后，第 1 季施入的 ^{15}N 标记尿素在 0～80cm 土壤中残留 5.9%～9.7%，其中 N2I 和 N2B 处理残留率略高（分别为 9.7% 和 8.5%），N2 和 N3 处理残留率略低（5.9%～6.2%）。之后的监测显示，第 1 季施入的 ^{15}N 标记尿素氮经过 4 季蔬菜作物生长后残留于 0～80cm 土壤中的量趋于稳定，直到第 6 季蔬菜收获后残留率仅比第 4 季降低了 1～3 个百分点；同时，植物地上部测定也显示，第 5 季蔬菜作物对第 1 季施入的 ^{15}N 标记尿素吸收已低于当初施入量的 1%（数据未展示）。

表 7-5　菜地土壤 ^{15}N 标记尿素在土壤中的残留监测（0～80cm 土壤）

处理	^{15}N 施入量/(kg/hm^2)	第 1 季后残留/%	第 2 季后残留/%	第 4 季后残留/%	第 6 季后残留/%
N2	80.4	46.5	7.1	5.9	4.2
N2I	80.4	44.9	10.4	9.7	7.0
N2B	80.4	51.0	10.5	8.5	6.2
N3	100.5	46.8	10.8	6.2	5.0

关于土壤中氮残留，本研究在种植蔬菜 3 年 6 季之后，0～80cm 剖面的无机氮（N_{min}，铵态氮和硝态氮之和）积累量仅占 0～200cm 剖面的 38.2%～47.7%（图 7-2），0～200cm 剖面积累的无机氮为 180.9～400.4kg/hm^2。这说明有一半以上的无机氮已淋溶到 80cm 以下的深层土壤中（蔬菜根系浅，80cm 以下的无机氮已很难被蔬菜作物所吸收）。由于露地菜地主要采用漫灌方式，灌溉量较大，积累在土壤中的无机氮淋溶到更深层土壤中的数量可观。

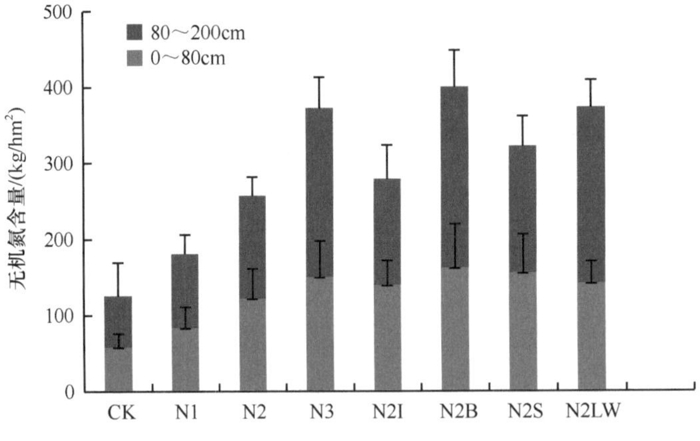

图 7-2　3 年 6 季蔬菜种植之后土壤剖面无机氮含量

7.1.2　肥料氮的主要损失过程

本研究测定了不同处理氮素淋溶损失、氨挥发、N_2O 排放、径流损失。

7.1.2.1　淋溶损失

由于露地菜地肥料施用量大、施用频繁且采取漫灌形式，淋溶损失是最大的肥料氮损失途径。本试验中，淋溶出 80cm 土壤剖面的全氮占当年施氮量的 13.1%～29.1%（试验前两年的数值）（表 7-6）。第 3 年由于试验原因改变了灌溉水供应速度（水管分流作用），终端灌溉出水速度比前两年低 50%，因此试验第 3 年（2019 年）的淋溶系数比常规渠灌漫灌的系数偏低，这也从另一个方面反映出灌溉水出水速度对水分入渗速度的影响，灌溉水出水速率大，其可能优先通过土壤中的大孔隙产生优先流从而发生氮的淋溶（张勇勇等，2017）。

表 7-6　3 年试验期间不同处理全氮淋溶（80cm 剖面）

处理		2017 年		2018 年		2019 年	
		施氮量/[kg/(hm^2·a)]	淋溶系数/%	施氮量/[kg/(hm^2·a)]	淋溶系数/%	施氮量/[kg/(hm^2·a)]	淋溶系数/%
N1		780	26.0	445	24.7	550	5.8
N2		1248	27.8	712	24.6	880	7.8
N3		1560	29.1	890	24.9	1100	10.0
N2I		1248	18.8	712	24.0	880	4.1
N2B		1248	21.9	712	21.7	880	5.8
N2S		1248	25.1	712	21.1	880	2.7
N2LW		1248	13.1	712	13.4	880	4.1
水分输入	灌溉	637.3mm		989.4mm		656.8mm	
	降雨	409.8mm		366.2mm		398.7mm	

本试验中，氮淋溶损失量与施氮量呈直线相关（图 7-3）。3 年连续试验期间，由于施氮量、降雨量及土壤氮素背景值不尽相同，3 年试验期间施氮量与全氮淋溶损失量的斜率关系不尽相同，但整体呈直线关系（第 3 年试验由于控水措施改变，灌溉水速率是前两年的一半，因此淋溶斜率低于前两年）。测定数据显示，在淋溶损失的氮中，硝态氮是主要的氮损失形态，占全氮淋溶损失量的 86.9%～94.1%，有机氮占 5.6%～12.5%，铵态氮在 1% 以下。文献汇总分析表明，菜地硝态氮淋溶系数为 13.8%（Bai et al.，2020a），远高于粮田作物农田的淋溶系数（Yang et al.，2015）。

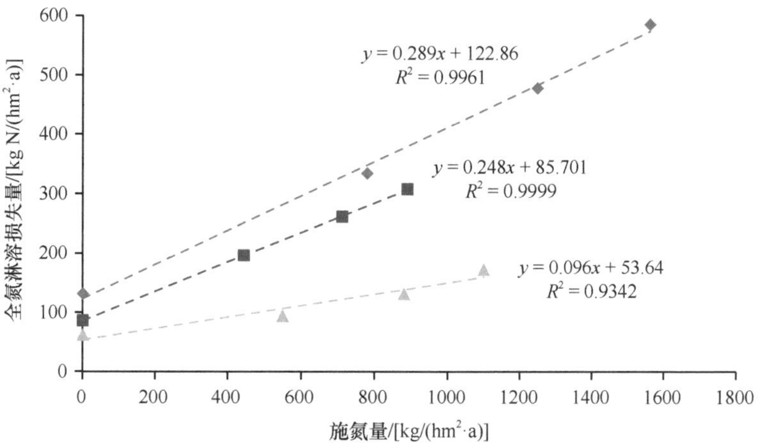

图 7-3　3 年试验期间施氮量与全氮淋溶损失量的关系（2017～2019 年）

蓝色菱形为 2017 年数据，红色方框为 2018 年数据，绿色三角为 2019 年数据

3 年数据平均而言，减氮 20%、减氮 50% 的全氮淋溶损失量分别比农户常规施肥处理平均降低了 19.1%（范围 15.1%～23.8%）、41.6%（范围 36.3%～45.6%）。减氮 20% 配合双抑制剂使全氮淋溶损失量降低了 32.4%（范围 16.5%～43.0%）。减氮 20% 配合生物炭、减氮 20% 配合秸秆还田对氮淋溶的降低作用与施用双抑制剂的效果接近，分别使全氮淋溶损失量降低了 29%（范围 21.8%～34.3%）、32.6%（范围 23.2%～50.5%）。减氮基础上减少灌溉量 15%，全氮淋溶损失量降低了 44.6%（41.0%～49.7%），水氮有效管理结合是阻控氮淋溶的关键措施。

7.1.2.2　氨挥发

露地菜地水肥条件都充足且肥水热同期，基肥施肥一般为沟施覆土，氨挥发速率较低，而追肥一般为撒施结合灌溉，因此在 pH 较高的石灰性土壤中氮肥追肥后的氨挥发量较高。本试验中，氨挥发主要发生在历次追肥撒施后的一周内，单季或周年氨挥发累积量（y）均随着施氮量（x）的增加而增加，两者间呈线性关系（y=0.1192x+35.291，R^2=0.937），3 年试验期间变化不大。尽管 3 年试验期间在蔬菜生长季的降雨量不尽相同（330.7～366.2mm），但由于追肥均与灌溉结合进行，3 年试验期间氨挥发年度排放系数比较一致，占施氮量的 7.4%～12.7%（表 7-7）。

表 7-7　3 年试验期间代表性处理施氮量及氨挥发系数

处理	2017 年		2018 年		2019 年	
	施氮量/[kg/(hm^2·a)]	氨挥发系数/%	施氮量/[kg/(hm^2·a)]	氨挥发系数/%	施氮量/[kg/(hm^2·a)]	氨挥发系数/%
N1	780	9.9	445	9.2	550	12.7
N2	1248	10.6	712	9.7	880	11.7
N3	1560	12.0	890	10.6	1100	12.1
N2I	1248	9.0	712	7.4	880	8.2
N2B	1248	9.5	712	8.9	880	10.1

注：氨挥发系数（%）=（施氮处理氨挥发量−无氮处理氨挥发量）/施氮量×100%

不同调控措施均在一定程度上减少了氨挥发。减氮 20%、减氮 50% 在 3 年试验期间分别使氨挥发比 N3 处理减少了 16.1%～23.6%、34.5%～47.1%；减氮 20% 配合双抑制剂使氨挥发比 N3 处理减少了 31.9%～34.2%；减氮 20% 配合生物炭减少氨挥发的作用略低于双抑制剂处理，氨挥发减排作用为 24.2%～29.6%。由此可见，几个处理中减氮配合双抑制剂对氨挥发减少的作用效果最好，且抑制剂与氮肥混合施用，成本及可操作性都在农户可接受范围内。

7.1.2.3　N_2O 排放

3 年试验期间不同水肥处理的 N_2O 排放系数为 0.40%～1.71%（表 7-8），其中第 1 年的排放系数较高，主要是由于当年施氮量高。3 年试验期间 N_2O 年累积排放量与氮肥用量基本呈直线关系，由于不同年份的施氮量及气候因子差异，3 年试验期间的斜率不同［3 年试验期间的 N_2O 排放通量与施氮量的关系分别为 y=0.0167x+2.6167（2017 年）、y=0.007x+3.3228（2018 年）、y=0.0055x+0.4912（2019 年），N_2O 排放量随施氮量的增加呈直线增加趋势］。文献汇总分析表明，露地菜地 N_2O 排放系数为 0.36%～3.13%，中值为 0.61%～1.13%（徐玉秀等，2016）。

表 7-8　3 年试验期间主要处理施氮量及 N_2O 排放系数

处理	2017 年		2018 年		2019 年	
	施氮量/[kg/(hm²·a)]	排放系数/%	施氮量/[kg/(hm²·a)]	排放系数/%	施氮量/[kg/(hm²·a)]	排放系数/%
N1	780	1.30	445	0.62	550	0.51
N2	1248	1.49	712	0.64	880	0.58
N3	1560	1.71	890	0.72	1100	0.68
N2I	1248	0.51	712	0.54	880	0.40
N2B	1248	1.55	712	0.64	880	0.47
N2LW					880	0.49

减氮 20%、减氮 50% 在 3 年试验期间分别使 N_2O 减排 19.4%～30.8%、37.9%～56.4%（表 7-8）；使用双抑制剂使 N_2O 比等氮量化肥处理减排 19.2%～55.0%，其中抑制剂抑制 N_2O 排放的效果在施氮量高的年份效果较好。生物炭的施用使 N_2O 减排 3.4%～16.0%（第 1 年生物炭条施的减排效果较差）；灌溉量在农户常规水平下降低 20%，使 N_2O 排放降低了 16.0%。诸多研究显示，氮肥用量、温度和水分能解释菜地土壤 67% 的 N_2O 排放季节变化，pH、温度和水分能解释 N_2O 排放系数 59% 的变化（Rashti et al.，2015）。显著降低菜地农田 N_2O 排放的措施包括合理施氮（数量、方式）、使用硝化抑制剂和缓释肥、控制水分管理等。

7.1.2.4　径流损失

本研究中，蔬菜种植 3 年期间的降水量大致接近，但不同年份降水分布特征不同，2017 年 6～7 月由于有集中强降雨，因此发生了 3 次径流事件，而在 2018 年和 2019 年均未发生径流事件。在 2017 年发生的 3 次径流事件中，径流液体积与降雨量呈直线关系，径流损失的全氮则同时受径流水量及土壤中无机氮含量的影响。但总体来讲，径流损失的氮在 1kg N/hm² 以下，损失量较小。

7.1.3　氮肥高效利用与调控

7.1.3.1　增碳

增碳可以以碳调氮，通过提高土壤微生物生物量碳而间接提高土壤对活性氮的固持。秸秆还田是重要的增碳措施，秸秆还田后通过微生物对秸秆的分解而对土壤中的速效氮起到固持的作用（Wu et al.，2019b）。此外，秸秆还田后，秸秆可促进土壤团粒体结构的形成，对降低土壤容重及吸附铵态氮有一定作用（汤文光等，2015）。本研究中，秸秆还田（6000kg/hm²）增碳处理使蔬菜的氮肥利用率平均增加了 7.3 个百分点（表 7-3），其中全氮淋溶损失量在 3 年试验期间比等氮量不加秸秆的处理平均降低了 10.0%（范围 7.1%～13.2%，表 7-6）；在第 1 年 2 季蔬菜种植结束后测定土壤微生物生物量碳的结果显示，N2S 处理 0～60cm 土壤的微生物量碳比等氮量的 N2 处理高 19.8%（63.5mg/kg *vs*. 53.0mg/kg），说明秸秆还田对调节土壤碳氮转化的作用。露地菜地中最大的氮损失去向是氮淋溶，本试验中秸秆还田使露地菜地氮淋溶显著降低，提高了土壤碳容量，起到了提高氮肥利用率和减少氮损失的作用。

7.1.3.2 控水

由于蔬菜作物根系浅、地上部营养体面积大，需水量高，因此菜地灌溉频繁，除了伴随施肥的灌溉，历次施肥间隔期间都要不断进行补充灌溉。露地菜地多采用漫灌形式，较少采用水肥一体化措施，因此伴随漫灌发生的氮素损失量是主要的氮损失途径。在本试验的监测测定中，氮淋溶是最大的氮损失途径（表 7-2）；灌溉量降低 20% 的处理比农户大水漫灌习惯降低灌溉量 20%（表 7-6），没有对产量造成显著影响，而氮淋溶比对应的等氮处理降低了 34.1%；氮用量和灌溉量均减少 20%，氮淋溶比农户常规水肥管理减少了 44.2%，效果显著。灌溉出水速度太快，土壤中的硝态氮容易随水分通过优先流产生大量淋溶，使得氮淋溶损失量更高。文献汇总分析也显示，控制灌溉量使得露地菜地氮淋溶损失平均降低了 24%，而蔬菜产量没有影响（Bai et al.，2020a），是调控氮损失的有效途径之一。

7.1.3.3 控氮

在现代集约化蔬菜生产中，虽然氮素的一些背景损失不可避免，但合理控制氮肥用量，使其与作物的生长发育需求相匹配是减少氮素损失的最主要的措施。本试验显示，蔬菜产量或吸氮量与施氮量呈二次曲线关系（表 7-2），施氮量超过最佳产量施氮量之后蔬菜不再增加，而氮的各种损失都呈直线增加。因此，将氮肥用量控制在最佳产量施氮量且不要超过最高产量施氮量是最重要的调控措施之一，这样各种氮的损失在源头数量上就得到了控制。

7.1.3.4 增效

氮素损失的原因主要是其施入土壤中后的各种转化过程，特别是硝化作用过程引起了氮素损失，尿素是当前生产中最为常见的氮肥品种。因此，生产中若能尽量使施入土壤中的氮素以其酰胺态氮或铵态氮的形态存在，减缓氮素由铵态氮转化为硝态氮的硝化速度，氮素损失会相应降低，起到氮肥增效的作用。氮肥增效剂主要有脲酶抑制剂和硝化抑制剂，主要和氮肥配合使用，以减少氮肥因硝化作用中的温室气体排放损失及其后产生的硝态氮淋溶损失。氮肥的生产中会将脲酶抑制剂和硝化抑制剂以喷雾的形式喷在普通尿素表面，称为稳定性氮肥（杨相东和张民，2019），其用量一般占尿素的 0.1%～5%。此外，缓控释肥由于其氮素或者以共价键或离子键结合在聚合物上形成一种新型组合物（梁邦，2013），或者将速效氮肥以亲水聚合物包裹或将可溶性活性物质分散于基质中，从而限制肥料的溶解性（翟军海等，2002），速效氮的释放速度减缓，以匹配作物的吸收需求，进而达到减少氮素损失的目的。生物炭及其他一些土壤调理剂能在一定程度上改善土壤的物理性状（如容重、土壤持水能力等），也能对土壤保氮起到一定作用。

7.1.3.5 综合管理

生产实践中需注意碳氮水协调配合、协同作用，在提高氮肥利用率及综合减少氮损失的作用方面则更为显著，比单个措施的效果更好，如氮肥用量调控+氮肥形式配合+氮肥增效+氮肥深施+滴灌，使氮的各项损失能降低到最小。综合管理的原则：①首先按照目标产量需氮量确定氮用量；②选择合适的氮肥形式及施用方法，如合理的有机无机配比、无机氮采用稳定性肥料且最好深施覆土（深施可显著阻控氨挥发）等；③灌溉量宜采取少量多次的形式，尽量避免大水漫灌，减少淋溶损失；④结合无病害源秸秆还田及垄作小高畦形式，尽量避免水分及养分流失：由于露地蔬菜在雨季可能会遭遇暴雨，小高畦垄作既可有效利用水分（李超等，2016）又可避免大量雨水由垄沟排水造成养分损失，因此，各种碳氮水措施配合耕作管理措施，可最大限度地提高氮肥利用率，将氮素的损失降低到最低。在成本允许的情况下，水肥一体化配合小高畦垄作能够从理论上将氮的损失降低到最低。露地菜地由于不同调控措施的成本不尽相同，因此在生产实践中，需根据当地的实际情况，综合采用碳氮水调控措施，以提高露地菜地氮肥利用率、大幅减少活性氮以各种途径损失到环境中的比例，水氮资源综合高效利用，以及高产、优质、绿色的可持续农业管理目标。

7.2　设施菜地肥料氮去向、损失规律及调控

设施蔬菜栽培是指不同类型温室、塑料大棚、地膜覆盖等条件下进行的蔬菜生产。与露地蔬菜相比，我国设施菜地施肥量更高，过量施氮问题更为普遍，带来的问题更加突出。设施栽培中日光温室是我国北方地区重要的蔬菜栽培方式，较其他设施栽培投入、产出等更高，生产过程中过量施氮问题尤为突出（周建斌等，2004；Zhou et al.，2010；Gao et al.，2012；刘苹等，2014）。因此，我们在黄淮海平原的山东寿光及黄土高原的陕西杨凌分别进行了日光温室菜地肥料氮去向、损失规律及调控技术的研究。

7.2.1　氮收支状况及肥料氮去向

7.2.1.1　氮收支平衡状况

日光温室栽培生产中普遍施用有机肥及化学氮肥，其中有机肥氮素所占比例多高于露地蔬菜，菜农往往不考虑有机肥提供的氮素，导致过量施氮问题突出。温室氮素年表观盈余量多超过 1000kg/hm^2，其中山东寿光氮素投入量明显高于黄土高原地区（刘苹等，2014；蔡红明等，2016）。

近年来，在“测土配方施肥”“肥药双减”等国家政策及项目的引导与支持下，设施蔬菜种植中化肥施用量（N+P_5O_2+K_2O）逐渐降低，由 1997 年每季 2500kg/hm^2 降低至 2008 年的 1400kg/hm^2（刘兆辉等，2008），其中化学氮肥投入由 1997 年的 915kg/hm^2 降低至 2008 年的 449kg/hm^2，且配方趋于合理。但有机肥投入逐年增加（图 7-4），导致养分总量过剩严重，超出了安全水平，削减潜力大。据统计，2013～2015 年我国主要设施蔬菜 N、P_2O_5、K_2O 施用总量（n=578）平均分别是各自推荐量的 1.9 倍、5.4 倍、1.6 倍（黄绍文等，2017）。

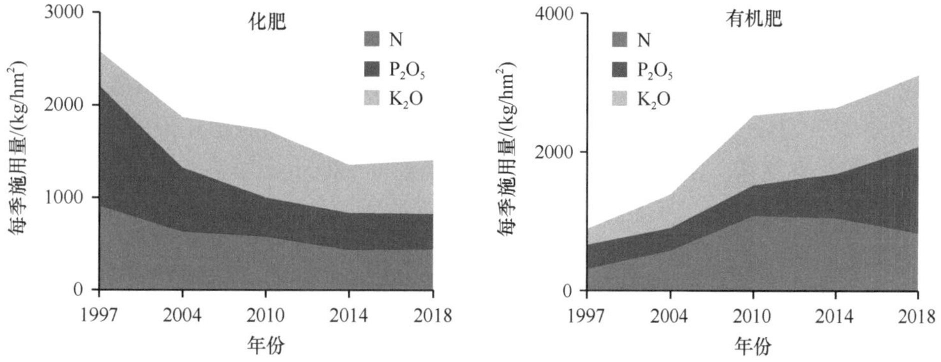

图 7-4　我国设施蔬菜施肥量变化

7.2.1.2 肥料氮去向

肥料氮施入土壤后的去向包括作物吸收、土壤残留及不同途径的损失。作物养分携出量占养分投入量的百分比是评价养分利用效率的重要指标之一。据统计，2018 年我国设施蔬菜典型栽培地区单季氮肥总投入量为 850kg/hm^2，主要设施蔬菜作物番茄、黄瓜、辣椒、茄子的氮素利用效率分别为 35%、29%、32%、48%（黄绍文等，2017）。Ti 等（2015）通过分析我国设施菜地氮素平衡得出，我国设施菜地氮素利用率为 19.7%，显著低于小麦—玉米种植体系。我们在设施蔬菜典型种植区的长期定位试验表明，设施番茄单季氮素携出量为 259kg/hm^2，氮素利用效率为 9.0%～35.0%，平均为 24.1%。

除了用氮素携出量占氮素投入量的百分比来表征氮素利用效率，与非施氮区相比，施氮区增加的氮素携出量占施氮量的百分比（nitrogen recovery rate，NRR，氮肥利用率）也是评价单季氮素利用率的方法之一。在陕西杨凌的日光温室菜地 ^{15}N 试验发现，传统施肥情况下，化学氮肥的当季利用率仅为 7.72%，减氮处理也不足 12%（表 7-9），说明肥料氮当季利用率很低，这与日光温室栽培下施用氮肥量高及温室土壤累积了大量氮素有关；第 1 季番茄收获后土壤残留肥料氮（0～40cm 土层）比例为 71.69%～80.80%，氮素损失率为 8.98%～20.59%。第 2 季小型西瓜对残留肥料氮的利用率为 2.78%～4.54%，残留肥料氮利用率相对较低。

表 7-9 不同处理 ^{15}N 标记氮肥去向（陕西杨凌）（程于真，2019）

处理	番茄季（第 1 季）						小型西瓜季（第 2 季）	
	吸收		土壤残留		损失		吸收	
	总量/(kg/hm^2)	当季利用率/%	总量/(kg/hm^2)	残留率/%	总量/(kg/hm^2)	损失率/%	总量/(kg/hm^2)	残留氮肥利用率/%
FT+FI	34.74a	7.72a	322.60a	71.69b	92.66a	20.59a	12.53a	2.78a
OPT+FI	26.47a	11.77a	178.32b	79.25a	20.21b	8.98b	9.68a	4.30a
OPT+OI	22.95a	10.20a	181.80b	80.80a	20.25b	8.99b	10.21a	4.54a

注：FT+FI 代表常规施肥+常规灌溉，OPT+FI 代表优化施肥+常规灌溉，OPT+OI 代表优化施肥+优化灌溉；同列数据后不含有相同小写字母的表示处理间差异显著（$P<0.05$）

未被作物吸收的氮素一部分残留在土壤中，另外一部分以淋溶、氨挥发、硝化及反硝化方式损失。新建日光温室由于破坏了土壤耕层，土壤基础肥力低，生产中多大量施用有机肥及化肥。黄土高原连续 5 年定点监测农田改为日光温室后土壤氮素投入及携出情况（Bai et al.，2020b），结果表明，当地年均有机肥氮素投入量为 958～1517kg N/hm^2，5 年平均为 1135.2kg N/hm^2；年均化肥氮素投入量为 576～1085kg N/hm^2，5 年平均为 716kg N/hm^2；年均氮素利用效率为 22%～34%，5 年平均为 27.8%（表 7-10）。随着种植年限的增加，土壤有机质及氮素含量迅速增加，以土壤硝态氮为例，种植前 0～20cm 土壤硝态氮仅为 13.6mg N/kg，种植 5 年后达 138mg N/kg，其余土层也有不同程度的增加。随着温室种植年限的增加，土壤累积氮素量不断增加。

与大田及露地蔬菜相比，设施菜地氨挥发、硝化及反硝化方式发生损失的研究相对较少。已有研究多采用大田及露地蔬菜的研究方法，难以真实反映设施菜地氨挥发、硝化及反硝化氮素损失。从陕西杨凌的日光温室菜地 ^{15}N 试验来看（表 7-9），肥料氮施用一季作物收获后优化施氮，肥料氮损失率约为 9%，间接证明了这一点。

表 7-10　黄土高原地区新建日光温室氮素平衡（n=13，陕西杨凌）　（单位：kg N/hm²）

种植年限	氮素投入			携出	盈余	氮素利用效率（携出/投入）
	有机肥	化肥	总计			
第一年	1517±377	627±312	2144±533	486±263	1658±589	22%
第二年	958±390	712±353	1670±394	579±165	1090±458	34%
第三年	984±434	580±240	1564±436	442±131	1122±392	28%
第四年	1161±484	576±356	1737±787	607±187	1229±477	33%
第五年	1056±321	1085±219	2141±430	468±204	1673±453	22%

注：该表引自 Bai 等（2020b）

7.2.2　肥料氮的主要损失过程

7.2.2.1　淋溶损失

硝态氮的淋溶损失主要受土壤水分迁移的影响，降水及灌溉导致土壤水分向下移动，而蒸散是水分向上运动的驱动力。设施菜地处在一个相对封闭的环境，土壤水分补充主要靠灌水。因此，一般认为设施菜地肥料氮淋溶损失相对较小。但我们研究发现，设施栽培下氮素的淋溶损失（主要为硝态氮）不可忽视。在黄土高原的研究发现，新建温室 0～100cm 土层硝态氮累积量为 150kg N/hm^2，而种植 5 年后增加到 1030kg N/hm^2；0～200cm 土层硝态氮累积量达 1814kg N/hm^2（Bai et al.，2020b），可见硝态氮淋溶损失量不可忽视。

2019 年在山东寿光的研究表明，种植 10 年的温室 0～6m 土壤剖面矿质态氮累积量为 3.4t/hm^2，种植 20 年的温室氮素累积量达 8.9t/hm^2（图 7-5），占种植过程中氮素投入量的 20% 以上，并且在 6～8m 剖面，每米土壤剖面矿质态氮累积量也保持在 1000kg/hm^2 左右（图 7-5）。刘兆辉等（2006）在山东的研究也表明，在设施蔬菜种植 3 年之后，0～6m 剖面范围内，每米的硝态氮累积量都达到 800kg/hm^2 以上。

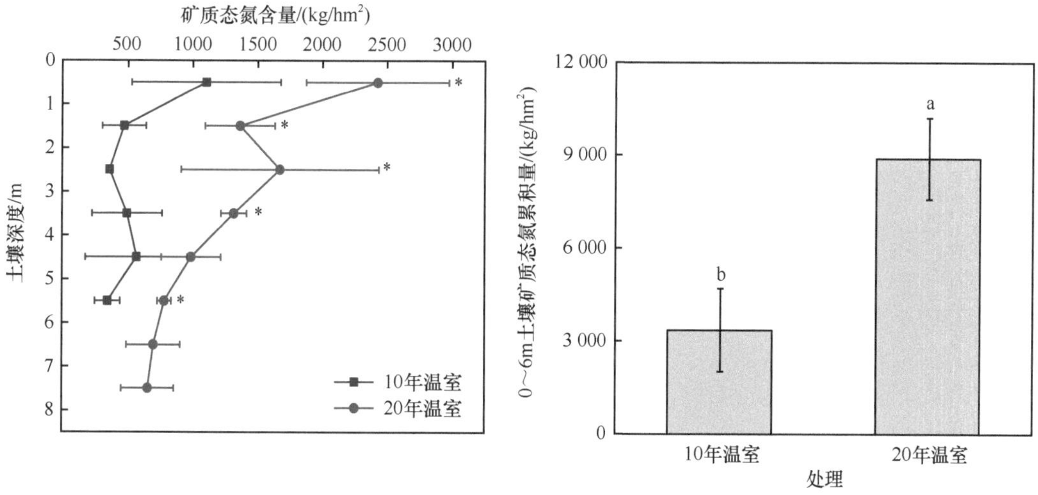

图 7-5　不同种植年限设施菜地矿质态氮在土壤剖面的分布及累积量

淋溶盘原位采集法及渗漏池法是研究土壤氮素淋溶的两种方法。Zhao 等（2012c）利用淋溶盘原位采集法的研究表明，常规施肥模式每年氮素的淋溶损失量为 173.8kg/hm^2，占施氮量的 4.7%。陆扣萍等（2012）通过土壤溶液提取器法的研究表明，习惯施肥全年全氮淋溶损失量达 193.6kg/hm^2，淋溶损失率为 11%。王孝忠（2018）通过全生命周期评价法明确硝态氮的淋溶损失率为 15%。王伟等（2015）基于渗漏池法的研究发现，设施番茄每年的硝态氮淋溶损失量为 299kg/hm^2，淋溶损失率达 19%。我们在山东寿光连续 5 年的渗漏池定位试验表明，传统栽培模式中每季矿质态氮淋溶损失量（90cm 以下）为 150～269kg/hm^2，平均为 236kg/hm^2，占氮素投入的 11.8%～32.1%，平均为 23%（图 7-6）。由此可见，设施蔬菜栽培中氮素淋溶损失是主要的损失途径。

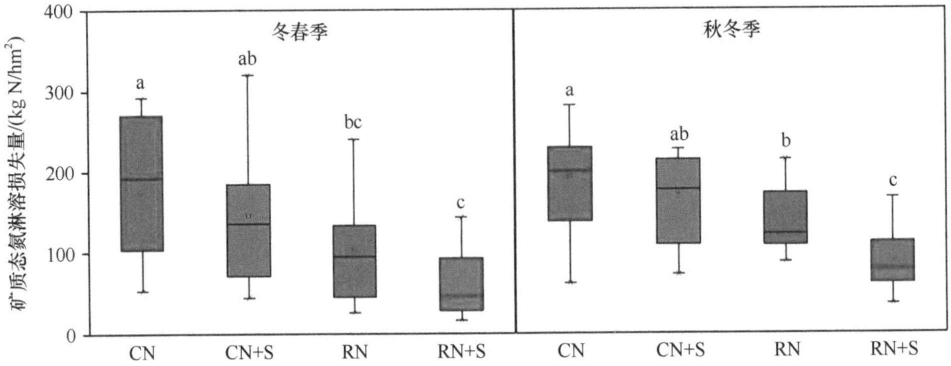

图 7-6　不同处理下冬春季和秋冬季设施番茄矿质态氮淋溶损失量（山东寿光）

CN：传统处理；RN：减氮处理；+S：配施玉米秸秆

7.2.2.2　氨挥发

氨挥发是氮肥的气态损失途径之一。习斌等（2010）与 Ti 等（2015）的研究表明，设施栽培条件下氮肥的氨挥发损失不足 1%。相关研究表明，设施菜地氨挥发占氮肥投入量的 1%～3%，单季作物生长期间以氨态氮形态挥发的氮素为 3～15kg N/hm^2（郝小雨，2012），在施肥量较多的黄瓜种植过程中氨挥发量可达 25kg N/hm^2（李银坤等，2016）。设施栽培氨挥发与施肥量、施肥时期及土壤水分状况等因素有关。在陕西杨凌的田间试验表明，施氮处理施肥后第 1～2 天氨挥发出现峰值，氨挥发峰值为 0.26～2.02kg N/(hm^2·d)，持续 7d 左右；不同施氮处理间氨挥发累积量无显著差异；在相同施氮量条件下，降低灌溉量的氨挥发累积量两季平均增加了 46.7%；不同种植季氨挥发通量均值及挥发累积量均表现为西瓜季高于番茄季，西瓜季高温促进氮挥发；土壤铵态氮含量、土壤孔隙含水量（WFPS）、土壤 pH、0～5cm 地温及温室气温均对氨挥发通量有极显著影响（罗伟等，2019）。

与露地栽培不同，设施栽培处于相对密闭的环境，从土面挥发的氨并非直接进入大气。土面挥发的氨有一部分以湿沉降（包括棚膜水）的形式返回土壤，还有一部分挥发的氨态氮被作物冠层吸收。寿光温室进行的短期的 ^{15}N 标记试验结果表明，在发生氨挥发的 24h 之内，设施番茄开花期和果实膨大期有 24%～38% 氨被番茄地上部吸收，其中 70%～80% 存在于叶片中，约 10% 冠层吸收的氨在 24h 之内转移到果实中（Huang et al.，2020）。在尿素表面喷施的情况下，设施番茄生育期有 46～79kg N/hm^2 的尿素发生氨挥发，其中有 6.89%～16.51% 挥发的氨被番茄冠层吸收，被冠层吸收的这部分氨在果实采摘时有 50%（冬春季）和 35%（秋冬季）转移到果实中（表 7-11）。陕西杨凌温室研究发现，通过放风口扩散至大气环境的氨占土面氨挥发的比例小于 30%（图 7-7）（张兆北等，2022）。可见，根据土面氨挥发量估计日光温室氨挥发损失，会高估设施栽培系统的氨挥发量。

表 7-11　设施番茄生育期氨挥发及其冠层吸收与分配

氨挥发/冠层吸收	2017～2018 年			2018～2019 年		
	冬春季	秋冬季	全年	冬春季	秋冬季	全年
氨挥发/（kg N/hm²）	79.34	47.70	127.04	81.31	50.07	131.39
氨冠层吸收/（kg N/hm²）	13.10	4.70	17.80	12.48	3.45	15.93
冠层吸收占挥发量的百分比/%	16.51	9.88	13.20	15.36	6.89	11.12
冠层吸收占施氮量的百分比/%	4.37	1.57	2.97	4.16	1.15	2.65

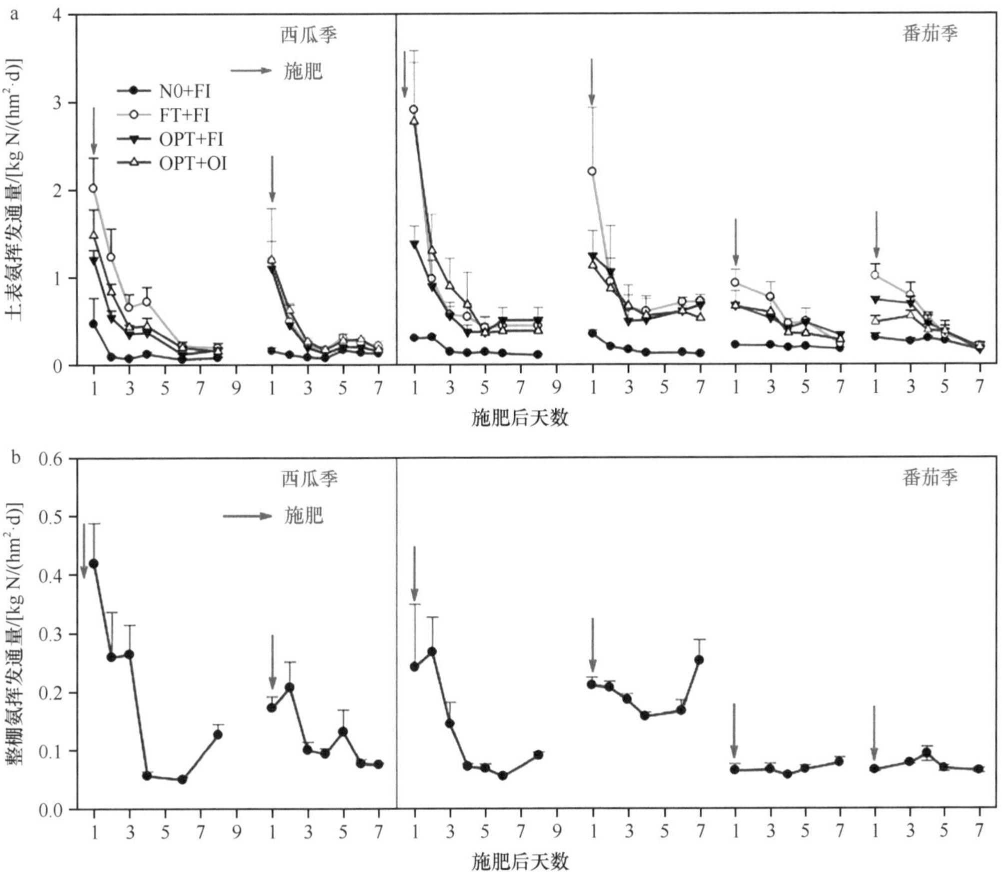

图 7-7　不同处理土表氨挥发通量（a）与整棚氨挥发通量（b）（陕西杨凌）

N0+FI：不施氮肥+常规灌溉；FT+FI：常规施肥+常规灌溉；OPT+FI：优化施肥+常规灌溉；OPT+OI：优化施肥+优化灌溉

7.2.2.3　N_2O 排放

设施栽培土壤普遍施用有机肥，土壤有机质含量高，加上设施栽培温度高及频繁的灌溉，因此，设施栽培应该是 N_2O 排放的热点体系。在山东寿光的研究表明，设施蔬菜栽培中以 N_2O 形态损失的氮素为 7.1～13.8kg N/hm²（图 7-8），N_2O 的排放系数为 0.83%～1.28%，与农田生态系统相当。在陕西杨凌的试验发现，番茄季和西瓜季 N_2O 累积排放量分别为 0.06～2.68kg N/hm² 和 0.02～1.23kg N/hm²，排放系数分别为 0.48%～0.85% 和 0.39%～0.50%（罗伟等，2019），N_2O 累积排放量及排放系数均低于山东寿光温室，这可能与两地土壤性质及温室水肥管理措施不同有关。

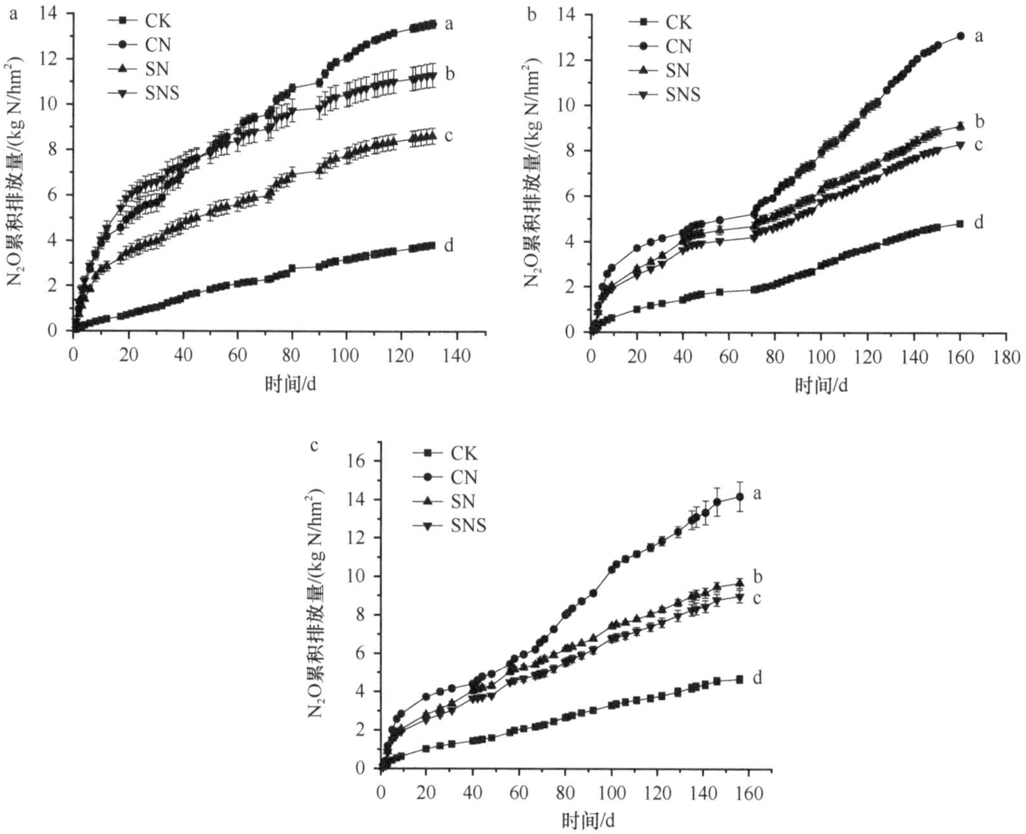

图 7-8　2017 年秋冬季（a）、2018 年冬春季（b）和秋冬季（c）设施番茄生育期 N_2O 累积排放规律

CK：对照；CN：常规施氮；SN：减氮；SNS：减氮+秸秆

王孝忠（2018）总结的全国设施栽培的数据结果表明，N_2O 的排放系数为 0.69%。Wang 等（2011b）报道，我国菜地 N_2O 的排放系数为 0.55%。总体来看，反硝化过程中 N_2O 排放不是设施菜地氮素损失的主要途径，但是对温室气体排放的环境影响较大，Wang 等（2011b）的研究表明，菜地 N_2O 排放量占农作物体系的 20% 以上。

关于日光温室土壤 N_2O 排放机理的研究很少。在黄土高原的研究发现（Liu and Qiu，2016），在休闲期给日光温室施用 ^{15}N 标记的尿素及硝酸钾肥料，尿素处理的 N_2O 排放量为硝酸钾处理的 2.3 倍，说明铵态氮的硝化作用可能是日光温室 N_2O 排放的主要机理，这与 Huang 等（2014）在华北平原石灰性土壤粮田中得到的结论类似。

与温室土壤氨挥发类似，设施栽培从土面排放的 N_2O 由于棚内湿度大，可能有一部分溶于棚膜水，并非直接进入大气，但关于土面排放的 N_2O 通过温室通风口排放到大气的比例尚未见相应研究。

7.2.3　氮肥高效利用与调控

7.2.3.1　氮肥减量

由于设施栽培特别是日光温室栽培过量施肥相当普遍，因此，减量施肥（包括氮肥及有机肥）是提高氮素利用效率的首要措施。我们在黄土高原连续两年的田间试验研究表明，降低施肥和灌溉量对两季番茄产量无显著影响，与常规水肥处理（FW）相比，优化施氮处理氮肥用量降低了 35%～46%，显著降低土壤电导率和硝态氮含量，而对番茄产量及品质无不良影响；减量施肥也降低了硝态氮淋溶损失。Min 等（2011）的研究表明，农户传统施肥量下（870kg N/hm^2）硝态氮的单季氮素淋溶损失量为 123kg N/hm^2，当施氮量降低 20% 和 40% 时，硝态氮淋溶损失量分别降低 16% 和 61%。郝小雨（2012）对设施番茄地土壤硝态氮淋失的研究指出，施氮较不施氮渗漏水中硝态氮浓度增加 1.26 倍，硝态氮渗漏总量增加 1.24 倍。我们的长期定位试验表明，传统施氮量处理的氮素淋溶损失量为 236kg N/hm^2，当化肥氮由传统施氮量 713kg N/hm^2 降低到 300kg N/hm^2 时，矿质态氮的淋溶损失量同时降低到 143kgN/hm^2（图 7-6）。

合理施氮应该遵循氮素供需平衡的原则，结合土壤状况进行氮素盈余量的微调，氮素施用下限为目标产量的氮素携出量+合理的氮素盈余量，氮素施用上限为最高产量氮素携出量+合理的氮素盈余量。氮素盈余（N surplus）是氮素总投入与作物收获之差，设施蔬菜种植体系中 N surplus=N（化肥）+N（有机肥）+N（灌溉水）−N（作物携出）。欧盟氮素委员会制定的氮素安全盈余标准为 80kg N/hm^2，德国氮素盈余标准为 60kg N/hm^2。巨晓棠和谷保静（2017）的研究表明，小麦—玉米轮作体系、长江中下游稻麦轮作体系合适的年氮素盈余量分别为 50kg/hm^2、100kg/hm^2。对于设施蔬菜，在增碳提高保持能力和控水（单季灌水量小于 220mm）降低氮素运移的情况下，确定合理的单季（一年两季）氮素盈余量为 50kg/hm^2。以设施番茄为例，每生产 1t 番茄需要吸收 2.6kg 氮素，在当前一年两季典型种植模式下，当目标产量为 120t/hm^2 时（设施番茄主产区的平均产量），氮素投入量下限为 362kg/hm^2，氮肥的投入主要来源于有机肥和化肥，按 20t/hm^2 稻壳投入量和 3～4t/hm^2 有机肥施用量（以磷定量）计算，由有机物料投入的氮素约为 100kg/hm^2，化肥氮投入的最低限量标准为 262kg/hm^2。据统计，当前一年两季种植模式下，设施番茄的最高产量为 150t/hm^2，在有机物料投入不变的情况下，单季氮素投入量上限为 440kg/hm^2，化肥氮投入上限为 340kg/hm^2。

7.2.3.2　有机无机配合

设施蔬菜栽培普遍采用了有机无机配合的施肥技术，但生产中菜农多忽视有机肥供应氮素数量，原因包括生产中施用有机肥种类多、质量差异大，难以准确估计有机肥供应氮素数量，这也是我国设施栽培过量施氮问题的主要原因之一。因此，如何确定有机肥及氮肥供应养分的比例是值得研究的问题。

设施栽培施用的有机肥碳氮比相对较低，加上温室土壤水热状况好，土壤有机质矿化分解快，导致土壤碳氮比相对失调，即氮多碳少。因此，增碳是提高温室土壤氮素保持能力的重要措施，土壤增碳以施用秸秆类的高碳氮比有机物料为宜。由于稻壳来源方便，设施栽培中施用较为普遍。据测算，日光温室土壤每季有机碳降解量为 6～7t C/hm^2，按稻壳含碳量 40% 计算，每季需要补充稻壳数量为 15～18t/hm^2，为了提高土壤有机碳含量，可适当增加稻壳投入量至 20t/hm^2。

施用高碳氮比有机物料通过以下几个方面降低矿质态氮的淋溶损失。第一，增加土壤微生物固持，降低土壤和淋溶液中的矿质态氮含量，进而降低氮素的淋溶损失。培养试验与田间土柱淋溶试验结果表明，日光温室土壤中施用玉米秸秆、稻壳分别使矿质态氮含量降低 35%、26%，进而使淋溶液中矿质态氮含量分别显著降低 27%～41%、12%～25%（图 7-9）。第二，长期施用高碳氮比有机物料，增加土壤田间持水量与水分保持能力，降低灌溉水渗漏量，进而降低矿质态氮的淋溶损失。长期施用玉米秸秆使土壤田间持水量显著增加 10%，进而使灌溉水渗漏损失量显著降低 22%（图 7-10）。第三，施用秸秆改良土壤质量，提高产量和

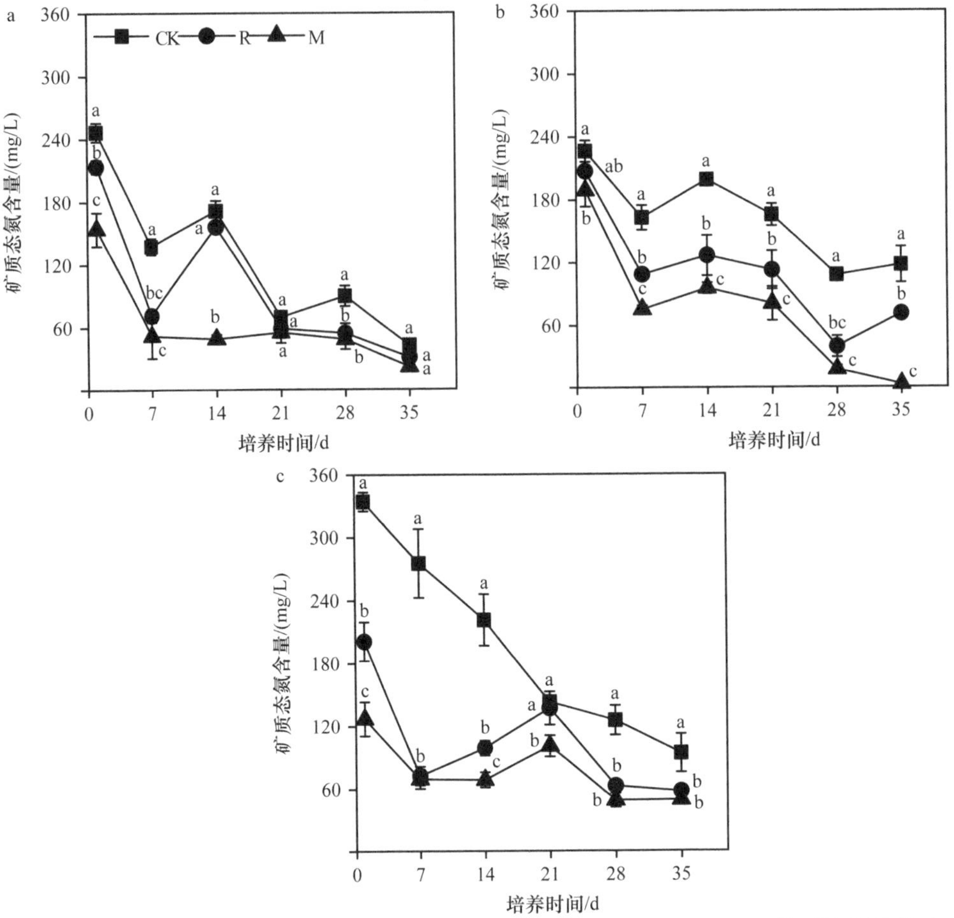

图 7-9　设施栽培土壤施氮量 0mg/kg（a）、150mg/kg（b）、300mg/kg（c）条件下施用稻壳（R）和玉米秸秆（M）处理淋溶液中矿质态氮含量变化趋势及矿质态氮淋溶总量

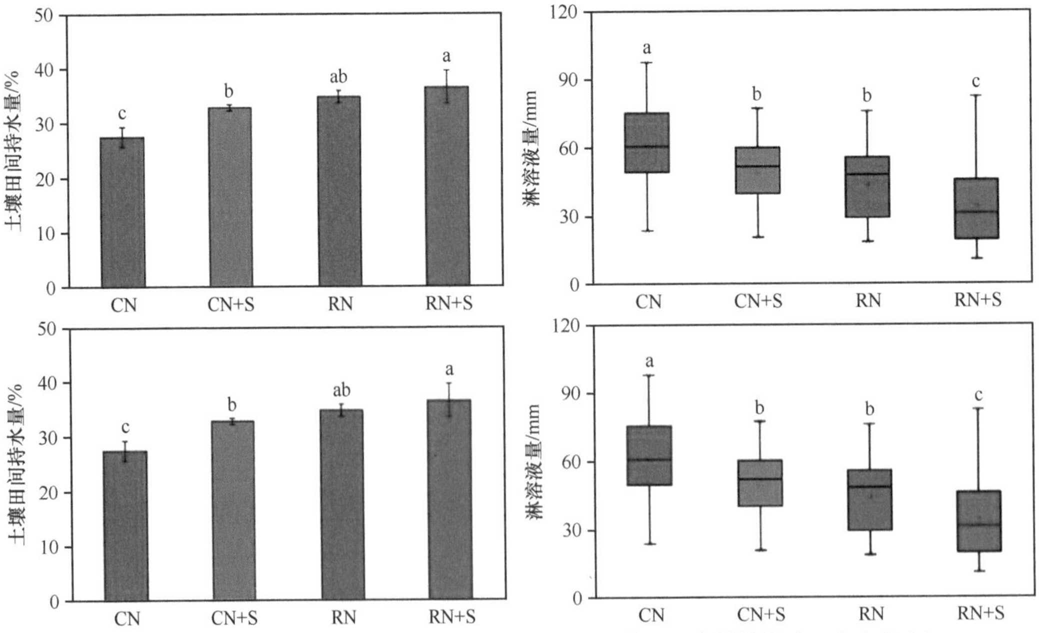

图 7-10　长期不同施肥对土壤田间持水量与灌溉水淋溶损失量的影响（山东寿光）

CN：传统处理；RN：减氮处理；+S：配施玉米秸秆

氮素携出量，进而降低氮素的向下运移。在以上 3 个机制的作用下，与单施化肥相比，配施玉米秸秆使矿质态氮淋溶损失量降低（图 7-6）。

7.2.3.3　水肥综合调控

水分是作物生长发育所必需的，同时也是氮素淋溶损失的载体。设施栽培中采用的水肥一体化技术，为有效控制水肥提供了条件。闫鹏等（2012）研究指出，在施氮量相同的情况下，灌溉量由 530mm 增加至 755mm 时，硝态氮累积淋溶损失量由 324kg N/hm^2 增加至 437kg N/hm^2。薛亮等（2014）研究了甜瓜地土壤剖面硝态氮的分布情况，灌溉量在 150～210mm 时，0～1m 土层硝态氮含量占 0～2m 土层的 50%～69%，而灌溉量超过 270mm 时，0～1m 土层硝态氮含量占比降低至 38%～52%。蔬菜根系较浅，对养分的吸收主要集中在 0～60cm 土层，过量灌溉必然导致养分淋溶出根层土壤，降低养分利用效率。课题组 4 年 7 季的研究表明，滴灌施肥模式较传统的畦灌施肥模式使冬春季和秋冬季设施番茄生长期间矿质态氮淋溶损失量分别降低 120kg N/hm^2 和 70kg N/hm^2，平均降幅为 47%（图 7-11），使氮素利用率提高 27%。滴灌施肥模式下氮素淋溶损失降低一方面是因为滴灌模式使灌水量降低 20%，另一方面滴灌模式降低了施肥量，使淋溶液中矿质态氮浓度降低 55% 左右。结构方程模型结果表明，灌溉对矿质态氮淋溶损失量的影响较施氮量的影响大（图 7-12），滴灌施肥模式主要通过降低灌溉水的渗漏损失来降低矿质态氮的淋溶损失。

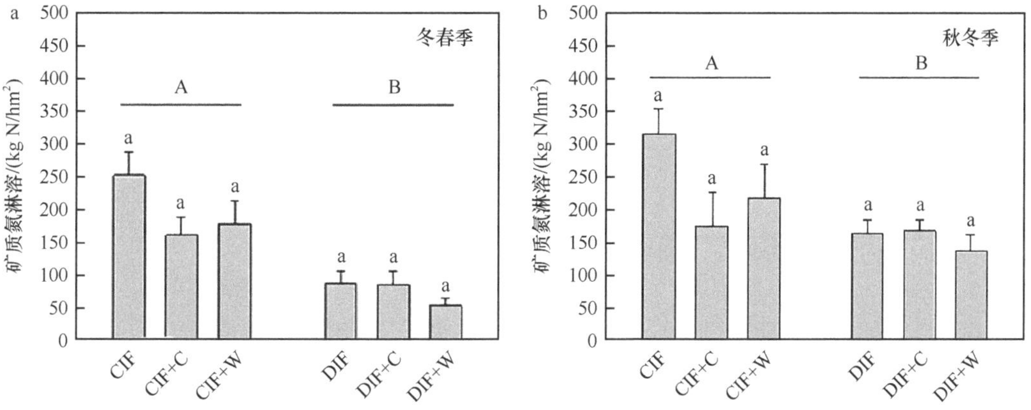

图 7-11　长期漫灌施肥（CIF）与滴灌施肥（DIF）模式下施用玉米（+C）、小麦（+W）处理矿质态氮的淋溶损失（山东寿光）

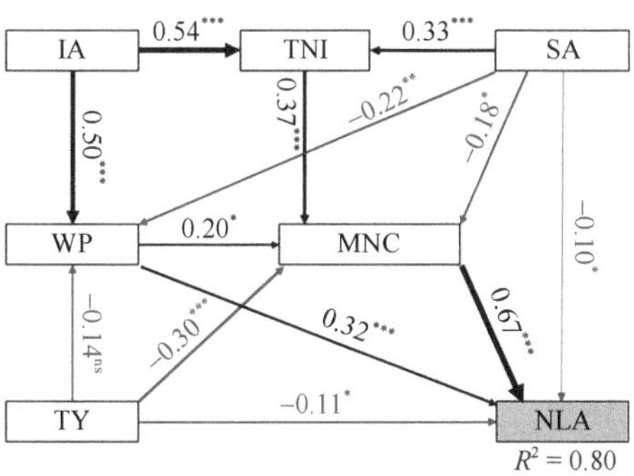

$\chi^2 = 12.189$，$P = 0.143$，GFI = 0.972，RMSEA = 0.065，AIC = 52.189

图 7-12　不同因素对矿质态氮淋溶损失影响的结构方程模型分析

IA：灌水量；TNI：施氮量；SA：施用秸秆；TY：总产量；WP：灌溉水淋溶损失量；MNC：淋溶液平均氮浓度；NLA：矿质态氮淋溶损失量（*n*=126）。* 表示在 0.05 水平显著相关，** 表示在 0.01 水平显著相关，*** 表示在 0.001 水平显著相关，ns 表示无显著相关关系。GFI 代表拟合优度指数，RMSEA 代表近似误差均方根；AIC 代表赤池信息准则通过少量多次的高频灌溉将水分控制在合理的土壤含水量区间，减少水分向下运移数量，是减少氮素淋溶损失和氮肥投入的关键。当前“智能+”的发展为精准灌溉控制提供了契机。在寿光连续2年3季的试验表明，借助土壤墒情原位监测技术与自动化控制装备，可以很好地将作物根层相对含水量（质量含水量占田间持水量的百分比）控制在设定的范围之内（图7-13）。

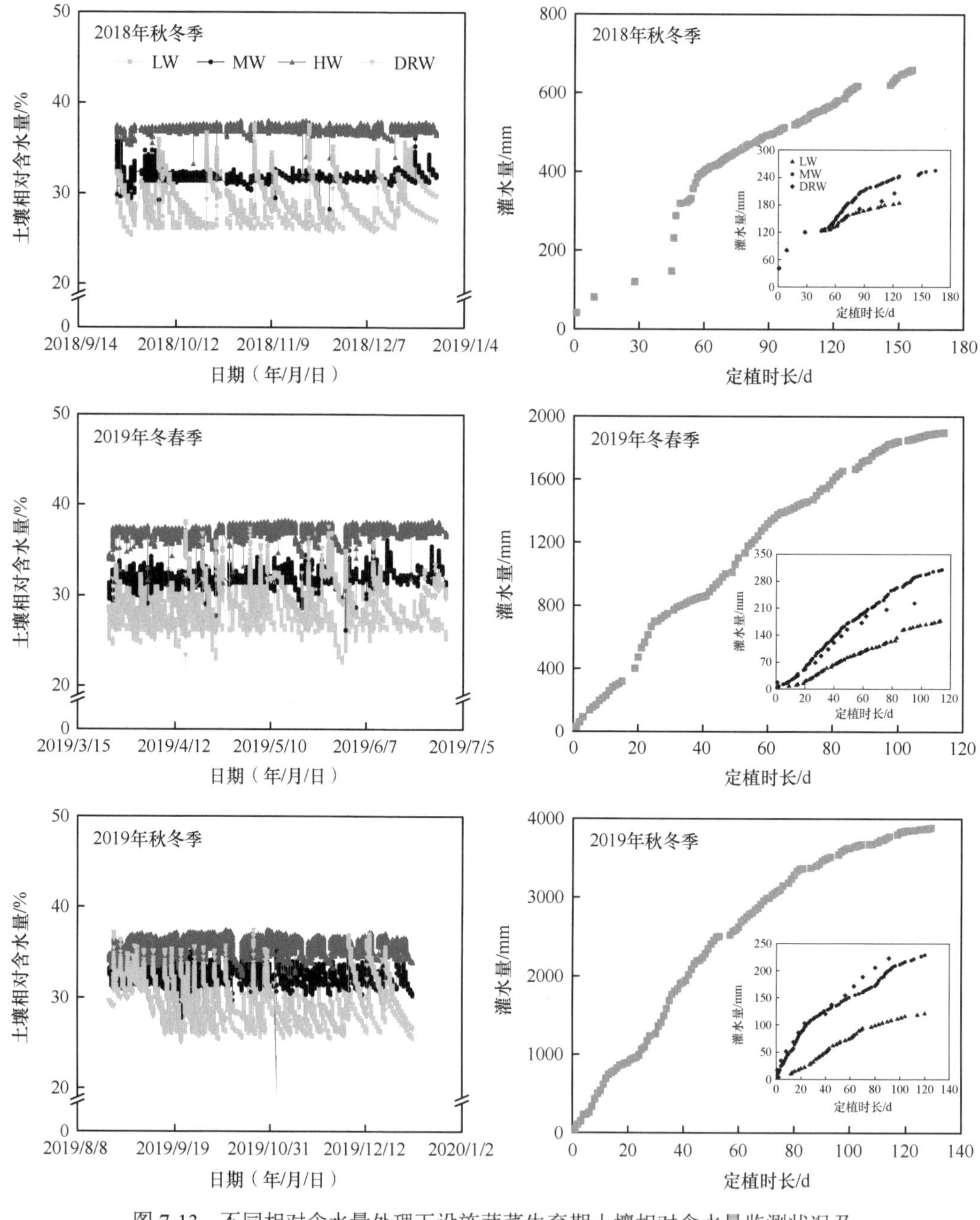

图7-13　不同相对含水量处理下设施蔬菜生育期土壤相对含水量监测状况及设施番茄生育期灌水量（山东寿光）

不同相对含水量处理，LW：60%～65%，MW：75%～80%，HW：90%～95%，DRW：60%～95%。下同

不同水分参数对生育期灌水量影响大。在将0～30cm土层土壤相对含水量控制在90%～95%的处理中，生育期的灌水量达到600mm以上，甚至在2019年秋冬季达到3800mm。

土壤相对含水量 60%～65% 处理的灌水量在 180mm 以下。土壤相对含水量 75%～80% 处理中，供试 3 季灌水量分别为 250mm、310mm、230mm（图 7-13），与漫灌处理的 390mm、678mm、562mm 相比，节水效果明显，也低于其他报道合适的灌水量。刘学军等（2010）的研究表明，番茄生育期（135d）适宜的灌溉定额为 615mm。孙磊等（2008）研究得出，春茬番茄灌溉定额约为 550mm。韩建会和徐淑贞（2003）认为春茬番茄的滴灌灌溉定额为 300～330mm。

将土壤相对含水量控制在 75%～80% 时不仅大幅降低灌溉量，同时显著提高设施番茄的产量（图 7-14）。在优化施氮处理中（240kg N/hm^2）75%～80% 处理氮素利用率（携出量/投入量）为 36.3%～44.1%，显著高于其他灌溉参数处理，在灌水较大的 90%～95% 处理中，氮素利用率仅为 6.1%～22.9%。在传统氮肥处理中（480kg N/hm^2），75%～80% 处理氮素利用率（携出量/投入量）为 28.8%～34.7%，显著高于漫灌处理和高灌水量处理（表 7-12）。利用氮素平衡法计算了 0～90cm 氮素的表观损失量，结果表明，氮素的表观损失量随灌水量的增加显著增加（表 7-12），高灌水量（90%～95%）与漫灌处理供试 3 季的氮素表观损失量平均达 1000kg/hm^2 以上。在土壤相对含水量保持在 75%～80% 的情况下，优化施氮处理、传统施氮处理的氮素表观损失量平均分别为 470.1kg/hm^2、833.8kg/hm^2（表 7-12），显著低于漫灌处理与 90%～95% 处理。

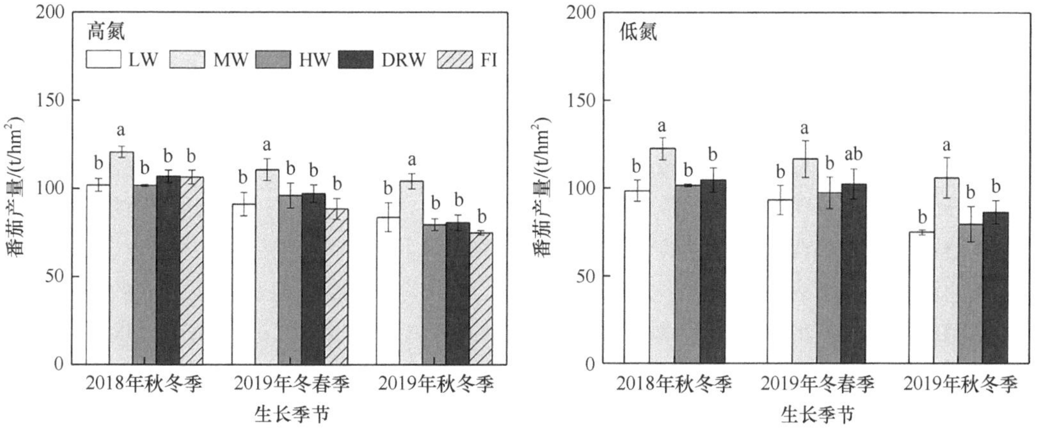

图 7-14　不同相对含水量处理对设施番茄产量的影响（山东寿光）

FI 代表漫灌

表 7-12　不同处理对氮素携出量、利用率与氮素表观损失量的影响（山东寿光）

氮肥施用量/(kg/hm^2)	相对含水量/%	2018 秋冬季			2019 冬春季			2019 秋冬季		
		携出量/(kg/hm^2)	利用率/%	表观损失量/(kg/hm^2)	携出量/(kg/hm^2)	利用率/%	表观损失量/(kg/hm^2)	携出量/(kg/hm^2)	利用率/%	表观损失量/(kg/hm^2)
240	60～65	241.9bc	40.4b	386.4b	211.5b	35.7b	469.4b	171.9c	29.9b	235.1d
	75～80	281.1a	44.1a	518.6a	285.1a	40.8a	162.7c	227.9a	36.3a	728.9c
	90～95	223.2c	22.9c	479.6a	223.4b	11.5c	1695.3a	200.7b	6.1c	3720.9a
	60～95	259.7ab	40.7b	239.2c	201.2b	32.0b	−243.4d	180.6c	28.7b	1651.1b
480	60～65	229.4b	27.4b	511.1c	225.1c	27.0b	193.8e	216.4b	27.5a	1583.1b
	75～80	281.7a	31.5a	382.1d	301.5a	34.7a	723.2c	252.0a	28.8a	1396.1c

续表

氮肥施用量/（kg/hm^2）	相对含水量/%	2018 秋冬季			2019 冬春季			2019 秋冬季		
		携出量/（kg/hm^2）	利用率/%	表观损失量/（kg/hm^2）	携出量/（kg/hm^2）	利用率/%	表观损失量/（kg/hm^2）	携出量/（kg/hm^2）	利用率/%	表观损失量/（kg/hm^2）
480	90～95	272.1a	22.4c	973.8a	241.8b	11.0d	1652.0a	187.5c	5.0c	4047.7a
	60～95	264.5ab	30.9ab	225.5e	244.7b	28.2b	518.1d	228.4ab	26.3a	1454.2c
	漫灌	233.3b	23.2c	788.6b	219.4c	17.9c	904.4b	172.7c	15.2b	1643.1b

注：同列数据后不含有相同小写字母的表示同一氮肥施用量下不同相对含水量处理之间差异显著（$P<0.05$）

控水是降低氮素向土壤深层或地下水运移的根本措施。虽然不少地方的温室安装了水肥一体化的滴灌施肥装置，但由于缺乏水肥监测技术及技术指导等，仍未有效解决不合理施肥及灌水问题。近年来“智能+”装置在我国农业中应用发展较快，建议有条件的温室通过安装土壤墒情原位监测与自动化控制装置，指导菜农有效利用水肥一体化技术。

7.2.3.4　配施氮肥增效剂

在已明确硝态氮累积及淋溶损失为日光温室氮素主要去向的前提下，我们认为铵基氮肥（尿素）配施硝化抑制剂（DMPP）可提高氮肥利用率，降低氮肥损失。陕西杨凌 2 年 3 季日光温室田间试验表明，与当地常规氮素投入相比，化肥氮配施硝化抑制剂 DMPP 处理降低氮素投入 34%，不影响温室番茄及甜瓜产量，但氮肥利用率提高 61%（图 7-15）。同时，分别降低 N_2O 排放及硝态氮淋溶损失 85% 和 52%。与仅施化肥氮相比，化肥氮配施硝化抑制剂 DMPP 处理可降低 N_2O 排放及硝态氮淋溶损失 35% 和 19%。这主要是因为铵基氮肥配施硝化抑制剂降低了硝化途径的 N_2O 排放（Duan et al.，2019），延长了铵态氮在土壤中的存在时间，利用土壤对肥料氮的固定及微生物对肥料氮的固持，从而更利于氮素累积在上层土壤，降低肥料氮的淋溶损失（表 7-13）。但需要指出的是，施用硝化抑制剂延长了铵态氮的存在时间，增加了肥料氮氨挥发的风险。从本研究来看，与只施用化肥氮相比，氮肥配施 DMPP 处理氨挥发增加了 19%。

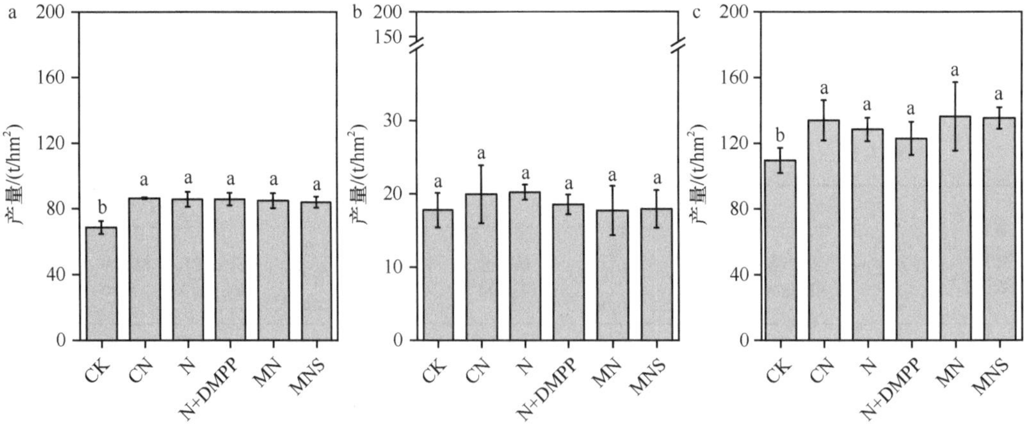

图 7-15　不同处理对温室番茄（第一季，a）、甜瓜（第二季，b）、番茄（第三季，c）产量的影响（陕西杨凌）

CK：对照；CN：常规施氮；N：减氮—纯化肥氮；N+DMPP：减氮—化肥氮配施硝化抑制剂（DMPP）；MN：减氮—有机无机配施；MNS：减氮—有机无机配施+秸秆。下同

表 7-13　不同处理氮素投入、携出量（陕西杨凌）

处理	氮素投入/(kg N/hm²)			氮素携出/(kg N/hm²)					未知去向/(kg N/hm²)
	肥料氮	0～1m 矿质态氮	灌溉水带入氮	作物携出	0～1m 矿质态氮	氨挥发	N_2O 排放	硝态氮淋溶	
CK	0	176	24	193	152	7.4	0.9	22	
CN	950	176	24	286	552	18.2	9.8	177	107
N	630	176	24	299	267	15.2	2.3	104	142
N+DMPP	630	176	24	292	327	18.1	1.5	84	107
MN	630	176	24	280	356	15.5	4.4	55	119
MNS	630	176	24	287	380	15.1	4.6	48	93

注：硝态氮淋溶为 1～2m 土层硝态氮累积量变化值

7.3　黄土高原苹果园肥料氮去向、损失规律及调控

黄土高原地区因其适宜的环境条件，已成为苹果的两大主产区之一。陕西省自 1985 年开始大规模种植苹果，苹果产量也随之持续上升。为了提高经济效益，果农通常只重视化肥的投入而不关注肥料的合理配施。由于气候、土壤以及苹果品种等的差异，苹果园土壤氮素转化过程以及肥料氮去向的研究相对较少。因此，需结合黄土高原苹果园的环境条件和管理方式等进一步明晰黄土高原苹果园生态系统中的肥料氮去向，明确氮肥利用和损失的规律，提出苹果体系下氮肥高效利用和氮素损失阻控的有效途径。这对在该地区苹果生产中的优化施肥、提高氮肥利用率、阻控多途径的氮素损失、促进苹果经济与生态环境可持续发展具有重要的科学和实践指导意义。

7.3.1　氮收支状况及肥料氮去向

苹果植株分为根系、树干、多年生枝条、新生枝条、叶片和果实等，氮素吸收规律的研究需要通过量化氮素在苹果植株各器官中的分配情况作为支撑。本课题组先后对乔化果树（一次性施肥）和矮化果树（分别施用基肥和追肥）进行了相关研究，分别采用挖树直接测定法和生长模型估算法评价了两种果树的氮收支状况。

7.3.1.1　挖树直接测定法

在园中选择 3 株生长势基本一致、无病虫害、结果正常的苹果树，分别在萌芽展叶期（3 月 26 日）、幼果期（4 月 30 日）、果实膨大期（7 月 30 日）、果实成熟期（9 月 21 日）和休眠期（1 月 15 日）进行采样。每次采样方法相同，即按果实、叶片、新梢、枝、干和根系解析；根系收集距主干半径 100cm 范围内、深 0～100cm 坑中的所有根；测定各器官干重及氮含量。

苹果树新生器官（果实、叶片和新梢）中的氮含量均表现为物候前期较高，中后期较低的变化趋势（表 7-14）。叶片中氮含量总趋势表现为随叶龄的增加而降低，不同生育期叶片中氮含量多高于果实与新梢。年周期内，苹果树根系中氮含量与树干有相似的变化规律。在苹果树生长过程中，不同器官氮含量大小为根系＞枝条＞树干。苹果树新生器官发育时，枝、干和根系中氮含量在全年较高，当器官发育完全后枝、干和根的氮含量明显下降，晚秋树体养分回流，枝、干、根系中氮含量开始逐渐增加（樊红柱等，2007）。

表 7-14　苹果树不同时期各器官的氮含量　（单位：g/kg）

日期（月/日）	叶片	果实	新梢	枝干	树干	根系
3/26	23.51			7.88	4.43	8.01
4/30	18.90	19.33	14.87	6.06	3.60	5.86
7/30	16.02	3.35	7.63	3.49	1.84	4.80
9/21	15.32	4.90	12.21	5.47	3.11	7.00
1/15			8.07	5.32	3.71	8.30

表 7-15 结果表明，3 月 26 日到 4 月 30 日，苹果树体中氮累积量整体呈增加趋势，枝和根系中氮累积量均有不同程度的下降，其他器官中氮累积量均增加，以新生器官叶片中氮累积量增加幅度最大。4 月 30 日到 7 月 30 日，苹果树体中氮累积量变化较小。7 月 30 日以后，苹果树各器官氮素均呈输入状态，7 月 30 日到翌年 1 月 15 日，树体氮累积量明显增加，果实采收后则为氮素营养储备期，该时期叶片中氮素逐步向树体及根中回撤，树体中养分明显升高。果实膨大期、收获后分别吸收氮素 99.3kg N/hm^2、73.0kg N/hm^2，占吸收总量的 58.8%、43.2%。到 9 月收获期果实、叶片的吸氮量分别占施氮总量的 4.72%、5.67%。整个生长季节内（3 月到翌年 1 月）果树从土壤中吸收氮素总量为 172.3kg N/hm^2，占施氮量的 27.13%。

表 7-15　苹果树不同时期各器官氮累积量　（单位：kg N/hm^2）

日期（月/日）	叶片	果实	新梢	枝干	树干	根系	植株
3/26	1.3			27.5	11.7	18.8	97.9
4/30	23.3	1.5	2.7	18.8	11.4	13.9	96.1
7/30	34.8	4.3	5.3	11.5	8.8	10.8	94.7
9/21	36.0	30.0	11.0	27.1	16.5	27.8	194.0
1/15			14.3	43.41	25.1	35.0	201.0

注：氮累积量（g）=氮含量（g/kg）×器官干重（kg）

7.3.1.2　生长模型估算法

利用相对生长模型（吕俊林，2019）估算不同施肥措施下苹果各器官及总生物量，结合各器官全氮含量计算苹果树各部分的氮含量，从而分析不同施肥条件下苹果树对氮素的吸收规律，是估算果树养分吸收量的一种折中的方法。果实和叶片采用田间实测生物量，树干、枝条和根系生物量由相对生长模型估算获得。相对生长模型如下：

$$W = a(D^2H)^b \tag{7-1}$$

式中，W 为生物量（kg）；a 和 b 为参数；D 为果树基径（cm）；H 为树高（m）。各器官相关模型参数如表 7-16 所示。

表 7-16　不同器官相对生长模型参数（吕俊林，2019）

器官	a	b
树干	0.019	0.962
枝条	0.009	1.086
根系	0.015	0.976

采用上述生长模型分别估算 2018 年 10 月和 2019 年 10 月在洛川进行的不同处理苹果树各器官的生物量，并测定相应时期苹果树各器官的全氮含量，计算年周期内植株的吸氮量。该试验各施肥措施中的化学氮肥分别在 2018 年 10 月和 2019 年 7 月分两次土施，有机肥在 2018 年 10 月一次性全部投入。N800、N400、N200+O200 施肥措施分别投入化学纯氮 800kg/hm^2、400kg/hm^2、200kg/hm^2，其中 N200+O200 还附加 200kg/hm^2 有机肥氮，考虑有机肥的年矿化率按 50% 计算，纯氮年投入为 300kg/hm^2。

每个处理随机挑选 3 棵树测量基径，树高和氮含量。树干和根系全氮含量采用多年生枝条的全氮含量代替。分别估算 2018 年和 2019 年各施肥措施下果树不同器官的生物量，并测定各器官的全氮含量（表 7-17），通过两年的生物量和全氮含量，计算苹果树各器官生物量的年增长量和各器官的年吸氮量。结果表明，整个植株中果实部分的生物量最大，分别是 26.94kg/棵（N800）、27.35kg/棵（N400）、29.85kg/棵（N200+O200）。但是果实全氮含量在各器官中最小，N800、N400、N200+O200 分别为 4.46mg/g、3.98mg/g、4.27mg/g。叶片生物量最小，为 0.22～0.24kg/棵，但与其他器官相比，全氮含量最高，各施肥措施下叶片全氮均在 25mg/g 以上，其中 N800（26.11mg/g）＞N400（25.98mg/g）＞N200+O200（25.32mg/g），大约是枝条全氮含量的 2 倍。

表 7-17　各施肥措施下果树不同器官的生物量及全氮含量

处理	项目	2018 年生物量/(kg/棵)	2019 年生物量/(kg/棵)	增长量/(kg/棵)	全氮含量/(mg/g)
CK	果实	—	26.94		4.46±0.944Ca
	叶片	0.41	0.64	0.23	26.11±1.30Aa
	枝条	2.26	3.98	1.72	11.34±0.30Ba
	树干	2.54	4.15	1.61	11.34±0.30Ba
	根系	2.15	3.58	1.43	11.34±0.30Ba
N800	果实	—	26.94		4.46±0.944Ca
	叶片	0.31	0.53	0.22	26.11±1.30Aa
	枝条	1.59	3.11	1.52	11.34±0.30Ba
	树干	1.86	3.37	1.51	11.34±0.30Ba
	根系	1.57	2.87	1.30	11.34±0.30Ba
N400	果实	—	27.35		3.98±0.58Ca
	叶片	0.40	0.64	0.24	25.98±0.55Aa
	枝条	2.24	3.99	1.75	10.72±1.60Ba
	树干	2.52	4.20	1.68	10.72±1.60Ba
	根系	2.13	3.59	1.46	10.72±1.60Ba
N200+O200	果实	—	29.85		4.27±0.13Ca
	叶片	0.41	0.64	0.23	25.32±1.81Aa
	枝条	2.29	4.01	1.72	12.27±2.92Ba
	树干	2.56	4.22	1.66	12.27±2.92Ba
	根系	2.17	3.60	1.43	12.27±2.92Ba

注：CK 代表不施氮对照；N800 代表只施用化肥，800kg N/hm^2；N400 代表只施用化肥，400kg N/hm^2；N200+O200 代表有机无机肥配施，化肥 200kg N/hm^2 配施有机肥 200kg N/hm^2。因 2018 年遇到冻害，造成苹果大幅度减产，故未统计各处理的苹果产量，以“—”表示。不含有相同大写字母的表示各器官间差异显著（$P<0.05$）；不含有相同小写字母的表示各处理间差异显著（$P<0.05$）

7.3.1.3 肥料氮去向

通过比较上述试验各处理氮素的淋溶、气态损失、作物吸收、枝剪和收获的携出这几种途径定量氮去向，明确苹果园中氮收支情况。结果表明（表 7-18），不同施肥处理下 N800、N400、N200+O200 苹果植株（包括果实、叶片、枝条、树干和根系）的年吸氮量分别为 106.77kg/hm^2、103.17kg/hm^2、124.05kg/hm^2，占当季氮投入量的 13.35%、25.79%、41.35%。可以看出，有机无机配合施用下植株吸氮比例最高。另外，成熟期果实收获所带走的氮素分别为 22.53kg/hm^2、20.43kg/hm^2、23.90kg/hm^2，占施氮比例的 2.98%、5.40%、8.09%。各处理夏季和冬季剪枝作业带走的氮素为 4.48～6.52kg/hm^2，分别占施氮比例的 0.57%、1.27%、2.00%。而土壤中硝态氮残留是氮素的主要去向之一，其中 N800、N400、N200+O200 各处理的土壤硝态氮残留分别占当季氮总投入的 78.75%、75.78%、50.10%，从结果可以看出，常规高氮的施肥方式中氮素损失比例最高，有机无机配施显著降低了当季硝态氮的残留比例。而各处理以气态氮形式（氨挥发，N_2O 排放）损失占比为 0.38%～0.55%。

表 7-18 苹果系统氮肥的去向（陕西洛川）

处理	化肥氮投入/(kg/hm^2)	有机肥氮/(kg/hm^2)	树体吸收/%（枝、干和根）	果实携出/%	叶片携出/%	剪枝携出/%（冬、夏）	硝态氮残留/%	气态损失/%（N_2O、NH_3）
N800	800	0	8.73±0.23c	2.98±0.27c	2.00±0.00b	0.57±0.06c	78.75	0.38±0.04
N400	400	0	17.16±2.56b	5.40±0.80b	3.67±0.58a	1.27±0.12b	75.78	0.45±0.02
N200+O200	200	200	28.55±6.79a	8.09±0.24a	4.67±0.58a	2.00±0.17a	50.10	0.55±0.01

注：同列数据后不含有相同小写字母的表示处理间差异显著（P<0.05）

7.3.2 肥料氮的主要损失过程

7.3.2.1 硝态氮的残留

由于旱地土壤硝酸盐迁移过程较慢，很难通过淋溶装置或 Lysimeter 等传统监测方法进行淋溶过程监测；同时苹果园土壤剖面硝酸盐累积监测变异性较大，在取样样本量不够的情况下很难对其进行准确监测，因此苹果园土壤剖面硝酸盐累积与淋溶的定量研究是氮去向研究问题中的一个难题。本研究基于对洛川试验站 5 年树龄苹果园进行的两年定位观测小区试验，运用 Hydrus-1D 模型模拟苹果园土壤氮素动态变化过程，在校准与验证的基础上进行土壤剖面氮素累积与淋溶分析，以期准确定量苹果园土壤氮素累积与淋溶损失规律。

Hydrus-1D 模型是由美国农业部国家盐土实验室开发，用于模拟计算饱和与非饱和介质中水、热和溶质运移过程的软件。本研究以田间监测的土壤水分和硝酸盐含量为基础，利用 Hydrus-1D 模型研究土壤一维中水分运动和溶质迁移转化过程。水分运动板块用来模拟土壤剖面水分分布和水平衡动态，采用 Richard 方程来描述不饱和与饱和土壤水分运动过程。溶质迁移转化板块用于模拟氮平衡及其各分量动态。Hydrus-1D 模型中氮素模块假设溶质可以在三相（固相、液相、气相）中存在，氮素形态主要包括尿素、铵态氮、硝态氮。使用一维垂直的对流–扩散方程来描述土壤中氮素转化、运移过程，其模拟可表征为尿素、铵态氮和硝态氮 3 种溶质的链式反应。模型的初始条件、边界条件及参数输入与校准详见屈红超（2019）的文献。

经过连续两年的模拟，不同处理 0～2m 土壤剖面硝酸盐累积量的变化如图 7-16 所示。结果表明：①苹果园土壤剖面矿质态氮以硝态氮为主，铵态氮的累积量远低于硝酸盐。②土壤

0～200cm 剖面无机氮累积量较大，铵态氮近 40kg N/hm^2，硝酸盐达 1800kg N/hm^2，原因是定位观测处理小区布设的果园由老果园改造而来，因此本研究是在高氮背景下进行的。③在设定初始剖面含氮量一致的情况下，不同处理氮素累积呈现显著差异。CK 处理硝酸盐累积量逐年减少，尤其是 20～60cm 与 60～100cm 土层，表明作物对氮素的吸收减少。在不施肥情况下，翌年铵态氮就降低到很低的水平。随着施氮量的增加，铵态氮累积变化不显著，但硝酸盐累积量显著增加。两年后 N800 处理下硝酸盐累积量达 3000kg N/hm^2 以上，可见 N800 的施氮量远远超出苹果树当季所需要的氮量，氮肥的过量施用是形成硝酸盐累积的前提。在相同施氮量处理下，有机替代 N200+O200 处理的硝态氮累积量和 N400 处理并未显著降低硝酸盐的深层累积量（郭胜利等，2000）。④ 2019 年各处理累积量明显高于 2018 年，可能与降雨、作物生长等情况有关（Liu et al.，2019b）。⑤通过对比不同深度硝酸盐的累积量发现，土壤深层 100～160cm 和 160～200cm 的累积量都有明显增加，硝酸盐表现出向下淋溶的趋势，这主要是受降雨因素影响。残留在土壤中的硝酸盐随水分不断向下淋溶，但黄土高原降雨较少，土壤硝酸盐淋溶相对缓慢；同时黄土土层较厚，因此在土壤剖面上表现为硝酸盐累积逐渐向下层移动。总体来看，硝酸盐表现出剖面长期累积的特点（樊军等，2005）。

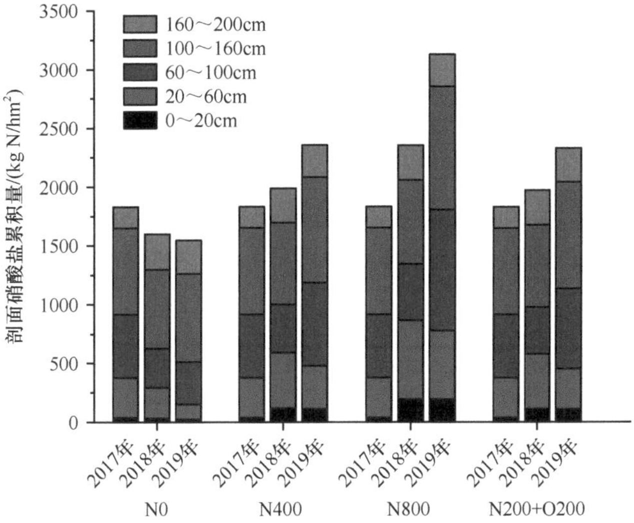

图 7-16　土壤剖面不同土层硝酸盐累积量

黄土高原降雨虽少，但是相对集中，且多以暴雨形式出现，因此累积在土壤剖面的硝酸盐也能够被淋出作物根区，最终造成土壤氮素的损失。本研究定义硝酸盐淋出土壤深度 2m 以下即为淋失，因为矮化苹果树根系大部分集中在 60cm 土层，最长根系不超过 2m。模型模拟了两年内硝酸盐淋失过程通量（图 7-17）与累积淋溶损失量（图 7-18）。从图中可知：①硝酸盐淋失主要受降雨的影响，2017 年 10 月至 2018 年 10 月降雨总量为 630cm，2018 年 10 月至 2019 年 10 月降雨总量为 51.7cm，因此 2017～2018 年硝酸盐淋失通量明显高于 2018～2019 年。而 2017～2018 年硝酸盐累积淋溶损失量为 2018～2019 年的 7 倍。②硝酸盐淋溶损失主要发生在 8 月以后，苹果树在 8 月以后对氮素吸收减弱，土壤施肥层残留的硝酸盐随着夏季降雨的持续，逐渐向下运移，并最终淋出根区，造成硝酸盐损失。而当大量降雨发生在 10 月时，硝酸盐淋溶损失的表现更为突出：一是苹果树对氮素吸收减弱；二是苹果树落叶造成降雨对树下土壤的直接冲刷，土壤剖面的水分运动增强；三是土壤剖面由于前期降雨累积了一定量的硝酸盐；四是当地传统基肥时间为 10 月。该研究结果表明，10 月降雨对硝酸盐淋失较为敏感，为避免 10 月硝酸盐的大量淋失，基肥时间最好推迟到降雨稀少的 11 月进行。③由于本研究土壤剖面氮素初始背景值较高，不同处理硝酸盐淋失过程通量与累积淋失总量均未表现出差异。由此可见，由于土壤氮素淋溶过程缓慢，硝酸盐淋失对于施肥的响应有一个明显的滞后效应。

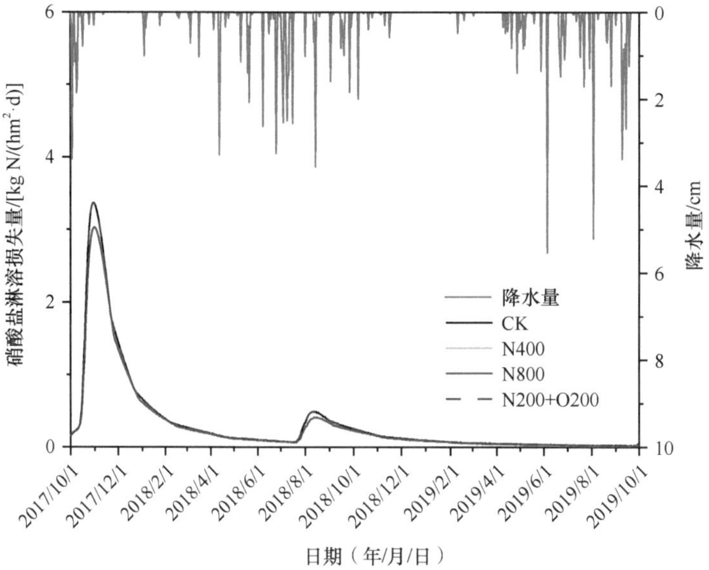

图 7-17　硝酸盐淋失动态特征

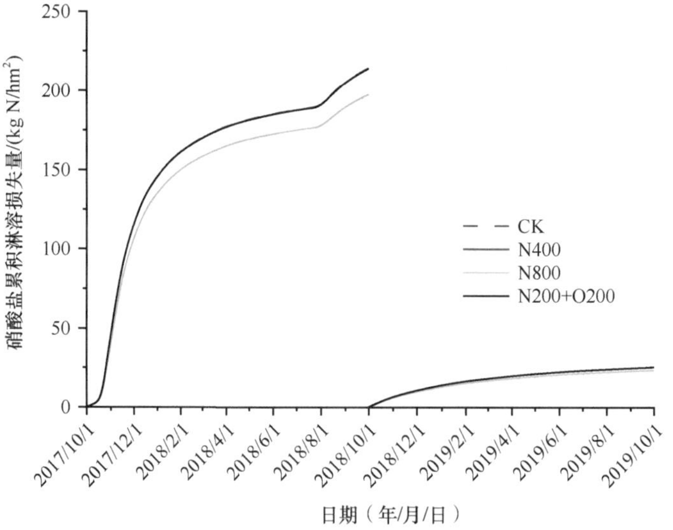

图 7-18　硝酸盐累积淋溶损失量

由于本研究观测小区氮素背景值较高，同时氮素累积与淋溶相对于施肥表现出一定的滞后效应，仅通过两年的试验可能很难准确定量各处理氮素累积与淋溶对于施肥的响应。因此模型在 2017～2018 年与 2018～2019 年两年模拟的基础上，进行 6 年的连续模拟，其中包含 4 年的情景模拟，情景模拟的气候条件选用该地区过去 4 年的气象数据，涵盖湿润年（降雨 73.3cm）、干旱年（降雨 40.8cm）以及普通降雨年份（64.0cm）。6 年模拟输出结果表明：

①硝酸盐淋失占氮损失总量的绝大部分，是苹果园氮素损失的主要途径。②硝酸盐土壤剖面累积各处理从第一年开始就表现出显著差异，施肥量越大累积越多。N800、N400、N200+O200 的年平均累积率分别为 576kg N/hm^2、210kg N/hm^2、196kg N/hm^2。但硝酸盐淋失从第四年才表现出较大差异，且第四年后硝酸盐淋溶损失量与施肥量呈正相关。这说明苹果园土壤剖面氮素首先表现为累积，然后才是淋溶，符合旱地土壤硝酸盐长期累积、偶尔淋溶的特点（巨晓棠和张福锁，2003）。③降雨是影响氮素淋溶的主要驱动力（李世清和李生秀，2000b），但硝酸盐淋溶响应降雨有一定的滞后性，因此在年际上并非表现为湿润年淋失大、干旱年淋失小的情况，这与本研究模拟的时间节点有关。④值得注意的是，在不施氮肥情况下，尽管土壤剖面氮素累积量不断减少，硝酸盐淋溶在第四年却高达 436.8kg N/hm^2，这表明由老果园改造而来的新果园中 0～2m 土壤剖面累积的硝酸盐不容忽视，即使不施肥情况下也可能长期持续淋溶。

7.3.2.2　气态氮损失

化肥和有机肥是当前农田氮循环中氨气的重要来源，NH_4^+ 可溶于水，结合 OH^- 产生 NH_3。所以氨挥发对大气环境的消极影响也不可忽视。因此，在洛川苹果园进行了温室气体的长期原位监测试验。研究发现不论在哪种施肥措施下，该地区苹果园中气态氮损失量仅占施氮量的 0.5% 左右。氮素的气态损失形式主要是氨挥发和 N_2O 排放，这一过程与土壤质地、土壤含水量、土壤温度和土壤微生物等环境因素都有密切的关系。氮肥施入土壤后，氮素在微生物的作用下通过硝化及反硝化过程以气态（氮氧化物）形式进入大气。氨挥发通常发生在施肥后的一段时间内，其余时间几乎观测不到氨挥发的现象。由于苹果园采用条沟施肥的方式，施肥沟深约 20cm，氨气难以向上挥发，导致其挥发累积量非常少（图 7-19）。

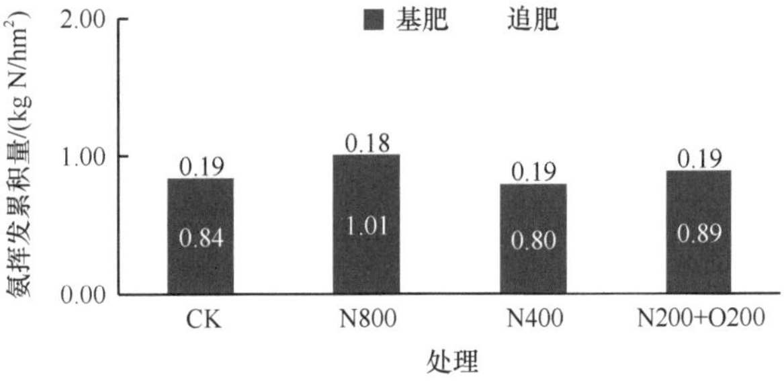

图 7-19　施肥后氨挥发累积量

N_2O 能吸收长波热辐射，而且在大气中存留时间可达 150 年，因此，其温室效应是 CO_2 的 300 倍左右（李长生，2016）。农田土壤向大气中释放大量的氮氧化物将对地球环境造成严重的影响，其中全球各地果园 N_2O 的累积年排放量为 −0.116～26kg N/hm^2，平均值为 3.06kg N/hm^2，且果园的 N_2O 排放系数为 1.36%（Gu et al.，2019）。从 2017 年起，两年的连续观测后初步掌握了该地区苹果园的 N_2O 排放特征，N_2O 排放峰值通常出现在施肥活动后一个月内，而且追肥后其峰值比施用基肥后更高，而其余时间 N_2O 的排放趋于平缓，无明显排放峰（图 7-20）。这与追肥时期高温多雨的气候条件有关，N_2O 与气温、地温以及土壤含水量均显著相关（韩佳乐等，2019），土壤孔隙含水率较高时为反硝化细菌提供了亚厌氧条件，反硝化细菌在这种环境下不得不消耗氮氧化物中的氧对有机质进行氧化，从而促进硝酸根向 N_2O 还原的过程（李长生，2016），所以通常在施用氮肥和降雨后会出现 N_2O 的集中排放（Pang et al.，2019）。

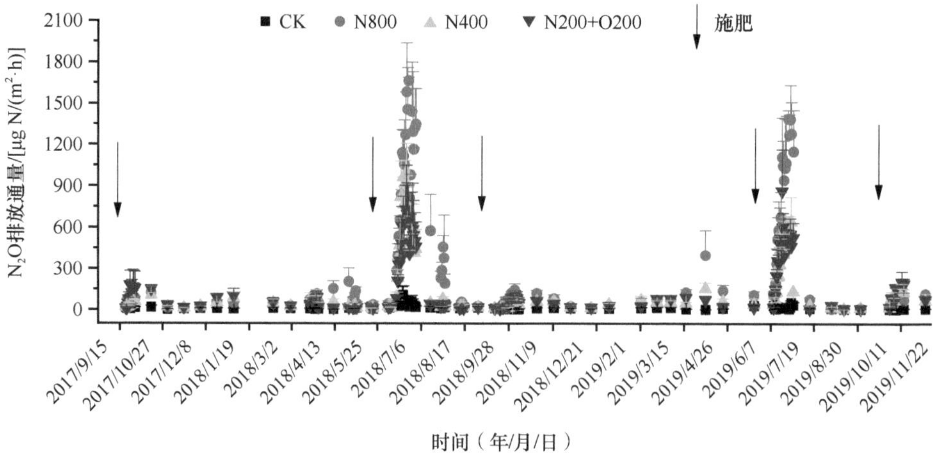

图 7-20　N_2O 排放通量

在追肥（7 月）后常规高氮处理的 N_2O 最大排放通量可达 1581μg N/(m^2·h)，而氮肥减量、有机无机配施处理的排放峰值分别为 994μg N/(m^2·h)、863μg N/(m^2·h)。两年观测期间各处理的 N_2O 平均排放通量分别为 CK，16μg N/(m^2·h)；N800，329μg N/(m^2·h)；N400，165μg N/(m^2·h)；N200+O200，167μg N/(m^2·h)。常规高氮处理的排放通量显著高于其他处理，氮肥减量和有机无机配施可有效减少 N_2O 的排放。

统计各处理在每次施肥活动后的 N_2O 累积排放量（图 7-21），发现对照的 N_2O 累积排放量远小于施氮处理，氮肥减量和有机无机配施条件下 N_2O 累积排放量无显著差异。但是与常规高氮相比，氮肥减量、有机无机配施的施肥措施可分别降低 42.90%、43.97% 的 N_2O 累积排放量。两种优化施肥的措施有效地降低了 N_2O 累积排放量，可作为苹果园 N_2O 减排的参考措施。因此，合理的施肥时期和施肥措施是保障苹果产量同时减少气态氮损失的重要手段。

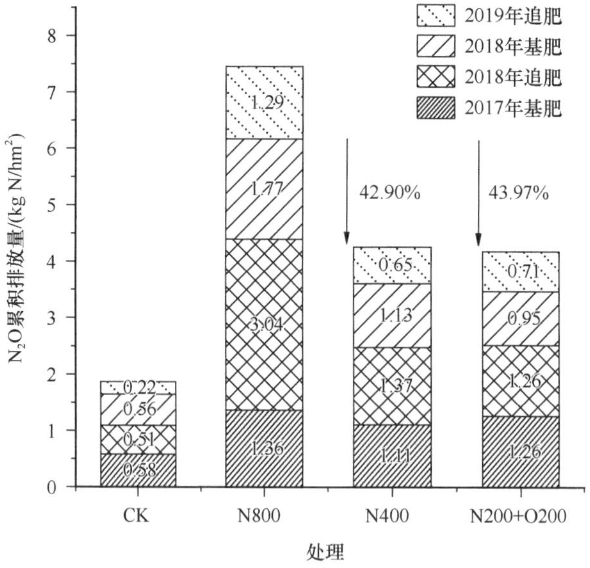

图 7-21　N_2O 累积排放量

7.3.3　氮肥高效利用与调控

7.3.3.1　苹果产量与氮肥利用率

表 7-19 结果表明：不同施肥处理对于苹果产量没有显著的影响。施氮量越高氮肥偏生产力和氮肥农学效率越低，有机无机配施条件下的氮肥偏生产力、氮肥农学效率最高，分别为（93.28±7.15）kg/kg、（18.79±2.42）kg/kg，均显著高于常规高氮施肥条件下的氮肥偏生产力和氮肥农学效率。此外，氮肥减量处理也能提高氮肥偏生产力和氮肥农学效率，但效果不如有机无机配施处理。

表 7-19　不同施肥措施下苹果产量、氮肥偏生产力和氮肥农学效率

处理	产量/（t/hm^2）	氮肥偏生产力/（kg/kg）	氮肥农学效率/（kg/kg）
CK	31.7±0.92a		
常规高氮（N800）	33.7±3.73a	42.09±4.66b	2.49±3.51b
氮肥减量（N400）	34.2±2.17a	85.46±5.43a	6.27±1.56b
有机无机配施（N200+O200）	37.3±2.86a	93.28±7.15a	18.79±2.42a

注：同列数据后不含有相同小写字母的表示处理间差异显著（P<0.05）

7.3.3.2　氮肥损失阻控的有效途径

基于本课题组前期的工作积累以及本试验的研究，提出苹果生产体系中氮肥高效利用和损失阻控的途径。

（1）氮肥减施

当前苹果园管理中存在过量施氮的问题，陕西省苹果园施氮量为 490～1720kg/hm^2，但果树吸收的氮素并不多，过量施肥导致土壤硝态氮的大量累积。我们的研究结果表明，苹果园优化减氮（N400）后，化肥氮用量降低 50% 可显著减少硝态氮向下淋失，在 0～2m 土壤剖面硝态氮累积量比常规高氮（N800）处理减少了 22.84%。常规高氮处理残留在土壤剖面中的硝态氮含量约占当季施肥量的 80%，果树吸收利用不足 20%，但其苹果产量却与优化减氮处理没有显著差异。因此，需要根据土壤的养分状况和果树的养分吸收规律合理调整氮肥用量。根据目标产量，每生产 100kg 苹果需要吸收 0.38kg 氮，建议每年在产量为 25～45t/hm^2 的苹果园中投入纯氮 240～360kg/hm^2，P_2O_5 投入量为 220～340kg/hm^2，K_2O 投入量为 120～240kg/hm^2，有机肥投入量为 40～60t/hm^2。其中 60% 的氮以基肥施入，剩余 40% 追肥施入，钾肥的基肥和追肥比例为 3∶7，有机肥均在基肥施入（赵佐平等，2012）。

（2）增碳

当前苹果园中施用的氮肥以尿素为主，土壤中的速效氮不能被果树及时吸收就会以其他形式损失。因此，可以通过有机肥代替化学氮肥的措施来增加土壤中的缓效氮素。施用有机肥不仅可以提高土壤中的有机碳含量，而且间接起到固定活性氮的作用。本研究表明，与等氮的优化减氮处理相比，有机无机配施条件下苹果树的氮肥农学效率、氮肥偏生产力分别提高了 199.7%、9.2%，并且显著减少了硝态氮淋溶，土壤有机碳固存率提高了 51.64%。有机肥和化肥配合施用条件下，硝酸盐平均累积率比优化减氮处理降低 6.7%，而且随累积增加，硝酸盐开始大量淋失且与施肥量呈正相关。因此，有机无机配施的氮素可以更大程度地被果树吸收而不是以其他形式损失，能有效提高氮肥利用率并减少氮的损失。

（3）氮肥深施

通常情况下苹果园施肥采用沟施或坑施，但施肥沟和施肥坑的深度并无统一标准。根据本研究在果园对氨挥发监测的结果，在洛川果园氮肥减量（400kg N/hm^2）田块中进行不同深度施氮对氨挥发的影响试验。结果表明：加深氮肥施用深度可以有效减少氨的挥发，相比5cm深度施氮，10cm深度施氮氨挥发累积量减少了97%，20cm深度施氮氨挥发累积量减少了99%（图7-22）。由此可知，浅层土壤中的大量氮肥将以氨挥发的形式进入空气中，而深层土壤中的氮肥很少以氨挥发形式损失。因此，挖深沟施肥后立即覆土是有效减少苹果生产体系中氨挥发的措施。

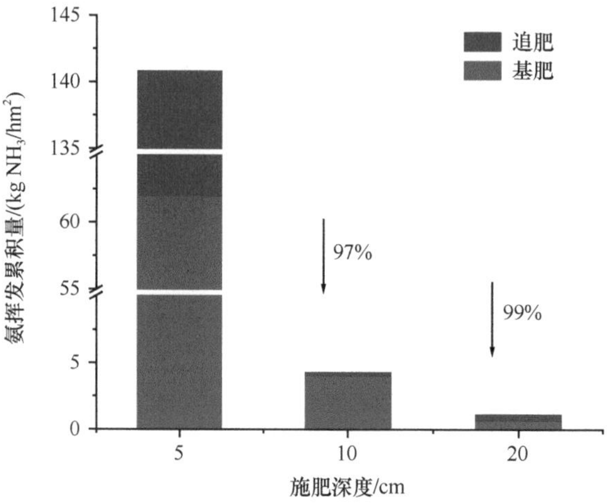

图 7-22　不同深度施氮氨挥发的累积量

7.4　华北葡萄园肥料氮去向、损失规律及调控

华北地区（北京、天津、河北、山西、内蒙古）是我国主要的葡萄和葡萄酒生产的中心地区，鲜食葡萄、酿酒葡萄及葡萄酒产量均在全国占有重要的地位。其中河北省2018年葡萄产量（113万t）位列全国前三（国家统计局，2019）。为此，课题组以华北地区河北省葡萄主产区中秦皇岛昌黎鲜食葡萄园、保定定州酿酒葡萄园为主要研究对象，采用^{15}N同位素示踪技术，通过田间试验研究不同调控手段下土壤–葡萄体系氮去向，定量氮的不同损失途径，构建氮收支平衡。

7.4.1　氮收支状况及肥料氮去向

7.4.1.1　氮收支状况

不同水肥处理鲜食葡萄园氮收支平衡如表7-20所示。从氮输入来看，以肥料氮的投入为主，为413～664kg/hm^2，占氮输入的85.67%～90.08%；其次为大气氮沉降，为39.73kg/hm^2，占氮输入的5.39%～8.24%，生物固氮量和灌溉水输入无机氮则不足7%。从氮素输出途径来看，土壤残留、作物吸氮量占氮输入比例较高，分别占氮输出的31.12%～39.84%、28.26%～47.77%，其中土壤残留随着施氮量的增加而增加，但作物吸收量则随施氮量的增加而降低。氮输出中气态损失量最少，占氮输出的0.88%～1.04%；淋溶损失量较大，占氮输出的16.91%～32.58%，是葡萄园氮损失的主要途径。一季葡萄收获后，不同水氮处理均表现为盈余，对比传统水氮，优化水氮［移动水肥（水肥一体）、减氮控水+DMPP、减氮控水］土壤盈余量减少了 42.31～72.47kg/hm^2，气态、淋溶和土壤残留三者的氮输出减少了 127.60～211.63kg/hm^2，可见优化水氮能降低氮损失，减少氮盈余，尤其是移动水肥处理氮盈余量最少。以上结果表明，鲜食葡萄园水氮投入过高的条件下，会造成大量氮肥存留和损失，从而导致氮肥利用率低，而优化水氮投入可有效降低土壤残留和损失，减少土壤–葡萄体系的氮盈余。

表 7-20　鲜食葡萄园不同处理氮收支平衡　（单位：kg/hm^2）

项目		传统水氮	减氮控水	减氮控水+DMPP	移动水肥
氮输入	施氮量	664	413	460	460
	大气氮沉降	39.73	39.73	39.73	39.73
	生物固氮量	23.4	23.4	23.4	23.4
	灌溉水输入无机氮	9.97	5.98	6.98	6.98
	总输入	737.1	482.11	530.11	530.11
氮输出	气态损失量	5.11	3.92	3.96	3.8
	淋溶径流损失量	176.21	63.53	104.94	141.39
	土壤残留量	226.5	128.74	139.09	135.03
	作物吸氮量	160.67	179.43	155.82	153.75
	总输出	568.49	375.62	403.81	433.97
土壤氮库盈余		168.61	106.49	126.30	96.14

注：鲜食葡萄园中，传统水氮追施氮量和灌水量为农户传统用量；减氮控水、减氮控水+DMPP，追施氮总量为传统施氮减量 31%，DMPP 用量为施纯氮量的 1%，灌水量为传统灌水减量 30%；移动水肥追施氮量为传统水氮减量 38%，灌水量为传统灌水减量 40%，且施肥时将肥料先溶解于水后使用水肥枪施肥，施肥位置在以葡萄树为中心的半径为 20cm 的圆内

2018 年和 2019 年酿酒葡萄园不同处理生长季氮收支平衡如表 7-21 所示。氮肥输入以肥料氮的投入为主，为 144～351kg/hm^2，占总氮输入的 69.76%～85.04%；其次为大气沉降氮，为 32.06～39.57kg/hm^2，占总氮投入的 7.77%～17.92%；生物固氮和灌溉水无机氮仅为 7.07%～12.32%。可见，在‘赤霞珠’葡萄园中除肥料氮投入外，大气沉降氮占有较大比例，在今后的肥料投入指导时应考虑大气沉降所带来的氮素。氮输出主要为作物吸收，为 85.48～114.25kg/hm^2，占总输出项的 30.35%～63.16%；其次为土壤残留，为 19.93～117.30kg/hm^2，占总输出项的 11.43%～41.65%；氮素气态损失量最少，为 6.11～11.77kg/hm^2，仅占氮素总损失的 3.40%～4.96%；淋溶损失量为 19.24～75.51kg/hm^2，占氮素总投入的 10.45%～26.72%。酿酒葡萄园氮素主要去向为作物吸收利用，而氮素的主要损失途径为淋溶损失。

表 7-21　2018 年和 2019 年酿酒葡萄园氮收支平衡　（单位：kg/hm^2）

项目		传统水氮	减氮控水	减氮控水+DMPP	移动水肥
2018 年氮输入	施氮量	351	180	180	154
	大气沉降	39.57	39.57	39.57	39.57
	灌溉水无机氮	6.3	4.41	4.41	3.78
	生物固氮	23.41	23.41	23.41	23.41
	总输入	420.28	247.39	247.39	220.76

续表

项目		传统水氮	减氮控水	减氮控水+DMPP	移动水肥
2018 年氮输出	作物吸氮量	85.48	104.08	114.25	109.63
	土壤残留量	117.30	19.93	42.62	64.55
	气态损失量	9.83	6.11	7.93	7.28
	淋溶损失量	69.01	44.26	19.24	32.39
	总输出	281.62	174.38	184.04	213.85
2018 年土壤氮库盈余		138.66	73.01	63.35	6.91
2019 年氮输入	施氮量	351	180	180	144
	大气沉降	32.06	32.06	32.06	32.06
	灌溉水无机氮	6.30	4.41	4.41	3.15
	生物固氮	23.41	23.41	23.41	23.41
	总输入	412.77	239.88	239.88	202.62
2019 年氮输出	作物吸氮量	89.71	113.38	123.15	111.53
	土壤残留量	105.57	23.91	38.36	58.09
	气态损失量	11.77	8.91	9.67	9.01
	淋溶损失量	75.51	33.32	25.09	26.60
	总输出	282.56	179.52	196.27	205.23
2019 年土壤氮库盈余		130.21	60.36	43.61	−2.61

2018 年酿酒葡萄园不同水氮调控下土壤均存在氮库盈余。传统水氮最高为 138.66kg/hm^2；其次为减氮控水盈余量，为 73.01kg/hm^2；减氮控水+DMPP 较减氮控水盈余量降低了 13.23%；移动水肥盈余量最低，为 6.91kg/hm^2。除水肥一体处理外，2019 年生长季氮素平衡表现基本和 2018 年相同，传统水氮盈余量最高，为 130.21kg/hm^2，其次为减氮控水盈余量，为 60.36kg/hm^2。减氮控水+DMPP 较减氮控水盈余量降低了 27.75%。由此可见，减少氮肥投入量和灌溉量可以降低氮库盈余，减少氮素面源污染风险。水肥一体化处理土壤氮总平衡则表现为亏缺，表明连续两年减氮控水并改变施肥方式（移动水肥或水肥一体）会造成土壤氮肥力的下降，在后续实际生产中要考虑增加氮肥施用量以维持土壤氮库平衡。

7.4.1.2 肥料氮去向

氮肥施入土壤后的去向包括作物吸收、土壤残留及损失（氨挥发、反硝化和淋失）。2017 年 4 月至 2018 年 4 月，在秦皇岛昌黎鲜食葡萄园开展了为期 1 年的 ^{15}N 田间试验。比较传统水氮与优化水氮（减氮控水、减氮控水+DMPP、移动水肥）调控下化肥氮在土壤−鲜食葡萄种植体系中的去向（表 7-22），在该土壤−气候条件下，一季葡萄收获后传统水氮与优化水氮调控下肥料氮去向均表现为：损失＞土壤残留＞树体吸收，其中树体吸收处理间未表现出明显差异，与施氮量大小无关，但土壤残留量和氮损失量则均随施氮水平增加而提高。与传统水氮相比，优化水氮调控各处理下树体氮素吸收利用率提高 36.06%～50.15%，氮素回收率提高 4.27%～10.74%，其中移动水肥处理氮素吸收利用率、氮素回收率最高，分别达到 25.15%、56.32%，相应的肥料氮损失也有所降低。

表 7-22　不同水氮调控下鲜食葡萄园化肥氮去向

处理	氮回收							氮损失	
	施氮量/（kg/hm²）	树体吸收/（kg/hm²）	吸收利用率/%	0～120cm 土壤残留/（kg/hm²）	残留率/%	合计/（kg/hm²）	回收率/%	损失量/（kg/hm²）	损失率/%
传统水氮	664	111.23a	16.75b	226.48a	34.11a	337.71	50.86a	326.29a	49.14a
减氮控水	460	113.78a	24.73a	135.03b	29.36a	248.81	54.09a	211.19b	45.91a
减氮控水+DMPP	460	104.85a	22.79a	139.09b	30.24a	243.94	53.03a	216.06b	46.97a
移动水肥	413	103.86a	25.15a	128.74b	31.17a	232.6	56.32a	180.4b	43.68a

注：同列数据后不含有相同小写字母的表示处理之间差异显著（P<0.05）。下同

2017 年 9 月至 2019 年 10 月，在保定定州酿酒葡萄园开展了两年的田间试验。2018 年 ^{15}N 田间试验中酿酒葡萄收获后肥料氮去向如表 7-23 所示。一季葡萄收获后，各处理化肥氮去向明显不同。移动水肥处理肥料氮去向表现为：土壤残留＞损失＞树体吸收，其中土壤残留占肥料氮总投入量的 41.92%，损失为 32.62%；而传统水氮、减氮控水、减氮控水+DMPP 肥料氮去向中则以损失为主，占肥料氮投入的 53.20%～69.31%，其次为树体吸收，土壤残留相对较少。与传统水氮相比，优化水氮各处理氮素吸收利用率提高 46.64%～90.28%，但仅移动水肥处理氮素回收率表现出明显提高，达 67.38%，提高了 43.97%，肥料氮损失率降低 38.68%。

表 7-23　不同水氮调控下酿酒葡萄园化肥氮去向

处理	氮回收							氮损失	
	施氮量/（kg/hm²）	树体吸收/（kg/hm²）	吸收利用率/%	0～200cm 土壤残留/（kg/hm²）	残留率/%	合计/（kg/hm²）	回收率/%	损失量/（kg/hm²）	损失率/%
传统水氮	351	46.96a	13.38b	117.30a	33.42a	164.26a	46.80b	186.74a	53.20a
减氮控水	180	35.32a	19.62ab	19.93b	11.07a	55.25b	30.69b	124.75b	69.31a
减氮控水+DMPP	180	39.01a	21.67a	42.62b	23.68a	81.63b	45.35b	98.37b	54.65a
移动水肥	154	39.21a	25.46a	64.55b	41.92a	103.76b	67.38a	50.24bc	32.62b

7.4.1.3　肥料 ^{15}N 利用率

随着生育时期的推移，葡萄生长中心不断变换，不同器官对氮素吸收利用存在差异。汪新颖等（2016）在河北怀来研究了不同深度（0cm、20cm、40cm）春施 ^{15}N 对鲜食葡萄‘红地球’氮素吸收、利用和分配的影响（图 7-23），结果表明，植株对 ^{15}N 标记尿素的利用率随物候期的推移呈升高的趋势，盛花期最低，果实成熟期最高，达 13.62%～24.54%（图 7-23）。相比较而言，20cm 土层施肥葡萄树体对氮素的吸收征调能力最强，各器官的氮素利用率最高，施肥深度对‘红地球’葡萄树体氮素的吸收、利用具有显著影响，对树体氮素的分配影响较小，对于河北主产区‘红地球’葡萄以 20cm 施肥深度为最佳。

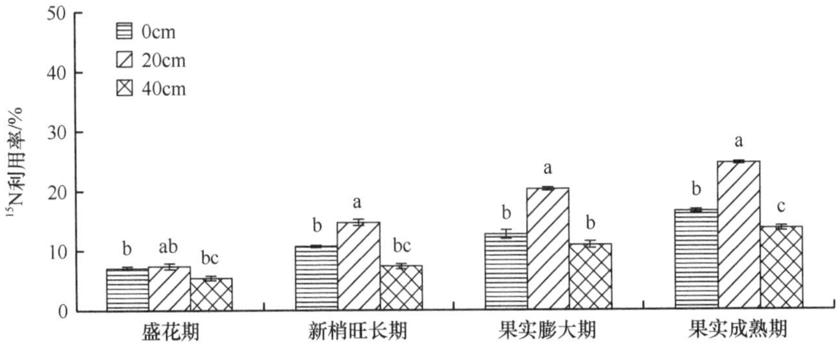

图 7-23　不同物候期葡萄植株 ^{15}N 利用率

另外，对于果树，树体贮藏营养含量的高低对翌年果树生长发育十分重要，增加树体贮藏营养，可提高葡萄抗逆性，有利于缓解翌年萌芽肥氮素供应速度较慢的状况。鲜食和酿酒葡萄园 ^{15}N 试验中，我们均在一季葡萄收获后（果实成熟期）以及翌年膨果前分析了植物 ^{15}N 吸收利用率。可以看出，相较果实成熟期，翌年膨果前葡萄植株对肥料氮吸收有所降低（图 7-24），这是由于该时期葡萄的生命活动能源和新器官的建造主要依靠上年储藏营养，导致从肥料中吸收的氮量减少。无论是鲜食还是酿酒葡萄 2 个时期 ^{15}N 的吸收利用率均以移动水肥（或水肥一体）处理为最高，与传统水氮处理差异显著。这与张林森等（2015）在黄土高原区苹果上的研究结果一致。移动水肥有利于果树对养分的吸收利用，显著提高果树对养分的当季利用率，这是因为养分直接以溶液的形式注入葡萄根系附近，有利于根系对肥料的吸收利用从而提高肥料利用率。并且对于酿酒葡萄，减氮控水+DMPP 较单一减氮控水 ^{15}N 利用率提高，表明等氮条件下 DMPP 的添加可提高‘赤霞珠’葡萄 ^{15}N 吸收量与利用率，该结果与刘少波（2017）在桃树上的发现一致，分析原因是 DMPP 的添加抑制了硝化过程，延长了氮肥在土壤中的存留时间以及提高氮肥在土壤中的残留量，从而使果树有较长的时间吸收利用肥料氮，因此等氮条件下 DMPP 的添加可提高果树对当季氮肥的吸收利用。

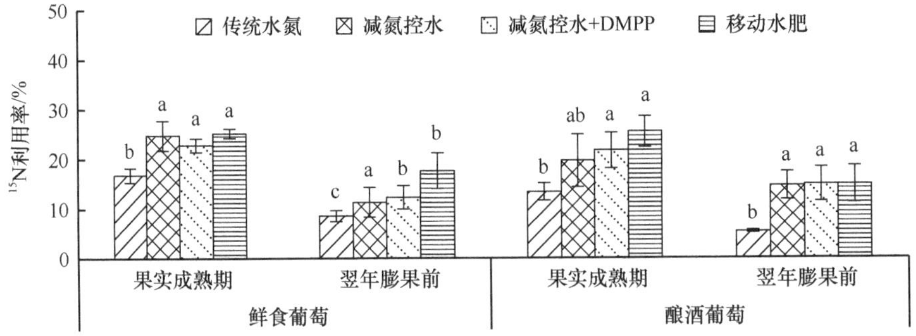

图 7-24　鲜食和酿酒葡萄不同物候期植株 ^{15}N 利用率

7.4.2　肥料氮的主要损失过程

7.4.2.1　气态损失

在昌黎鲜食葡萄试验中，我们采用静态箱法测定了整个生育期内不同水氮处理后土壤 N_2O 排放量，采用密闭式法测定了施肥后氨挥发量（表 7-24）。随着施氮量的增加，土壤 N_2O 累积排放量和氨挥发累积量基本呈上升趋势。不同水氮调控下土壤 N_2O 累积排放量、氨挥发累积量分别为 2.65～3.90kg N/hm^2、1.13～1.21kg N/hm^2，仅占氮肥施入量的 0.58%～0.67%、0.18%～0.28%，两者气态总损失也仅为 3.80～5.11kg N/hm^2，仅占氮肥施入量的 0.77%～0.95%，均处于较低水平。但相比较而言，本试验地鲜食葡萄园肥料氮的气态损失以 N_2O 排放为主，这与以往一些学者有关北方地区农田体系肥料氮气态损失以氨挥发为主的结果不一致（张玉铭等，2005；葛顺峰等，2010，2011；蒋一飞等，2019；王成等，2019）。分析主要与本试验施肥方式和土壤条件有关，采用沟施（深 15cm）后立即覆土，使肥料集中在深层土壤，并且覆土后立即灌水，有效降低了表层土壤氨挥发。另外，试验地土壤呈酸性（0～30cm 土壤 pH 为 4.39），也有效抑制了土壤氨挥发。

表 7-24 鲜食葡萄园氮气态损失

处理	氮投入/（kg/hm^2）	N_2O 累积排放量/（kg N/hm^2）	N_2O 排放系数/%	氨挥发累积量/（kg N/hm^2）	氨挥发百分比/%	气态总损失/（kg N/hm^2）	气态总损失百分比/%
传统水氮	664	3.90a	0.59	1.21a	0.18	5.11a	0.77
减氮控水	460	2.83b	0.61	1.13c	0.25	3.96b	0.86
减氮控水+DMPP	460	2.65b	0.58	1.15c	0.25	3.80b	0.83
移动水肥	413	2.76b	0.67	1.16b	0.28	3.92b	0.95

两年的酿酒葡萄试验中，我们同样采用静态箱法测定了土壤 N_2O 排放，但加大了采气罩面积，以便减少系统误差，土壤氨挥发监测则采用密闭室间歇式通气法测定（表 7-25）。可以看出，与鲜食葡萄园有所不同，酿酒葡萄园各处理施氮量虽然明显下降，但 2018 年和 2019 年两个生长季各处理土壤氨挥发累积量均较鲜食葡萄园有所增加，且氮气态损失以氨挥发为主，与前人结果一致。综合来看，无论是鲜食还是酿酒葡萄种植体系中，肥料氮以气态形式（N_2O 排放、氨挥发）损失总量相对较少，虽然不是主要损失途径，但其引起的大气污染问题不容忽视。减氮控水或配施 DMPP 在降低鲜食葡萄园（酿酒葡萄园）土壤 N_2O 气体排放和氨挥发方面均具有明显的效果。

表 7-25 酿酒葡萄园氮气态损失

	处理	氮投入/（kg/hm^2）	N_2O 累积排放量/（kg N/hm^2）	N_2O 排放系数/%	氨挥发累积量/（kg N/hm^2）	氨挥发百分比/%	气态总损失/（kg N/hm^2）	气态总损失百分比/%
2018 年	传统水氮	351	1.77a	0.50	8.06a	2.30	9.83a	2.80
	减氮控水	180	1.42b	0.79	4.69bc	2.60	6.11b	3.39
	减氮控水+DMPP	180	1.33b	0.74	6.60ab	3.67	7.93b	4.41
	移动水肥	154	1.46b	0.95	5.82b	3.78	7.28b	4.73
2019 年	传统水氮	351	2.66a	0.76	9.06a	2.58	11.72a	3.34
	减氮控水	180	2.31b	1.29	6.61c	3.67	8.92b	4.96
	减氮控水+DMPP	180	2.14bc	1.19	7.53b	4.18	9.67b	5.37
	移动水肥	144	2.33b	1.51	6.67c	4.63	9.00b	6.25

7.4.2.2 氮淋溶损失

鲜食葡萄和酿酒葡萄田间试验中我们最先采取了陶土头溶液提取器、淋溶桶等方法监测氮淋溶情况。但无论是鲜食葡萄还是酿酒葡萄试验中，土壤溶液提取器或淋溶桶收集到的溶液极少，更多情况是根本收集不到，为此我们采用传统土壤剖面采样法进行监测。分别于鲜食葡萄或酿酒葡萄收获后采集 0～120cm 或 0～200cm 的土壤剖面样品，测定无机氮总量，考虑到葡萄根系主要分布在 0～60cm，60cm 以下土层中氮素很难被根系吸收利用，试验中均视为淋溶损失。鲜食葡萄园中 100cm 以下土层接近母质层，且多为大块石砾，打钻困难，为此只选取了 0～120cm 剖面土样。从表 7-26 可以看出，相对于氮气态损失，鲜食葡萄园中氮淋溶损失占比较大，尤其是传统水氮的氮淋溶损失量高达 176.21kg/hm^2，占氮肥投入量的 26.54%，各优化水氮调控处理下氮淋溶损失降低 19.76%～63.95%，尤其是移动水肥处理降幅最大，淋溶损失量仅为 63.53kg/hm^2，且在肥料中占比也仅为 15.38%，由此可见过量水氮投入会造成氮在土壤中累积，且被淋溶出土壤-作物体系，很难被作物吸收利用，考虑到上述氮气态损失量远远不能解释氮损失的数量，加之结果中只计算 60～120cm 土层氮淋溶损失量，可以推断更深土层氮淋溶损失可能是氮损失的主要途径。

表 7-26 鲜食葡萄园和酿酒葡萄园氮淋溶损失

处理	鲜食葡萄园（土层深度：60～120cm）		酿酒葡萄园（土层深度：60～200cm）			
			2018 年		2019 年	
	氮淋溶损失/（kg/hm^2）	占氮肥比例/%	氮淋溶损失/（kg/hm^2）	占氮肥比例/%	氮淋溶损失/（kg/hm^2）	占氮肥比例/%
传统水氮	176.21a	26.54	69.01a	19.66	75.51a	21.51
减氮控水	104.94bc	22.81	44.26a	24.59	33.32a	18.51
减氮控水+DMPP	141.39ab	30.74	19.24a	10.69	25.09a	13.94
移动水肥	63.53c	15.38	32.39a	21.03	26.60a	18.47

酿酒葡萄园因化肥投入量远远小于鲜食葡萄园，氮淋溶损失量也明显低于鲜食葡萄园。2018 年传统水氮条件下，氮淋溶损失量最大也仅为 69.01kg/hm^2，优化水氮调控下降低了 35.86%～72.12%；2019 年氮淋溶损失量最大的仍为传统水氮处理，淋溶损失量为 75.51kg/hm^2，优化水氮调控下则降低了 55.87%～66.77%。以上结果说明，减少水氮投入量可以明显降低氮淋溶损失，且随着水氮投入的降低氮淋溶损失也在不断下降，DMPP 的添加使氮淋溶损失有降低趋势。另外，改变施肥方式（移动水肥或水肥一体）也可明显降低氮淋溶损失。

7.4.3 氮肥高效利用与调控

与传统水氮处理相比，优化水氮条件下鲜食葡萄产量增加 8.81%～19.35%，适当减氮控水管理在节肥节水条件下也能够保证葡萄稳产，是促进葡萄产业可持续发展的有效途径（表 7-27）。进一步分析不同水氮调控下的经济效益和节本增效，可以看出施肥量和灌水量的降低减少了葡萄管理中的相应成本，与传统水氮处理相比，虽然减氮控水由于施肥方式改变或配施抑制剂在实际生产中会增加施肥成本，但在灌水或肥料等其他方面的支出会有所下降，最终表现为节本增效效果较好，氮肥偏生产力也明显提高，移动水肥节本增效最好，达 23 668 元/hm^2。

表 7-27　不同水氮调控下鲜食葡萄产量及节本增效

处理	产量/（kg/hm²）	施肥费用/（元/hm²）	节肥成本/（元/hm²）	灌水支出/（元/hm²）	节水成本/（元/hm²）	产量收益/（元/hm²）	增收/（元/hm²）	氮肥偏生产力/（kg/kg）	节本增效/（元/hm²）
传统水氮	12 816.7a	19 741	0	2 400	0	115 350	0	19.30	0
减氮控水	13 946.2a	18 588	1 153	1 680	720	125 520	10 170	30.32	12 043
减氮控水+DMPP	15 296.8a	23 588	−3 847	1 680	720	137 670	22 320	33.25	19 193
移动水肥	14 960.5a	18 323	1 418	1 440	960	136 640	21 290	36.22	23 668

对于酿酒葡萄，2018 年生长季，移动水肥节本增效最佳，为 6702 元/hm²；其次为减氮控水+DMPP，节本增效 4270 元/hm²；减氮控水节本增效 558 元/hm²。2019 年生长季，移动一体节本增效最佳，为 9161 元/hm²；其次为减氮控水+DMPP，节本增效 1005 元/hm²；减氮控水与传统水氮相比节本增效为负值，因其产量的降低导致收益的下降，但其产量与传统水氮相比并无显著差异（表 7-28），但其可节约成本 1404 元/hm²。相同水氮调控下 2019 年与 2018 年相比产量收益均有所增加，增幅 19.29%～27.54%，由于 2018 年倒春寒引起葡萄产量的降低，因此 2019 年较 2018 年产量收益增加。

表 7-28　不同水氮调控下酿酒葡萄产量及节本增效

	处理	产量/（kg/hm²）	施肥费用/（元/hm²）	节肥成本/（元/hm²）	灌水支出/（元/hm²）	节水成本/（元/hm²）	产量收益/（元/hm²）	增收/（元/hm²）	氮肥偏生产力/（kg/kg）	节本增效/（元/hm²）
2018 年	传统水氮	6 300.00ab	1 274	0	2 611	0	73 080	0	17.95	0
	减氮控水	6 227.08ab	653	621	1 828	783	72 234	−846	34.59	558
	减氮控水+DMPP	6 542.67ab	653	621	1 828	783	75 883	2 803	36.35	4 207
	移动水肥	6 726.04a	559	715	1 566	1 045	78 022	4 942	43.68	6 702
2019 年	传统水氮	7 965.63a	1 274	0	2 611	0	92 401	0	22.69	0
	减氮控水	7 428.13a	653	621	1 828	783	86 166	−6 235	41.27	−4 831
	减氮控水+DMPP	7 931.25a	653	621	1 828	783	92 003	−399	44.06	1 005
	移动水肥	8 578.13a	523	751	1 305	1 306	99 506	7 105	59.57	9 161

另外，对于酿酒葡萄，在保证产量的基础上，更为重要的是保证葡萄果实的品质，葡萄皮中含有大量花色苷，对葡萄酒的颜色形成至关重要，而葡萄籽中含有大量的总酚、总黄酮、黄烷醇、单宁等营养物质，对葡萄酒味觉和香气的形成至关重要。经过两年的田间试验，2019 年采摘后分析了葡萄皮中的花色苷和葡萄籽中的营养物质（表 7-29）。传统水氮花色苷含量为 0.80mg/g，优化水氮处理花色苷含量无明显变化，但移动水肥花色苷较传统水氮有所提高。传统水氮葡萄籽中总酚和总黄酮含量最高，其次为移动水肥，葡萄籽中黄烷醇含量最高，为 608.96mg/g，较传统水氮提高了 11.57%（$P>0.05$）；传统水氮、减氮控水、移动水肥葡萄籽中单宁含量表现出随着施入水氮量的降低，葡萄籽中单宁含量也在不断下降。移动水肥可提高葡萄皮中花色苷和葡萄籽中黄烷酮的含量，且较其他处理可保持葡萄籽中总酚和总黄酮的含量，但会引起单宁含量的降低，整体上移动水肥对‘赤霞珠’葡萄品质调控效果最佳。

表 7-29 不同水氮调控下酿酒葡萄花色苷及籽粒品质 （单位：mg/g）

处理	花色苷	总酚	总黄酮	黄烷醇	单宁
空白对照	0.77a	18.67ab	26.46ab	461.88ab	1.38a
传统水氮	0.80a	25.31a	38.90a	545.81ab	2.19a
减氮控水	0.67a	18.87ab	21.24b	441.65ab	2.12a
减氮控水+DMPP	0.69a	16.59b	19.60b	311.27b	1.85a
移动水肥	1.05a	20.74ab	33.24ab	608.96a	1.68a

综上可知，无论是鲜食葡萄园还是酿酒葡萄园：①肥料氮去向以树体吸收和土壤残留为主，氮损失的主要途径为淋溶，气态（N_2O 排放和氨挥发）损失形式很少。②当前传统水氮管理使葡萄园氮库盈余，过高的氮库盈余意味着高氮损失风险。③葡萄园减少氮损失、提高氮肥利用率的关键是控制水氮投入量，一方面通过减少氮肥投入或改变施肥深度等可以减少氮的气态损失；另一方面水分管理上减少灌水量可以减少土壤中残留的氮向土壤深层淋溶。④移动水肥（水肥一体）是葡萄园实现氮肥增效的有效调控手段，但多年生产还要注意土壤氮库平衡问题。

7.5 长江中上游柑橘园肥料氮去向、损失规律及调控

我们在湖北省宜昌市一处柑橘园开展了肥料氮施用的研究，力求弄清肥料氮的去向、损失规律，在此基础上提出减少流失的调控措施，为提高柑橘氮素利用率和减少氮素流失提供科学依据。试验点位于湖北省宜昌市当阳市凤凰山柑橘基地（30.66°N、111°81E），该地年平均气温为 16.4℃，年均降雨量为 1000mm 左右，降雨多发生于夏季，海拔为 79m。土壤类型为黄棕壤。所种植的柑橘品种为无核椪柑（‘鄂柑一号’）。研究共设置 4 个处理，即不施氮肥（CK），当地氮肥施用量减少 30%（N1），在 N1 的基础上配施饼肥（N2），与当地氮素施用量一致（常规施氮，N3）（表 7-30）。每个处理重复 3 次，每个小区包含 5 棵柑橘树，小区用塑料板打入地下隔开以防止不同小区之间土壤养分的交换。

表 7-30 试验小区设计及氮肥施用量 ［单位：$kg/(hm^2 \cdot a)$］

处理	化肥			饼肥			总计		
	N	P_2O_5	K_2O	N	P_2O_5	K_2O	N	P_2O_5	K_2O
CK	0	182	323	0	0	0	0	182	323
N1	260	182	323	0	0	0	260	182	323
N2	260	182	323	38	20	12	298	202	335
N3	371	182	323	0	0	0	371	182	323

7.5.1 氮收支状况及肥料氮去向

7.5.1.1 N_2O 排放

橘园不同施肥处理小区土壤的 N_2O 累积排放（图 7-25）显示，氮肥施用量是 N_2O 排放的主要影响因子。不施氮肥处理在整个观测期间的 N_2O 累积排放量仅为 0.98kg N/hm^2，而当地常规施氮处理 N_2O 累积排放量为 3.0kg N/hm^2，减少氮肥 30% 的处理、在该处理施氮基础上配

施有机肥处理的 N_2O 累积排放量均低于常规施氮处理，分别为 2.52kg N/hm^2、2.59kg N/hm^2，处理间差异不显著。在当地常规施氮水平下，土壤 N_2O 排放仅为施氮量的 0.27%；减少 30% 的氮肥用量水平下，土壤 N_2O 排放为施氮量的 0.30%；减少 30% 的氮肥用量配施有机肥水平下，土壤 N_2O 排放为施氮量的 0.27%。不过，在当地施肥水平上减少 30% 的氮肥用量，其 N_2O 累积排放量可减少 24%，说明少施氮肥对减少 N_2O 这种温室气体排放有重要意义。

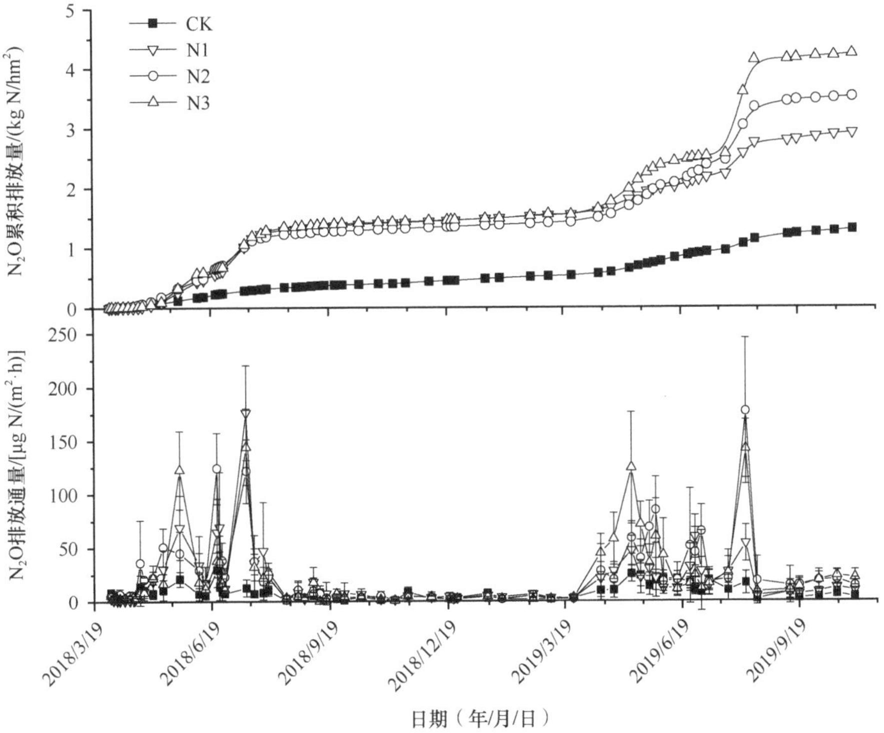

图 7-25 研究期间橘园土壤 N_2O 累积排放

从图 7-25 还可以看出，橘园土壤 N_2O 排放主要集中在每年的 4～7 月，此后，土壤 N_2O 的排放量维持在一个较低的水平。土壤温度与 N_2O 排放呈极显著正相关（表 7-31），意味着环境温度的变化对该橘园土壤 N_2O 排放有重要调控作用，温度越高，土壤 N_2O 排放越高。土壤铵态氮和硝态氮含量与土壤 N_2O 排放之间呈显著或极显著正相关（表 7-31），表明土壤 N_2O 排放与这两个氮素转化过程有关。

表 7-31 研究期间橘园 N_2O 累积排放量与土壤因子之间的相关关系

处理	5cm 土温	质量含水率	NH_4^+-N	NO_3^--N	DOC	pH
CK	0.461**	0.661**	0.650**	0.726**	NS	NS
N1	0.433**	NS	0.510*	0.524*	NS	NS
N2	0.544**	0.559**	0.609**	0.458*	NS	NS
N3	0.480**	0.509*	0.552*	0.586**	NS	NS

注：** 表示相关性极显著（$P<0.01$），* 表示相关性显著（$P<0.05$），NS 表示相关性不显著

7.5.1.2 氨挥发

不同施肥处理小区土壤的氨挥发累积量显示，氮肥施用量是氨挥发的主要影响因子

（图 7-26）。未施氮肥的处理在观测期间氨挥发总量为 1.66kg N/hm²。减少氮肥 30% 的处理氨挥发为 11.50kg N/hm²，在减氮基础上增加有机肥的处理为 12.64kg N/hm²，而按照当地常规施氮处理为 18.61kg N/hm²，氮肥施用量的增加显著增加了氨挥发，增施有机肥虽然增加了氨挥发，但其差异未达到显著水平。

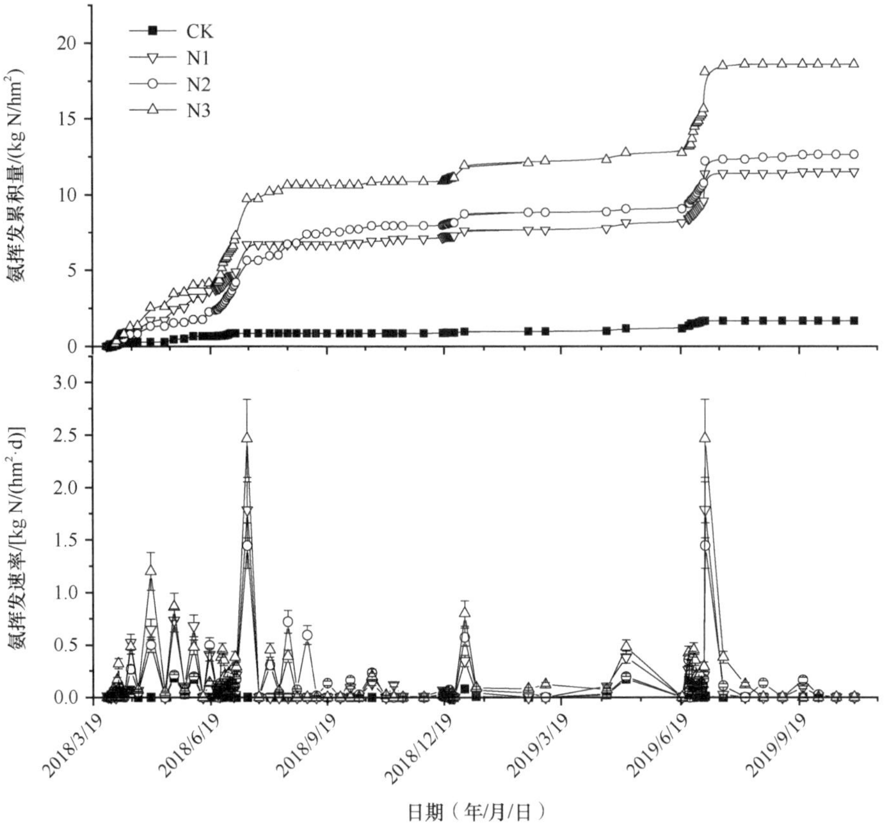

图 7-26　研究期间橘园氨挥发累积量

不施氮肥的处理（CK），在当地氮肥施用水平上减少 30% 氮肥用量的处理（N1），在 N1 基础上配施饼肥的处理（N2），与当地氮肥施用水平一致的处理（N3）。下同

在当地氮肥施用水平下，其土壤氨挥发为氮肥施用量的 2.28%；减少 30% 的氮肥用量水平下，土壤氨挥发为施肥量的 1.89%；减少 30% 的氮肥用量配施有机肥水平下，氨挥发为氮肥投入量的 1.84%。这意味着橘园土壤氨挥发所带来的氮肥损失占施肥量的比例不可忽视。另外，在当地施肥水平上减少 30% 的氮肥施用量，其氨挥发可减少 41.95%；而在减少 30% 的氮肥施用量基础上配施有机肥，其氨挥发量仅比全量施肥减少 35.22%。这表明尽管配施有机肥增加氮肥用量（增加 12.74%），但总体上还是减少了土壤氨挥发，所以，配合施用有机肥对氨挥发的减排效果是非常明显的。

橘园土壤的氨挥发与土壤 5cm 深处的温度、土壤 pH、土壤质量含水率都存在一定的相关关系（表 7-32）。从表 7-32 还可以看出，土壤水分含量高可能不利于氨挥发。土壤铵态氮含量与氨挥发之间有极显著的相关关系，意味着土壤铵态氮是控制氨挥发的关键因子，降低土壤中铵的浓度或选用不含铵态氮的肥料是橘园控制氨挥发的最有效措施。

表 7-32　研究期间橘园土壤氨挥发与土壤因子之间的相关性

处理	5cm 土温	质量含水率	NH_4^+-N	NO_3^--N	pH
CK			0.417**		
N1	0.316*	−0.462*	0.567**		
N2		−0.315*	0.520**		0.301*
N3	0.428**		0.684**		0.332*

注：** 表示相关性极显著（$P<0.01$），* 表示相关性显著（$P<0.05$）

7.5.1.3　径流及淋溶损失

橘园氮随水损失量主要用径流中氮损失来表示。从图 7-27 可以看出，不同施肥处理，试验期间（两年）其径流氮损失累积量分别为（18.39±2.75）kg N/hm^2、（18.59±1.57）kg N/hm^2、（15.77±1.66）kg N/hm^2、（23.31±4.94）kg N/hm^2，是氮肥施用量的 0.04%～0.66%。以当地施肥水平施用氮肥的处理中径流损失的氮素最高，即使如此，总的损失量仅占施肥量的 0.66%。在减少 30% 的施氮量基础上增施有机肥，径流中氮累积损失量减少了 7.54kg N/hm^2，而与仅减氮 30% 的处理相比较，径流氮损失也减少了 2.82kg N/hm^2，所以，配施有机肥可以降低径流氮损失。

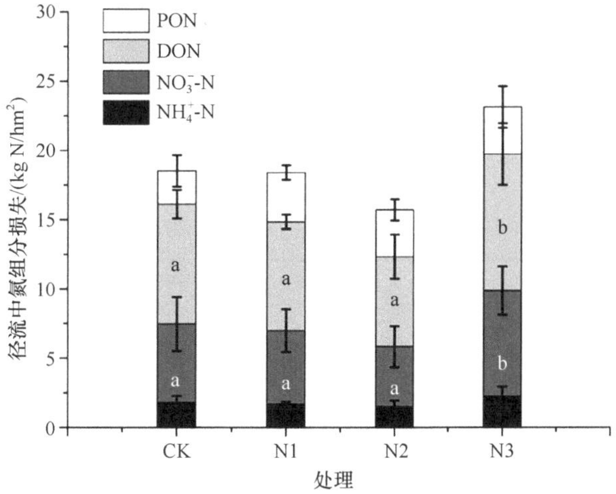

图 7-27　研究期间橘园地表径流累积氮损失量

PON：颗粒态有机氮；DON：可溶性有机氮。不同字母表示不同处理间差异显著（$P<0.05$），误差线为标准误

橘园径流中氮损失的主要形态为可溶性有机氮（占氮素总量的 42%～47%），其次是硝态氮（占氮素总量的 28%～33%），颗粒态有机氮占氮素总量的 13%～22%，氨态氮损失较少。

利用橘园土壤不同深度层次硝酸盐含量计算了氮淋溶损失。从图 7-28 可以看出，不同施肥水平肥料氮淋溶损失量为 106.18～128.20kg N/hm^2，为施入肥料氮的 17.26%～21.29%。化肥氮施用量越高，淋溶损失越高。在当地施肥水平上减少 30% 的氮肥用量，可显著降低氮淋失。在减少 30% 的氮肥用量基础上配施有机肥，氮淋溶累积损失量减少了 4.48kg N/hm^2，淋溶造成的肥料氮损失率下降了 3.47%。因此，氮肥配施有机肥或可降低淋溶氮损失。

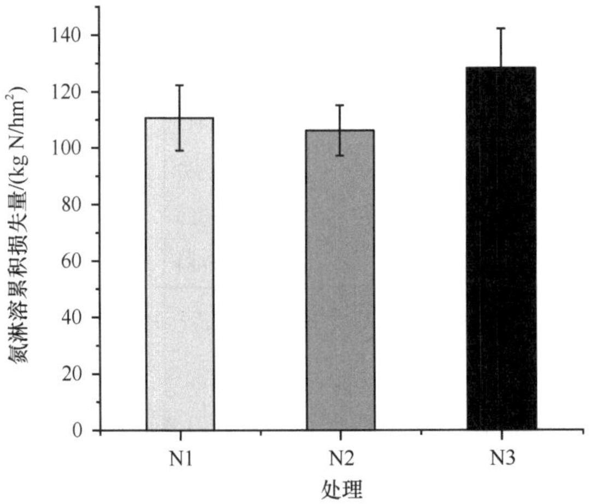

图 7-28　研究期间橘园氮淋溶累积损失量

7.5.1.4　柑橘果实携出氮

不同施氮水平下，柑橘收获时果实所带走的氮素存在差异，而不同年份由于产量的变化，其所携出的肥料氮相差较大。2018 年，由于产量较高，不同施氮处理果实所携出的氮占当年施氮的 4% 左右，而 2019 年由于产量下降，果实所携出的氮占当年肥料氮的 2%～3%。这意味着柑橘果实携出氮在不同年份会因为产量差异而有较大的变化，该问题不仅增加了明确橘园氮损失量和损失途径的难度，给橘园氮管理带来困难，也是未来研究中必须注意的问题（表 7-33）。

表 7-33　橘园果实产量、增产率、氮携出量及当季表观肥料氮携出率

处理	2018 年果实产量及氮携出量			
	产量/(kg/hm²)	增产率/%	氮携出量/(kg N/hm²)	当季表观肥料氮携出率/%
CK	16 351b		31.63b	
N1	23 847a	45.84	43.16ab	4.44
N2	23 336a	42.72	43.62ab	4.03
N3	24 086a	47.3	45.79a	3.81
处理	2019 年果实产量及氮携出量			
	产量/(kg/hm²)	增产率/%	氮携出量/(kg N/hm²)	当季表观肥料氮携出率/%
CK	8 621b		14.85b	
N1	11 982a	38.98	20.41a	2.14
N2	12 578a	45.91	23.66a	2.96
N3	12 148a	40.91	22.27a	2.00

注：同列不含有相同小写字母的表示不同处理间差异显著（$P<0.05$）

从表 7-33 还可以看出，两年来，在当地常规施肥基础上减施氮肥 30% 和减氮 30% 的同时配施有机肥与当地常规施氮处理的产量间没有显著性差异，这表明在目前的施肥水平上减少氮肥施用不会导致减产。此外，由于 2019 年比较干旱，减氮的同时配施有机肥的处理产量超过常规施氮处理，意味着增加有机肥是橘园抗旱增产的可选措施之一。

7.5.1.5　肥料氮在树体中的分配

利用 ^{15}N 同位素肥料对柑橘树体不同部位氮吸收的研究表明（表 7-34，表 7-35），不管是基肥还是追肥，当年施入的肥料氮被柑橘树体吸收的量是比较少的，约占基肥氮的 6.31%，追肥氮的 0.59%。有意思的是，尽管基肥和追肥所用的氮素是相同的，但其利用率的差异为 10 倍，表明氮肥的施用时间对其吸收有重要的影响。

表 7-34　基肥氮在不同器官中的分配和利用率

器官	生物量/kg	氮含量/%	^{15}N 丰度/%	^{15}N 原子百分超/%	Ndff%（来源于肥料的氮素比例）	各器官的生物量占比/%	各器官的全氮量/g	来自肥料的氮量/（g/棵）	来自肥料的氮量/（kg/hm²）	施氮量/（kg/hm²）	氮肥利用率/%
当年生叶	2.23	2.650	0.4602	0.0939	3.57	5.77	59.10	2.1069	1.7382	129.9	1.34
多年生叶	3.35	2.348	0.4468	0.0805	3.06	8.67	78.54	2.3996	1.9797	129.9	1.52
当年生枝	4.07	1.218	0.4370	0.0707	2.68	10.53	49.60	1.3307	1.0978	129.9	0.84
多年生枝	4.01	0.444	0.3935	0.0272	1.03	10.38	17.81	0.1837	0.1515	129.9	0.12
果肉	3.79	1.371	0.4579	0.0916	3.48	9.81	51.99	1.8081	1.4917	129.9	1.15
果皮	3.34	1.240	0.4532	0.0869	3.30	8.64	41.38	1.3659	1.1269	129.9	0.87
主干	8.73	0.514	0.3770	0.0107	0.41	22.59	44.89	0.1822	0.1503	129.9	0.12
主根	6.86	0.579	0.3779	0.0116	0.44	17.75	39.70	0.1741	0.1437	129.9	0.11
侧根	1.79	1.003	0.4107	0.0444	1.69	4.63	17.94	0.3028	0.2498	129.9	0.19
须根	0.47	1.588	0.3978	0.0315	1.19	1.22	7.40	0.0884	0.0729	129.9	0.06
合计	38.64					100.00	408.35	9.9424	8.2025		

表 7-35　追肥氮在不同器官中的分配和利用率

器官	生物量/kg	氮含量/%	^{15}N 丰度/%	^{15}N 原子百分超/%	Ndff%（来源于肥料的氮素比例）	各器官的生物量占比/%	各器官的全氮量/g	来自肥料的氮量/（g/棵）	来自肥料的氮量/（kg/hm²）	施氮量/（kg/hm²）	氮肥利用率/%
当年生叶	1.57	2.622	0.3730	0.0067	0.2558	3.84	41.08	0.1051	0.0867	129.9	0.0667
多年生叶	1.99	2.788	0.3720	0.0057	0.2181	4.87	55.58	0.1212	0.1000	129.9	0.0770
当年生枝	4.37	1.062	0.3701	0.0038	0.1442	10.70	46.45	0.0670	0.0553	129.9	0.0425
多年生枝	6.94	0.591	0.3764	0.0101	0.3836	16.98	41.02	0.1574	0.1298	129.9	0.0999
果肉	4.04	1.188	0.3765	0.0102	0.3875	9.89	48.05	0.1862	0.1536	129.9	0.1182
果皮	2.83	1.156	0.3807	0.0144	0.5482	6.93	32.72	0.1793	0.1480	129.9	0.1139
主干	11.65	0.463	0.3683	0.0020	0.0747	28.51	53.95	0.0403	0.0332	129.9	0.0256
主根	5.72	0.602	0.3718	0.0055	0.2082	14.00	34.41	0.0717	0.0591	129.9	0.0455
侧根	1.35	0.751	0.3666	0.0003	0.0098	3.30	10.11	0.0010	0.0008	129.9	0.0006
须根	0.40	1.365	0.3665	0.0002	0.0091	0.98	5.51	0.0005	0.0004	129.9	0.0003
合计	40.86					100.00	368.88	0.9297	0.7669		

从表 7-34 和表 7-35 还可以看出，当年施入的氮素吸收累积最多的部位是叶片（多年生

与当年生之和）和果实，其次是枝条，主干和根所累积的肥料氮较少。果实累积的氮可以占到基肥施入氮肥的 2%，仅次于叶片的累积量（2.86%）。追肥所施入的氮在果实中的累积量占 0.2% 左右，而在叶片中仅为 0.14%，低于在果实中的累积量。这意味着基肥以提供营养生长为主，而追肥则大部分用来促进果实的生长与膨大。此外，柑橘是常绿果树，进入叶片中的氮素被暂时保存在树体中，还可以循环利用，且未进入环境或流失，而果实作为收获物则离开了果园。从表中还可以看出，尽管主干和根的生物量占树体生物量的 50% 左右，但并不是柑橘氮素累积的主要器官，其所累积的氮素远远低于叶片。

基肥氮在叶片和果实中的 Ndff% 普遍高于其他器官，追肥氮在果实中的 Ndff% 亦显著高于其他器官，说明氮素主要向营养和生殖器官运输。这一结果与丁宁等（2012）报道的成熟期苹果果实中的 Ndff% 最高，其次为当年生枝和多年生枝一致。此外，研究显示油桃从果实膨大期开始果实中 Ndff% 增加，即使到了果实成熟期，叶片和枝条中的 Ndff% 仍较高，表明多年生果树所吸收的氮素营养在供应果实需要的同时，也在叶片和枝条中贮藏氮营养（张瑜等，2020）。

7.5.2 肥料氮的主要损失过程

在长江中上游，柑橘一般都种植在山坡上，为防止水土流失，稍微陡峭的山坡改成果园后都采取了石坎、土坎或植物篱等防护措施，这些措施，在减少氮、磷营养流失方面起到了很好的效果。例如，在三峡库区的研究表明，石坎、植物篱、坡地种植柑橘，年径流氮流失总量分别为 10.65kg N/(hm^2·a)、12.53kg N/(hm^2·a)、20.05kg N/(hm^2·a)（冯明磊，2010）。而另一个橘园的研究表明，径流、壤中流带走的氮素分别为 4.00kg N/(hm^2·a)、3.95kg N/(hm^2·a)（姜世伟，2017）。顺坡种植的橘园，年径流氮流失量为 13.43kg N/(hm^2·a)（严坤等，2020）。这些研究结果显示径流氮损失在不同的土壤上有着很大的差异，这是因为不同土壤的抗冲蚀性强弱决定了土壤氮的输出量（张兴昌和邵明安，2000）。此外，有植物篱和石坎防护时，径流氮损失就相对减少。上述研究结果还说明在长江中上游地区，橘园径流所带来的氮肥损失可能没有想象的那么多。

两年间的观测结果显示，在肥料氮输入分别为 519.82kg N/(hm^2·a)、595.72kg N/(hm^2·a)、742.6kg N/(hm^2·a) 的条件下，淋溶损失的氮分别为肥料氮输入量的 19.83%、16.75%、16.42%（表 7-36）；径流损失仅分别为氮肥输入的 3.33%、2.93%、2.99%，这一结果比在附近区域获得的径流损失氮为 4.0kg N/(hm^2·a) 还要低（姜世伟，2017）。这可能是因为 2019 年湖北省整体降雨量减少一到四成，研究点降雨仅为 440mm，2018 年该地降雨量也只有 859.3mm。2018 年、2019 年两年来所能收集到的径流的降雨总量分别为 436.7mm、342.5mm。由于是蓄满产流，所以大部分降雨会进入土壤，这也是研究中淋溶损失远高于径流的原因。

表 7-36 不同处理氮素平衡

项目	氮输入					
	减氮 30%		减氮 30% 同时增施有机肥		常规施氮	
	输入量/［kg N/(hm^2·a)］	百分比/%	输入量/［kg N/(hm^2·a)］	百分比/%	输入量/［kg N/(hm^2·a)］	百分比/%
施肥	519.82	93.16	595.72	93.98	742.60	95.11
大气氮沉降	38.10	6.84	38.10	6.02	38.10	4.89

续表

项目	氮输出					
	减氮 30%		减氮 30% 同时增施有机肥		常规施氮	
	输出量/[kg N/(hm^2·a)]	百分比/%	输出量/[kg N/(hm^2·a)]	百分比/%	输出量/[kg N/(hm^2·a)]	百分比/%
土壤残留	297.16	53.26	355.78	56.13	442.84	56.72
N_2O 排放	2.52	0.45	2.59	0.41	3.01	0.39
氨挥发	11.50	2.06	12.64	1.99	18.61	2.38
地表径流	18.59	3.33	18.57	2.93	23.31	2.99
淋溶	110.66	19.83	106.18	16.75	128.20	16.42
植物利用	38.08	6.83	45.21	7.13	42.77	5.48
未知去向	79.46	14.24	92.91	14.66	122.02	15.63

从表 7-36 还可以看出，氨挥发和 N_2O 排放加在一起为氮肥输入量的 2.50%～2.77%。表中所提到的未知去向部分是未能观测的氧化氮、氮气的排放，占肥料氮输入的 14.24%～15.63%。由于这部分结果是氮素平衡计算的结果，实际上这部分气体损失可能没有这么高，这只能留待后面的研究加以明确。

研究结果还显示，肥料氮的大部分还是存留在土壤中，3 种施肥水平下土壤残留的肥料氮占施肥量的 53.26%～56.72%，也就是说 60% 的肥料氮还留在土壤中。这部分氮素一方面可被植物生长继续利用，是开展果园减氮施肥措施的理论基础；另一方面这些残留的氮素则是氮淋溶损失的潜在来源。

在不同的施肥水平下，柑橘树体吸收的氮肥仅为施肥量的 6%～7%，与农田一年生作物存在很大的差异。相同地方，同位素示踪的结果（表 7-34，表 7-35）显示基肥的树体吸收比例约为 6%，而追肥仅约为 0.6%，尽管所用肥料的量一样多，但树体在不同生长时期吸收的营养有很大的差异。这表明在施用追肥时，要控制肥料用量，否则，大量氮素留在土壤中会带来其他风险。不仅如此，这一结果还意味着柑橘氮肥利用率的提高仍然需要进一步研究。此外，减少氮肥施用量可以有效降低橘园土壤的肥料氮残留，增加柑橘树体的氮吸收，减少氨挥发。增施有机肥可以提高柑橘果实的肥料氮携出量，提高柑橘品质。

7.5.3 氮肥高效利用与调控

通过两年的研究，我们认为减少氮肥使用量，配施有机肥和种植绿肥，调整基肥和追肥用量是橘园氮肥调控的有效措施。

综合他人和本研究的结果，在氮肥比当地常规用量减少 30% 时，柑橘的产量和品质在两年未出现变化，有些研究甚至到第四年也仍然未出现显著的减少（雷靖等，2019）。但持续减氮的效应尚需研究。配施有机肥也是提高柑橘氮肥利用率、减少氮肥损失的有效措施。有机肥虽然部分增加了氮肥用量，但有机肥的配施可显著增加树体对氮素的吸收和利用效率，不仅如此，配施有机肥还可减少氮素随水流失。此外，2019 年比较干旱，从减氮同时配施有机肥的处理产量超过常规施氮处理的结果可以看出，增加有机肥是橘园抗旱增产的可选措施之一。为了减少氮素随水流失，特别是径流损失，在果园采取生草种植或种植绿肥是非常有效的措施。绿肥不仅可以有效提高柑橘对肥料氮的利用率，还可以有效降低肥料氮的径流损失。

橘园氮素肥料的淋溶损失总量为施肥量的 17%～20%，而这主要与土壤中的残留氮有关。所以，控制进入土壤但还未被植物吸收的那部分氮肥不发生淋溶是关键所在。为此，减少化学氮肥的施用、实行有机替代是减少橘园氮淋溶损失的主要措施，有机替代也是增加柑橘氮素吸收利用的主要措施。

7.6　太湖果园肥料氮去向、损失规律及调控

近年来，由于蔬菜和水果作物经济效益比较高，太湖地区稻改菜、稻改果的面积越来越大。设施菜地中超高量使用氮、磷肥料，单季作物化肥纯养分用量平均为 569～2000kg/hm^2，为普通大田作物的数倍甚至数十倍，其逐渐成为农业源氮污染的一个关注重点，成为水体富营养化的重要潜在威胁之一。而集约化果园的养分投入、去向和平衡状况尚少见报道。从农业生产及农田面源污染防控的理论与技术考虑，应该系统研究该地区果园系统的氮投入、土壤转化和作物吸收，以及活性氮排放特征和规律，以便合理施氮，减少氮素损失带来的问题。

7.6.1　氮收支状况及肥料氮去向

太湖流域种植业以稻麦轮作为主，一年稻麦两季作物化学氮肥、磷肥投入量分别高达 600kg N/hm^2、120kg P_2O_5/hm^2，经过径流、渗漏进入水体的全氮占总施氮量的比例高达 22%。太湖果园总体氮、磷、钾平均投入量分别为 522kg N/hm^2、674kg P_2O_5/hm^2、462kg K_2O/hm^2（表 7-37）。就果园类型而言，总体氮、磷、钾投入水平均以梨园最高，桃园次之。从肥料投入结构分析，果园有机氮、磷、钾平均投入量分别高达 254kg N/hm^2、437kg P_2O_5/hm^2、172kg K_2O/hm^2，分别占总投入量的 48.7%、64.8%、37.2%。果园的有机肥投入品种多样，但主要来源于鸡粪和牛粪，其次为菜籽饼。化学肥以三元复合肥为主，另外很多果农在施用三元复合肥的基础上还加施其他化肥，如含氮量更高的尿素、磷酸二铵、碳酸氢铵以及硫酸钾等。

表 7-37　太湖流域不同类型果园养分投入量（程谊等，2019）　　（单位：kg/hm^2）

果园	化学肥料投入			有机肥投入			总体投入		
	N	P_2O_5	K_2O	N	P_2O_5	K_2O	N	P_2O_5	K_2O
桃园	243±166	221±126	300±271	260±146	398±312	183±93	503±111	619±168	483±143
葡萄园	150±146	139±147	206±161	224±210	423±411	138±128	374±129	562±218	344±103
梨园	412±260	352±218	363±256	277±217	490±516	195±126	689±169	842±279	558±143
平均	268	237	290	254	437	172	522	674	462

该地区果农施肥习惯：基肥以有机肥为主，同时配以化学肥；基肥一般在秋后 11 月施入，但最迟可以到翌年 3 月左右。基肥中有机肥的施入方式为围着树冠滴水线下整个树盘覆盖一层，然后通过机械或者人工的方式翻入土中，深度为 10～20cm；而基肥中化学肥的施入方式为沿树冠滴水线下均匀撒施（环状施肥），然后与有机肥一同翻入土中。基肥虽然可以为果树的生长提供长久、全面的营养物质，增加土壤有机质含量以及微生物活性，但是果树在花前、花芽分化、果实膨大及采摘后急需速效肥的补充（追肥），补充果树营养的短期不足，追肥基本都是化肥。大部分果农选择环状施肥，也有部分果农在整个树盘撒施，且都不翻入土内。果农为了省事，经常在雨前施肥，从而减少施肥后灌溉增加的工作量。其追肥时间都

发生在 3～9 月，此时太湖流域雨水充沛，肥料易随径流、渗漏进入水体，单次降雨后径流水全氮浓度最高可达 75mg/L，加重水体污染负荷。

有调查结果表明，该地区果园土壤有机质、全氮、全磷、全钾含量平均分别为 30.5g/kg、2.0g/kg、1.3g/kg、13.2g/kg，且桃园、葡萄园、梨园之间没有显著差异。根据全国第二次普查养分分级标准，果园土壤有机质、全氮、全磷、全钾含量均处于 1～4 级水平，属于适宜至很丰富状况，无一缺乏（表 7-38）。

表 7-38　太湖果园土壤肥力状况

果园	有机质/(g/kg)	全氮/(g/kg)	全磷/(g/kg)	全钾/(g/kg)	有效磷/(mg/kg)	有效钾/(mg/kg)
桃园	33.5±6.5	2.2±0.5	1.6±0.8	13.3±1.2	166±94	619±336
葡萄园	28.1±7.1	1.9±0.4	1.0±0.5	13.2±1.1	117±80	434±259
梨园	30.0±7.0	2.0±0.4	1.2±0.6	13.0±1.1	124±88	390±259

总体来说，除了葡萄园钾素略有亏损，太湖果园氮、磷、钾养分普遍盈余。氮、磷、钾养分盈余量以梨园最高，分别达 590kg/hm^2、610kg P_2O_5/hm^2、298kg K_2O/hm^2，然后依次为桃园和葡萄园，盈余量顺序与果园氮、磷、钾总投入量顺序一致，表明果园养分盈余量与养分总投入量呈正相关。此外，养分盈余量均以磷肥最突出，其次是氮肥，钾肥最低。

7.6.2　肥料氮的主要损失过程

施入土壤中的氮素，除了作物吸收，主要去向包括气态损失（氨挥发、N_2O 排放）、地表径流和淋溶等。有研究表明，太湖果园 N_2O 排放通量高达 8.7～26.0kg N/(hm^2·a)，占施肥总量的 1.69%～1.86%；而 NO 排放通量则为 0.20～1.99kg N/(hm^2·a)，有机肥的施用对 NO 排放没有显著影响。有机肥的施用增加 N_2O 排放的原因是增加了反硝化速率。

水蜜桃生长季氨挥发监测结果表明，每次施肥和追肥后都有 7～10d 的排放高峰期（图 7-29）。农户常规施肥情况下（化肥表施）氨挥发累积量占施肥总量的 3% 左右。

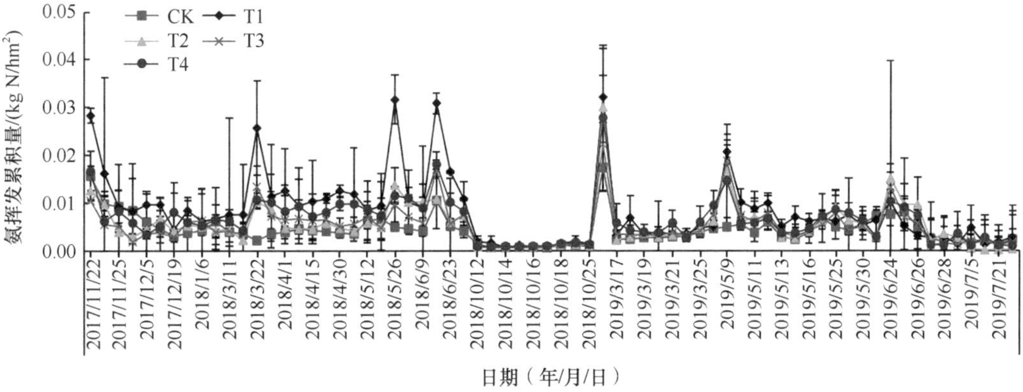

图 7-29　不同处理在距离树干 45～90cm 处的氨挥发累积量动态监测

CK：仅施有机肥；T1：农户常规施肥；T2：化肥减氮 30%；T3：化肥减氮 30%+硝化抑制剂；T4：化肥减氮 30%+硝化抑制剂+生草覆盖。下同

定位监测结果表明，习惯施肥情况下 N_2O 排放损失占总施氮量的 6.23%，排放动态如图 7-30 所示。

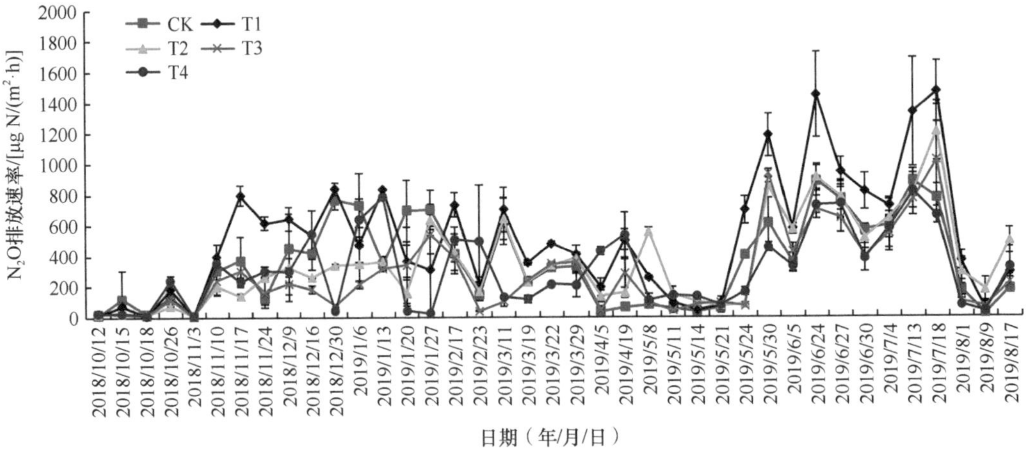

图 7-30　不同处理 N_2O 排放速率动态

关于果树氮吸收带走氮素的去向，初步研究结果表明：习惯施肥情况下，果实吸收的氮占施氮量的 11.3%，剪枝条携氮量占 12.5%，枝叶落叶携氮量占 3.1%。关于径流和淋溶氮的损失，年际波动范围很大，径流氮的损失可占总施氮量的 1.17%～19%，主要受降雨量和田间管理作业的影响。初步核算果园各氮素去向及各项占比如表 7-39 和图 7-31 所示。

表 7-39　2018～2019 年果园氮去向　　（单位：kg N/hm²）

2018～2019 年桃园氮去向	CK	T1	T2	T3	T4
总施氮量	138.80	464.00	366.47	366.47	366.47
果实吸氮量	53.82	52.47	86.41	61.97	70.09
剪枝枝条氮含量	65.14	58.03	49.88	50.76	57.03
枝叶落叶氮含量	14.96	14.45	14.74	11.60	12.71
树体吸收氮量	63.08	72.05	45.97	72.67	57.17
氨挥发量	5.41	17.40	10.51	11.30	11.28
N_2O 排放量	19.33	28.91	18.21	13.74	16.21
径流损失量	4.40	14.20	6.40	10.01	10.04
0～100cm 土层氮残留量	—	65.71	58.68	66.40	44.00
反硝化损失及 1m 以下土层氮淋溶	—	149.57	80.83	75.94	95.87

注：“—”表示未测

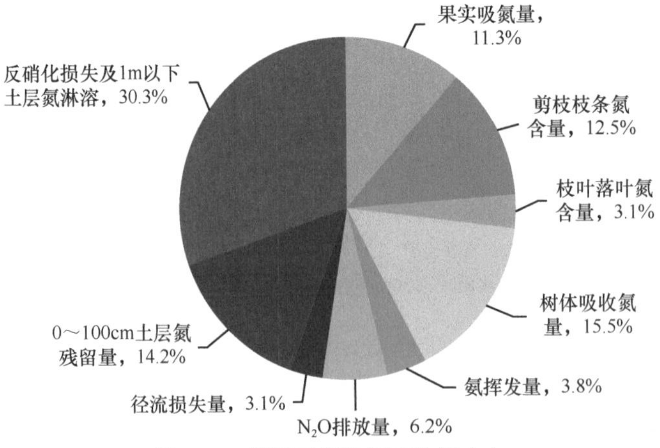

图 7-31　果园习惯施肥下的氮去向

7.6.3　氮肥高效利用与调控

关于太湖地区稻麦农田氮减排技术及效果已有很多文献报道。而果园氮减排技术的研发与应用刚处于起步阶段。根据农田面源污染治理的“4R”技术体系，果园氮减排技术主要考虑源头减量、过程拦截技术。源头减量技术主要包括：化肥直接减量、新型肥料、施肥技术改进、肥料增效剂等，过程拦截技术主要有地表覆盖技术、生态拦截技术等。本研究初步结果显示：与习惯施肥相比，化肥直接减量 30% 深施技术，可使氨挥发减少 39.6%、N_2O 减排 37.0%、地表径流氮损失减少 54.92%。化肥直接减量 30% 深施+硝化抑制剂技术，可使氨挥发减少 35.06%、N_2O 减排 52.5%、地表径流氮损失减少 29.52%。如果采用化肥直接减量 30% 深施+硝化抑制剂技术+生草覆盖，减排效果没有明显增加，可削减氨挥发、N_2O 排放、地表径流氮损失，分别为 35.17%、43.9%、34.14%（表 7-40）。

表 7-40　果园源头削减氮排放技术效果

减排技术	削减效果/%		
	氨挥发	N_2O 排放	地表径流氮损失
农户习惯施肥			
化肥减量 30% 深施	39.60	37.0	54.92
化肥减 30% 深施+硝化抑制剂	35.06	52.5	29.52
化肥减量 30% 深施+硝化抑制剂+生草覆盖	35.17	43.9	34.14

国内的果园土壤耕作管理措施一般以清耕法为主，长期清耕下土壤处于裸露状态，一旦发生强降雨，水土肥极易流失，尤其是水蜜桃树，因其怕涝，其种植地点要考虑一定的坡度，便于排水。果园生草不仅不与果树争水争肥，还可改善土壤物理性状、提高有机质含量、减少水土肥流失等。树盘覆盖耦合行间生草技术（整个树盘用水稻秸秆覆盖，果树行间种植黑麦草，现场图片）可显著减少径流全氮、硝态氮、铵态氮、可溶性有机氮浓度以及全磷和各形态磷浓度。田块尺度试验表明，生草覆盖技术降低径流全氮 34.3%、硝态氮 34.7%、铵态氮 49.1%、可溶性有机氮 27.7%（图 7-32）。

6～11 月桃园的 N_2O 累积排放量近 16kg N/hm^2，而进行树盘秸秆覆盖耦合行间生草可以减少近 58% 的 N_2O 排放量（图 7-33）。

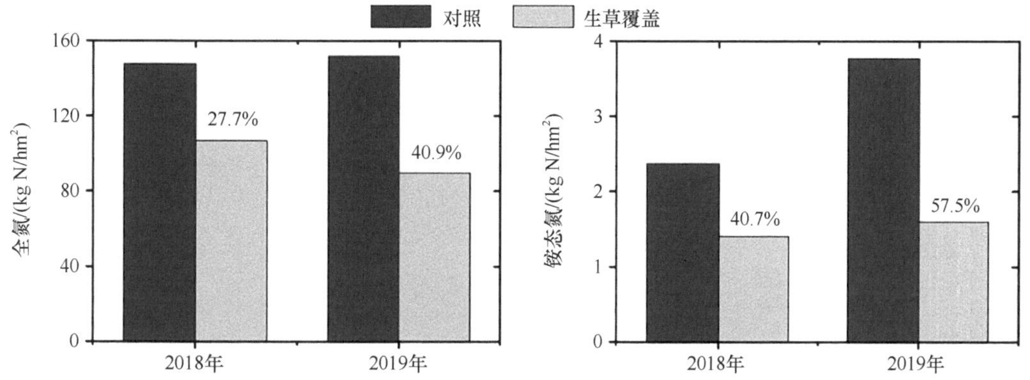

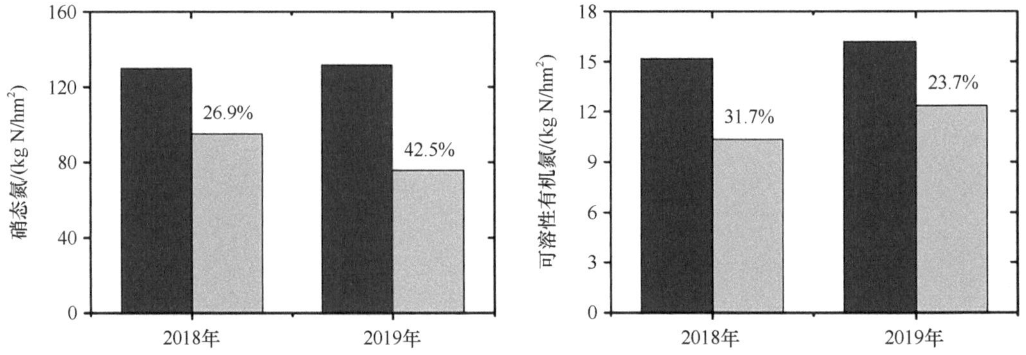

图 7-32　桃园生草对径流全氮、铵态氮、硝态氮及可溶性有机氮的影响

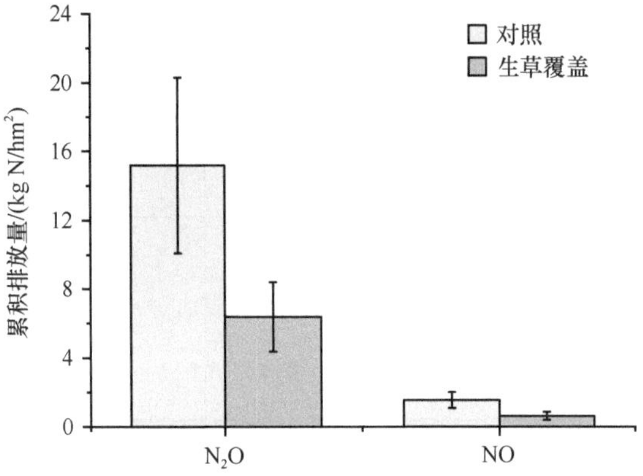

图 7-33　桃园生草对氧化亚氮（N_2O）及一氧化氮（NO）排放的影响

另外，在距树干 60cm 位置，树盘秸秆覆盖耦合行间生草可以降低表层土壤（0～20cm）的硝态氮浓度；在距树干 120cm 处，树盘秸秆覆盖耦合行间生草可以降低 0～60cm 土壤的硝态氮浓度；在距树干 180cm 处，树盘秸秆覆盖耦合行间生草可以降低 0～80cm 土壤的硝态氮浓度（图 7-34）。

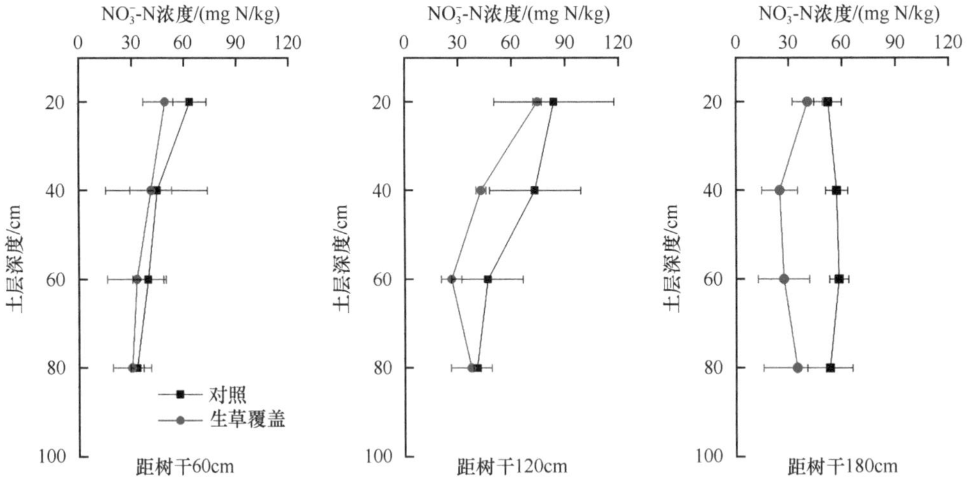

图 7-34　桃园生草对土壤剖面硝态氮浓度的影响

7.7　结论与展望

本课题初步查明了我国主要果园及菜地系统肥料氮的去向及主要损失途径。与粮食作物相比，我国果园及菜地肥料氮利用率低，^{15}N 田间试验表明，露地及设施栽培下菜地肥料氮当季利用率在 10% 左右，鲜食及酿酒葡萄肥料氮当季利用率在 25% 以下。不同果园、菜地系统由于受土壤、气候、施肥等因素差异的影响，肥料氮去向差异较大。硝态氮淋溶损失是菜地主要的氮损失途径；与设施菜地相比，露地氨挥发比例较高。果园系统氮肥表施，氨的挥发损失比例高，而氮肥深施后显著降低了肥料氮的氨挥发；南方水网地区桃园 N_2O 损失显著高于南方丘陵柑橘园及北方苹果及葡萄园。菜地及苹果、葡萄园氮的径流损失一般很低；而观测的南方丘陵柑橘园及太湖地区桃园径流损失多低于施氮量的 2%，原因有待进一步研究。对果园及菜地系统研究均发现，硝态氮在土壤剖面累积是肥料氮当季的主要去向之一，长期过量施肥导致北方果园及菜地土壤剖面累积了大量的硝态氮。果园及菜地田间试验均表明，控制氮肥用量是当前提高我国果园、菜地肥料氮效率，减少氮素损失的最有效的途径，潜力巨大。减氮控水特别是采取水肥一体化技术，有机无机配施，配施脲酶、硝化抑制剂及生物炭等是减少氮素损失和提高肥料氮利用效率的有效调控措施。

本研究仅以我国苹果、柑橘、葡萄、桃树及北方露地、设施菜地为对象，研究了我国果园菜地系统肥料氮的损失途径、驱动机制及调控技术，我国幅员辽阔，果树及蔬菜种类繁多，同一作物不同区域肥料氮去向、损失途径及调控技术也会存在差异，因此，尚需在更大范围开展类似研究，以期为我国果树、蔬菜生产中合理施用氮肥提供理论依据。尚需研究的问题包括：①果树为多年生植物，短期的肥料试验结果难以反映肥料氮的去向及效应；虽然减氮是果园、菜地减少氮损失的最有效途径，但持续减肥的效果尚需持续研究。②果园、菜地普遍施用有机肥，由于有机肥种类繁多，如何有效估计有机肥氮素供应特性，不同果园及菜地不同有机肥及化肥氮的配合比例是迫切需要研究的问题；由于果园、菜地大面积发展，加上种养分离导致果树及蔬菜集中产区有机肥来源不足，如何通过果园生草及种植豆科作物、种养结合重组等方式，促进区域氮循环，减少化肥氮的施用，也是值得研究的问题。果园、菜地大量施用化肥，引起土壤碳、氮及磷比例失调，土壤生物肥力退化，因此，如何通过施用不同种类有机肥调节土壤微生物种类及活性，协调土壤碳、氮及磷供应，是值得研究的重要理论问题。③目前关于果园及菜地系统肥料氮的去向及主要损失途径等的研究多集中在田块尺度，对于流域或区域尺度上果园、菜地集中产区肥料氮去向及损失的研究尚少，难以为我国果树及蔬菜产业发展的氮素管理提供决策与咨询建议，有必要开展区域尺度果园及菜地系统肥料氮的去向及主要损失途径研究。

第 8 章　作物氮素需求与土壤、肥料供氮时空匹配规律

小麦、玉米、水稻、棉花是我国大田主要种植作物，也是氮肥用量较大的作物，由于缺乏科学施氮指导，生产中氮肥过量施用、盲目施用等问题多发，作物氮素需求与土壤氮、肥料氮供应不匹配，氮肥损失大，造成资源浪费、环境压力增大。因此明确不同作物氮素管理中存在的问题，深入研究作物氮素需求规律，探讨不同品种、产量、品质等对作物氮素需求的影响，探明主要作物土壤氮素供应特征及量化指标，建立作物氮素需求与土壤、肥料供氮时空匹配的原理与途径，对于减少氮肥投入、提高氮肥利用率、提高作物产量和品质意义重大。

8.1　西北水稻氮素需求与土壤、肥料供氮时空匹配规律

8.1.1　西北水稻氮素管理存在的问题

西北地区一直是我国优质水稻的生产基地，主要种植早熟粳稻，水稻种植面积约占全国稻作面积的 1%。宁夏引黄灌区也是西北水稻的主要种植区域，多年来水稻种植面积稳定在 100 万～120 万亩（刘汝亮等，2019）。宁夏稻区气候干燥，日照充足，昼夜温差大，病虫害轻，污染源少，生产的大米表面光滑，晶莹剔透，细腻油亮，入口黏而不腻，滑润爽口，口感极佳。水稻当前施肥存在的主要问题是化肥，尤其是氮肥过量施用，施肥时期不合理，基肥氮过量投入从而不能被水稻吸收，导致养分利用率低。研究表明，宁夏引黄灌区农田氮素负荷约 72% 来自稻田，氮肥过量施用导致稻田退水中携带大量的氮素，土壤中氮素也出现盈余，大量未被吸收的氮素通过各种途径损失，造成地表水、土壤和浅层地下水体严重污染，退水中硝酸盐浓度逐渐升高（张维理等，1995；张树兰等，2004；Zhao et al.，2010；穆鑫等，2011；李强坤等，2012）。在引黄灌区常规施肥条件下，氮肥的当季利用率仅为 25%～30%，低于全国平均水平（张晴雯等，2010；易军等，2011）。稻田氮素淋溶损失是氮素损失的主要途径，宁夏青铜峡灌区水稻当季的氮肥损失率约为 48.8%（史海滨，2006）。因此，针对西北引黄灌区水稻氮素需求与土壤、肥料供氮时空匹配规律开展研究，建立水稻氮素供需时空匹配的综合调控技术十分必要。

8.1.2　西北水稻氮素需求规律

引黄灌区是我国水稻种植的精华区域，水稻单产一直处于全国领先水平。调查显示，水稻产量多为 8～10t/hm^2，占所有样本数的 50% 左右。按照 9t/hm^2 的平均产量计算，每生产 100kg 水稻籽粒的需氮量在 1.6kg 左右，随着水稻产量的增加，百千克籽粒需氮量表现出逐渐降低的趋势（图 8-1）。

8.1.3　西北水稻植株氮素诊断技术

水稻叶片 SPAD 值随着施氮量的提高表现出逐渐增加的趋势，当施氮量超过 180kg/hm^2 时，氮高效品种‘宁粳 50 号’各施氮处理间差异不显著，对于氮低效品种‘宁粳 43 号’，在水稻灌浆期以后，各氮水平处理间有差异，可以用 SPAD 值作为营养诊断指标，此时适宜的叶

片 SPAD 值应该为 42～44，低于此值，即可认为水稻氮营养缺乏。在灌浆过程中各处理剑叶 SPAD 值总体上表现为降低趋势，且施氮处理均显著高于不施氮处理，各施氮处理中以 N-360 处理最高，并表现出随着氮肥用量降低逐渐下降的趋势。在成熟期施氮量超过 180kg/hm^2 处理仍然保持着较高的叶绿素含量，而 N-120 处理和不施氮处理则完全成熟黄化（图 8-2）。

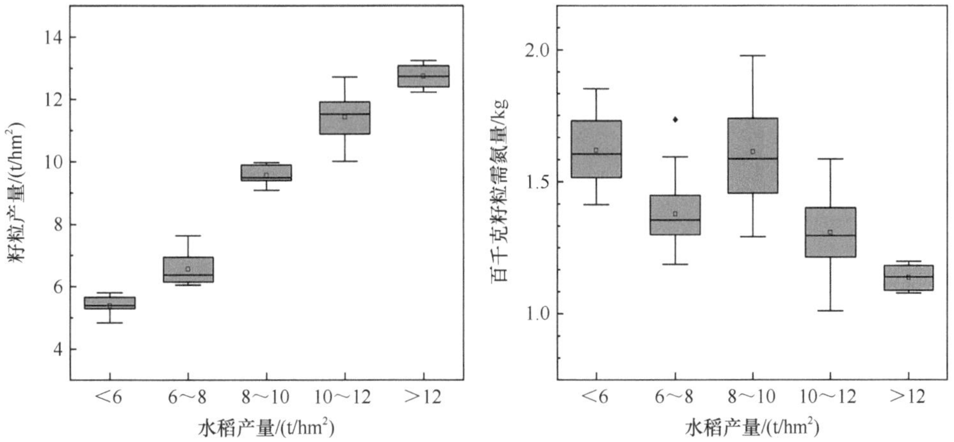

图 8-1　引黄灌区水稻百千克籽粒需氮量

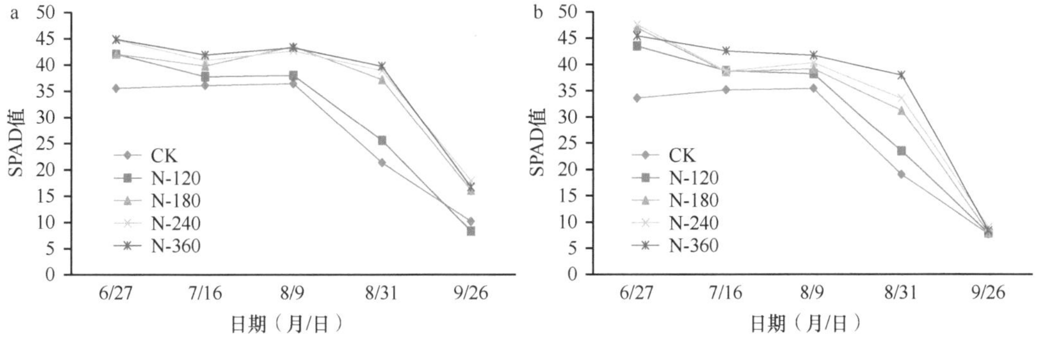

图 8-2　氮高效品种‘宁粳 50 号’（a）、氮低效品种‘宁粳 43 号’（b）的 SPAD 值变化

CK：不施氮；N-120：施氮 120kg/hm^2；N-180：施氮 180kg/hm^2；N-240：施氮 240kg/hm^2；N-360：施氮 360kg/hm^2

8.1.4　西北水稻土壤氮素供应特征

水稻试验开始前，前茬种植作物为旱地作物，0～100cm 土壤 NO_3^--N 累积量为 9.7～61.9kg/hm^2，且随着土壤剖面深度的增加其累积量呈降低趋势。经过水稻种植后，不同施肥处理下土壤剖面 NO_3^--N 累积量都明显降低，施肥处理间差异不大。这可能是由于旱地改为水田，氮素的淋溶损失加剧，当季水稻收获后残留在土壤剖面的 NO_3^--N 降到较低的程度，而且上层土壤残留 NO_3^--N 向下淋溶明显，0～20cm 土层最高累积量为 17.7～26.2kg/hm^2，80～100cm 土层累积量仅为 2.7～4.1kg/hm^2。土壤各剖面累积很少的 NH_4^+-N，仅为 0.06～1.21kg/hm^2，由旱地改为水田，不同施肥处理各剖面土壤 NH_4^+-N 累积增加，而且主要集中在 40cm 以上土层，0～20cm、20～40cm 土层累积量分别为 2.32～6.95kg/hm^2、0.63～4.71kg/hm^2。这与稻田灌水施肥有关，施入的氮肥在水稻田面水中主要以 NH_4^+-N 形态存在，随着稻田落干而不断淋溶下移（赵营等，2012）。

根据水稻季氮输入和输出项，计算 0～100cm 土层作物–土壤体系氮素表观平衡。在水稻季氮肥和起始土壤无机氮是当季作物主要的氮输入途径，其次是灌水输入氮（32.7kg/hm^2），由于是水田种植，土壤长期处于淹水状态，矿化很难发生，当季土壤矿化量只有2.0kg/hm^2。水稻季氮输出主要是表观损失和作物地上部吸氮，不同施肥处理下表观损失达100.9～164.9kg/hm^2，常规施肥处理最高，显著高于N-240处理（表8-1）。

表 8-1　稻田氮素表观平衡　（单位：kg/hm^2）

处理	氮输入					氮输出		
	氮肥	灌水	秧苗	起始氮	土壤矿化	水稻吸量	残留	表观损失
CK	0	32.7	1.1	88.6	2.0	108.9	55.3	
N-240	240	32.7	1.1	88.6	2.0	202.5	61.0	100.9
常规	300	32.7	1.1	88.6	2.0	175.7	57.0	164.9

注：CK为不施氮肥对照；N-240为当地政府推荐氮肥用量240kg/hm^2；“常规”为农户经验施氮量

8.1.5　西北水稻氮素匹配技术

8.1.5.1　西北水稻氮素匹配的原理与技术

水稻种植是典型的劳动密集型产业，施肥方面多采用传统的分次施肥方式，施肥次数为3或4次，不但费时费力，而且频繁追肥还增加了养分径流损失的风险。新型缓/控释肥料的出现，使得水稻一次性轻简化施肥得以实现，在插秧前一次性基施所有肥料以满足整个生育期内水稻对养分的需求。水稻侧条施肥技术是指在插秧的同时，将缓/控释肥料施在秧苗一侧的一项环保型施肥技术，施肥位置在苗旁2～5cm、深度为3～5cm的地方（图8-3；刘汝亮等，2012）。该施肥方式随插秧一次性施肥，优点是可将肥料呈条状集中而不分散，形成一个贮肥库，逐渐释放供给水稻生育的需求，提高了水稻根际附近的养分浓度，在水稻根际形成一个良好的供肥库，适应水稻自身代谢的需要，从而减少了肥料养分的固定和流失（刘汝亮等，2017）。

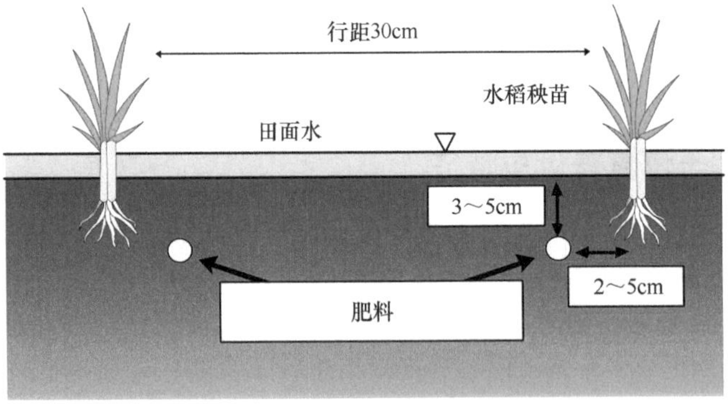

图 8-3　水稻侧条施肥示意图

以宁夏引黄灌区水稻种植为例，水稻整个生育期间的土壤供氮能力约为88.6kg/hm^2，按照引黄灌区水稻平均产量9t/hm^{2}计算，水稻生育期间的氮素需求约为184kg/hm^2（图8-4）。水稻生育期间需要通过化肥投入氮素养分约95.4kg/hm^2（水稻吸氮量−土壤供氮量），根据课题组前期研究结果，采取基于控释氮肥的水稻侧条施肥技术，氮肥利用率可达50%左右，则需要化肥投入纯氮190kg/hm^2。

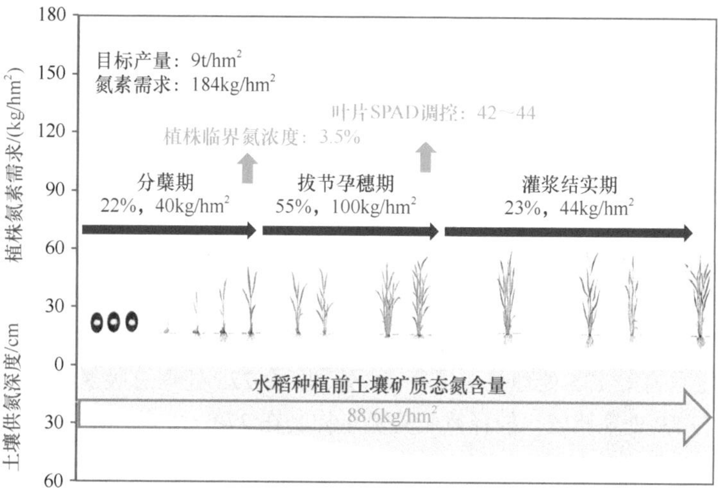

图 8-4　西北水稻氮素需求与土壤、肥料氮素供应匹配

8.1.5.2　西北水稻氮素匹配应用效果

在水稻氮素需求与土壤、肥料供氮匹配原理基础上，以氮高效水稻品种'宁粳 50 号'为供试材料，采用田间小区试验研究了基于控释氮肥的侧条施肥技术对水稻产量、氮素吸收利用和稻田氮素淋溶损失的影响，验证氮素匹配应用效果。

田间小区试验共设计 6 个处理：① CK（不施用氮肥）；② FP（农户常规施肥）；③ C-135（控释氮肥纯氮量 135kg/hm²，全量基施）；④ C-180（控释氮肥纯氮量 180kg/hm²，全量基施）；⑤ C-225（控释氮肥纯氮量 225kg/hm²，全量基施）；⑥ C-270（控释氮肥纯氮量 270kg/hm²，全量基施）。控释氮肥由山东烟农太阳肥业有限公司提供，全氮含量为 44%。全部磷、钾肥料在整田时做基肥施入，其中磷肥用重过磷酸钙（P_2O_5 含量为 46%），钾肥用氯化钾（K_2O 含量为 60%），控释氮肥在水稻插秧时用插秧机上自带的施肥装置作为基肥一次性施入。农户常规施肥 60% 的氮素肥料在整地时基施，生育氮肥分别在水稻分蘖期和拔节孕穗期平均分成两份做追肥施入。

1. 氮素匹配对水稻产量和构成因素的影响

与 FP 处理比较，C-180 处理和 C-225 处理在氮肥用量分别降低了 25% 和 40% 的条件下，水稻产量并没有降低，C-270 处理由于水稻后期营养生长过旺，在水稻收获前出现了倒伏，因此导致水稻产量降低。说明在宁夏引黄灌区采用控释氮肥全量基施技术，施氮量为 180～225kg/hm²，水稻产量可以保持稳定，当控释氮肥降低（135kg/hm² 以下）或者过高（270kg/hm² 以上）时，都会造成水稻减产。对水稻产量构成因素进行分析，C-180 处理和 C-225 处理保障了水稻的有效穗数，与 FP 处理相比没有降低，而氮素匹配技术提高了穗粒数，所以在氮肥投入降低的条件下水稻籽粒产量没有降低（表 8-2）。

表 8-2　氮素匹配对水稻产量及构成因素的影响

处理	籽粒产量/(kg/hm²)	增产率/%	株高/cm	穗数/(穗/m²)	穗粒数/粒	千粒重/g
CK	5 637a		86.97a	20.30a	149.50a	26.04a
FP	10 197c	80.89	94.50b	23.33b	186.93b	24.12a

续表

处理	籽粒产量/(kg/hm²)	增产率/%	株高/cm	穗数/(穗/m²)	穗粒数/粒	千粒重/g
C-135	93 33b	65.57	92.27b	19.27a	155.70a	26.96a
C-180	9 990c	77.22	95.03b	26.30b	194.10b	26.40a
C-225	10 383c	84.20	92.17b	24.13b	199.47b	26.48a
C-270	9 067b	60.84	99.93c	19.17a	153.30a	24.56a

注：同列数据后不含有相同小写字母的表示处理之间差异显著（$P<0.05$）。下同

2. 氮素匹配对水稻氮素吸收和氮肥利用率的影响

水稻吸氮量只有 C-135 处理显著低于 FP 处理，C-225 处理总吸氮量最高，比 FP 处理提高了 10.38%。与 FP 处理比较，控释氮肥施氮量控制在 270kg/hm² 以下时，均显著提高了氮肥利用率。C-135 处理、C-180 处理和 C-225 处理氮肥利用率为 38.65%～41.18%，分别比 FP 处理提高了 10.22 个百分点、11.10 个百分点、12.75 个百分点，氮肥利用率表现为 C-225 处理＞C-180 处理＞C-135 处理＞C-270 处理（表 8-3）。

表 8-3　氮素匹配对水稻氮素吸收和利用率的影响

处理	秸秆吸氮量/(kg/hm²)	籽粒吸氮量/(kg/hm²)	总吸氮量/(kg/hm²)	氮肥利用率/%
CK	21.63	54.84	76.47a	
FP	37.33	115.89	153.23c	28.43a
C-135	32.66	95.99	128.64b	38.65b
C-180	41.92	105.71	147.63bc	39.53b
C-225	59.82	109.31	169.13c	41.18b
C-270	52.48	104.66	157.14c	29.87a

3. 氮素匹配对氮淋溶损失的影响

利用 100cm 层次淋溶水中的全氮含量计算了稻田生育期的氮淋溶损失量，FP 处理以速效氮肥尿素作为氮源且过量施用基肥，水稻生育期极易在苗期和分蘖追肥时造成氮淋溶损失，生育期氮淋溶损失总量为 24.57kg/hm²（图 8-5）。控释氮肥各处理的氮淋溶损失总量为 11.54～17.35kg/hm²。以各施肥处理的氮淋溶损失量与 CK 处理的氮淋溶损失量差值作为氮

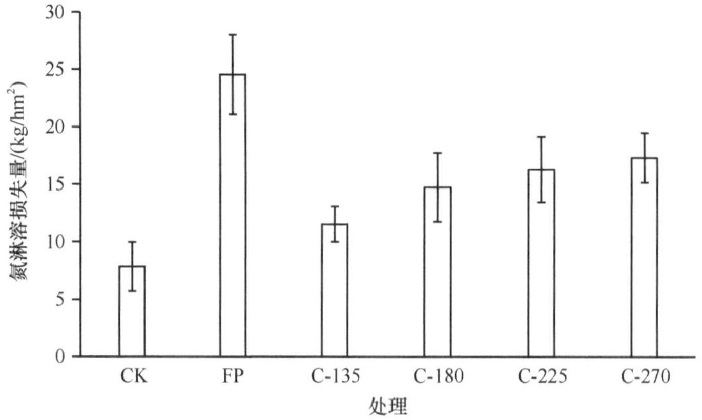

图 8-5　氮素匹配对稻田氮淋溶损失量的影响

肥净淋溶损失量，则 FP 处理净淋溶损失量为 16.72kg/hm^2，占氮肥施用量的 5.57%；C-135、C-180、C-225、C-270 处理的氮肥净淋溶损失量分别为 3.69kg/hm^2、6.90kg/hm^2、8.46kg/hm^2、9.50kg/hm^2，分别占控释氮肥施用量的 2.73%、3.83%、3.76%、3.52%。基于控释氮肥的侧条施肥技术实现了养分释放与水稻吸收的匹配，在水稻根系附近形成高浓度贮肥库，增加了水稻对氮素的吸收量，在前期退水淋溶高峰期有效减少了氮素损失，通过氮素匹配技术减少了氮淋溶损失总量，降低了氮肥淋溶损失比例，提高了西北灌区水稻氮素养分利用效率。

8.2　华东水稻氮素需求与土壤、肥料供氮时空匹配规律

8.2.1　华东水稻氮素管理存在的问题

水稻是我国最重要的主粮作物，然而在传统的南方水稻主产区如江苏和湖南等省份，自 1998 年以来水稻单产没有增加。我国水稻单位面积的氮肥施用量是日本的 2 倍。在高产的太湖稻区，近年水稻平均产量为 8.6t/hm^2，较全国平均产量高出 37%，氮肥的平均施用量为 300kg/hm^2，较全国一季水稻的平均氮肥施用量（180kg/hm^2）高出 67%，平均氮肥农学效率不足 12kg/kg，不及发达国家一半（Xue et al.，2010；Zhang et al.，2013b），说明我国稻田生态系统是高投入、高产出、环境代价大，因此我国必须在维持高产的前提下实现氮肥的高效利用。在实际种植过程中，为尽可能地获得高产，农户过于重视氮肥的施用，导致田块尺度的氮肥总量普遍较高。农户喜欢省时省工的“大水大肥”“一炮轰”等施氮方式，水稻氮素需求与供给不匹配（巨晓棠和谷保静，2014）。栽培措施不当，即秧苗素质差、栽插密度过稀、施肥量大、大水漫灌等直接影响了群体质量和造成资源浪费。目前，生产中农户为节省秧田和省工而加大播种量，从而造成播种密度过大，导致秧苗个体素质差，移栽时受伤严重，分蘖发生慢，每穗颖花数少，最终造成产量不高。在移栽过程中，传统的手工移栽劳动强度大、劳力紧缺而造成移栽密度过稀。目前机插秧行距过大，也使得栽插密度不能保证。移栽密度过稀，一方面使得农户增加氮肥投入和增加苗期施肥的比例，以获得较多穗数；另一方面移栽密度过稀会造成穗数不足。水分管理也较为粗放，在生产中水分不足会限制肥效的正常发挥，水分过多易导致肥料淋溶损失和作物减产。这些成为目前大面积水稻生产中的普遍问题，严重影响了产量提高和氮肥的高效利用。

8.2.2　华东水稻氮素需求规律

由表 8-4 可见，通过选择适合的高产水稻品种（如‘甬优 2640’）结合栽培措施可以实现 13t/hm^2 的产量水平。超级杂交水稻品种‘甬优 2640’具有较高的产量潜力。在氮空白处理下，产量可以达到 7.06t/hm^2。在当地常规处理下，产量达到 11.93t/hm^2。通过栽培措施可以将产量提高到 12.52～14.18t/hm^2。通过分析产量及产量构成因素的变化趋势，将产量提高到 13t/hm^2 与结实率、千粒重、穗粒数的相关性较小，主要取决于穗数与总颖花数的增加。与当地常规栽培相比，栽培措施增加穗数 5.67%～24.36%，增加总颖花数 4.66%～19.81%，增加产量 4.9%～18.9%。

表 8-4　华东水稻高产水平下产量、产量构成因素及氮素利用效率

品种	处理	穗数/（万穗/hm²）	穗粒数/粒	结实率/%	千粒重/g	产量/(t/hm²)	氮肥偏生产力/（kg/kg）
甬优 2640	氮空白	122.00e	264.11d	90.00a	24.36a	7.06e	
	当地常规	192.83d	315.08a	84.66cd	23.20cd	11.93d	39.77e
	增密减氮	207.14c	310.82ab	83.86d	23.18cd	12.52cd	46.37d
	精确灌溉	210.56c	309.42bc	85.47cd	23.08d	13.25bc	49.07c
	施有机肥	218.96b	307.34bc	86.60bc	23.40bc	13.64b	50.52b
	深翻栽培	228.56a	305.47c	86.72bc	23.43bc	14.18a	52.52a
武运粳 24 号	氮空白	166.34f	138.49d	90.77a	27.77a	5.81e	
	当地常规	259.23e	165.31a	84.28bc	26.56b	9.60d	32.00e
	增密减氮	273.93d	163.91b	85.16bc	26.68b	10.19c	37.74d
	精确灌溉	291.24c	162.75b	85.87bc	26.72b	10.88b	40.30c
	施有机肥	311.24b	160.97bc	86.89ab	26.88b	11.70a	43.33b
	深翻栽培	322.38a	159.44cd	86.40ab	26.99b	11.98a	44.37a

注：氮空白区，0kg N/hm²；当地常规，300kg N/hm²，施肥比例按基肥（移栽前）：分蘖肥（移栽后 5～7d）：促花肥（叶龄余数 3.5）：保花肥（叶龄余数 1.2）=5∶2∶2∶1；增密减氮（调群体，增密 25%，减氮 10%，前氮后移），按基肥：分蘖肥：促花肥：保花肥=4∶2∶2∶2 施用；精确灌溉（调群体、调根层，增密 25%，减氮 10%，精确灌溉），氮肥较当地常规处理减 10%，即 270kg/hm²；施有机肥（调群体、调根层、调土壤，增密 25%，减氮 10%，精确灌溉，增施菜籽饼肥），基肥增施菜籽饼肥（含氮 5%）2250kg/hm²；深翻栽培（调群体、调根层、调土壤、调耕层，增密 20%，增氮 20%，精确灌溉，增施菜籽饼肥，深翻，增施硅锌肥），氮肥较当地常规处理增加 20%，即 360kg/hm²，深翻 20cm

水稻的氮素吸收速率随着生育期的推进呈现先增加后降低的趋势，通常在穗分化期达到顶点，随后缓慢下降（图 8-6）。水稻氮素累积最多的时期是穗分化期到开花期，占总氮素累积量的 48.22%～61.22%（‘甬优 2640’）与 46.19%～52.99%（‘武运粳 24 号’）。孕穗期‘武运粳 24 号’根系、茎秆、叶片、穗的氮素累积量分别占植株总吸氮量的 6.44%～12.90%、31.07%～47.86%、28.61%～51.34%、9.46%～12.35%；成熟期‘武运粳 24 号’根系、茎秆、叶片、穗的氮素累积量分别占总吸氮量的 2.76%～3.30%、14.17%～22.48%、7.87%～10.38%、64.20%～75.20%（图 8-7）。

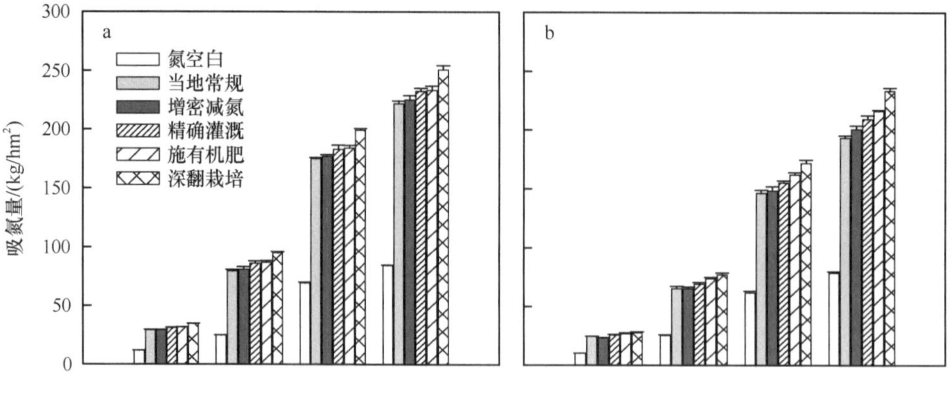

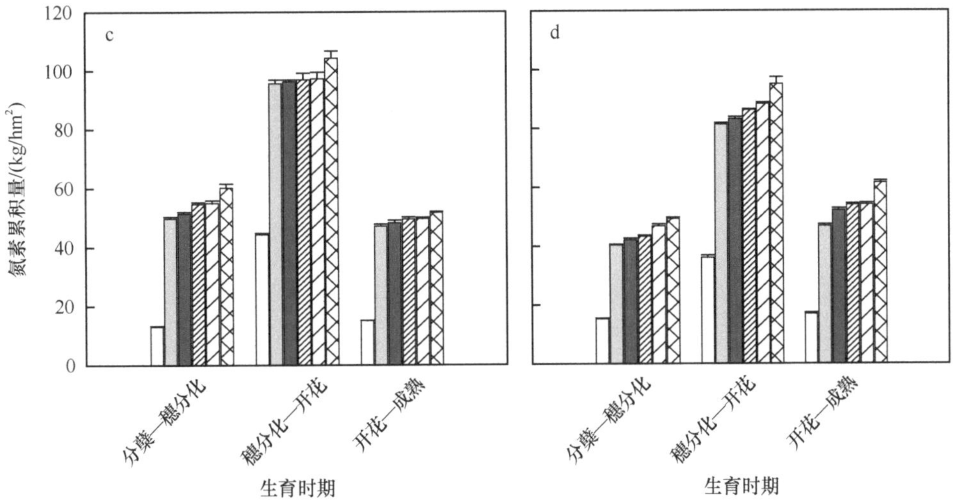

图 8-6　华东水稻 13t/hm² 产量水平下氮素吸收累积量与不同生育阶段氮素吸收规律

a 和 c：'甬优 2640'；b 和 d：'武运粳 24 号'

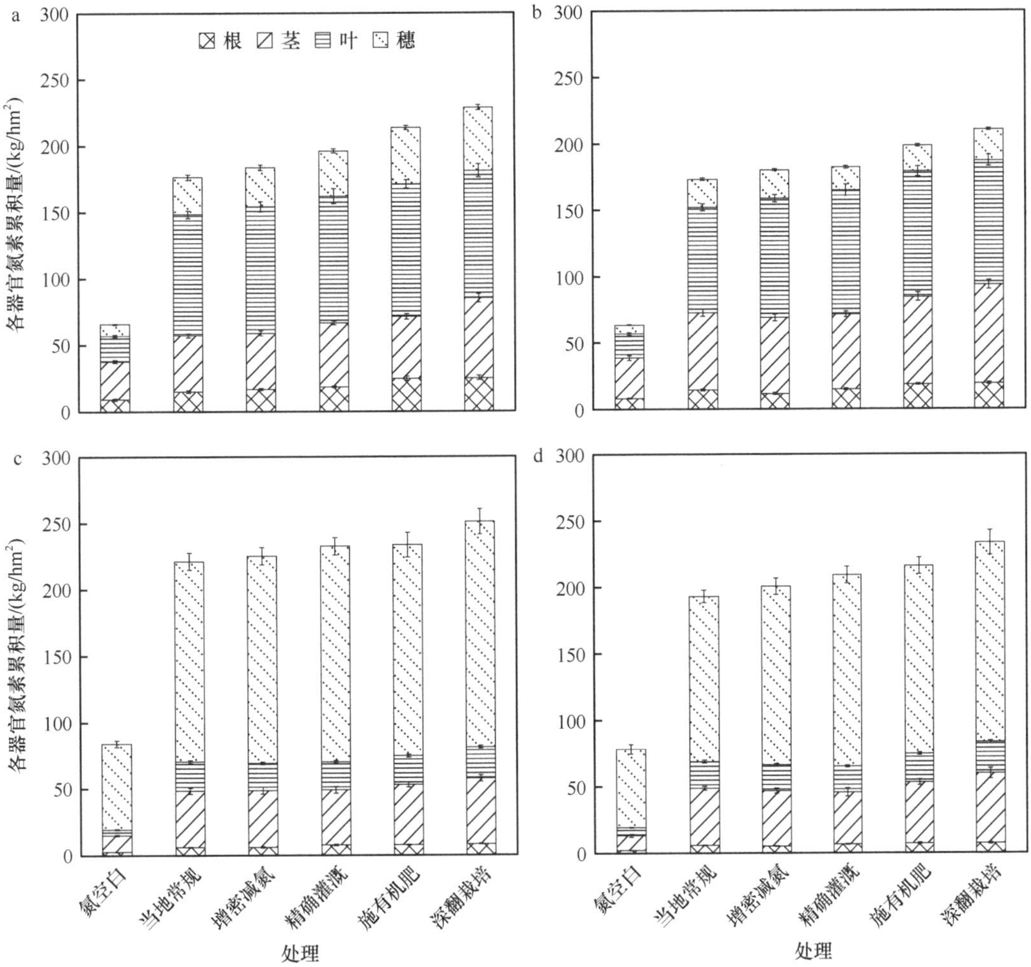

图 8-7　水稻品种'甬优 2640'（a、c）与'武运粳 24 号'（b、d）不同时期各器官氮素累积量

a 和 b：孕穗期；c 和 d：成熟期

通过分析 13t/hm^2 产量水平条件下氮素吸收规律可知，百千克籽粒需氮量为 1.8kg，幼苗—分蘖、分蘖—穗分化、穗分化—开花、开花—成熟的需氮比例分别约为 13%、24%、42%、21%。目标产量 13t/hm^2 华东稻麦轮作水稻植株需氮总量为 233kg/hm^2，幼苗—分蘖、分蘖—穗分化、穗分化—开花、开花—成熟阶段植株需氮量分别约为 31kg/hm^2、55kg/hm^2、97kg/hm^2、50kg/hm^2（图 8-8）。

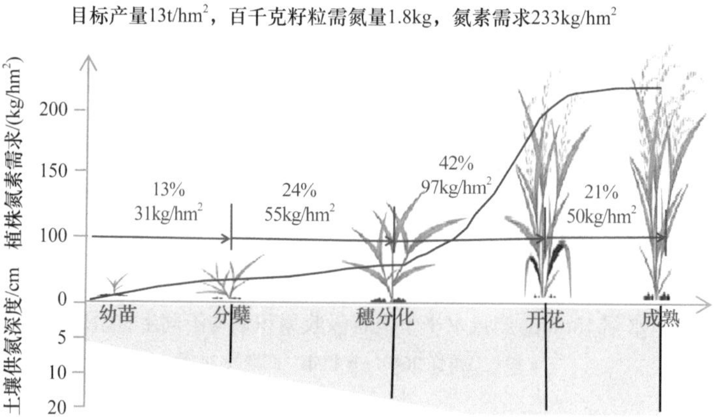

图 8-8　目标产量 13t/hm^2 华东稻麦轮作水稻氮素需求规律

8.2.3　华东水稻植株氮素诊断技术

叶色是氮素营养诊断中常用的指标，可以根据水稻叶色深浅指导施肥。这一方法虽然简单，但主要凭经验，难以做到精确定量（凌启鸿等，2000）。研究者尝试通过测定水稻叶片或者植株全氮含量来诊断水稻氮素营养状况，但需要破坏性取样，并要进行实验室分析，具有明显的滞后性，难以用于指导生产（王绍华等，2002）；同时，由于籼、粳稻之间，尤其是与新育成的超级稻相比，氮吸收利用率差异较大，水稻叶片或植株全氮含量阈值不同，给应用带来困难。应用叶色卡诊断叶色，较肉眼观察提高了诊断的准确性，但应用叶色卡诊断叶色的误差仍较大。20 世纪 90 年代以来，随着便携式叶绿素仪 SPAD-502 的问世，氮素诊断技术实现了数字化，提高了氮素诊断的准确性和稳定性。但是，SPAD（soil and plant analyzer development，土壤和植物分析仪器开发，其测定值表征叶绿素相对含量）测定值与植株含氮量的关系因品种、种植地点、季节、栽插方式等的不同而有较大差异（Balasubramanian et al.，2000；王绍华等，2002；Peng et al.，2006，2010；Xiong et al.，2015；Gu et al.，2017）。因此，需根据具体品种、发育阶段、种植地点分别确定需要施肥的 SPAD 指标值，限制了该技术的适用性。对此，王绍华等（2002）曾提出采用顶 3 叶和顶 4 叶的相对叶色差［RSPAD=（顶 3 叶 SPAD 值−顶 4 叶 SPAD 值）/顶 3 叶 SPAD 值×100%］诊断水稻氮素营养状况。该方法虽然可以部分消除品种之间的叶色差异，但有以下不足：①在水稻移栽后的分蘖早期，特别是小苗移栽的机插水稻分蘖早期，顶 4 叶很小，难以用 SPAD 测定叶色；在拔节以后，水稻群体较大，顶 4 叶处在冠层基部，光照条件不好，由于采用 SPAD 测定叶色受光照条件影响很大，因此采用叶绿素仪难以准确测定顶 4 叶叶色；②水稻顶 4 叶在冠层中是较老的叶片，对氮素响应较迟钝，当该叶出现氮素亏缺时再进行施肥，往往施肥偏迟，影响施肥效果；③没有明确需要施肥的相对叶色差数量指标和相应的施肥方法。

针对现有技术的不足，研究建立了一种依据水稻叶色相对值追施氮肥的方法（表 8-5）。

该方法的原理是，水稻各生育期顶部第 1 完全展开叶从开始完全展开到完全展开的第 7 天是稻株最幼嫩的展开叶和最新的功能叶，该叶氮素营养优先得到供应。对于同一品种，不同生育期该叶的叶色变化较小。顶部第 3 完全展开叶对氮素供应情况较为敏感，其叶色的深浅反映了一个品种的氮素丰缺情况，将第 1 完全展开叶与第 3 完全展开叶叶色比值（顶部第 1 完全展开叶叶色/顶部第 3 完全展开叶叶色）的大小作为追施氮肥的诊断指标，既可以消除品种间叶色的遗传差异，或消除品种、种植地点、季节、栽插方式等导致的差异，又可以反映稻株氮素的丰缺状况。因此，可以通过在关键生育期（分蘖期、穗分化始期、雌雄蕊形成期、抽穗始期）采用叶绿素测定仪测定两叶的叶色，计算 SPAD 测定值的相对值［*n* 叶的 SPAD 测定值/(*n*−2）叶的 SPAD 测定值］，确定需要追施氮肥的 SPAD 测定值的相对值指标和氮素施用量，使氮素供应与水稻对氮素要求相一致。该方法不受品种、生长季节、种植地域的限制，具有普遍的适用性，可有效降低水稻氮肥施用量，提高产量和氮肥农学效率。

表 8-5　根据水稻叶色相对值追施氮肥的方法

施肥时期	SPAD 相对值	占总施氮量比例/%
基肥（移栽前 1d）		30
分蘖肥（移栽后 6～8d）	SPAD 相对值≤1	5
	1＜SPAD 相对值＜1.1	10
	SPAD 相对值≥1.1	15
促花肥（穗分化始期，叶龄余数 3.5）	SPAD 相对值≤1	15
	1＜SPAD 相对值＜1.1	20
	SPAD 相对值≥1.1	25
保花肥（雌雄蕊形成期，叶龄余数 1.5）	SPAD 相对值≤1	15
	1＜SPAD 相对值＜1.1	20
	SPAD 相对值≥1.1	25
粒肥（抽穗始期，全田有 5% 的稻穗伸出顶叶叶鞘）	SPAD 相对值≤1.05	0
	SPAD 相对值＞1.05	5

注：SPAD 相对值为顶部第 1 完全展开叶 SPAD 测定值/顶部第 3 完全展开叶的 SPAD 测定值

以水稻品种‘武运粳 24 号’（粳稻）、‘扬稻 6 号’（籼稻）为材料，根据公式：总施氮量(kg/hm^2)=(目标产量−氮空白区产量)/氮肥农学效率，进行计算。其中：目标产量为 $9.5t/hm^2$，氮空白区产量为 $5.30t/hm^2$，氮肥农学效率粳稻品种为 15kg/kg、籼稻品种为 17.5kg/kg，计算得到粳稻品种的总施氮量=（9500−5300）/15=280（kg/hm^2）、籼稻品种的总施氮量=（9500−5300）/17.5=240（kg/hm^2）。

由表 8-6 和表 8-7 可知，根据水稻叶色相对值追施氮肥的方法相对于当地施氮法，分别提高‘武运粳 24 号’产量 8.1%，‘扬稻 6 号’产量 6.7%；分别提高‘武运粳 24 号’氮肥农学效率 41.7%，‘扬稻 6 号’氮肥农学效率 37.1%。

表 8-6　根据叶色相对值追施氮肥的实例

品种/施肥时期	计划施氮量		SPAD			实际施氮量	
	占施氮量比例/%	施氮量/(kg/hm^2)	测定值		相对值	占施氮量比例/%	施氮量/(kg/hm^2)
			顶 1 叶	顶 3 叶			
武运粳 24 号（粳稻）							
基肥（移栽前 1d）	30	84				30	84

续表

品种/施肥时期	计划施氮量		SPAD			实际施氮量	
	占施氮量比例/%	施氮量/（kg/hm^2）	测定值		相对值	占施氮量比例/%	施氮量/（kg/hm^2）
			顶 1 叶	顶 3 叶			
分蘖肥（移栽后 6d）	5～15	14～42	46.5	44.2	1.05	10	28
促花肥（叶龄余数 3.5）	15～25	42～70	44.8	40.3	1.11	25	70
保花肥（叶龄余数 1.5）	15～25	42～70	43.5	42.2	1.03	20	56
粒肥（5% 穗露出顶叶鞘）	0～5	0～14	45.3	41.6	1.09	5	14
总施氮量	65～100	182～280				90	252
扬稻 6 号（籼稻）							
基肥（移栽前 1d）	30	72				30	72
分蘖肥（移栽后 6d）	5～15	12～36	40.8	37.5	1.12	15	36
促花肥（叶龄余数 3.5）	15～25	36～60	39.6	37.2	1.06	20	48
保花肥（叶龄余数 1.5）	15～25	36～60	39.7	34.8	1.14	25	60
粒肥（5% 穗露出顶叶鞘）	0～5	0～12	39.3	37.2	1.06	5	12
总施氮量	65～100	156～240				95	228

表 8-7　根据水稻叶色相对值追施氮肥（因色施氮）的产量和氮肥利用率

品种	施氮方法	施氮量/（kg/hm^2）	产量/（t/hm^2）	氮吸收利用率/%	氮肥农学效率/（kg/kg）	分蘖成穗率/%	收获指数
武运粳 24 号	不施氮	0	5.22c			75.3b	0.513a
	当地施氮法	300	9.05b	29.79b	12.77b	67.5c	0.482b
	因色施氮法	252	9.78a	36.55a	18.10a	82.4a	0.511a
扬稻 6 号	不施氮	0	5.31c			77.2b	0.506a
	当地施氮法	270	9.23b	33.37b	14.52b	72.1c	0.478b
	因色施氮法	228	9.85a	39.82a	19.91a	83.5a	0.503a

8.2.4　华东水稻土壤氮素供应特征

硝态氮和铵态氮被认为是高等植物的两个主要无机氮源，在稻田这样的厌氧环境中，硝化作用被抑制，使得稻田土壤中的铵态氮浓度显著增加，因此铵态氮是稻田土壤氮素的主要存在形态（Arth et al.，1998），一般认为水稻是喜铵作物，同时研究证明水稻也会吸收一部分硝态氮，在淹水条件下水稻根系可以吸收因氧化作用而在根表产生的硝态氮，因此水稻根系处在硝铵混合的营养状态中（Kirk，2001）。

成熟期土壤剖面图可以反映水稻土壤速效养分的空间变化（图 8-9），可以看出水稻关键养分层主要是 0～20cm。其中，将 0～20cm 土层细分为 0～10cm、10～20cm，发现 0～10cm 土层变化幅度较大，规律性不明显，而 10～20cm 土层更有规律且波动较小。在 20cm 以下土层如 20～40cm、40～60cm、60～80cm、80～100cm 等差异并不显著。0～40cm 土层土壤碱解氮的含量是氮空白处理显著低于其他处理，而优化栽培措施处理也低于当地常规栽培，这是因为优化栽培条件下植物氮素吸收能力强。

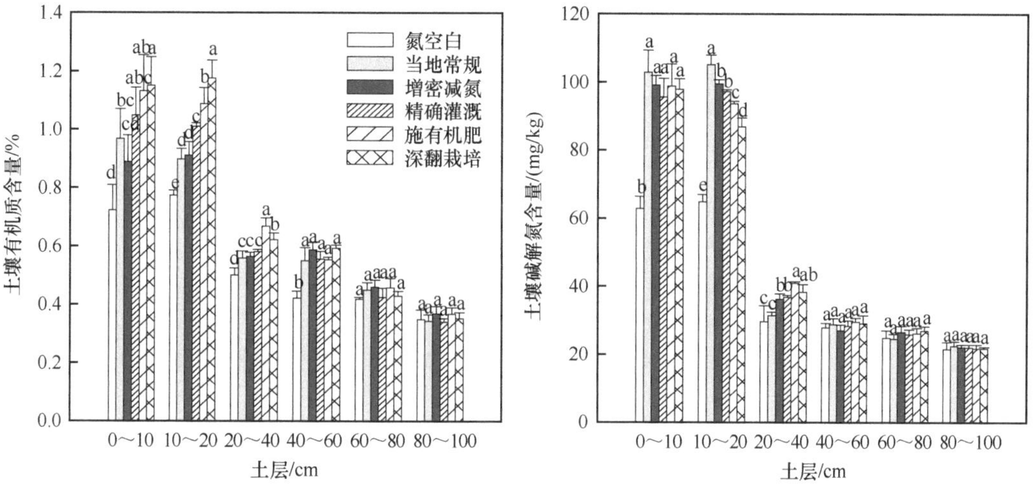

图 8-9　水稻（‘甬优 2640’）成熟期不同土层有机质和碱解氮含量

根据土壤无机氮含量与水稻吸氮量之间的关系，我们发现随着土壤中无机氮含量的增加，植株吸氮量呈现先增加随后稳定的趋势。图 8-10 表明，分蘖期、穗分化期、开花期、成熟期根层临界无机氮含量分别约为 88kg/hm²、84kg/hm²、96kg/hm²、81kg/hm²，此时植株吸氮量分

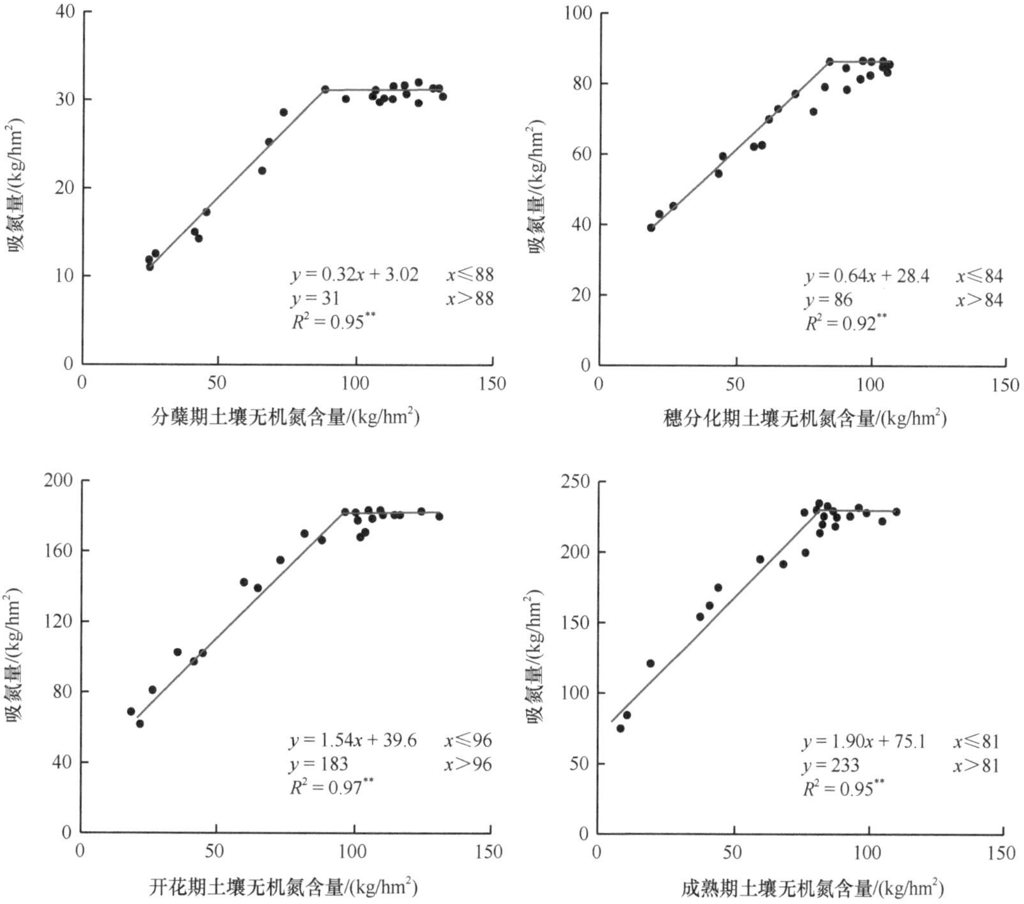

图 8-10　土壤无机氮含量与吸氮量之间的关系

别为 31kg/hm²、55kg/hm²、97kg/hm²、50kg/hm²。因此，目标产量 13t/hm² 的水稻在幼苗—分蘖、分蘖—穗分化、穗分化—开花、开花—成熟土层中的氮+植株的全氮量分别为 119kg/hm²、139kg/hm²、193kg/hm²、131kg/hm²（图 8-11）。

生育进程	播种	分蘖	穗分化	开花	成熟
根层临界无机氮含量/(kg/hm²)		88	84	96	81
13t/hm²各阶段吸氮量/(kg/hm²)	31	55	97	50	
13t/hm²目标产量（土壤+作物）总氮量/(kg/hm²)	119	139	193	131	

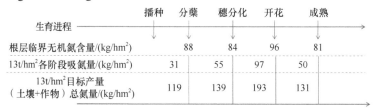

图 8-11　华东稻麦轮作体系水稻目标产量 13t/hm² 土壤与肥料供氮量

8.2.5　华东水稻氮素匹配技术

8.2.5.1　匹配时间与匹配用量

根据目标产量进行作物氮素需求总量控制，分期调控管理。华东稻麦轮作体系水稻 13t/hm² 产量水平下百千克籽粒需氮量为 1.8kg，幼苗—分蘖、分蘖—穗分化、穗分化—开花、开花—成熟的需氮比例分别约为 13%、24%、42%、21%（图 8-12）。目标产量 13t/hm² 的水稻植株需氮总量为 233kg/hm²，幼苗—分蘖、分蘖—穗分化、穗分化—开花、开花—成熟的需氮量分别约为 31kg/hm²、55kg/hm²、97kg/hm²、50kg/hm²。

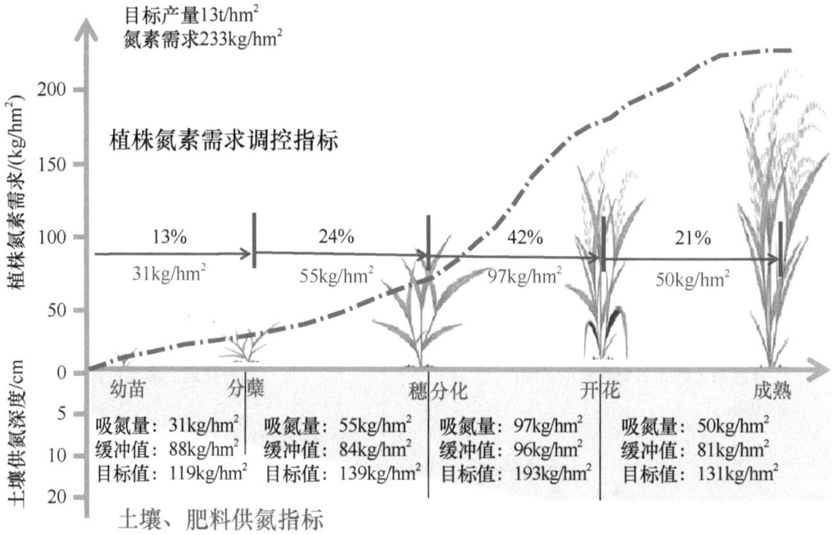

图 8-12　目标产量 13t/hm² 华东稻麦轮作水稻地上需求与土壤、肥料供氮匹配技术

定量土壤氮素临界值，在作物吸氮量没有显著增加的情况下，分蘖期、穗分化期、开花期、成熟期根层临界无机氮含量分别约为 88kg/hm²、84kg/hm²、96kg/hm²、81kg/hm²。13t/hm² 产量水平下华东稻麦轮作水稻幼苗—分蘖、分蘖—穗分化、穗分化—开花、开花—成熟各阶段作物吸氮量分别为 31kg/hm²、55kg/hm²、97kg/hm²、50kg/hm²，因此目标产量为 13t/hm² 的华东稻麦轮作水稻幼苗—分蘖、分蘖—穗分化、穗分化—开花、开花—成熟各阶段土壤+作物全氮量分别为 119kg/hm²、139kg/hm²、193kg/hm²、131kg/hm²。

8.2.5.2　水分与氮肥供应合理匹配

水氮互作，有时也称为水氮耦合，是指土壤水分和氮肥相互作用，共同影响水稻产量、水分和养分吸收利用。在水、肥供应不受限制的条件下，水分和氮肥对作物产量与品质的影响在数量及时间上存在着最佳的匹配或耦合。在水分亏缺条件下，氮素是开放土-水系统生产效能的催化剂，水是肥效发挥的关键。水分和氮素这两者既互相促进又互为制约。只要水分和氮肥供应合理匹配，就会产生相互促进机制，实现作物产量、水分与氮肥利用率的协同提高。

有关土壤水分与肥料（主要氮素）相互作用或耦合效应的研究，早期的工作主要集中在干旱土壤增施氮肥的“以肥补水”、“以肥调水”或“以水调肥”作用，以及水氮互作产生协同作用的条件和互作效应等方面。较多的结果表明：在土壤干旱条件下作物的“以肥调水”作用受到土壤干旱程度及施氮量高低的影响，土壤干旱程度轻，增施氮肥后“以肥调水”作用明显，在土壤干旱程度较重时，“以肥调水”的效应减弱或不明显；水分不足会限制肥效的正常发挥，水分过多易导致肥料淋溶损失和作物减产；施肥过量或不足均会影响作物对水分的吸收利用，进而影响作物产量；在一定的范围内，氮素和水分对作物产量、品质及养分和水分利用效率有明显的协同促进作用（杨建昌等，1996；王绍华等，2003；Li et al.，2011b）。

以粳稻品种‘武运粳 24 号’为材料，设置 3 个施氮量和 3 种灌溉方式。3 个施氮量分别为 100kg/hm^2（低氮量）、200kg/hm^2（中氮量）、300kg/hm^2（高氮量），每个施氮量的 50% 作为基肥和分蘖肥，50% 作为穗肥施用。3 种灌溉方式：①常规灌溉（CI），分蘖末、拔节初排水搁田，其余时期保持浅水层，收获前一周断水；②轻干湿交替灌溉（WMD），自移栽后 7d 至成熟，田间由浅水层自然落干至离地表 15～20cm 处土壤水势为 −15～−10kPa 时复水，再落干，再复水，依次循环；③重干湿交替灌溉（WSD），自移栽后 7d 至成熟，田间由浅水层自然落干至离地表 15～20m 处土壤水势为 −30～−25kPa 时复水，再落干，再复水，依次循环。观察灌溉方式和施氮量对产量、氮肥利用率的影响。结果表明，灌溉方式和施氮量对产量的影响存在着极显著的互作效应（$F>8.4^{**}$），在常规灌溉条件下，产量以中施氮量为最高；在轻干湿交替灌溉条件下，产量在中施氮量和高施氮量间无显著差异；在重干湿交替灌溉条件下，产量随施氮量的增加而显著提高；在相同施氮量条件下，产量均以轻干湿交替灌溉方式的最高。

常规灌溉+高施氮量处理组合产量较低的原因主要在于结实率、千粒重和收获指数的显著降低；轻干湿交替灌溉+中施氮量或轻干湿交替灌溉+高施氮量处理组合产量较高，得益于单位面积穗数和每穗颖花数的增加；在重干湿交替灌溉条件下，增施氮肥提高产量的原因在于单位面积穗数、每穗颖花数和结实率的增加，但收获指数随施氮量的增加而显著降低（表 8-8）。

表 8-8　灌溉方式和施氮量对水稻产量及产量构成因子的影响（武运粳 24 号）

灌溉方式	施氮量/(kg/hm^2)	产量/(t/hm^2)	穗数/(穗/m^2)	每穗颖花数/个	结实率/%	千粒重/g	收获指数/%
常规灌溉	100	7.56e	235d	133d	90.5b	27.0a	49.8d
	200	9.17b	282a	137c	88.4c	27.1a	47.6e
	300	8.67c	279a	141ab	84.6e	26.4b	45.3f

续表

灌溉方式	施氮量/(kg/hm²)	产量/(t/hm²)	穗数/(穗/m²)	每穗颖花数/个	结实率/%	千粒重/g	收获指数/%
轻干湿交替	100	8.24cd	240c	139bc	92.1a	27.2a	51.7b
	200	9.76a	278a	142ab	91.8ab	27.3a	51.5b
	300	9.84a	280a	143a	91.3ab	27.3a	50.8c
重干湿交替	100	6.35f	212e	129e	86.4d	27.0a	52.2a
	200	7.85de	243c	133d	91.5ab	27.1a	51.3b
	300	8.63c	254b	138c	91.8ab	27.1a	50.3c

在相同灌溉方式下，成熟期稻株的吸氮量随施氮量的增加而显著增加，但籽粒的吸氮量受到灌溉方式与施氮量交互作用的影响，即在常规灌溉条件下，籽粒吸氮量以中施氮量为最高；在轻干湿交替灌溉条件下，籽粒吸氮量在中施氮量和高施氮量间无显著差异；在重干湿交替灌溉条件下，籽粒吸氮量随施氮量的增加而显著提高；在相同施氮量下，籽粒吸氮量均以轻干湿交替灌溉方式的最高，重干湿交替灌溉的最低（表 8-9）。

表 8-9　灌溉方式和施氮量对水稻氮肥利用率的影响（武运粳 24 号）

灌溉方式	施氮量/(kg/hm²)	吸氮量/(kg/hm²)	籽粒吸氮量/(kg/hm²)	吸氮产籽率/(kg/kg)	氮肥生产力/(kg/kg)	氮收获指数/%
常规灌溉	100	106.6f	69.6e	70.9b	75.6b	65.3a
	200	141.7c	87.5b	64.7c	45.9d	61.8b
	300	148.9b	83.9c	57.9d	28.8g	56.3c
轻干湿交替	100	112.3e	75.1d	73.4a	82.4a	66.9a
	200	141.5c	92.3a	69.0b	48.8d	65.3a
	300	153.9a	94.8a	63.9c	32.8f	61.6b
重干湿交替	100	84.6g	57.3f	75.1a	63.5c	67.8a
	200	112.1e	73.6d	70.0b	39.3e	65.6a
	300	134.8d	82.8c	64.3c	28.9g	61.4b

与植株的吸氮量结果相反，在相同灌溉方式下，吸氮产籽率（氮素籽粒生产效率，产量/吸氮量）、氮肥生产力（产量/施氮量）和氮收获指数（籽粒吸氮量/植株总吸氮量）均随施氮量的增加而显著降低（表 8-9）。在相同施氮量下，轻干湿交替灌溉和重干湿交替灌溉的吸氮产籽率显著高于常规灌溉，但在轻干湿交替灌溉和重干湿交替灌溉之间无显著差异。总体上，在相同施氮量下，特别是在中、高施氮量下，轻干湿交替灌溉和重干湿交替灌溉的氮收获指数要高于常规灌溉（表 8-9）。说明干湿交替灌溉可以促进植株吸收的氮素向籽粒转运，提高吸收单位氮素的籽粒生产效率。

以上结果说明，水稻产量不仅取决于灌溉方式，而且取决于灌溉方式与施氮量的互作效应，轻干湿交替灌溉结合中施氮量，不仅可以增加产量，而且可以提高水分和氮肥利用率。根据 Wang 等（2016b）的研究结果，轻干湿交替灌溉是指土壤落干的复水指标为土壤水势 −15kPa，或中午叶片水势为 −0.86～−0.68MPa（随生育进程推进叶片水势降低）；中施氮量是指在土壤肥力中等条件下，施氮量为 200kg/hm²，或单位面积叶片含氮量在生育前中期为 2.2～2.3g/m²，生育后期为 2.0～2.1g/m²。

8.3　华东小麦氮素需求与土壤、肥料供氮时空匹配规律

8.3.1　华东小麦氮素管理存在的问题

华东是我国小麦生产区。2014～2019 年，华东地区小麦播种面积平均为 891.4 万 hm^2、总产量平均为 5132 万 t，分别占全国的 37%、39%；华东地区小麦单位面积平均产量为 5757kg/hm^2，比全国平均高 7%（国家统计局，2015～2019）。江苏稻麦轮作区高度集约化、氮肥过量投入，优化施氮量是节肥增效的有效措施。科学家经过长期共同努力，采用土壤测试法（朱兆良等，2010；Chen et al.，2011）、氮肥施用效应函数法（Xia and Yan，2012；Cui et al.，2013）、氮素输入输出平衡法（巨晓棠，2015）、基于淋溶水硝态氮超标临界值法（Liu et al.，2014）等方法进行节肥增效管理，取得显著成效（金书秦等，2020；郑微微和沈贵银，2020）。这些研究在推荐区域氮肥施用量方面具有非常重要的意义。目前，有关华东稻麦轮作小麦氮素需求规律的研究，大多数仅仅局限于作物养分需求方面（Wei et al.，2017；Zhu et al.，2017），或者仅仅局限于土壤养分的动态变化方面，而如何基于作物氮素需求规律，结合土壤氮素养分实时供应特征，通过氮肥投入的实时调控实现作物养分需求与土壤供氮相匹配，关于这方面的研究较少。近年来，相关研究表明在时间与空间上同步匹配根层土壤供氮能实现氮肥利用率的显著提高（Chen et al.，2011）。而定量化地下根层土壤氮素供应与地上部生长发育是明确合理氮肥调控指标的关键（Hou et al.，2012；Yue et al.，2012）。因此，本研究根据作物高产对养分的需求、土壤供应规律进行总量控制；基于土壤无机氮、植株诊断、快速诊断技术进行实时供氮调控，使作物高产生长发育对氮肥的需求与土壤供氮实时匹配，从而实现作物氮素高产高效。

8.3.2　华东小麦氮素需求规律

8.3.2.1　不同施氮水平下产量与吸氮量相关性

由表 8-10 可见，随着施氮量的增加，小麦产量呈现先增加后下降的趋势。‘扬麦 16’和‘扬麦 20’都是以 240kg/hm^2 处理产量最高，分别为 9199.2kg/hm^2 和 9191.2kg/hm^2。随着施氮量的增加，穗数和穗粒数逐渐增加，千粒重则有先增加后下降的趋势。施氮量大于 240kg/hm^2 处理，千粒重下降可能是产量下降的主要原因。

表 8-10　不同施氮水平下产量及产量构成

品种	施氮量/(kg/hm^2)	产量/(kg/hm^2)	穗数/(万穗/hm^2)	千粒重/g	穗粒数/粒
扬麦 16	0	5300.8	341.2	36.1	43.6
	120	7387.7	431.4	38.0	46.5
	180	8594.7	466.3	39.9	47.7
	240	9199.2	483.1	40.5	48.1
	300	8705.6	489.8	38.4	48.6
	360	8515.7	498.9	37.5	48.8
扬麦 20	0	5412.5	354.8	36.7	42.5
	120	7103.2	421.0	38.5	46.2
	180	8721.2	474.6	39.6	47.2

续表

品种	施氮量/(kg/hm²)	产量/(kg/hm²)	穗数/(万穗/hm²)	千粒重/g	穗粒数/粒
扬麦 20	240	9191.2	481.0	41.0	48.0
	300	8944.9	489.2	39.1	48.5
	360	8590.8	501.0	37.1	48.9

当施氮量增加到一定程度时，产量和吸氮量一直保持增加趋势；当施氮量超过某个值时，产量有下降的趋势，而吸氮量依然继续增加。由图 8-13 可见，当施氮量过量之后，产量下降到 8.0～9.0t/hm^2 水平，而吸氮量继续增加，同时百千克籽粒需氮量也在上升。

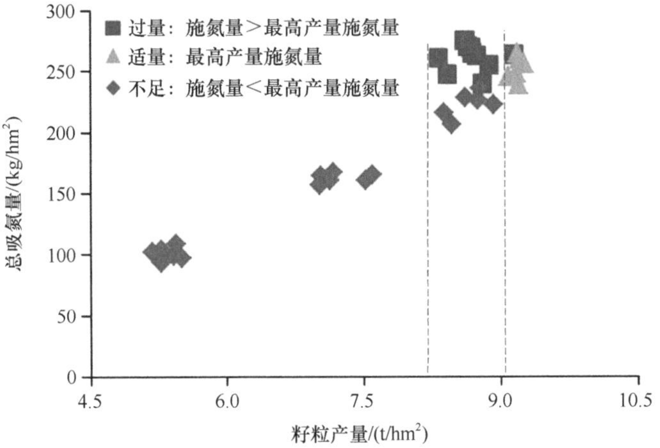

图 8-13　籽粒产量与吸氮量的相关性

8.3.2.2　不同产量水平下产量、群体动态及干物质累积规律

随着产量水平的增加，小麦穗数、千粒重和穗粒数都逐渐增加（表 8-11）。各产量水平下穗数有显著差异，7.5～9.0t/hm^2 和＞9.0t/hm^2 产量水平的千粒重和穗粒数差异不显著。可见＜6.0t/hm^2、6.0～7.5t/hm^2、7.5～9.0t/hm^2 产量水平的增加得益于穗数、千粒重和穗粒数；7.5～9.0t/hm^2、＞9.0t/hm^2 产量水平的增加主要得益于穗数的增加。

表 8-11　不同产量水平下产量及产量构成

品种	产量水平/(t/hm²)	产量/(kg/hm²)	穗数/(万穗/hm²)	千粒重/g	穗粒数/粒
扬麦 16	＜6.0	5300.8d	341.2d	36.1b	43.6c
	6.0～7.5	7032.7c	407.7c	38.4b	46.4b
	7.5～9.0	8182.9b	457.1b	39.1a	47.2a
	＞9.0	9199.2a	483.1a	40.5a	48.1a
扬麦 20	＜6.0	5412.5d	354.8d	36.7c	42.5c
	6.0～7.5	7103.2c	421.0c	38.5b	46.2b
	7.5～9.0	8721.2b	474.6b	39.6a	47.2a
	＞9.0	9182.5a	482.2a	40.7a	48.1a

开花前，＜6.0t/hm^2 产量水平下的茎蘖数显著小于其他产量水平，其他产量水平间差异不显著；开花后，＞9t/hm^2 产量水平的茎蘖数与 6.0～7.5t/hm^2、7.5～9.0t/hm^2 差异显著

（图 8-14）。随着产量水平的增加，茎蘖成穗比逐渐增加，<6.0t/hm²、6.0～7.5t/hm²、7.5～9.0t/hm²、>9.0t/hm² 产量水平下茎蘖成穗比平均分别为 33.7%、36.4%、40.5%、41.2%。由此可见，>9t/hm² 产量水平下小麦具有较高穗数及后期较强的成穗能力，从而确保高产群体（图 8-15）。

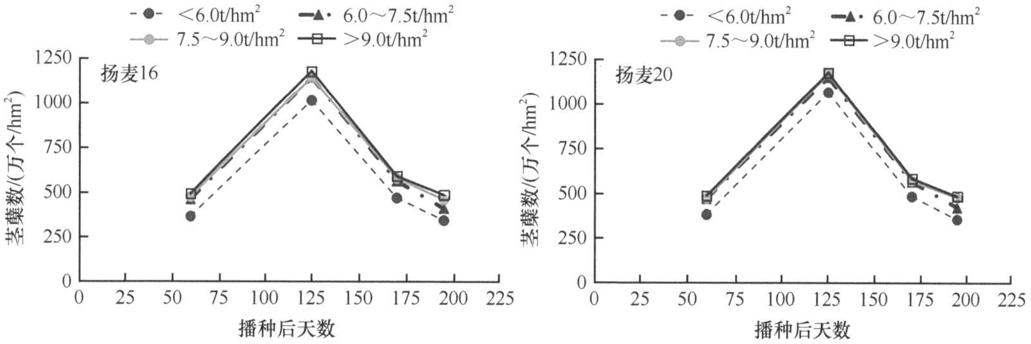

图 8-14　不同产量水平下茎蘖数动态变化

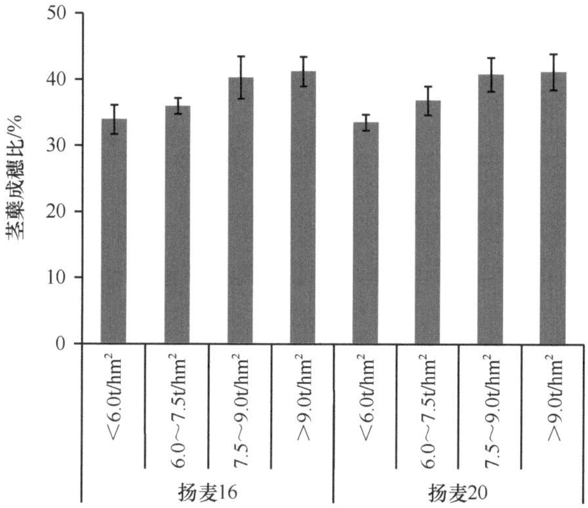

图 8-15　不同产量水平下茎蘖成穗比

由图 8-16 可见，从拔节期开始，7.5～9.0t/hm²、>9.0t/hm² 产量水平干物质累积量显著大于<6.0t/hm²、6.0～7.5t/hm² 产量水平。7.5～9.0t/hm²、>9.0t/hm² 产量水平干物质累积量无显著差异。可见，<7.5t/hm² 基础上干物质显著增加，实现了产量水平>7.5t/hm²；在 7.5～9.0t/hm² 基础上实现了>9.0t/hm² 高产水平，干物质累积作用影响不大。

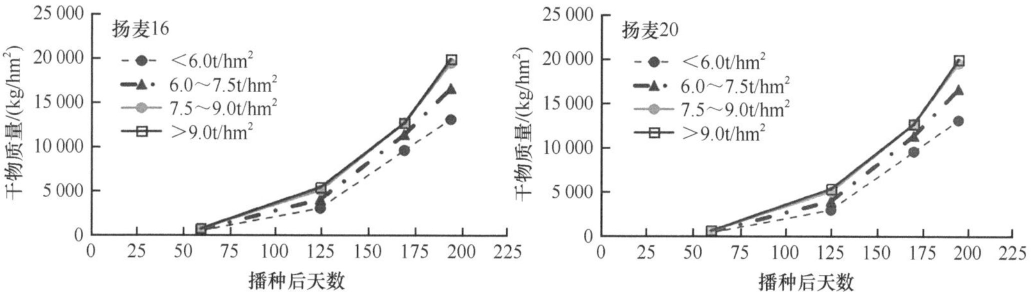

图 8-16　不同产量水平下干物质累积量动态变化

‘扬麦 16’和‘扬麦 20’在不同产量水平下花前、花后干物质累积规律无明显差异。随着产量水平的增加，播种—拔节期干物质累积量占比无显著变化，两个品种平均为 25.6%；拔节—开花期逐渐下降；>9.0t/hm² 产量水平最低，两个品种平均为 35.3%；开花—成熟期逐渐增加，>9.0t/hm² 产量水平最高，两个品种平均为 37.1%（表 8-12）。随着产量水平的增加，花后干物质累积贡献率、收获指数逐渐增加，>9.0t/hm² 产量水平下分别为 90.0%、0.42，具有较高的花后干物质累积贡献率及收获指数。

表 8-12　不同产量水平下花前、花后干物质累积规律

品种	产量水平/（t/hm²）	干物质累积比例/%			花前干物质转移率/%	花前干物质转移贡献率/%	花后干物质累积贡献率/%	收获指数
		播种—拔节	拔节—开花	开花—成熟				
扬麦 16	<6.0	24.6	49.1	26.4	14	28	72	0.37
	6.0～7.5	25.0	44.1	30.9	10	18	82	0.38
	7.5～9.0	26.7	39.1	34.2	8	14	86	0.40
	>9.0	28.0	34.1	37.9	7	10	90	0.42
扬麦 20	<6.0	23.1	50.2	26.7	13	27	73	0.36
	6.0～7.5	24.3	44.1	31.6	9	16	84	0.38
	7.5～9.0	26.2	39.1	34.7	7	12	88	0.39
	>9.0	27.2	36.5	36.3	7	11	89	0.41

8.3.2.3　不同产量水平下植株氮素累积规律

由表 8-13 可见，随着产量水平的增加，吸氮量逐渐增加。随着产量水平的增加，籽粒氮浓度及其吸氮量显著增加，秸秆氮浓度各处理间差异不显著，6.0～7.5t/hm²、7.5～9.0t/hm²、>9.0t/hm² 产量水平下秸秆吸氮量差异不显著，且显著大于<6.0t/hm² 产量水平。可见 6.0～7.5t/hm²、7.5～9.0t/hm²、>9.0t/hm² 产量水平下总吸氮量差异主要是由于籽粒吸氮量显著增加。

表 8-13　不同产量水平下植株吸氮量及籽粒、秸秆氮浓度

品种	产量水平/（t/hm²）	产量/（kg/hm²）	吸氮量/（kg/hm²）	籽粒		秸秆	
				氮浓度/%	吸氮量/（kg/hm²）	氮浓度/%	吸氮量/（kg/hm²）
扬麦 16	<6.0	5300.8d	102d	1.3d	59d	0.54a	43.2b
	6.0～7.5	7032.7c	164c	1.7c	103c	0.61a	61.3a
	7.5～9.0	8182.9b	201b	2.0b	142b	0.55a	59.4a
	>9.0	9199.2a	257a	2.4a	196a	0.55a	61.4a
扬麦 20	<6.0	5412.5d	100d	1.2d	58d	0.51a	42.2b
	6.0～7.5	7103.2c	161c	1.7c	106c	0.54a	55.2a
	7.5～9.0	8721.2b	200b	2.1b	159b	0.51a	59.5a
	>9.0	9182.5a	253a	2.4a	194a	0.49a	57.5a

随着产量水平的增加，播种—拔节期氮素累积量占比逐渐下降（表 8-14）；拔节—开花期、开花—成熟期的占比逐渐上升；>9.0t/hm² 产量水平下播种—拔节、拔节—开花、开花—

成熟阶段氮素累积占比平均分别为 28.0%、45.5%、26.5%。随着产量水平的增加，花后氮素累积贡献率、收获指数逐渐增加，>9.0t/hm^2 产量水平下平均分别为 34.45%、0.77，具有较高的花后氮累积贡献率及收获指数。

表 8-14 不同产量水平下花前、花后氮素累积规律

品种	产量水平/(t/hm^2)	氮素累积量占比/%			花前氮素转移率/%	花前氮素转移贡献率/%	花后氮素累积贡献率/%	收获指数
		播种—拔节	拔节—开花	开花—成熟				
扬麦 16	<6.0	47	41	12	51.8	79.2	20.8	0.58
	6.0～7.5	43	41	16	55.5	74.6	25.4	0.63
	7.5～9.0	36	44	20	62.5	71.7	28.3	0.70
	>9.0	27	46	27	67.3	64.5	35.5	0.76
扬麦 20	<6.0	49	36	15	50.5	74.6	25.4	0.58
	6.0～7.5	43	38	18	58.1	71.9	28.1	0.66
	7.5～9.0	35	43	22	65.1	69.7	30.3	0.73
	>9.0	29	45	26	69.3	66.6	33.4	0.77

8.3.2.4 高产小麦百千克籽粒需氮量

由表 8-15 可见>9.0t/hm^2 高产水平下，百千克籽粒需氮量平均为 2.77kg，9.0t/hm^2 目标产量需氮量约为 250kg/hm^2。随着产量水平的增加，秸秆氮浓度无显著差异，收获指数逐渐增加。因此，籽粒氮浓度逐渐增加是>9.0t/hm^2 产量水平下百千克籽粒需氮量较高的主要原因。

表 8-15 不同产量水平下百千克籽粒需氮量

产量水平/(t/hm^2)	扬麦 16				扬麦 20			
	百千克籽粒需氮量/kg	籽粒氮浓度/%	秸秆氮浓度/%	收获指数	百千克籽粒需氮量/kg	籽粒氮浓度/%	秸秆氮浓度/%	收获指数
<6.0	1.92	1.3	0.54	0.37	1.85	1.2	0.51	0.36
6.0～7.5	2.33	1.7	0.61	0.38	2.27	1.7	0.54	0.38
7.5～9.0	2.44	2.0	0.55	0.40	2.50	2.1	0.51	0.39
>9.0	2.80	2.4	0.55	0.42	2.73	2.4	0.49	0.41

8.3.3 华东小麦植株氮素诊断技术

随着施氮量的增加，叶片氮浓度逐渐增加（图 8-17）。各处理拔节期叶片氮浓度较高，随着施氮量的增加，拔节期和抽穗期叶片氮浓度差异逐渐变小，当施氮量为 360kg/hm^2 时抽穗期叶片氮浓度比拔节期略高。

由图 8-18 可见，叶片 SPAD 值随着施氮量的增加而逐渐增加。‘扬麦 16’拔节期叶片 SPAD 值从 N0 处理的 29.8 逐渐增加到 N360 处理的 63.0，抽穗期叶片 SPAD 值从 N0 处理的 33.0 逐渐增加到 N360 处理的 65.9。‘扬麦 20’拔节期叶片 SPAD 值从 N0 处理的 33.6 逐渐增加到 N360 处理的 60.7，抽穗期叶片 SPAD 值从 N0 处理的 34.0 逐渐增加到 N360 处理的 62.3。随着施氮量的增加，顶 3 叶片 SPAD 值增加幅度较大，顶 1 到顶 3 叶片 SPAD 值由 N0 处理的下降趋势变为 N360 处理的上升趋势。

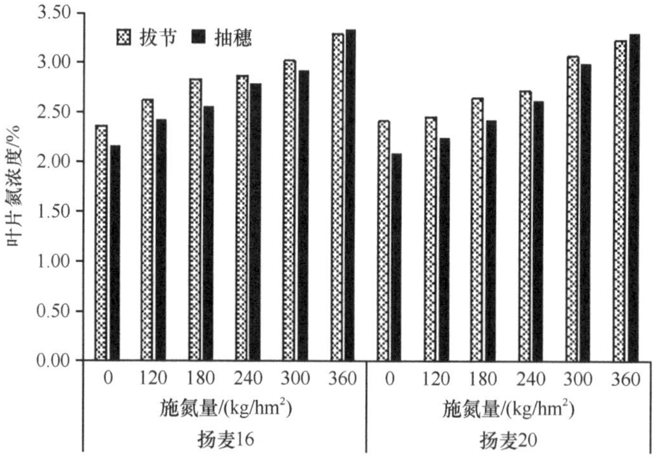

图 8-17　不同施氮量水平下拔节期和抽穗期叶片氮浓度

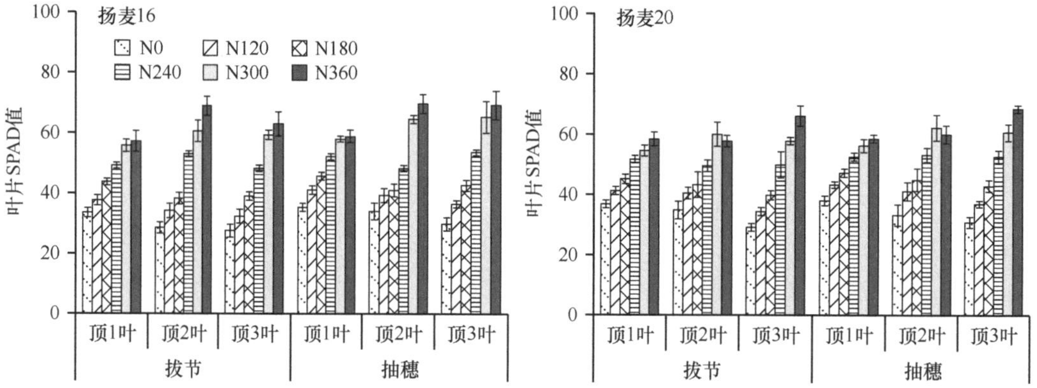

图 8-18　不同氮水平下小麦拔节期和抽穗期叶片 SPAD 值

小麦拔节期和抽穗期叶片氮浓度与 SPAD 值具有较高的正相关性（图 8-19）。随着叶片氮浓度的增加，叶片 SPAD 值呈现逐渐上升的趋势。

随着施氮量的增加，叶片相对 SPAD 值（顶 1/顶 3）逐渐下降（表 8-16）。‘扬麦 16’ N240 处理产量较高，为 9199.2kg/hm^2；拔节期、抽穗期叶片相对 SPAD 值分别为 1.03、0.97，叶片氮浓度分别为 2.86%、2.78%。‘扬麦 20’ N240 处理产量较高，为 9191.2kg/hm^2；拔节期、抽穗期叶片相对 SPAD 值分别为 1.02、1.00，叶片氮浓度分别为 2.71%、2.62%。

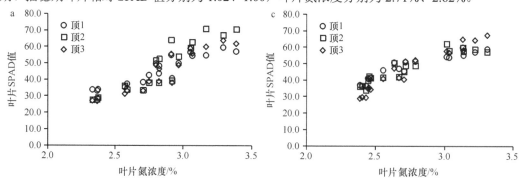

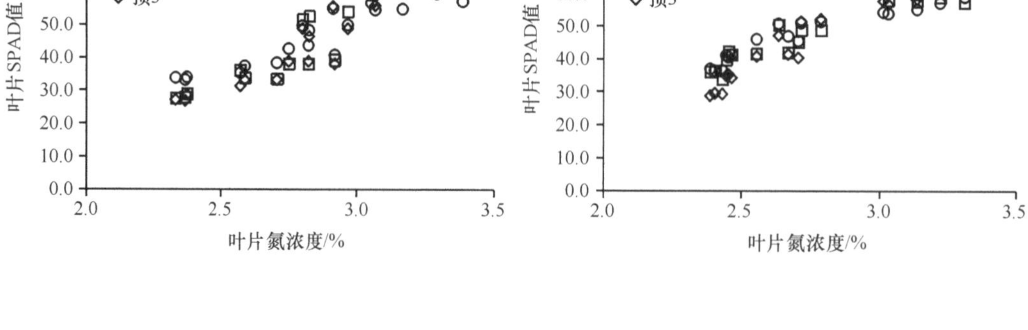

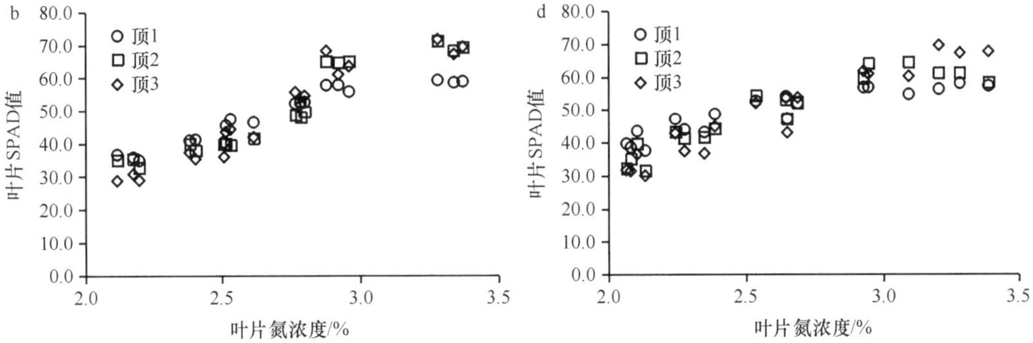

图 8-19　小麦拔节期和抽穗期叶片氮浓度与 SPAD 值相关性

'扬麦 16'（a. 拔节，b. 抽穗）；'扬麦 20'（c. 拔节，d. 抽穗）

表 8-16　不同氮水平下小麦拔节期和抽穗期叶片相对 SPAD 值及叶片氮浓度

品种	施氮量/(kg/hm²)	拔节期		抽穗期		产量/(kg/hm²)
		相对 SPAD 值（顶 1/顶 3）	叶片氮浓度/%	相对 SPAD 值（顶 1/顶 3）	叶片氮浓度/%	
扬麦 16	0	1.22	2.35	1.21	2.16	5300.8
	120	1.14	2.62	1.13	2.43	7387.7
	180	1.10	2.83	1.08	2.55	8594.7
	240	1.03	2.86	0.97	2.78	9199.2
	300	0.98	3.01	0.89	2.92	8705.6
	360	0.92	3.28	0.85	3.33	8515.7
扬麦 20	0	1.25	2.41	1.24	2.09	5412.5
	120	1.18	2.46	1.18	2.24	7103.2
	180	1.13	2.64	1.09	2.43	8721.2
	240	1.02	2.71	1.00	2.62	9191.2
	300	0.94	3.06	0.92	2.99	8944.9
	360	0.90	3.22	0.84	3.29	8590.8

随着产量水平的增加，叶片相对 SPAD 值（顶 1/顶 3）逐渐下降（表 8-17）。>9.0t/hm² 产量水平下，拔节期、抽穗期叶片相对 SPAD 值平均分别为 1.01、0.98，叶片氮浓度平均分别为 2.82%、2.74%。'扬麦 16'和'扬麦 20'两品种之间无显著差异。

表 8-17　不同产量水平下小麦拔节期和抽穗期叶片相对 SPAD 值及叶片氮浓度

品种	产量水平/(t/hm²)	拔节期		抽穗期	
		相对 SPAD 值（顶 1/顶 3）	叶片氮浓度/%	相对 SPAD 值（顶 1/顶 3）	叶片氮浓度/%
扬麦 16	<6.0	1.22	2.35	1.21	2.16
	6.0～7.5	1.16	2.71	1.12	2.51
	7.5～9.0	1.11	2.73	1.10	2.49
	>9.0	1.03	2.86	0.97	2.78

续表

品种	产量水平/（t/hm²）	拔节期		抽穗期	
		相对 SPAD 值（顶 1/顶 3）	叶片氮浓度/%	相对 SPAD 值（顶 1/顶 3）	叶片氮浓度/%
扬麦 20	＜6.0	1.25	2.41	1.24	2.09
	6.0～7.5	1.18	2.46	1.18	2.24
	7.5～9.0	1.13	2.64	1.09	2.43
	＞9.0	1.00	2.79	0.98	2.70

8.3.4　华东小麦土壤氮素供应特征

研究分别对拔节期（0～30cm）、抽穗期（0～60cm）、成熟期（0～90cm）不同土层土壤无机氮（硝态氮+铵态氮）含量进行测定分析，由图 8-20 可见，随着施氮量的增加，土壤无机氮含量逐渐增加。拔节期：当 0～30cm 土层土壤无机氮累积量小于 58kg/hm² 时，随着无机氮累积量的增加，吸氮量呈线性逐渐增加；当累积量达到或超过 58kg/hm² 时，吸氮量无显著变化，维持在 69kg/hm²。抽穗期：当 0～60cm 土层土壤无机氮累积量达到或超过 53kg/hm² 时，吸氮量维持在 192kg/hm²。成熟期：当 0～90cm 土层土壤无机氮累积量达到或超过 90kg/hm² 时，吸氮量维持在 256kg/hm²（图 8-21）。

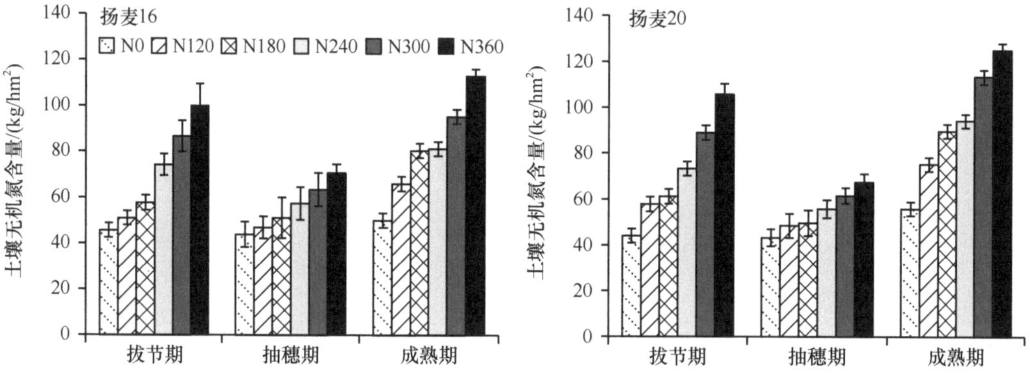

图 8-20　不同施氮量下土壤无机氮供应情况

以上结果表明，作物吸氮量无显著增加的情况下，拔节期、抽穗期、成熟期根层临界无机氮含量分别约为 58kg/hm²、53kg/hm²、90kg/hm²；9.0t/hm² 华东稻麦轮作小麦播种—拔节、拔节—抽穗、抽穗—成熟各阶段作物吸氮量分别约为 70kg/hm²、115kg/hm²、65kg/hm²。因此，

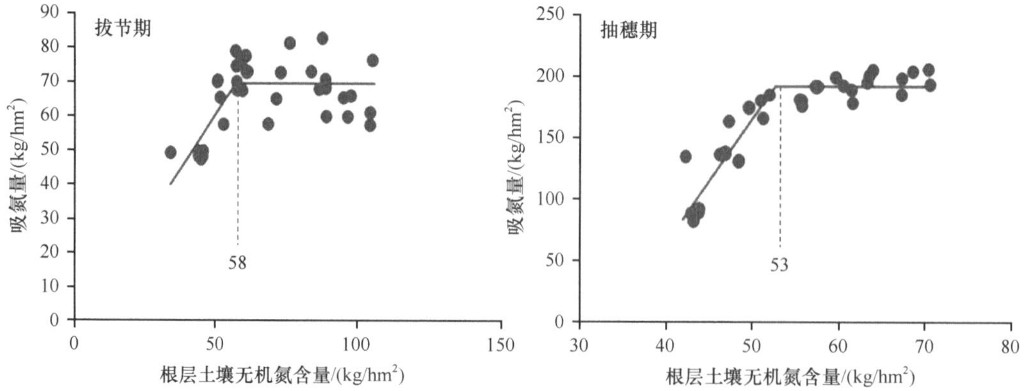

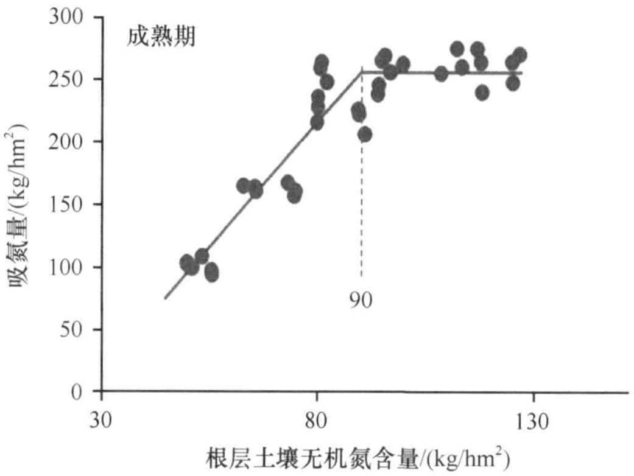

图 8-21　土壤无机氮含量与吸氮量的相关关系

目标产量 9.0t/hm^2 华东稻麦轮作小麦播种—拔节、拔节—抽穗、抽穗—成熟各阶段土壤+作物全氮量分别约为 128kg/hm^2、167kg/hm^2、156kg/hm^2（图 8-22）。

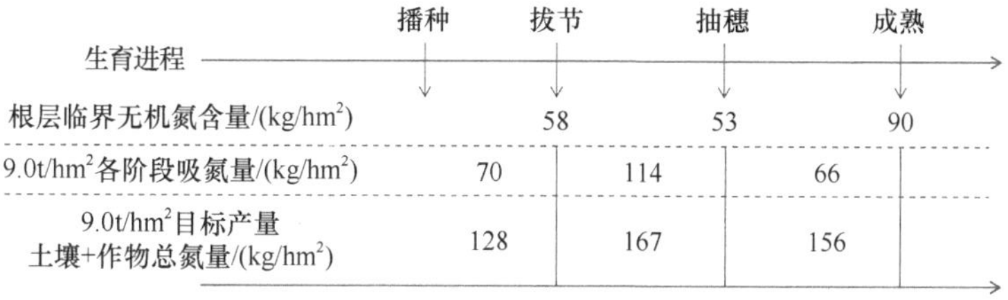

图 8-22　华东目标产量 9.0t/hm^2 稻麦轮作小麦土壤与肥料供氮量

8.3.5　华东小麦氮素匹配技术

8.3.5.1　华东小麦氮素匹配的原理与技术

定量目标产量，采用作物氮素需求总量控制，分期调控。华东稻麦轮作小麦＞9.0t/hm^2 产量水平下百千克籽粒需氮量为 2.77kg，播种—拔节、拔节—抽穗、抽穗—成熟阶段的需氮比例分别约为 28%、46%、26%。目标产量 9.0t/hm^2 华东稻麦轮作小麦植株需氮总量为 250kg/hm^2（图 8-23）。

定量土壤氮素临界供应值。作物吸氮量无显著增加的情况下，拔节期、抽穗期、成熟期根层临界无机氮含量分别约为 58kg/hm^2、53kg/hm^2、90kg/hm^2；9.0t/hm^2 华东稻麦轮作小麦播种—拔节、拔节—抽穗、抽穗—成熟各阶段作物吸氮量分别约为 70kg/hm^2、114kg/hm^2、66kg/hm^2。因此，目标产量 9.0t/hm^2 华东稻麦轮作小麦播种—拔节、拔节—抽穗、抽穗—成熟各阶段土壤+作物全氮量分别约为 128kg/hm^2、167kg/hm^2、156kg/hm^2（图 8-23）。根据目标产量作物氮素需求特征和土壤供氮特征，从总量控制和分期调控途径使作物养分需求和土壤、肥料供氮相匹配。

与常规生产中的常规灌溉比较，控制灌溉可提高产量 7.9%（‘扬麦 16’）、9.6%（‘扬麦 20’）；穗数、千粒重和穗粒数都略有增加（表 8-18）。与常规灌溉相比，控制灌溉可提高干物质及氮素的收获指数，加大花后干物质和氮素累积对籽粒的贡献率（表 8-19）。

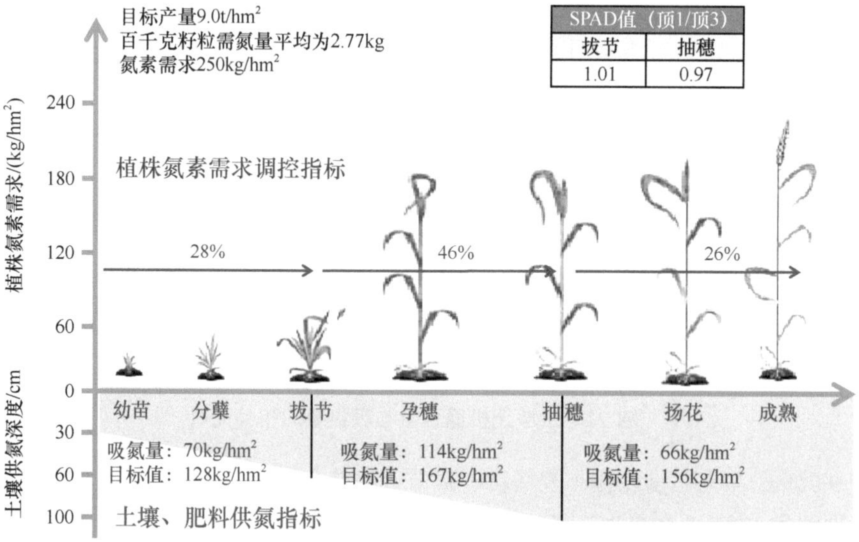

图 8-23 华东目标产量 9.0t/hm² 稻麦轮作小麦地上需求与地下供氮匹配技术

表 8-18 控制灌溉对产量及产量构成的影响

品种	处理	产量/(kg/hm²)	穗数/(万穗/hm²)	千粒重/g	穗粒数/粒
扬麦 16	不施氮肥	5177.5	332.8	36.1	43.9
	常规灌溉	8287.4	453.3	40.2	46.9
	控制灌溉	8943.2	462.2	40.5	48.8
扬麦 20	不施氮肥	5311.4	345.9	37.1	42.2
	常规灌溉	8323.2	455.4	39.4	47.0
	控制灌溉	9125.6	466.5	41.5	47.9

表 8-19 控制灌溉对小麦花前、花后干物质和氮素累积的影响

品种	处理	干物质				氮素			
		收获指数	花前转移率/%	花前转移贡献率/%	花后累积贡献率/%	收获指数	花前转移率/%	花前转移贡献率/%	花后累积贡献率/%
扬麦 16	不施氮肥	0.37	13.9	27.8	72.2	0.58	51.6	79.2	20.8
	常规灌溉	0.40	7.4	11.7	88.3	0.72	62.5	68.6	31.4
	控制灌溉	0.42	6.6	9.7	90.3	0.76	61.4	62.4	37.6
扬麦 20	不施氮肥	0.36	13.4	27.1	72.9	0.58	50.5	74.5	25.5
	常规灌溉	0.40	8.0	13.3	86.7	0.73	65.2	69.2	30.8
	控制灌溉	0.41	7.0	10.7	89.3	0.78	64.1	64.7	35.3

8.3.5.2 华东小麦氮素匹配应用效果

基于以上作物氮素需求与土壤供氮匹配原理与技术开展验证试验，目标产量 9.0t/hm² 华东稻麦轮作小麦播种—拔节、拔节—抽穗、抽穗—成熟各阶段土壤+作物全氮量分别约为 128kg/hm²、167kg/hm²、156kg/hm²（图 8-24）。播种、拔节、抽穗各阶段土壤无机氮含量分别为 43kg/hm²、101kg/hm²、97kg/hm²。因此，播种、拔节、抽穗各阶段施氮量分别为 85kg/hm²、66kg/hm²、59kg/hm²，总施氮量为 210kg/hm²。

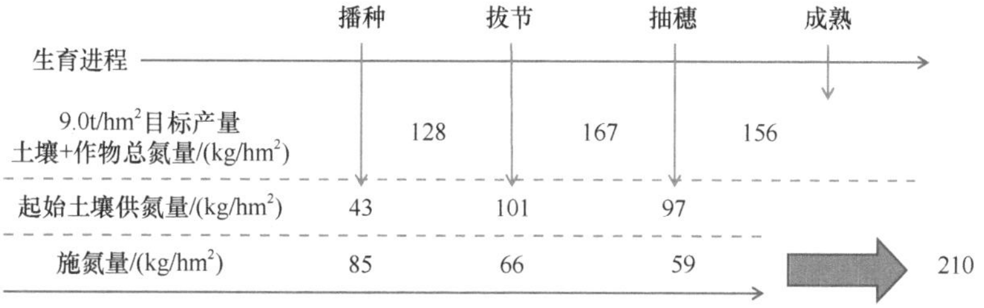

图 8-24　华东目标产量 9.0t/hm² 稻麦轮作小麦施氮量

作物氮素需求与土壤供氮匹配验证试验（表 8-20）结果表明，与农户习惯施氮比较，氮素匹配管理（ONR）基于目标产量作物氮素需求量，采用土壤养分测试方法推荐施氮量，总施氮量为 210kg/hm²，比农户习惯减少 12.5% 施氮量，同时产量提高 6.6%，氮肥利用率从农户习惯施氮的 38% 提高到 47%。ONR+控制灌溉（ONR+X）在氮素匹配管理（ONR）基础上进一步降低施氮量，提高氮肥利用率。因此，基于作物氮素需求与土壤供氮匹配的优化氮肥管理和精准灌溉方式的综合管理可以协同促进小麦的高产与氮肥的高效。

表 8-20　华东目标产量 9.0t/hm² 稻麦轮作小麦氮素匹配应用效果

处理	施氮量/(kg/hm²)	产量/(kg/hm²)	吸氮量/(kg/hm²)	氮肥利用率/%
不施氮（CK）	0	6123.5	142.3	
农户习惯施氮（FP）	240	8542.1	234.2	38
氮素匹配管理（ONR）	210	9105.1	241.3	47
ONR+控制灌溉（ONR+X）	192	9110.2	238.2	50

8.4　华北小麦氮素需求与土壤、肥料供氮时空匹配规律

8.4.1　华北小麦氮素管理存在的问题

华北平原是我国重要的粮食主产区，小麦产量逐年增长后趋于稳定。以河南为例，2018 年小麦播种面积达 542.6 万 hm²，总产量为 3501 万 t，单产为 6453kg/hm²。尽管小麦播种面积的增加对总产量的提高有一定作用，但总产量的增加幅度依赖于单产的提高，种植面积的贡献相对比较小。华北平原小麦过量施肥问题，特别是氮肥过量施用相当严重。以河南为例，氮肥消费总量持续增长，2015 年农业氮肥消费量增加到 370.4 万 t，其中单质氮肥消费量增加到 238.7 万 t。但近年来单质氮肥消费量变化不大，2006 年以来的近 10 年，单质氮肥消费量维持在 235 万～245 万 t，2012 年后消费量甚至有所下降。单质氮肥消费量增加变缓主要与复合肥消费用量的急剧增长有关，2015 年达 296.3 万 t，通过复合肥消费的氮大概占氮肥总消费量的 1/3。过量施用氮肥导致氮肥利用率低和土壤无机氮大量累积。^{15}N 试验结果表明，华北平原冬小麦—夏玉米轮作体系中，传统施氮条件下（施氮量 300kg/hm²）氮肥利用率仅为 25%。在高量施氮条件下，没有引起产量反应的氮肥绝大部分以各种形式损失。黄绍敏等（1999）报道，在河南潮土上，小麦施氮量低于 225kg/hm² 时硝态氮累积较小，但当增加到 300kg/hm²、375kg/hm² 时，0～100cm 土壤硝态氮累积量分别增加 4.2 倍、7.4 倍。

8.4.2　华北小麦氮素需求规律

8.4.2.1　小麦氮素吸收和转运规律

随生育进程推进，小麦的氮素吸收先缓慢增加，接着快速增长，最后达到平稳状态，总体呈“S”形变化趋势。返青以前，小麦生长缓慢，氮素累积较少；返青至开花期，气温逐渐升高，小麦进入营养生长和生殖生长并进阶段，氮素吸收速率为生育期最大；开花至成熟期，小麦吸收氮素缓慢，籽粒的生长主要依靠营养器官（茎和叶）中氮素的转运。可以看出，开花前小麦茎秆和叶片中的氮快速累积，开花后小麦整株氮素吸收较少，茎秆和叶片中的氮素逐渐向籽粒中转运，其中茎秆中的氮素转运较叶片要快，这与叶片需要维持自身后期的光合能力有关（图 8-25，图 8-26）。

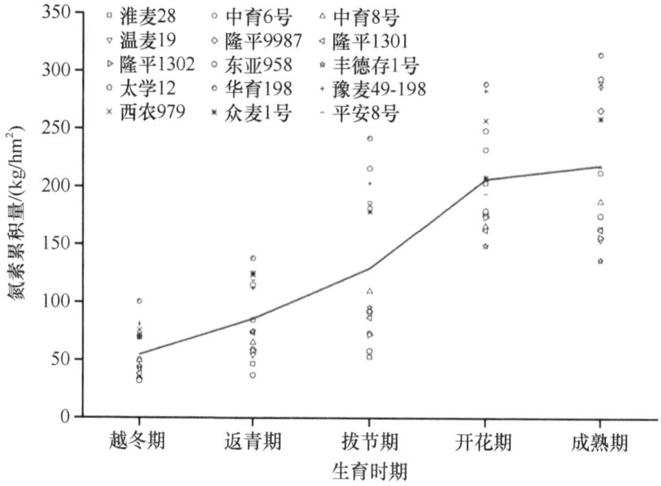

图 8-25　华北主栽小麦品种氮素吸收规律

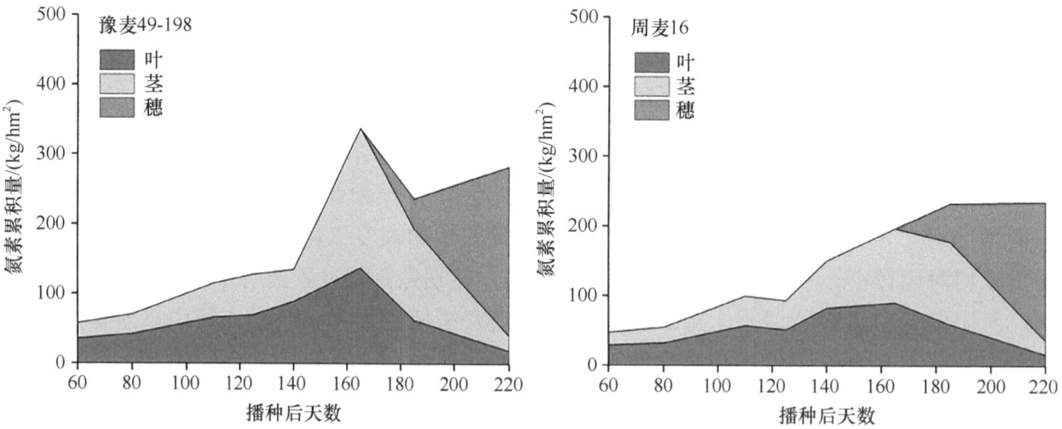

图 8-26　施氮量对小麦氮素分配的影响

8.4.2.2　不同供氮水平下小麦氮素吸收和分配的差异

从图 8-27 可以看出，不同供氮水平下小麦氮素累积均呈“S”形变化趋势，施氮量对小麦不同生育时期氮素吸收影响很大。随生育进程推进，不同施氮处理间氮素累积量差异逐渐扩大，越冬期，施氮处理的小麦氮素累积就已经显著高于不施氮肥处理，至开花期，高氮

N360 处理下的小麦氮素累积显著高于中氮 N180 处理下的小麦。

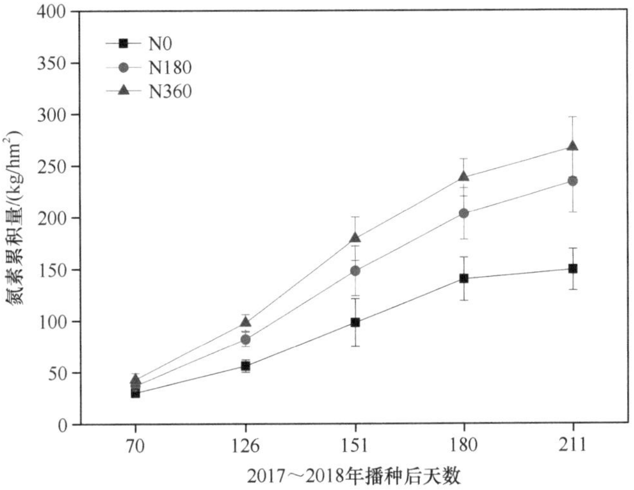

图 8-27　施氮量对小麦氮素吸收的影响

N0、N180、N360 分别表示施氮量为 0kg N/hm^2、180kg N/hm^2、360kg N/hm^2。下同

施氮量不仅决定了氮素吸收，也影响了氮素在小麦体内各器官的分配（表 8-21）。成熟期，小麦各器官的氮素分配比例符合籽粒＞穗轴+颖壳＞叶片＞茎+叶鞘的规律，随着施氮量的增加，籽粒、穗轴和颖壳中的氮素分配比例呈显著的下降趋势，而其他器官的氮素分配比例呈增加趋势。与 N0 处理相比，N180 处理的氮素分配比例在茎+叶鞘、叶片上都有明显提高，在颖壳上的氮素分配比例却大幅降低；相比 N180 处理，N360 处理在叶片上的氮素分配继续提高，在籽粒上的氮素分配比例则持续减少。

表 8-21　施氮量对小麦成熟期氮素在各器官中的分配比例（%）

处理	茎+叶鞘	叶片	穗轴+颖壳	籽粒
N0	9.71b	9.60c	20.43a	63.14a
N180	10.55a	15.86b	14.11b	61.58ab
N360	10.29a	18.81a	13.45b	59.63b

注：同列数据后不含有相同小写字母的表示不同施氮处理间差异显著（$P<0.05$）

8.4.2.3　不同品种小麦氮素吸收和转运的差异

不同品种小麦对施氮量的响应存在较大差异，‘华育 198’在不施氮处理下成熟期氮素累积量就可以达到 200kg/hm^2，‘豫麦 49-198’‘平安 8 号’‘太学 12’3 个品种在 N0 处理下氮素累积量仅在 150kg/hm^2 左右。施氮后不同小麦各生育期氮素累积量均有所提升，但增加幅度不同，从图 8-28 可以看出，‘豫麦 49-198’和‘太学 12’在施氮后的氮素累积量增加更多，对氮肥施用更敏感。

随着时代的发展和人民生活水平的提高，市场对于优质强筋小麦的需求日益提高。从表 8-22 可以看出，不施氮时，普通麦产量比强筋麦提高 21.5%，强筋麦品种‘西农 979’在 N0 处理下产量仅为 2435.1kg/hm^2，远低于其他品种。普通麦品种在施氮量 240kg/hm^2 左右达到最高产量，过量施氮后小麦产量出现下降；强筋麦品种在施氮量 180kg/hm^2 时产量达到最

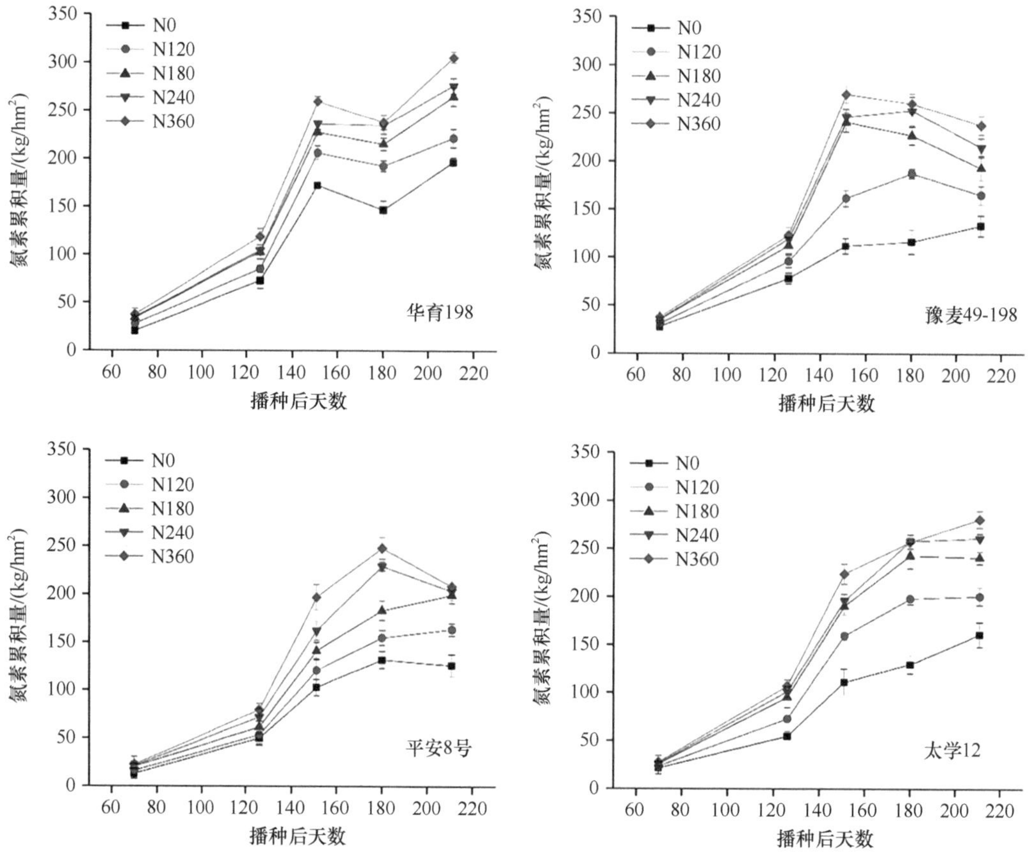

图 8-28　施氮量对不同品种小麦的氮素吸收影响

大，继续增施氮肥产量略有提升，但却明显增加了倒伏的风险（株高和重心高度上升，刺穿力和抗折力下降）。普通麦品种的最高产量相比强筋麦提高了 5.7%，实际生产中忌惮倒伏，农户在强筋麦种植时并不敢投入很多氮肥，使得普通麦和强筋麦之间的产量差进一步拉大。普通麦品种与强筋麦品种的氮素累积趋势并不一致，返青期不施氮与施氮处理间形成较大的氮素吸收差异，而普通麦在不同氮肥水平间的氮素累积差异的出现比强筋麦要迟，因此生产上建议强筋麦的氮肥追施时间应该提前至返青期（表 8-23，图 8-29）。

表 8-22　施氮量对不同筋型小麦产量的影响

氮水平	普通麦/(kg/hm²)				强筋麦/(kg/hm²)			
	豫麦 49-198	冀麦 325	华育 198	均值	西农 979	济麦 44	新麦 26	均值
N0	4 774.0c	6 080.0c	3 559.0c	4 804.3	2 435.1c	3 988.4c	4 883.6c	3 769.0
N120	8 606.6b	8 045.6b	6 066.0b	7 572.6	7 472.3b	6 484.2b	8 953.2b	7 636.6
N180	9 078.8ab	10 496.0a	9 099.3a	9 558.0	8 787.7ab	7 516.0ab	10 206.4a	8 836.7
N240	10 086.3a	8 849.1b	10 224.3a	9 719.9	8 765.5ab	7 795.5ab	9 899.0a	8 820.0
N360	7 333.2b	8 799.3b	9 692.4a	8 608.3	9 028.4a	8 041.0a	10 435.6a	9 168.3

表 8-23 施氮量对不同筋型小麦抗倒伏能力的影响

氮水平	普通麦				强筋麦			
	重心高度/cm	茎秆长度/cm	刺穿力/N	抗折力/N	重心高度/cm	茎秆长度/cm	刺穿力/N	抗折力/N
N0	35.3c	59.7c	13.3a	16.6a	37.6c	66.8b	14.2a	11.6a
N120	41.4b	73.1b	12.6ab	13.7ab	40.1b	67.4b	13.0ab	10.3a
N180	44.4a	74.2ab	10.5ab	11.5b	41.2ab	72.0ab	11.8b	10.3a
N240	44.4a	78.1a	9.1b	10.2bc	43.5a	74.0a	10.0b	7.7b
N360	45.7a	76.0ab	8.6b	9.0c	44.5a	74.5a	8.8c	8.2b

注：普通麦数据为‘豫麦 49-198’‘冀麦 325’‘华育 198’3 个品种的平均值；强筋麦数据为‘西农 979’‘济麦 44’‘新麦 26’3 个品种的平均值

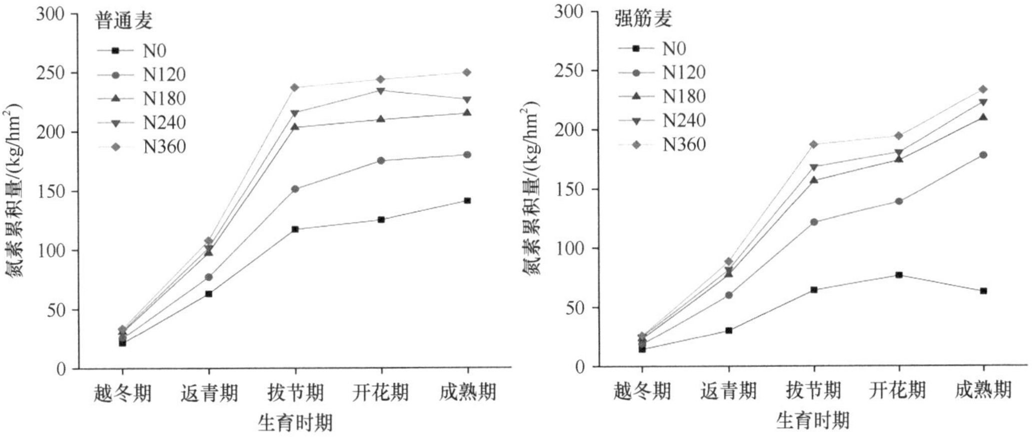

图 8-29 施氮量对普通麦和强筋麦氮素吸收的影响

8.4.2.4 不同种植密度下小麦氮素吸收和分配的差异

不同种植密度下小麦氮素吸收变化趋势较为一致，相同施氮水平下各生育时期的氮素累积表现为高密处理要明显高于低密处理（图 8-30）。相同密度条件下，N180 处理的氮素累积量明显高于不施氮处理，N180 与 N360 两者间氮素累积差异不明显。

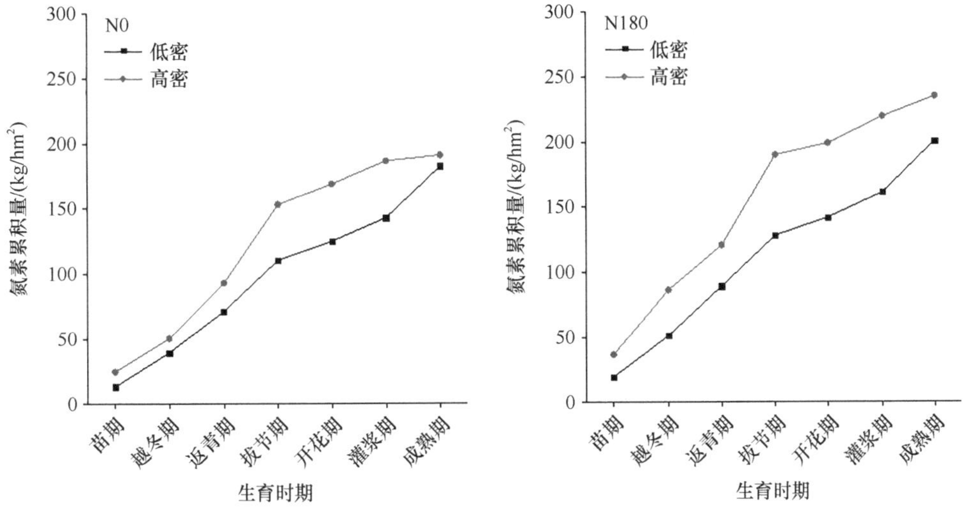

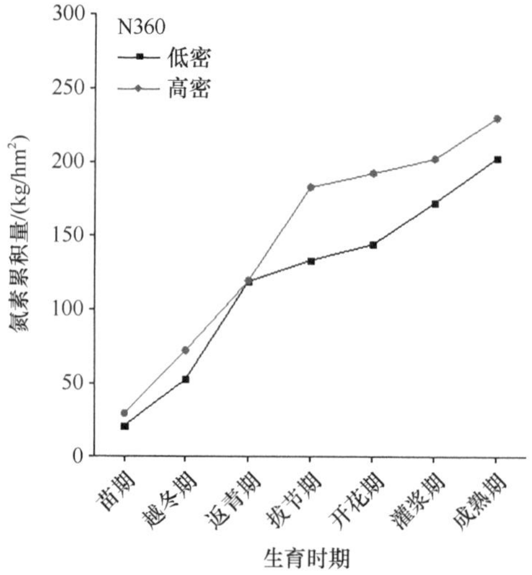

图 8-30　不同施氮水平下增密对小麦氮素累积的影响

小麦籽粒的氮素主要来源于营养器官的氮素转运，‘豫麦 49-198’的营养器官对小麦籽粒的氮素贡献率要高于‘周麦 16’；小麦氮素转运量及对籽粒的贡献率都表现为叶片＞茎鞘＞穗轴+颖壳（表 8-24）。随种植密度的增加，茎鞘的转运量、转运比例和对籽粒贡献率均呈下降趋势；叶片的氮素转运量呈先上升后下降的趋势，转运比例变化较小，贡献率也降低，但下降幅度较茎鞘小；穗轴和颖壳的氮素转运量随密度增加，在不同品种上变化趋势不一致。综上可知，增密降低了植株体内的氮素转运，增加了秸秆中的氮素滞留，随着密度的增加籽粒中的氮素获取则更多依靠花后植株的氮素吸收。

表 8-24　不同施氮水平下增密对小麦各器官氮素转运及籽粒贡献率的影响

品种	播种量/(kg/hm²)	茎鞘			叶片			穗轴+颖壳		
		转运量/(kg/hm²)	转运比例/%	贡献率/%	转运量/(kg/hm²)	转运比例/%	贡献率/%	转运量/(kg/hm²)	转运比例/%	贡献率/%
豫麦 49-198	D75	55.0a	69.2a	35.6a	55.1c	82.1bc	35.8ab	27.5b	72.5a	17.9a
	D150	41.5bc	57.0c	18.1bc	71.2ab	82.1bc	31.1bc	20.6c	49.7c	9.0c
	D225	47.9b	64.8b	23.0b	77.7a	86.1a	37.7a	35.5a	69.6ab	17.1a
	D300	37.2c	61.0bc	15.7c	66.4b	81.1c	28.1c	32.7ab	67.8b	13.9b
周麦 16	D75	51.3a	61.5bc	25.3a	67.8b	88.1a	33.4a	25.6a	66.3a	12.6a
	D150	45.9b	68.1a	22.5ab	58.5c	83.5c	28.7b	20.7ab	57.0b	10.1a
	D225	46.1b	62.9b	18.1b	72.0a	86.7abc	28.2b	12.8c	43.9c	5.0b
	D300	26.5c	57.6c	10.1c	70.6a	87.0ab	26.8b	15.5bc	46.2c	5.9b

8.4.2.5　不同产量水平下小麦氮素吸收的差异

地上部需氮量与小麦籽粒产量呈显著的幂函数相关，地上部需氮量随籽粒产量的提高而增加，89% 地上部需氮量的变化归结为籽粒产量的变化（图 8-31a）。为进一步明确地上部需氮量与产量的关系，将数据按产量水平分为 6 组：＜4.5t/hm²、4.5～6.0t/hm²、6.0～7.5t/hm²、7.5～9.0t/hm²、9.0～10.5t/hm²、＞10.5t/hm²。籽粒氮素需求量平均为 24.3kg/t，各产量水平下籽粒氮素需求量平均分别为 27.1kg/t、25.0kg/t、24.5kg/t、23.8kg/t、22.7kg/t、22.5kg/t，每吨籽粒氮素需求量随着产量水平的提高而降低（图 8-31b）。地上部需氮量随籽粒产量的提高而增加，但每吨籽粒氮素需求量随着产量水平的提高而降低，这种趋势主要是由收获指数和籽粒氮浓度的变化引起的。收获指数平均为 45.6%，各产量水平下收获指数平均分别为 39.2%、43.6%、46.5%、46.4%、47.6%、48.4%（图 8-32a）。氮收获指数随产量的提高而增加，各产量水平下氮收获指数在 77.4% 左右（图 8-32b）。籽粒氮浓度平均为 21.8g/kg，各产量水平下籽粒氮浓度分别为 24.1g/kg、22.5g/kg、22.1g/kg、21.3g/kg、20.0g/kg、20.6g/kg，随着产量水平的提高而降低（图 8-32c）。秸秆氮浓度在产量水平＜4.5t/hm^2 时为 4.7g/kg，产量水平＞4.5t/hm^2 时则在 5.3g/kg 左右（图 8-32d）。

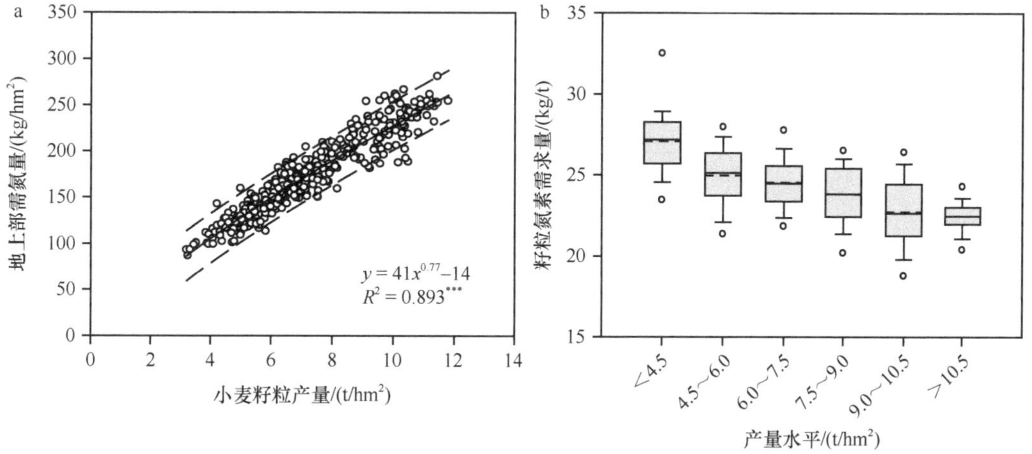

图 8-31　地上部需氮量与小麦产量的关系和各产量水平下籽粒氮素需求量（Yue et al.，2012）

a：实线表示拟合曲线，虚线表示 95% 预测区间，*** 表示在 0.001 水平显著；b：实线表示中值，虚线表示平均值

图 8-33 总结了＜7.0t/hm^2、7.0～8.5t/hm^2、＞8.5t/hm^2 3 个产量水平下越冬期、拔节期、扬花期、成熟期 4 个关键生育时期的平均干物质累积与氮素养分吸收动态特征。从播种到拔节期之前，3 个产量水平的干物质累积和氮吸收速率无明显差异。冬小麦的干物质累积量及累积速率和氮素养分吸收量及吸收速率在拔节期之后开始显著增加，高产水平下冬小麦具有更高的养分吸收量和吸收速率。

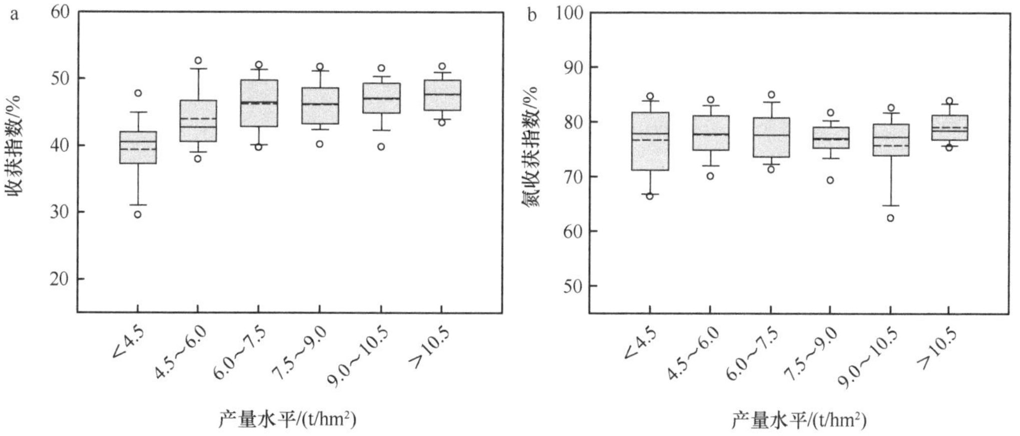

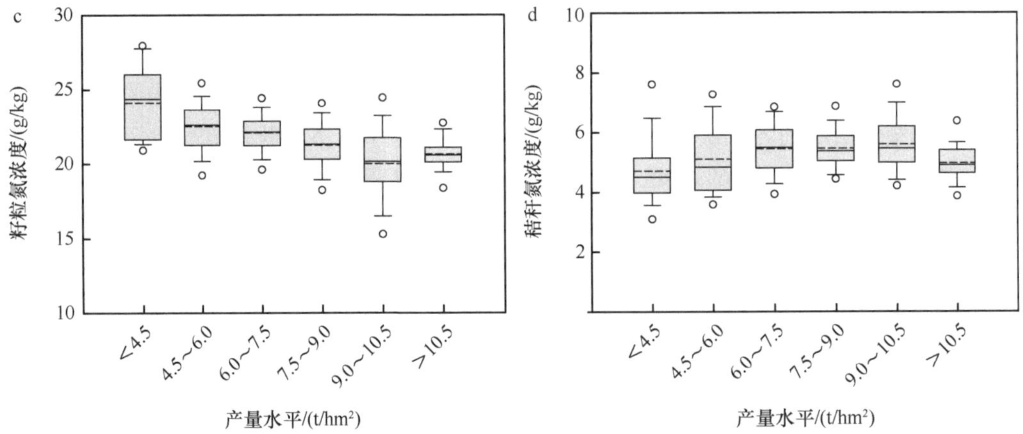

图 8-32　冬小麦各产量水平下的收获指数（a）、氮收获指数（b）、籽粒氮浓度（c）和秸秆氮浓度（d）

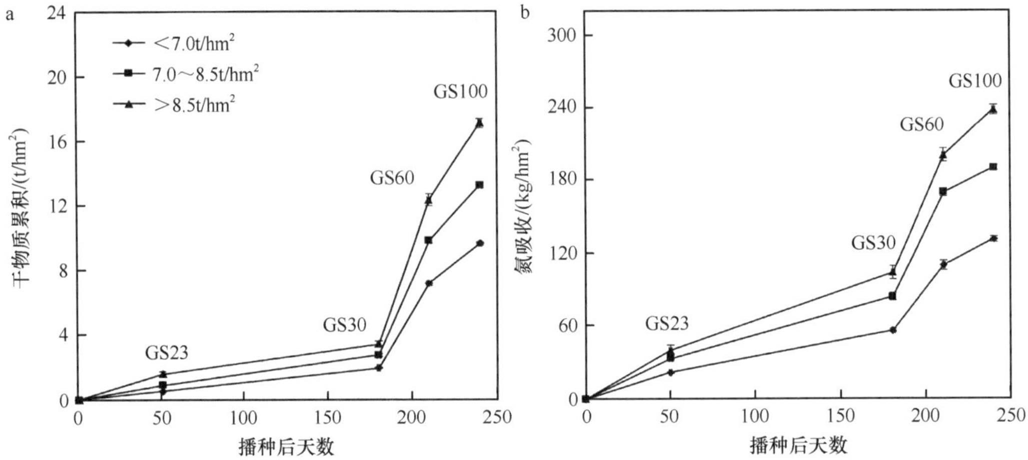

图 8-33　冬小麦不同产量水平的动态干物质累积（a）与氮素养分吸收（b）

GS23、GS30、GS60、GS100 分别代表越冬期、拔节期、扬花期、成熟期

不同产量水平下植株秸秆氮浓度存在差异，特别是拔节与扬花阶段。高产>8.5t/hm^2 的植株秸秆氮浓度在拔节阶段分别比低产<7.0t/hm^2、中产 7.0～8.5t/hm^2 高 6%、9%，扬花期分别高 14%、17%；中产 7.0～8.5t/hm^2 的植株秸秆氮浓度与低产<7.0t/hm^2 类似（表 8-25）。拔节与扬花期高的植株氮浓度有利于优化拔节最大群体期的养分状况，同时有利于缓解群体分蘖退化阶段对营养的激烈竞争，从而提高茎蘖成穗率。

表 8-25　不同产量水平各生育时期植株秸秆氮浓度（%）和成熟期籽粒氮浓度（%）

产量水平/(t/hm^2)	秸秆			籽粒（成熟期）
	拔节期	扬花期	成熟期	
<7.0	3.08±0.35b	1.44±0.16b	0.51±0.17a	2.10±0.16a
7.0～8.5	3.17±0.21ab	1.47±0.25b	0.55±0.26a	2.23±0.24a
>8.5	3.36±0.34a	1.68±0.18a	0.58±0.15a	2.28±0.21a

8.4.3 华北小麦植株氮素诊断技术

8.4.3.1 植株临界氮浓度诊断指标的建立和应用

临界氮浓度（N_c），即可获得的最大地上部生物量的最低氮浓度，可以用于作物氮素营养状况的诊断。在作物生育期内，氮浓度随着地上部生物量的增加而降低，两者的关系可以通过稀释曲线 $N=aW-b$ 来描述。通过作物生育期内氮的临界浓度，可以得到生育期内的临界氮浓度稀释曲线。Justes 等（1994）给出了法国冬小麦的临界氮浓度稀释曲线：$N_c=4.35W^{-0.442}$，这一临界氮浓度稀释曲线在小麦氮诊断中得到广泛应用。但是，一些研究表明生态区、物种间，甚至是同物种间基因型的差异都会影响到临界氮浓度稀释曲线。华北冬小麦临界氮浓度稀释曲线为 $N_c=4.45W^{-0.36}$（图 8-34），当冬小麦地上部生物量小于 1t/hm^2 时氮临界浓度是常量（N_c=4.45%）。

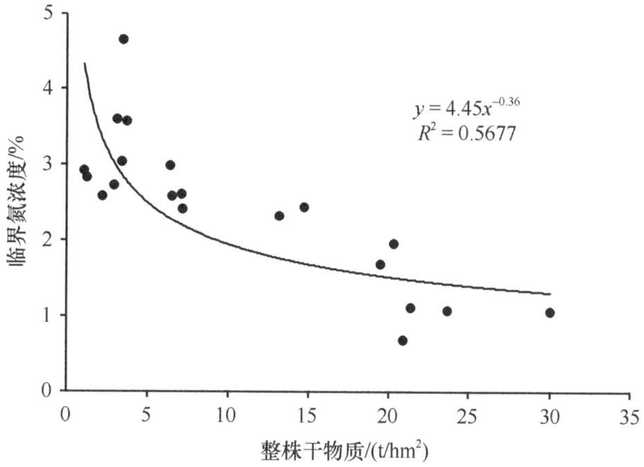

图 8-34 小麦地上部生物量临界氮浓度稀释曲线

为了快速、准确地诊断作物氮素营养状况，Lemaire 在 1989 年提出了“氮营养指数”（nitrogen nutrition index，NNI）的概念。当 NNI=1 时，代表植株此时氮素营养状况良好，既不受氮肥营养限制，氮素营养也不盈余；当 NNI＜1 时，表示此时作物氮素营养亏缺，需要增施氮肥；当 NNI＞1 时，表示作物此时氮素营养盈余。氮营养指数（NNI）的计算方法为：NNI=N_a/N_c，其中 N_a 代表植株实际氮浓度，N_c 代表植株临界氮浓度。

根据养分平衡原理，研究构建了关键生育期基于 NNI 的冬小麦精确追氮调控模型，具体步骤如下。①在追肥关键生育期（返青期、拔节期或开花期），实测植株氮浓度（N_a）和干物质重（W）；②计算 NNI：NNI=N_a/N_c，$N_c=4.45W^{-0.36}$；③利用两年试验数据进一步分析了氮营养指数与追氮量之间的关系。对氮营养指数进行进一步的数据处理分析，构建了氮营养指数差值和追肥量之间的关系。两者的计算方法如下：

$$\Delta \text{NNI}=\text{NNI}_i-\text{NNI}_0 \tag{8-1}$$

$$\Delta N=N_i-N_0 \tag{8-2}$$

式中，NNI_i 为 N120～N360 的任一处理；N_i 为对应的施氮量。

结果如图 8-35 所示，在小麦返青期、拔节期、开花期，小麦植株氮营养指数差值（ΔNNI，x）与追氮量（ΔN，y）具有较好的线性关系，并且随着 ΔNNI 的增大 ΔN 随之增大，进一步表明，氮营养指数能够反映作物氮素营养水平，氮营养指数差值能够反映作物氮素营养需求状况。

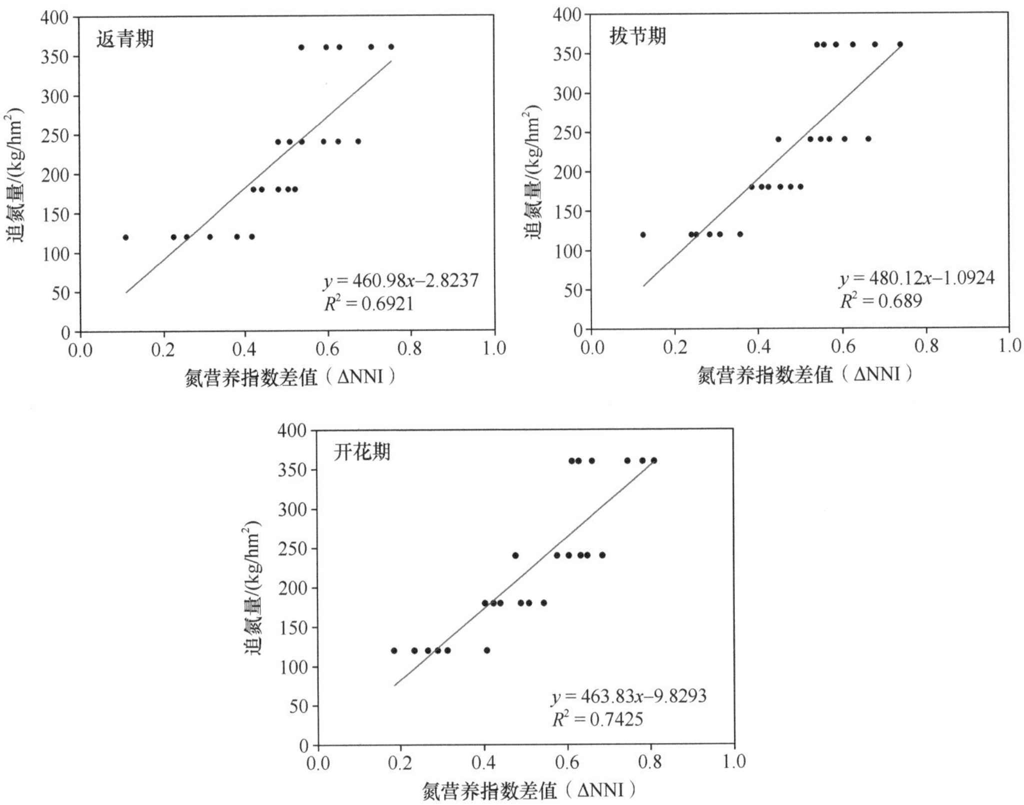

图 8-35　植株氮营养指数差值与追氮量的关系

8.4.3.2　快速诊断指标的建立与应用

1. 茎基部硝酸盐含量诊断指标的建立

植株硝酸盐诊断技术是指通过作物生育期内植株体内硝酸盐含量的测定反映作物氮素营养状况的方法。应用该技术推荐施肥，首先通过田间试验建立植株硝酸盐含量与施氮量、小麦产量的数学关系，建立诊断指标和追肥指标，以此指标推荐氮肥用量。

与植株体内全氮含量相比，植株硝酸盐含量能更快、更准确地指示作物氮素营养状况，特别是作物缺氮状况。随着氮肥施用量的增加，小麦产量增加，茎基部硝酸盐相应增加；当氮肥用量达到最佳时，小麦产量趋于平稳，继续增加氮肥用量，作物产量不再增加，而小麦茎基部硝酸盐含量继续增加。将最高产量的 90% 作为临界值，根据施氮量与产量的关系，确定临界施氮量，再根据不同生育时期硝酸盐含量与施氮量的函数关系，确定该冬小麦品种在返青期、拔节期和开花期的临界硝酸盐含量。

2. NDVI 值诊断指标的建立

GreenSeeker 传感器采用主动光源发射红光和近红外光并获取相应的光谱反射率，监测作物长势和氮素营养状况，利用归一化植被指数（NDVI）计算作物的氮肥追施数量。将最高产量的 90% 作为临界值，根据施氮量与产量的关系，确定临界施氮量，再根据不同生育时期 NDVI 与施氮量的函数关系，确定该冬小麦品种在返青期、拔节期和开花期的临界 NDVI 值。

3. 依据 SPAD 值建立推荐施氮模型

依据施氮量与快速诊断指标间的线性相关关系以及施氮量与产量的拟合方程，可以建立 SPAD 值诊断推荐施氮模型。依据施氮量与 SPAD 值的线性关系求出各生育期测定 SPAD 值前的氮肥水平为 N_{fer}，整个生育期的最佳施氮量为 N_{opt}，各生育阶段的施氮量为 N_d，则各生育期施氮量为

$$N_d=N_{opt}-N_{fer} \tag{8-3}$$

$$N_{fer}=(SPAD-a)/b \tag{8-4}$$

将公式（8-4）代入公式（8-3），可得到 SPAD 值诊断推荐施氮模型：

$$N_d=N_{opt}-SPAD/b+a/b \tag{8-5}$$

式中，a 为 SPAD 值和施氮量线性方程的截距；b 为方程回归系数。将试验中得到的最佳施氮量，以及 a、b 值代入推荐施氮模型，可以得到不同小麦品种各生育时期的推荐施氮模型。

8.4.4　华北小麦土壤氮素供应特征

8.4.4.1　土壤氮素时空变化规律

由图 8-36 可见，在 0～90cm 土壤中，无机氮由上向下依次减少，不同小麦品种在各关键生育期均表现出同样的规律。由于播种时施肥，越冬期土壤无机氮维持较高的水平，0～90cm 土壤无机氮为 57.9～202.2kg/hm^2；随着小麦生长，吸收土壤中的氮素，各处理的无机氮在返青期都呈现减少的趋势，0～90cm 土壤无机氮为 77.0～121.8kg/hm^2；拔节期为小麦快速生长阶段，这个时期小麦需要大量的氮素供应，土壤中的无机氮降低到最低水平，0～90cm 土壤无机氮为 67.6～86.8kg/hm^2；开花期土壤无机氮含量升高，土壤氮素供应充足，能满足小麦

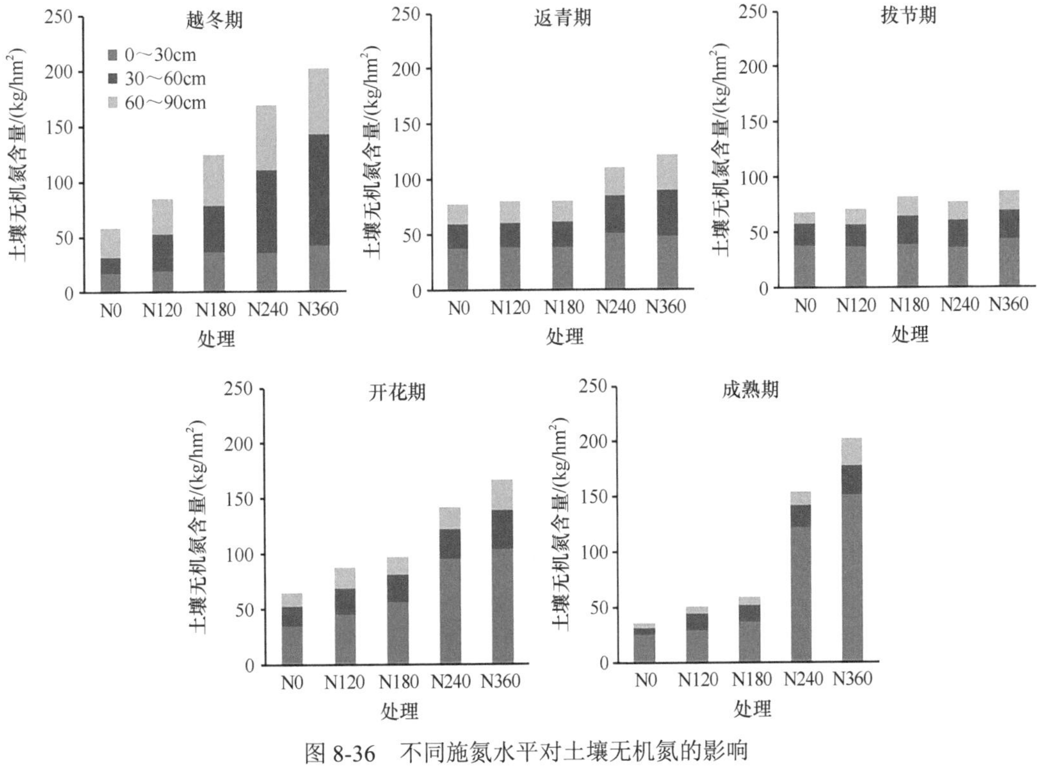

图 8-36　不同施氮水平对土壤无机氮的影响

生长对氮素的需求，0～90cm 土壤无机氮为 65.5～166.2kg/hm²；成熟期土壤无机氮降低，但 N360 处理的土壤无机氮仍维持较高的水平，0～90cm 土壤无机氮为 36.4～202.3kg/hm²。

8.4.4.2　不同施氮水平下小麦土壤氮素年度变化规律

由图 8-37 可知，0～90cm 土壤无机氮在不同年份间发生剧烈变化，特别是在高施氮量下变化明显。不施氮处理年际变化明显，可能是由于降水、灌溉等，同时不施氮处理能保证一定的产量、干物质和氮素吸收，说明土壤可以供应小麦生长所需的氮素，大部分来源于有机氮矿化。N120 和 N180 处理的无机氮在不同年份间基本保持稳定的趋势，说明 N120 和 N180 为合适的施氮量，既能满足作物对氮素的需求，土壤中也不会残留过多的无机氮。N240 和 N360 处理在不同年份间变化较大，特别是 N360 处理，说明 N360 是过量施氮，产量、干物质和氮素吸收没有明显增加，而且土壤中残留过多的无机氮。

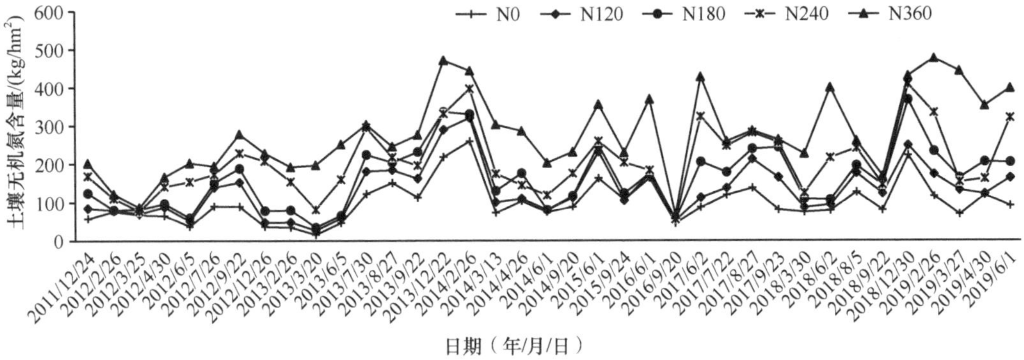

图 8-37　不同年份间小麦土壤无机氮变化趋势

8.4.5　华北小麦氮素匹配技术

8.4.5.1　华北小麦氮素匹配模式

如图 8-38 所示，根据华北小麦氮素匹配技术，研究建立了不同产区的冬小麦关键生育期阶段地上地下氮素匹配模式。

8.4.5.2　华北小麦氮素匹配技术应用效果

在华北冬小麦上，根据氮素需求和土壤氮素供应特征，通过控制氮肥用量，结合缓释氮肥和普通氮肥的配施，调控氮肥的施用时间和类型。不同用量控释尿素与普通尿素配比基施处理的小麦产量差异显著。与 U 相比，控释尿素处理的小麦产量升高 6.73%～21.28%，其中 CRU5 处理的小麦产量最高，为 7644.14kg/hm²。不同施肥处理与 CK 相比产量升高 21.21%～47.00%，CRU5 处理增产幅度最大，为 47.00%。不同控释尿素处理间小麦千粒重差异不显著，但 CK 和 U 处理相比差异显著。控释尿素的投入显著影响小麦的穗粒数和穗数，且 CK 和 U 处理相比差异显著（表 8-26）。

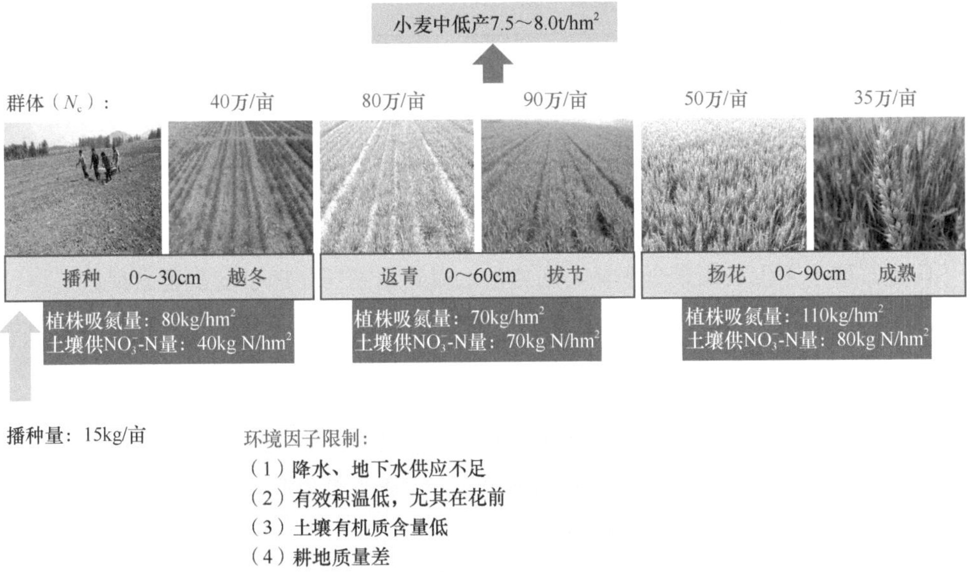

中低产区冬小麦各关键生育阶段地上地下氮素匹配模式图

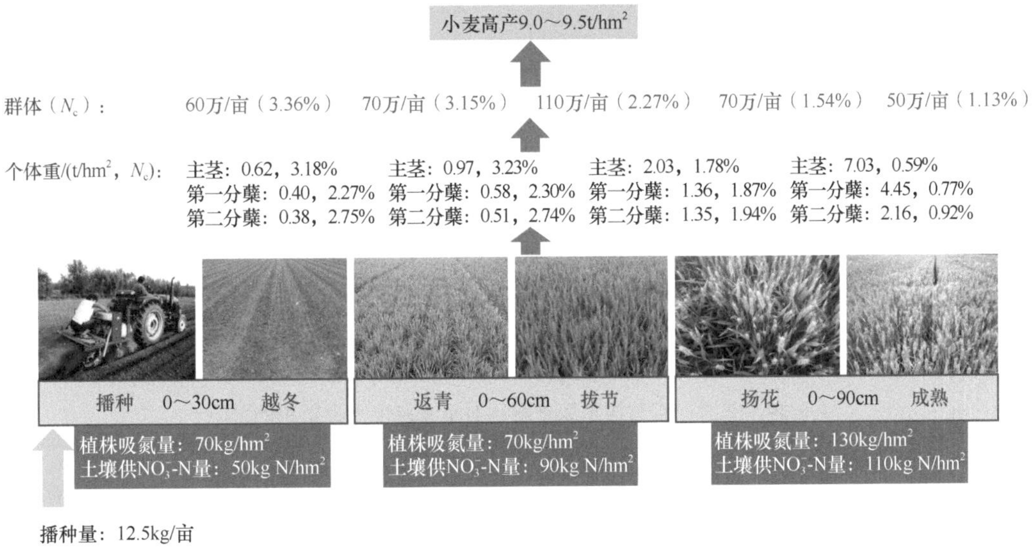

高产区冬小麦各关键生育阶段地上地下氮素匹配模式图

图 8-38　华北冬小麦氮素匹配模式

表 8-26　普通尿素与控释尿素配比对小麦产量和产量构成因素的影响

处理	产量/(kg/hm²)	千粒重/g	穗粒数/粒	穗数/(万穗/hm²)
CK	5200.08e	46.57a	31.67c	452.91b
U	6302.82d	43.89b	41.30ab	604.22a
CRU1	6726.69c	45.19ab	38.93b	577.74ab
CRU2	7017.09bc	44.72ab	40.37ab	593.43a
CRU3	6869.09ab	44.94ab	40.07ab	616.98a

续表

处理	产量/(kg/hm²)	千粒重/g	穗粒数/粒	穗数/(万穗/hm²)
CRU4	7282.61ab	44.50ab	42.17ab	667.98a
CRU5	7644.14a	44.97ab	44.00a	654.26a

注：CK 代表不施氮肥；U 代表普通尿素；CRU 代表聚氨酯包膜控释氮肥；CRU1，CRU∶U=1∶9；CRU2，CRU∶U=2∶8；CRU3，CRU∶U=3∶7；CRU4，CRU∶U=4∶6；CRU5，CRU∶U=5∶5。下同

不同处理随小麦生长氮素累积量不断增加，成熟期不同处理小麦氮素累积量差异显著，与 U 处理相比，控释尿素的投入使氮素累积量分别升高 7.83%、6.07%、17.97%、13.05%、9.21%。除 CRU1 处理外，其他控释尿素处理与普通尿素处理小麦氮肥偏生产力差异显著，不同处理氮素籽粒生产效率、氮收获指数、氮肥利用率差异不显著。不同配比处理小麦氮肥偏生产力分别比 U 处理高 3.81%、5.15%、5.72%、6.62%、9.56%。CRU5 处理氮肥利用率最高，比 U 处理高 159.2%。U 处理氮收获指数最高，其余处理氮收获指数差异不大（图 8-39，表 8-27）。

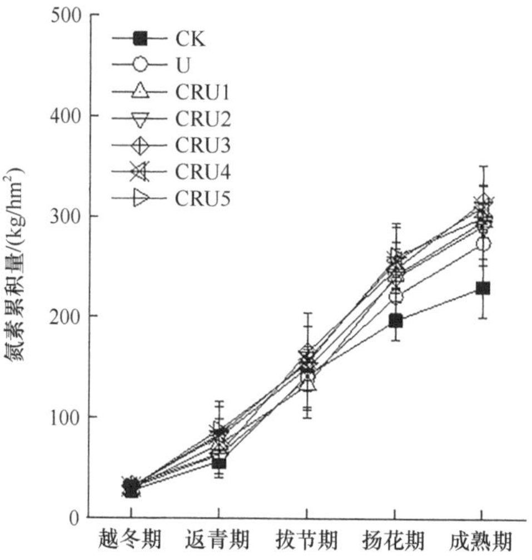

图 8-39　普通尿素与控释尿素配比对小麦氮素吸收累积的影响

表 8-27　普通尿素与控释尿素配比对小麦氮素利用效率的影响

处理	氮肥偏生产力/(kg/kg)	氮素籽粒生产效率/(kg/kg)	氮收获指数/%	氮肥利用率/(kg/kg)
CK		23.62a	31a	
U	29.91d	27.45a	40a	12.72a
CRU1	31.11cd	28.02a	39a	14.74a
CRU2	31.45bc	27.47a	37a	18.28a
CRU3	31.62bc	26.57a	36a	22.92a
CRU4	31.89ab	25.75a	35a	27.67a
CRU5	32.77a	25.37a	37a	32.97a

不同处理间小麦成熟期土壤铵态氮、硝态氮残留量差异显著，且铵态氮、硝态氮残留量趋势基本相似。CRU5 处理土壤铵态氮、硝态氮残留量都达到最高，分别为 4.57mg/kg、43.34mg/kg。土壤铵态氮、硝态氮残留量有随着控释尿素投入量增加而升高的趋势，与 U

处理相比，不同配比处理土壤硝态氮残留分别增加 −7.14%、42.38%、13.36%、36.43%、43.84%；铵态氮残留分别增加 −4.84%、29.35%、28.70%、51.40%、56.63%（图 8-40）。

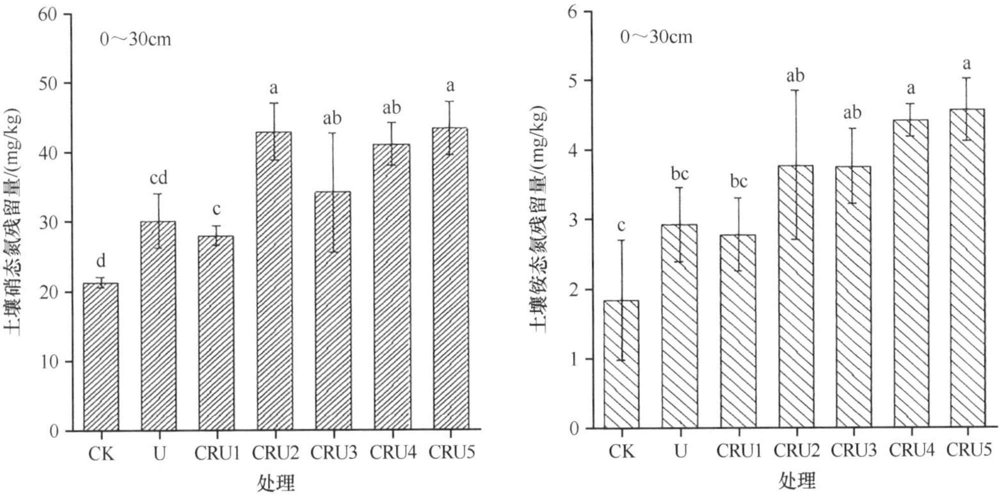

图 8-40　普通尿素和控释尿素配比对土壤无机氮残留量的影响

8.5　华北玉米氮素需求与土壤、肥料供氮时空匹配规律

8.5.1　华北玉米氮素管理存在的问题

华北夏玉米区播种面积为 0.12 亿 hm^2，占全国玉米总面积的 35% 以上，产量占全国玉米总产量的 36% 左右。但华北地区玉米生产中存在以下问题：①高温干旱、阴雨寡照、涝灾、风灾等自然灾害频发。②生物逆境严重，茎腐病、粗缩病、弯孢菌叶斑病、小斑病、锈病、黑粉病、褐斑病、纹枯病等主要病虫害频繁发生。③农机农艺融合差，农机农艺的不配套导致玉米密度、整齐度和成熟度出现问题，如玉米播种期和成熟期推后，缺乏适合机收的品种，制约了玉米收获机械化。④种质资源研究与利用薄弱，审定品种多，但遗传同质性高，缺乏适合机收的耐密品种。在氮素管理中，存在农户习惯氮肥投入平均用量偏多、农户间变异大的问题；随着玉米机播机收的推广，一次性基施现象普遍，但配套技术不完善；有机氮肥投入不足，土壤氮素库容缩减；施肥方式不合理，养分施用比例不平衡等。最终导致玉米的氮肥利用率低、环境损失大等问题，严重制约玉米的可持续生产。

8.5.2　华北玉米氮素需求规律

8.5.2.1　玉米氮素需求量及对产量的响应

根据河南省 885 个夏玉米试验数据，研究分析了夏玉米的氮素需求量、百千克籽粒养分需求量，以及养分需求对产量水平的响应特征。夏玉米氮素需求量变化较大，在 8.0t/hm^2 的产量水平下，50% 的样本分布在 145～215kg/hm^2，平均为 183.7kg/hm^2（图 8-41）。玉米养分需求与产量水平密切相关，随着产量的提高，养分需求量逐渐增加，不同产量水平下氮素吸收量分别为 116kg/hm^2（＜6.0t/hm^2）、156kg/hm^2（6.0～7.5t/hm^2）、194kg/hm^2（7.5～9.0t/hm^2）、226kg/hm^2（9.0～10.5t/hm^2）、231kg/hm^2（＞10.5t/hm^2），表明应根据区域及田块的玉米产量潜力合理调控养分管理。

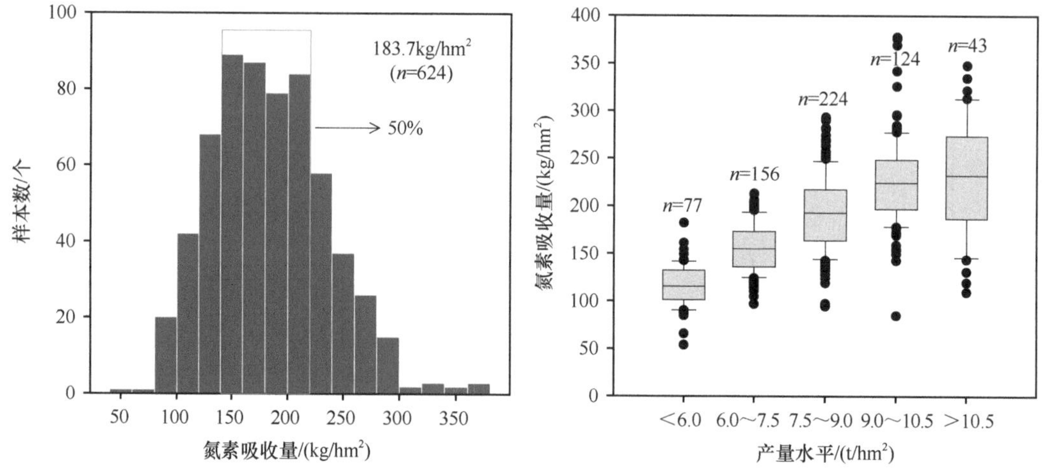

图 8-41　夏玉米氮素吸收量及与产量水平的关系

从百千克籽粒需氮量来看，夏玉米百千克籽粒需氮量平均为 2.29kg，随着产量水平的提高，玉米百千克籽粒需氮量整体呈逐渐下降的趋势。玉米产量水平从<6.0t/hm² 提高到>10.5t/hm²，各产量水平下的百千克籽粒需氮量分别为 2.38kg、2.33kg、2.31kg、2.25kg、2.11kg。7.5～9.0t/hm² 产量水平下的样本数最大，百千克籽粒需氮量变化范围最大，为 1.50～3.54kg；以<6.0t/hm² 产量水平下的百千克籽粒需氮量变化范围最小，为 1.76～2.83kg（表 8-28）。

表 8-28　夏玉米百千克籽粒需氮量

产量水平/(t/hm²)	样本数/个	百千克籽粒需氮量/kg	
		平均值	范围
<6.0	77	2.38±0.29	1.76～2.83
6.0～7.5	156	2.33±0.31	1.64～2.98
7.5～9.0	224	2.31±0.48	1.50～3.54
9.0～10.5	124	2.25±0.38	1.47～3.38
>10.5	43	2.11±0.47	0.97～2.59
总计	624	2.29±0.41	0.97～3.54

从养分吸收动态特征来看，夏玉米吸收氮素在大喇叭口期之前较慢，其后对养分的需求量增加。玉米产量越高，对氮素的需求量增加，且随着剩余期的推进，差异越来越大，在大喇叭口期之后养分吸收量的差异更加明显。相对于<9.0t/hm² 的产量水平，玉米高产达到 9.0～10.5t/hm²，在玉米抽雄、灌浆、成熟期氮素吸收量分别增加 19%、27%、32%；进一步提高产量到 10.5～12.0t/hm² 时，抽雄、灌浆、成熟期氮素吸收量分别增加 42%、57%、64%（图 8-42）。

8.5.2.2　施氮量对玉米氮素需求的影响

在同一施氮水平下，‘联创 808’（LC808）从拔节期到成熟期植株的氮素累积量呈现先增加后减少的趋势。在不同生育时期，LC808 的氮素累积量均在 N360 时达到最大值。在拔节期

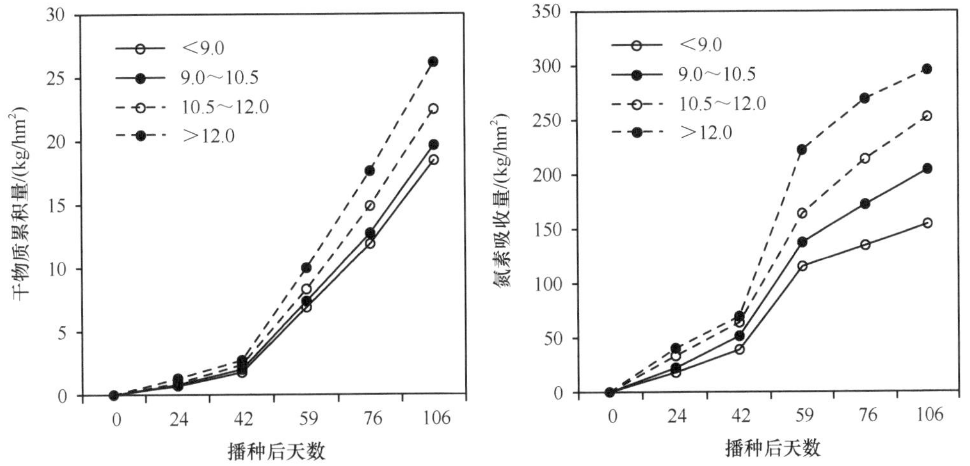

图 8-42　不同产量水平夏玉米氮素累积动态

至乳熟期，‘登海 685’（DH685）的氮素累积量也在 N360 时达到最大值；而在成熟期，施氮量为 N240 时 DH685 的氮素累积量达到最大值。施氮量为 N0 到 N180 时，LC808 和 DH685 的氮素累积量增加幅度较大；施氮量超过 N180 后，LC808 和 DH685 的氮素累积量的变化幅度降低（图 8-43）。

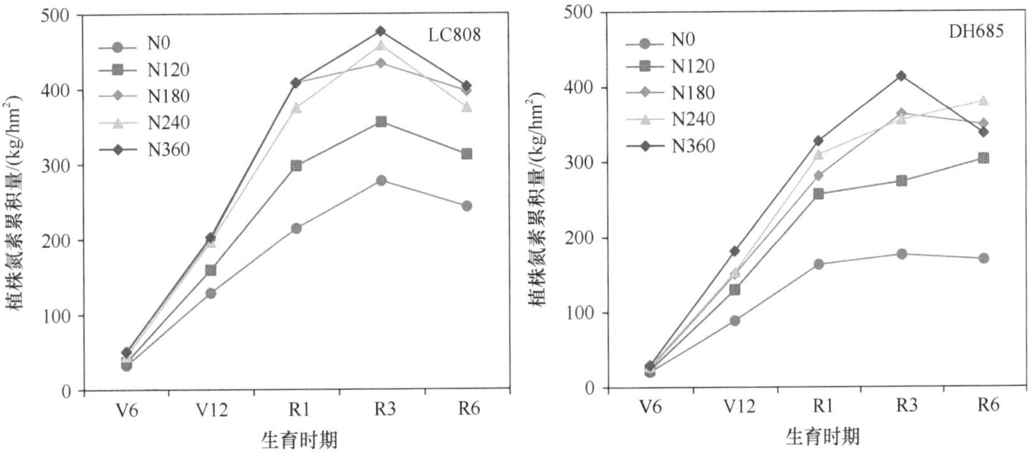

图 8-43　不同施氮水平对玉米植株氮素累积量的影响

V6、V12、R1、R3、R6 分别代表玉米的拔节期、大喇叭口期、吐丝期、乳熟期、成熟期。下同

在玉米拔节期、大喇叭口期和吐丝期，施氮量在 N0 到 N360 范围内，DH685 植株的氮素累积量随着施氮量的增加而增加，施氮量为 N360 时 DH685 植株的氮素累积量达到该生育时期最大值；在玉米乳熟期，施氮量在 N0 到 N180 范围内，植株的氮素累积量随着施氮量的增加而逐渐增加，施氮量为 N360 时植株的氮素累积量达到该生育期最大值；在成熟期，施氮量在 N0 到 N240（240kg/hm²）范围内，植株的氮素累积量随着施氮量的增加而逐渐增加，施氮量为 N240 时植株的氮素累积量达到该生育期最大值；同一施氮水平下，从拔节期到乳熟期 DH685 植株的氮素累积量逐渐增加。

8.5.2.3　不同类型玉米的氮素累积特征

两年中不同氮素处理的茎中平均氮转运效率分别为 54.8%（LC808）、58.9%（ZD958）、50.3%（DH685），而叶片中平均氮转运效率分别为 63.5%（LC808）、47.8%（ZD958）、41.0%（DH685）。对于相同的品种，在所有品种中，茎中氮转运效率均随着氮含量的增加而降低，而 LC808 的氮含量越高，叶片的氮转运效率就越高，而 ZD958 和 DH685 的氮含量越高，其叶片的氮转运效率却下降（图 8-44）。

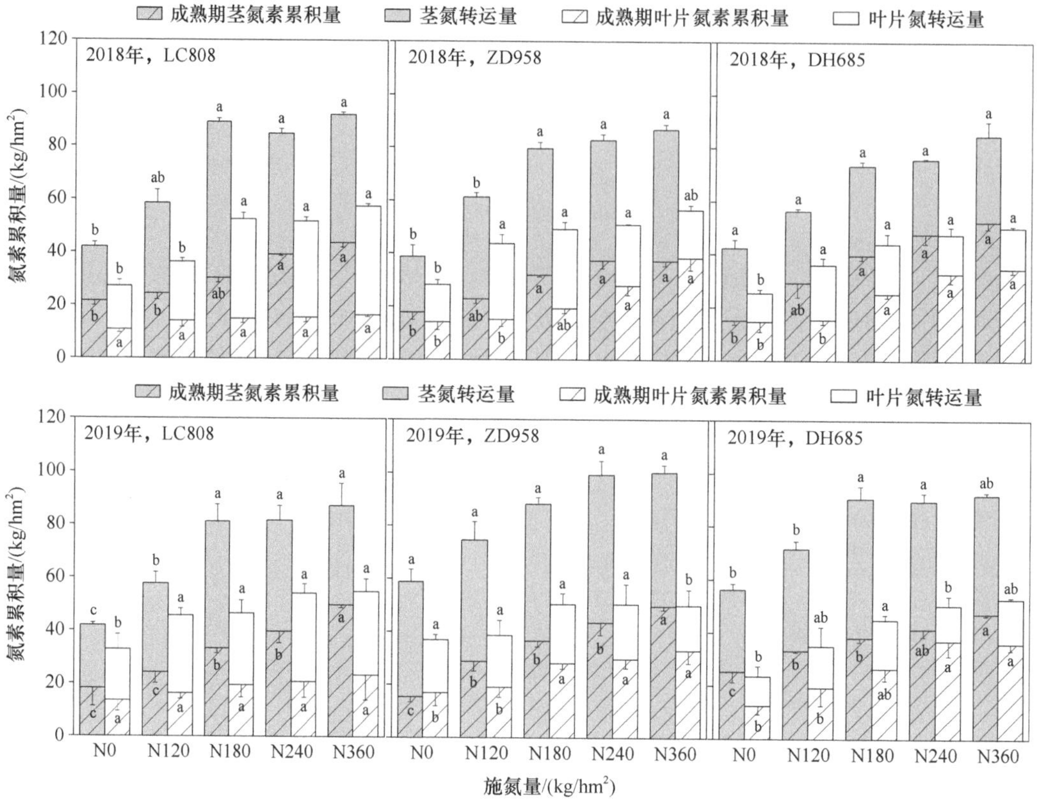

图 8-44　不同品种玉米氮素累积特征

ZD958 代表品种‘郑单 958’

在较高的氮肥施用量下，氮肥回收率（NRE）、氮肥偏生产力（N-PFP）和氮收获指数（NHI）均降低，而氮对 NHI 的影响低于 NRE 和 N-PFP（表 8-29）。两年试验中 3 个相关的氮肥利用率参数存在显著差异。2018 年 NRE 和 N-PFP 的平均水平低于 2019 年，而 NHI 则呈现相反的趋势。此外，不同品种的 N-PFP 和 NHI 存在显著差异，ZD958 和 DH685 的 N-PFP 高于 LC808，ZD958 的 NHI 最高，其次是 LC808，DH685 最低。

表 8-29　不同持绿型玉米的氮肥利用率

品种		氮水平	氮肥回收率/%	氮肥偏生产力/(kg/kg)	氮收获指数/%
	LC808	N0			65.2a
2018 年		N120	33.5a	57.0a	60.3a
		N180	34.0a	38.6b	65.7a

续表

品种		氮水平	氮肥回收率/%	氮肥偏生产力/(kg/kg)	氮收获指数/%
2018 年	LC808	N240	37.1a	26.0c	62.6a
		N360	22.3b	16.8d	62.1a
	ZD958	N0			73.2a
		N120	38.6a	63.2a	76.4a
		N180	35.0a	44.8b	72.1a
		N240	34.7a	33.8c	70.0a
		N360	28.3a	21.5d	63.1b
	DH685	N0			58.5b
		N120	47.9a	70.2a	66.6a
		N180	48.8a	51.4b	58.8b
		N240	47.3a	37.6c	58.2b
		N360	31.9b	23.6d	54.7b
2019 年	LC808	N0			62.8a
		N120	48.6a	59.1a	63.3a
		N180	48.7a	45.2b	57.7b
		N240	41.4a	37.0c	58.8b
		N360	33.9b	24.1d	52.6b
	ZD958	N0			64.2a
		N120	54.2a	76.7a	62.0ab
		N180	51.9a	53.8b	63.9a
		N240	46.1ab	39.6c	57.6b
		N360	33.6b	25.4d	60.3ab
	DH685	N0			61.0a
		N120	55.5a	67.8a	60.8a
		N180	45.6ab	49.9b	54.8ab
		N240	38.0ab	38.9c	56.3ab
		N360	28.3b	26.2d	51.3b

8.5.2.4 氮密互作对玉米氮素累积的影响

种植密度会影响玉米的氮素吸收特征（图 8-45）。品种‘伟科 702’（WK702）在抽雄期 4.5 万株/hm^2 和 7.5 万株/hm^2 条件下表现为 N360＞N180＞N0，且在 D75N360 时的氮素累积量最大，而到了灌浆期以后较高施氮量失去其优势，在成熟期的各个密度条件下均表现出 N180＞N360＞N0，与不施氮处理相比，N180 和 N360 氮素累积量分别增加了 55.79%～62.80%、4.57%～41.42%，在成熟期 D60N180 条件下的氮素累积量最大且显著高于其他处理；‘中单 909’（ZD909）不同于 WK702，除拔节期以外表现出随施氮量增加呈现先增加后降低的趋势，即在各密度条件下表现为 N180＞N360＞N0，N180 和 N360 处理显著高于不施氮处理，且在 D75N180 时的氮素累积量最大。

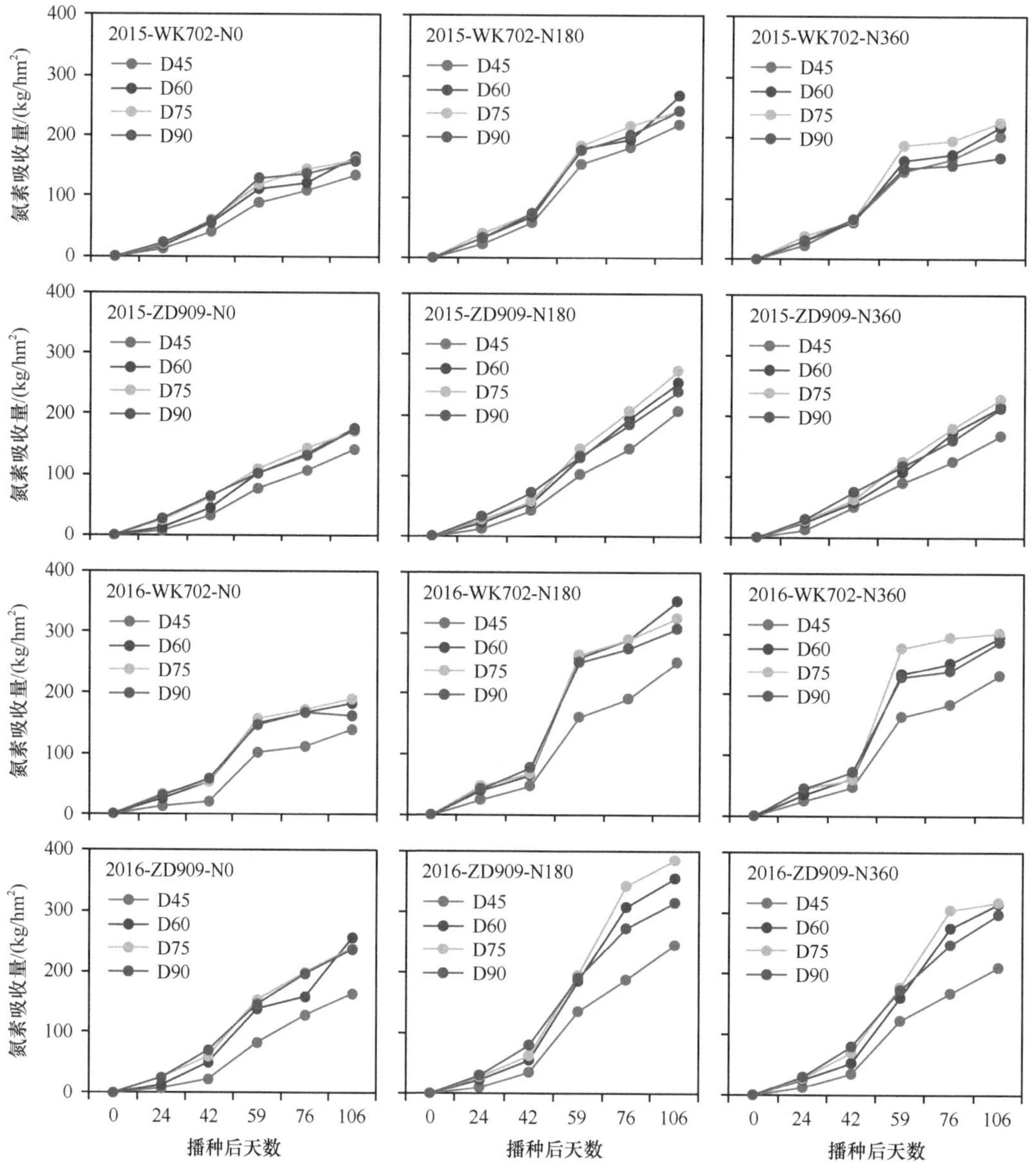

图 8-45　种植密度和施氮量对玉米不同生育期氮素吸收的影响

D45、D60、D75、D90 分别对应种植密度 4.5 万株/hm²、6.0 万株/hm²、7.5 万株/hm²、9.0 万株/hm²。
播种后 24d、42d、59d、76d、106d 分别对应玉米拔节期、大喇叭口期、抽雄期、灌浆期、成熟期

从两年两个品种的氮素转运对籽粒的贡献率来看，密度为 7.5 万株/hm² 时的贡献率要比另外 3 个密度条件下的值要高，且在密度由 6.0 万株/hm² 增密到 7.5 万株/hm² 时贡献率的值均在提升，而其他条件下并未表现出一致的趋势（表 8-30）。分析氮转运效率发现，氮转运效率与氮素转运对籽粒的贡献率有相同的趋势，均在密度为 7.5 万株/hm² 的条件下达到最大值。从氮收获指数可以看出，它与籽粒氮素累积量、花后氮素转运量的规律不完全一致，两个品种的氮收获指数均随着密度的增加而逐渐降低，相同密度条件下氮收获指数随着施氮量的增加有降低趋势，但 3 个处理相互之间并未达到显著水平。

表 8-30　种植密度和施氮量对玉米花后氮素累积和转运的影响

处理		WK702					ZD909				
		籽粒氮素累积量/（kg/hm²）	氮收获指数/%	花后氮转运量/（kg/hm²）	对籽粒贡献率/%	氮转运效率/%	籽粒氮素累积量/（kg/hm²）	氮收获指数/%	花后氮转运量/（kg/hm²）	对籽粒贡献率/%	氮转运效率/%
2015 年	D45N0	97.18k	73.01a	53.38g	54.93cd	59.76ab	106.67i	75.15a	41.29f	44.67bc	53.65a
	D45N180	157.21c	71.65a	92.02c	55.34c	59.48ab	151.99ef	73.99ab	47.56e	39.56c	47.09bc
	D45N360	137.44f	68.01b	80.66d	58.58c	55.49bc	121.10h	72.41bc	45.26e	43.87bc	49.42b
	D60N0	119.27g	72.12a	64.25f	53.76d	58.21ab	129.81g	73.57ab	54.14d	46.7ab	53.71a
	D60N180	189.56a	70.80ab	102.20b	55.30cd	56.66ab	182.31b	72.17bc	58.50c	40.12bc	45.36bcd
	D60N360	149.24d	68.11b	93.39c	58.38c	57.19ab	152.94e	71.14cd	46.70e	39.20c	42.92d
	D75N0	110.84h	69.85ab	71.50e	61.97b	59.90ab	121.89h	70.67cd	58.60c	51.21a	53.82a
	D75N180	172.67b	70.57ab	113.77a	63.12ab	61.24a	194.13a	71.17cd	64.77a	40.94bc	45.13cd
	D75N360	143.46e	63.24c	103.88b	66.52a	55.47bc	160.64d	70.80cd	59.72bc	43.58bc	47.40bc
	D90N0	99.45j	63.45c	70.72e	66.27a	55.57bc	118.17h	67.83e	46.63e	45.39abc	45.52bcd
	D90N180	157.77c	64.84c	91.08c	57.01cd	51.40c	168.62c	70.50cd	61.41b	43.31bc	46.53bcd
	D90N360	104.01i	62.23c	87.69c	55.59cd	58.14ab	148.86f	69.72de	54.09d	42.70bc	45.55bcd
2016 年	D45N0	97.12i	69.84bc	60.94h	62.75h	59.22d	115.47i	71.03a	37.47i	32.47d	44.30c
	D45N180	171.90d	68.31cd	80.63g	46.91k	50.27i	173.27f	70.27a	62.09c	35.82c	45.88b
	D45N360	154.38e	66.58d	86.17fg	55.81i	52.65h	145.54i	69.23a	57.44ef	39.47b	44.53c
	D60N0	124.27g	68.22cd	92.80f	74.70d	61.54c	167.58g	65.33bc	50.32g	30.01ef	36.13f
	D60N180	235.70a	57.15d	143.33c	60.81i	55.42g	237.27b	66.64b	67.53b	28.47f	36.24f
	D60N360	195.74b	66.60d	136.50c	69.73f	58.16ef	197.04d	62.61de	43.09h	21.84g	26.79i
	D75N0	134.73f	70.89b	102.40e	75.98c	64.90b	154.01h	64.43cd	68.28b	44.32a	47.08a
	D75N180	235.41a	72.69a	176.06a	74.79d	66.57a	249.45a	64.74bc	59.49cde	23.83g	30.44h
	D75N360	183.93c	60.96f	159.76b	86.86a	57.56f	201.69c	63.40cde	61.40cd	30.44def	34.53g
	D90N0	101.67h	62.43ef	86.67fg	85.25b	58.61de	144.72i	61.50e	55.17f	38.14b	37.85e
	D90N180	195.45b	63.50e	139.43c	71.35e	55.37g	204.15c	64.75bc	79.77a	39.08b	41.78d
	D90N360	175.15d	61.18f	117.66d	67.17g	51.41i	184.50e	61.75e	58.27def	31.59de	33.77g

8.5.3　华北玉米植株氮素诊断技术

8.5.3.1　玉米临界氮浓度稀释模型

临界氮浓度是指获得最大生物量增长所需要的最少氮营养，临界氮浓度稀释曲线及基于此的氮营养指数可以动态描述作物氮素营养状况的变化，是实现合理施用氮肥的氮素营养诊断关键技术。早在 1952 年，Ulrich 提出了“临界氮浓度”的概念，作物体内的临界氮浓度随地上部生物量的增长而降低，且存在幂函数关系，即临界氮浓度稀释曲线 $N_c=aW^{-b}$（a、b 为参数）。国内外学者先后在玉米上建立了相应的临界氮浓度稀释模型，验证了曲线的可靠性。

但是，植株临界氮浓度稀释模型参数变化幅度较大，其中参数 a 为 21.40～34.90、参数 b 为 0.14～0.48。这说明临界氮浓度稀释模型可能因气候、品种等的不同而出现差异，在很大程度上限制了临界氮浓度稀释模型的通用性，特别是品种。氮素利用效率是植株氮素吸收和利用能力的综合反映，与临界氮浓度的关系也最密切。因此，明确华北地区不同氮效率品种的临界氮浓度稀释模型的差异，对于提高模型的应用性具有重要意义。

8.5.3.2　玉米临界氮浓度稀释模型的建立

以两年各时期的地上部生物量和植株氮浓度进行拟合，得出每个时期的临界氮浓度，可以发现随着地上部生物量的增长，临界氮浓度呈下降趋势（图 8-46）。研究分别对两个品种的临界氮浓度进行幂函数拟合，建立玉米整个生育时期的临界氮浓度稀释曲线，结果显示两个品种的拟合方程均达到了极显著水平，决定系数分别为 0.947 和 0.978，表明该模型可以用来表征两个品种玉米地上部生物量和植株氮浓度的关系。相比‘中单 909’（ZD909），‘伟科 702’（WK702）的参数 a 提高了 15.70%，参数 b 降低了 7.84%，参数 a 变化值大于参数 b。

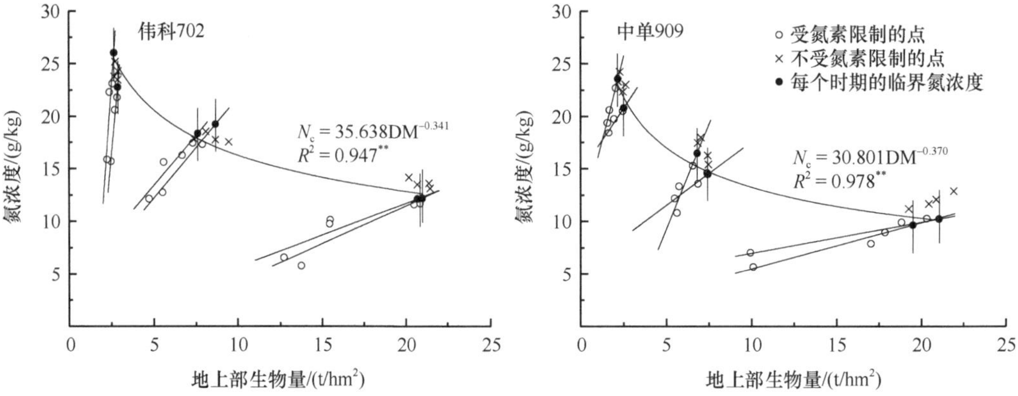

图 8-46　玉米植株临界氮浓度与地上部生物量的关系

DM 表示地上部生物量

8.5.3.3　玉米临界氮浓度稀释模型的验证

为了验证模型的稳定性和可靠性，以第三年各时期的地上部生物量和植株氮浓度进行拟合，计算并建立临界氮浓度稀释模型。利用不同时期的最大地上部生物量分别代入该模型中，得出临界氮浓度（CNC）模拟值和测定值。从表 8-31 可以看出，两个品种（‘伟科 702’‘中单 909’）的 CNC 误差分别为 −0.71～1.60g/kg、−1.46～0.36g/kg，计算得出‘伟科 702’的 RMSE 为 1.01、n-RMSE 为 5.71%，‘中单 909’的 RMSE 为 1.08、n-RMSE 为 6.76%，表明模型稳定性很高，可以用于氮素营养诊断。

表 8-31　玉米临界氮浓度（CNC）测定值与模拟值　　（单位：g/kg）

生育时期	伟科 702			中单 909		
	CNC 测定值	CNC 模拟值	误差	CNC 测定值	CNC 模拟值	误差
大喇叭口期	23.36	24.96	1.60	22.17	22.53	0.36
吐丝期	16.76	16.71	−0.05	14.64	13.53	−1.11
成熟期	13.00	12.29	−0.71	11.21	9.75	−1.46

8.5.3.4　基于临界氮浓度稀释模型的氮营养指数

为了检验通过玉米临界氮浓度稀释模型来估测玉米植株氮素盈亏水平的可行性，依据上述模型分析了两个品种 3 年不同时期的氮营养指数（NNI）。图 8-47 表明，两个品种的氮营养指数均随施氮量的增加而上升。两个品种的 N0、N120 处理的 NNI 都低于 1；随着玉米生育时期的推进，两个品种的 N240、N360 处理则一直升高。氮肥用量为 180kg/hm^2 时，大喇叭口期至吐丝期，两个品种氮营养指数均上升；吐丝期到成熟期，‘伟科 702’ NNI 呈下降趋势，‘中单 909’ 趋于平稳，且成熟期 NNI 均在 1 附近。相同施氮量下，‘中单 909’ 的氮营养指数整体上高于‘伟科 702’，说明氮高效品种对氮肥的需求量小于氮低效品种。由此可见，依据临界氮浓度稀释模型计算的氮营养指数可以很好地评价玉米植株氮素营养状况。

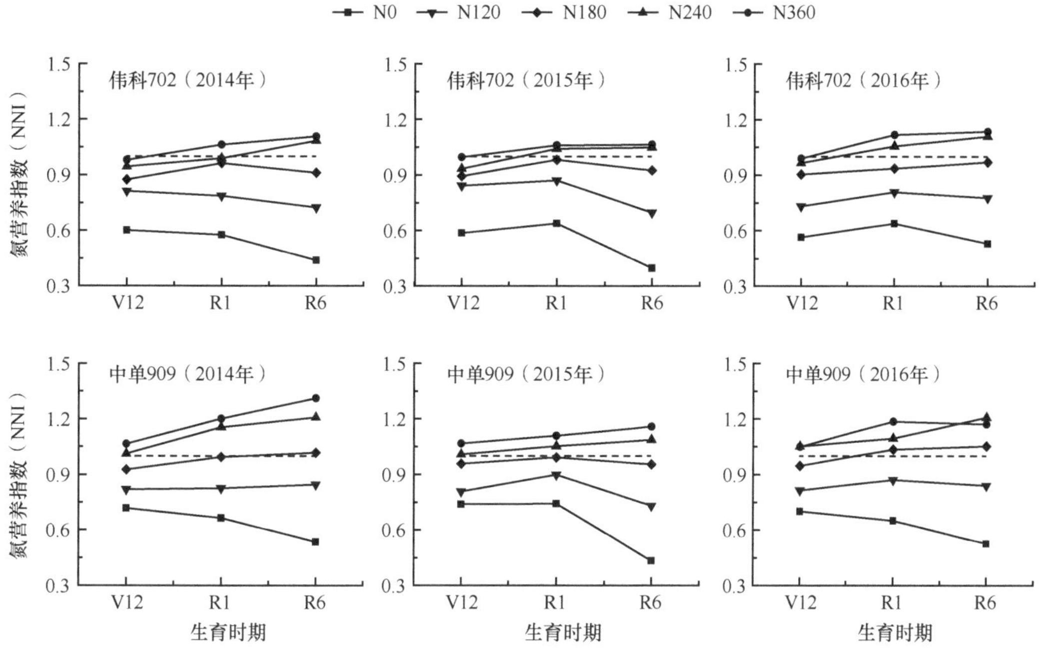

图 8-47　不同氮肥用量下玉米不同生育时期植株氮营养指数

图中水平虚线对应氮营养指数为 1.0

8.5.3.5　氮营养指数与地上部生物量和产量的关系

以 3 年的数据，分别研究了氮营养指数与玉米相对生物量（RDW）和相对产量（RY）的关系。从图 8-48 可知，‘伟科 702’ 和‘中单 909’ 不同生育时期的 NNI-RDW 均表现为线性相关关系，随着 NNI 的增加，相对生物量不断增加，方程决定系数分别为 0.731、0.827、0.803 和 0.880、0.643、0.886，均达到极显著水平。从图 8-49 可以看出，NNI 与 RY 呈二次曲线关系。相对产量随 NNI 的增加先升高后降低，回归方程决定系数分别为 0.783、0.860、0.730 和 0.805、0.689、0.804，同样均达到极显著水平。两个品种都在 V12 时期 NNI 为 0.99、0.96 时 RY 获得最大值，分别为 0.95 和 0.96。

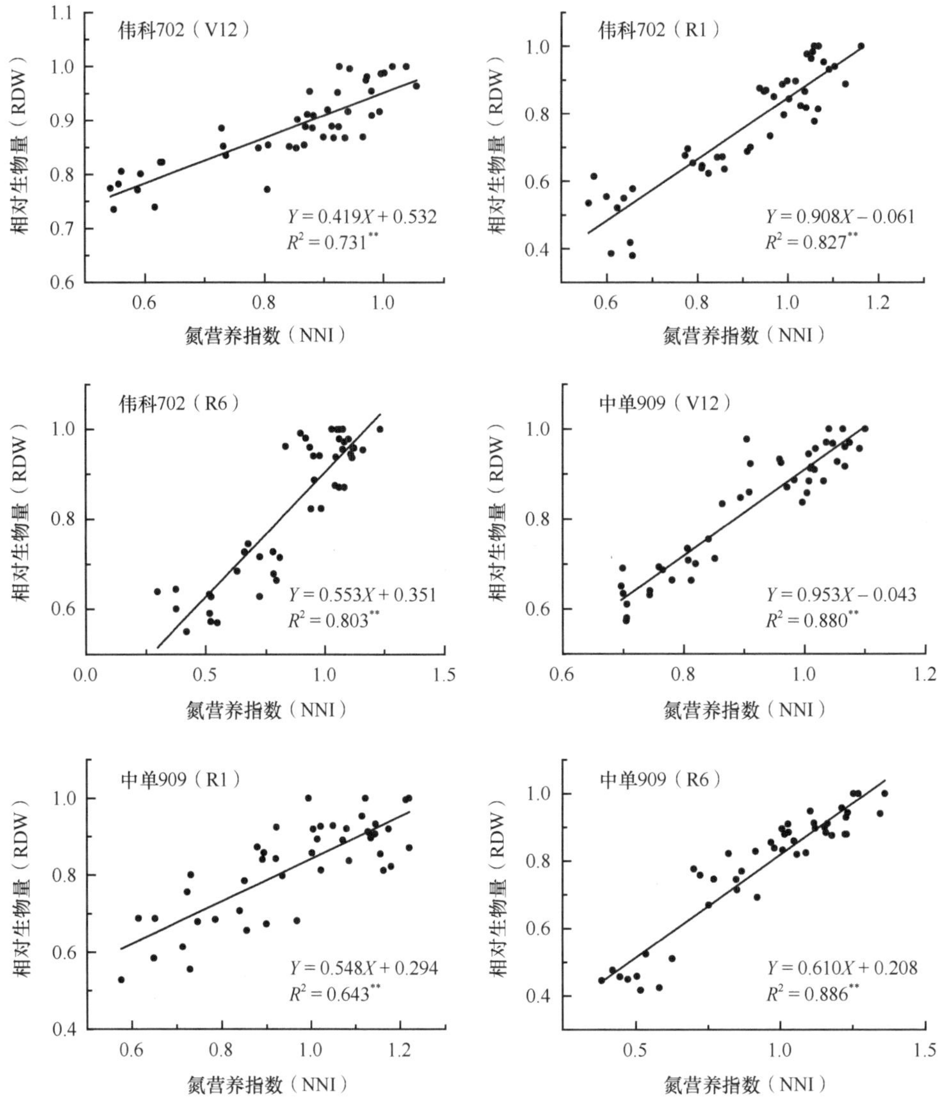

图 8-48　玉米氮营养指数（NNI）与相对生物量（RDW）的关系

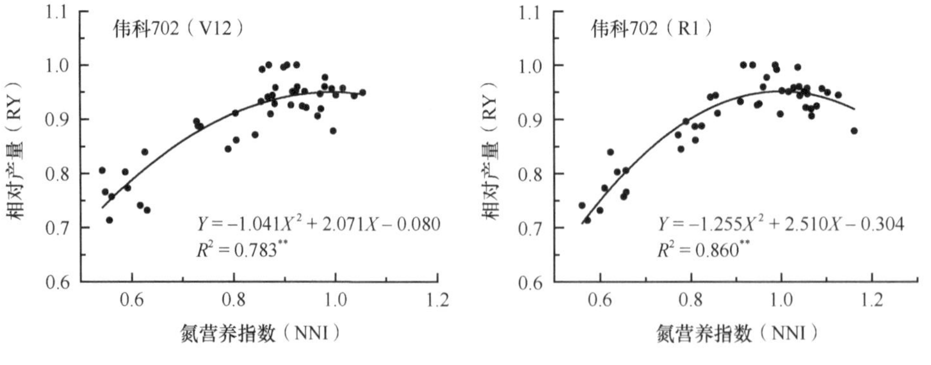

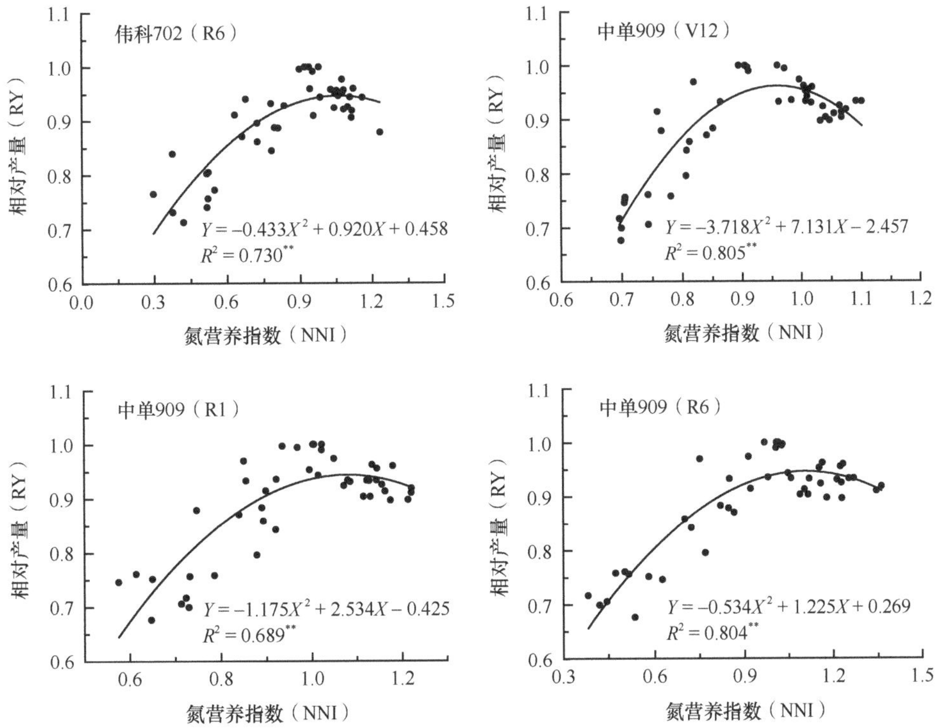

图 8-49　玉米氮营养指数（NNI）与相对产量（RY）的关系

8.5.4　华北玉米土壤氮素供应特征

8.5.4.1　土壤无机氮施氮时空变化

土壤无机氮含量随着土层往下依次递减，不同品种间表现出相似的规律。随着玉米生育期的进行，土壤无机氮的含量先升高后降低，大喇叭口期是追肥的关键时期，追肥后在灌浆期无机氮含量增加，灌浆期到成熟期作物对氮素需求较高，在成熟期无机氮含量降低。从不同施氮用量来看，高施氮量的处理在整个生育期的无机氮都比较高，尤其是施氮 360kg/hm^2，远高于其他施氮量，在收获后仍有大量无机氮残留，表明过高的施氮量可能存在环境风险（图 8-50）。

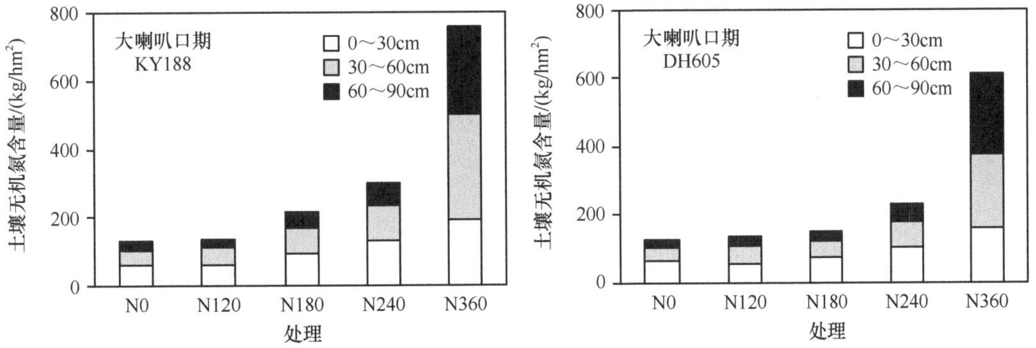

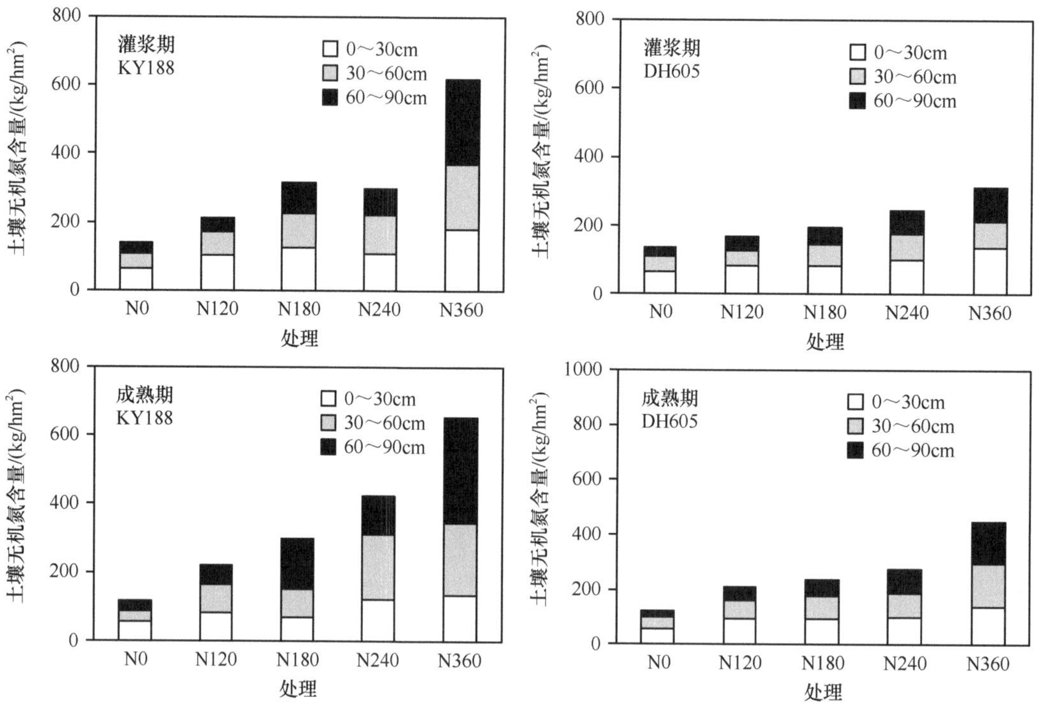

图 8-50　玉米不同生育时期土壤无机氮时空变化

8.5.4.2　基于土壤无机氮的氮素调控阈值

土壤无机氮的年际变化很大，根据玉米产量划分为高产年份和低产年份，并建立针对不同年份的土壤无机氮临界范围。根据无机氮与产量的相关性分析，结合玉米大喇叭口期的根系特征，可以将 0～30cm 土壤无机氮含量作为临界值，为 162kg/hm^2（图 8-51a～c）；而在低产年份 0～30cm 土壤无机氮含量临界值为 89kg/hm^2（图 8-51d～f）。相似地，根据灌浆期玉米长势及根系发育，结合无机氮与产量的相关性分析，可以将高产年份 0～60cm 土壤无机氮含量作为临界值，为 231kg/hm^2（图 8-52a～c）。而低产年份 0～60cm 土壤无机氮含量临界值为 187kg/hm^2（图 8-52d～f）。

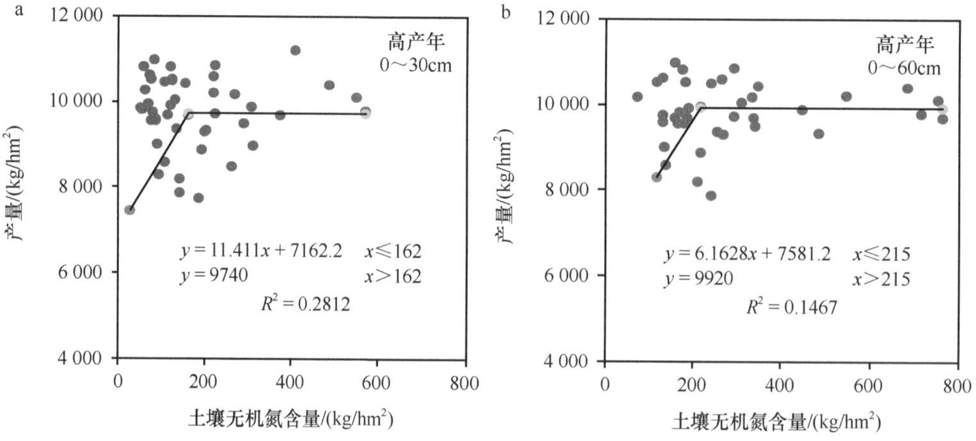

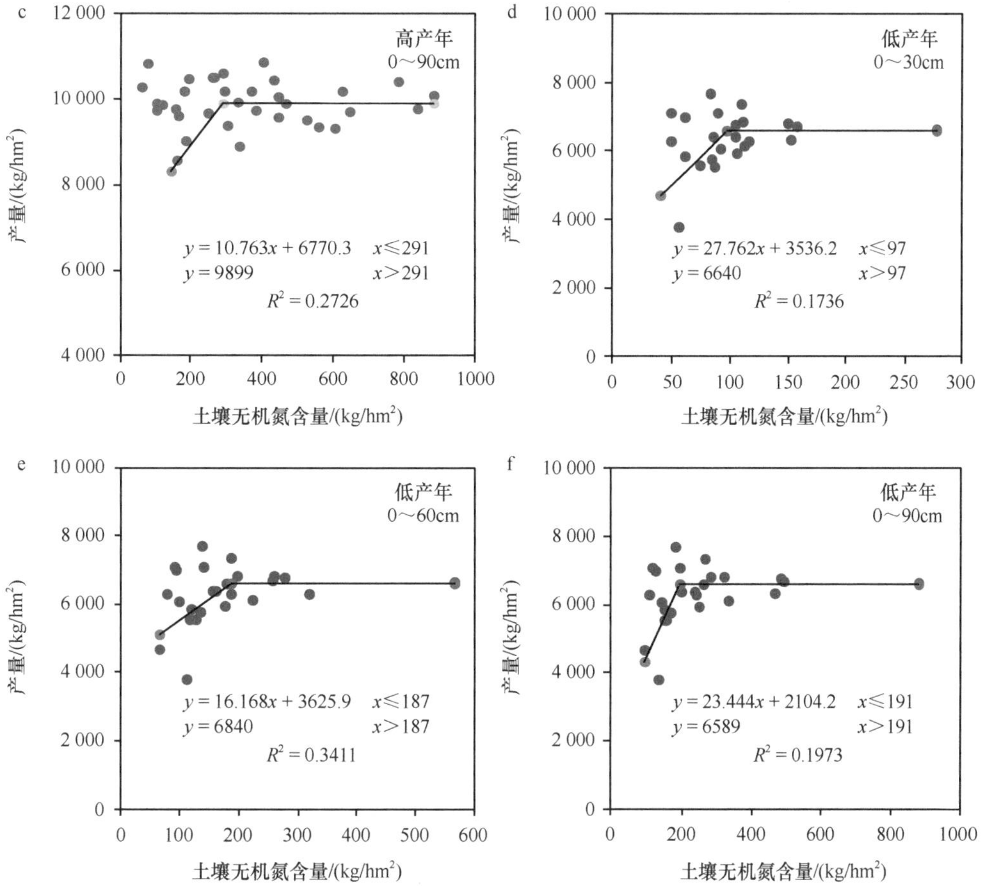

图 8-51　不同年份玉米大喇叭口期土壤无机氮与产量的关系

8.5.5　华北玉米氮素匹配技术

8.5.5.1　华北玉米氮素匹配的原理与技术

华北玉米氮素匹配的原理：①定量不同产量水平与区域的玉米氮素需求量与需求动态；②定量不同产量水平与区域土壤氮素供应的时空变化特征；③优化氮肥用量、时间、类型、方法等技术，实现肥料氮素管理与玉米需氮、土壤供氮的匹配，形成综合匹配模式；

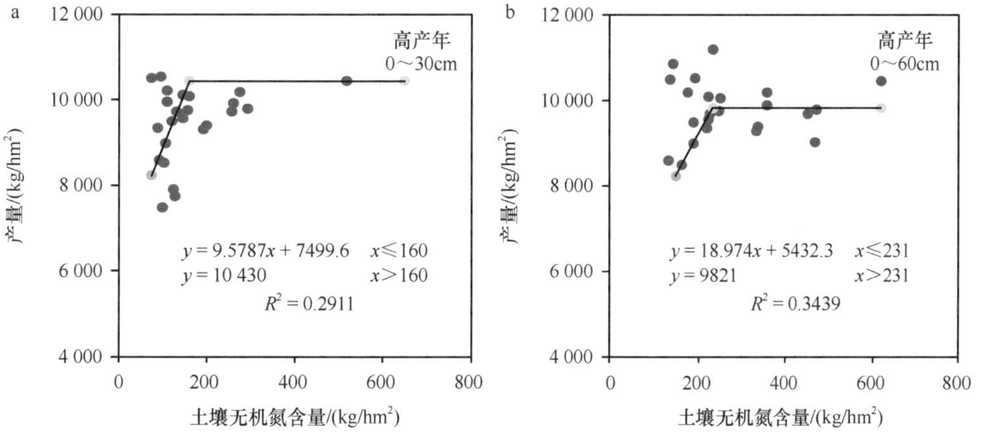

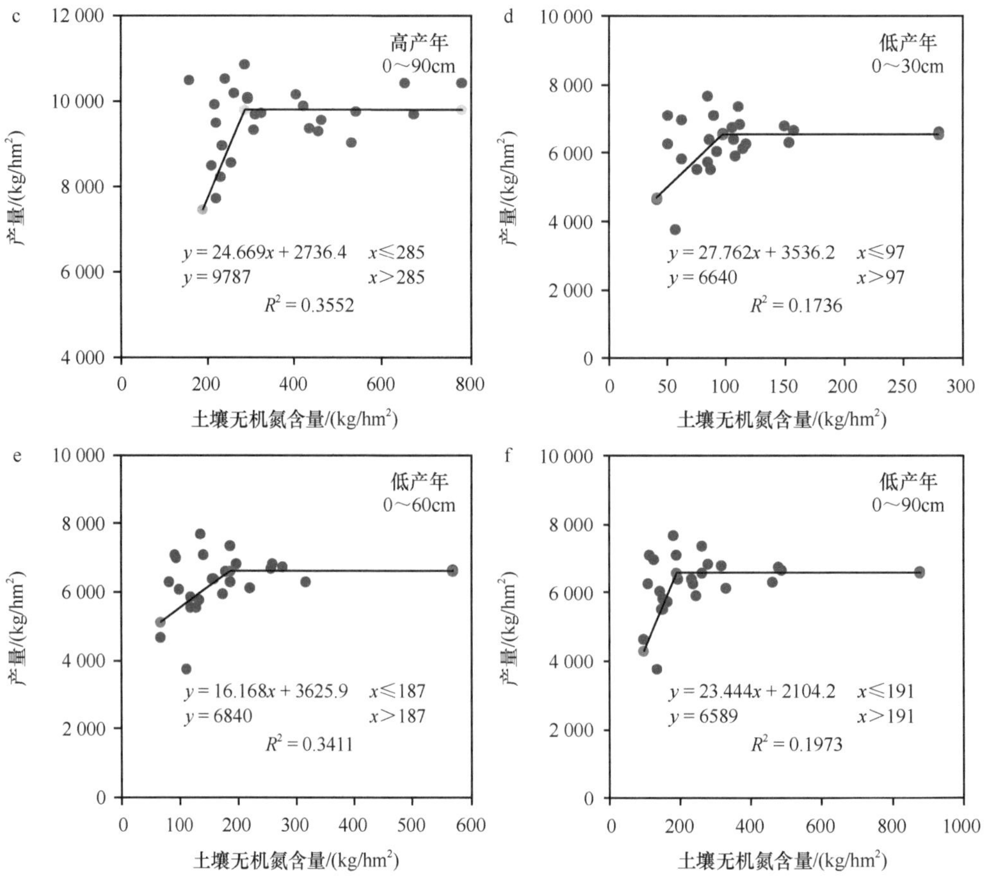

图 8-52　不同年份玉米灌浆期土壤无机氮与产量的关系

④在玉米管理过程中，通过地上部玉米氮素营养诊断，结合土壤无机氮诊断指标，对玉米氮素进行实时实地调控，以实现玉米氮素管理在时间上匹配、空间上耦合，从而达到高产高效（图 8-53）。

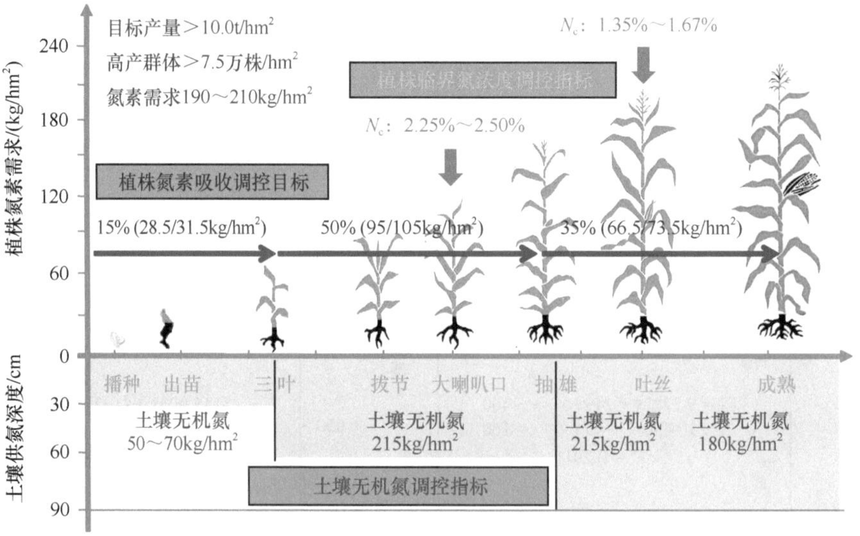

图 8-53　华北玉米氮素匹配技术模式

从施氮总量来看，根据华北玉米目标产量和土壤地力，>10.5t/hm^2 的高产玉米施氮水平需要达到 240kg/hm^2，可满足玉米生长发育需求，土壤无机氮残留较低，产量较高。而目标产量在 9.0t/hm^2 以上的土壤，施氮水平 180～210kg/hm^2 可满足玉米氮素需求，并维持较低的土壤无机氮残留。

施氮时间一方面要考虑玉米氮素吸收动态规律，另一方面要考虑农户种植习惯与收益。从吸收规律来看，玉米大喇叭口期之后生长速度快，养分需求迫切，因此宜采用基肥+追肥的模式。但考虑农户后期追肥意愿，加之近年来缓释、控释氮肥技术的进步及价格的下降，采用普通氮肥与缓释氮肥按比例配合施用的“一次性施肥”技术，既解决了施用时间的问题，也解决了氮肥施用类型的问题。

在施用方式上，华北地区基本上实现了种肥异位同播技术的推广，可结合侧深施肥技术，促进玉米根系生长，并提高氮肥利用率。在品种和栽培等技术上，也应选择氮高效利用和耐密品种，通过氮密互作关系，发挥综合匹配技术优势。

8.5.5.2　华北玉米氮素匹配应用效果

3 年综合试验表明，相对于农户习惯施肥（FP）处理，氮素匹配技术模式（OPT）可分别实现增产 8.4%、10.5%、12.7%，平均为 10.5%；氮素表观盈余（肥料氮－籽粒氮）分别降低了 30.4%、35.6%、32.3%，平均为 32.8%；而土壤无机氮残留分别降低 34.1%、35.7%、29.8%，平均为 33.2%，实现了玉米增产增效，并降低了施氮的环境风险（图 8-54）。

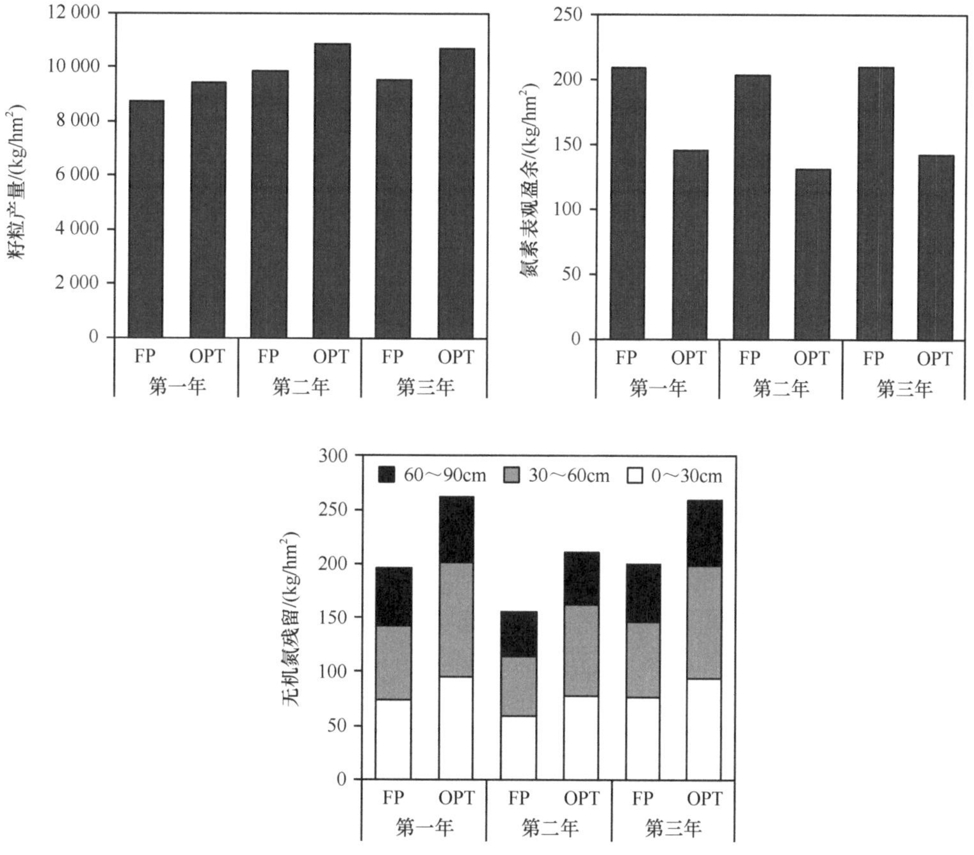

图 8-54　华北玉米氮素匹配技术模式的应用效果

8.6 华北棉花氮素需求与土壤、肥料供氮时空匹配规律

8.6.1 华北棉花氮素管理存在的问题

中国是世界上最大的棉花生产国和消费国，皮棉平均单产比世界平均高87%。近年来，逐渐形成了西北内陆棉区、黄河流域棉区和长江流域棉区三大主产棉区。由于水热条件好、土壤肥沃，有利于棉花生产发展，黄河流域棉区历来是我国主产棉区之一，棉花种植面积最高年份占全国总面积的60%（张枫叶等，2018）。华北棉区为黄河流域棉区的一个亚区，包括河南的豫北地区、河北（除承德）大部、北京和天津郊区及山东全省，该亚区棉田面积占黄河流域棉区面积的55%左右（毛树春，2019）。随着城市化进程的加快及粮棉争地矛盾日益突出，华北棉区的棉花播种面积和总产量迅速下降。为促进该地区棉花生产平稳发展，需调整棉花育种目标，加快棉花结构调整，提高植棉轻简化和机械化水平（王红梅等，2018）。此外，棉花属于抗旱耐盐碱的作物，开发利用滨海盐碱旱地发展棉花生产，有利于优化种植结构，缓解粮棉争地矛盾，实现规模化、集约化植棉。华北平原棉花氮素管理普遍存在的问题：一是施氮量偏大，华北平原亚区皮棉产量水平为1500kg/hm^2，氮肥用量为187.5～225kg/hm^2（毛树春，2019）。而在华北棉花生产中，农户棉田的施氮量一般在300kg/hm^{2}以上，远高于氮素需求量（1500kg/hm^{2}皮棉氮需求量平均为202.5kg/hm^2），导致棉花生产成本提高、氮素利用效率降低、晚熟减产、纤维品质下降，同时带来一系列环境问题。有研究认为（Luo et al., 2018），可以在保证籽棉产量的同时降低施氮量20%～30%。因此，华北棉花生产仍有很大的节氮空间。二是基追肥用量与施用时期不合理，一般基施比例偏大，致使棉花后期缺肥，影响棉花的生长发育和产量。棉花生育期较长，在不同的生育阶段其养分需求特性存在较大差异，确定与之相适应的氮肥施用时期具有重要意义。徐新霞等（2015）认为在施两次氮肥且氮肥总量相同的情况下，基追比为2∶8有利于提高棉花的叶面积指数和净光合速率，且营养生长和生殖生长较为协调，能促进生殖器官干物质的积累。马宗斌等（2013）则认为黄河滩地棉花氮肥分施比例为4∶4∶2，即基施40%、初花追施40%、盛花追施20%时，棉花生育中后期干物质积累量较大，且分配到生殖器官中的比例较高，有利于籽棉高产。

8.6.2 华北棉花氮素需求规律

8.6.2.1 不同产量水平下棉花氮素需求规律

不同产量水平下棉花各时期的吸氮量占生育期的比例基本一致：苗期的吸氮量约占生育期全氮量的4.5%；蕾期棉株吸氮量占生育期全氮量的28%～30%；花铃期是营养生长和生殖生长两旺的时期，生长最快，碳氮代谢都很旺盛，氮素累积量占生育期的60%～62%；吐絮期占3%～8%。随着产量水平的提高，各时期氮素的吸收量及吸收强度均显著增加，棉株生育期的总吸氮量也显著增加，940.5kg/hm^2、1114.5kg/hm^2、1420.5kg/hm^{2}皮棉产量的吸氮量分别为127.8kg/hm^2、153.06kg/hm^2、182.81kg/hm^2（表8-32）。

表8-32 不同产量水平下棉花生育期内氮素吸收动态（李俊义等，1990）

皮棉产量/(kg/hm^2)	生育时期	吸氮量/(kg/hm^2)	吸氮量占总量比例/%	吸氮强度/[kg/(hm^2·d)]
940.5	苗期（41d）	5.72	4.5	0.14
	蕾期（27d）	38.67	30.4	1.43

续表

皮棉产量/(kg/hm²)	生育时期	吸氮量/(kg/hm²)	吸氮量占总量比例/%	吸氮强度/[kg/(hm²·d)]
	花铃期（54d）	79.92	62.4	1.49
940.5	吐絮期（46d）	3.5	2.7	0.08
	生育期（168d）	127.8	100	0.77
	苗期（41d）	6.81	4.5	0.17
	蕾期（27d）	44.78	29.3	1.67
1114.5	花铃期（54d）	93.14	60.8	1.73
	吐絮期（46d）	8.34	5.4	0.18
	生育期（168d）	153.06	100	0.92
	苗期（41d）	8.46	4.6	0.21
	蕾期（27d）	50.91	27.8	1.89
1420.5	花铃期（54d）	109.26	59.8	2.03
	吐絮期（46d）	14.18	7.8	0.32
	生育期（168d）	182.81	100	1.1

通过对 1990～2018 年发表的关于棉花氮素利用的文献数据进行分析，将籽棉产量分为<3t/hm²（n=34）、3～4t/hm²（n=96）、4～5t/hm²（n=70）、5～6t/hm²（n=34）、>6t/hm²（n=54）5 个水平，对比分析不同产量水平下的氮素累积量差异。如图 8-55a 所示，氮素的累积量随着籽棉产量水平的提高显著增加，3～4t/hm²、4～5t/hm²、5～6t/hm²、>6t/hm² 的籽棉产量对应的氮素累积量分别为 166kg/hm²、183kg/hm²、219kg/hm²、248kg/hm²，相较于<3t/hm² 的籽棉产量水平分别高出了 58%、74%、109%、136%。可见，较高的氮素累积量是提高籽棉产量的基础。当籽棉产量<3t/hm² 时，百千克籽棉需氮量为 3.8kg；在 3～4t/hm² 的籽棉产量水平下，百千克籽棉需氮量为 4.65kg；产量超过 4t/hm² 后百千克籽棉需氮量反而下降（图 8-55b），高产条件下棉株吸收的氮在体内的利用效率较高。

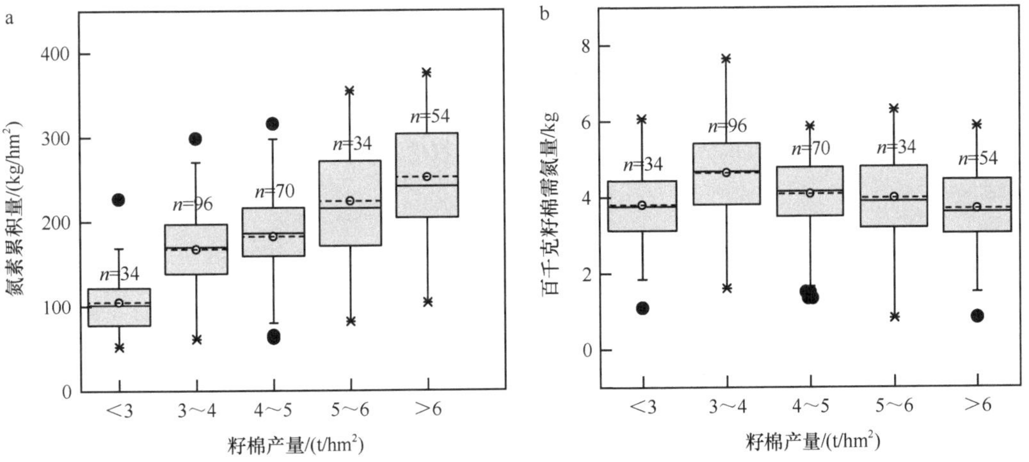

图 8-55　不同籽棉产量水平下的氮素吸收（a）和百千克籽棉需氮量（b）

8.6.2.2 不同品种棉花氮素需求规律

棉花对养分的吸收特点因品种熟性差别而不同。早熟品种‘鲁棉研 54’、中早熟品种‘鲁棉研 28’和中熟品种‘冀棉 228’不同生育时期氮素需求量存在显著差异，生育期越长氮素需求量越大。3 个品种不同生育时期的氮素需求比例均以花铃期最大，分别为 53.4%、66.6%、63.8%；早熟品种‘鲁棉研 54’与其他两个品种相比，生育前期（苗期、蕾期）氮素需求比例相对较大（表 8-33）。综上，花铃期是棉花氮素需求的高峰期，该时间段保证充足的氮肥供应非常重要，对于早熟品种的蕾期也要保证相对多的氮素供应。李鹏程等（2012）的研究表明，早熟棉花品种在吐絮至收获阶段，干物质积累及养分吸收占生育期的比例高于中熟品种，与表 8-33 的结果不一致，可能与品种不同有关。

表 8-33 棉花不同熟性品种各生育时期氮素累积量及占生育期总量的比例

生育时期	氮素累积量/(kg/hm^2)			占生育期总量的比例/%		
	鲁棉研 54（早熟）	鲁棉研 28（中早熟）	冀棉 228（中熟）	鲁棉研 54（早熟）	鲁棉研 28（中早熟）	冀棉 228（中熟）
苗期	11.55	15.00	12.15	8.1	6.4	4.5
蕾期	33.45	32.10	34.35	23.6	13.8	12.6
花铃期	75.75	155.25	173.70	53.4	66.6	63.8
吐絮期	21.15	30.75	52.05	14.9	13.2	19.1
生育期	141.90	233.10	272.25	100.0	100.0	100.0

棉株氮素吸收量与棉株出苗后天数之间的 Logistic 方程模拟达到极显著水平（表 8-34）。根据 Logistic 方程的 t_1 和 t_2，可将棉株生育期氮素吸收过程划分为 3 个阶段，即始增期（0～t_1）、快增期（$\Delta t=t_2-t_1$）、缓增期（t_2 至棉花生长结束）。‘鲁棉研 54’‘鲁棉研 28’‘冀棉 228’氮素吸收的快速增长期分别在出苗后 41～84d（开花期前 8d 至开花期后 35d）、51～98d（开花期当天至开花期后 47d）、57～110d（开花期后 3～56d）；氮素最大吸收速率出现的日期分别在出苗后 63d、74d、84d，分别为 3 个品种的开花期后 14d、23d、30d。在棉株 3 个生长阶段中，快增期氮素吸收量最大，3 个品种均占生育期的 57% 左右；而始增期和缓增期氮素吸收量均占生育期的 21% 左右（表 8-35）。以上结果表明，随着棉花品种生育期的延长，氮素吸收快增期的起始时间和结束时间及氮素最大吸收速率出现的时间均延后，快增期持续时间延长。

表 8-34 不同熟性品种棉花氮素累积方程及其特征值

品种	方程	R^2	t_1/d	t_2/d	Δt/d	t_m/d	V_m/[$kg/(hm^2 \cdot d)$]	W_m/(kg/hm^2)
鲁棉研 54	$y=9.5053/[1+EXP(3.8393-0.060\,951t)]$	0.9892**	41	84	43	63	2.175	142.65
鲁棉研 28	$y=15.5883/[1+EXP(4.1378-0.055\,703t)]$	0.9966**	51	98	47	74	3.255	233.85
冀棉 228	$y=19.0426/[1+EXP(4.1431-0.049\,500t)]$	0.9981**	57	110	53	84	3.54	285.6

注：y 为棉花氮素累积量（kg/亩），t 为棉花出苗后天数；t_1、t_2 分别为快增期的始点、终点；$\Delta t=t_2-t_1$，表示快增期的长短；t_m 为最大氮素累积速率出现的时间；V_m 为最大氮素累积速率；W_m 为最大氮素累积量；R^2 为回归方程的决定系数，** 表示回归方程统计检验达到极显著水平（$P<0.01$）

表 8-35　棉花氮素积累过程的 3 个阶段

品种	始增期			快增期			缓增期		
	阶段/d	积累量/(kg/hm^2)	相对积累量/%	阶段/d	积累量/(kg/hm^2)	相对积累量/%	阶段/d	积累量/(kg/hm^2)	相对积累量/%
鲁棉研 54	1～41	29.55	20.7	42～84	82.05	57.5	85～113	31.05	21.8
鲁棉研 28	1～51	50.25	21.5	52～98	134.25	57.4	98～136	49.35	21.1
冀棉 228	1～57	60.15	21.1	58～110	164.4	57.6	111～136	61.05	21.4

注：相对积累量（%）=(阶段积累量/生育期积累量)×100%

8.6.2.3　不同施氮水平下棉花氮素需求规律

施氮量对棉花生育期内氮素吸收利用的作用主要表现在对吸氮量、氮素累积速率、不同器官及不同生育期的氮素分配比例的影响上。在一定施氮范围内，棉花的生物量、吸氮量和产量均随氮素水平的增加而增加，施氮量对棉花蕾、花、铃生物量积累和氮素吸收的影响大于茎和叶，增加氮素能显著提高生物量累积速率、氮素吸收速率及单株铃数和铃重（刘涛等，2010）。董合林等（2012）认为在 0～360kg/hm^2 施氮量条件下，随着施氮量的增加，棉株氮素累积量逐渐增加，在施氮量 360kg/hm^2 条件下时达到最大，其中棉铃氮素的分配比例在施氮量 270kg/hm^2 时最大。

华北棉花表现出相似的结果。如图 8-56 所示，棉株氮素累积量随着施氮量的增加而显著增加，施氮量超过 240kg/hm^2 后，再增加施氮量则氮素累积量不再增加，不同施氮水平棉株的吸氮量为 136～207kg/hm^2；各处理的氮素吸收快增期开始时间为出苗后 52～56d（开花期前 2d 至开花后 2d，平均在开花期当天），结束时间在出苗后 98～103d（开花后 44～49d，平均在开花后 46d），平均持续 46d。随着施氮量的增加，棉株氮素累积的快增期开始和结束时间均延后，持续时间也延长。

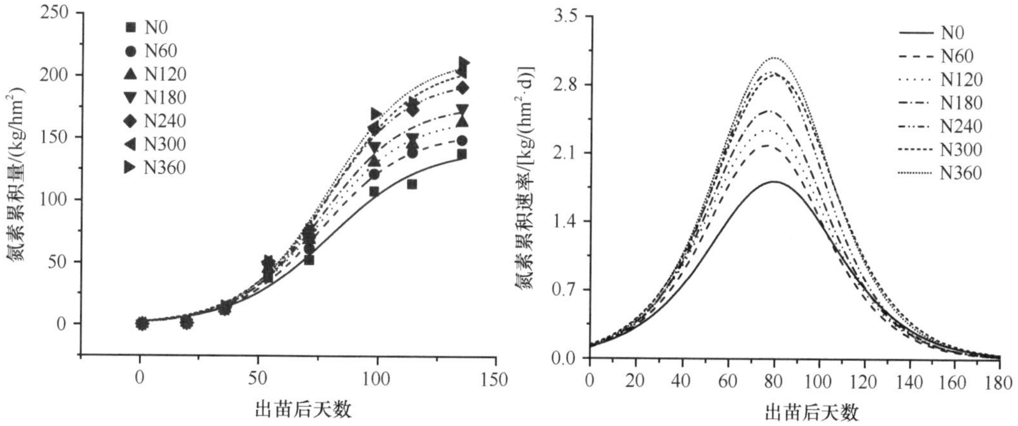

图 8-56　不同氮水平下氮素累积量与累积速率

把棉花的生育时期分为花前、开花至花后 44d、花后 44d 至收获 3 个阶段，3 个阶段平均氮素累积量占生育期的比例分别为 26%、54%、20%。随着施氮量的增加，各阶段氮素累积量都随着施氮水平的增加呈增加趋势；与 N0 相比，高氮处理花前、开花至花后 44d 均有较高的氮素吸收；各处理花后 44d 至收获吸氮量均较少，约占整个生育期的 20%，该时期以氮素的再分配为主（图 8-57）。

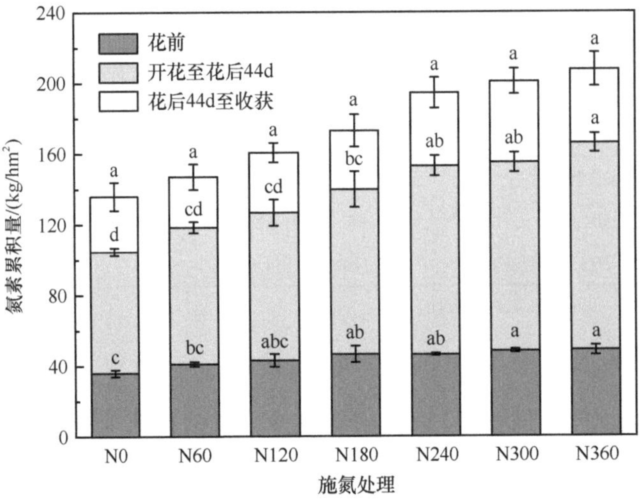

图 8-57　不同时期的氮素累积量

8.6.2.4　不同种植密度下棉花的氮素需求规律

我国不同棉区的种植密度相差悬殊，即使在同一棉区由于种植制度的不同，种植密度也不同。进入 21 世纪，随着转 Bt 基因抗虫棉的基本普及，黄河流域棉区的植棉密度一般在 4.5 万株/hm^2（毛树春，2019）。在现有基础上提高密度，实行合理密植是该棉区棉花增产的重要措施。种植密度不但影响棉花的生育期、产量，还影响到棉花的群体光合作用、养分分布及干物质分配。

种植密度不影响棉株的氮累积高峰时间出现的早晚，但显著影响氮累积量，后期的养分积累对不同密度棉花产量的形成都有重要作用，尤其是植株群体和生殖器官的养分积累量（娄善伟等，2010）。现蕾后，随着种植密度增加，单株氮素累积量明显降低。棉花群体氮素累积量随生育期的推延而增加，符合“S”形曲线变化。增加种植密度可显著提高棉花群体的氮素累积量。随着种植密度的增大，棉花群体最大氮素累积速率提高、群体氮素总累积量增加（王子胜，2011）。

徐娇（2013）的研究则表明，种植密度显著影响棉花氮累积动态模型的特征参数，提高种植密度可使棉花的快速累积起始期、终止期及最大累积速率出现的时间提前，快速累积速率增大，氮素累积量增加。同时，种植密度对开花至盛花阶段棉株养分吸收比例的影响大于其他阶段，密度增大显著降低植株在开花至盛花阶段的氮素吸收比例。刘瑞显等（2011）在长江流域棉区的研究指出，棉株干物质与氮素快速累积速率以 3 万株/hm^2 时最高、持续时间最长、干物质与氮素累积量最多、生殖器官的分配指数最大、产量最高。

8.6.3　华北棉花植株氮素诊断技术

8.6.3.1　临界氮浓度

基于植株的氮素丰缺分析技术可以作为是否需要补施氮肥的依据，而临界氮浓度是氮素丰缺诊断的手段之一。随着植物的生长，植物氮的浓度随着生育进程逐渐下降。从概念上讲，N_c 值被定义为在给定的生物量下，植物获得最大生长速率所需的最小氮浓度（Greenwood et al.，1990）。根据不同作物的氮浓度稀释和干物质积累过程，临界氮浓度稀释曲线已应用于多种作物，证实了临界氮浓度稀释曲线可以很好地诊断作物的氮素状况，估计作物的氮素需求，从而获得最优的施氮推荐值。

临界氮浓度在棉花上的研究相对较少。棉花具有无限生长和连续或多次开花结实的习性，其临界氮浓度稀释曲线也有一定差异。王子胜（2011）研究了不同品种、不同种植密度下的棉花临界氮浓度稀释曲线，发现种植密度和品种均对模型的参数有影响，且与薛晓萍等（2006）得到的棉花临界氮浓度稀释曲线存在一定差异，这与前者是基于整株而后者是基于生殖器官建立的临界氮浓度稀释曲线有关。棉花开花结铃期是产量形成的关键时期，吸氮量占生育期的 60% 左右。蕾、花、铃作为棉花的生殖器官，其氮素营养状况直接决定着棉花的产量和品质。因此，研究棉花开花后生殖器官的临界氮浓度稀释曲线具有更重要的意义。我们基于棉花开花后生殖器官的干物质重而建立了临界氮浓度稀释曲线（图 8-58），并提出了棉花开花后不同时间段的生殖器官临界氮浓度（表 8-36），‘冀棉 228’‘鲁棉研 28’开花后生殖器官临界氮浓度的差异主要在开花后 15d，分别为 2.44%、2.24%。

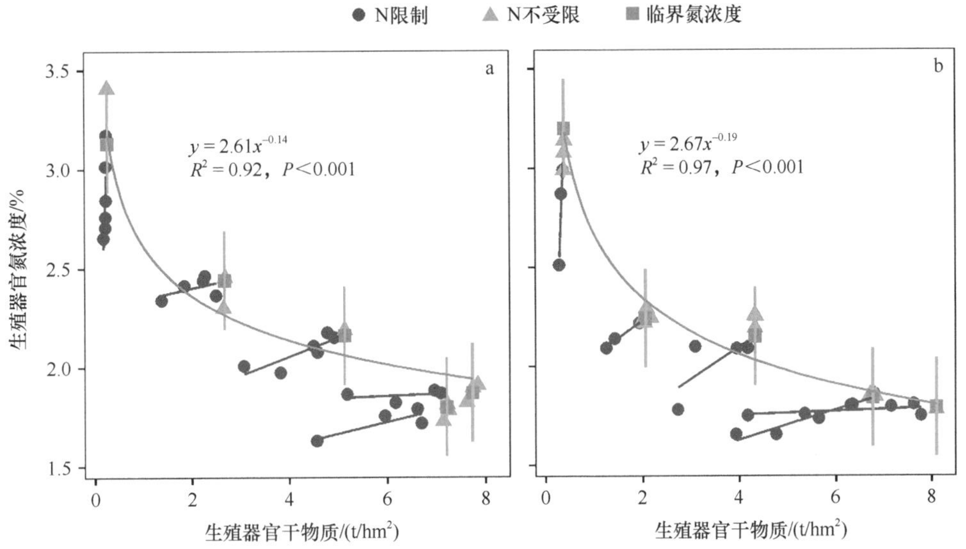

图 8-58 棉花生殖器官临界氮浓度稀释曲线（Feng et al.，2022）

a. 冀棉 228；b. 鲁棉研 28

表 8-36 棉花花后生殖器官临界氮浓度

品种	临界氮浓度/%			
	开花	花后 15d	花后 45d	吐絮
冀棉 228	3.13	2.44	2.16	1.80
鲁棉研 28	3.20	2.24	2.15	1.84

8.6.3.2 叶柄硝酸盐含量

硝酸盐测试技术是目前比较成熟的植株氮素营养状况快速诊断技术。利用该技术一方面可以提高氮肥利用率，降低过量施氮带来的环境风险；另一方面可以通过合理追施氮肥，调控作物的生长发育，实现高产、优质、高效。分析输导组织汁液中的硝酸盐浓度可以快速、灵敏地反映作物的氮素营养状况。棉株叶柄硝酸盐测定一般取样部位是棉株主茎倒三或倒四叶叶柄。危常州等（2002）研究认为棉花倒四叶叶柄硝酸盐含量比较稳定，可以灵敏地指示棉花氮素营养状况，可作为棉花追肥推荐的诊断部位。国内许多试验结果表明，高产棉田各生育阶段叶柄硝态氮速测含量的适宜指标为：苗期大于650mg/kg，现蕾期大于400mg/kg，盛花期200～400mg/kg，花铃期200～300mg/kg，吐絮期维持在100mg/kg以上。但所采用的分析方法较为复杂耗时，不利于田间速测。利用硝酸盐反射仪测定华北地区不同品种棉花生育期内倒四叶叶柄的硝酸盐含量，发现不同生育时期不同施氮水平棉花倒四叶叶柄的硝酸盐含量差异显著，且随着施氮水平的提高而增加（图8-59），可以作为氮素营养诊断的速测指标。棉花各生育期倒四叶的叶柄硝酸盐浓度推荐值如表8-37所示。

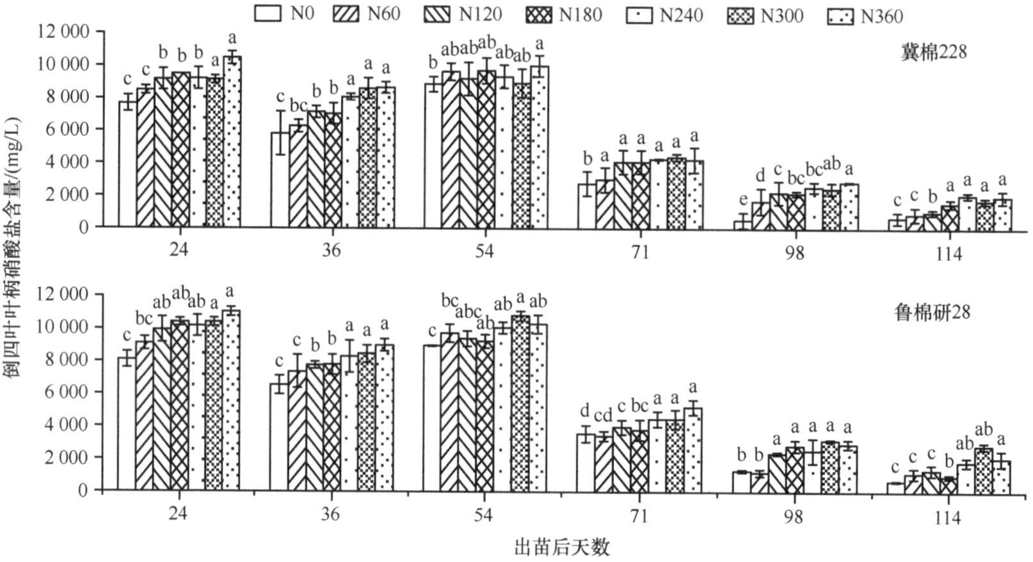

图8-59 棉花倒四叶叶柄硝酸盐含量

表8-37 棉花生育期叶柄硝酸盐浓度指标

生育时期	倒四叶叶柄硝酸盐浓度/(mg/L)					
	五叶期	现蕾期	初花期	花后15d	花后45d	吐絮期
指标范围	9 500～10 500	8 500～9 000	10 000～10 500	4 000～4 500	2 500～3 000	1 500～2 000

8.6.4 华北棉花土壤氮素供应特征

8.6.4.1 土壤氮素时空变化

棉花生育期内吸收的氮素主要来源于土壤。^{15}N大田标记试验结果表明，施氮量为150kg/hm^2、225kg/hm^{2}时棉花单株吸氮量分别为1.37g、1.69g，其中吸收的土壤氮分别为1.07g、1.31g，分别占棉株总吸氮量的78.1%、77.5%（毛树春，2019）。硝态氮和铵态氮是植物能够直接吸收与利用的速效性氮素，是反映北方地区农业土壤氮素水平的重要指标。在棉花生长期内，土壤剖面中无机氮以硝态氮（占无机氮的85%～95%）为主体。施氮可明显增加0～30cm土壤硝态氮含量。影响土壤剖面硝态氮累积的因素很多，如氮肥用量及种类、氮磷钾肥的平衡施用、土壤类型、作物种类、种植方式及土壤水分等都极大地影响着土壤中硝态氮的累积与淋失（侯秀玲，2006）。无论水平方向还是垂直方向，氮肥用量对硝酸盐的含量及分布均有显著影响。

李鹏程等（2017）的研究表明，现蕾、吐絮期0～60cm铵态氮和0～20cm硝态氮含量随施氮量的增加而增加；初花后 20～60cm 土层硝态氮含量随追肥量的增加而增加。马革新等（2017）认为硝态氮在土壤剖面的分布和累积因土壤质地的不同而不同，一定施氮量下土壤硝态氮分布在 20～40cm 根层的均匀性优于砂土，减少了氮素向土壤深层的淋失，提高了氮肥利用率，且比砂土平均增产 6.16%。安巧霞和孙三民（2010）研究认为灌水对棉田土壤铵态氮运移的影响远小于对硝态氮的影响，土壤硝态氮主要分布在 0～60cm 土层，随灌水量增加，0～60cm 土壤硝态氮的相对累积量减少，60～100cm 土层相对累积量增加，水的淋移作用明显。

不同施氮水平、不同氮肥施用比例及时期下棉花生育期内 0～60cm 土层土壤无机氮含量的变化（图 8-60，图 8-61）表明，棉田土壤生育期内 0～60cm 土层无机氮含量呈“降—升—降”的变化趋势，且随施氮量的增加而显著增加。施氮 240kg/hm^2 处理 0～60cm 土层无机氮含量在棉花苗期及吐絮后显著低于 N300 和 N360 处理，而在棉花关键生育时期，现蕾至花后

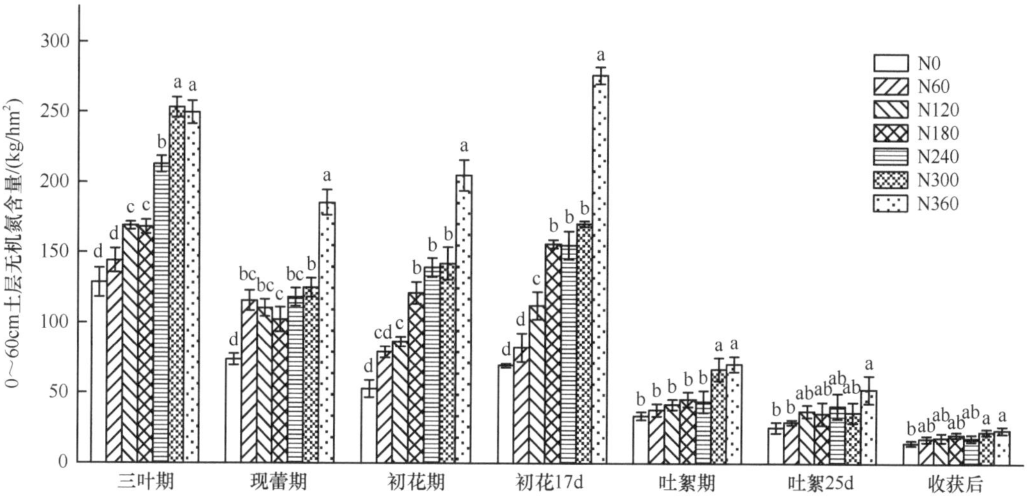

图 8-60　不同氮水平下棉田土壤 0～60cm 土层无机氮含量变化

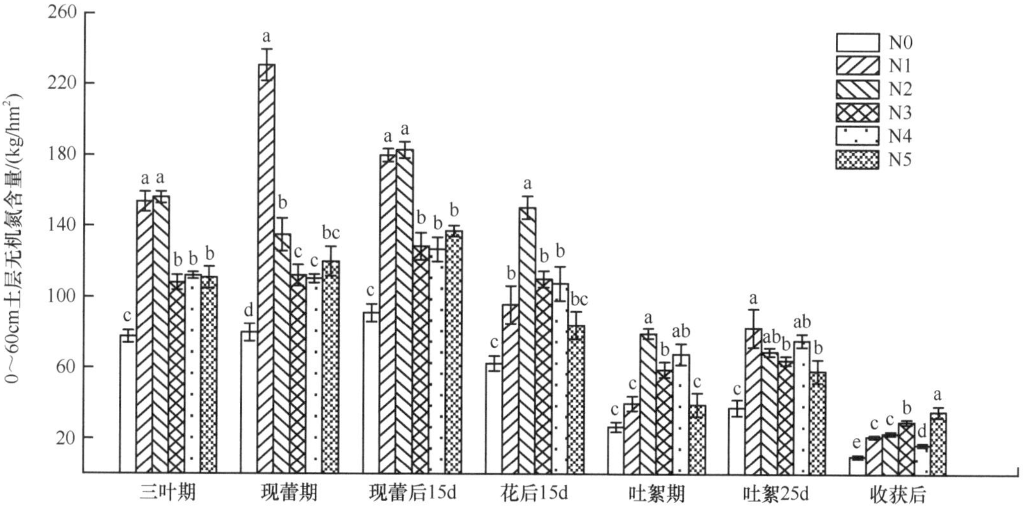

图 8-61　不同施氮时期及比例下棉田 0～60cm 土层无机氮含量的变化

N0：不施氮肥；N1：100% 氮肥基施；N2：60% 氮肥基施+40% 氮肥初花追施；N3：40% 氮肥基施+60% 氮肥初花追施；N4：40% 氮肥基施+40% 氮肥初花追施+20% 氮肥盛花追施；N5：40% 氮肥基施+20% 氮肥初花追施+40% 氮肥盛花追施。下同

17d 则与施氮 300kg/hm² 无显著差异，表明施氮 240kg/hm² 即可保证棉田 0～60cm 土层无机氮供应。等氮量条件下（180kg/hm²），氮肥全部基施（N1）和 60% 基施（N2）开花后 15d 前（除现蕾期 N2 与 N5 差异不显著外）0～60cm 土层无机氮含量均显著高于其他处理，开花后 15d 下降较快；基施 40% 的 3 个处理（N3、N4、N5）在开花 15d 前能维持适宜的土壤无机氮水平，后期下降也较慢，棉花生育期供氮平稳。

8.6.4.2 土壤氮素量化指标和方法

棉花吸收的主要氮素形态是硝态氮和铵态氮。棉花根系绝大部分（80.6%～95.4%）集中于 0～30cm 耕层内，这一耕层为棉花根系的主要存在区和活动区（李永山等，1992）。初花期活动根系主要分布在 0～40cm 土层，开花后 93% 的根系集中于 0～60cm 土层。因此，0～60cm 土层无机氮含量可以用来表征棉田土壤的供氮能力。棉株吸氮量与关键生育时期根层土壤无机氮含量可以用线性加平台模型很好地模拟，初花、盛花、吐絮、收获根层土壤无机氮含量的临界值分别为 112kg/hm²、130kg/hm²、75kg/hm²、40kg/hm²（图 8-62）。

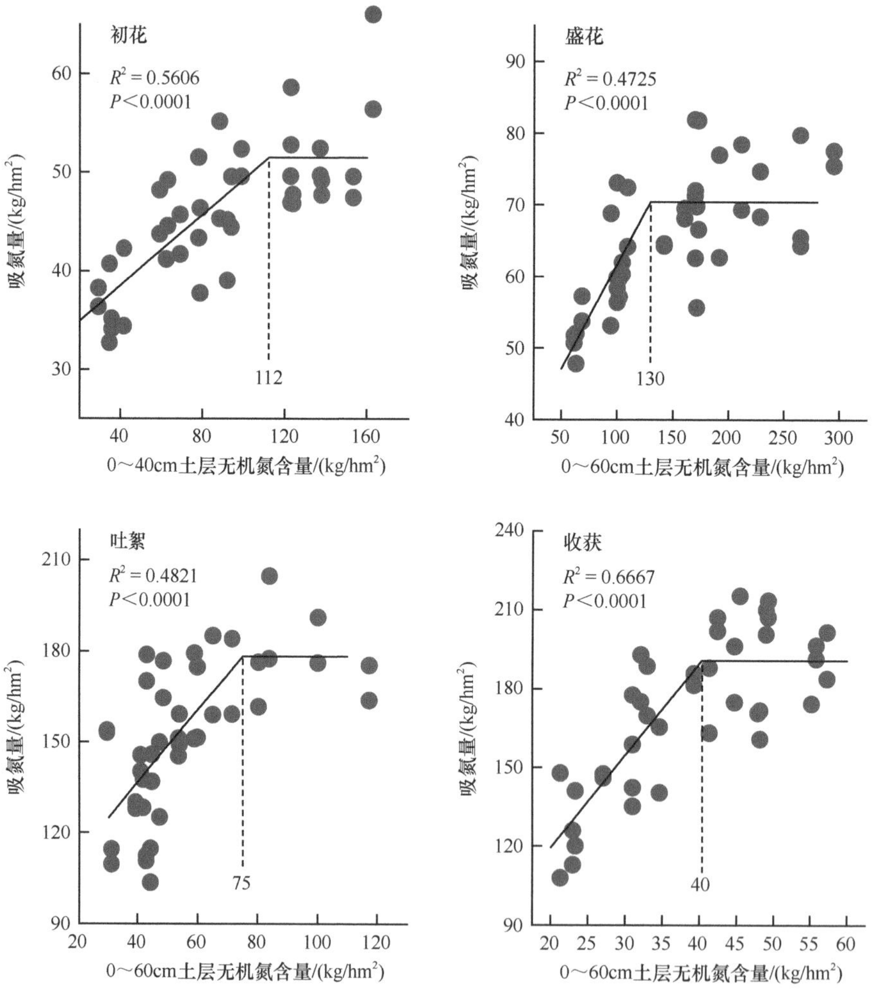

图 8-62　不同时期棉田根层无机氮含量与吸氮量的关系

8.6.5　华北棉花氮素匹配技术

8.6.5.1　华北棉花氮素匹配的原理与技术

华北棉花氮素匹配的原理即通过调整施氮量使其与棉花的氮素吸收在数量上一致，通过调整合适的基追肥用量及时期使土壤供氮与棉花不同生育阶段的氮素需求在时间上匹配、空间上耦合，从而达到高产高效。

从施氮水平来看，高产施氮水平 240kg/hm^2 时土壤供氮适宜，完全可满足棉花各生育阶段生长发育需求，土壤残留也较低，棉花产量最高。施氮水平 180kg/hm^2 的产量与 240kg/hm^2 接近，基本可满足棉花各生育阶段生长发育需求，土壤残留更低，经济效益较高（图 8-63，表 8-38）。

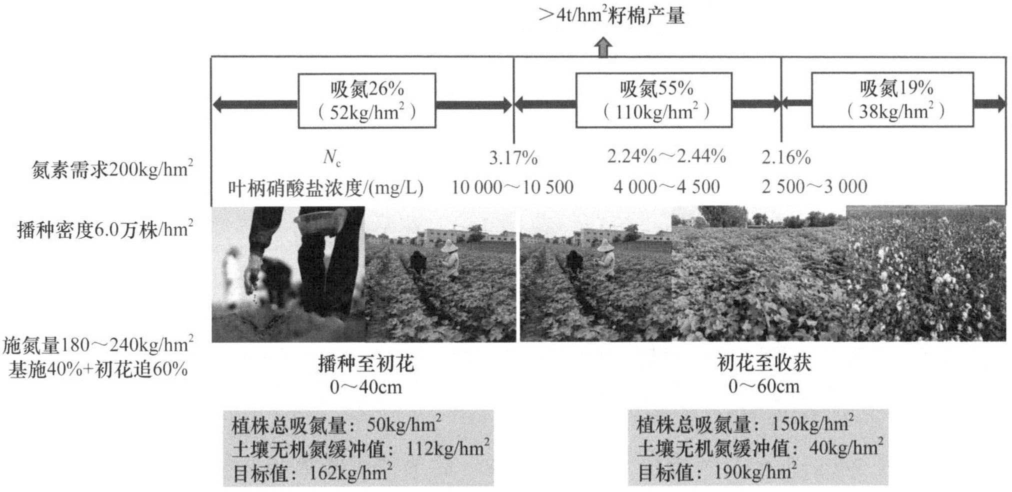

图 8-63　棉花各关键生育阶段地上地下氮素匹配模式图

表 8-38　不同施氮水平下棉花产量及构成（冯卫娜等，2022）

品种	处理	单株铃数/个	单铃重/g	衣分/%	籽棉产量/(kg/hm^2)	皮棉产量/(kg/hm^2)
冀棉 228	N0	10.3d	5.56ns	39.68cd	3690c	1465c
	N60	11.3cd	5.76ns	39.84bcd	3935b	1571b
	N120	12.3bc	5.86ns	40.09bc	3932b	1577b
	N180	12.6ab	6.17ns	41.01a	4143ab	1699a
	N240	13.5a	6.21ns	40.56ab	4201a	1702a
	N300	12.8ab	5.95ns	40.34abc	4058ab	1637ab
	N360	12.2bc	6.04ns	39.24d	4014ab	1576b
鲁棉研 28	N0	11.4ns	5.07d	37.91ns	3572c	1356c
	N60	11.7ns	5.63c	38.37ns	3775bc	1450bc
	N120	11.9ns	5.76bc	37.85ns	3845abc	1457b
	N180	12.3ns	6.15ab	38.17ns	4015ab	1534ab
	N240	12.9ns	6.30a	38.03ns	4107a	1562a
	N300	12.6ns	5.72bc	37.67ns	4032ab	1522ab
	N360	12.5ns	5.51cd	37.73ns	4046ab	1529ab

注：同列数据后不含有相同小写字母的表示处理间差异显著（P<0.05），ns 表示差异不显著

从氮肥施用时期及用量来看，以基施 40%、开花期追施 60% 为最优，棉花整个生育期土壤供氮平稳，与棉花不同生长期的生长发育和氮素需求较同步，棉花产量最高（图 8-63，表 8-39）。

表 8-39　不同施氮时期及比例棉花产量及构成

处理	单株铃数/个	单铃重/g	衣分/%	籽棉产量/(kg/hm^2)	皮棉产量/(kg/hm^2)
N0	11.91c	6.08c	38.78a	3787.00b	1468.58b
N1	12.63b	6.24b	39.26a	3987.10ab	1565.40ab
N2	13.19a	6.20bc	39.75a	4031.43ab	1602.40ab
N3	13.16a	6.44a	39.87a	4204.97a	1676.41a
N4	12.51b	6.28b	39.62a	4008.62ab	1588.38ab
N5	12.59b	6.19c	39.43a	4019.09ab	1584.62ab

因此，华北棉花的氮肥运筹技术模式为：施氮量 180～240kg/hm^2，氮肥基施 40%+开花期追施 60%，需氮 200kg/hm^2；播种至初花、初花至花后 45d、花后 45d 至收获的氮素需求比例分别为 26%、55%、19%；初花、花后 15d、花后 45d 的临界氮浓度分别为 3.17%、2.24%～2.44%、2.16%；初花、花后 15d、花后 45d 倒四叶叶柄硝酸盐浓度分别为 10 000～10 500mg/L、4000～4500mg/L、2500～3000mg/L；播前 0～40cm、初花 0～60cm 土层无机氮的培肥目标分别为 162kg/hm^2、190kg/hm^2（图 8-63）。

8.6.5.2　华北棉花氮素匹配应用效果

施氮水平 240kg/hm^2 显著增加了‘冀棉 228’的单株成铃数和‘鲁棉研 28’的单铃重，皮棉产量最高。‘冀棉 228’OPT2 处理较不施氮肥（CK）、农户习惯施肥（FP）处理皮棉产量分别增加了 12.9%、6.6%，而‘鲁棉研 28’分别增加了 13.5%、1.6%。施氮 180kg/hm^2（OPT1）处理两个品种的皮棉产量均与 240kg/hm^2 相当（表 8-40）。

表 8-40　不同氮肥运筹模式下棉花产量及构成

品种	处理	单株成铃数/个	单铃重/g	皮棉产量/(kg/hm^2)
冀棉 228	CK（N0）	12.67±0.18c	5.42±0.40a	1593.9±23.62b
	FP（N300）	14.13±0.07ab	5.66±0.31a	1689.1±65.65a
	OPT1（N180）	13.67±0.37b	6.24±0.45a	1799.7±36.14a
	OPT2（N240）	14.73±0.18a	6.21±0.12a	1799.8±88.35a
鲁棉研 28	CK（N0）	13.27±0.44a	4.79±0.37b	1471.1±27.45b
	FP（N300）	14.60±1.36a	5.70±0.21ab	1644.5±50.86a
	OPT1（N180）	14.53±0.44a	5.97±0.18a	1646.2±39.34a
	OPT2（N240）	14.87±1.01a	6.32±0.13a	1670.1±32.56a

注：CK 代表不施氮肥，FP 代表农户习惯施肥，OPT 代表优化施氮

优化施氮（OPT）比不施氮肥（CK）处理显著增加了棉株地上部氮吸收，比农户习惯施肥（FP）降低了各时期 0～60cm 土层土壤无机氮残留。收获后 OPT1、OPT2 处理 0～60cm 土层土壤无机氮残留比 FP 处理分别降低了 20%、9.3%（图 8-64）。

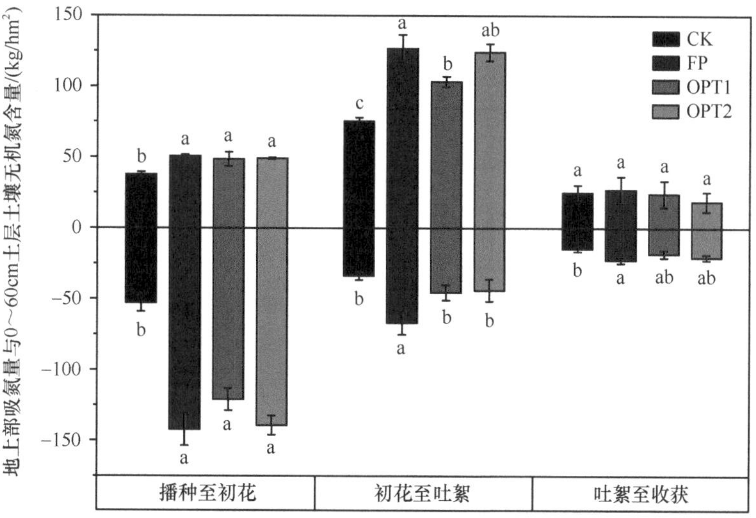

图 8-64　生育期内棉花地上部吸氮量与 0～60cm 土层土壤无机氮残留

8.7　结论与展望

由于小麦、玉米、水稻、棉花产量水平的提高和品质的变化，几个作物的氮素需求规律已经发生了变化，高产条件下作物中后期氮素需求增加，氮素花前花后转移率发生变化，百千克籽粒需氮量下降，强筋小麦对氮素缺乏更敏感、氮素需求高峰期提前，在水稻上的控释氮肥侧深施用，既满足了作物前期对氮素的需求，也实现了作物中后期土壤肥料氮供应与作物需求的匹配，取得了作物产量和氮素利用效率的协同提高。但是由于课题研究时间短，以及 2020 年的新冠疫情，一些大田试验都受到了影响。在今后的研究中，为了氮肥用量更精准，我们需要完善氮素营养诊断技术与指标；为了满足农户对省工、省时、降低成本的需求，我们需要研发能实现与作物氮素需求匹配的肥料产品和施肥设备；为了充分考虑土壤和环境供氮能力，我们要完善不同区域土壤供氮的量化方法和指标，明确不同关键时期土壤供氮适宜范围；为了便于技术的推广应用，我们需要完善不同作物氮素需求与土壤、肥料氮匹配的技术模式，氮素的管理要从田块尺度转向区域尺度，在氮肥产品、用量、时间、空间等方面满足作物的氮素需求。

第 9 章　主要生态区农作体系氮肥绿色增产增效的综合调控途径

我国农业在过去半个多世纪取得了举世瞩目的成就，粮食产量从 1961 年的 109.7Mt 增加到 2016 年的 582.7Mt，小麦、玉米、水稻的产量分别增加了 10.9 倍、5.0 倍、3.3 倍，保障了我国的粮食安全（FAO，2017）。但是这些成就的取得是以巨大的资源投入和环境污染为代价的。例如，过去 60 多年，我国的粮食产量增加了 5.3 倍，但是氮（N）肥用量增加了 38 倍；在 20 世纪 90 年代，主要粮食作物的氮肥回收率（作物地上部生物量中氮肥的回收比例）平均达到 35%，然后逐渐下降。目前水稻的氮肥回收率为 28.3%、小麦为 28.2%、玉米为 26.1%（张福锁等，2008），远低于世界平均值（40%～60%）。未被作物吸收利用的氮素会以氨、硝态氮、N_2O 等形式损失到环境中，不仅导致农业生产成本增加，影响农民增收，而且造成环境污染，成为制约我国农业可持续发展的重要因素。西方发达国家在解决农业生产引起的环境问题时，采取环境优先政策，而我国人口与资源压力，以及作物单产仍然较低的现状，决定了我国农业生产必须继续提高单产。因此，持续提高作物单产，同时提高氮肥利用率和减少由于氮肥的不恰当施用所引起的生态环境问题是我国农业绿色发展面临的重大问题。

国内外已经开展了大量提高氮肥利用率、减少损失的研究，在土壤学、植物营养学、微生物学等方面都取得了大量的成果。但最近研究表明，即使在欧美发达国家，在最优化的氮肥管理条件下，农田氮肥损失也达到 30% 左右。主要原因是调控途径上过度依赖对化肥氮的调控，如氮肥总量控制分次施用技术、深施技术、施用控释尿素、在氮肥中添加硝化抑制剂和脲酶抑制剂等都能取得一定的效果（Zhang et al.，2019；Sha et al.，2020），但没有充分挖掘土壤–作物系统氮高效利用的生物学潜力。因此，通过氮高效基因型应用、土壤碳/氮库调控、氮肥运筹和氮损失阻控的协同优化建立充分挖掘土壤–作物系统氮高效利用的生物学潜力，即土壤微生物调控氮周转及作物氮高效利用潜力的综合调控途径，实现氮肥绿色增产增效，不仅是农业科学研究领域的理论前沿，也是当代资源环境领域亟待解决的重大基础科学问题。

本章首先解析了我国主要农作物（水稻、小麦和玉米）生产体系氮肥增产增效潜力及区域特征，进一步针对主要生态区农作体系（华北小麦—玉米轮作、长江流域水稻—油菜轮作、东北春玉米、新疆棉花）氮肥投入高、利用率低、损失严重、土壤质量低，以及作物仍然有较大产量差等问题，提出了氮肥绿色增产增效的综合调控途径，构建区域调控模式，并利用科技小院网络、专业合作社与种植大户、新疆生产建设兵团等在生产规模上验证其农学和环境效应，最后集成田间试验以及文献数据提出了主要生态区农作体系区域氮肥限量标准。

9.1　我国主要生态区农作体系氮肥绿色增产增效潜力

9.1.1　氮肥绿色增产增效的关键限制因子解析

以我国三大粮食作物小麦、玉米和水稻主要生产体系为对象，研究构建了基于作物农学指标、土壤指标和气候指标的农业综合数据库，定量化评估了影响产量变异的主要生物物理因素。田间试验数据均来自 2005～2012 年“测土配方施肥”项目中布置的田间试验，涉及的主要作物系统根据种植类型和分布区域分别为：①华北平原冬小麦（W-NCP）；②长江流域冬小麦（W-YZB）；③西北地区灌溉冬小麦（W-NWC）；④东北地区雨养玉米（M-NEC）；⑤华北平原夏玉米（M-NCP）；⑥西南地区雨养玉米（M-SWC）；⑦长江流域单季稻（SR-YZB）；⑧南方早稻（ER-SC）；⑨南方晚稻（LR-SC）。田间试验的田间管理措施如玉米品种、肥料用量、播种时间、种植密度、植保和灌溉（仅灌溉作物系统）等均采用当地最佳管理技术（BMP）。农学数据包括氮磷钾肥施用量和作物籽粒产量。土壤数据包括土壤类型（soil type）、土壤质地（soil texture）、有机质（SOM，g/kg）、全氮（TN，g/kg）、有效磷（Olsen-P，mg/kg）、有效钾（Avail-K，mg/kg）和 pH。气象数据来自中国气象数据网（http://data.cma.cn/），气象要素包括最高气温（T_{max}，℃）、最低气温（T_{min}，℃）、生长度日（GDD，℃·d）、降水量（PRE，mm）和太阳辐射（RAD，MJ/m^2）。

结果表明，在最佳管理条件下，主要粮食作物的产量存在较大程度的变异（图 9-1）。在区域之间，小麦系统的平均产量表现为华北小麦（W-NCP，6.8t/hm^2）＞西北小麦（W-NWC，6.5t/hm^2）＞长江流域小麦（W-YZB，6.2t/hm^2）；玉米系统表现为东北玉米（M-NEC，9.7t/hm^2）＞华北玉米（M-NCP，8.1t/hm^2）＞西南玉米（M-SWC，7.2t/hm^2）；水稻系统表现为长江流域单季稻（SR-YZB，8.4t/hm^2）＞南方晚稻（LR-SC，7.0t/hm^2）＞南方早稻（ER-SC，6.8t/hm^2）。在小农户种植体系中，田间管理措施被认为是产量变异的主要原因（Zhang et al.，2016b；Cui et al.，2018）。相比农户传统管理措施（Chen et al.，2014a），主要作物在最佳管理条件下平均增产 10.6%，与 Cui 等（2018）的研究结果类似。然而，采用最佳管理技术后，作物产量仍然存在较大的变异。小麦、玉米、水稻系统的产量分别为 2.3～11.3t/hm^2、3.8～16.6t/hm^2、3.5～11.6t/hm^2，变异系数分别为 19%～23%、17%～22%、14%～16%，相当于 1.2～1.5t/hm^2、1.3～1.8t/hm^2、0.9～1.1t/hm^2 的绝对产量变异。

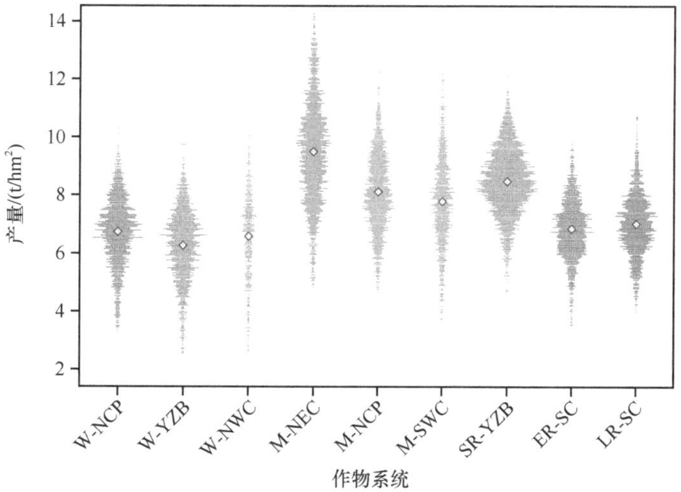

图 9-1　我国主要小麦、玉米和水稻生产体系最佳管理条件下的产量变异

利用梯度提升回归树（gradient boosting regression tree，GBRT）模型探究生物物理因素对主要作物系统产量变异的影响。结果表明，在大部分的作物系统中，气候和土壤变量对产量的重要性均排在所有变量的前 4～7 位（图 9-2），说明气候和土壤因素是影响最佳管理条件下产量变异的主要因素（Ray et al.，2015；Folberth et al.，2016）。但是，在长江流域小

麦（W-YZB）和单季稻（SR-YZB）以及东北玉米（M-NEC）系统中，氮肥用量是影响产量变异的最重要因素，说明在这些作物系统中氮肥管理水平有进一步提升的空间。这可能是由于东北地区和长江流域的生物物理环境存在很高的异质性，这些作物系统中的品种、生育期和轮作体系存在较大变异（Liu et al.，2012；An et al.，2018）。因此，需要针对特定的气候和土壤条件，进一步设计和优化田间管理技术，尤其是氮肥管理（Chen et al.，2011；Fan et al.，2012）。

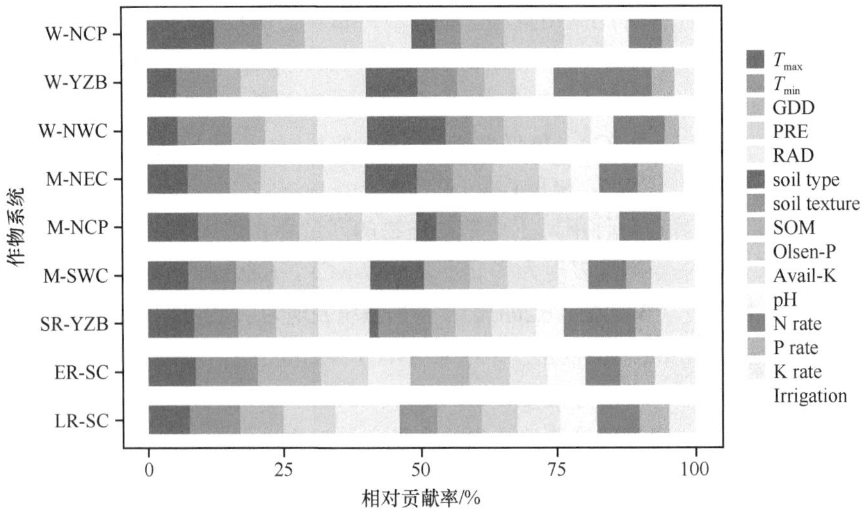

图 9-2　主要作物系统基于梯度提升回归树模型的最佳管理区产量影响因子的相对贡献率

不同梯度的蓝色、绿色、橙色柱子分别代表气候、土壤、管理变量；T_{max}、T_{min}、GDD、PRE、RAD 分别代表生育期内的最高气温、最低气温、生长度日、累积降水量、累积辐射量；soil type、soil texture、SOM、Olsen-P、Avail-K 分别代表土壤类型、土壤质地、土壤有机质、土壤有效磷、土壤速效钾；N rate、P rate、K rate 分别代表氮、磷、钾肥用量；Irrigation 代表灌溉量

年际和区域间的气候变异均会显著影响作物产量（Ray et al.，2015；Müller et al.，2017），在本研究中，温度、降水和辐射等气候因素是影响作物产量及其变异的关键因素，但是在不同作物系统中对产量的影响存在差异（图 9-2）。

总体来看，土壤因素对产量变异的相对重要性占到总体的 31.9%～45.0%（图 9-2）。土壤类型、SOM、Olsen-P、Avail-K 等是影响产量变异最重要的土壤因素，但是其重要性排序在不同作物系统之间存在差异。在小麦系统中，SOM 和 Olsen-P、土壤类型和质地、土壤类型和 Olsen-P 分别是影响华北、长江流域和西北地区小麦产量变异最重要的两个土壤因素；在玉米系统中，土壤类型和 Olsen-P、Olsen-P 和 Avail-K、土壤类型和 Avail-K 分别是影响东北、华北、西南地区玉米产量变异最重要的两个土壤因素；在水稻系统中，土壤质地和 Avail-K、SOM 和 Olsen-P、SOM 和 Avail-K 分别是影响东北、华北、西南地区玉米产量变异最重要的两个土壤因素（图 9-2）。SOM 被普遍认为是影响土壤质量和作物生产力的关键因素，在提高土壤养分供应能力、维持土壤结构、保持土壤水分和通气性能等方面具有重要作用（Bauer and Black，1994；Lal，2004，2009；Pan et al.，2009）。但是在不同作物系统中，SOM 含量与作物产量的关系存在差异（图 9-3）。在 W-NCP、M-NCP、M-NEC 和 ER-SC 中，SOM 是影响产量变异最重要的土壤因素，且与作物产量呈显著正相关关系；在 W-NWC、M-SWC、SR-YZB、LR-SC 系统中，SOM 和作物产量则呈现先上升后下降的趋势（图 9-3）。

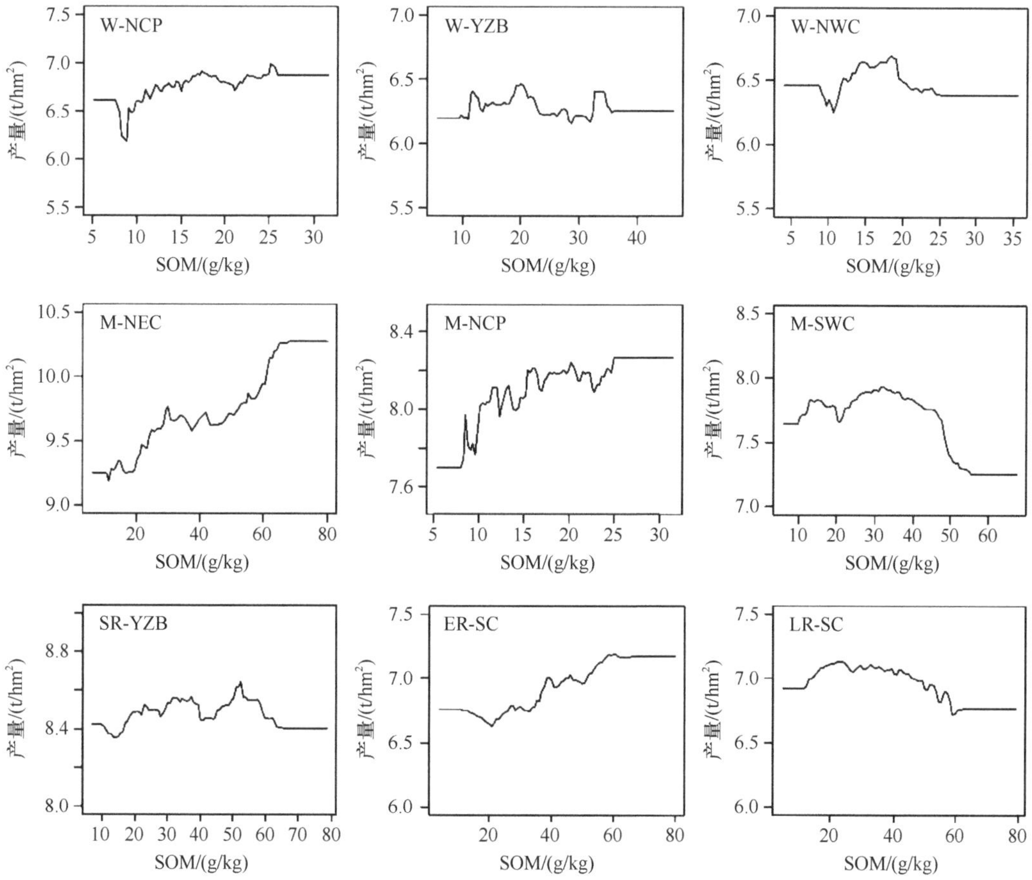

图 9-3　主要作物系统土壤有机质与最佳管理区产量的偏相关图

9.1.2　氮肥绿色增产增效潜力与区域特征

利用 2006～2012 年开展的涵盖小麦、玉米和水稻主产区的田间试验，通过构建土壤基础地力与作物产量和氮肥利用率的定量关系模型，研究不同农业发展策略下，我国主要作物系统的氮肥绿色增产增效潜力与区域特征。本研究中涉及的主要作物系统根据种植类型和分布区域分别为：①华北平原灌溉冬小麦（W-NCP）；②长江流域灌溉冬小麦（W-YZB）；③西北地区冬小麦（W-NWC），根据灌溉条件分为灌溉冬小麦（IW-NWC）、雨养冬小麦（RW-NWC）；④东北地区玉米（M-NEC），根据灌溉条件分为灌溉玉米（IM-NEC）、雨养玉米（RM-NEC）；⑤华北平原灌溉玉米（M-NCP）；⑥西南地区雨养玉米（M-SWC）；⑦长江流域单季稻（SR-YZB）；⑧华南地区早稻（ER-SC）；⑨华南地区晚稻（LR-SC）；⑩东北地区单季稻（SR-NEC）。

以无肥区产量（$Yield_{CK}$）的平均值、变异、频率分布等为划分指标，以 1.5t/hm² 为步长确定不同作物系统的土壤基础地力等级。其中，小麦和水稻作物系统土壤质量均划分为 4 个等级，各玉米系统则分为 5 个等级。利用分段线性回归的方法构建各作物系统不同基础地力等级下作物产量与氮肥用量的肥效反应模型。

研究结果表明，作物产量对氮肥投入的响应在不同土壤地力等级上有显著差异（图 9-4）。总体来看，地力等级较高的土壤上可获得较高的最大产量（$Yield_{max}$），在相同的施肥量条件下，高地力土壤上获得的产量显著高于低地力土壤。在不同作物系统中，区域优化施氮量

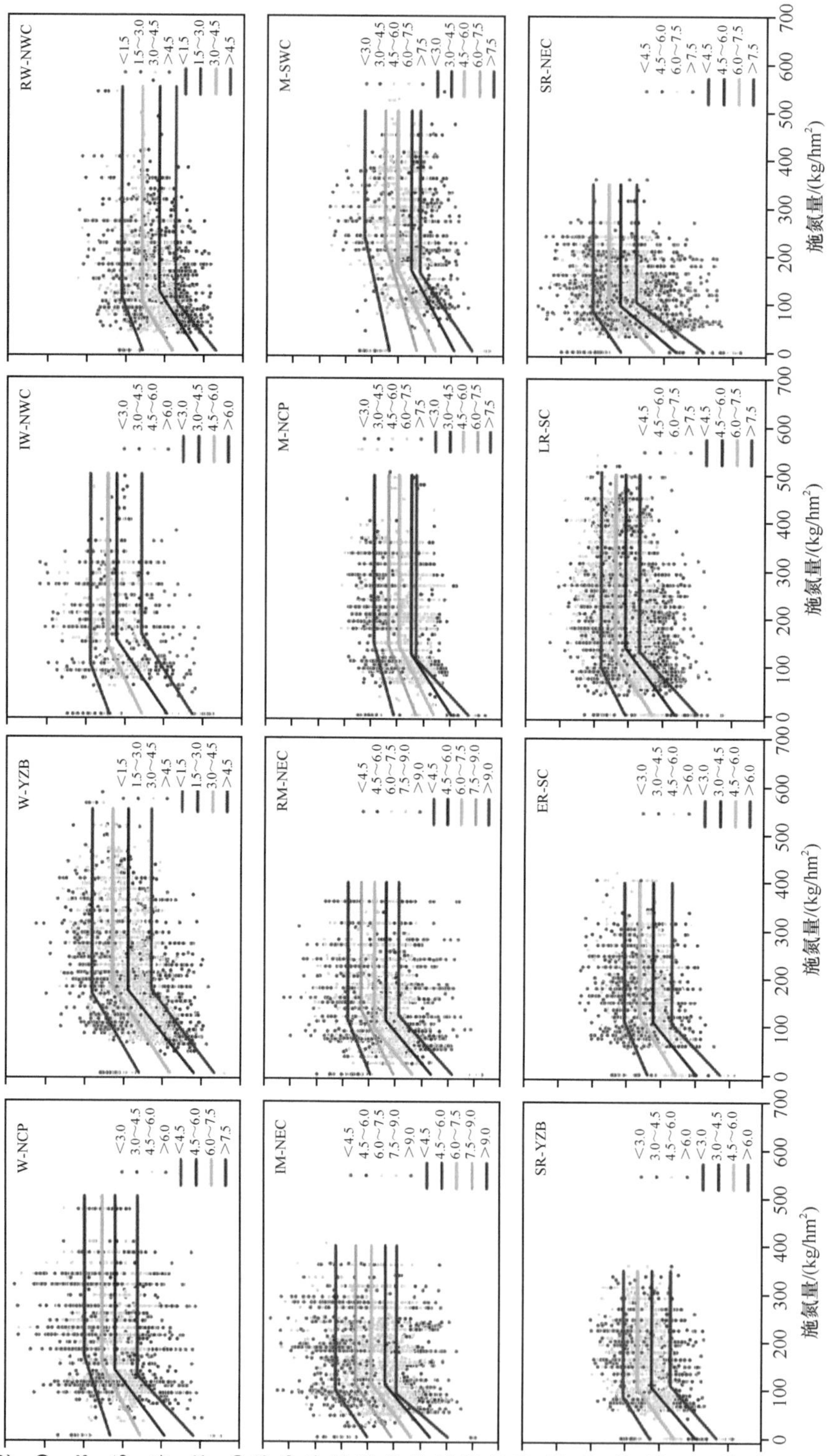

图 9-4　主要小麦、玉米、水稻系统作物产量与氮肥用量在不同土壤质量等级下的定量关系

(regional optimal N，RON) 上获得的 $Yield_{max}$ 基本类似。在不同小麦系统之间，最高地力等级的土壤上获得的 $Yield_{max}$ 为 6.2～8.0t/hm^2，而在最低地力等级的土壤上仅为 2.4～5.3t/hm^2，每提高 1 个土壤地力等级，$Yield_{max}$ 平均提高 15.1%～18.7%；在不同玉米系统中，最高地力等级的土壤上获得的 $Yield_{max}$ 为 9.8～12.5t/hm^2，而在最低地力等级的土壤上仅为 6.4～7.8t/hm^2，每提高 1 个土壤地力等级，$Yield_{max}$ 平均提高 10.4%～13.6%；在不同水稻系统中，最高地力等级土壤上获得的 $Yield_{max}$ 为 8.1～10.2t/hm^2，而在最低地力等级的土壤上仅为 5.3～7.6t/hm^2，每提高 1 个土壤地力等级，$Yield_{max}$ 平均提高 9.3%～14.9%。与最大产量相比，氮肥投入的增产效应在不同的土壤地力等级上呈现相反的变化趋势，高地力土壤上产量的增产量则低于低地力土壤。

通过建立 5 种情景模式，研究在不同的农业发展策略下，主要粮食作物的增产和节肥潜力及其区域特征。5 种情景模式分别为：(S1) 当前粮食生产和肥料消费现状，指目前生产条件下粮食产量和氮、磷肥消费量；(S2) 当前最佳管理技术，指各作物系统在不同土壤质量等级上均达到最大产量，氮肥和磷肥用量均为区域优化用量，最大产量和区域优化施肥量通过肥效模型估算（图 9-4）；(S3) 当前最佳管理技术+提高中低产田土壤质量，在情景模式 S2 的基础上，将中低质量土壤的无肥区产量平均提高 1.5t/hm^2，即中低质量土壤均提高 1 个等级；(S4) 当前最佳管理技术+全面实现高产田，在情景模式 S2 的基础上，全部耕地的土壤质量达到最高质量等级；(S5) 当前最佳管理技术+土壤质量退化，在情景模式 S2 的基础上，中高质量土壤的无肥区产量平均降低 1.5t/hm^2，即中高质量土壤均降低 1 个等级。

研究结果表明，不同农业发展策略下的主要粮食作物产量和氮肥消费量不同（表 9-1）。在目前农业生产状况下（S1），粮食总产量为 524.2Mt，其中小麦、玉米、水稻总产量分别为 114.4Mt、205.6Mt、204.2Mt，但是氮肥的消费量高达 16.5Mt。采用当前最佳管理技术（S2）后，粮食总产量可增加 98.3Mt（18.8%），小麦、玉米、水稻总产量分别增加 30.2Mt（26.4%）、50.4Mt（24.5%）、17.7Mt（8.7%），氮肥消费量则降低了 5.6Mt（34.0%）。在采用当前最佳管理技术的基础上，不同土壤管理策略也会对粮食生产状况产生显著影响。将中低产田的土壤质量平均提升 1 个等级（S3），粮食总产量可增加 164.6Mt（31.4%），小麦、玉米、水稻总产量分别增加 47.4Mt（41.4%）、78.8Mt（38.3%）、38.4Mt（18.8%）；进一步提高土壤质量至最高等级（S4），粮食总产量可进一步增加 238.3Mt（45.5%），小麦、玉米、水稻总产量分别增加 61.9Mt（54.1%）、122.0Mt（59.3%）、54.4Mt（26.6%）；但是土壤退化（S5）则会抵消大部分由管理技术提升带来的增产量，粮食总产量仅可在目前的基础上增加 33.2Mt（6.3%）。相比粮食产量，氮肥的消费量在 4 个情景模式中（S2～S5）变化不大。

表 9-1 我国主要粮食作物在不同情景模式下的总产量和肥料消费情况

情景模式	情景描述	粮食产量/Mt				氮肥消费量/Mt
		粮食总产量	水稻	玉米	小麦	
情景模式一	目前状况[a]	524.2	204.2	205.6	114.4	16.5
情景模式二	当前最佳管理技术[b]	622.5	221.9	256.0	144.6	10.9
情景模式三	当前最佳管理技术+提高中低产田土壤质量[c]	688.8	242.6	284.4	161.8	10.9
情景模式四	当前最佳管理技术+全面实现高产田[d]	762.5	258.6	327.6	176.3	11.0
情景模式五	当前最佳管理技术+土壤质量退化[e]	557.4	200.6	229.7	127.0	10.7

注：a. 参照《中国统计年鉴 2012》；b. 最大产量和区域优化施肥量通过肥效模型估算；c. 中低质量土壤的无肥区产量平均提高 1.5t/hm^2；d. 全部耕地的土壤质量均提高到最高质量等级；e. 中高质量土壤的无肥区产量平均降低 1.5t/hm^2

我们进一步估算了不同土壤管理策略下粮食作物增产和节肥潜力的区域特征（图 9-5，图 9-6）。土壤质量和管理技术提升情景下（S2～S4），华北小麦、长江流域小麦、西北小麦系统的单位面积产量分别增加了 16.6%～38.2%、34.7%～73.9%、51.7%～91.8%，单位面积氮肥用量分别降低了 26.6%～36.5%、12.5%～16.9%、37.1%～45.7%；但是加权种植面积后，小麦总产量在华北、长江流域、西北分别增加了 11.7～26.8Mt、11.7～24.9Mt、3.2～5.7Mt，氮肥总消费量分别降低了 0.7～1.1Mt、0.2～0.3Mt、0.1～0.2Mt。在玉米系统中，东北、华北、西南玉米系统的单位面积产量分别增加了 31.1%～65.8%、35.4%～62.9%、49.4%～103.9%，单位面积氮肥用量分别降低了 46.4%～48.4%、23.4%～27.0%、4.0%～27.7%；玉米总产量在东北、华北、西南分别增加了 26.9～57.0Mt、22.9～40.7Mt、17.4～36.6Mt，氮肥总消费量分别降低了 1.1～1.2Mt、0.5～0.6Mt、0.1～0.5Mt。在水稻系统中，南方早稻、南方晚稻、长江流域单季稻、东北水稻系统的单位面积产量分别增加了 18.8%～40.5%、15.7%～34.7%、12.5%～30.1%、11.0%～30.2%，单位面积氮肥用量分别降低了 44.5%～54.2%、38.7%～41.7%、46.3%～59.0%、33.1%～42.6%；水稻总产量在南方早稻、南方晚稻、长江流域、东北分别增加了 6.3～13.5Mt、5.9～12.9Mt、11.5～27.8Mt、3.5～9.7Mt，氮肥总消费量分别降低了 0.5～0.6Mt、0.4～0.5Mt、1.4～1.8Mt、0.2～0.3Mt。

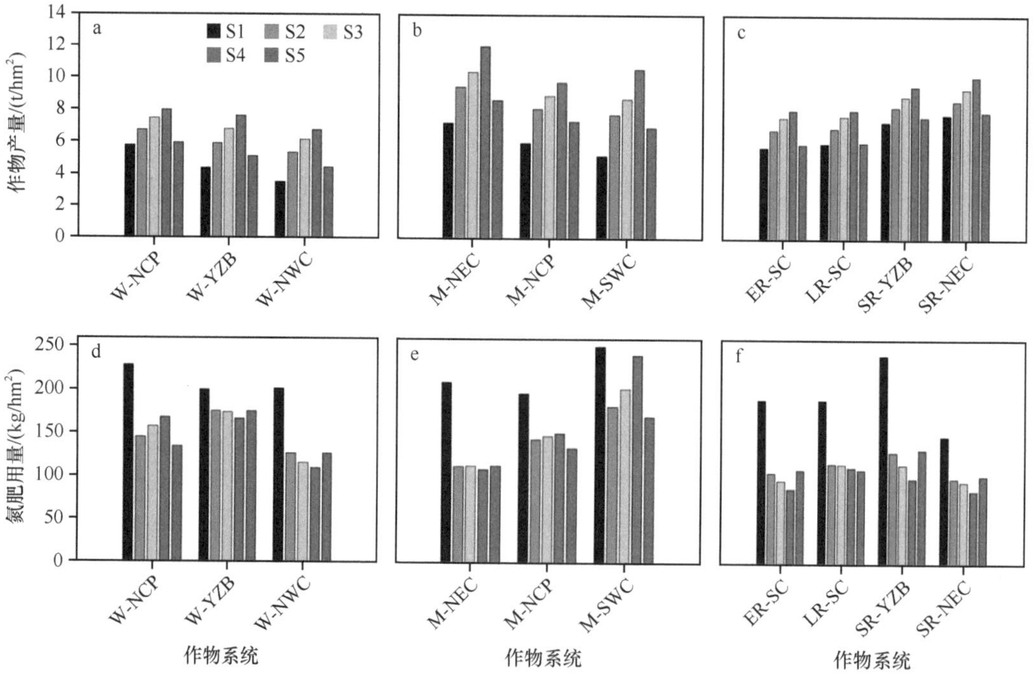

图 9-5　主要小麦、玉米、水稻系统在不同情景模式下的单位面积产量（a～c）和氮肥用量（d～f）

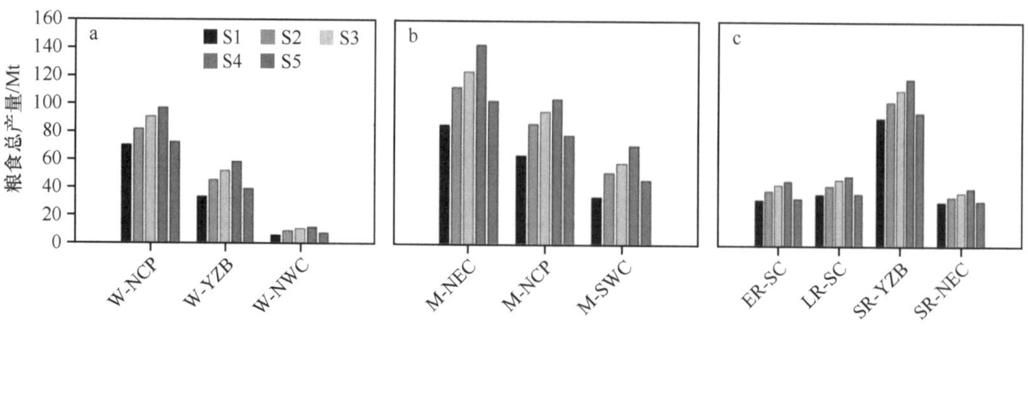

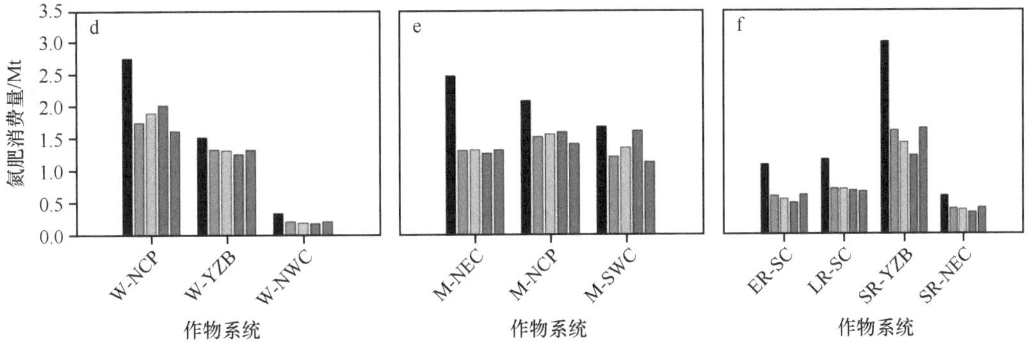

图 9-6　主要小麦、玉米、水稻系统在不同情景模式下的总产量（a～c）和氮肥消费量（d～f）

9.2　氮肥绿色增产增效综合调控原理与途径

作物生产是土壤-作物系统响应管理措施和气候条件，以作物生产力（作物产量）为主要功能，同时通过调节物质、能量流动影响生态环境和具有生态功能的一个体系。作物生产力与资源利用效率实际上是作物基因型（品种）、环境因素（土壤和气候）以及管理因素三者相互作用的综合结果（Van Ittersum and Rabbinge，1997；Cassman，1999）。

我国的农业发展在过去的半个多世纪取得了举世瞩目的成就，与 1961 年相比，粮食生产增加了 4 倍；同期，其他发展中国家，如南亚、东南亚以及拉美地区增长了约 2 倍，撒哈拉以南非洲增加了约 1 倍（FAO，2009）；我国粮食生产表现出更大增加的原因是作物高产品种选育，管理措施进步（如农田灌溉，化肥尤其是氮肥和农药的大量施用），以及土壤质量的改善（Fan et al.，2012，2013）。相反，南亚、东南亚地区粮食生产的增加尽管也得益于绿色革命技术，如种植新品种、化肥的大量施用，但是这些地区土壤质量表现出下降的趋势；而撒哈拉以南非洲除了种植新品种，农业资源投入的局限（尤其是化肥、农药等农业化学品）以及土壤质量严重退化严重制约了作物产量的增加（Lal，2004；Fan et al.，2013）。在上一节的分析中，我们发现在当前最佳作物管理技术条件下，生物物理因素（气候和土壤条件）仍然是影响产量的主要因素，气候和土壤因素约分别解释产量变异的 40%（图 9-2）。因此，作物高产高效基因型、适应气候变化的作物管理技术以及土壤质量的协同优化是进一步实现未来粮食安全、资源高效和环境安全的必由之路。

近年来，国内外学者主张维持适宜的根层养分供应浓度以充分发挥作物高效利用资源的生物学潜力（Chen et al.，2014a）。在土壤调控方面，越来越重视土壤生物学在养分保蓄与供应潜力方面的挖掘与调控（褚海燕等，2020）。因此，实现氮肥绿色增产增效，需要进一步挖掘土壤-作物系统的生物学潜力。但是，作物生产系统的复合性、复杂性和开放性特点决定了需要通过学科交叉创新和多因子的协同优化解决作物生产的系统性问题。通过耦合碳、氮等资源投入与作物管理提高土壤有机碳含量，同时维持适宜的土壤无机氮浓度，能充分挖掘作物高产以及氮高效利用潜力；而氮损失阻控技术的应用将进一步减少氮损失和对环境的影响。综合调控的整体思路如下（图 9-7）：①构建与区域气候相适应且采用氮高效品种的栽培管理体系；②通过根层氮素调控技术，建立充分发挥作物高产高效生物学潜力的环境条件；③提高土壤有机碳/氮，挖掘土壤微生物对氮的保蓄与供应潜力；④氮损失阻控技术的应用，进一步减少氮损失。

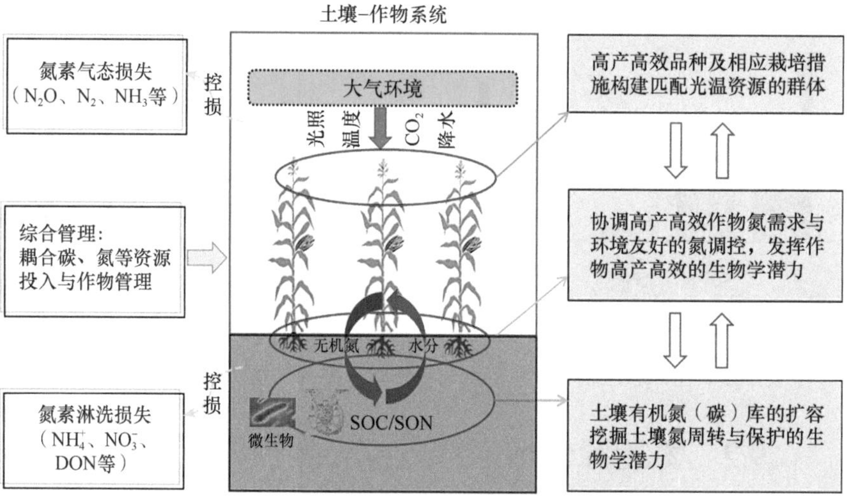

图 9-7 氮肥绿色增产增效综合调控的思路图

9.3 我国主要生态区农作体系氮肥绿色增产增效综合调控途径的建立与应用

9.3.1 华北平原小麦—玉米系统氮肥绿色增产增效综合调控

9.3.1.1 华北平原小麦—玉米氮肥绿色增产增效综合调控途径的建立

华北平原是典型小麦—玉米一年两熟轮作区，也是我国的粮食主产区，该地区以占 6.4% 的耕地生产了全国 11% 的粮食，其中玉米、小麦产量分别占全国玉米、小麦总产量的 18%、26%，为保障国家的粮食安全作出了巨大贡献（裴宏伟等，2015）。然而，该区的小麦、玉米产量仍较低，具有较大的增产增效潜力，与目前状况相比，该地区的小麦、玉米单位面积产量还可以分别增加 16.6%～38.2%、35.4%～62.9%，与此同时，单位面积氮肥用量可以分别降低 26.6%～36.5%、23.4%～27.0%（图 9-5）。限制该区小麦—玉米体系氮肥绿色增产增效的主要因素包括：①氮肥的大量施用，导致无机氮在土壤中的大量累积，造成氨挥发、N_2O 排放、硝酸盐淋溶等活性氮损失的增加（Ju et al.，2009；Zhou et al.，2016），以及一系列的生态环境问题。②作为我国的粮食主产区，华北平原地区土壤有机碳含量低，仅为 0.58%～0.87%，仍然是产量进一步增加的关键限制因子（图 9-3；Fan et al.，2012；Qin et al.，2013）；同时，土壤有机碳/氮低，造成典型的土壤微生物的碳限制环境，对氮的供蓄能力较差（Ju et al.，2011；Ge et al.，2014）。③作物栽培管理措施不到位，普遍存在小麦早播、玉米早收的现象；有关研究表明，小麦早播会造成冬前旺长，造成小麦遭受冬春冻害的风险增加并减产（崔彦生等，2008；王娜等，2015），玉米过早收获会影响籽粒的充分灌浆，从而降低玉米产量（王娜等，2015；Zhang et al.，2016a）。

针对以上华北平原小麦—玉米生产中限制氮肥绿色增产增效的关键因子，我们提出了增加土壤有机碳/氮库和维持适宜的土壤无机氮水平的调控途径，即通过根层氮素实时监控技术管理氮肥（Chen et al.，2014a），将根层土壤无机氮调控到满足匹配小麦晚播玉米晚收栽培体系的氮素需求，同时又没有造成大的环境损失的范围；通过小麦季有机资源循环利用增加土壤有机氮/碳投入和玉米季免耕减少有机氮/碳损失实现土壤有机氮/碳库扩容的综合调控途径。

研究利用在河北曲周 2008 年开始的长期定位试验，通过评价不同有机循环途径下在华北小麦—玉米轮作体系的农学与环境效应，验证上述调控途径的可行性。该试验的氮肥管理采纳根层氮素实时管理技术（Chen et al.，2014a），以仅调控氮肥为对照（F），其余处理为玉米秸秆（S）以及以玉米秸秆为主要原料形成的生物炭（BC）、牛粪（PM）、堆肥（C）、沼渣（BgR），有机物料施用量为 3.2t C/(hm^2·a)，于每年小麦播种前施入。同时采用了高产高效品种，作物管理采用以两晚（小麦晚播、玉米晚收）技术为核心的最佳管理技术（王娜等，2015；Zhang et al.，2016a）。

仅调控氮肥投入，实现有机碳/氮库扩容的潜力较小（图 9-8），与初始值（土壤有机碳 7.4g/kg、全氮 0.8g/kg）相比，F 处理 0～15cm 土壤有机碳和全氮浓度仅分别增加 14.8%、7.3%；而通过有机资源还田能够使 0～15cm 土壤有机碳、全氮浓度分别增加 53%～257%、46%～87%。

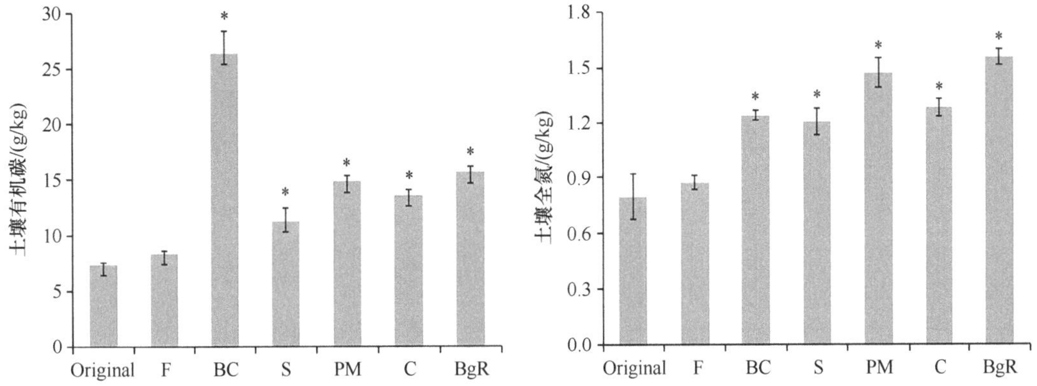

图 9-8　不同处理土壤有机碳和全氮含量

Original 表示试验开始时的初始值；* 表示与 F 处理有显著性差异（$P<0.05$）

通过优化氮肥管理，整体上能够将小麦—玉米整个轮作周期的根层土壤无机氮调控在合理范围内，平均值为 12.8mg/kg（11.4～14.2mg/kg）；小麦季、玉米季根层平均无机氮浓度分别为 11.3mg/kg（9.6～13.4mg/kg）、13.9mg/kg（12.9～14.8mg/kg）；作物根层土壤无机氮浓度在不同关键生育期存在差异，小麦返青期、拔节期、扬花期、成熟期平均无机氮浓度分别为 12.0mg/kg、10.1mg/kg、11.7mg/kg、11.6mg/kg，玉米六叶期、十二叶期、抽雄期、乳熟期、成熟期平均无机氮浓度分别为 15.0mg/kg、14.9mg/kg、14.2mg/kg、13.9mg/kg、11.9mg/kg（表 9-2）。

表 9-2　2008～2019 年作物关键生育期根层土壤平均无机氮浓度　（单位：mg/kg）

处理	小麦				玉米				
	返青期	拔节期	扬花期	成熟期	六叶期	十二叶期	抽雄期	乳熟期	成熟期
F	13.5	12.0	14.4	13.7	15.0	17.1	13.6	16.2	12.2
BC	13.1	10.4	12.6	11.6	15.1	15.6	14.4	13.2	10.9
S	9.2	7.7	11.3	10.3	14.0	16.1	16.1	14.5	12.9
PM	11.2	9.4	9.9	11.4	14.0	14.4	15.1	12.6	10.2
C	10.3	9.1	9.9	8.7	15.5	12.6	12.2	12.3	11.7
BgR	14.5	11.7	11.8	13.8	16.2	13.3	13.5	14.5	13.6

在综合调控途径下，作物产量和氮肥利用率可以得到有效提高，活性氮损失可以得到有效降低（图 9-9）。农户传统处理（FP）下的作物产量、氮肥偏生产力、氨挥发量、N_2O 排放量分别为 14.0t/hm²、32.0kg/kg、128kg N/hm²、3.3kg N/hm²。与农户传统处理相比，仅调控氮肥处理使作物产量增加 21%、氮肥偏生产力提高 103.4%、氨挥发降低 56.8%、N_2O 排放量降低 37.5%。与仅调控氮肥处理相比，有机资源还田配合调控氮肥处理使作物产量增加 5.2%（1.7%～8.8%）、氮肥偏生产力提高 19.9%（−1.7%～50.2%），但使氨挥发量增加 3.5%（−2.5%～8.9%）、N_2O 排放量增加 23.0%（11.1%～38.2%）。

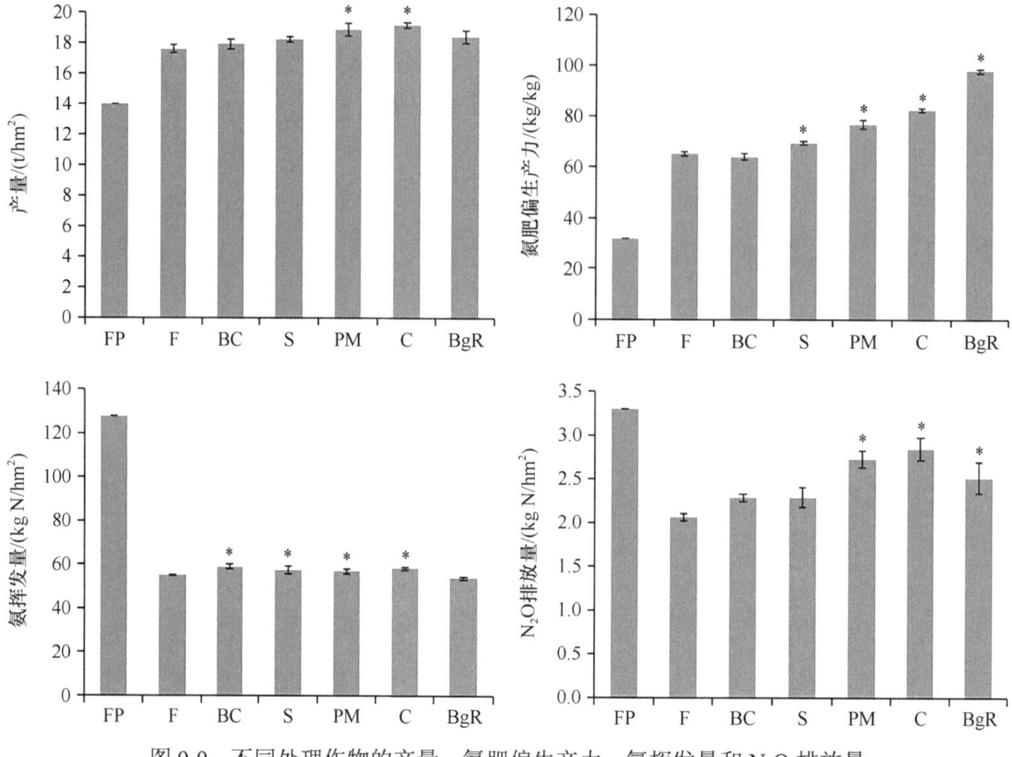

图 9-9　不同处理作物的产量、氮肥偏生产力、氨挥发量和 N_2O 排放量

FP 代表农户传统处理；* 表示与 F 处理有显著性差异（$P<0.05$）

2014～2018 年连续 5 年玉米收获后 0～200cm 土壤剖面硝态氮累积如表 9-3 所示。仅调控氮肥处理 0～200cm 土壤硝态氮累积量最高，平均为 314.5kg/hm²；有机资源还田配合调控氮肥处理 0～200cm 土壤硝态氮累积量平均为 191.1～241.0kg/hm²。从 0～100cm 占 0～200cm 累积总量来看，F 处理最低，5 年平均值为 38.8%；有机资源还田配合调控氮肥处理 5 年平均为 51%～60.8%。尽管 F 处理 0～200cm 的累积总量高于其他处理，但大部分分布在下层土壤（100～200cm），而有机资源还田处理土壤无机氮大部分分布在上层土壤（0～100cm），即有机资源还田减少土壤无机氮向深层土壤淋溶，更有利于作物吸收利用。

虽然有机资源还田促进 N_2O 的排放，但是由于有机资源还田使土壤有机碳大量累积，因此田块尺度净全球增温潜势均表现为负值（图 9-10），即所有土壤均表现为碳汇。与 F 处理（−841.8kg CO_2-eq/hm²）相比，有机资源还田配合调控氮肥处理净全球增温潜势显著降低，平均达到 −8372.8kg CO_2-eq/hm²，其中生物炭还田为有效减排途径，其净全球增温潜势为 −19 294kg CO_2-eq/hm²。

表 9-3　2014～2018 年轮作周期结束后 0～200cm 土壤硝态氮累积量和 0～100cm 土壤累积比例

处理	2014 年 10 月		2015 年 10 月		2016 年 10 月		2017 年 10 月		2018 年 10 月	
	0～200cm 土壤硝态氮累积量/（kg/hm^2）	0～100cm 土壤累积比例/%	0～200cm 土壤硝态氮累积量/（kg/hm^2）	0～100cm 土壤累积比例/%	0～200cm 土壤硝态氮累积量/（kg/hm^2）	0～100cm 土壤累积比例/%	0～200cm 土壤硝态氮累积量/（kg/hm^2）	0～100cm 土壤累积比例/%	0～200cm 土壤硝态氮累积量/（kg/hm^2）	0～100cm 土壤累积比例/%
F	362.7	34	262.6	29	320.9	31	283.0	45	343.2	55
BC	80.4	40	213.6	60	266.5	42	155.1	52	240.0	61
S	125.2	56	234.2	74	172.0	46	360.0	59	239.1	70
PM	136.1	57	160.5	61	134.4	47	380.0	64	224.8	72
C	112.9	53	127.5	59	233.6	46	387.8	58	268.3	77
BgR	167.9	41	198.3	70	277.2	51	306.7	65	255.0	77

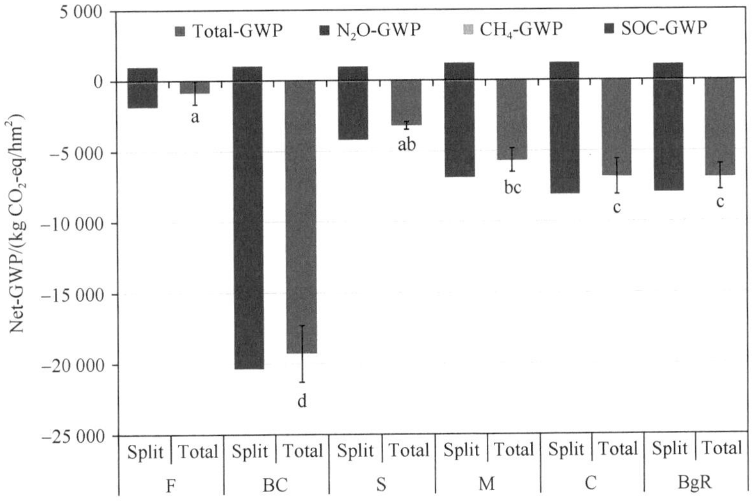

图 9-10　田块尺度不同处理的净全球增温潜势

GWP 为全球增温潜势，Total-GWP 为总全球增温潜势，Net-GWP 为净全球增温潜势，Net-GWP = N_2O-GWP + CH_4-GWP + SOC-GWP；不含有相同小写字母的表示不同处理 Net-GWP 在 0.05 水平差异显著

经过 11 个轮作周期，F 处理的年均氮素盈余量为 37kg/hm^2，有机资源还田使土壤氮素盈余增加 89.2%～454.1%（表 9-4），增加的氮素盈余可能以有机氮的形式贮存在土壤中，或是以氮气等非活性氮的方式损失到环境中。

综上所述，以关键生育期根层氮素实时管理和有机资源循环利用为核心的综合调控途径，可以达到减肥增产增效的效果，是适合华北平原小麦—玉米体系的氮肥绿色增产增效综合调控途径。

表 9-4　不同处理的氮输入、氮输出和氮素平衡　（单位：kg N/hm^2）

处理	氮输入					氮输出			氮素平衡
	有机肥	化肥	环境	种子	土壤矿化	作物吸收	氨挥发	N_2O 排放	
F	0	264	79	5	134	387	55	2	37
BC	57	274	79	5	134	397	59	2	91

续表

处理	氮输入					氮输出			氮素平衡
	有机肥	化肥	环境	种子	土壤矿化	作物吸收	氨挥发	N_2O 排放	
S	67	256	79	5	134	411	57	2	70
PM	234	247	79	5	134	435	57	3	205
C	256	232	79	5	134	443	58	3	202
BgR	279	185	79	5	134	424	54	3	201

9.3.1.2　华北平原小麦—玉米氮肥绿色增产增效的区域技术模式构建与应用

1. 区域氮肥增产增效技术模式的构建

华北平原农业生产具有小农户生产的特点，分散经营、规模小，不同农户生产条件、管理技术差异大，制约农户产量和养分资源利用效率的因素差异也较大。根据农户生产管理-土壤-气候条件应用“边界值统计法”确定区域技术模式。

从图 9-11 可以看出，冬小麦产量随着单位面积粒数的增加而增加，超过一定范围后有下降趋势。冬小麦产量与千粒重之间的相关性较低，小农户冬小麦高产的获得更多依赖于单位面积粒数，而不是千粒重。因此，要提高冬小麦产量，首先要获得较高的单位面积粒数。需要针对影响冬小麦收获群体和穗粒数的主要管理措施进行调控，协调好密度与穗粒数之间的关系，以期获得适宜的单位面积粒数。设定优化体系下的目标产量为农户平均水平下再增产 15%，根据产量与单位面积粒数之间的边界值关系，确定每平方米的粒数为 2.1 万～3.4 万粒。

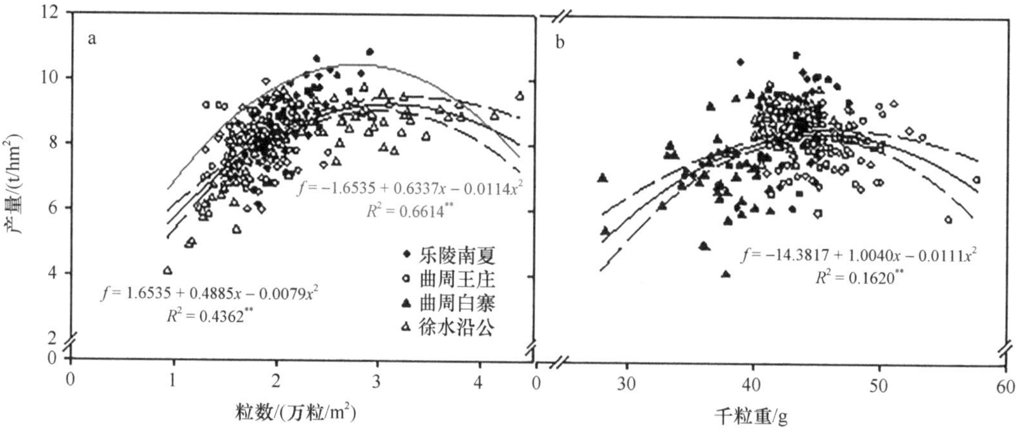

图 9-11　冬小麦产量与单位面积粒数（a）及千粒重（b）的关系

根据小农户冬小麦实际生产中的可控因素，选择了播量、播期、氮磷钾肥施用量、氮肥的基施量、氮肥追肥时间 7 项措施进行优化设计，以期获得较高的单位面积粒数。

如图 9-12a 所示，冬小麦播量与单位面积粒数之间边界值呈二次曲线关系。以每平方米粒数 2.1 万～3.4 万粒为目标，推荐播量为每亩 14～25 斤（1 斤=0.5kg，后文同）；在播期方面，单位面积粒数的边界值随着播期的延迟而下降（图 9-12b），目标单位面积粒数下的推荐播期为 10 月 9～18 日；从单位面积粒数和施氮量的关系可以得出，随着施氮量的增加，单位面积粒数的边界值呈二次曲线（图 9-12a），实现目标单位面积粒数时的推荐施氮量为 122.4～207.1kg/hm²，结合目标产量及当地前期研究提出的百千克籽粒需氮量，确定优化体系下的总施氮量为 210kg/hm^2；随着基肥氮比例的升高，冬小麦单位面积粒数边界值同样是先升高再降低的趋势，在基肥比例约为 40% 时（图 9-12b），冬小麦单位面积粒数达到了最高值，但是根据目标值，优化体系下的推荐基肥氮比例为 18%～31%，故设计优化生产体系下的基肥氮比例为 30%；在产量差限制因素分析中，冬小麦产量对磷肥和钾肥的响应度较差，因此计算磷、钾肥的推荐值时，同样选择了 Sigmoid 模型曲线模拟磷、钾施肥量和单位面积粒数的关系，确定优化体系下的施磷量为 100kg/hm^2，施钾量为 40kg/hm^2（图 9-12c 和 d）。

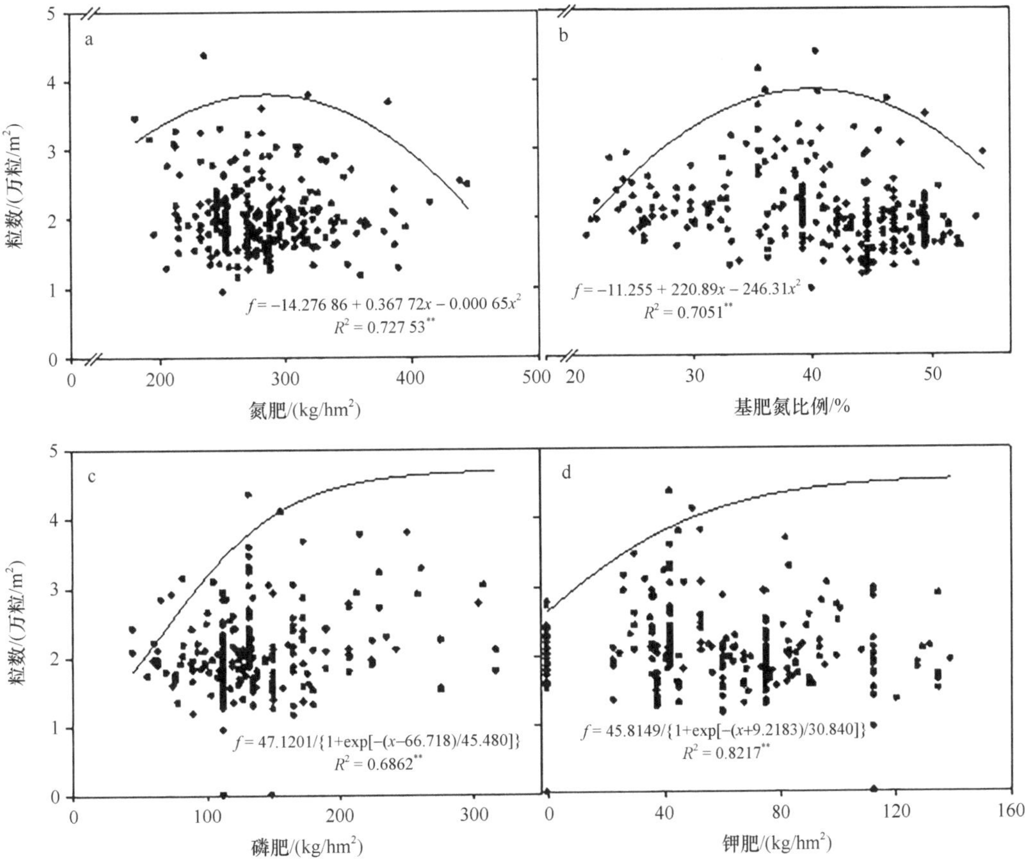

图 9-12　冬小麦单位面积粒数与主要可控因素的边界值分析

从图 9-13 可以看出，夏玉米产量与单位面积粒数之间呈极显著正相关。由此可知，影响高产的时间是单位面积粒数形成的时期，而非籽粒的灌浆时期。优化体系的设计需要针对影响夏玉米收获密度和穗粒数的主要管理措施进行调控，协调好密度与穗粒数之间的关系，以期获得最高的单位面积粒数指标。

根据小农户夏玉米生产中的可控因素，选择播种密度、氮磷钾施肥量、氮肥的基施量、播期 6 项措施并进行优化，以期获得较高的单位面积粒数。根据夏玉米密度与单位面积粒数之间边界值的关系（图 9-14），优化设计夏玉米播种密度为 7.2 万株/hm^2。从单位面积粒数和施氮量的关系可以得出，施氮量与单位面积粒数的边界值呈现二次曲线关系，实现最高单位面积粒数时的施氮量为 210kg/hm^2。

单位面积粒数与施磷量和施钾量的边界值均呈“S”形曲线关系，根据边界值的拐点推荐夏玉米磷、钾施肥量均为 50～60kg/hm^2。氮肥的基施量与夏玉米单位面积粒数之间同样呈现

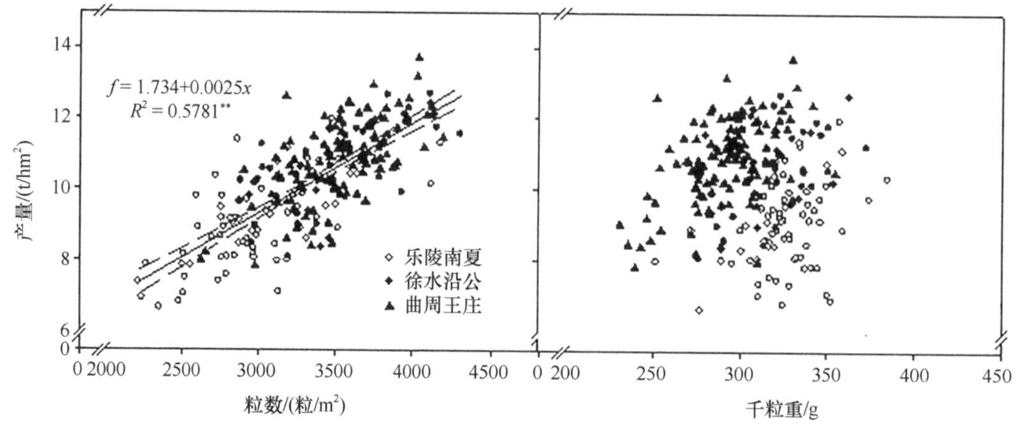

图 9-13　夏玉米产量与单位面积粒数及千粒重的关系

曲线加平台的关系，根据边界值拐点及专家建议，氮肥的 1/3 进行基施、2/3 为追施；最后，夏玉米播期同单位面积粒数之间的边界值呈现二次曲线关系，设计的优化体系下夏玉米播期为 6 月 10～20 日。

对上述主要可控制的管理措施设计出优化值后，集成了华北平原典型区域冬小麦—夏玉米氮肥绿色增产增效技术模式（表 9-5）。

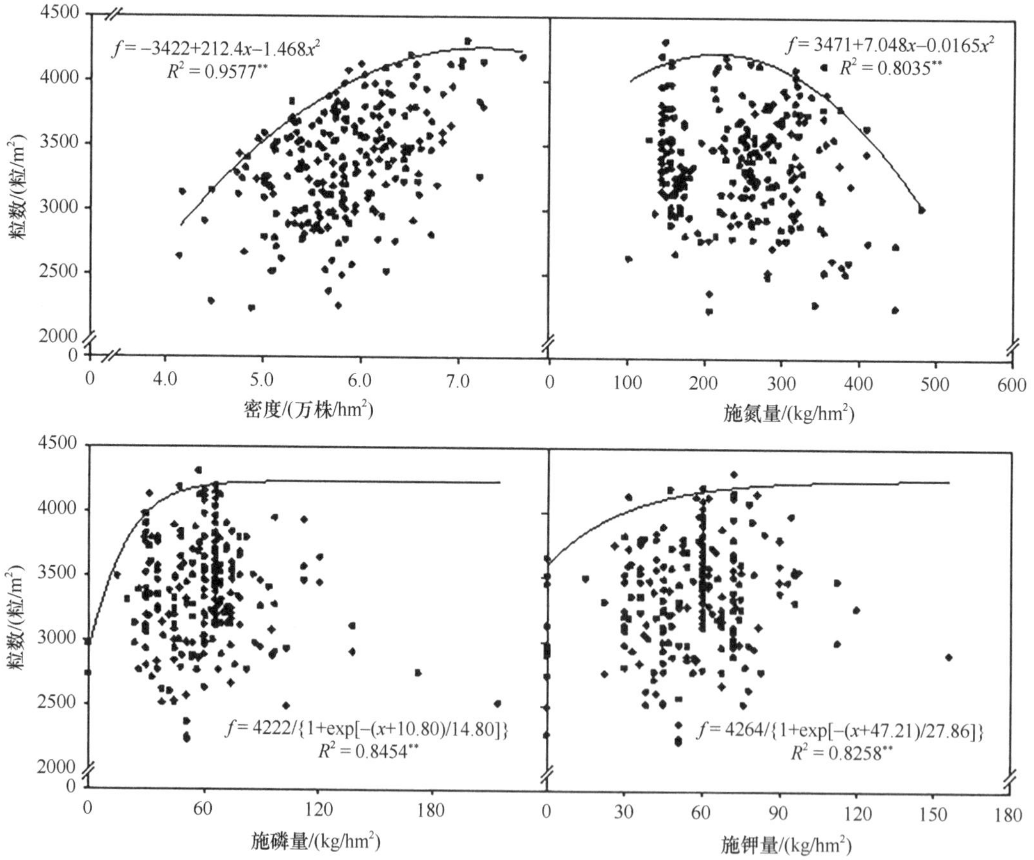

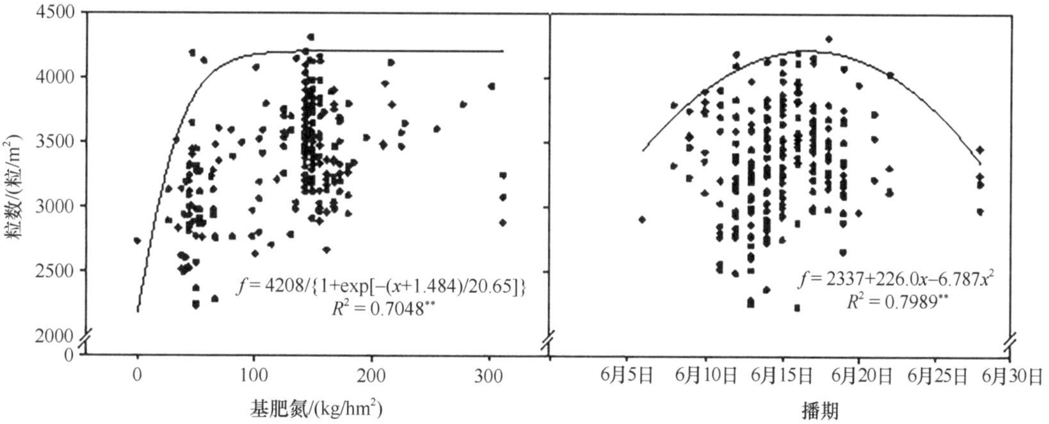

图 9-14　夏玉米单位面积粒数与主要可控因素的边界值分析

表 9-5　华北平原小麦—玉米绿色增产增效区域技术模式

作物	综合管理策略	区域技术模式要点
夏玉米	①秸秆还田；②耐密品种（增密）；③早播，提高播种密度和质量；④优化氮肥投入；⑤应用脲酶抑制剂	①全量还田；②玉米品种：如‘登海 605’；③玉米播期：6 月 13～14 日；④播种行距 60cm、株距 22cm，播种密度：5000 株/亩；⑤基肥肥料类型：24-11-10，用量 25～30kg/亩，喇叭口期追施尿素 13～15kg/亩
冬小麦	①秸秆还田；②高产稳产品种；③降低播种量；④适宜播期；⑤优化氮肥投入；⑥氮肥后移（时间、比例）；⑦应用脲酶抑制剂	①全量还田；②小麦品种：如‘济麦 22’‘鲁原 502’；③小麦播期：10 月 10～13 日；④播种方式：宽窄行，播种量：12.5kg/亩；⑤氮肥投入：180～210kg/亩，基肥肥料类型：20-15-10，用量 40kg/亩，清明前后（4 月初）追施尿素 15～20kg/亩

2. 区域氮肥增产增效技术的示范与应用

依托科技小院，开展冬小麦—夏玉米区域技术模式的示范与应用。2017～2019 年，累计开展农户科技培训 400 多场次，累计培训农户超过 1.2 万人，举办各类田间观摩活动 8 场，建立田间多点示范 58 个点，其中，小麦季，累计在山东乐陵布置 14 个点，在河北曲周布置 10 个点；玉米季，累计在山东乐陵布置 16 个点，在河北徐水布置 11 个点，在河北曲周布置 7 个点，进行田间对比试验。

田间示范试验表明，采用氮肥增产增效技术示范田冬小麦分别比农户习惯平均增产 6.2%（2017 年）、9.0%（2018 年）、8.9%（2019 年），采用氮肥增产增效技术示范田氮肥偏生产力（PFP_N）分别比农户习惯增加 31.8%（2017 年）、25.5%（2018 年）、29.9%（2019 年），3 年平均增产 8.0%、增效 29.1%。采用氮肥增产增效技术示范田夏玉米分别比农户习惯平均增产 16.8%（2016 年）、1.9%（2017 年）、11.3%（2018 年）、9.9%（2019 年），采用氮肥增产增效技术示范田 PFP_N 分别比农户习惯增加 32.2%（2016 年）、19.3%（2017 年）、11.3%（2018 年）、11.7%（2019 年），4 年平均增产 10.0%、增效 18.6%。

9.3.2　东北黑土区春玉米氮肥绿色增产增效综合调控

9.3.2.1　氮肥绿色增产增效综合调控途径的建立

东北黑土地是我国重要的北大仓，东北三省 2019 年玉米种植面积为 1276.9 万 hm²（占全国总种植面积的 30.9%），玉米总产量为 8869.5 万 t（占全国的 34%）（国家统计局，2020），其中吉林玉米带被誉为世界三大黄金玉米带之一。东北黑土春玉米氮肥绿色增产增效的限制因子主要表现在以下 3 个方面：①黑土耕地退化，地力贡献率降低。东北黑土地自 20 世纪 50 年代大规模开垦以来，由于长期高强度利用，加之土壤侵蚀，有机质含量下降、理化性状与生态功能退化，主要体现在黑土“变瘦”“变薄”“变硬”。②化肥运筹不合理，肥料利用率低。对东北四省（区）玉米施肥状况的调查结果显示，接受调查的农户中有 55% 存在氮肥施用过量问题（未发表资料），且养分投入不平衡，一次性施肥的比例逐渐加大，吉林省玉米一次性施肥面积占玉米总施肥面积的 62.5%（高强等，2007）。③播种密度低、质量差，难以保证高产群体。种植密度直接影响玉米的光能利用效率，是玉米产量形成的重要因素。陈国平等（2012）的研究显示吉林省玉米产量大于 15.0t/hm^2 时的种植密度为 8.25 万～9.0 万株/hm^2。对梨树县高产高效竞赛的结果分析表明，种植密度在 6.4 万～7.0 万株/hm^2 的农户产量较种植密度为 5.4 万～6.0 万株/hm^2 提高 14%，氮肥偏生产力提高 14.4%（表 9-6）。目前，东北玉米生产在高产群体的构建方面仍有提升空间。因此，针对以上限制因子，要实现东北黑土区春玉米氮肥绿色增产增效，需从土壤地力提升（扩库增容）、无机氮调控、高产群体构建 3 个方面进行综合调控。

表 9-6 梨树县高产高效竞赛农户合理增密技术效果（*n*=300）

处理	种植密度/（万株/hm^2）	保苗率/%	施肥总量/（kg/hm^2）	产量/（kg/hm^2）	增产/%	氮肥偏生产力/（kg/kg）	增效/%
对照	5.4～6.0	84	498	9 389		18.8	
增密	6.4～7.0	95.1	498	10 700	14	21.5	14.4

1. 土壤有机碳/氮库扩容技术

为阐明春玉米高产高效农田土壤有机碳库容条件，课题组在位于松辽平原中部的吉林省梨树县选取 5 组高产示范田与普通对照田，对比分析 5 组田块土壤有机碳含量、组分及组成特征，结果表明（表 9-7），与对照田相比，高产农田土壤中总有机碳、活性有机碳（水溶性有机碳、易氧化有机碳、颗粒有机碳）、稳定性有机碳（胡敏酸碳和富里酸碳）含量均较高，分别为 4.49～12.4g/kg、0.096～0.174g/kg、1.05～2.85g/kg、0.65～3.40g/kg、1.61～3.75g/kg、0.71～2.52g/kg；小粒级（＜1mm）团聚体中有机碳含量显著高于对照农田；高产农田土壤胡敏酸（HA）通常含有较低比例的烷基碳和烷氧碳以及较高比例的芳香碳和羰基碳，其腐殖化程度和脂族化程度较低而疏水化程度较高。有机肥的施用一直以来被认为是提升土壤有机质数量的重要措施，但对土壤有机质质量的影响鲜有报道。课题组通过对连续开展 5 年的定位试验进行取样分析发现，每年施用 30t/hm^2 有机肥能够显著提升土壤总有机碳含量 31.7%～39.1%，同时，水溶性有机碳、易氧化有机碳、颗粒有机碳、胡敏酸碳和富里酸碳也显著提高，说明有机肥的施用既能够有效增加土壤有机碳库中的活性部分，为作物养分供应提供保障，又能增加有机碳库中的稳定部分，提高地力。此外，我们研究发现有机肥的施用显著提高土壤团聚体稳定性，并且提高各粒级团聚体中的有机碳含量，有利于对有机碳形成物理保护。

秸秆还田是提升土壤有机碳/氮库的另一项有效技术。随着《东北黑土地保护规划纲要（2017—2030 年）》《东北黑土地保护性耕作行动计划（2020—2025 年）》等国家政策的颁布，以及广大农户保护黑土地意识的提高，秸秆还田已经成为东北农业发展的必然趋势。目前，

表 9-7　春玉米高产田及常规生产对照田中土壤总有机碳、水溶性有机碳、易氧化有机碳、颗粒有机碳和稳定性有机碳的含量

处理	总有机碳/(g/kg)	水溶性有机碳/(g/kg)	易氧化有机碳/(g/kg)	颗粒有机碳/(g/kg)	胡敏酸碳/(g/kg)	富里酸碳/(g/kg)	胡敏酸碳/富里酸碳
高产 1	4.49	0.102	1.05	0.65	1.61	0.78	2.07
对照 1	1.99	0.085	0.46	0.62	0.61	0.18	3.39
高产 2	9.09	0.102	2.08	1.20	2.35	1.17	2.01
对照 2	6.33	0.093	1.47	0.75	2.24	1.03	2.17
高产 3	7.30	0.096	1.56	0.76	1.74	0.71	2.45
对照 3	6.54	0.087	1.38	0.69	1.59	0.50	3.18
高产 4	10.7	0.174	2.34	2.10	2.30	1.05	2.19
对照 4	7.18	0.109	1.44	0.92	1.64	0.98	1.67
高产 5	12.4	0.156	2.85	3.40	3.75	2.52	1.49
对照 5	9.28	0.125	2.04	1.80	2.80	1.59	1.76
高产田平均值	8.80	0.126	1.98	1.62	2.35	1.25	2.07
对照田平均值	6.26	0.100	1.36	0.96	1.78	0.86	2.48

在东北地区，秸秆还田方式主要有 3 种：覆盖还田，深翻还田，浅旋还田。通常需要根据不同的气候和土壤条件来确定秸秆还田方式。秸秆深翻还田的培肥效果最佳，适合非水土流失地区；覆盖还田适合半湿润和半干旱地区，对于防止水土流失、保墒具有较好的效果，但其培肥土壤的效果较深翻还田略差；而浅旋还田适合降水量较高的地区（一般要求＞600mm），秸秆能够快速分解，不影响来年春播。一项 4 年的田间定位试验研究表明，玉米秸秆深翻还田能明显降低耕层（0～20cm）土壤容重，增加土壤含水量，提高土壤有机质与速效氮、速效钾含量。对亚耕层（21～40cm）土壤的培育作用更为突出，与无秸秆还田处理相比，秸秆深翻还田使亚耕层土壤容重分别下降 6.8%～10.2%，土壤有机质含量增加 14.2%～20.1%。秸秆覆盖还田显著增加耕层的土壤有机质与速效氮含量，对亚耕层土壤肥力特征的影响不明显（梁尧等，2016）。秸秆还田还显著促进了＞0.25mm 大团聚体的形成，并显著提高了土壤总有机碳、胡敏酸与胡敏素以及大团聚体与微团聚体中有机碳、胡敏酸与胡敏素的含量（林欣欣等，2020）。

2. 最佳氮肥用量的确定

（1）春玉米养分需求量

通过综合分析 2004～2014 年在吉林省不同土壤类型和土壤肥力上进行的 306 个玉米田间试验以及其他研究人员关于东北地区春玉米养分吸收的研究结果，将吉林省不同年度不同区域玉米的产量按高（＞10.0t/hm^2）、中（7.5～10.0t/hm^2）、低（＜7.5t/hm^2）分段，并分别对各产量段对应的植株养分需求量进行平均和归类，结果如表 9-8 所示，从表中可以看出，随着产量的增加，玉米植株的养分需求量明显增大，当产量低于 7.5t/hm^2 时，植株的 N、P_2O_5、K_2O 的需求量分别为 165kg/hm^2、53kg/hm^2、143kg/hm^2；当产量增加至 7.5～10.0t/hm^2 时，植株的 N、P_2O_5、K_2O 的需求量分别为 195kg/hm^2、60kg/hm^2、187kg/hm^2；当产量达到 10.0t/hm^2 以上时，植株的 N、P_2O_5、K_2O 的需求量分别达到 225kg/hm^2、68kg/hm^2、218kg/hm^2。

表 9-8　不同产量水平下春玉米氮、磷、钾的吸收量

产量水平/(t/hm²)	试验数/个	养分需求量/(kg/hm²)		
		N	P_2O_5	K_2O
＜7.5	48	165±12.3	53±4.3	143±11.2
7.5～10.0	115	195±16.8	60±4.5	187±14.2
＞10.0	53	225±14.1	68±3.8	218±17.3

（2）春玉米氮肥施用指标体系的建立

1）春玉米氮肥基肥用量的确定

为了更精确地对玉米氮肥进行管理，在确定氮肥总量的前提下，根据玉米不同生育阶段的氮素需求量，确定根层土壤氮素供应强度的目标值（范围），实现根层土壤氮素供应与作物氮素需求的同步。

根据玉米苗期到十叶期地上、地下氮素吸收量和土壤 NO_3^--N 含量计算玉米氮肥基肥用量，具体方法如下：某田块春玉米目标产量为 9.0t/hm²，达到该目标产量的地上部吸氮量为 180kg N/hm²，其中从播种到十叶期，玉米地上部吸氮量为 50kg N/hm²，考虑根系吸收为地上的 25%，此阶段氮素供应量（土壤无机氮+肥料氮）应为 50+50×25%=62.5（kg N/hm²），由于该阶段玉米根系主要分布于 0～30cm 土层，因此土壤供氮量仅考虑 0～30cm 土层土壤 NO_3^--N 含量，测定的 0～30cm 土层土壤 NO_3^--N 含量为 25kg N/hm²，缓冲容量为 30kg N/hm²，通过计算玉米氮肥基肥用量为 63−25+30=68（kg N/hm²）。

综合吉林省 100 多个试验示范点的土壤耕层（0～30cm）的 NO_3^--N 含量数据，最终确定基于目标产量和土壤耕层（0～30cm）中 NO_3^--N 含量的春玉米氮肥基肥用量的具体指标，如表 9-9 所示。

表 9-9　东北春玉米氮肥基肥推荐用量指标　　（单位：kg N/hm²）

NO_3^--N 含量/(kg N/hm²)	目标产量		
	＜7.5t/hm²	7.5～10.0t/hm²	＞10.0t/hm²
＜15	60	75	90
15～25	50	65	80
25～30	45	60	75
30～40	35	50	65
40～45	30	45	60
＞45	20	35	45

注：NO_3^--N 含量为土壤耕层（0～30cm）中 NO_3^--N 含量

2）春玉米氮肥追肥用量的确定

在确定玉米氮肥基肥用量的基础上，为保证对玉米生长期氮素的全程监控，因此对玉米十叶期到成熟期的氮肥用量也进行了实时监控。主要是根据玉米十叶期到成熟期的地上、地下氮素吸收量和土壤根层 NO_3^--N 含量计算玉米氮肥追肥用量，具体方法如下：玉米十叶期到成熟期的氮素吸收量+这一时期 0～90cm 土层根系氮素吸收量−这一时期 0～90cm 土层 NO_3^--N 含量+缓冲量，从而得出氮肥追肥用量。综合东北地区 100 多个试验点 0～90cm 土层

的 NO_3^--N 含量数据，最终确定基于目标产量和 0～90cm 土层 NO_3^--N 含量的春玉米氮肥追肥用量的具体指标如表 9-10 所示。

表 9-10　东北春玉米氮肥追肥推荐用量指标　（单位：kg N/hm²）

NO_3^--N 含量/(kg N/hm²)	目标产量		
	＜7.5t/hm²	7.5～10.0t/hm²	＞10.0t/hm²
＜75	120	135	150
90	110	125	140
105	105	120	135
120	95	110	125
135	90	105	120
＞135	80	95	110

注：NO_3^--N 含量为 0～90cm 土层中 NO_3^--N 含量

3）秸秆还田下玉米氮肥的合理施用量

玉米生产过程中每年都会产生大量秸秆，一旦被废弃或露天焚烧，就会造成严重的环境污染和资源浪费。在适宜地区开展秸秆还田，实行保护性耕作措施，可以提高黑土耕地质量，协同实现保水保土、减肥减药和节本增效的多重目标。秸秆还田作为保护性耕作和有机替代技术的一种重要手段，随着国家《东北黑土地保护性耕作行动计划（2020—2025 年）》等一系列行动的开展，秸秆还田已成为未来东北玉米生产的必然趋势。大量研究表明，与传统模式相比，秸秆还田不仅能够培肥地力、改善土壤结构和理化性质、提高土壤保水保肥能力，还能促进氮、磷、钾等营养元素参与农田物质与能量循环，优化农田生态环境，并且秸秆腐解后可提供大量养分，增加土壤肥力，达到化学肥料减量施用的目的。东北地区秸秆还田方式多种多样，主要包括秸秆全覆盖还田、秸秆浅旋还田、秸秆深翻还田 3 种方式，不同秸秆还田方式所要求的环境条件也不相同。那么，在不同秸秆还田方式下，肥料该如何施用？

笔者根据多年在吉林省中部地区开展的秸秆还田节肥增效潜力试验以及收集整理的在东北地区开展的秸秆还田文献资料，计算了玉米收获后秸秆还田量，确定秸秆腐解率、秸秆替代化学氮肥的含量，以及在秸秆还田条件下最佳氮肥的施入量。其中秸秆还田量主要以全量还田为计算方式，按玉米草籽比为 1.2 来估算，如玉米籽粒产量为 600kg/hm²，则地块的玉米秸秆还田量为 720kg/hm²。由于作物秸秆腐解的快慢与土壤温度、降水大小极为相关，因此通过收集相关参考文献并进行室内分析实验，初步确定秸秆经过一年的腐解，腐解率可达 60%～70%；秸秆大概在 10 月还田，因此估算第二年作物生长季的腐解率为 50%～60%。玉米秸秆中氮、磷、钾养分含量分别为 0.6%、0.27%、2.28%。由此可以推算玉米秸秆在生育期可释放的氮、磷、钾含量分别为秸秆还田量的 0.3%、0.14%、1.2%。而秸秆释放出来的养分在当季并不能全部被吸收，仅有很小比例可以进入植物体内，秸秆腐解及养分转化受土壤水热等理化性状以及生物学性状的影响，文献显示在东北地区秸秆与表土混拌还田方式下，两季玉米对 ^{15}N 秸秆氮素的累积利用率仅为 12.8%～17.9%（Zheng et al.，2018），秸秆覆盖还田 4 个生长季后，玉米对秸秆 ^{15}N 的累积利用率为 18.2%～20.9%（胡国庆等，2016）。但在秸秆腐解过程中需要一部分的氮先富集再释放，因此在施基肥时需要添加一部分氮肥用于帮助秸秆降解，防止因秸秆夺氮而带来的氮养分不足。本研究根据文献及生产中的实际情况，建议秸秆覆盖还田条件下氮添加量为总氮投入量的 10%，秸秆深翻条件下氮添加量为总氮投入量的 5%，条耕由于秸秆位置离作物相对较远，可暂时不考虑对作物的夺氮作用。根据上述资料，估算在玉米季秸秆可被作物吸收的氮养分含量为秸秆还田量的 0.03%。根据上述各项参数，结合土壤肥力水平和目标产量，得出秸秆还田条件下玉米氮肥推荐施用量（表 9-11）。

表 9-11　秸秆还田条件下玉米氮肥推荐施用量

肥力水平	水解氮含量/(mg/kg)	目标产量/(t/hm^2)	秸秆旋耕还田/(kg N/hm^2)	秸秆覆盖还田/(kg N/hm^2)	秸秆深翻还田/(kg N/hm^2)
极低	＜70	＜7.5	175～195	160～180	170～190
		7.5～9.0	195～215	180～200	190～210
		9.0～10.5	215～235	200～220	210～230
低	70～100	＜7.5	165～175	150～160	160～170
		7.5～9.0	175～195	160～180	170～190
		9.0～10.5	195～215	180～200	190～210
		10.5～12.0	215～235	200～220	210～230
中	100～130	＜7.5	155～165	140～150	150～160
		7.5～9.0	165～185	150～170	160～180
		9.0～10.5	185～205	170～190	180～200
		10.5～12.0	205～225	190～210	200～220
高	130～160	＜7.5	145～155	130～140	140～150
		7.5～9.0	155～175	140～160	150～170
		9.0～10.5	175～195	160～180	170～190
		10.5～12.0	195～215	180～200	190～210
极高	＞160	＜7.5	135～145	120～130	130～140
		7.5～9.0	145～155	130～140	140～150
		9.0～10.5	155～175	140～160	150～170
		10.5～12.0	175～195	160～180	170～190

3. 新型肥料施用效果与合理施用技术

近年来，农户为了降低成本并节省劳动力，黑土区玉米的施肥措施由以往底肥+追肥和一次性施肥两种模式并存，逐渐发展为一次性施肥为主。一次性施肥方式虽然普遍被农户接受，但肥料施用不当会出现烧苗、肥料挥发、淋溶等不良情况。高强等（2007）通过在吉林省 5 种土壤中进行的 110 个玉米田间试验发现，高肥力地块可以短暂采用一次性施肥，而中、低肥力地块在一次性施肥条件下则减产明显。新型肥料可根据作物的需肥规律控制或延缓养分释放，具有肥效长、损失少、稳定性好等优点，近年来发展迅速。由于新型肥料快速发展的种类和剂型也发生很大变化，目前针对单一新型肥料对玉米施用效果及环境效应的研究较多，普遍认为其能显著提高玉米产量和肥料利用率，增加土壤硝态氮的累积，降低土壤氨挥发通量峰值，减少氨挥发。笔者通过开展田间试验，对不同类型新型肥料在黑土区春玉米上的施用效果和氨挥发、N_2O 排放特性进行了比较，结果显示，常规施肥处理（底肥+追肥）的氨挥发累积量最高，占氮肥施用量的 9.38%。在新型肥料中，肥包肥、硅酸盐包膜肥料、控释肥料的氨挥发累积量相对较小，分别为 28.8kg/hm^2、28.7kg/hm^2、28.6kg/hm^2，比掺混肥料氨挥发累积量分别低 23.2%、263.8%、24.5%。经估算，高塔工艺肥料处理 N_2O 排放量最高，为 1.49kg/hm^2，稳定态肥料、硫包衣肥料处理相对较低，分别为 1.45kg/hm^2、1.44kg/hm^2。

控释氮肥具有养分释放与作物吸收同步的优点，是促进作物生长、降低氮素损失、提高氮肥利用率的有效途径。将控释氮肥与普通尿素按适宜比例掺混施用，可有效调节速效和缓效氮素供应以满足作物不同时期的氮素需求，同时还能节本增效、减少环境风险。笔者于 2010 年和 2011 年在吉林省中部玉米主产区连续两年设置大田定点试验，施肥处理包括：不施氮（N0）、100% 尿素（CRN 0）、15% 控释氮肥+85% 尿素（CRN 15%）、30% 控释氮肥+70% 尿素（CRN 30%）、45% 控释氮肥+55% 尿素（CRN 45%），研究控释氮肥与尿素掺混施用对春玉米连作条件下籽粒产量、氮素吸收与利用、土壤无机氮累积与矿化以及系统氮素平衡的影响，确定适宜的控释氮肥掺混比例。结果显示，与尿素一次性全施相比，控释氮肥与尿素掺混施用显著提高了春玉米地上部干重和产量，且 CRN 30% 处理玉米产量最高（9.39t/hm^2），较 CRN 0 处理增产 9.0%。随着控释氮肥掺混比例的增加，植株氮素吸收量、土壤无机氮残留量均呈持续上升趋势，分别在 CRN 30%、CRN 45% 处理达到最高，为 234.2kg/hm^2、108.1kg/hm^2，较 CRN 0 处理分别增加 18.0%、45.1%。氮素表观损失随控释比例增加而大幅降低，从而导致氮素表观盈余也呈下降趋势，CRN 30% 处理降至最低的 114.4kg/hm^2，较 CRN 0 处理减少 38.4%。控释氮肥与尿素掺混处理表层土壤（0～30cm）的无机氮含量明显高于 CRN 0 处理，而深层土壤（30～90cm）则较低，表明其氮素下移趋势较小。两季平均结果表明，氮肥的表观利用率由 CRN 0 处理的 50.1% 显著提高至 CRN 30% 处理的 69.4%，表观残留率在控释氮肥掺混施用后均显著提高，而表观损失率从 CRN 0 处理的 37.3% 显著下降至 CRN 45% 处理的 6.0%。控释氮肥与尿素掺混施用可促进春玉米获得高产，增加植株氮素吸收，维持了较高的土壤氮素水平并且减少损失，从而提高氮肥利用率。在当前生产条件下，东北春玉米施氮 185kg N/hm^2 条件下适宜的控释氮肥掺混比例为 30% 左右。

9.3.2.2　氮肥绿色增产增效的区域技术模式构建与应用

1. 区域技术模式的构建

根据东北地区绿色增产增效的限制因子，研究建立了以“有机归还扩库+无机氮调控+合理增密化控”为核心技术的两套区域技术模式（表 9-12）。模式一：根据土壤养分含量及目标产量优化肥料用量与施用时期，将氮肥按照基追比 1∶2 的比例在基肥和拔节期分两次施入，玉米秸秆全部移除，增施有机肥（25t/hm^2），增密，合理化控。模式二：在优化施氮量的基础上，按照 7∶3 的比例将普通尿素和控释尿素掺混，在播种前作为基肥一次性施用，秸秆全量还田，适当密植，合理化控。

表 9-12　东北黑土春玉米氮肥绿色增产增效综合调控模式策略与要点

综合调控策略	调控技术要点
1. 有机物料还田、少免耕，构建肥沃耕层	1. 秸秆全量覆盖或旋耕还田；增施有机肥 25t/hm^2；条耕或条旋
2. 平衡施肥、优化运筹，维持合理的无机氮供应	2. 测土配方施肥，根据地力水平和目标产量确定合理施肥量；优化施肥时期，前氮后移，由一次性施肥改为两次施肥；缓控释氮肥代替部分普通氮肥，在普通尿素中掺混 30% 控释氮肥，一次性施入
3. 合理密植、精量播种，病虫害精准防控，构建高产群体	3. 合理增密，种植密度增加至 7.0 万～7.5 万株/hm^2，采用免耕播种机精量播种；增加化控次数，精准防控病虫害

2. 区域技术模式的农学及环境效应评价

对建立的区域技术模式分别在田间试验尺度和生产尺度进行了农学及环境效应评价。研究于 2017～2019 年分别在吉林省的长春市、四平市梨树县、公主岭市，辽宁省的铁岭市，以及黑龙江省哈尔滨市选取了 12 个点，对技术模式进行生产尺度上的田间验证，并按照各地土壤肥力情况，将所选取的 12 个点分为高肥力地区和低肥力地区。田间验证试验共设定 4 个处理：①农户模式（FP），即按照当地农户施肥习惯与管理措施进行；②优化施肥模式（OPT），单从肥料的用量及施用时期上进行优化，其他栽培管理措施与农户模式相同；③综合调控模式Ⅰ（CR-Ⅰ），在优化施肥模式的基础上，增施一定数量的有机肥，增加播种密度，增施锌肥，增加化控次数，保证高产群体；④综合调控模式Ⅱ（CR-Ⅱ），在优化施肥模式的基础上，在普通尿素中掺混 30% 控释尿素，并采用一次性施用的方式，增加秸秆还田，增加密度，增施锌肥，适时化控。对 2017～2019 年在东北三省 12 个点的结果进行统计分析，研究得出：在高肥力土壤上，OPT 及 CR-Ⅰ 在氮肥减量 20% 的情况下玉米产量与农户模式相当，而 CR-Ⅱ 可显著提高玉米产量，3 种调控方式均显著提高了氮肥偏生产力（PFP_N）；而在低肥力地区的试验结果表明，优化施肥及综合调控模式在减氮 20% 的前提下均可达到与农户模式相当的产量，并显著提高氮肥偏生产力（表 9-13）。

表 9-13　综合调控模式下 2017～2019 年田间多点验证结果

处理	高肥力		低肥力	
	产量/(t/hm^2)	PFP_N/(kg/kg)	产量/(t/hm^2)	PFP_N/(kg/kg)
FP	10.7b	42.7b	8.8a	34.9b
OPT	11.3ab	56.7a	8.4a	41.7a
CR-Ⅰ	11.7ab	58.8a	8.9a	44.7a
CR-Ⅱ	12.0a	59.7a	9.0a	45.0a

在吉林省梨树县试验点连续两年对氨挥发进行了田间原位监测，结果表明，氮肥的施用是促进氨排放的重要因素，一般在施肥后的 2～3d 内达到排放峰值，随后挥发速率逐渐降低，并在施肥后 1～2 周内趋于平稳（图 9-15）。从氨挥发总量来看，各处理两年平均挥发总量为 23.6～34.0kg N/hm^2，占氮肥施用总量的 10.3%～17.0%，与农户模式相比，优化施肥和综合调控模式Ⅰ提高了氨挥发累积量，这主要是由于分次施肥，拔节期追肥时土壤水热同步，促进

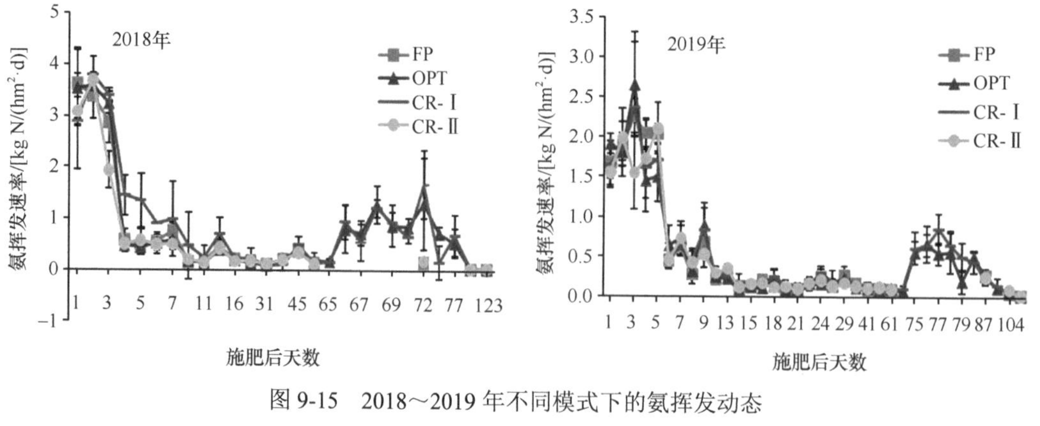

图 9-15　2018～2019 年不同模式下的氨挥发动态

了氨挥发（表 9-14）。另外，有机肥的施用也有可能是增加氨挥发的另一个原因。而综合调控模式Ⅱ由于采用了控释氮肥，且一次性施入，氨挥发总量与农户模式无显著差异。

表 9-14　2018～2019 年不同模式下的氨挥发累积量

处理	氨挥发累积量/(kg N/hm^2)	
	2018 年	2019 年
FP	29.7±1.7b	21.6±0.9b
OPT	35.9±3.9a	28.0±1.8a
CR-Ⅰ	37.7±3.9a	30.2±2.3a
CR-Ⅱ	25.7±1.5b	21.4±1.4b

在对综合调控模式进行田间试验和区域生产尺度的验证之后，2019 年、2020 年研究团队与专业种植合作社合作，在梨树县建立了百亩核心示范区，进行了大面积示范推广。根据当地的土壤及气候条件，确定了详细的施肥及栽培管理措施。在 2019 年，示范田、对比田产量分别为 13 305kg/hm^2、11 310kg/hm^2，产量、氮肥利用率分别提高 17%、29%。在 2020 年，示范田、对比田产量分别为 12 540kg/hm^2、11 205kg/hm^2，产量、氮肥利用率分别提高 12%、15%。

9.3.3　长江流域水稻—油菜轮作氮肥绿色增产增效调控途径

长江流域是指长江干流和支流流经的广大区域，横跨中国东部、中部、西部三大经济区，共计 19 个省（自治区、直辖市），流域总面积约为 180 万 km^2，约占中国国土面积的 18.8%。长江流域耕地面积为 5.70 亿亩，占全国耕地总面积的 29.7%（国家统计局，2023），粮食产量约占全国的 40%，其中水稻产量约占全国的 70%，棉花产量占全国的 1/3 以上，油菜面积和产量均占全国 90% 以上，芝麻、蚕桑、麻类、茶叶、烟草、果树等经济作物在全国也占有非常重要的地位。

水旱轮作作为长江流域农业发展的一种重要模式，既可兼顾用地养地的双重功能，又能够使作物均衡利用土壤养分、调节土壤肥力，具有很好的经济及生态效益。长江流域水旱轮作种植模式主要有两种，即水稻—小麦轮作和水稻—油菜轮作，其中水稻—小麦轮作分布面积较大，水稻—油菜轮作种植面积次之。氮肥的施用是提高水稻和油菜产量的重要举措，但长江流域地区一直存在的氮肥过量施用问题，加之水稻—油菜轮作体系栽培管理技术不到位等，不仅增加氮肥的损失，导致环境污染加剧，而且造成作物减产，因而增产节肥潜力较大。

9.3.3.1　长江流域水稻—油菜轮作氮肥绿色增产增效调控途径的建立

水稻—油菜轮作的显著特征是作物系统的水旱交替导致了土壤系统季节间的干湿变化，对土壤氮素形态转化及植物有效性、作物根际环境与土壤氮素转化的相互作用过程、氮肥施用后在土壤中的转化过程等产生重要影响，导致旱季累积氮的大量损失。同时，长江流域地区稻油轮作耕层有机氮/碳含量低，土壤保氮供氮能力低，进而导致水稻—油菜轮作体系氮肥利用率低下，并且水稻和油菜无法获得稳产增产。大量研究表明，秸秆还田能够改善土壤结构，提高土壤肥力，提高作物产量。然而，水稻季秸秆还田增碳与温室气体排放加剧的矛盾突出。

1. 土壤无机氮库调控

（1）周年养分运筹

1）水稻季氮肥总量控制、分期调控

各企业推荐配方肥处理（氮肥总量控制、分期调控）在优化肥料投入的基础上，进一步提高了水稻产量（图 9-16）。与经验推荐处理（ERF）相比，有 4 个配方肥处理达到增产，增产 142.2～415.1kg/hm^2。与 CK 相比，施肥显著提高了水稻植株氮、磷、钾养分吸收量，其中，吸收的氮和磷主要分配给籽粒，吸收的钾则主要分配给秸秆。但不同施肥处理之间养分吸收量无明显差异（李凯旭等，2017）。

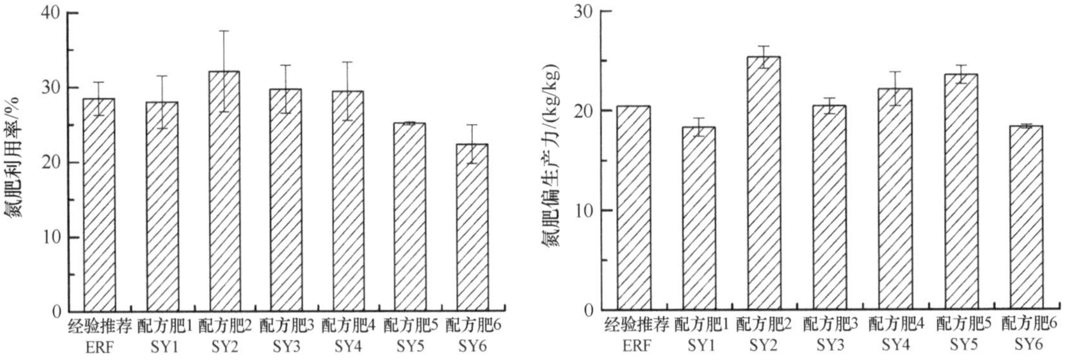

图 9-16　不同施肥处理对肥料利用率的影响

不同施肥处理氮肥利用率有一定的差异（图 9-16）。与经验推荐（ERF）处理相比，配方肥 2（SY2）的氮肥利用率略有提高，而配方肥 1（SY1）、配方肥 5（SY5）、配方肥 6（SY6）略有降低，这与不同水稻配方专用肥推荐施氮量不同有关。氮肥偏生产力结果显示，不同施肥处理之间具有显著差异，配方肥 1（SY1）、配方肥 6（SY6）处理显著低于其他处理，与经验推荐处理相比分别降低 10.0%、9.9%。

2）油菜季根层养分调控

油菜各生育期氮素供应目标值的优化如图 9-17 所示。基于移栽前氮素供应目标值可以得到 $SN_{0.75}$、SN、$SN_{1.25}$ 处理作为基肥的氮肥施用量分别为 92.1kg/hm^2、124.6kg/hm^2、157.1kg/hm^2，从移栽到越冬期氮素供应目标值的变化对氮素累积量无显著影响。从越冬期到蕾薹期，提高氮素供应目标值可以增加越冬前根区土壤无机氮（N_{min}），此时 $SN_{0.75}$、SN、$SN_{1.25}$ 处理土壤 N_{min} 分别为 92.1kg/hm^2、124.6kg/hm^2、157.1kg/hm^2，$SN_{0.75}$ 处理氮素吸收量显著低于 $SN_{1.25}$ 处理。相比 2011～2012 年，从蕾薹期到花期是作物吸收氮素最为关键的时期，较低的氮素供应目标值无法满足作物正常生长氮素需求，即 $SN_{0.75}$ 处理氮素吸收量显著低于 $SN_{1.25}$ 处理，较高的氮素供应目标值对地上部干物质量和氮素吸收量并无显著影响。在花前，$SN_{0.75}$、SN、$SN_{1.25}$ 处理土壤 N_{min} 分别为 55.2kg/hm^2、67.5kg/hm^2、72.5kg/hm^2，其土壤 N_{min} 接近此时期氮素供应目标值，所以此时没有追施氮肥。整体而言，从移栽到越冬期，氮素供应目标值可以降低主要源于此阶段冬油菜氮素吸收量非常少。而花期到成熟期提供合适的氮素供应目标值，降低氮素供应目标值对冬油菜地上部干物质量和氮素累积量有负面效应，而增加氮素供应目标值却没有显著增加冬油菜地上部干物质量和氮素吸收量。从花期到成熟期，冬油菜氮素吸收量降低，冬油菜生育前期充足的氮素供应保证了此阶段土壤无机氮含量接近氮素供应目标值，因此该阶段不需要对氮素目标值进行调整（Liu et al.，2017）。

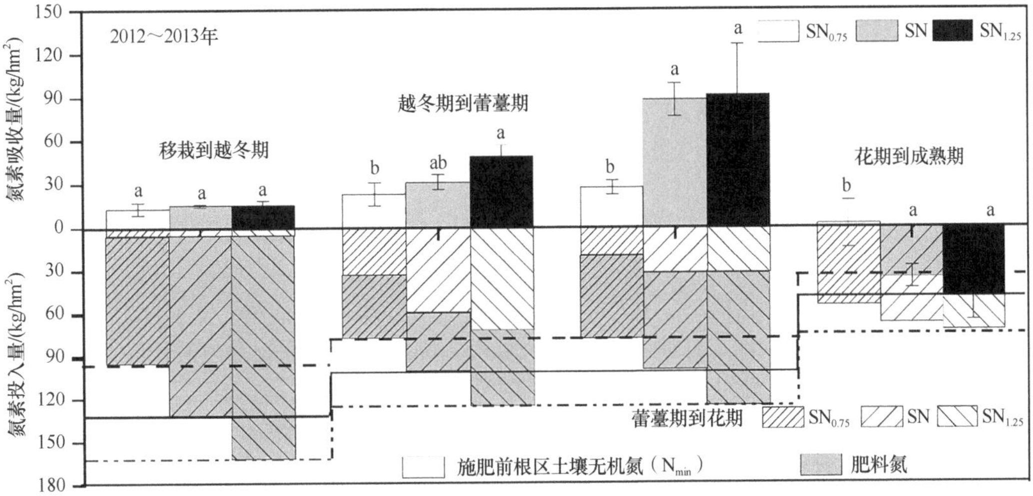

图 9-17　油菜各生育期氮素供应目标值的优化

基于年度间冬油菜产量和地上部氮素吸收量的差异，利用对数函数进一步优化不同生育阶段氮素供应目标值（图 9-18）。冬油菜不同生育期 SN 处理氮素供应、相对地上部氮素吸收和籽粒产量之间呈正相关关系，当氮素供应量小于某一临界值时，施氮提高了冬油菜地上部氮素吸收量。经过对数方程拟合，当 SN 处理相对地上部氮素吸收量为 90%～95% 时，移栽到越冬期、越冬期到蕾薹期、蕾薹期到花期、花期到成熟期氮素供应总量的阈值分别为 105～128kg/hm^2、95～105kg/hm^2、94～102kg/hm^2、71～73kg/hm^2。不同生育期最佳氮素供应

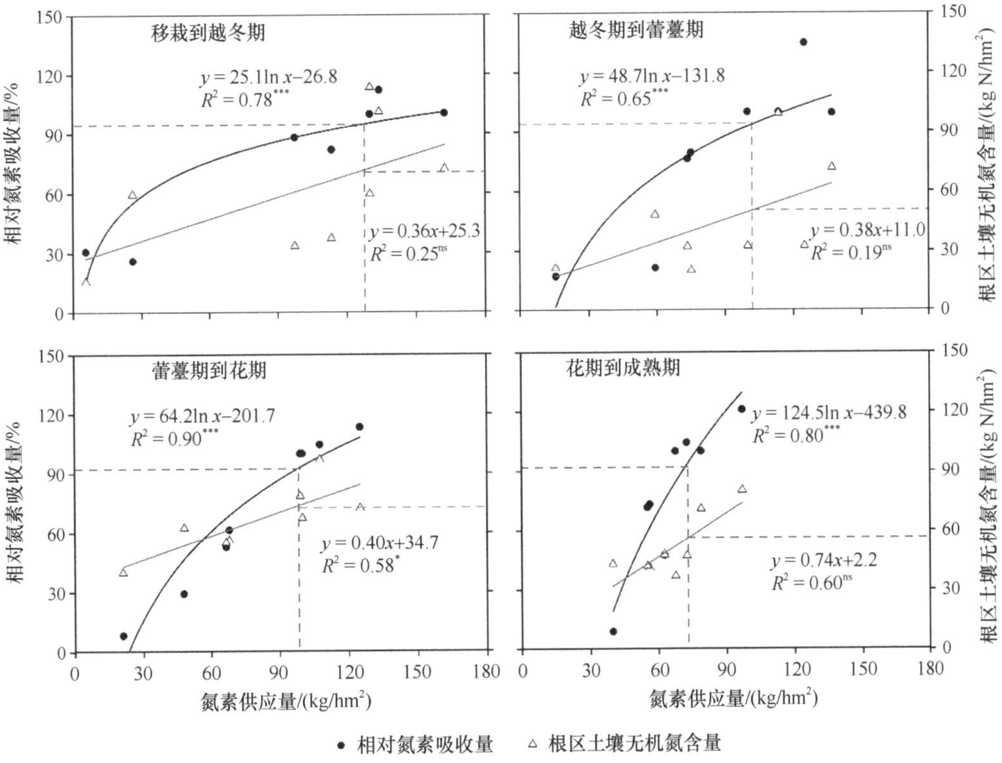

图 9-18　油菜不同生育期 SN 处理氮素供应、相对地上部氮素吸收和籽粒产量之间的正相关关系

*、*** 分别表示回归方程在 0.05、0.001 水平显著，ns 表示回归方程在 0.05 水平不显著

目标值并不能满足冬油菜氮素需求，但是却为根区提供了必要的土壤无机氮残留，从而使冬油菜氮素吸收量随着氮素供应量的增加呈线性增加。冬油菜越冬期、蕾薹期、花期、成熟期前的土壤 N_{min} 分别为 63～71kg/hm²、47～51kg/hm²、72～75kg/hm²、54～56kg/hm²。

尽管两季冬油菜产量有所差异，但是施氮显著提高了冬油菜产量，FN 和 SN 处理冬油菜产量均显著高于对照处理（0-N）。与 FN 处理相比，2011～2012 年 SN 处理在两者产量相差不大的情况下氮肥投入量减少了 42.2%，在 2012～2013 年，虽然 SN 处理较 FN 处理氮肥投入量增加了 53kg/hm²，但是 SN 处理冬油菜产量比 FN 处理增加了 12.0%（$P<0.05$）。两季 SN 处理氮肥投入量比 FN 处理减少了 6.1%，处理之间产量并无显著差异，与 SN 处理相比，氮素供应目标值的提高可以增加氮肥投入量，而对产量提高并无显著效果，但是降低氮素供应目标值从而减少氮肥投入量可以显著降低冬油菜产量。

在 2011～2012 年，SN 处理氮肥表观利用率为 63.5%，显著高于 FN 处理；而在 2012～2013 年 SN 处理氮肥表观利用率为 40.2%，与 FN 处理差异不显著（表 9-15）。提高氮素供应目标值会降低冬油菜氮肥表观利用率，$SN_{1.25}$ 处理氮肥表观利用率要低于 SN 处理。整体来讲，两季 SN 处理氮肥表观利用率的平均值为 51.9%，显著高于 FN 处理。

表 9-15 不同氮肥处理对氮肥投入量、冬油菜产量和氮肥表观利用率的影响

处理	施氮量/(kg/hm²)			产量/(kg/hm²)			氮肥表观利用率/%		
	2011～2012 年	2012～2013 年	平均值	2011～2012 年	2012～2013 年	平均值	2011～2012 年	2012～2013 年	平均值
0-N	0	0	0	1386±250b	268±50c	827	—	—	—
FN	180	180	180	2632±79a	1846±85b	2239	52.7±6.9b	36.8±1.0ab	44.8
SN	104	233	169	2407±157a	2068±112a	2237	63.5±11.3a	40.2±0.9a	51.9
$SN_{0.75}$	—	180	—	—	1788±143b	—	—	35.9±6.0ab	—
$SN_{1.25}$	—	304	—	—	2178±88a	—	—	32.3±0.9b	—
方差分析	T				$<0.001^{***}$			0.060^{*}	
	Y				$<0.001^{***}$			0.001^{**}	
	T×Y				0.002^{**}			0.235^{ns}	

注：0-N 为对照处理；FN 为氮肥推荐用量处理；SN 为优化氮肥推荐处理；$SN_{0.75}$ 为氮素供应目标值 75% 的优化氮肥推荐处理；$SN_{1.25}$ 为氮素供应目标值 125% 的优化氮肥推荐处理；T 代表不同氮肥处理；Y 代表年份。2011～2012 年未设置处理 $SN_{0.75}$ 和 $SN_{1.25}$，故用“—”表示。同一列数据后不含有相同小写字母的表示处理间差异显著（$P<0.05$）。两季 0-N、FN、SN 处理的产量和氮肥表观利用率进行方差分析（ANOVA）。*、**、*** 分别表示在 0.1、0.01、0.001 水平差异显著，ns 表示无显著差异。下同

（2）缓控释专用肥料的施用对氮损失的阻控

1）氨挥发

施氮显著提高水稻季和油菜季土壤氨挥发累积量，施氮后水稻季氨挥发累积量、损失率分别为 4.7～30.5kg N/hm²、2.9%～14.5%；油菜季氨挥发显著低于水稻季，其氨挥发累积量、损失率分别为 1.3～7.3kg N/hm²、0.6%～3.5%（表 9-16）。与 FFP 处理相比，减少氮肥投入 21.4% 后，各施氮处理氨挥发累积量和损失率均显著降低，其中 CRU1 处理表现最为明显，水稻季、油菜季减少氨挥发幅度分别为 71.8%～84.5%、75.8%～80.6%。与 SBN 处理相比，SPN 处理水稻季减少氨挥发幅度为 18.6%～32.8%，而油菜季增加氨挥发幅度达 25.7%～46.6%。各处理周年氨挥发累积量表现为 FFP＞SBN＞SPN＞CRU1＞CK。与普通尿素相比，

控释尿素可以减少周年氨挥发损失率 58.5%～78.6%（郭晨，2018）。

表 9-16　2013～2015 年不同施氮处理氨挥发累积量和损失率

年份	处理	氨挥发累积量/(kg N/hm²)			损失率/%		
		水稻	油菜	周年	水稻	油菜	周年
2013	CK	3.3e	0.5e	3.8e			
	FFP	28.4a	7.3a	35.8a	13.5	3.5	8.5
	SPN	19.0c	3.1b	22.2c	11.5	1.5	6.7
	SBN	22.6b	2.3c	24.9b	13.7	1.1	7.6
	CRU1	7.3d	1.4d	8.7d	4.4	0.7	2.6
2014	CK	2.7d	0.5e	3.2e			
	FFP	28.6a	5.6a	34.2a	13.6	2.7	8.1
	SPN	19.7b	3.0b	22.7c	12.0	1.4	6.9
	SBN	26.2a	2.2c	28.3b	15.9	1.0	8.6
	CRU1	8.1c	1.3d	9.4d	4.9	0.6	2.9
2015	CK	1.9e	0.6e	2.5d			
	FFP	30.5a	5.5a	36.0a	14.5	2.6	8.6
	SPN	16.1c	4.3b	20.4b	9.8	2.0	6.2
	SBN	20.8b	2.3c	23.1b	12.6	1.1	7.0
	CRU1	4.7d	1.3d	6.1c	2.9	0.6	1.8

注：CK 为对照处理；FFP 为农户习惯施肥处理；SPN 为尿素分次施用处理；SBN 为尿素一次性基施处理；CRU1 为控释尿素 1 处理

不同生育期施用氮肥后，氮素通过氨挥发损失的比例差异较大，水稻季氨挥发损失率表现为分蘖肥＞基肥＞穗肥（图 9-19），油菜季氨挥发损失率表现为越冬肥＞薹肥＞基肥。水稻季施用基肥和穗肥后氨挥发损失率较为稳定，油菜季基肥施用后氨挥发损失率较低且稳定。

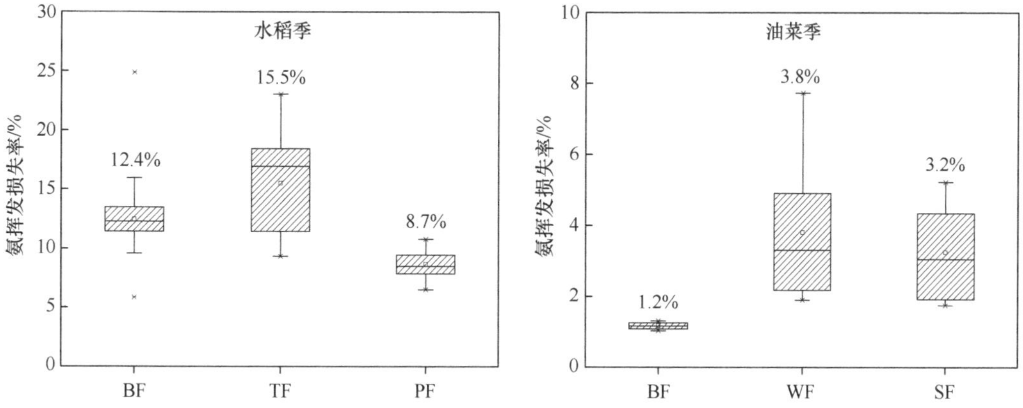

图 9-19　不同施氮时期的氨挥发损失率

BF：基肥；TF：分蘖肥；PF：穗肥；WF：越冬肥；SF：薹肥

2）径流损失

2013 年、2014 年水稻季，分别有 8 次、6 次径流事件发生。各处理无机氮径流损失量的大小顺序为 CRU-3＞U_s＞U_b＞CRU-2＞CRU-1＞CK（2013 年）或 CRU-3＞U_b＞U_s＞CRU-2＞CRU-1＞CK（2014 年）（图 9-20）。与 U 处理相比，CRU 处理（除 CRU-3 外）的无机氮径流损失量分别减少了 37.7%～58.3%（2013 年）、7.6%～22.4%（2014 年）。在每一次径流中，最大无机氮径流损失量发生在第一次径流，分别是移栽后 7d 和 10d，其次是第二次和第三次径流（Li et al.，2018b）。2013 年、2014 年的无机氮径流损失量分别占总无机氮径流损失量的 93.7%～98.6%、57.7%～94.0%。

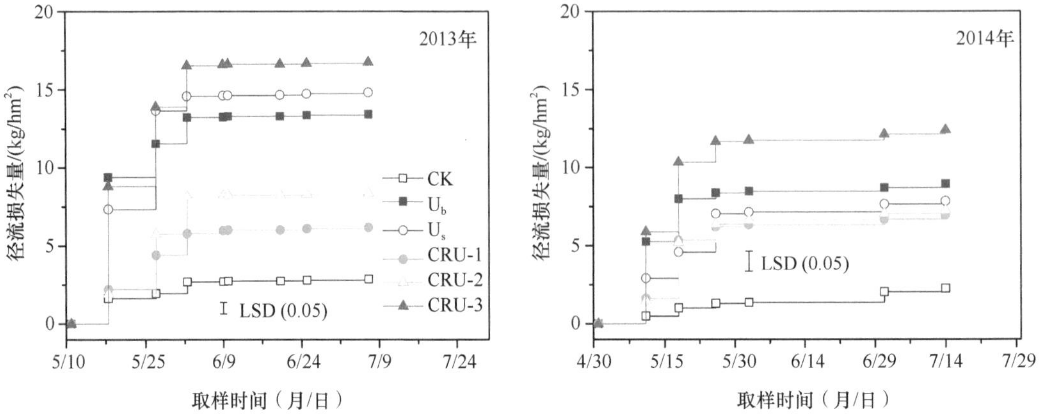

图 9-20　2013 年和 2014 年水稻季氮素表面径流损失量

3）N_2O 排放

不同氮肥处理双季稻生长季 N_2O 累积排放量如表 9-17 所示。施氮显著影响 N_2O 累积排放量，各处理早稻季和晚稻季总 N_2O 累积排放量为 1.70～4.03kg N/hm^2。早稻季 N_2O 累积排放量为 0.47～1.80kg N/hm^2，占整个双季稻田 N_2O 总累积排放量的 23.4%～71.5%；晚稻季 N_2O 累积排放量为 0.57～2.42kg N/hm^2，占整个双季稻田 N_2O 总累积排放量的 28.5%～76.6%（郭晨，2018）。

表 9-17　不同氮肥处理双季稻生长季 N_2O 累积排放量　（单位：kg N/hm^2）

年份	处理	早稻季	晚稻季	周年
2013	FFP	1.80a	2.23a	4.03a
	CRU	1.28b	1.22c	2.50b
	CP	0.80c	1.74b	2.54b
	EM	0.94c	1.06c	2.00c
2014	FFP	1.55a	1.47a	3.02a
	CRU	1.43a	0.57d	2.00b
	CP	0.94b	0.76c	1.70b
	EM	1.45a	1.11b	2.56a
2015	FFP	0.75a	2.42a	3.17a
	CRU	0.57bc	1.56b	2.13b
	CP	0.47c	1.41b	1.87b
	EM	0.64ab	2.09a	2.73a

缓/控释尿素可以显著降低早稻季和晚稻季 N_2O 累积排放量，与 FFP 处理相比，CRU 处

理减少早稻季、晚稻季 N_2O 累积排放量分别为 0.12～0.52kg N/hm^2、0.86～1.01kg N/hm^2，减幅分别为 7.7%～28.9%、35.5%～61.2%。与 FFP 处理相比，CP 处理减少早稻季、晚稻季 N_2O 累积排放量分别为 0.28～1.00kg N/hm^2、0.49～1.01kg N/hm^2，降幅分别为 37.3%～55.6%、22.0%～48.3%。与 FFP 处理相比，EM 处理减少早稻季和晚稻季 N_2O 累积排放量分别为 0.10～0.86kg N/hm^2、0.33～1.17kg N/hm^2，降幅分别为 6.5%～47.8%、13.6%～52.5%。

综合双季稻生长季稻田 N_2O 累积排放量来看，与 FFP 处理相比，CRU 处理减少排放达 1.02～1.53kg N/hm^2，减幅达 32.8%～38.0%，CP 处理减少排放达 1.30～1.49kg N/hm^2，减幅达 37.0%～43.7%，EM 处理减少排放达 0.44～2.03kg N/hm^2，减幅达 13.9%～50.4%。

2. 土壤有机碳库调控

施氮和秸秆还田均能明显增加作物氮累积量，油菜和水稻氮累积量均以 NPKS（氮磷钾+秸秆还田）处理最高，武穴、武汉、沙洋油菜氮累积量较 NPK（氮磷钾）处理分别增加 7.7%、17.3%、1.6%，水稻氮累积量分别增加 9.6%、9.2%、4.0%；NPK 处理的油菜氮累积量较 PK（磷钾）处理分别增加 175.9%、131.6%、398.0%，水稻氮累积量分别增加 64.7%、45.5%、107.2%。秸秆还田能增加油菜和水稻的氮累积量，施氮对油菜氮累积的提升作用大于水稻。与 PK 处理相比，NPK 和 NPKS 处理均显著增加氮素支出量，与 NPK 处理相比，NPKS 处理氮素支出量增加。氮肥的投入与作物吸收是影响氮平衡的主要因素，PK 处理均出现氮亏缺，NPK 和 NPKS 处理均出现氮盈余，秸秆还田分别增加作物对氮的吸收和土壤氮盈余量。

氮肥的施用不改变土壤可溶性有机碳，武汉和沙洋点秸秆还田明显增加油菜及水稻季土壤可溶性有机碳含量，武穴点秸秆还田仅在水稻季增加土壤可溶性有机碳（表 9-18）。施肥和秸秆还田均明显增加土壤可溶性有机氮含量（表 9-19）。

表 9-18　土壤 DOC 含量　（单位：mg/kg）

地点	处理	2018～2019 年油菜季			2019 年水稻季		
		苗期	角果期	成熟期	分蘖期	孕穗期	成熟期
武穴	PK	92.4±11.3	125.3±11	118.8±14.4	113.9±13.4	86.6±2.3	80.3±14.5
	NPK	86.4±5.7	133.7±8.7	129.3±13.9	103.7±12.9	81.8±7.8	81.1±11.9
	NPKS	88.8±4.5	132±10.6	121.4±3.9	109.8±13	87.9±8.9	108.9±7.3
武汉	PK	58.4±4.9	83.3±9.9	83.9±2.5	57.7±3.5	62.1±3.9	61.7±6.4
	NPK	63.4±2.6	82.2±4.2	88.5±5.9	57.3±5.4	64.4±5.8	63.7±3.6
	NPKS	78.2±9.3	101.5±14.2	92.8±10.1	64.8±4.1	73.4±8.0	68.7±4.7
沙洋	PK	75.8±11	65.7±2.7	74.4±12	63.8±3.2	68.1±2.5	67.7±3.0
	NPK	76.6±7.9	72.6±5.7	65.1±6.5	67.3±5.5	60.3±1.5	63.4±2.0
	NPKS	81.6±9.9	75.8±4.4	69.3±5.4	72.9±1.6	67.2±3.3	80.5±16.8

表 9-19　土壤 DON 含量　（单位：mg/kg）

地点	处理	2018～2019 年油菜季			2019 年水稻季		
		苗期	角果期	成熟期	分蘖期	孕穗期	成熟期
武穴	PK	41.0±1.0	56.0±3.1	53.8±8.4	40.6±3.6	38.7±3.4	32.4±1.2
	NPK	46.3±2.3	62.8±7.0	56.7±3.4	48.9±4.3	44.1±6.3	39.5±3.2
	NPKS	51.0±4.1	65.1±4.9	61.1±4.7	51.9±7.4	48.3±2.5	46.3±4.3

续表

地点	处理	2018～2019 年油菜季			2019 年水稻季		
		苗期	角果期	成熟期	分蘖期	孕穗期	成熟期
武汉	PK	27.7±3.9	42.0±4.2	42.3±5.4	34.8±2.1	33.2±5.2	33.1±3.5
	NPK	42.8±8.2	48.6±3.8	48.9±3.1	40.0±0.7	33.8±3.0	33.2±4.6
	NPKS	47.7±2.7	55.5±5.1	50.0±3.9	41.3±1.7	40.2±3.9	36.2±2.1
沙洋	PK	27.1±6.6	46.3±2.3	43.5±6.9	16.3±3.3	35.9±4.3	36.7±3.3
	NPK	41.1±7.3	52.7±6.8	51.8±7.8	27.7±2.0	42.6±7.2	42.1±3.1
	NPKS	51.3±6.9	56.7±2.3	54.8±4.2	29.8±5.3	47.4±8.1	50.7±6.3

各试验不同处理间微生物生物量碳含量均表现为NPKS＞NPK＞PK（表 9-20）。NPK 处理年均微生物生物量碳含量较 PK 处理分别增加 28.0%、24.8%、30.3%，施用化学氮肥可提高微生物生物量碳含量，原因是氮肥促进了作物生长发育，作物根系分泌物的增加使微生物同化更多的碳；NPKS 处理较 NPK 处理分别增加 4.9%、20.1%、15.2%，秸秆还田为微生物提供直接碳源，增加了微生物对碳的同化量。

表 9-20　土壤微生物生物量碳含量　　（单位：mg/kg）

地点	处理	2018～2019 年油菜季			2019 年水稻季		
		苗期	角果期	成熟期	分蘖期	孕穗期	成熟期
武穴	PK	371.0±40.4	645.6±111.9	597.0±57.1	337.6±28.3	708.4±61.4	614.6±36.2
	NPK	555.1±23.6	888.8±92.8	831.5±41.7	478.5±45.1	751.5±56.5	728.7±58.4
	NPKS	577.4±28.2	970.7±19.1	862.8±74.2	536.5±60.8	777.4±46.7	720.8±52.6
武汉	PK	138.6±9.9	283.7±74.7	275.9±63.6	96.5±7.4	171.8±20.2	173.1±21.3
	NPK	119.9±11.4	335.4±31.4	332.5±53.0	119.1±10.4	205.4±29.6	293.6±30
	NPKS	196.7±26.6	373.4±30.6	433.0±49.8	154.1±22.9	228.7±6.7	320.4±29
沙洋	PK	144.7±25.6	300.7±28.4	315.9±5.7	107.9±26.5	296.5±6.6	204.1±44.4
	NPK	214.6±14.9	361.4±26.7	371.5±50.9	169.7±18.9	332.0±14.9	298.4±36.6
	NPKS	260.3±22.0	441.6±61.5	415.6±49.1	210.9±12.5	355.4±53.9	334.0±48.5

土壤微生物生物量氮对环境条件非常敏感，施肥及秸秆还田措施都会影响土壤微生物生物量氮含量（表 9-21）。微生物生物量氮含量在处理间表现为NPKS＞NPK＞PK。武穴、武汉、沙洋试验点 PK 处理平均微生物生物量氮含量分别为 42.8mg/kg、32.6mg/kg、33.6mg/kg，NPK 处理平均微生物生物量氮含量较 NK 处理分别增加 46.3%、33.8%、46.4%，NPKS 处理较 NPK 处理分别增加 14.7%、12.8%、11.7%。可见，施用化学氮肥可在一定程度上提高微生物生物量氮含量，秸秆还田与氮肥配施对微生物生物量氮含量的提升幅度更大。

表 9-21　土壤微生物生物量氮含量　　（单位：mg/kg）

地点	处理	2018～2019 年油菜季			2019 年水稻季		
		苗期	角果期	成熟期	分蘖期	孕穗期	成熟期
武穴	PK	52.7±7.0	45.8±8.9	55.5±8.5	33.9±6.7	34.8±11.0	33.9±6.7
	NPK	65.0±7.4	70.3±8.4	87.0±7.1	55.6±5.2	47.4±3.7	50.1±13.4
	NPKS	85.8±7.7	77.9±8.8	94.7±8.4	66.1±7.6	51.5±1.5	54.4±4.6

续表

地点	处理	2018～2019 年油菜季			2019 年水稻季		
		苗期	角果期	成熟期	分蘖期	孕穗期	成熟期
武汉	PK	34.9±7.8	45.3±9.1	37.5±9.7	28.1±4.6	24.2±4.8	25.4±1.8
	NPK	47.2±6.3	66.4±4.5	48.6±3.6	35.0±4.5	31.4±4.6	33.2±2.9
	NPKS	51.9±7.8	74.5±6.7	54.3±9.1	38.8±2.9	38.5±5.0	37.2±2.1
沙洋	PK	32.5±5.7	46.6±7.6	40.4±1.3	26.3±1.6	27.3±2.9	28.4±6.0
	NPK	50.2±5.6	68.4±6.4	60.8±5.2	41.2±3.1	38.9±5.6	35.5±5.5
	NPKS	57.7±10.0	76.3±8.3	65.9±5.1	44.1±7.3	43.7±4.4	41.8±3.0

土壤微生物生物量碳氮比（MBC/MBN）反映的是土壤微生物对氮素有效性的调节作用潜力。MBC/MBN 小说明微生物在矿化土壤有机质中释放氮的潜力较大，土壤微生物生物量氮对土壤有效氮库有补充作用；MBC/MBN 高则说明土壤微生物对土壤氮素有同化趋势，易出现微生物与作物竞争性吸收土壤活性氮的现象，具有较强的固氮潜力。

由表 9-22 可以看出，武穴试验点，NPK 处理土壤平均 MBC/MBN 为 11.7，而 NPKS 处理平均 MBC/MBN 为 10.8，这说明秸秆还田有利于增加土壤供氮潜力。武汉和沙洋试验点，秸秆还田处理的平均 MBC/MBN 有增加趋势，原因可能是土壤微生物活性受土壤有机碳水平的限制作用较大，秸秆还田后缓解了这种碳限制，表现为微生物生物量碳含量的提升幅度较大。

表 9-22　土壤微生物生物量碳氮比

地点	处理	2018～2019 年油菜季			2019 年水稻季		
		苗期	角果期	成熟期	分蘖期	孕穗期	成熟期
武穴	PK	7.2±1.9	14.2±1.9	10.9±1.6	10.2±1.8	22.4±9.7	18.8±5.4
	NPK	8.6±1.2	12.7±0.4	9.6±1.2	8.6±0.9	15.9±1.6	15.0±2.8
	NPKS	6.8±0.5	12.6±1.3	9.1±1.0	8.2±1.3	15.1±1.4	13.3±0.6
武汉	PK	4.2±1.4	6.2±0.7	7.8±2.9	3.5±0.6	7.4±2.4	6.8±0.7
	NPK	2.6±0.1	4.9±0.7	7.3±1.8	3.5±0.7	6.7±1.7	8.9±0.9
	NPKS	3.9±0.9	5.0±0.5	8.2±2.1	4.0±0.6	6.0±0.9	8.6±0.4
沙洋	PK	4.5±0.7	6.7±1.9	7.8±0.3	4.1±0.9	11.0±1.4	7.2±1.1
	NPK	4.3±0.5	5.1±0.6	6.1±1.0	4.2±0.7	8.6±1.1	8.5±0.8
	NPKS	4.6±0.6	5.8±0.4	6.3±1.0	4.9±0.9	8.1±0.4	8.0±0.7

MBC/MBN 为 7.8～8.6 时属于微生物活动的合适范围，MBC/MBN 小于此范围时，施肥或秸秆还田提高其比值；MBC/MBN 大于此范围时，施肥或秸秆还田降低其比值。

3. 高产高效栽培技术

（1）灌溉模式与施氮量互作

水分作为介质在水稻的生理生化过程中具有重要地位，既是光合作用的原料之一，又是水稻生长过程中各种物质的溶媒，是影响水稻产量的重要因子。但随着工业、城镇及乡村生活用水的急剧增长，农业灌溉用水日益紧缺已经严重威胁到水稻生产。氮素是作物生长发育过程中的必需元素之一，水稻体内的氮素营养水平直接或间接影响光合作用，水稻对土壤中有效氮的吸收量是反映其生长状况的重要指标。在水稻生长发育过程中，水分和养分是相互影响的。水分作为运输养分的载体，一方面促进氮素的转化，另一方面促进根系对养分的吸收；同时氮素也是土壤水分的调节剂，影响水稻对水分的吸收，进而影响根系的生理形态结构。灌溉模式和氮肥及其互作对根系形态和活力、分蘖形成的影响对于水稻高产稳产与水肥资源的高效利用具有重要意义。

灌溉模式和施氮量对水稻产量的影响均达到显著水平（表 9-23）。与 W2 处理相比，W1 处理水稻产量平均增加 18.5%，W3 处理水稻产量无显著差异。与 N0 处理相比，各施氮处理的水稻产量均显著增加，平均增幅达 88.0%。灌溉模式和施氮量均显著影响有效穗数、穗粒数、结实率和千粒重（表 9-23）。与 W2 处理相比，W1 处理有效穗数和千粒重无显著差异，穗粒数、结实率平均分别增加 13.4%、4.2%；W3 处理有效穗数平均增加 6.8%，穗粒数、结实率和千粒重无显著差异。与 N0 处理相比，各施氮处理的有效穗数、穗粒数平均分别增加 68.5%、17.1%，结实率、千粒重平均分别减少 3.4%、4.3%。方差分析结果显示，灌溉模式与施氮量对水稻产量及穗粒数存在极显著交互作用。

表 9-23　灌溉模式与施氮量互作对水稻产量及其构成因素的影响

灌溉模式（W）	施氮量（N）	产量/（t/hm²）	有效穗数/（万穗/hm²）	穗粒数/粒	结实率/%	千粒重/g
W1	N0	3.74±0.10d	139.64±7.80e	128.6±3.0b	88.83±2.64a	24.87±0.77a
	N1	6.25±0.08ab	222.92±17.78cd	148.3±9.4a	81.76±3.16b	23.95±0.30abc
	N2	6.05±0.12b	236.20±17.90bc	141.1±10.3a	81.28±0.18b	23.45±0.18c
W2	N0	2.94±0.28e	142.64±7.51e	109.6±2.5c	80.76±0.78bc	24.66±0.91ab
	N1	4.77±0.28c	209.06±20.01d	120.4±4.7bc	79.69±3.85bc	23.94±0.62abc
	N2	6.22±0.24ab	253.29±14.90ab	141.5±3.5a	78.71±2.57bc	22.31±0.87d
W3	N0	2.74±0.09e	141.89±6.76e	112.3±7.2c	78.01±3.72bc	23.61±0.48bc
	N1	5.03±0.46c	243.13±10.97abc	118.9±9.5bc	77.62±2.13bc	23.97±0.59abc
	N2	6.63±0.44a	265.07±12.13a	149.1±4.4a	75.98±3.06c	22.38±0.31d
F 值	W	16.94**	4.17*	13.42**	14.29**	3.75*
	N	326.49**	158.30**	36.53**	4.87*	18.46**
	W×N	12.10**	1.96	6.53**	1.62	1.84

注：同列数据后不含有相同小写字母的表示在 0.05 水平差异显著，*、** 分别表示在 0.05、0.01 水平差异显著

（2）氮肥和密度互作

施氮量和插秧密度均可以显著影响水稻产量（图 9-21）。籽粒产量随着氮肥用量的增加呈现出先增加后降低的趋势。与不施氮处理相比，施氮后两年的平均增产量分别为 1866kg/hm²、1053kg/hm²，增产率分别为 23.9%、18.9%。与 D15 处理相比，增加插秧密度平均分别增产 1108kg/hm²、775kg/hm²，增产率分别为 13.3%、13.4%。2014 年施氮量为 165kg/hm² 配合 D24、2015 年施氮量为 165kg/hm² 配合 D27 可以达到最高产（Hou et al.，2019）。

产量构成因子的分析有利于明确氮肥用量和插秧密度对产量的影响。水稻产量可认为是由有效穗数、穗粒数、结实率和千粒重构成。作为个体，水稻的有效穗数随着氮肥用量的增加而显著提高，而随着插秧密度的增加而降低。作为群体，有效穗数均随着氮肥用量和插秧密度的增加而显著提高。与不施氮处理相比，施氮后有效穗数平均分别增加了 39.0 万穗/hm²、

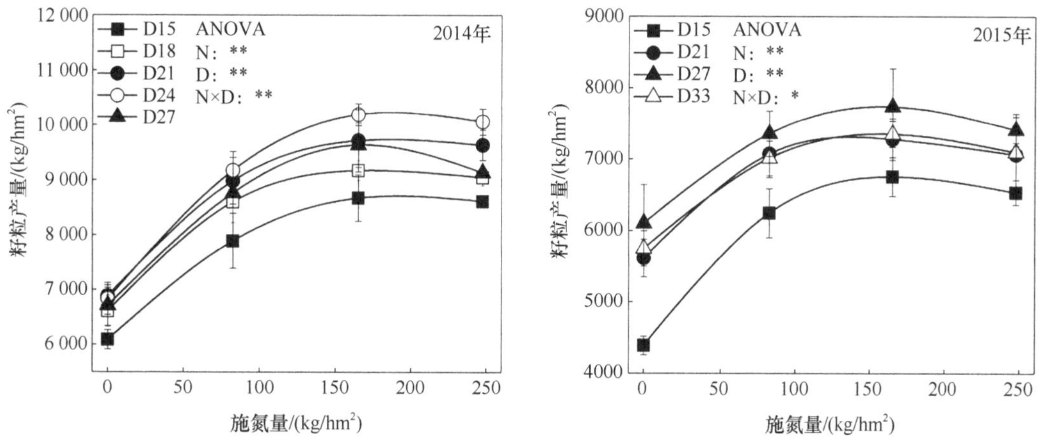

图 9-21　氮肥（N）和密度（D）互作对水稻产量的影响

D15：15 万蔸/hm²；D18：18 万蔸/hm²；D21：21 万蔸/hm²；D24：24 万蔸/hm²；D27：27 万蔸/hm²；D33：33 万蔸/hm²。4 个施氮量处理分别为 0kg/hm²、82.5kg/hm²、165kg/hm²、247.5kg/hm²

31.9 万穗/hm²，增幅分别为 22.9%、29.6%。插秧密度越大，有效穗数越多。然而，过高的插秧密度也并非好事。D27 处理下的有效穗数要显著高于 D33 处理。同样，穗粒数也随着氮肥用量的增加而增加，随着插秧密度的增加而降低。氮肥用量和插秧密度对结实率和千粒重的影响相似，都随着氮肥用量和插秧密度的增加而降低。交互作用分析结果表明氮肥用量显著影响 4 个产量构成因子，而插秧密度只显著影响穗粒数和结实率。

氮素吸收和利用率与施氮量和插秧密度密切相关。与不施氮处理相比，施氮后平均分别增加氮积累 63.5kg N/hm²、48.7kg N/hm²，增幅分别为 74.4%、62.1%，增加插秧密度后平均分别增加氮积累 15.9kg N/hm²、10.3kg N/hm²，增幅分别为 20.9%、9.6%。然而，总氮素累积量与增施氮肥和提高插秧密度并非完全一致。与 D27 处理相比，D33 处理的氮积累出现了下降。此外，氮肥用量和插秧密度对氮肥利用率（NRE）的影响也不尽相同。氮肥利用率随着氮肥用量的增加而降低，随着插秧密度的增加而提高。与 N165（施氮量 165kg/hm²）处理相比，两年 N247.5（施氮量 247.5kg/hm²）处理的 NRE 分别下降了 1.3 个百分点、4.5 个百分点，降幅分别为 3.4%、13.9%。与 D15 处理相比，2014 年的 NRE 提高了 4.1～12.9 个百分点，增幅为 12.7%～40.1%。然而，由于过高的插秧密度，D33 处理的 NRE 较 D15 处理下降了 6.1 个百分点。氮收获指数（NHI）随着氮肥用量的增加而显著降低，而受插秧密度的影响不大。与不施氮处理相比，施氮后两年的 NHI 平均分别下降了 8.3%、14.1%。

9.3.3.2　长江流域水稻—油菜轮作氮肥绿色增产增效区域技术模式构建与应用

1. 长江上游水稻—油菜轮作氮肥增产增效区域技术模式构建与应用

（1）构建

根据大量的研究结果，研究团队提出了长江上游稻油轮作氮肥绿色增产增效的综合调控模式为“一调一增两替代”，即无机氮库调控，适度增加水稻和油菜密度，有机肥替代和秸秆还田替代，具体如图 9-22 所示。

（2）验证

1）作物产量及氮肥利用率

与不施氮处理相比，不同养分综合管理措施均具有显著增产效果，可使水稻产量提高

18.1%～29.6%（表 9-24）。其中，OP+Si、OP+M、OP+M+Si 处理水稻产量显著高于 FFP 处理；OP+M+Si 处理增产效果最佳，水稻产量较 FFP 处理提高了 9.7%。与不施氮处理相比，FFP 处理和不同养分综合管理措施均显著提高油菜产量，且 OP+M+B 处理和 FFP 处理增产效果较为显著，但两者之间无显著差异（表 9-24）。

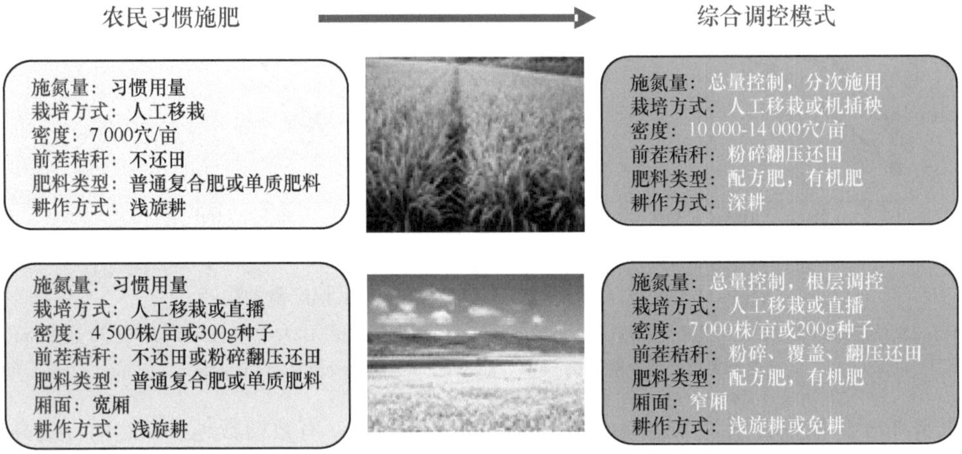

图 9-22　长江上游水稻—油菜轮作氮肥增产增效区域技术模式

表 9-24　不同处理对水稻—油菜轮作水稻产量及氮肥利用率的影响（永川，2017～2018 年）

作物	处理	产量/(kg/hm^2)	氮肥偏生产力/(kg/kg)	氮肥农学效率/(kg/kg)	氮肥表观利用率/%
水稻	CK	6665.0±77.0c			
	FFP	7873.5±249.0b	50.9c	7.8d	30.2b
	OP	8206.0±59.3ab	66.6b	12.5c	33.5b
	OP+Si	8503.5±32.9a	69.0b	14.9bc	32.7b
	OP+M	8406.0±135.0a	87.4a	18.1ab	57.4a
	OP+M+Si	8636.5±87.3a	89.8a	20.5a	57.7a
油菜	CK	1377.2±60.2c			
	FFP	2737.2±41.2a	18.5b	9.2a	38.9ab
	OP	2546.7±87.2b	16.94c	7.8b	36.3ab
	OP+B	2559.6±75.9b	17.0c	7.9b	31.2b
	OP+M	2682.0±66.6ab	20.1a	9.8a	42.3ab
	OP+M+B	2742.6±76.0a	20.5a	10.2a	47.4a

注：CK，不施氮肥；FFP，农户习惯施肥；OP，推荐施肥；OP+Si，推荐施肥+硅肥；OP+M，推荐施肥+有机肥；OP+M+Si，推荐施肥+有机肥+硅肥；OP+B，推荐施肥+硼肥；OP+M+B，推荐施肥+有机肥+硼肥。同列数据后不含有相同小写字母的表示不同处理在 0.05 水平差异显著。下同

水稻季氮肥偏生产力和氮肥农学效率均呈现 OP+M+Si＞OP+M＞OP+Si＞OP＞FFP，不同养分综合管理措施分别较 FFP 处理显著提高了 30.8%～76.4% 氮肥偏生产力、60.3%～162.8% 氮肥农学效率（表 9-24）。与 FFP 处理相比，OP+M 和 OP+M+Si 处理显著提高了水稻氮肥表观利用率，且提高幅度分别为 90.1% 和 91.1%（表 9-24）。油菜季的氮肥偏生产力和氮肥农学效率均呈现 OP+M+B＞OP+M＞FFP＞OP+B＞OP（表 9-24）。与 FFP 处理相比，OP+M+B 处理的氮肥偏生产力、氮肥农学效率分别提高 10.8%、10.9%（表 9-24）。

2）水稻—油菜轮作 CH_4 和 N_2O 排放总量

由图 9-23a 可知，CH_4 排放主要集中在水稻季，占全年排放的 96.0%～97.7%，油菜季仅占全年排放的 0.7%～2.0%。与 FFP 相比，Z1、Z2、Z3、Z4 处理均表现出良好的减排效果，减排效果依次为 42.9%、8.6%、23.2% 和 40.3%（图 9-23）。由图 9-23b 可知，水稻季 N_2O 排放微弱，仅占全年排放的 18.6%～25.0%，而油菜季占 42.6%～55.6%。油菜季中 Z1、Z2、Z3、Z4 处理 N_2O 排放总量显著低于 FFP 处理，均表现出良好的减排效果，其中 Z3、Z4 处理效果较佳，分别减排 37.5%、40.6%（图 9-23）。综合水稻季和油菜季，Z3、Z4 均有利于两种温室气体的减排。

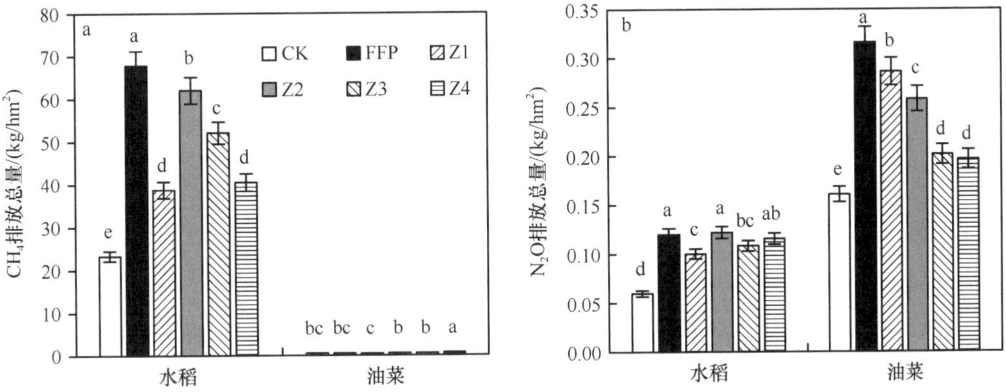

图 9-23　不同处理下水稻—油菜轮作 CH_4（a）、N_2O（b）的累积排放量

CK 为不施氮处理，FFP 为农户习惯施肥，Z1 为 NPK，Z2 为 NPK+钙镁磷肥（水稻季）/硼肥（油菜季），Z3 为 NPK+过磷酸钙（水稻季）/硼肥（油菜季）+有机肥替代，Z4 为 NPK+过磷酸钙（水稻季）/硼肥（油菜季）+有机肥秸秆替代

3）水稻—油菜轮作 CH_4、N_2O 的 GWP

从水稻—油菜轮作的 GWP 来看，与 FFP 处理相比，Z1、Z3、Z4 处理减排效果显著，GWP 分别降低了 38.8%、22.0%、37.6%（表 9-25）。各处理 CH_4 对 GWP 的净贡献率为 87.4%～92.5%，说明在水稻—油菜轮作系统中，CH_4 对 GWP 的贡献较高，尤其是水稻季 CH_4 的排放，因此应该更加关注水稻季 CH_4 的减排。与 FFP 处理相比，Z1、Z2、Z3、Z4 处理在水稻季 CH_4 的减排效果均达到了显著水平。其中，Z1、Z4 处理对水稻季 CH_4 减排较为显著，分别降低了 42.9%、40.3%（表 9-25）。

表 9-25　不同处理下水稻—油菜轮作 CH_4、N_2O 的 GWP（100 年）　（单位：kg CO_2-eq/hm^2）

处理	CH_4		N_2O		GWP
	水稻	油菜	水稻	油菜	
CK	653.17e	13.35bc	15.84d	42.66e	765.59d
FFP	1898.84a	13.53bc	26.52c	75.81b	2080.00a
Z1	1084.91d	12.30c	31.79a	83.78a	1272.50c
Z2	1736.72b	13.79b	32.32a	68.39c	1942.07a
Z3	1458.78c	14.57b	28.72bc	53.39d	1622.78b
Z4	1134.40d	16.67a	30.61ab	52.10d	1297.74c

4）水稻—油菜轮作的作物产量和温室气体排放强度

作物产量是评价一种施肥技术最重要的指标。对于水稻季和油菜季，4 个养分综合管理措施的产量与 FFP 处理均未达到显著水平，但 Z4 处理水稻季产量较 FFP 处理增加了 6.8%（表 9-26）。

表 9-26　不同处理下水稻—油菜轮作的作物产量和温室气体排放强度

处理	产量/（kg/hm^2）		GHGI/（kg CO_2-eq/kg）		
	水稻	油菜	水稻	油菜	总
CK	5 021.7b	1 152.5b	0.13d	0.05a	0.18cd
FFP	9 422.7a	2 580.0a	0.20a	0.03bc	0.24a
Z1	9 190.7a	2 100.0a	0.12de	0.05a	0.17d
Z2	9 791.6a	2 318.3a	0.18b	0.04b	0.22b
Z3	9 323.7a	2 415.0a	0.16c	0.03c	0.19c
Z4	10 063.1a	2 150.0a	0.12e	0.03c	0.15e

对于温室气体排放强度（GHGI），各处理呈现水稻季高、油菜季低的特征（表 9-26）。在水稻季，Z1、Z2、Z3、Z4 处理 GHGI 均显著低于 FFP 处理。对于水稻—油菜轮作的周年 GHGI，Z4 处理最低，且 Z1、Z2、Z3、Z4 处理均显著低于 FFP 处理。综合产量而言，Z4 处理既能减排又可增产。

5）土壤无机氮及有机质含量变化

使用“OP+有机替代”模式后，水稻季无机氮含量在幼穗分化期和灌浆期保持较高水平，油菜季无机氮含量在蕾薹期和苗期也保持了较高水平，这为成熟期籽粒氮素累积奠定了良好的物质基础（图 9-24）。同时使用“OP+有机替代”模式后，土壤有机质也得到了提升（刘阳，2019），这为稻油轮作区土壤肥力的保持奠定了科学依据。

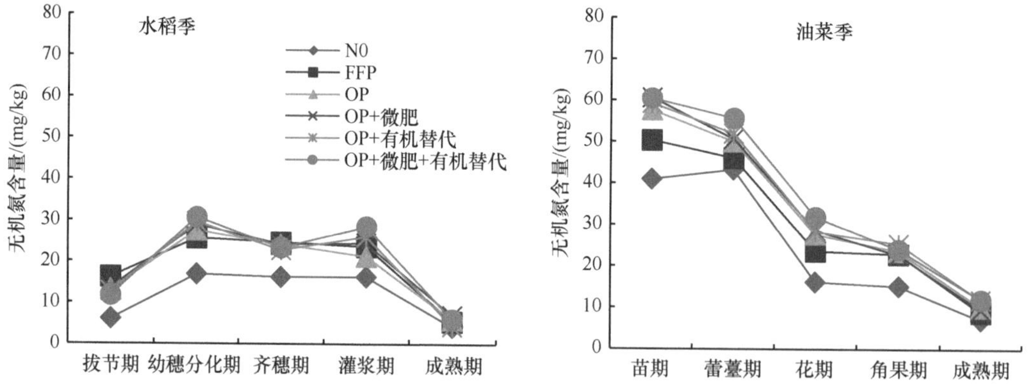

图 9-24　不同氮肥增产增效模式下水稻—油菜轮作的无机氮含量变化

（3）应用

通过与重庆农业农村委员会、优质种子企业（袁隆平农业高科技股份有限公司）及农机合作社合作在重庆合川、南川和永川进行了大量关于长江上游稻油轮作氮肥增产增效技术模式的培训和示范工作（图 9-25）。使用该模式后，与 FFP 相比，水稻季增产 6.7%～10.4%，油菜季增产 4.3%～6.4%，同时也显著提高了稻油轮作氮肥表观利用率（水稻增幅为 16.1%～

36.0%，油菜增幅为 10.4%～31.6%）（何竞舟，2020）。该技术模式在水稻、油菜生产中增产增效，以及氮素损失阻控方面发挥了重要作用。

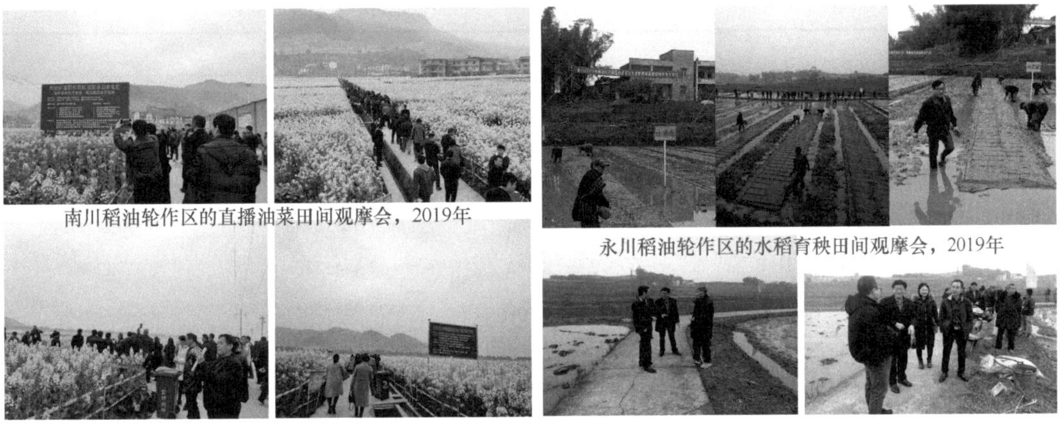

图 9-25　长江上游水稻—油菜轮作氮肥增产增效技术模式的现场观摩会

2. 长江中下游水稻—油菜轮作氮肥增产增效区域技术模式构建与应用

（1）构建

长江中下游水稻—油菜轮作氮肥绿色增产增效综合调控模式的核心内容为“两扩两调一减”：通过秸秆还田进行有机扩库，通过深耕扩容；采用水稻季氮肥总量控制、分期调控和油菜季耕层养分调控进行周年养分运筹，采用作物专用缓控释肥料进行无机调控，通过种植密度进行调控；从而减少水稻—油菜轮作体系的氮素盈余。

（2）验证

验证试验设 6 个处理，分别为：①不施氮（−N）处理；②单施化肥（N）处理，水稻季、油菜季氮肥用量分别为 180kg/hm^2、210kg/hm^2，其中水稻季氮肥按照 70% 基肥+30% 分蘖肥的比例施用，油菜季氮肥则按照 60% 基肥+20% 越冬肥+20% 薹肥的比例施用；③化肥+秸秆还田（N+S）处理，化肥用量与 N 处理相同，水稻季采用（3750kg 角壳+3750kg 茎秆）/hm^2，粉碎后翻压还田，油菜季则采用稻草覆盖还田的方式，稻草用量为 9000kg/hm^2，油菜移栽后覆盖还田；④化肥+生物炭（N+B）处理，化肥用量与 N 处理相同，生物炭由 N+S 处理相同的秸秆量烧制而成，翻压后还田；⑤化肥+水稻季生物炭还田/油菜季稻草覆盖处理（N+B/S），化肥用量与 N 处理相同，水稻季生物炭与 N+B 处理相同，翻压还田，油菜季采用稻草覆盖还田，同 N+S 处理；⑥氮肥减施 15%+水稻季生物炭还田/油菜季稻草覆盖处理（85%N+B/S），水稻和油菜季氮肥用量分别为 153kg/hm^2 和 178kg/hm^2，施用方式同 N 处理，水稻季生物炭还田，还田量同 N+B 处理，油菜季秸秆还田，还田量同 N+S 处理。

1）产量

2017～2018 年轮作的水稻和油菜产量要高于 2018～2019 年轮作（表 9-27）。2017 年水稻季秸秆/生物炭还田比 N 处理的增产效果要优于 2018 年水稻季，产量增加 627～1392kg/hm^2，增产率为 7.7%～17.2%；85%N+B/S 处理可增产 574kg/hm^2，增产率为 7.1%。与 N 处理相比，2018 年水稻季秸秆/生物炭还田使水稻产量有所增加但不显著，85%N+B/S 处理对水稻产量无显著影响。2018～2019 年油菜季秸秆/生物炭还田比 N 处理的增产效果要好于 2017～2018 年油菜季，产量增加了 69～250kg/hm^2，增产率为 4.0%～14.3%；85%N+B/S 处理对油菜产量有所增加但不显著。2017～2018 年油菜季 4 个常规施氮处理间油菜产量无显著差异，而

85%N+B/S 处理比 N 处理增产 6.9%。

表 9-27　碳氮协同调控对水稻—油菜轮作产量的影响

作物	处理	产量/(kg/hm^2)		
		2017～2018 年	2018～2019 年	平均值
水稻	−N	5 016±268c	4 157±344b	4 587±293b
	N	8 102±860b	7 021±512a	7 561±440a
	N+S	9 269±906ab	7 525±684a	8 397±788a
	N+B	9 494±228a	7 464±310a	8 479±248a
	N+B/S	8 729±442ab	6 927±564a	7 828±501a
	85%N+B/S	8 676±148ab	6 762±187a	7 719±167a
油菜	−N	662±80b	238±57c	450±28b
	N	2 756±176a	1 756±56b	2 256±101a
	N+S	2 697±139a	1 931±114ab	2 314±126a
	N+B	2 729±400a	2 006±129a	2 368±225a
	N+B/S	2 734±333a	1 825±100ab	2 280±183a
	85%N+B/S	2 947±514a	1 803±43ab	2 375±244a
周年	−N	5 678±219b	4 396±393b	5 037±304b
	N	10 858±716a	8 777±559a	9 817±345a
	N+S	11 966±929a	9 456±674a	10 711±796a
	N+B	12 223±339a	9 471±206a	10 847±267a
	N+B/S	11 463±723a	8 752±537a	10 107±630a
	85%N+B/S	11 623±443a	8 565±229a	10 094±221a

注：同列数据后不含有相同小写字母的表示同一季作物不同处理间差异显著（$P<0.05$）。下同

综合两个年度的产量结果表明，与 N 处理相比，秸秆/生物炭还田对水稻和油菜有一定的增产效果，且对水稻的增产效果要优于油菜（表 9-27）。与 N 处理相比，水稻季秸秆/生物炭还田平均增产 3.5%～12.1%，85%N+B/S 处理平均增产 2.1%；油菜季秸秆/生物炭还田平均增产 1.1%～5.0%，85%N+B/S 处理平均增产 5.3%。在 6 个处理中，N+B 处理在两个轮作周年中产量最高，增产效果最为显著，比 N 处理平均增产 10.5%；N+S 处理次之，比 N 处理平均增产 9.1%。而 85%N+B/S 处理也有一定的增产效果，比 N 处理平均增产 2.8%，但效果并不显著。

2）氮肥利用率

2017～2018 年轮作各处理氮肥利用率和氮肥农学效率均高于 2018～2019 年轮作。秸秆/生物炭还田对 2017 年水稻季氮肥利用率和氮肥农学效率的提升效果要优于 2018 年水稻季，秸秆/生物炭还田对 2018～2019 年油菜季氮肥利用率和氮肥农学效率的提升效果要优于 2017～2018 年油菜季。

整体来看，与 N 处理相比，秸秆/生物炭还田能够提高水稻和油菜的氮肥利用率和氮肥农学效率（表 9-28），85%N+B/S 处理氮肥利用率和氮肥农学效率均显著提高。秸秆/生物炭还田对水稻氮肥利用率的提高效果优于油菜，与 N 处理相比，水稻季秸秆/生物炭还田平均氮

肥利用率增加 −0.1%～7.1%，平均氮肥农学效率增加 1.5～5.1kg/kg；油菜季秸秆/生物炭还田与不还田相比平均氮肥利用率无显著差异，平均氮肥农学效率增加 0.1～0.5kg/kg。4 个常规施氮处理中，N+S 处理水稻、油菜的平均氮肥利用率最高，分别为 43.4%、38.2%；N+B 处理水稻、油菜的氮肥农学效率最高，分别为 21.6kg/kg、9.1kg/kg。与 N 处理相比，85%N+B/S 处理水稻、油菜的平均氮肥利用率和氮肥农学效率显著提高，平均氮肥利用率分别为 47.1%、42.5%，与 N 处理相比分别增加 10.8 个百分点、5.5 个百分点；平均氮肥农学效率分别为 23.1kg/kg、10.9kg/kg，与 N 处理相比分别增加 6.6kg/kg、2.3kg/kg。说明在秸秆/生物炭还田后适当减施氮肥既能提高水稻和油菜的产量，又能提高氮肥利用率。

表 9-28　碳氮协同调控对氮肥利用率的影响

作物	处理	2017～2018 年		2018～2019 年		平均值	
		氮肥利用率/%	氮肥农学效率/(kg/kg)	氮肥利用率/%	氮肥农学效率/(kg/kg)	氮肥利用率/%	氮肥农学效率/(kg/kg)
水稻	N	36.1b	17.1b	36.5a	15.9b	36.3a	16.5b
	N+S	42.5ab	23.6ab	44.3a	18.7ab	43.4a	21.2ab
	N+B	48.8ab	24.9ab	35.4a	18.4ab	42.1a	21.6ab
	N+B/S	37.1b	20.6ab	35.3a	15.4b	36.2a	18ab
	85%N+B/S	58.1a	25.9a	36.1a	20.2a	47.1a	23.1a
油菜	N	47.2a	10.0a	26.9b	7.2b	37a	8.6a
	N+S	45.2a	9.7a	31.3ab	8.1ab	38.2a	8.9a
	N+B	45.1a	9.8a	30ab	8.4ab	37.5a	9.1a
	N+B/S	43.4a	9.9a	27.5ab	7.6b	35.4a	8.7a
	85%N+B/S	51.5a	12.7a	33.6a	9.1a	42.5a	10.9a
周年	N	42.1ab	27.1b	31.3b	23.1b	36.7b	25.1c
	N+S	43.9ab	33.3ab	37.3a	26.8ab	40.6ab	30abc
	N+B	46.8ab	34.7ab	32.5ab	26.8ab	39.6ab	30.8ab
	N+B/S	40.5b	30.5ab	31.1b	22.9b	35.8b	26.7bc
	85%N+B/S	52.0a	38.6a	33.3ab	29.3a	44.6a	34.0a

3）氨挥发

水稻季施氮后氨挥发损失较高，基肥和追肥都会产生大量的氨挥发（图 9-26）。秸秆还田能够加剧水稻季施肥后的氨挥发，氨挥发累积量为 21.9kg N/hm^2，比 N 处理增加 12.8%；生物炭还田能够降低水稻季的氨挥发，氨挥发累积量为 17.3～19.4kg N/hm^2，比 N 处理降低 0.2%～10.6%；85%N+B/S 能够显著降低水稻季的氨挥发，氨挥发累积量为 13.4kg N/hm^2，比 N 处理降低 30.9%。

油菜季施氮后氨挥发主要集中在追肥后（图 9-27），其中施用越冬肥后氨挥发累积量占油菜季氨挥发累积量的 38%～62%。秸秆/生物炭还田对施用基肥后的氨挥发有一定的抑制作用，氨挥发累积量为 0.45～0.48kg N/hm^2，比 N 处理降低 10.3%～15.5%；85%N+B/S 处理氨挥发累积量为 0.49kg N/hm^2，比 N 处理降低 8.2%。追施越冬肥后，秸秆还田加剧了氨挥发，氨挥发累积量为 2.43～2.55kg N/hm^2，比 N 处理增加 158.3%～171.4%；生物炭还田抑制了氨挥发，氨挥发累积量为 0.62kg N/hm^2，比 N 处理降低 34.4%，85%N+B/S 处理对氨挥发无显著影响。追施薹肥的结果与追施越冬肥的结果大致相同，秸秆还田后氨挥发累积量为 0.99～1.30kg N/hm^2，比 N 处理增加 21.8%～58.9%；生物炭还田后氨挥发累积量为 0.53kg N/hm^2，比 N 处理降低 34.7%，不同的是 85%N+B/S 处理氨挥发累积量为 0.68kg N/hm^2，比 N 处理降低 16.6%。秸秆还田加剧了油菜季氨挥发，氨挥发累积量为 3.9～4.3kg N/hm^2，增加 70.1%～87.6%；生物炭还田降低了油菜季氨挥发，氨挥发累积量为 1.63kg N/hm^2，降低 28.9%。85%N+B/S 降低了油菜季氨挥发，氨挥发累积量为 2.24kg N/hm^2，降低 2.1%。

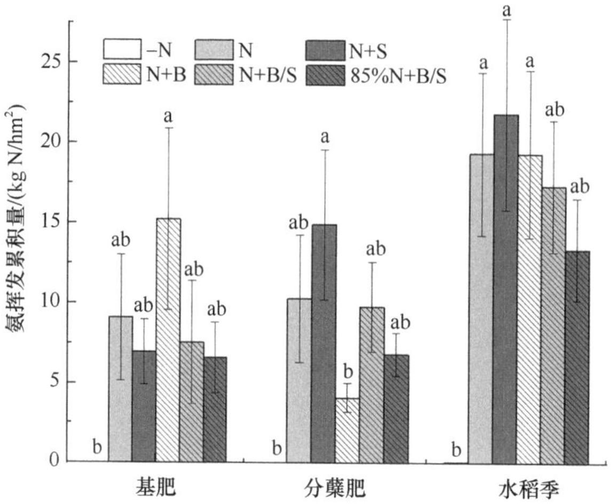

图 9-26　碳氮协同调控对水稻季氨挥发累积量的影响

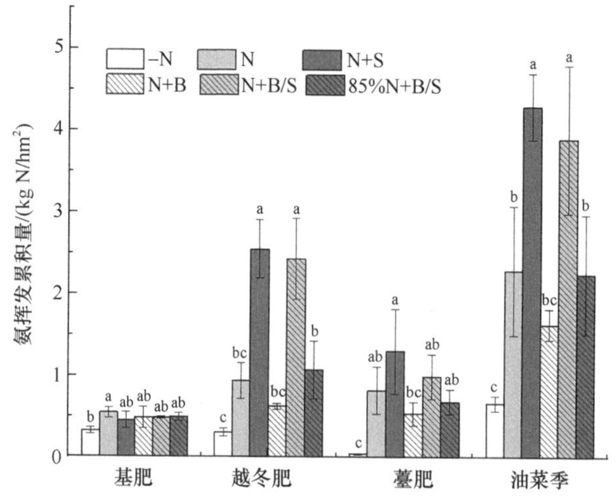

图 9-27　碳氮协同调控对油菜季氨挥发累积量的影响

从整个周年来看，稻油轮作施肥后氨挥发主要集中在水稻季（表 9-29），油菜季施肥后氨挥发损失较低，5 个施氮处理氨挥发累积量为 1.63～4.30kg N/hm^2，氨挥发累积量占氮肥投入比例较低，为 0.46%～1.73%。水稻季氨挥发损失较高，施氮处理氨挥发累积量为 13.4～21.86kg N/hm^2，是油菜季氨挥发累积量的 4～12 倍，氨挥发累积量占氮肥投入比例较高，为 8.7%～12.1%。稻油轮作周年施氮处理氨挥发累积量为 15.64～26.16kg N/hm^2，占整个周年氮肥投入比例的 4.49%～6.52%。N+S 处理与 N 处理相比稻油轮作施肥后的氨挥发累积量增加 20.7%；N+B 处理与 N 处理相比稻油轮作施肥后的氨挥发累积量降低 3.2%，效果不显著；

N+B/S 处理与 N 处理相比稻油轮作施肥后的氨挥发累积量降低 2.0%，效果不显著。85%N+B/S 处理与 N 处理相比显著降低稻油轮作施肥后的氨挥发累积量，降低 27.8%，对减少氮肥投入的损失有显著效果。

表 9-29　氨挥发累积量及其损失率（占氮肥投入比例）

处理	氨挥发累积量/(kg N/hm^2)			损失率/%		
	油菜	水稻	周年	油菜	水稻	周年
−N	0.66c	0.09b	0.75b			
N	2.29b	19.38a	21.67a	0.78	10.72	5.37
N+S	4.30a	21.86a	26.16a	1.73	12.10	6.52
N+B	1.63bc	19.35a	20.98a	0.46	10.70	5.19
N+B/S	3.90a	17.33ab	21.23a	1.54	9.58	5.25
85%N+B/S	2.24b	13.4ab	15.64ab	0.89	8.70	4.49

4）N_2O 排放

N 处理水稻季 N_2O 累积排放量最高，为 3.53kg N/hm^2，显著高于其他处理（图 9-28）。秸秆还田能够降低水稻季施氮后 N_2O 排放，累积排放量为 1.91kg N/hm^2，比 N 处理降低 45.9%；生物炭还田也能降低水稻施氮后 N_2O 排放，3 个生物炭还田处理的 N_2O 累积排放量为 0.43～0.68kg N/hm^2，比 N 处理降低 80.7%～87.8%，效果比秸秆还田更为显著。

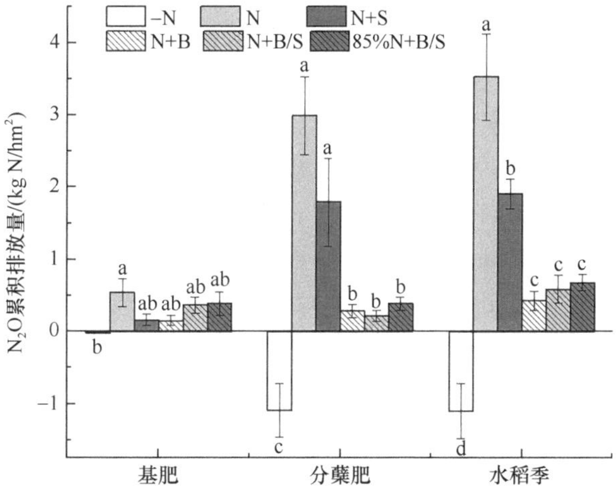

图 9-28　碳氮协同调控对水稻季 N_2O 累积排放量的影响

油菜季的 N_2O 累积排放量主要集中在基肥期（图 9-29），占油菜季 N_2O 累积排放量的 69.8%～81.0%。秸秆/生物炭还田增加了施用基肥后的 N_2O 排放，累积排放量为 2.17～2.52kg N/hm^2，比 N 处理增加 54.9%～90.7%；85%N+B/S 处理与 N 处理的 N_2O 累积排放量无显著差异。施用越冬肥后，各处理 N_2O 累积排放量远低于基肥期，5 个施氮处理中，N+S 处理 N_2O 累积排放量最高（0.36kg N/hm^2），N 处理 N_2O 累积排放量最低（0.16kg N/hm^2），其余施氮处理的 N_2O 累积排放量为 0.18～0.22kg N/hm^2。施用薹肥后各施氮处理 N_2O 累积排放量高于施用越冬肥后，低于施用基肥后，各施氮处理中 N+B 处理 N_2O 累积排放量最高（0.66kg N/hm^2），N 处理 N_2O 累积排放量最低（0.33kg N/hm^2），其余施氮处理的 N_2O 累积排放量为 0.37～0.40kg N/hm^2。秸秆/生物炭还田增加了整个油菜季施氮后的 N_2O 排放，N_2O 累积排放量为 2.29～3.11kg N/hm^2，比 N 处理增加 53.8%～63.9%。85%N+B/S 处理 N_2O 累积排放量为 2.04kg N/hm^2，比 N 处理增加 7.5%，增幅与其他秸秆/生物炭还田处理相比不显著。

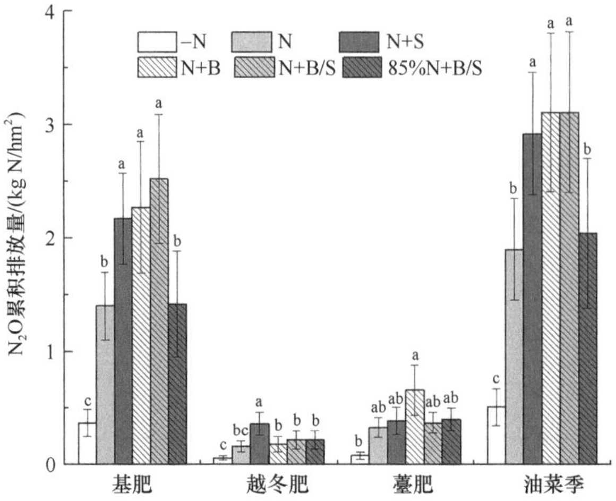

图 9-29　碳氮协同调控对油菜季 N_2O 累积排放量的影响

根据表 9-30，从整个周年来看，N 处理油菜季 N_2O 累积排放量较低，为 1.21kg N/hm^2，占油菜季氮肥投入比例的 0.42%；水稻季 N_2O 累积排放量是油菜季的 1.86 倍，为 2.25kg N/hm^2，占水稻季氮肥投入的 1.64%；稻油轮作周年 N_2O 累积排放量为 3.46kg N/hm^2，占周年氮肥投入的 0.98%。秸秆/生物炭还田油菜季 N_2O 累积排放量为 1.86～1.98kg N/hm^2，是水稻季的 1.52～7.33 倍，比 N 处理增加 53.7%～63.6%，占油菜季氮肥投入的 0.73%～0.79%；秸秆/生物炭还田水稻季 N_2O 累积排放量为 0.27～1.22kg N/hm^2，比 N 处理减少 45.8%～88.0%，占水稻季氮肥投入的 0.54%～1.07%；秸秆/生物炭还田稻油轮作周年 N_2O 累积排放量为 2.25～3.08kg N/hm^2，比 N 处理降低 11.0%～35.0%，占周年氮肥投入的 0.68%～0.89%。85%N+B/S 油菜季 N_2O 累积排放量为 1.30kg N/hm^2，比 N 处理增加 7.4%，增幅与其他秸秆/生物炭还田处理相比不显著，占油菜季氮肥投入的 0.55%；水稻季 N_2O 累积排放量为 0.43kg N/hm^2，比 N 处理降低 80.9%，占水稻季氮肥投入的 0.74%；稻油轮作周年 N_2O 累积排放量为 1.73kg N/hm^2，比 N 处理降低 50.0%，效果优于其他秸秆/生物炭还田处理，占氮肥投入的 0.64%，显著低于其他施氮处理。

表 9-30　N_2O 累积排放量及其损失率（占氮肥投入比例）

处理	N_2O 累积排放量/(kg N/hm^2)			损失率/%		
	油菜	水稻	周年	油菜	水稻	周年
−N	0.32c	−0.7d	−0.38d			
N	1.21b	2.25a	3.46a	0.42	1.64	0.98
N+S	1.86a	1.22b	3.08b	0.73	1.07	0.89
N+B	1.98a	0.27c	2.25c	0.79	0.54	0.68
N+B/S	1.98a	0.38c	2.36c	0.79	0.60	0.70
85%N+B/S	1.30b	0.43c	1.73c	0.55	0.74	0.64

（3）应用

水稻—油菜轮作体系氮肥绿色增产增效综合调控模式已在湖北、湖南、安徽、江西、江苏等地应用。与习惯施肥处理相比，水稻可平均增产 7.8%，减少 1 或 2 次施肥次数，省工 4.5 个/hm^2；氮肥农学效率提高 8.8%，氮肥利用率增加 7.5 个百分点；油菜平均增产 3.9%，增收节支 67.5 元/亩；氮肥利用率提高到 48%，在水稻、油菜生产中增产增效，减少氮素损失方面发挥了重要作用。

9.3.4 新疆滴灌棉花氮肥绿色增产增效综合调控

9.3.4.1 新疆棉花氮肥绿色增产增效综合调控途径的建立

新疆是我国最大的优质棉生产基地，棉花是新疆重要的经济作物，也是农民增收的主要手段。我国农田氮肥过量施用已成为普遍现象，氮肥的消费量已超过作物最高产量的需求量，氮肥盈余量在农业系统中已经达到 175kg/hm^2，成为环境污染的重要因素（张卫峰等，2013）。氮肥施用过量或利用不当会导致氮肥利用率降低，活性氮损失严重，环境污染等问题日益突出（Wang et al.，2014b）。在新疆棉花生产过程中，比较突出的问题具体表现为：氮肥过量施用，以及氮管理不适应多变气候条件下的作物需求（玛衣拉·吐尔逊等，2016），传统压差式滴灌系统施肥不均匀，加剧氮损失（陈剑，2015），长期棉花种植（剧烈翻耕起垄）导致土壤有机氮/碳含量降低，尤其是不能保障棉花前期生长的良好土壤条件（许文霞，2017）。针对新疆棉花生产面临的长期连作和单施化肥引发土壤有机质下降、结构恶化、C/N 失衡、氮肥过量施用、施肥装置落后、氮素损失加剧等，以及氮肥施用与机采棉高产栽培不相适应等限制兵团棉花生产的突出问题，我们重点开展了碳氮协同优化、施肥装置改进、氮肥增效剂和水氮运筹调控等方面的研究。

通过研究我们明确了北疆棉花氮肥增产增效的潜力及区域特征（图 9-30，图 9-31），提出了滴灌农田土壤碳氮管理的优化调控途径，根据新疆地区棉花绿色增产增效的限制因子，我们建立了新疆棉花氮肥绿色增产增效的综合调控模式（图 9-32），如长期连作（20～30 年）和单一施用化肥，导致土壤生态环境恶化、生产力下降，我们建立了氮肥前移增效水肥一体化模式，模式关键技术为秸秆还田（有机氮/碳调控）+氮肥前移（无机氮调控）+氮肥增效剂+水肥一体化（液体肥+泵吸式施肥）+高产栽培。例如，受全球气候变化影响，棉花生长

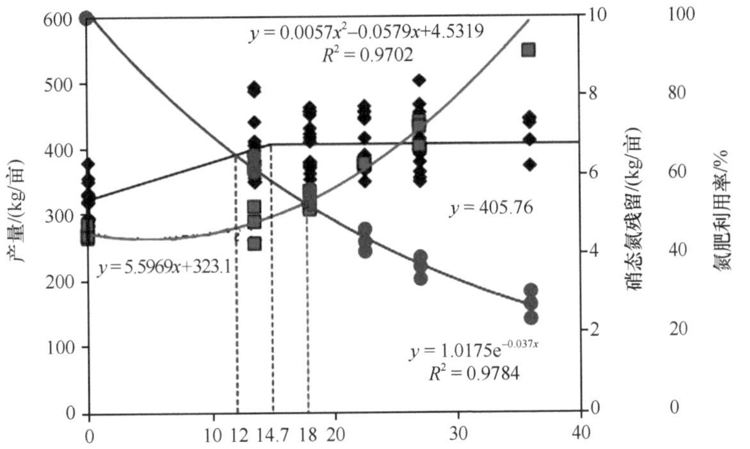

图 9-30　北疆棉花氮肥增产增效的潜力及区域特征（高肥力棉田基础产量：280～350kg/亩）

期间的特殊气候事件频发，影响棉花生长发育，但是缺乏相应的水肥调控对策，且氮肥过量施用普遍导致氮肥利用率不高（40%～50%），氮肥损失的主要途径是硝化/反硝化，其次是淋溶和氨挥发，我们建立了以机艺融合为核心技术的两套区域技术模式。模式一：机采配制氮肥综合调控模式，模式关键技术为行管配制+综合调控（氮肥前移+水肥一体化+高产栽培）。模式二：高度机艺融合的规模化棉田氮磷淋溶综合防治技术模式，模式关键技术为清液型滴灌肥+优磷减氮（水肥一体化）+机采棉种植模式。研究成果为助力新疆农业的可持续发展暨棉花绿色增产、氮肥绿色增效提供了相关理论依据。

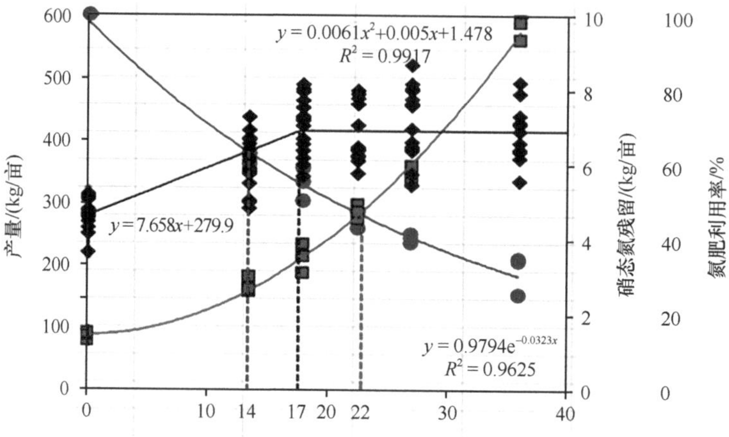

图 9-31　北疆棉花氮肥增产增效的潜力及区域特征（中低肥力棉田基础产量：220～280kg/亩）

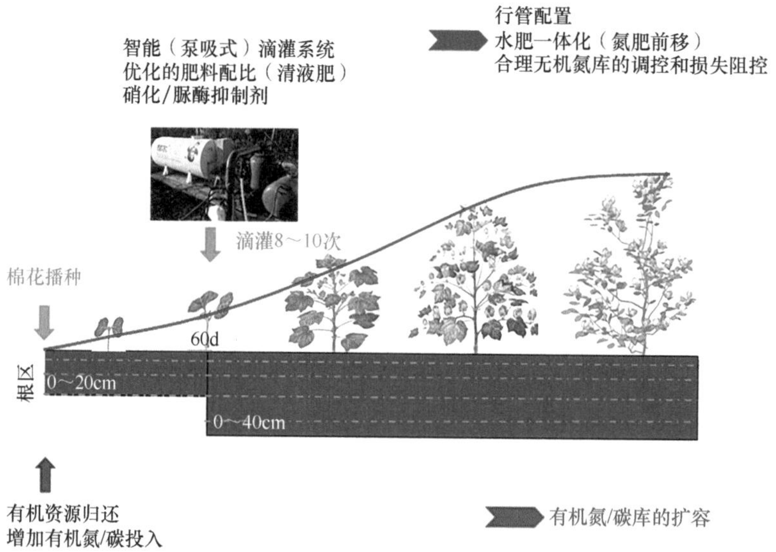

图 9-32　新疆棉花氮肥绿色增产增效综合调控途径

9.3.4.2　新疆棉花氮肥绿色增产增效的区域技术模式构建与应用

1. 氮肥前移增效水肥一体化模式

施用氮肥是提高棉花产量的关键措施，氮肥随水滴施可有效地调节施用肥料的种类、时期、次数及用量。因此，氮肥施用次数及分配比例是滴灌棉花氮肥合理施用的主要调控措施之一（郭文琦，2009）。合理施用氮肥可促进棉花生长发育，是棉花高产的基础（李鹏程等，

2015)。研究表明，适宜的氮肥施用次数及分配比例可以降低棉花蕾铃脱落率，提高产量（郭勇等，2010)。适度增加棉花生长前期的氮肥比例、减少后期氮肥比例，可以缩短棉花生育期，促进早熟。此外，也有研究发现减少氮肥单次施用量、增加施肥次数（少量多次）可提高氮肥利用率（王平等，2006)。因此，氮肥的施用时期、次数和分配比例是影响机采棉生长、产量和氮肥利用率的重要因素。

试验于 2017～2018 年在新疆生产建设兵团第七师 125 团试验站进行。供试作物为棉花。试验依据氮肥滴施次数（8 次、10 次）和分配比例（前轻后重、前重后轻）设置 5 个处理：①不施氮肥（CK)；②施肥 8 次+前轻后重（农户习惯施肥模式，N8-B)；③施肥 8 次+前重后轻（N8-F)；④施肥 10 次+前轻后重（N10-B)；⑤施肥 10 次+前重后轻（N10-F)。试验中氮肥全部做追肥随水滴施，施氮量为 270kg/hm^2。

（1）氮肥分配比例对棉花干物质的影响

氮肥分配比例对棉花干物质的影响趋势一致，均表现为前重后轻处理棉花干物质重显著高于前轻后重处理（图 9-33)。在施肥 8 次的条件下，N8-F 处理棉花总干物质重较 N8-B 处理分别增加 24.4%（2017 年)、11.7%（2018 年)。施肥 10 次时，N10-F 处理棉花总干物质重较 N10-B 处理分别增加 20.0%（2017 年)、10.6%（2018 年)。增加施肥次数可显著增加棉花总干物质重。施肥 10 次处理棉花总干物质重 2017 年、2018 年较施肥 8 次处理平均分别增加 31.2%、24.4%。

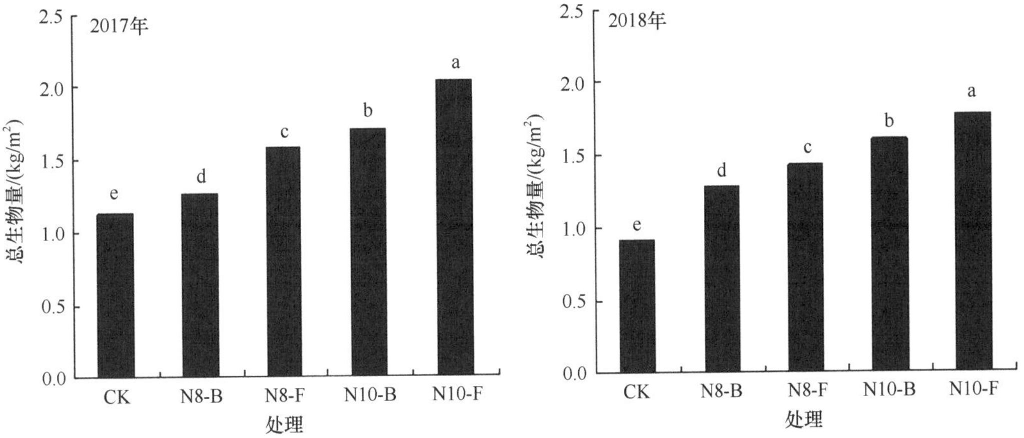

图 9-33　2017 年和 2018 年棉花总干物质重

（2）棉花氮素吸收量

氮肥分配比例对棉花氮素吸收的影响趋势一致（图 9-34)。在施肥 8 次条件下，N8-F 处理棉花氮素吸收量分别较 N8-B 处理提高了 17.0%（2017 年)、14.7%（2018 年)。施肥 10 次时，N10-F 处理棉花氮素吸收量较 N10-B 处理分别增加 30.3%（2017 年)、25.4%（2018 年)。增加氮肥施用次数显著提高棉花氮素吸收。施肥 10 次处理（N10-F、N10-B）棉花氮素吸收较施肥 8 次（N8-F、N8-B）分别平均增加 31.3%、35.1%。

（3）棉花产量

在施肥 8 次条件下，N8-F 处理棉花产量较 N8-B 处理分别增加了 7%（2017 年)、12.1%（2018 年)（图 9-35)。施肥 10 次时，N10-F 处理较 N10-B 处理分别增产 11.1%（2017 年)、21.5%（2018 年)。增加施肥次数可显著增加棉花产量。施肥 10 次处理棉花产量 2017 年、2018 年较施肥 8 次处理分别平均增产 17.9%、34.7%。

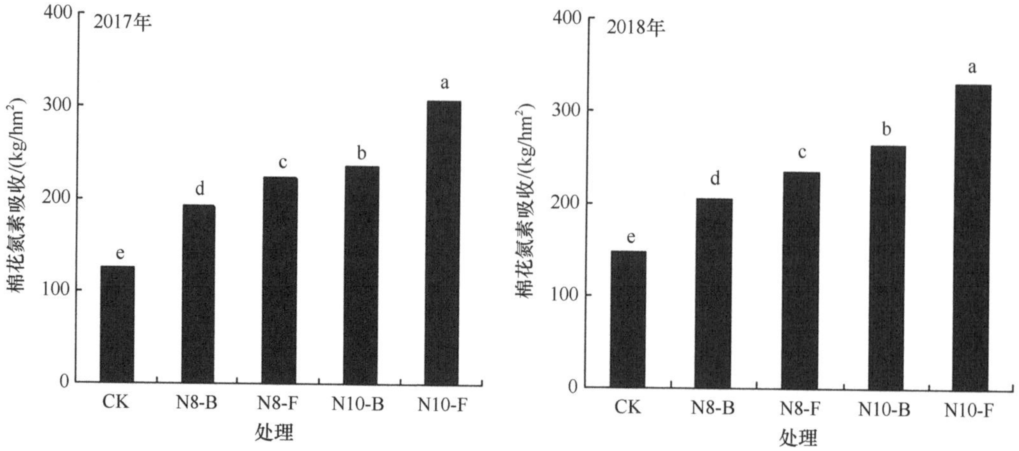

图 9-34　2017 年和 2018 年棉花氮素吸收

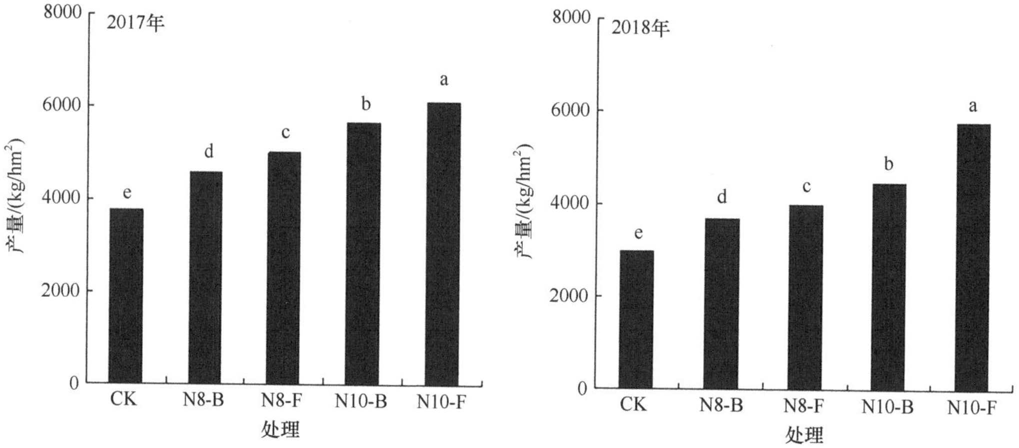

图 9-35　2017 年和 2018 年棉花产量

（4）氮肥分配比例对氮肥利用率的影响

在两年试验中，N8-F 处理棉花氮肥利用率较 N8-B 处理分别提高了 12.0 个百分点（2017 年）、11.2 个百分点（2018 年）（图 9-36）。N10-F 处理棉花氮肥利用率较 N10-B 处理分别提

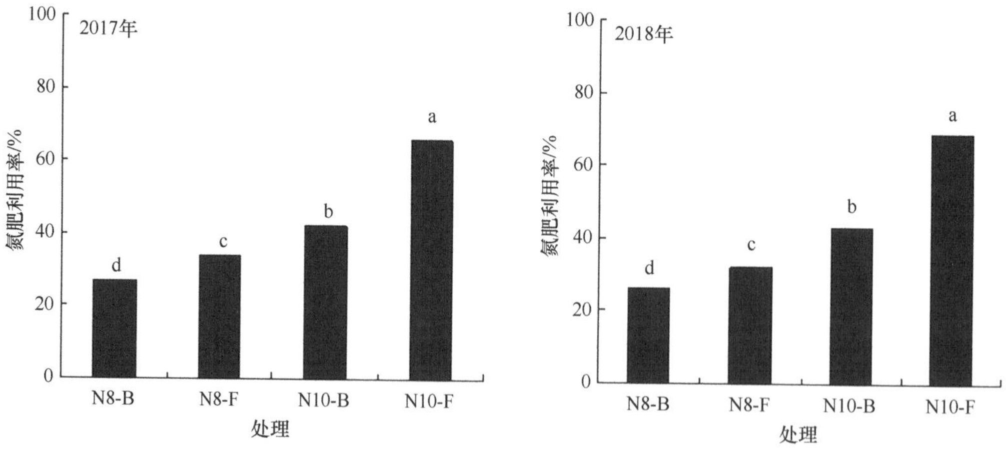

图 9-36　2017 年和 2018 年棉花氮肥利用率

高 26.5 个百分点（2017 年）、24.9 个百分点（2018 年）。随着氮肥施用次数的增加，棉花氮肥利用率显著增加。施肥 10 次处理较施肥 8 次处理两年分别平均增加了 24.0%、28.6%。

2. 秸秆与生物炭还田

秸秆还田作为农田秸秆的主要利用方式之一，不仅可以促进养分循环、改良土壤肥力，而且可以增加作物产量（Witt et al.，2000；张静等，2010）。虽然传统的秸秆直接还田有许多优点，但也伴随着一些局限性，如造成土壤微生物与作物幼苗争夺养分和降低出苗率等（杨旭等，2015）。作物秸秆在限氧条件下高温裂解形成的生物炭对于提高土壤有机碳存储、减少二氧化碳排放、改善土壤肥力等具有重要作用（Shrestha et al.，2010；陈温福等，2014）。也有研究发现秸秆直接还田显著提高农田土壤二氧化碳排放通量（路文涛，2011；李成芳等，2011）。目前，针对秸秆直接还田和生物炭还田配施氮肥对土壤碳氮及其有机氮组分的影响研究还不深入。因此，本研究基于田间定位试验，研究棉花秸秆还田、生物炭还田及施氮量对滴灌棉田土壤有机氮及各组分含量的影响，为土壤有机氮库调控以及合理施肥提供依据。

田间定位试验于 2014 年在新疆石河子天业工业园区（44°18′N、86°02′E，海拔 443m）开展。试验设置有机碳和氮肥两个因素。施碳处理分别为不施有机碳（CK 或对照）、施用棉花秸秆（ST）、施用棉花秸秆生物炭（BC）；ST 处理棉花秸秆的施用量为 6t/hm^2，BC 处理生物炭的施用量为 3.7t/hm^2（与棉花秸秆的有机碳总量相等）。3 个施氮（N）量水平分别为 0kg/hm^2（N0）、300kg/hm^2（N300）、450kg/hm^2（N450）。棉花秸秆和生物炭在每年翻地播种前均匀撒施于地表，然后翻耕至 20cm 土层。棉花种植采用膜下滴灌机采棉模式［(66+10) cm］，一膜三管六行，滴灌毛管置于两行作物之间，滴灌毛管滴头间距 25cm。

（1）表层土壤有机碳、氮

土壤有机碳含量随施氮量的增加而增加（图 9-37）。无论是否施用氮肥，施用生物炭和秸秆均能显著增加土壤有机碳含量，配施氮肥对土壤有机碳含量的提高更显著，尤其是在生物炭处理下。2018 年土壤有机碳含量趋势与 2017 年一致。

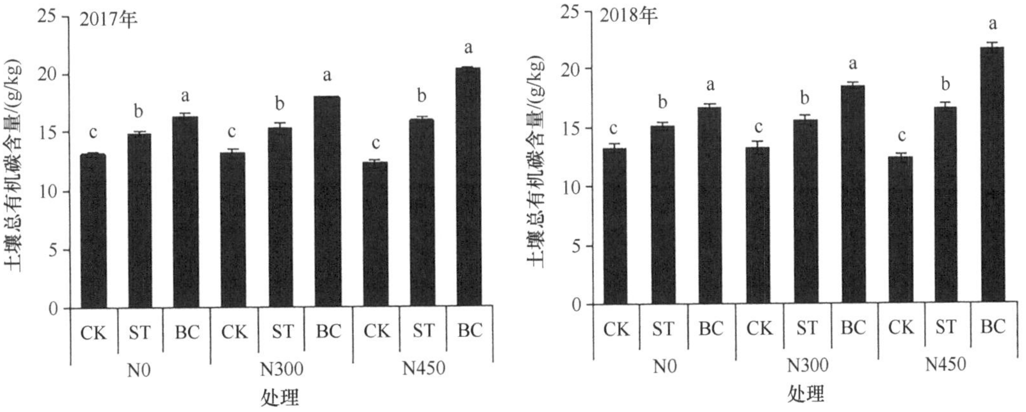

图 9-37　不同处理 0～20cm 土壤有机碳含量

同一施氮量下，图柱上不含有相同小写字母的表示不同处理间差异显著（$P<0.05$）。下同

土壤全氮含量也随施氮量的增加而增加（图 9-38）。无论是否施用氮肥，施用生物炭和秸秆均能显著增加土壤全氮含量，配施氮肥对土壤全氮含量的提高更显著。2018 年土壤全氮含量较 2017 年趋势有所变化。

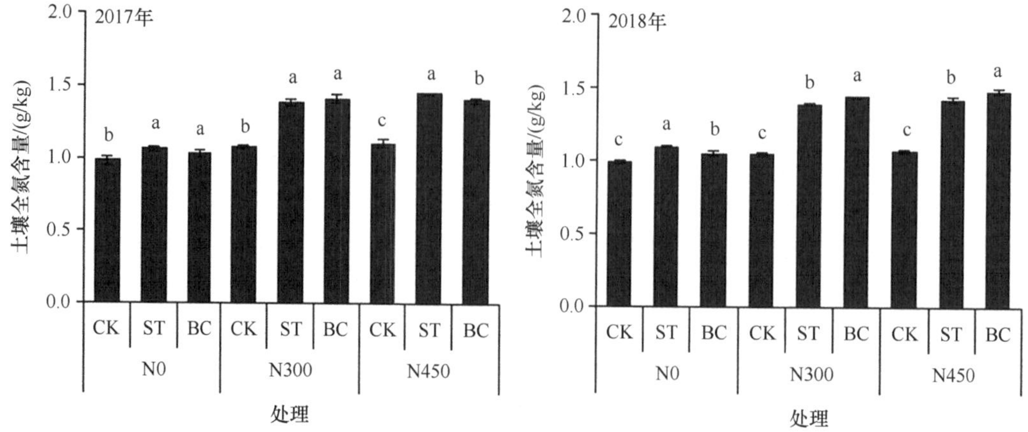

图 9-38　不同处理 0～20cm 土壤全氮含量

土壤碳氮比随施氮量的增加而降低（图 9-39）。在不施氮肥条件下，BC 处理土壤碳氮比显著高于 ST 处理。在 N300 条件下，BC 处理与 CK 处理无显著差异，但 ST 处理显著低于 CK 和 BC 处理。在 N450 条件下，BC 处理较 CK 处理显著提高了土壤碳氮比，提高幅度为 30.3%。

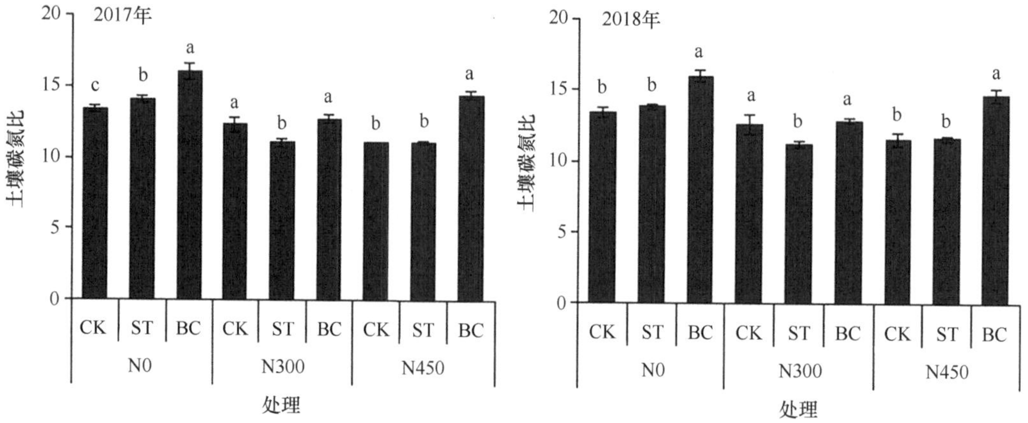

图 9-39　不同处理 0～20cm 土壤碳氮比

（2）棉花产量及氮肥利用率

施用秸秆和生物炭显著增加了棉花的干物质重（图 9-40）。年际影响表现如下。2017 年，在 N0 条件下生物炭处理显著高于对照处理，而秸秆处理与对照处理差异不显著；在 N300 和 N450 条件下生物炭处理显著高于秸秆和对照处理。2018 年，在 N0 条件下秸秆和生物炭处理均显著高于对照处理；在 N300 条件下，秸秆处理与生物炭处理无显著差异，但分别较对照增加了 46.0%、52.3%；在 N450 条件下，秸秆、生物炭处理较对照分别增加了 23.0%、32.6%。从两年连续结果来看，生物炭对棉花干物质积累效果明显优于秸秆。

施用秸秆和生物炭对氮素吸收的影响如图 9-41 所示。2017 年，在 N0 条件下秸秆和生物炭处理较对照分别增加 43.5%、120.1%；在 N300 和 N450 条件下，秸秆和生物炭处理棉花氮素吸收量均显著高于对照。2018 年的试验结果和 2017 年相似。从两年综合表现可以看出生物炭处理下棉花对土壤氮素的吸收要优于秸秆处理。

施用生物炭和秸秆显著增加了棉花产量（图 9-42）。2017 年，在 N0 条件下生物炭、秸秆处理产量较对照分别增加 18.9%、16.2%；在 N300 条件下，秸秆、生物炭处理棉花产量分别增加 12.5%、21.4%；在 N450 条件下，生物炭处理下棉花产量较对照、秸秆处理分别增加 20.7%、16.7%。2018 年，在 N0 条件下，秸秆、生物炭处理棉花产量较对照分别增加 65.6%、62.5%；在 N300 条件下，秸秆处理棉花产量与对照无显著差异，而生物炭处理则较对照增加了 11.3%；在 N450 条件下，生物炭处理棉花产量较对照、秸秆处理分别增加 29.0%、17.6%。

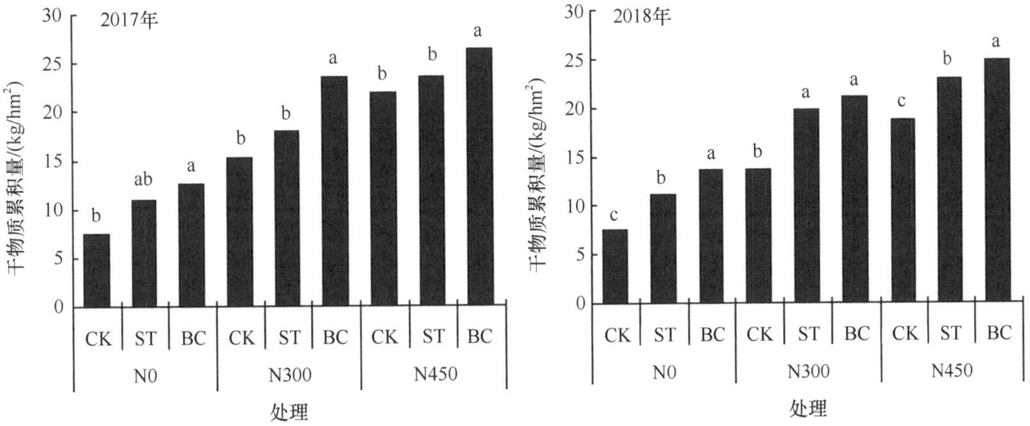

图 9-40　棉花干物质累积量

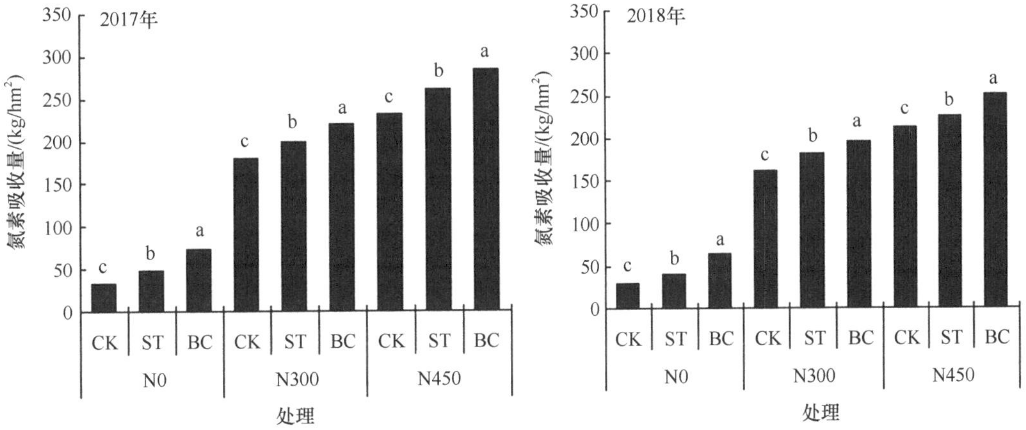

图 9-41　棉花氮素吸收量

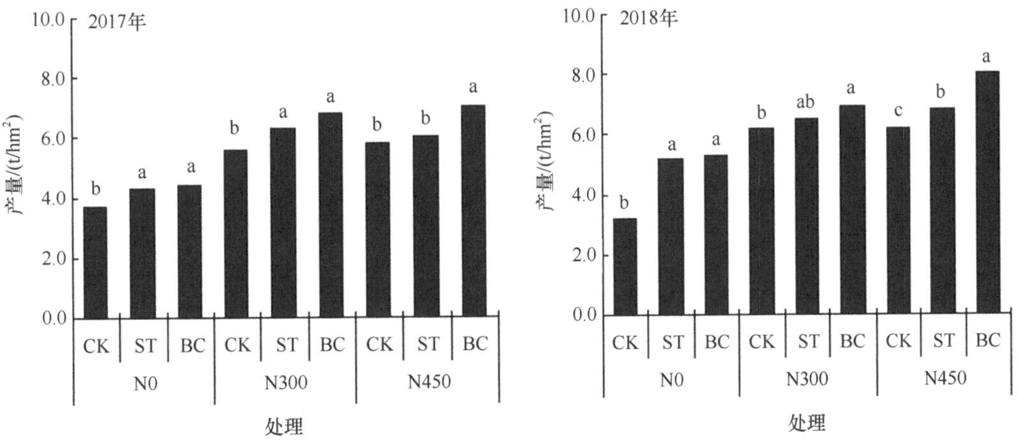

图 9-42　棉花产量

生物炭和秸秆显著提高了棉花氮肥利用率（图 9-43）。2017 年，在 N300 条件下生物炭、秸秆处理较对照分别提高了 28.2%、14.8%，而在 N450 条件下则分别提高了 27.2%、15.4%。且 N300 和 N450 条件下生物炭处理较秸秆处理分别提高了 11.7%、10.2%。2018 年，在 N300 条件下，生物炭、秸秆处理较对照分别提高了 26.8%、15.6%，且生物炭处理较秸秆处理提高了 9.7%；而在 N450 条件下秸秆处理与对照无显著差异，生物炭处理则较对照、秸秆处理分别增加了 20.9%、13.4%。

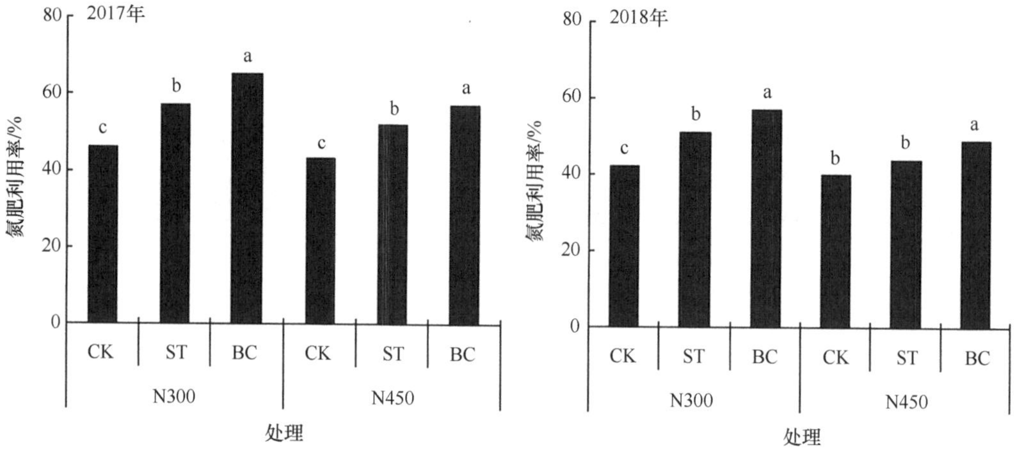

图 9-43　棉花氮肥利用率

3. 机采配制氮肥综合调控模式

试验于 2018 年在新疆石河子市天业生态示范园（44°21′14″N、86°4′11″E，海拔 443m）进行。试验设置 4 种机采棉行管配置模式：①一膜六行三管，行距（66+10）cm（66），滴灌带铺设在作物窄行中间（B66）；②一膜六行三管，行距（66+10）cm（66），滴灌带铺设在作物宽行间靠作物 10cm 处（S66）；③一膜六行三管，行距（72+4）cm（S72），滴灌带铺设在作物宽行间靠作物 10cm 处；④一膜三行三管，76cm 等行距（S76），滴灌带铺设在靠近作物 10cm 处。同时，S66 行管配置下设置 3 个施氮水平，分别为 0kg/hm^2（N0）、240kg/hm^2（N240）、300kg/hm^2（N300）。其中，施氮量 300kg/hm^2 为当地机采棉氮肥一般推荐用量；施氮量 240kg/hm^2 为减氮 20% 的优化施氮处理，其余 3 种行管配置施氮量均为 240kg/hm^2。试验共设 6 个处理，各处理行管配置及施氮量如表 9-31 所示。每个处理重复 3 次，共 18 个试验小区。

表 9-31　各处理行管配置及施氮量

处理	行管配置		施氮量/(kg/hm^2)
	行距	滴灌毛管位置	
S66-N0	一膜六行，（66+10）cm（66）	毛管在作物宽行（S）	0
S66-N300	一膜六行，（66+10）cm（66）	毛管在作物宽行（S）	300
S66-N240	一膜六行，（66+10）cm（66）	毛管在作物宽行（S）	240
B66-N240	一膜六行，（66+10）cm（66）	毛管在作物窄行中间（B）	240
S72-N240	一膜六行，（72+4）cm（72）	毛管在作物宽行（S）	240
S76-N240	一膜三行，76cm 等行距（76）	毛管在作物宽行（S）	240

（1）不同行管布置下土壤水分及硝态氮的空间分布

如图9-44所示，灌水施肥结束24h后，S66处理土壤水分主要分布在0～40cm土层。B66处理水分主要分布在0～30cm土层，30cm以下土壤水分主要分布在横向距滴头15～30cm。S76处理土壤水分集中分布在横向距滴头0～20cm、深15～30cm的土壤区域。S72处理土壤含水率较低，集中分布在横向距滴头0～10cm、深20cm的土壤区域。总体上，B66和S66处理土壤水分在0～60cm土层分布较均匀。

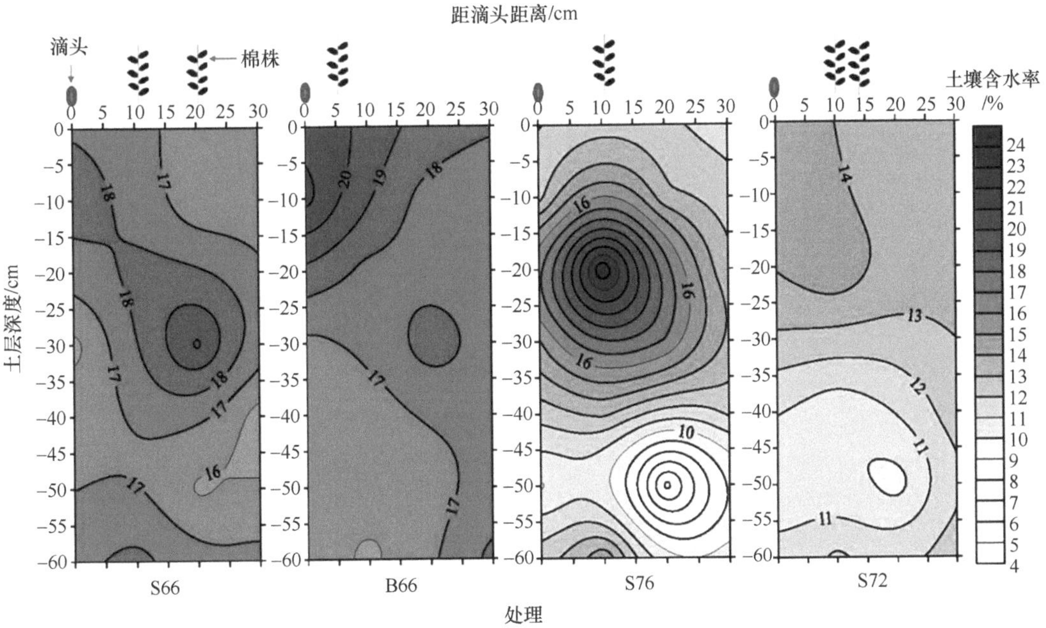

图9-44　土壤水分的空间分布

S66和B66处理土壤硝态氮主要分布在0～40cm土层（图9-45），最大值集中分布在横向距滴头15～25cm、深25～30cm的土壤区域（B66处理已偏离作物行）。S76处理硝态氮集中分布于0～25cm土层；S72处理硝态氮集中分布在横向距滴头0～5cm、深25～30cm的土壤区域，中间区域（距滴头10～14cm作物行附近）的硝态氮含量相对较低。

（2）棉花干物质量

在不同行管布置下，S66-N240和B66-N240处理总干物质量显著高出其他处理26%～28%（图9-46），茎干物质量显著高出29%～36%，叶片干物质量显著高出42%～62%，铃干物质量显著高出15%～17%。在不同施氮量下，S66-N240、B66-N240处理棉花总干物质量与S66-N300处理无显著差异，但铃重显著高出S66-N300处理，分别增加17.6%、12.2%。S72-N240处理除铃重外，棉花总干物质量及茎、叶干物质量均显著低于S66-N300处理。S76-N240处理棉花总干物质与各器官干物质量均显著低于S66-N300处理。

（3）氮素吸收量

在不同行管布置下，S66-N240处理氮素吸收量显著高出S76-N240处理29.6%，显著高出S72-N240处理30.5%（图9-47）。B66-N240处理氮素吸收量显著高于S76-N240、S72-N240处理，分别提高22.8%、23.2%。在不同施氮量下，S66-N240、B66-N240处理棉花氮素吸收量与S66-N300处理差异不显著。S76-N240、S72-N240处理棉花氮素吸收量显著低于S66-N300处理，分别减少29.4%、30.2%。

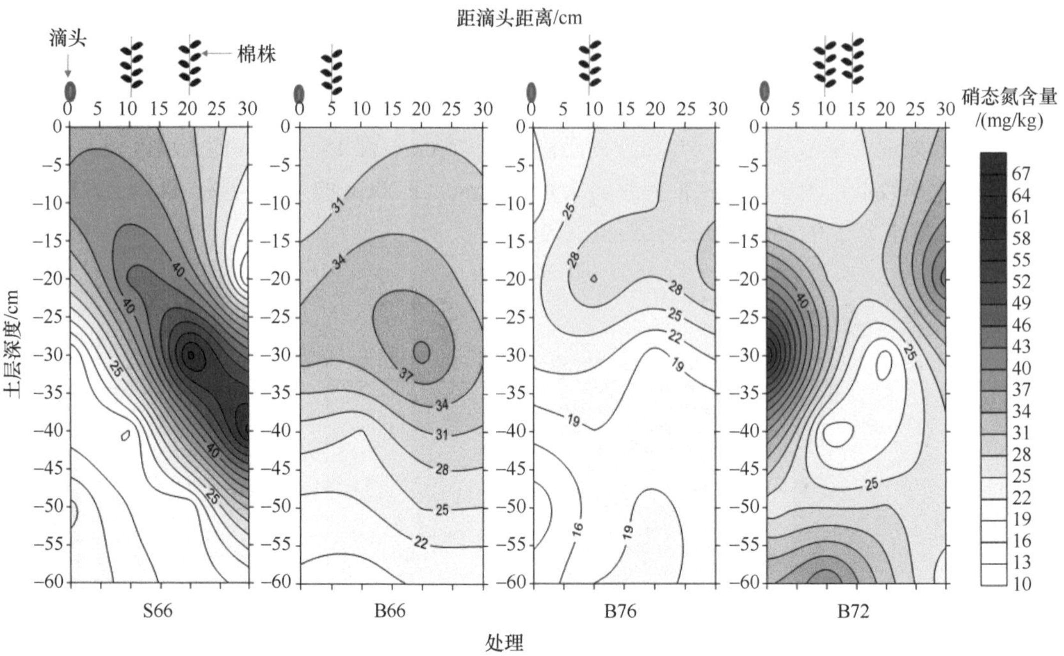

图 9-45　土壤硝态氮的空间分布

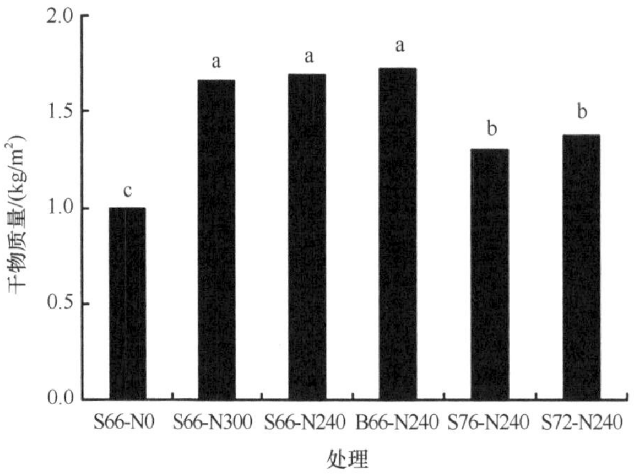

图 9-46　不同处理棉花干物质量

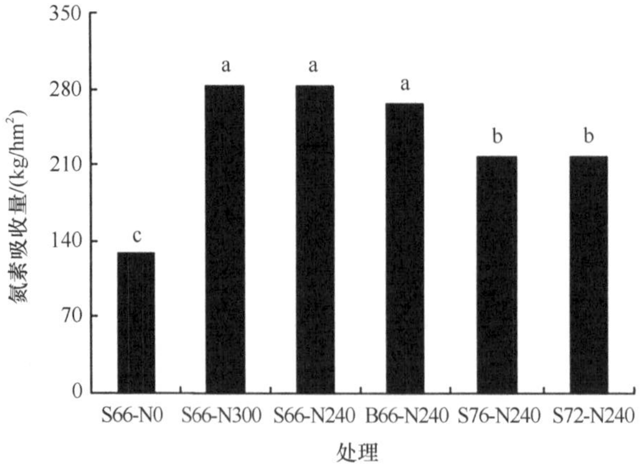

图 9-47　不同处理棉花氮素吸收量

（4）产量及构成因子

在不同行管布置下，S66-N240 处理籽棉产量较 S72-N240、S76-N240 处理分别增加 18.4%、24.8%；B66-N240 处理籽棉产量较 S72-N240、S76-N240 处理分别提高 14.9%、21.1%（图 9-48）。在不同施氮量下，S66-N240、B66-N240 处理籽棉产量显著高于 S66-N300 处理，分别增加 10.5%、7.2%。S72-N240、S76-N240 处理籽棉产量较 S66-N300 处理分别降低 6.7%、11.5%。

（5）氮肥利用率

S66-N300 处理氮肥偏生产力显著低于 4 个优化施氮处理（图 9-49）。S66-N240 处理氮肥

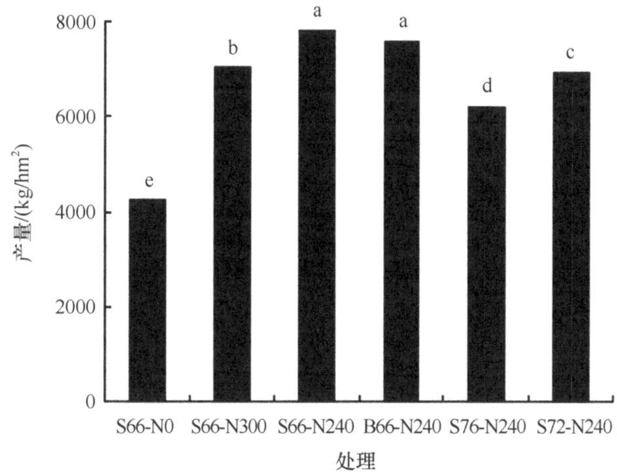

图 9-48　不同处理籽棉产量

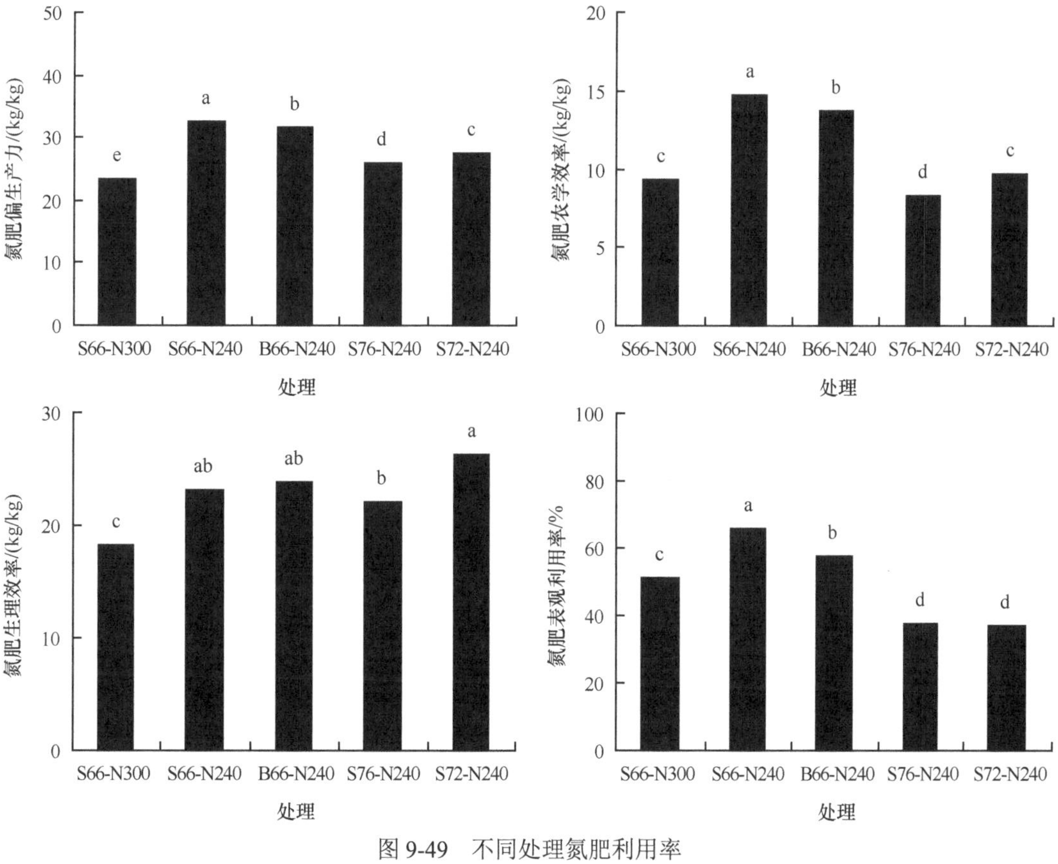

图 9-49　不同处理氮肥利用率

农学效率最高，S76-N240 处理氮肥农学效率最低，较 S66-N300 处理降低 11.2%。4 个优化施氮处理氮肥生理效率均显著高于 S66-N300 处理；其中，S72-N240 处理氮肥生理效率最高，较 S66-N300 处理增加 16.7%。S66-N240 处理氮肥表观利用率最高，其次是 B66-N240 处理，分别较 S66-N300 处理增加 28.7%、12.7%。S76-N240、S72-N240 处理氮肥表观利用率显著低于 S66-N300 处理，分别下降 27.1%、28.2%。

9.3.4.3　高度机艺融合的规模化棉田氮磷淋溶综合防治技术模式

新疆目前滴灌棉田氮肥施用不合理现象普遍存在，致使产量降低，氮素损失严重（吕冬青等，2019）；同时农田体系常用的氮肥产品多为尿素（Zhang et al.，2015a），存在较大的 NO_3^- 淋溶、氨挥发风险，加重了环境负担。因此，通过探讨新型络合物清液肥及硝化抑制剂对新疆滴灌棉田氮素气态损失的影响，为进一步减少氨挥发和 N_2O 排放、实现氮肥绿色增产增效提供理论依据。

1. 施用清液肥

试验于 2019 年在新疆石河子市天业生态园进行。供试常规化肥为尿素、磷酸一铵、氯化钾、磷酸二氢钾；酸性液体肥不同配方 N-P_2O_5-K_2O 养分百分含量（%）分别为 20-12-0、19-9-2、19-5-5，pH 为 2～3。试验设 5 个处理：①不施氮肥（N0）；②常规化肥（TN300，农户习惯施肥，施氮肥 300kg/hm^2）；③常规优化（TN240，减氮 20%，施氮肥 240kg/hm^2）；④清液肥（LN300，施氮肥 300kg/hm^2）；⑤清液肥优化（LN240，施氮肥 240kg/hm^2）。试验中，氮、磷、钾肥全部作追肥，在棉花生长期间分 6 次随水滴施。各处理磷、钾肥施用量相同，均为 P_2O_5 105kg/hm^2、K_2O 75kg/hm^2；因清液肥为固定养分配比，无法保证每次施肥与常规化肥磷、钾用量一致，磷、钾不足用 KCl 和 KH_2PO_4 补齐。其他管理措施与当地大田生产保持一致。

（1）土壤氨挥发

整个追肥期间，N0 处理土壤氨挥发量变化波动不大（图 9-50），整体为 0.1～0.3kg N/hm^2。不同处理土壤氨挥发量表现为 TN300＞LN300＞TN240＞LN240＞N0。与常规化肥相比，不同追肥时期 LN300 处理土壤氨挥发量较 TN300 处理量降低 14.3%～27.5%，LN240 处理土壤氨挥发量较 TN240 处理量降低 15.2%～46.5%。

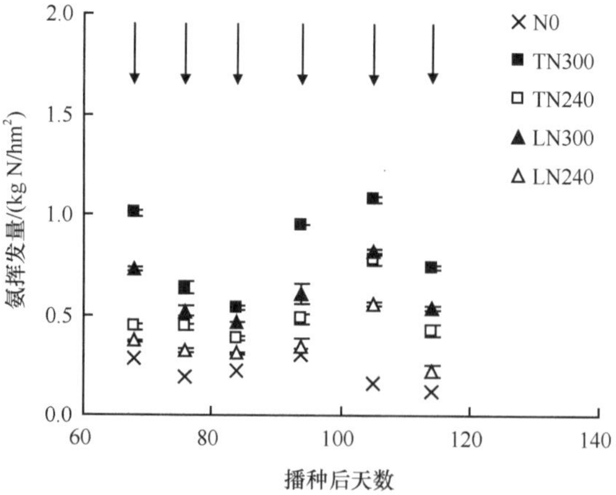

图 9-50　不同追肥期间土壤氨挥发量变化

实线箭头表示施肥时间

各处理氨挥发累积量为 1.3～5.0kg N/hm^2（图 9-51），施氮处理较 N0 处理增加 165.0%～382.9%。与常规施氮相比，施用清液肥可显著降低土壤氨挥发，LN300 处理土壤氨挥发累积量较 TN300 处理降低 25.9%，LN240 处理土壤氨挥发累积量较 TN240 处理降低 27.6%。

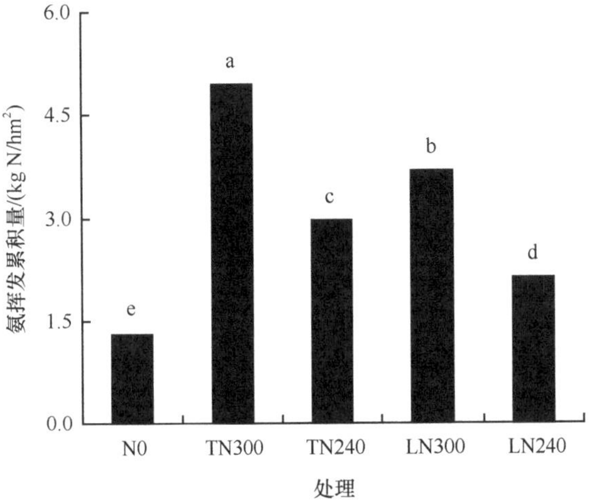

图 9-51　不同处理追肥期间土壤氨挥发累积量（6 月 20 日至 8 月 16 日）

（2）土壤 N_2O 排放

土壤 N_2O 排放通量整体为 2.9～29.8μg N/(m^2·h)（图 9-52）。前 3 次追肥不同处理土壤 N_2O 排放通量较后 3 次追肥具有更高的土壤 N_2O 排放通量水平。各处理 N_2O 排放通量表现：TN300＞LN300，TN240＞LN240。同一施氮水平下，酸性液体肥处理 N_2O 排放通量较常规化肥处理降低 3.5%～56.0%。

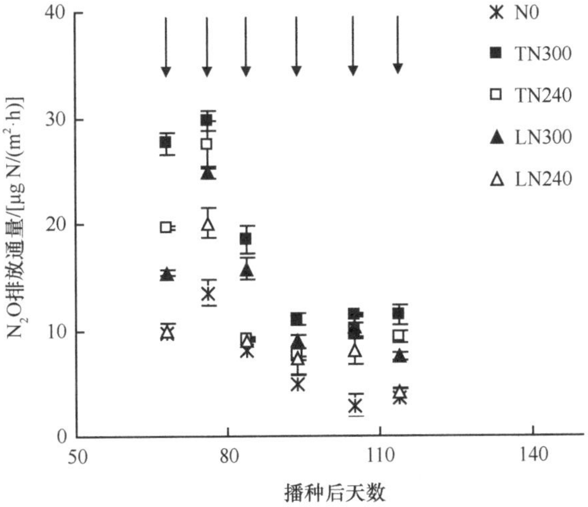

图 9-52　棉花不同追肥时期 N_2O 排放通量的变化

实线箭头表示施肥时间

增施氮肥会显著增加土壤 N_2O 排放（图 9-53）。与不施氮肥（N0）相比，各施氮处理土壤 N_2O 累积排放量增加 78.5%～174.7%。与农户习惯施肥（TN300）相比，TN240、LN300、LN240 处理 N_2O 累积排放量分别降低 19.9%、14.1%、35.0%。LN240 处理 N_2O 累积排放量较 TN240 处理降低 18.9%。

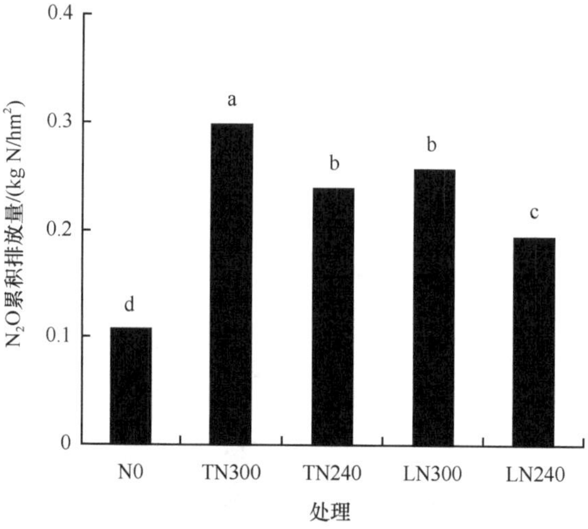

图 9-53　不同处理棉花追肥期间 N_2O 累积排放量（6 月 20 日至 8 月 16 日）

2. 施用硝化抑制剂

为进一步探究新型肥料与肥料增效剂对棉田氮素损失的影响，硝化抑制剂试验于 2019 年同步在新疆石河子市天业生态园进行。试验采用单因素随机区组设计，共设置 5 个处理：①不施氮肥（N0，磷酸一铵、硫酸钾）；②农户习惯施肥（TN300，尿素、磷酸一铵、硫酸钾）；③农户习惯施肥+硝化抑制剂［TN300+DCD，尿素、磷酸一铵、硫酸钾、双氰胺（DCD）］；④酸性液体肥+硝化抑制剂（LN300+DCD，酸性液体肥、双氰胺）；⑤酸性液体肥减氮 20%+硝化抑制剂（LN240+DCD，酸性液体肥、双氰胺）。

（1）不同施氮措施配合硝化抑制剂对滴灌棉田土壤无机氮含量的影响

硝化抑制剂对土壤中 NH_4^+-N 向 NO_3^--N 的转化存在抑制作用。棉花生育期各处理土壤 NO_3^--N 含量为 1.11～34.54mg/kg（图 9-54）。在一个施肥灌水周期内，施氮处理 0～20cm 土层中的 NO_3^--N 含量显著高于不施氮（N0）处理，且添加双氰胺的各处理在一定程度上降低了土壤 NO_3^--N 含量。说明添加硝化抑制剂双氰胺可以延缓 NH_4^+-N 向 NO_3^--N 转化，且常规施肥处理（TN300+DCD）受到的抑制作用比施酸性液体肥（LN300+DCD、LN240+DCD）更为显著。

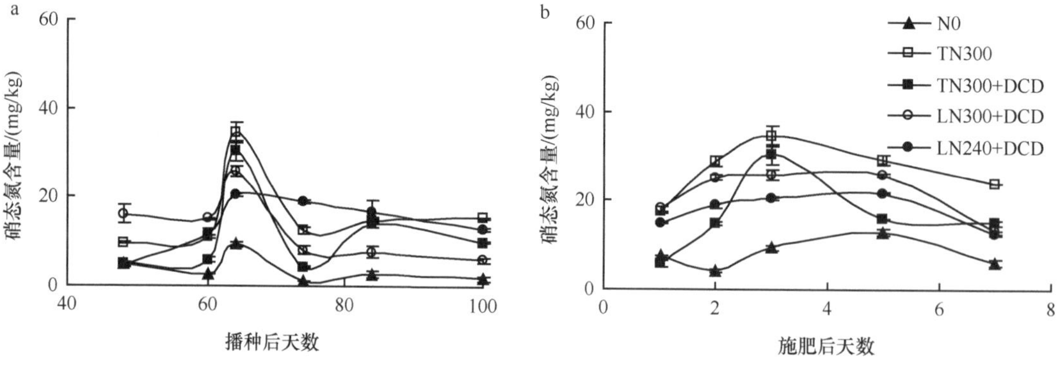

图 9-54　滴灌棉田生育期（a）与一个施肥灌水周期（b）的土壤 NO_3^--N 含量

施肥后，肥料在土壤脲酶的作用下快速水解，释放出大量的 NH_4^+-N。棉花生育期各处理

的土壤 NH_4^+-N 含量为 1.19～5.24mg/kg（图 9-55）。各处理土壤 NH_4^+-N 含量在 7 月 13 日达到最低值，然后随着时间的推移呈现出逐渐增加并趋于稳定的变化趋势。在一个施肥灌水周期内各处理的土壤 NH_4^+-N 含量在施肥后的第 1 天达到最大值，之后快速下降并趋于稳定。但与 TN300 与 N0 处理相比，添加硝化抑制剂双氰胺的各处理均增加了土壤 NH_4^+-N 含量。

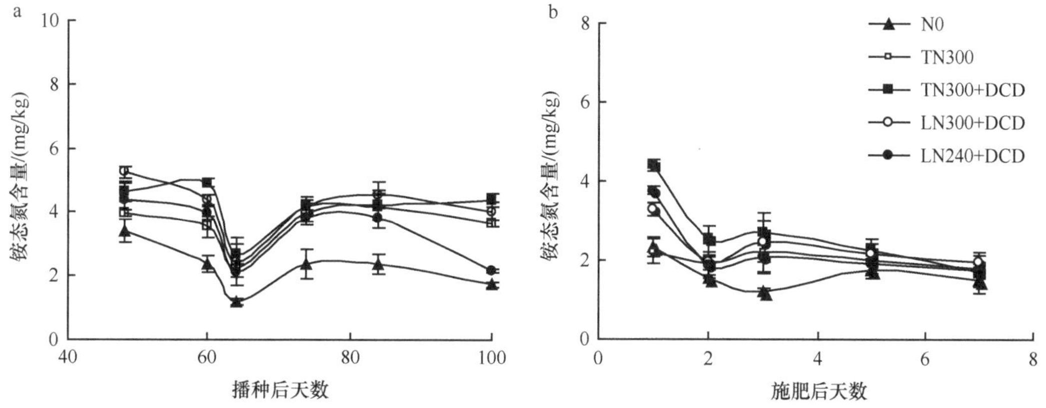

图 9-55　滴灌棉田生育期（a）与一个施肥灌水周期（b）的土壤 NH_4^+-N 含量

（2）不同施氮措施配合硝化抑制剂对滴灌棉田土壤氨挥发、N_2O 排放的影响

在棉花生育期内，N0 处理的 N_2O 排放通量一直维持在较低水平，其他处理的 N_2O 排放通量变化趋势一致（图 9-56）。在一个施肥灌水周期内，施肥处理在施肥后第 3 天出现 N_2O 排放峰值。结果表明常规施肥处理会促进土壤的硝化/反硝化作用，加速土壤 N_2O 的产生和排放，但施用酸性液体肥并添加硝化抑制剂双氰胺可显著降低 N_2O 排放。TN300+DCD、LN300+DCD、LN240+DCD 的 N_2O 排放通量分别较 TN300 处理降低了 11.7%、13.9%、22.9%。

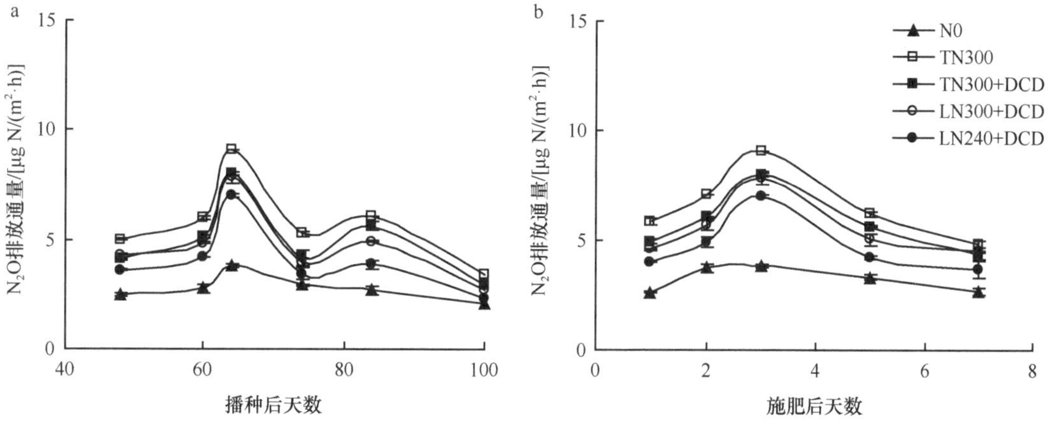

图 9-56　滴灌棉田生育期（a）与一个施肥灌水周期（b）的土壤 N_2O 排放通量

棉花生育期各处理土壤 N_2O 累积排放量为 0.16～0.33kg N/hm^2，TN300、TN300+DCD、LN300+DCD、LN240+DCD 的土壤 N_2O 累积排放量分别较 N0 处理增加了 106.8%、80.4%、67.1%、41.5%（图 9-57）。在一个施肥灌水周期内，土壤 N_2O 累积排放量大小也表现为 TN300＞TN300+DCD＞LN300+DCD＞LN240+DCD＞N0。由此表明，添加硝化抑制剂双氰胺的各处理均可有效减少土壤 N_2O 排放，以酸性液体肥减氮 20% 和硝化抑制剂双氰胺配施（LN240+DCD）效果最好。

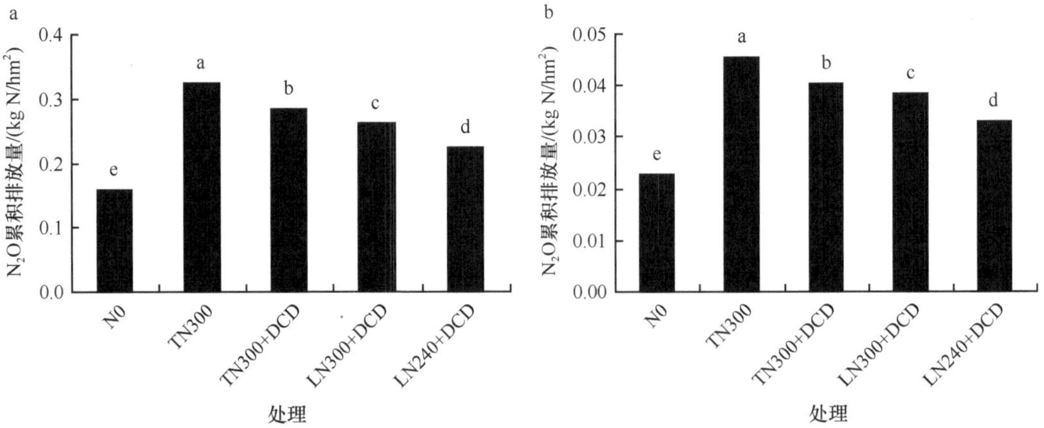

图 9-57　滴灌棉田生育期（a）与一个施肥灌水周期（b）的土壤 N_2O 累积排放量

棉花生育期氨挥发速率变化如图 9-58 所示，各处理氨挥发速率变化趋势相似，为 0.43～2.07kg N/(hm²·d)。施肥处理氨挥发速率均明显大于 N0 处理。在一个施肥灌水周期内的氨挥发速率均在施肥后的第 1 天达到最大，然后迅速降低，在第 3～7 天基本维持稳定。说明向棉田中滴施肥料会在较短时间内迅速增大氨挥发速率。

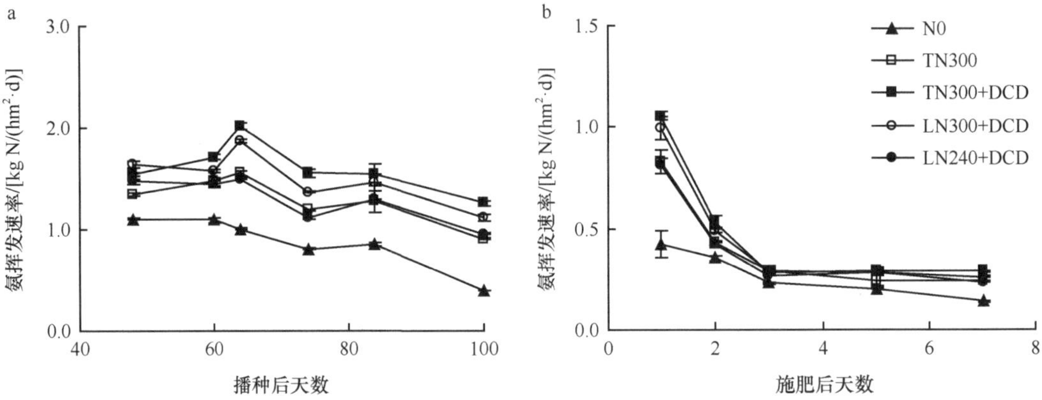

图 9-58　滴灌棉田生育期（a）与一个施肥灌水周期（b）的土壤氨挥发速率

肥料施用导致氨挥发累积量较 N0 处理显著增加（图 9-59）。添加硝化抑制剂双氰胺（DCD）会导致土壤氨挥发累积量增加，但酸性液体肥减氮 20% 与硝化抑制剂双氰胺（DCD）配施（LN240+DCD）的氨挥发累积量可较 LN300+DCD 处理减少 13.1%。因此，滴灌棉田施用硝化抑制剂双氰胺（DCD）可减少氮肥施用量以避免氨挥发的增加。

不同处理棉花氮素吸收量存在显著差异（图 9-60）。施用硝化抑制剂双氰胺的处理棉花氮素吸收量和氮肥利用率均较 TN300 处理有一定程度的增加。说明添加硝化抑制剂双氰胺有利于棉花对氮素的吸收。除此之外，在相同施氮水平下，LN300+DCD 处理的棉花氮素吸收量、氮肥利用率分别比 TN300+DCD 处理高 10.8%、28.5%。说明施用酸性液体肥较施用常规化肥更有利于棉花对氮素的吸收，提高氮肥利用率，并且当酸性液体肥减氮 20% 时仍可使棉花氮肥利用率显著增加。

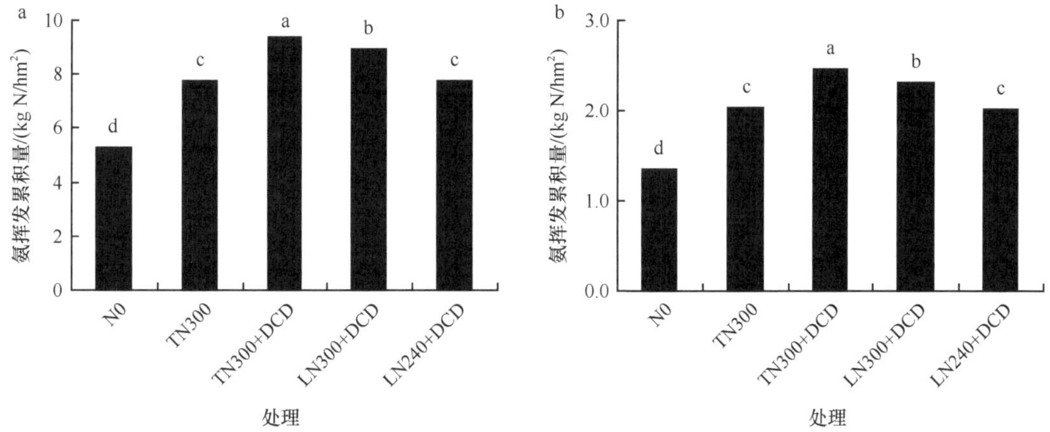

图 9-59　滴灌棉田生育期（a）与一个施肥灌水周期（b）的土壤氨挥发累积量

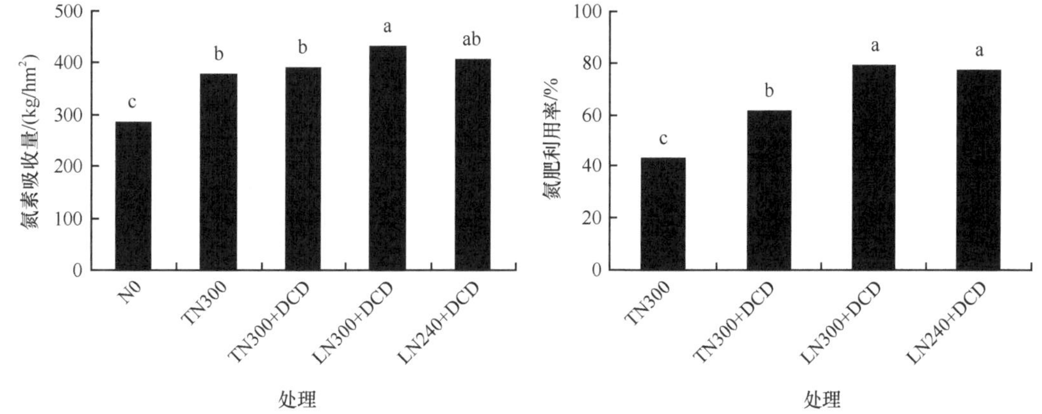

图 9-60　棉花的氮素吸收量和氮肥利用率

9.3.4.4　新疆棉花氮肥绿色增产增效综合调控的应用效果

棉花氮肥绿色增产增效综合调控模式（如氮肥前移增效水肥一体化模式、机采配制氮肥综合调控模式和高度机艺融合的规模化棉田氮磷淋溶综合防治技术模式）已在新疆生产建设兵团第七师 125 团、128 团、129 团和 130 团，第八师 121 团、133 团、134 团、141 团、142 团和 147 团大田示范 3 万余亩，与习惯施肥处理相比，平均减少施氮量 20%，增产 16.7%，增收籽棉 1740t，直接经济效益 1320 多万元，并且有效降低了 N_2O 排放、氨挥发和淋溶损失，氮肥利用率提高到 63.1%，较农户习惯施肥提高 19 个百分点，在新疆棉花生产中增产、增效和减少氮素损失等方面发挥了重要作用。

9.4　结论与展望

课题研究定量评价了我国主要粮食作物生产体系氮肥绿色增产增效的限制因子、潜力及区域特征。研究揭示了我国主要粮食作物生产体系在最佳管理条件下的产量也存在较大变异，主要是由气候和土壤因素引起的，可调控的土壤肥力因子如土壤有机质、土壤有效磷等是影响产量和氮肥利用最敏感的因素，提高土壤质量可以缓冲气候变异对作物产量的影响，有利于实现作物的高产和稳产。在提高中低产田和全面实现高产田的情景模式下，粮食总产量分别在目前产量基础上提高 31.4% 和 45.5%；但是在土壤质量退化情景模式下，粮食总产量仅增长 6.3%，抵消了大部分管理技术提升所带来的增产效应。粮食增产和减肥潜力在区域间存在差异，小麦的增产区域主要在华北平原和长江流域，减氮则主要在华北平原；玉米的增产和减氮潜力在东北地区表现最大；长江流域单季稻对水稻增产和减氮潜力有主要贡献。

课题研究提出了通过耦合碳氮等资源投入与作物管理提高土壤有机碳、同时维持适宜的土壤无机氮浓度充分挖掘土壤–作物系统作物高产与氮高效利用潜力，以及通过氮损失阻控技术进一步减少氮损失和对环境影响的综合调控途径。在我国主要粮食作物华北小麦—玉米、东北春玉米、长江流域水稻—油菜轮作及新疆棉花体系构建了“秸秆还田增碳，氮肥优化与损失阻控，结合氮高效品种及栽培体系”的综合技术模式 5 项，并依托科技小院、种粮大户、合作社及建设兵团等在生产规模上示范/验证其农学和环境效应。

课题研究构建的氮肥绿色增产增效模式已成为区域绿色生产的关键模式。在华北平原构建的综合调控模式，通过科技小院在河北曲周、山东乐陵等地开展示范，累计培训农民及技术人员 2500 多人，示范推广面积 1.5 万多亩；该技术模式目前作为河北省曲周国家农业绿色发展先行区的主推技术，在生产上大面积应用。在东北地区构建的以秸秆还田少免耕为核心的综合调控技术模式为“梨树模式”的建立提供了重要支撑；制定的秸秆还田下氮肥限量标准已正式发布为吉林省地方标准 DB 22/T 3200—2020，为当前保护性耕作和不同秸秆还田方式下的氮肥合理施用提供重要依据。在长江流域区建立的稻油轮作综合技术模式为“十三五”国家重点研发计划项目“油菜化肥农药减施技术集成研究与示范”提供了主要技术支撑，该技术模式已在湖北、湖南、安徽、江西、江苏、重庆等地推广应用；制定的长江流域水稻生产技术规程已正式发布为湖北省地方标准 DB 42/T 1457—2018。在新疆棉花体系建立了氮肥前移增效水肥一体化综合调控模式、机采配制氮肥综合调控模式，累计示范应用 10 万余亩，与农民习惯施肥相比，氮肥用量减少 20%，产量增加 16.7%；该技术为制定“国家棉花膜下滴灌水肥一体化技术规范”提供了重要依据。

随着新一代信息、网络、AI 技术发展及其向农业领域的拓展，农业生产方式快速向数字化、智慧化、智能化转型；同时，气候变暖、土壤退化等对农作物体系提出了新挑战。因此，未来研究重点是在当前研究的基础上，重点开展气候–土壤智慧型的、基于农艺–信息–智能装备融合的智慧氮管理及作物绿色生产的新理论与新模式研究，为农作物体系的绿色可持续生产提供智慧化、智能化解决方案。

参考文献

安宁, 范明生, 张福锁. 2015. 水稻最佳作物管理技术的增产增效作用. 植物营养与肥料学报, 21(4): 846-852.

安巧霞, 孙三民. 2010. 灌水对棉田土壤矿质氮运移的影响. 甘肃农业大学学报, 45(3): 97-102.

蔡红明, 王士超, 刘岩, 等. 2016. 陕西日光温室养分平衡及土壤养分累积特征研究. 西北农林科技大学学报（自然科学版）, 44(9): 83-91.

曹兰芹, 伍晓明, 杨睿, 等. 2012. 不同氮吸收效率品种油菜氮素营养特性的差异. 作物学报, 38(5): 887-895.

曹亚澄, 张金波, 温腾. 2018. 稳定同位素示踪技术与质谱分析: 在土壤、生态、环境研究中的应用. 北京: 科学出版社.

曹艳春, 冯永忠, 杨引禄, 等. 2011. 基于 GIS 的宁夏灌区农田污染源结构特征解析. 生态学报, 31(12): 3468-3477.

陈国平, 高聚林, 赵明, 等. 2012. 近年我国玉米超高产田的分布、产量构成及关键技术. 作物学报, 38(1): 80-85.

陈红琳, 陈尚洪, 沈学善, 等. 2012. 种植密度对四川盆地丘陵区移栽油菜农艺性状和产量的影响. 中国农学通报, 28(30): 142-145.

陈剑. 2015. 滴灌棉田精量控制施肥系统研发与施肥效果研究. 石河子: 石河子大学博士学位论文.

陈世苹, 白永飞, 韩兴国. 2002. 稳定性碳同位素技术在生态学研究中的应用. 植物生态学报, 26(5): 549-560.

陈温福, 张伟明, 孟军. 2014. 生物炭与农业环境研究回顾与展望. 农业环境科学学报, 33(5): 821-828.

陈新平, 张福锁. 2006. 小麦—玉米轮作体系养分资源综合管理理论与实践. 北京: 中国农业出版社.

程谊, 张金波, 蔡祖聪. 2019. 气候–土壤–作物之间氮形态契合在氮肥管理中的关键作用. 土壤学报, 56(3): 507-515.

程于真. 2019. 不同水氮条件下日光温室氮肥利用与去向研究. 杨凌: 西北农林科技大学硕士学位论文.

褚海燕, 马玉颖, 杨腾, 等. 2020. “十四五” 土壤生物学分支学科发展战略. 土壤学报, 57(5): 1105-1116.

崔世友, 缪亚梅, 史传怀, 等. 2006. 氮高效水稻育种研究及展望. 中国农业科技导报, 8(6): 47-51.

崔彦生, 韩江伟, 曹刚, 等. 2008. 冬前积温对河北省中南部麦区冬小麦适宜播期的影响. 中国农学通报, 24(7): 195-198.

戴健, 王朝辉, 李强, 等. 2013. 氮肥用量对旱地冬小麦产量及夏闲期土壤硝态氮变化的影响. 土壤学报, 50(5): 956-965.

邓兰生, 涂攀峰, 叶倩倩, 等. 2012. 滴施液体肥对甜玉米生长、产量及品质的影响. 玉米科学, 20(1): 119-122.

邓秀新, 束怀瑞, 郝玉金, 等. 2018. 果树学科百年发展回顾. 农学学报, 8(1): 24-34.

丁广大, 王改丽, 叶祥盛, 等. 2017. 甘蓝型油菜氮高效的生理与分子遗传基础研究进展. 华中农业大学学报, 36(2): 130-139.

丁宁, 姜远茂, 彭福田, 等. 2012. 分次追施氮肥对红富士苹果叶片衰老及 ^{15}N 吸收、利用的影响. 植物营养与肥料学报, 18(3): 758-764.

丁雪丽, 何红波, 白震, 等. 2008. 作物残体去向与利用及对土壤氮素转化的影响. 土壤通报, 39(6): 1454-1461.

董桂春, 王熠, 于小凤, 等. 2011. 不同生育期水稻品种氮素吸收利用的差异. 中国农业科学, 44(22): 4570-4582.

董桂春, 王余龙, 周娟, 等. 2009. 不同氮素籽粒生产效率类型籼稻品种氮素分配与运转的差异. 作物学报, 35(1): 149-155.

董合林, 李鹏程, 刘爱忠, 等. 2012. 华北平原一熟春棉干物质积累与养分吸收特性. 中国棉花, 39(12): 19-22.

杜延军, 朱思齐. 2018. 我国水稻播种面积影响因素的实证研究. 粮食科技与经济, 43(1): 29-32.

段英华, 张亚丽, 沈其荣. 2004. 水稻根际的硝化作用与水稻的硝态氮营养. 土壤学报, 41(5): 803-809.

俄胜哲, 杨志奇, 曾希柏, 等. 2017. 长期施肥对黄土高原黄绵土氮肥利用率的影响. 应用生态学报, 28(1): 151-158.

樊红柱, 同延安, 吕世华. 2007. 苹果树体不同器官元素含量与累积量季节性变化研究. 西南农业学报, 20(6): 1202-1206.

樊军, 邵明安, 郝明德, 等. 2005. 黄土旱塬塬面生态系统土壤硝酸盐累积分布特征. 植物营养与肥料学报, 11(1): 8-12.

樊晓翠. 2011. 不同养分管理模式对重庆水稻产量和养分利用效率的影响. 重庆: 西南大学硕士学位论文.

范凤翠, 张立峰, 李志宏, 等. 2013. 日光温室黄瓜根系分布特征及其对土壤水分环境的响应. 安徽农业科学, 41(11): 4808-4810.

冯明磊. 2010. 三峡地区小流域氮循环及其对水体氮含量的影响. 武汉: 华中农业大学博士学位论文.

冯卫娜, 郑苍松, 李小飞, 等. 2022. 适宜施氮量提高棉花氮磷钾养分积累和皮棉产量. 植物营养与肥料学报, 28(12): 2263-2273.

高强, 李德忠, 汪娟娟, 等. 2007. 春玉米一次性施肥效果研究. 玉米科学, 15(4): 125-128.

葛顺峰, 姜远茂, 彭福田, 等. 2010. 春季有机肥和化肥配施对苹果园土壤氨挥发的影响. 水土保持学报, 24(5): 199-203.

葛顺峰, 姜远茂, 魏绍冲, 等. 2011. 不同供氮水平下幼龄苹果园氮素去向初探. 植物营养与肥料学报, 17(4): 949-955.

葛顺峰, 王海宁, 姜远茂, 等. 2011. 硝化抑制剂对苹果园酸性土壤尿素氨挥发的影响. 山东农业科学, 43(2): 57-60.

郭晨. 2018. 缓/控释尿素施用对作物产量、氮肥利用率及温室气体排放的影响. 武汉: 华中农业大学博士学位论文.

郭劲松, 刘京, 方芳, 等. 2011. 三峡库区紫色土坡耕地小流域氮收支估算及污染潜势. 重庆大学学报, 34(11): 141-147.

郭胜利, 党廷辉, 郝明德. 2000. 黄土高原沟壑区不同施肥条件下土壤剖面中矿质氮的分布特征. 干旱地区农业研究, 18(1): 22-27.

郭文琦. 2009. 花铃期渍水下氮素影响棉花（*Gossypium hirsutum* L.）产量形成的生理机制研究. 南京: 南京农业大学博士学位论文.

郭勇, 马兴旺, 杨涛, 等. 2010. 氮肥追施策略对棉花蕾铃脱落的影响. 新疆农业科学, 47(1): 180-183.

国家统计局. 1996～2020. 中国统计年鉴: 1996～2020. 北京: 中国统计出版社.

国家统计局. 2023. 中国统计年鉴: 2023. 北京: 中国统计出版社.

韩佳乐, 郝珊, 刘振杰, 等. 2019. 黄土高原地区两种土地利用方式 CO_2 和 N_2O 排放特征. 环境科学, 40(11): 5164-5172.

韩建会, 徐淑贞. 2003. 日光温室番茄滴灌节水效果及灌溉制度的评价. 西南大学学报（自然科学版）, 25(1): 77-79.

韩晓增, 王守宇, 宋春雨, 等. 2003. 黑土区水田化肥氮去向的研究. 应用生态学报, 14(11): 1859-1862.
郝小雨. 2012. 设施菜田养分平衡特征与优化调控研究. 北京: 中国农业科学院博士学位论文.
郝小雨, 高伟, 王玉军, 等. 2012. 有机无机肥料配合施用对日光温室土壤氨挥发的影响. 中国农业科学, 45(21): 4403-4414.
郝晓燕, 张益, 韩一军. 2018. 中国小麦生产布局演化及影响因素研究. 中国农业资源与区划, 39(8): 40-48.
何竟舟. 2020. 重庆稻油轮作区氮肥综合管理技术研究. 重庆: 西南大学硕士学位论文.
何毓蓉, 周红艺, 张保华, 等. 2003. 长江上游典型区的耕地地力与农业结构调整: 以川江流域及其周边地区为例. 水土保持学报, 17(3): 86-88.
侯秀玲. 2006. 棉田土壤硝态氮实时变化规律及氮素平衡初步研究. 乌鲁木齐: 新疆农业大学硕士学位论文.
胡国庆, 刘肖, 何红波, 等. 2016. 免耕覆盖还田下玉米秸秆氮素的去向研究. 土壤学报, 53(4): 963-971.
黄绍敏, 宝德俊, 皇甫湘荣, 等. 1999. 小麦—玉米轮作制度下潮土硝态氮的分布及合理施氮肥研究. 土壤与环境, (4): 271-273.
黄绍文, 唐继伟, 李春花, 等. 2017. 我国蔬菜化肥减施潜力与科学施用对策. 植物营养与肥料学报, 23(6): 1480-1493.
黄玉芳, 李欢欢, 王玲敏, 等. 2009. 河南省玉米生产与肥料施用状况. 河南科学, 27(8): 955-958.
姜世伟. 2017. 三峡库区典型小流域面源污染特征研究. 重庆: 重庆师范大学硕士学位论文.
蒋一飞, 巴闯, 王丹蕾, 等. 2019. 控释氮肥减量配施对土壤氨挥发和 N_2O 排放的影响. 环境科学研究, 32(1): 159-165.
金书秦, 张惠, 唐佳丽. 2020. 化肥使用量零增长实施进展及“十四五”减量目标和路径. 南京工业大学学报（社会科学版）, 19(3): 66-74, 112.
巨晓棠. 2015. 理论施氮量的改进及验证: 兼论确定作物氮肥推荐量的方法. 土壤学报, 52(2): 249-261.
巨晓棠, 谷保静. 2014. 我国农田氮肥施用现状、问题及趋势. 植物营养与肥料学报, 20(4): 783-795.
巨晓棠, 谷保静. 2017. 氮素管理的指标. 土壤学报, 54(2): 281-296.
巨晓棠, 张翀. 2021. 论合理施氮的原则和指标. 土壤学报, 58(1): 1-13.
巨晓棠, 张福锁. 2003. 中国北方土壤硝态氮的累积及其对环境的影响. 生态环境, 12(1): 24-28.
况福虹. 2016. 长江上游紫色土不同种植体系肥料氮去向及氮素平衡. 北京: 中国农业大学博士学位论文.
雷靖, 梁珊珊, 谭启玲, 等. 2019. 我国柑橘氮磷钾肥用量及减施潜力. 植物营养与肥料学报, 25(9): 1504-1513.
李长生. 2016. 生物地球化学: 科学基础与模型方法. 北京: 清华大学出版社.
李超, 张海芳, 张宁宁, 等. 2016. 做畦和灌溉方式对日光温室冬春茬结球生菜生长的影响. 蔬菜, 24(11): 66-70.
李成芳, 寇志奎, 张枝盛, 等. 2011. 秸秆还田对免耕稻田温室气体排放及土壤有机碳固定的影响. 农业环境科学学报, 30(11): 2362-2367.
李华, 陈英旭, 梁新强, 等. 2006. 浮萍对稻田田面水中氮素转化与可溶性氮的影响. 水土保持学报, 20(5): 92-94.
李建峰, 王聪, 梁福斌, 等. 2017. 新疆机采模式下棉花株行距配置对冠层结构指标及产量的影响. 棉花学报, 29(2): 157-165.
李建军. 2015. 我国粮食主产区稻田土壤肥力及基础地力的时空演变特征. 贵阳: 贵州大学硕士学位论文.
李进芳, 柴延超, 陈顺涛, 等. 2019. 利用膜进样质谱仪测定水稻土几种厌氧氮转化速率. 农业环境科学学报, 38(7): 1541-1549.
李俊义, 刘荣荣, 王润珍, 等. 1990. 棉花需肥规律. 中国棉花, 10(4): 23-24.

李凯旭, 鲁明星, 徐维明, 等. 2017. 几种水稻专用配方肥在鄂中地区的施用效果评价. 湖北农业科学, 56(14): 2652-2656.
李鹏程, 董合林, 刘爱忠, 等. 2015. 施氮量对棉花功能叶片生理特性、氮素利用效率及产量的影响. 植物营养与肥料学报, 21(1): 81-91.
李鹏程, 董合林, 王润珍, 等. 2012. 不同早、中熟基因型棉花品种的干物质积累及养分吸收规律研究. 中国土壤与肥料, (2): 23-26.
李鹏程, 郑苍松, 孙淼, 等. 2017. 棉花施肥技术与营养机理研究进展. 棉花学报, 29(S1): 118-130.
李欠欠. 2014. 脲酶抑制剂 LIMUS 对我国农田氨减排及作物产量和氮素利用的影响. 北京: 中国农业大学博士学位论文.
李强坤, 胡亚伟, 罗良国. 2012. 青铜峡灌区典型排水沟水污特征解析. 环境科学, 33(5): 1579-1586.
李琴, 朱建民. 2014. 棉花机采棉高产栽培技术. 中国种业, (1): 71-72.
李庆奎, 朱兆良, 于天仁. 1998. 中国农业持续发展中的肥料问题. 南昌: 江西科学技术出版社.
李世清, 李生秀. 2000a. 旱地农田生态系统氮肥利用率的评价. 中国农业科学, 33(1): 76-81.
李世清, 李生秀. 2000b. 半干旱地区农田生态系统中硝态氮的淋失. 应用生态学报, 11(2): 240-242.
李世清, 李生秀, 杨正亮. 2002. 不同生态系统土壤氨基酸氮的组成及含量. 生态学报, 22(3): 379-386.
李鑫, 巨晓棠, 张丽娟, 等. 2008. 不同施肥方式对土壤氨挥发和氧化亚氮排放的影响. 应用生态学报, 19(1): 99-104.
李艳勤, 刘刚, 红梅, 等. 2019. 优化施氮对河套灌区氧化亚氮排放和氨挥发的影响. 环境科学学报, 39(2): 578-584.
李银坤, 武雪萍, 武其甫, 等. 2016. 水氮用量对设施栽培蔬菜地土壤氨挥发损失的影响. 植物营养与肥料学报, 22(4): 949-957.
李永山, 冯利平, 郭美丽, 等. 1992. 棉花根系的生长特性及其与栽培措施和产量关系的研究 Ⅰ 棉花根系的生长和生理活性与地上部分的关系. 棉花学报, 4(1): 49-56.
李正鹏, 宋明丹, 冯浩. 2015. 关中地区玉米临界氮浓度稀释曲线的建立和验证. 农业工程学报, 31(13): 135-141.
梁邦. 2013. 缓/控释肥料的研究现状和发展趋势. 农村经济与科技, 24(5): 77-80.
梁桂红, 华营鹏, 宋海星, 等. 2020b. CACTFTPPCA1(YACT)、Dof(AAAG)、MYB 可能参与甘蓝型油菜对氮胁迫的响应. 植物营养与肥料学报, 26(2): 338-353.
梁桂红, 华营鹏, 周婷, 等. 2019. 甘蓝型油菜 *NRT1.5* 和 *NRT1.8* 家族基因的生物信息学分析及其对氮−镉胁迫的响应. 作物学报, 45(3): 365-380.
梁桂红, 华营鹏, 周婷, 等. 2020a. 植物液泡膜 H^+-ATPase 和 H^+-PPase 研究进展. 中国农业科技导报, 22(1): 19-27.
梁珊珊. 2017. 我国柑橘主产区氮磷钾肥施用现状及减施潜力研究. 武汉: 华中农业大学硕士学位论文.
梁涛. 2017. 基于土壤基础地力的施肥推荐研究: 以重庆水稻和玉米为例. 重庆: 西南大学博士学位论文.
梁涛, 陈轩敬, 赵亚南, 等. 2015. 四川盆地水稻产量对基础地力与施肥的响应. 中国农业科学, 48(23): 4759-4768.
梁效贵, 张经廷, 周丽丽, 等. 2013. 华北地区夏玉米临界氮稀释曲线和氮营养指数研究. 作物学报, 39(2): 292-299.
梁尧, 蔡红光, 闫孝贡, 等. 2016. 玉米秸秆不同还田方式对黑土肥力特征的影响. 玉米科学, 24(6): 107-113.
林欣欣, 刘思佳, 关松, 等. 2020. 不同秸秆利用方式对黑土团聚体及其腐殖物质的影响. 吉林农业大学学报: 1-12.

凌启鸿. 2000. 作物群体质量. 上海: 上海科学技术出版社.
刘苹, 李彦, 江丽华, 等. 2014. 施肥对蔬菜产量的影响: 以寿光市设施蔬菜为例. 应用生态学报, 25(6): 1752-1758.
刘泉, 朱波, 杨小林, 等. 2017. 川中丘陵区小尺度范围非点源氮素流失特征分析. 人民长江, 48(5): 21-25.
刘汝亮, 李友宏, 张爱平, 等. 2012. 育秧箱全量施肥对水稻产量和氮素流失的影响. 应用生态学报, 23(7): 1853-1860.
刘汝亮, 王芳, 张爱平, 等. 2017. 引黄灌区不同肥料类型和施肥技术对稻田氮磷流失的影响. 灌溉排水学报, 36(9): 46-49.
刘汝亮, 王芳, 张爱平, 等. 2019. 控释氮肥全量基施对宁夏引黄灌区水稻氮素利用效率和淋失的影响. 水土保持学报, 33(5): 251-256.
刘瑞显, 史伟, 徐立华, 等. 2011. 种植密度对棉花干物质、氮素累积与分配的影响. 江苏农业学报, 27(2): 250-257.
刘少波. 2017. 硝化抑制剂 DMPP 对桃园土壤硝态氮含量与氮素吸收利用率的影响. 泰安: 山东农业大学硕士学位论文.
刘涛, 魏亦农, 雷雨, 等. 2010. 氮素水平对杂交棉氮素吸收、生物量积累及产量的影响. 棉花学报, 22(6): 574-579.
刘学军, 张上宁, 何宝银. 2010. 日光温室番茄滴灌灌溉制度试验研究. 水资源与水工程学报, 21(3): 21-24.
刘阳. 2019. 养分综合管理对稻油轮作氮素利用、产量及品质的影响. 重庆: 西南大学硕士学位论文.
刘洋, 彭正萍, 王艳群, 等. 2017. 不同褐土区菜地与相邻粮田土壤性状比对研究. 河北农业大学学报, 40(6): 21-26.
刘兆辉, 江丽华, 张文君, 等. 2006. 氮、磷、钾在设施蔬菜土壤剖面中的分布及移动研究. 农业环境科学学报, 25(S2): 537-542.
刘兆辉, 江丽华, 张文君, 等. 2008. 山东省设施蔬菜施肥量演变及土壤养分变化规律. 土壤学报, 45(2): 296-303.
刘珍环, 李正国, 唐鹏钦, 等. 2013. 近 30 年中国水稻种植区域与产量时空变化分析. 地理学报, 68(5): 680-693.
娄善伟, 高云光, 郭仁松, 等. 2010. 不同栽培密度对棉花植株养分特征及产量的影响. 植物营养与肥料学报, 16(4): 953-958.
卢殿君. 2015. 华北平原冬小麦高产高效群体动态特征与氮营养调控. 北京: 中国农业大学博士学位论文.
鲁剑巍, 任涛, 丛日环, 等. 2018. 我国油菜施肥状况及施肥技术研究展望. 中国油料作物学报, 40(5): 712-720.
陆扣萍, 闵炬, 李蒙, 等. 2012. 施氮量对太湖地区设施菜地年氮素淋失的影响. 农业环境科学学报, 31(4): 706-712.
路文涛. 2011. 秸秆还田对宁南旱作农田土壤理化性状及作物产量的影响. 杨凌: 西北农林科技大学硕士学位论文.
罗伟, 程于真, 陈竹君, 等. 2019. 日光温室番茄—西瓜轮作系统不同水氮处理氨挥发特征. 应用生态学报, 30(4): 1278-1286.
吕冬青, 孙瀚, 张铭谷, 等. 2019. 棉花生产上新型肥料研究进展. 新疆农业科学, 56(1): 174-182.
吕俊林. 2019. 陕西省残塬沟壑区苹果经济林生物量及碳吸存研究. 呼和浩特: 内蒙古农业大学硕士学位论文.
马革新, 张泽, 温鹏飞, 等. 2017. 施氮对不同质地滴灌棉田土壤硝态氮分布及棉花产量的影响. 灌溉排水学报, 36(3): 44-51.
马智勇, 贾俊香, 王斌, 等. 2019. 不同氮肥用量下硝化抑制剂和木醋液对土壤 N_2O 排放的影响. 山西农业科学, 47(12): 2145-2148, 2154.

马宗斌, 严根土, 刘桂珍, 等. 2013. 氮肥分施比例对黄河滩地棉花叶片生理特性、干物质积累及产量的影响. 植物营养与肥料学报, 19(5): 1092-1101.

玛衣拉·吐尔逊, 甫祺娜依·尤力瓦斯, 阿斯亚·托乎提. 2016. 农户过量施用化肥行为的影响因素分析: 以新疆棉花种植户为例. 棉花学报, 28(6): 619-627.

毛树春. 2019. 中国棉花栽培学. 上海: 上海科学技术出版社: 102-103.

米国华. 2017. 论作物养分效率及其遗传改良. 植物营养与肥料学报, 23(6): 1525-1535.

苗峰, 赵炳梓, 陈金林. 2012. 秸秆还田与施氮量耦合对冬小麦产量和养分吸收的影响. 土壤, 44(3): 395-401.

牟勇. 2011. 四川省主要作物施肥状况调查与分析. 雅安: 四川农业大学硕士学位论文.

穆鑫, 吕谋超, 温随群, 等. 2011. 宁夏引黄灌区农田退水回灌对土壤盐分影响的试验研究. 灌溉排水学报, 30(1): 76-79.

裴宏伟, 沈彦俊, 刘昌明. 2015. 华北平原典型农田氮素与水分循环. 应用生态学报, 26(1): 283-296.

彭畅. 2015. 吉林半湿润区玉米旱田氮素收支特征及适宜用量研究. 沈阳: 沈阳农业大学博士学位论文.

彭少兵, 黄见良, 钟旭华, 等. 2002. 提高中国稻田氮肥利用率的研究策略. 中国农业科学, 35(9): 1095-1103.

强生才, 张富仓, 向友珍, 等. 2015. 关中平原不同降雨年型夏玉米临界氮稀释曲线模拟及验证. 农业工程学报, 31(17): 168-175.

屈红超. 2019. 黄土高原苹果园硝酸盐累积特征与淋溶过程模拟. 杨凌: 西北农林科技大学硕士学位论文.

任涛, 鲁剑巍. 2016. 中国冬油菜氮素养分管理策略. 中国农业科学, 49(18): 3506-3521.

荣楠, 韩永亮, 荣湘民, 等. 2017. 油菜 NO_3^- 的吸收、分配及氮利用效率对低氮胁迫的响应. 植物营养与肥料学报, 23(4): 1104-1111.

山仑, 陈国良. 1993. 黄土高原旱地农业的理论与实践. 北京: 科学出版社.

陕西省统计局. 2020. 陕西统计年鉴: 2020. 北京: 中国统计出版社.

邵晓梅, 严昌荣. 2005. 基于 Sufer7.0 的黄河流域不同旱作类型区土壤水分动态变化的比较. 自然资源学报, 20(6): 843-850.

沈金雄, 傅廷栋. 2011. 我国油菜生产、改良与食用油供给安全. 中国农业科技导报, 13(1): 1-8.

石孝均. 2003. 水旱轮作体系中的养分循环特征. 北京: 中国农业大学博士学位论文.

史海滨. 2006. 灌溉排水工程学. 北京: 中国水利水电出版社.

孙磊, 孙景生, 刘浩, 等. 2008. 日光温室滴灌条件下番茄需水规律研究. 灌溉排水学报, 27(2): 51-54.

汤文光, 肖小平, 唐海明, 等. 2015. 长期不同耕作与秸秆还田对土壤养分库容及重金属 Cd 的影响. 应用生态学报, 26(1): 168-176.

汤勇华, 黄耀. 2009. 中国大陆主要粮食作物地力贡献率和基础产量的空间分布特征. 农业环境科学学报, 28(5): 1070-1078.

唐良梁, 李艳, 李恋卿, 等. 2015. 不同施氮量对稻田氨挥发的影响及阈值探究. 土壤通报, 46(5): 1232-1239.

唐伟杰, 官春云, 林良斌, 等. 2018. 不同硝铵比对油菜生长、生理与产量的影响. 植物营养与肥料学报, 24(5): 1338-1348.

田效琴, 李卓, 刘永红. 2018. 密度和施氮量对油菜生长发育及产量的影响. 中国土壤与肥料, 3: 26-35.

田玉华, 贺发云, 尹斌, 等. 2007b. 太湖地区氮磷肥施用对稻田氨挥发的影响. 土壤学报, 44(5): 893-900.

田玉华, 尹斌, 贺发云, 等. 2007a. 太湖地区稻季的氮素径流损失研究. 土壤学报, 44(6): 1070-1075.

汪新颖, 周志霞, 王玉莲, 等. 2016. 不同施肥深度红地球葡萄对 ^{15}N 的吸收、分配与利用特性. 植物营养与肥料学报, 22(3): 776-785.

王成, 陈波浪, 玉素甫江·玉素音, 等. 2019. 施氮量对库尔勒香梨园氨挥发和氧化亚氮排放的影响. 干旱地区农业研究, 37(5): 157-164.
王桂良. 2016. 中国三大粮食作物农田活性氮损失与氮肥利用率的定量分析. 北京: 中国农业大学博士学位论文.
王汉中. 2018. 以新需求为导向的油菜产业发展战略. 中国油料作物学报, 40(5): 613-617.
王红梅, 赵云雷, 陈伟, 等. 2018. 黄河流域棉区棉花生产现状及发展建议. 中国棉花, 45(2): 4-14.
王敬, 程谊, 蔡祖聪, 等. 2016b. 长期施肥对农田土壤氮素关键转化过程的影响. 土壤学报, 53(2): 292-304.
王敬, 张金波, 蔡祖聪. 2016a. 太湖地区稻麦轮作农田改葡萄园对土壤氮转化过程的影响. 土壤学报, 53(1): 166-176.
王娜，王靖，冯利平, 等. 2015. 华北平原冬小麦—夏玉米轮作区采用“两晚”技术的产量效应模拟分析. 中国农业气象, 36(5): 611-618.
王平, 田长彦, 陈新平, 等. 2006. 南疆棉花施氮量及氮素平衡分析. 干旱地区农业研究, 24(1): 77-83.
王绍华, 曹卫星, 丁艳峰, 等. 2003. 基本苗数和施氮量对水稻氮吸收与利用的影响. 南京农业大学学报, 26(4): 1-4.
王绍华, 曹卫星, 王强盛, 等. 2002. 水稻叶色分布特点与氮素营养诊断. 中国农业科学, 35(12): 1461-1466.
王伟, 梁斌, 康凌云, 等. 2015. 氮素供应与秸秆还田对设施菜田土壤硝态氮淋溶的动态影响. 水土保持学报, 29(4): 61-65.
王先芳, 任天志, 智燕彩, 等. 2020. 添加生物炭改善菜地土壤氨氧化细菌群落并提高净硝化率. 植物营养与肥料学报, 26(3): 502-510.
王孝忠. 2018. 我国蔬菜生产的环境代价、减排潜力与调控途径: 以辣椒为例. 北京: 中国农业大学博士学位论文.
王增远, 徐雨昌, 李震, 等. 2001. 稻田 CH_4 排放及控制技术的研究. 作物学报, 27(6): 757-768.
王志刚, 高聚林, 张宝林, 等. 2012. 内蒙古平原灌区高产春玉米（15t/hm^2 以上）产量性能及增产途径. 作物学报, 38(7): 1318-1327.
王朱珺, 王尚, 刘洋荧, 等. 2018. 宏基因组技术在氮循环功能微生物分子检测研究中的应用. 生物技术通报, 34(1): 1-14.
王子胜. 2011. 种植密度和施氮量对东北特早熟棉区棉花生物量和氮素累积的影响. 南京: 南京农业大学博士学位论文.
危常州, 张福锁, 朱和明, 等. 2002. 新疆棉花氮营养诊断及追肥推荐研究. 中国农业科学, 35(12): 1500-1505.
吴雪飞, 刘璐嘉, 马晗, 等. 2012. 江苏省夏季浮萍种类及其生长水环境调查. 生态与农村环境学报, 28(5): 554-558.
习斌, 张继宗, 左强, 等. 2010. 保护地菜田土壤氨挥发损失及影响因素研究. 植物营养与肥料学报, 16(2): 327-333.
夏梦洁, 马乐乐, 师倩云, 等. 2018. 黄土高原旱地夏季休闲期土壤硝态氮淋溶与降水年型间的关系. 中国农业科学, 51(8): 1537-1546.
肖燕, 姚珺玥, 刘冬, 等. 2020. 甘蓝型油菜响应低氮胁迫的表达谱分析. 作物学报, 46(10): 1526-1538.
谢新民, 裴源生, 秦大庸, 等. 2002. 二十一世纪初期宁夏所面临的挑战与对策. 水利规划设计, (2): 19-26.
徐娇. 2013. 种植密度对杂交棉干物质积累和氮磷钾吸收及产量品质的影响. 南京: 南京农业大学硕士学位论文.
徐新霞, 雷建峰, 高丽丽, 等. 2017. 不同机采棉行距配置对棉花生长发育及光合物质生产的影响. 干旱地区农业研究, 35(2): 51-56.

徐新霞, 雷建峰, 王立红, 等. 2015. 不同氮肥基追比对机采棉光合物质生产及产量的影响. 西北农业学报, 24(6): 46-52.

徐玉秀, 郭李萍, 谢立勇, 等. 2016. 中国主要旱地农田 N_2O 背景排放量及排放系数特点. 中国农业科学, 49(9): 1729-1743.

徐钰, 刘兆辉, 张建军, 等. 2018. 不同氮肥管理措施对华北地区夏玉米田增产减排的效果分析. 中国土壤与肥料, (1): 9-15.

许文霞. 2017. 绿洲滴灌棉田土壤碳氮相互作用研究. 石河子: 石河子大学硕士学位论文.

薛亮, 马忠明, 杜少平. 2014. 水氮耦合对绿洲灌区土壤硝态氮运移及甜瓜氮素吸收的影响. 植物营养与肥料学报, 20(1): 139-147.

薛晓萍, 周治国, 张丽娟, 等. 2006. 棉花花后临界氮浓度稀释模型的建立及在施氮量调控中的应用. 生态学报, 26(6): 1781-1791.

闫鹏, 武雪萍, 华珞, 等. 2012. 不同水氮用量对日光温室黄瓜季土壤硝态氮淋失的影响. 植物营养与肥料学报, 18(3): 645-653.

严坤, 王玉宽, 刘勤, 等. 2020. 三峡库区规模化顺坡沟垄果园氮、磷输出过程及流失负荷. 环境科学, 41(8): 3646-3656.

阎宏亮. 2014. 菜地土壤 N_2O 排放特征、产生途径及其影响因素. 北京: 中国农业科学院硕士学位论文.

颜晓元, 等. 2020. 土壤氮循环实验研究方法. 北京: 科学出版社: 21-38.

颜晓元, 夏龙龙, 逯超普. 2018. 面向作物产量和环境双赢的氮肥施用策略. 中国科学院院刊, 33(2): 177-183.

杨秉庚. 2021. 典型水稻土氮肥利用与损失的差异、土壤机制与调控. 北京: 中国科学院大学硕士学位论文.

杨冬艳, 冯海萍, 赵云霞, 等. 2020. 日光温室秋冬茬黄瓜结果期灌溉频率对产量及根系分布特征的影响. 节水灌溉, (6): 20-23.

杨建昌, 王志琴, 朱庆森. 1996. 不同土壤水分状况下氮素营养对水稻产量的影响及其生理机制的研究. 中国农业科学, 29(4): 58-66.

杨建昌, 张建华. 2018. 促进稻麦同化物转运和籽粒灌浆的途径与机制. 科学通报, 63(Z2): 2932-2943.

杨相东, 张民. 2019. 缓/控释和稳定性肥料技术创新驱动化肥行业科技发展: “新型肥料的研制与高效利用” 专刊序言. 植物营养与肥料学报, 25(12): 2029-2031.

杨旭, 兰宇, 孟军, 等. 2015. 秸秆不同还田方式对旱地棕壤 CO_2 排放和土壤碳库管理指数的影响. 生态学杂志, 34(3): 805-809.

杨雅丽, 马雪松, 解宏图, 等. 2021. 保护性耕作对土壤微生物群落及其介导的碳循环功能的影响. 应用生态学报, 32(8): 2675-2684.

姚珺玥, 华营鹏, 周婷, 等. 2019. 甘蓝型油菜 *AVP1*、*VHA-a2* 和 *VHA-a3* 基因的鉴定及功能性研究. 作物学报, 45(8): 1146-1157.

易军, 张晴雯, 王明, 等. 2011. 宁夏黄灌区灌淤土硝态氮运移规律研究. 农业环境科学学报, 30(10): 2046-2053.

易时来. 2005. 稻一麦/油轮作体系中氮素淋失与利用研究. 重庆: 西南农业大学硕士学位论文.

于飞, 施卫明. 2015. 近 10 年中国大陆主要粮食作物氮肥利用率分析. 土壤学报, 52(6): 1311-1324.

余音, 卢胜, 宋海星, 等. 2017. ACC 对不同氮效率油菜生长后期硝态氮再利用的调控机理. 植物营养与肥料学报, 23(5): 1378-1386.

喻景权, 周杰. 2016. “十二五” 我国设施蔬菜生产和科技进展及其展望. 中国蔬菜, (9): 18-30.

曾立雄. 2010. 三峡库区兰陵溪小流域养分的分布、迁移与控制研究. 北京: 中国林业科学研究院博士学位论文.

翟军海, 高亚军, 周建斌. 2002. 控释/缓释肥料研究概述. 干旱地区农业研究, 20(1): 45-48.

张彬, 何红波, 赵晓霞, 等. 2010. 秸秆还田量对免耕黑土速效养分和玉米产量的影响. 玉米科学, 18(2): 81-84.

张翀. 2020. 不同肥力潮土的氮素转化、去向及土壤–作物体系氮素盈余指标的建立. 北京: 中国农业大学博士论文.

张枫叶, 王伟, 刘卫星, 等. 2018. 黄淮棉区棉花发展趋势. 农业科技通讯, (6): 13-15.

张福锁. 2003. 养分资源综合管理. 北京: 中国农业大学出版社.

张福锁, 马文奇, 陈新平, 等. 2006. 养分资源综合管理理论与技术概论. 北京: 中国农业大学出版社: 38-39.

张福锁, 王激清, 张卫峰, 等. 2008. 中国主要粮食作物肥料利用率现状与提高途径. 土壤学报, 45(5): 915-924.

张浩, 李双, 叶祥盛, 等. 2021. 甘蓝型油菜减氮增效潜力评价及种质资源筛选. 中国油料作物学报, 43(2): 195-202.

张宏彦, 李晓林, 王冲, 等. 2013. 科技小院: 破解三农难题的曲周探索. 北京: 中国农业大学出版社: 15-30.

张金波, 宋长春. 2004. 土壤氮素转化研究进展. 吉林农业科学, 29(1): 38-43.

张静, 温晓霞, 廖允成, 等. 2010. 不同玉米秸秆还田量对土壤肥力及冬小麦产量的影响. 植物营养与肥料学报, 16(3): 612-619.

张君, 赵沛义, 潘志华, 等. 2016. 基于产量及环境友好的玉米氮肥投入阈值确定. 农业工程学报, 32(12): 136-143.

张丽娟, 巨晓棠, 高强, 等. 2005. 两种作物对土壤不同层次标记硝态氮利用的差异. 中国农业科学, 38(2): 333-340.

张林森, 李雪薇, 王晓琳, 等. 2015. 根际注射施肥对黄土高原苹果氮素吸收利用及产量和品质的影响. 植物营养与肥料学报, 21(2): 421-430.

张晴雯, 张惠, 易军, 等. 2010. 青铜峡灌区水稻田化肥氮去向研究. 环境科学学报, 30(8): 1707-1714.

张树杰, 张春雷, 李玲, 等. 2011. 氮素形态对冬油菜幼苗生长的影响. 中国油料作物学报, 33(6): 567-573.

张树兰, 同延安, 梁东丽, 等. 2004. 氮肥用量及施用时间对土体中硝态氮移动的影响. 土壤学报, 41(2): 270-277.

张维理, 田哲旭, 张宁, 等. 1995. 我国北方农用氮肥造成地下水硝酸盐污染的调查. 植物营养与肥料学报, 1(2): 82-89.

张卫峰, 马林, 黄高强, 等. 2013. 中国氮肥发展、贡献和挑战. 中国农业科学, 46(15): 3161-3171.

张文学, 孙刚, 何萍, 等. 2013. 脲酶抑制剂与硝化抑制剂对稻田氨挥发的影响. 植物营养与肥料学报, 19(6): 1411-1419.

张兴昌, 邵明安. 2000. 坡地土壤氮素与降雨、径流的相互作用机理及模型. 地理科学进展, 19(2): 128-135.

张学军, 赵营, 陈晓群, 等. 2007. 滴灌施肥中施氮量对两年蔬菜产量、氮素平衡及土壤硝态氮累积的影响. 中国农业科学, 40(11): 2535-2545.

张亚丽. 2006. 水稻氮效率基因型差异评价与氮高效机理研究. 南京: 南京农业大学博士学位论文.

张亚丽, 樊剑波, 段英华, 等. 2008. 不同基因型水稻氮利用效率的差异及评价. 土壤学报, 45(2): 267-273.

张亚倩. 2020. 农田氨和氧化亚氮协同减排的氮肥管理措施研究: 以华北平原为例. 北京: 中国农业大学硕士论文.

张颖, 刘学军, 张福锁, 等. 2006. 华北平原大气氮素沉降的时空变异. 生态学报, 26(6): 1633-1639.

张勇勇, 富利, 赵文智, 等. 2017. 荒漠绿洲土壤优先流研究进展. 中国沙漠, 37(6): 1189-1195.

张瑜, 赵剑波, 任飞, 等. 2020. 果实膨大期不同施氮量对油桃产量和品质的影响. 植物营养与肥料学报, 26(3): 581-586.

张玉铭, 胡春胜, 董文旭. 2005. 华北太行山前平原农田氨挥发损失. 植物营养与肥料学报, 11(3): 417-419.

张玉莹, 安蓉, 曹兰芹, 等. 2014. 不同氮素利用效率基因型油菜氮素营养性状的差异. 西北农林科技大学学报（自然科学版), 42(5): 102-110.

张兆北, 罗伟, 白新禄, 等. 2022. 日光温室栽培下土面及整棚氨挥发比较. 土壤学报, 59(4): 1068-1077.

张振华. 2017. 作物硝态氮转运利用与氮素利用效率的关系. 植物营养与肥料学报, 23(1): 217-223.

张智. 2018. 长江流域冬油菜产量差与养分效率差特征解析. 武汉: 华中科技大学博士学位论文.

张忠学, 陈帅宏, 陈鹏, 等. 2018. 基于 ^{15}N 示踪技术的不同灌水方案玉米追肥氮素去向研究. 农业机械学报, 49(12): 262-272.

赵斌, 朱四喜, 程谊, 等. 2019. 贵州草海地区不同土地利用方式土壤中尿素氮转化对 3 种硝化抑制剂的响应. 西北农业学报, 28(7): 1169-1178.

赵护兵, 王朝辉, 高亚军, 等. 2013. 西北典型区域旱地冬小麦农户施肥调查分析. 植物营养与肥料学报, 19(4): 840-848.

赵俊晔, 于振文. 2006. 不同土壤肥力条件下施氮量对小麦氮肥利用和土壤硝态氮含量的影响. 生态学报, 26(3): 815-822.

赵明, 周宝元, 马玮, 等. 2019. 粮食作物生产系统定量调控理论与技术模式. 作物学报, 45(4): 485-498.

赵荣芳, 陈新平, 张福锁. 2009. 华北地区冬小麦—夏玉米轮作体系的氮素循环与平衡. 土壤学报, 46(4): 684-697.

赵新春, 王朝辉. 2010. 半干旱黄土区不同施氮水平冬小麦产量形成与氮素利用. 干旱地区农业研究, 28(5): 65-70.

赵亚南, 徐霞, 黄玉芳, 等. 2018. 河南省小麦、玉米氮肥需求及节氮潜力. 中国农业科学, 51(14): 2747-2757.

赵营, 王世荣, 郭鑫年, 等. 2012. 施肥对水旱轮作作物产量、氮素吸收与土壤肥力的影响. 中国土壤与肥料, 6: 24-28.

赵佐平, 同延安, 刘芬, 等. 2012. 渭北旱塬苹果园施肥现状分析评估. 中国生态农业学报, 20(8): 1003-1009.

郑蕾, 王学东, 郭李萍, 等. 2018. 施肥对露地菜地氨挥发和氧化亚氮排放的影响. 应用生态学报, 29(12): 4063-4070.

郑微微, 沈贵银. 2020. 江苏省主要农作物化肥利用效率评价. 江苏农业科学, 48(9): 41-46.

钟帅. 2013. 生物质炭对潜育性稻田水稻营养的影响. 重庆: 西南大学硕士学位论文.

周建斌, 翟丙年, 陈竹君, 等. 2004. 设施栽培菜地土壤养分的空间累积及其潜在的环境效应. 农业环境科学学报, 23(2): 332-335.

朱永官, 王晓辉, 杨小茹, 等. 2014. 农田土壤 N_2O 产生的关键微生物过程及减排措施. 环境科学, 35(2): 792-800.

朱兆良. 2000. 农田中氮肥的损失与对策. 土壤与环境, 9(1): 1-6.

朱兆良. 2008. 中国土壤氮素研究. 土壤学报, 45(5): 778-783.

朱兆良. 2010. 关于推荐施肥的方法论:“区域宏观控制与田块微调相结合”的理念. 中国植物营养与肥料学会 2010 年学术年会论文集.

朱兆良, 文启孝. 1992. 中国土壤氮素. 南京: 江苏科学技术出版社.

朱兆良, 张福锁, 等. 2010. 主要农田生态系统氮素行为与氮肥高效利用的基础研究. 北京: 科学出版社.

邹建文, 黄耀, 宗良纲, 等. 2003. 不同种类有机肥施用对稻田 CH_4 和 N_2O 排放的综合影响. 环境科学, 24(4): 7-12.

Abalos D, Jeffery S, Sanz-Cobena A, et al. 2014. Meta-analysis of the effect of urease and nitrification inhibitors on crop productivity and nitrogen use efficiency. Agriculture, Ecosystems & Environment, 189: 136-144.

Almaraz M, Wong MY, Yang WH. 2020. Looking back to look ahead: a vision for soil denitrification research. Ecology, 101(1): e02917.

Amelung W, Miltner A, Zhang X, et al. 2001. Fate of microbial residues during litter decomposition as affected by minerals. Soil Science, 166(9): 598-606.

An DG, Su JY, Liu QY, et al. 2006. Mapping QTLs for nitrogen uptake in relation to the early growth of wheat (*Triticum aestivum* L.). Plant and Soil, 284(1): 73-84.

An N, Wei W L, Qiao L, et al. 2018. Agronomic and environmental causes of yield and nitrogen use efficiency gaps in Chinese rice farming systems. European Journal of Agronomy, 93: 40-49.

Arora R, Agarwal P, Ray S, et al. 2007. MADS-box gene family in rice: genome-wide identification, organization and expression profiling during reproductive development and stress. BMC Genomics, 8(1): 242.

Arth I, Frenzel P, Conrad R. 1998. Denitrification coupleD to nitrification in the rhizosphere of rice. Soil Biology and Biochemistry, 30(4): 509-515.

Ata-Ul-Karim ST, Yao X, Liu XJ, et al. 2013. Development of critical nitrogen dilution curve of Japonica rice in Yangtze River Reaches. Field Crops Research, 149: 149-158.

Ata-Ul-Karim ST, Zhu Y, Yao X, et al. 2014. Determination of critical nitrogen dilution curve based on leaf area index in rice. Field Crops Research, 167: 76-85.

Attard E, Recous S, Chabbi A, et al. 2011. Soil environmental conditions rather than denitrifier abundance and diversity drive potential denitrification after changes in land uses. Global Change Biology, 17(5): 1975-1989.

Baggs EM. 2011. Soil microbial sources of nitrous oxide: recent advances in knowledge, emerging challenges and future direction. Current Opinion in Environmental Sustainability, 3(5): 321-327.

Bai R, Wang JT, Deng Y, et al. 2017. Microbial community and functional structure significantly varied among distinct types of paddy soils but responded differently along gradients of soil depth Layers. Frontiers in Microbiology, 8: 945.

Bai XL, Gao JJ, Wang SC, et al. 2020b. Excessive nutrient balance surpluses in newly built solar greenhouses over five years leads to high nutrient accumulations in soil. Agriculture, Ecosystems & Environment, 288: 106717.

Bai XL, Zhang ZB, Cui JJ, et al. 2020a. Strategies to mitigate nitrate leaching in vegetable production in China: a meta-analysis. Environmental Science and Pollution Research, 27(15): 18382-18391.

Bailey LD. 1976. Effects of temperature and root on denitrification in a soil. Canadian Journal of Soil Science, 56(2): 79-87.

Balasubramanian V, Morales AC, Cruz RT, et al. 2000. Adaptation of the chlorophyll meter (SPAD) technology for real-time N management in rice: a review. International Rice Research Notes, 25: 4-8.

Balkos KD, Britto DT, Kronzucker HJ. 2010. Optimization of ammonium acquisition and metabolism by potassium in rice (*Oryza sativa* L. cv. IR-72). Plant Cell & Environment, 33(1): 23-34.

Bastian F, Bouziri L, Nicolardot B, et al. 2009. Impact of wheat straw decomposition on successional patterns of soil microbial community structure. Soil Biology and Biochemistry, 41(2): 262-275.

Bauer A, Black AL. 1994. Quantification of the effect of soil organic matter content on soil productivity. Soil Science Society of America Journal, 58(1): 185-193.

Bélanger G, Walsh JR, Richards JE, et al. 2001. Critical nitrogen curve and nitrogen nutrition index for potato in Eastern Canada. American Journal of Potato Research, 78(5): 355-364.

Bergstrom AK, Jansson M. 2006. Atmospheric nitrogen deposition has caused nitrogen enrichment and eutrophication of lakes in the Northern Hemisphere. Global Change Biology, 12(4): 635-643.

Bernard SM, Møller ALB, Dionisio G, et al. 2008. Gene expression, cellular localisation and function of glutamine synthetase isozymes in wheat (*Triticum aestivum* L.). Plant Molecular Biology, 67(1): 89-105.

Blackmer AM, Bremner JM. 1978. Inhibitory effect of nitrate on reduction of N_2O to N_2 by soil microorganisms. Soil Biology and Biochemistry, 10(3): 187-191.

Blanchart E, Villenave C, Viallatoux A, et al. 2006. Long-term effect of a legume cover crop (*Mucuna pruriens* var. *utilis*) on the communities of soil macrofauna and nematofauna, under maize cultivation, in southern Benin. European Journal of Soil Biology, 42: S136-S144.

Booth MS, Stark JM, Rastetter E. 2005. Controls on nitrogen cycling in terrestrial ecosystems: a synthetic analysis of literature data. Ecological Monographs, 75(2): 139-157.

Bouchet AS, Laperche A, Bissuel-Belaygue C, et al. 2016. Nitrogen use efficiency in rapeseed. A review. Agronomy for Sustainable Development, 36(2): 38.

Bouwman AF, Boumans LJM, Batjes NH. 2002a. Emissions of N_2O and NO from fertilized fields: summary of available measurement data. Global Biogeochemical Cycles, 16(4): 1058.

Bouwman AF, Boumans LJM, Batjes NH. 2002b. Estimation of global NH_3 volatilization loss from synthetic fertilizers and animal manure applied to arable lands and grasslands. Global Biogeochemical Cycles, 16(8): 1-14.

Bremner JM, Mulvaney RL. 1978. Urease activity in soils // Burns RJ. Soil Enzymes. London: Academic Press: 149-196.

Britto DT, Kronzucker HJ. 2002. NH_4^+ toxicity in higher plants: a critical review. Journal of Plant Physiology, 159(6): 567-584.

Britto DT, Kronzucker HJ. 2006. Futile cycling at the plasma membrane: a hallmark of low-affinity nutrient transport. Trends in Plant Science, 11(11): 529-534.

Buchen C, Lewicka-Szczebak D, Fuss R, et al. 2016. Fluxes of N_2 and N_2O and contributing processes in summer after grassland renewal and grassland conversion to maize cropping on a Plaggic Anthrosol and a Histic Gleysol. Soil Biology and Biochemistry, 101: 6-19.

Butterbach-Bahl K, Willibald G, Papen H. 2002. Soil core method for direct simultaneous determination of N_2 and N_2O emissions from forest soils. Plant and Soil, 240(1): 105-116.

Cai ZC, Qin SW. 2006. Dynamics of crop yields and soil organic carbon in a long-term fertilization experiment in the Huang-Huai-Hai Plain of China. Geoderma, 136(3/4): 708-715.

Cao ZZ, Qin ML, Lin XY, et al. 2018. Sulfur supply reduces cadmium uptake and translocation in rice grains (*Oryza sativa* L.) by enhancing iron plaque formation, cadmium chelation and vacuolar sequestration. Environmental Pollution, 238: 76-84.

Cassman KG. 1999. Ecological intensification of cereal production systems: yield potential, soil quality, and precision agriculture. Proc Natl Acad Sci USA, 96(11): 5952-5959.

Cayuela ML, Oenema O, Kuikman PJ, et al. 2010. Bioenergy by-products as soil amendments? Implications for carbon sequestration and greenhouse gas emissions. Global Change Biology Bioenergy, 2: 201-213.

Chen A, Lei B, Hu W, et al. 2015b. Characteristics of ammonia volatilization on rice grown under different nitrogen application rates and its quantitative predictions in Erhai Lake Watershed, China. Nutrient Cycling in Agroecosystems, 101(1): 139-152.

Chen F, Fang Z, Gao Q, et al. 2013b. Evaluation of the yield and nitrogen use efficiency of the dominant maize hybrids grown in North and Northeast China. Science China Life Sciences, 56(6): 552-556.

Chen GF, Cao HZ, Liang J, et al. 2018. Factors affecting nitrogen use efficiency and grain yield of summer maize on smallholder farms in the North China Plain. Sustainability, 10(2): 363.

Chen G, Guo S, Kronzucker HJ, et al. 2013c. Nitrogen use efficiency (NUE) in rice links to NH_4^+ toxicity and futile NH_4^+ cycling in roots. Plant and Soil, 369(1-2): 351-363.

Chen H, Yin C, Fan XP, et al. 2019. Reduction of N_2O emission by biochar and/or 3,4-dimethylpyrazole phosphate (DMPP) is closely linked to soil ammonia oxidizing bacteria and *nosZ*I-N_2O reducer populations. Science of the Total Environment, 694: 133658.

Chen HH, Li XC, Hu F, et al. 2013a. Soil nitrous oxide emissions following crop residue addition: a meta-analysis. Global Change Biology, 19(10): 2956-2964.

Chen J, Fan X, Qian K, et al. 2017. pOsNAR 2.1: OsNAR2.1 expression enhances nitrogen uptake efficiency and grain yield in transgenic rice plants. Plant Biotechnology Journal, 15(10): 1273-1283.

Chen JG, Zhang Y, Tan YW, et al. 2016. Agronomic nitrogen-use efficiency of rice can be increased by driving *OsNRT2.1* expression with the *OsNAR2.1* promoter. Plant Biotechnology Journal, 14(8): 1705-1715.

Chen M, Chen G, Di DW, et al. 2020. Higher nitrogen use efficiency (NUE) in hybrid "super rice" links to improved morphological and physiological traits in seedling roots. Journal of Plant Physiology, 251: 153191.

Chen XP, Cui ZM, Fan MS, et al. 2014a. Producing more grain with lower environmental costs. Nature, 514(7523): 486-489.

Chen XP, Cui ZL, Vitousek PM, et al. 2011. Integrated soil-crop system management for food security. Proc Natl Acad Sci USA, 108(16): 6399-6404.

Chen Y, Xiao C, Chen X, et al. 2014b. Characterization of the plant traits contributed to high grain yield and high grain nitrogen concentration in maize. Field Crops Research, 159: 1-9.

Chen Y, Xiao C, Wu D, et al. 2015a. Effects of nitrogen application rate on grain yield and grain nitrogen concentration in two maize hybrids with contrasting nitrogen remobilization efficiency. European Journal of Agronomy, 62: 79-89.

Chu G, Wang ZQ, Zhang H, et al. 2016. Agronomic and physiological performance of rice under integrative crop management. Agronomy Journal, 108(1): 117-128.

Chu HY, Fujii T, Morimoto S, et al. 2008. Population size and specific nitrification potential of soil ammonia-oxidizing bacteria under long-term fertilizer management. Soil Biology and Biochemistry, 40(7): 1960-1963.

Colnenne C, Meynard JM, Reau R, et al. 1998. Determination of a critical nitrogen dilution curve for winter oilseed rape. Annals of Botany, 81(2): 311-317.

Coque M, Martin A, Veyrieras J, et al. 2008. Genetic variation for N-remobilization and postsilking N-uptake in a set of maize recombinant inbred lines. 3. QTL detection and coincidences. Theoretical and Applied Genetics, 117(5): 729-747.

Costa E, Pérez J, Kreft JU. 2006. Why is metabolic labour divided in nitrification? Trends in Microbiology, 14(5): 213-219.

Cui ZL, Zhang HY, Chen XP, et al. 2018. Pursuing sustainable productivity with millions of smallholder farmers. Nature, 555(7696): 363-366.

Cui Z, Zhang F, Chen X, et al. 2008. On-farm evaluation of an in-season nitrogen management strategy based on soil N_{min} test. Field Crops Research, 105(1/2): 48-55.

Cui ZL, Chen XP, Zhang FS, et al. 2013. Development of regional nitrogen rate guidelines for intensive cropping systems in China. Agronomy Journal, 105(5): 1411-1416.

Dai T, Cao W, Jing Q. 2001. Effects of nitrogen form on nitrogen absorption and photosynthesis of different wheat genotypes. Chinese Journal of Applied Ecology, 12(6): 849-852.

Dai XL, Xiao LL, Jia DY, et al. 2014. Increased plant density of winter wheat can enhance nitrogen-uptake from deep soil. Plant and Soil, 384(1): 141-152.

Dalsgaard T, Thamdrup B. 2002. Factors controlling anaerobic ammonium oxidation with nitrite in marine sediments. Applied and Environmental Microbiology, 68(8): 3802-3808.

Darilek JL, Huang BA, Wang ZG, et al. 2009. Changes in soil fertility parameters and the environmental effects in a rapidly developing region of China. Agriculture, Ecosystems & Environment, 129(1/2/3): 286-292.

Davidson EA, Seitzinger S. 2006. The enigma of progress in denitrification research. Ecological Applications, 16(6): 2057-2063.

De Angeli A, Monachello D, Ephritikhine G, et al. 2006. The nitrate/proton antiporter AtCLCa mediates nitrate accumulation in plant vacuoles. Nature, 442(7105): 939-942.

De Klein C, Novoa RS, Ogle S, et al. 2006. N_2O emissions from managed soils, and CO_2 emissions from lime and urea application. IPCC Guidelines for National Greenhouse Gas Inventories.

Debaeke P, van Oosterom EJ, Justes E, et al. 2012. A species-specific critical nitrogen dilution curve for sunflower (*Helianthus annuus* L.). Field Crops Research, 136: 76-84.

DeLuca TH, Aplet GH. 2008. Charcoal and carbon storage in forest soils of the Rocky Mountain West. Frontiers in Ecology and the Environment, 6(1): 18-24.

Denison RF. 2000. Legume sanctions and the evolution of symbiotic cooperation by rhizobia. The American Naturalist, 156(6): 567-576.

Di DW, Sun L, Zhang X, et al. 2018. Involvement of auxin in the regulation of ammonium tolerance in rice (*Oryza sativa* L.). Plant and Soil, 432(1-2): 373-387.

Dijkshoorn W, Ismunadji M. 1972. Nitrogen nutrition of rice plants measured by growth and nutrient content in pot experiments. 3. Changes during growth. Netherlands Journal of Agricultural Science, 20(2): 133-144.

Ding WX, Yu HY, Cai ZC, et al. 2011. Impact of urease and nitrification inhibitors on nitrous oxide emissions from fluvo-aquic soil in the North China Plain. Biology and Fertility of Soils, 47(1): 91-99.

Ding XL, Zhang XD, He HB, et al. 2010. Dynamics of soil amino sugar pools during decomposition processes of corn residues as affected by inorganic N addition. Journal of Soils and Sediments, 10(4): 758-766.

Dong Y, Dong C, Lu Y, et al. 2006. Influence of partial replacement of NO_3^--N with NH_4^+-N in nutrient solution on enzyme activity in nitrogen assimilation of tomato at different growing stages. Acta Polymerica Sinica, 43: 261-266.

Dong ZX, Zhu B, Jiang Y, et al. 2018. Seasonal N_2O emissions respond differently to environmental and microbial factors after fertilization in wheat–maize agroecosystem. Nutrient Cycling in Agroecosystems, 112(2): 215-229.

Duan PP, Zhou J, Feng L, et al. 2019. Pathways and controls of N_2O production in greenhouse vegetable production soils. Biology and Fertility of Soils, 55(3): 285-297.

Edwards JW, Coruzzi GM. 1989. Photorespiration and light act in concert to regulate the expression of the nuclear gene for chloroplast glutamine synthetase. The Plant Cell, 1(2): 241-248.

Engelking B, Flessa H, Joergensen RG. 2007. Shifts in amino sugar and ergosterol contents after addition of sucrose and cellulose to soil. Soil Biology and Biochemistry, 39(8): 2111-2118.

Fan MS, Lal R, Cao J, et al. 2013. Plant-based assessment of inherent soil productivity and contributions to China's cereal crop yield increase since 1980. PLoS ONE, 8(9): e74617.

Fan MS, Shen JB, Yuan LX, et al. 2012. Improving crop productivity and resource use efficiency to ensure food security and environmental quality in China. Journal of Experimental Botany, 63(1): 13-24.

Fan SC, Lin CS, Hsu PK, et al. 2009. The *Arabidopsis* nitrate transporter *NRT1.7*, expressed in phloem, is responsible for source-to-sink remobilization of nitrate. The Plant Cell, 21(9): 2750-2761.

Fan X, Tang Z, Tan Y, et al. 2016. Overexpression of a pH-sensitive nitrate transporter in rice increases crop yields. Proc Natl Acad Sci USA, 113(26): 7118-7123.

Fan X, Zhang W, Zhang N, et al. 2018. Identification of QTL regions for seedling root traits and their effect on nitrogen use efficiency in wheat (*Triticum aestivum* L.). Theoretical and Applied Genetics, 131(12): 2677-2698.

Fan XH, Li YC, Alva AK. 2011. Effects of temperature and soil type on ammonia volatilization from slow-release nitrogen fertilizers. Communications in Soil Science and Plant Analysis, 42(10): 1111-1122.

FAO. 2009. FAOSTAT Database-agriculture production food and agriculture organization of the United Nations, Rome.

FAO. 2017. FAOSTAT Database-agriculture production food and agriculture organization of the United Nations, Rome.

Feng K, Wang XL, Chen P, et al. 2003. Nitrate uptake of rice as affected by growth stages and ammonium. Agricultural Sciences in China, 2(1): 62-67.

Feng W, Li X, Dong H, et al. 2022. Fruits-based critical nitrogen dilution curve for diagnosing nitrogen status in cotton. Frontiers in Plant Science, 13: 801968.

Folberth C, Skalský R, Moltchanova E, et al. 2016. Uncertainty in soil data can outweigh climate impact signals in global crop yield simulations. Nature Communications, 7: 11872.

Foley JA, DeFries R, Asner GP, et al. 2005. Global consequences of land use. Science, 309(5734): 570-574.

Fowler D, Steadman CE, Stevenson D, et al. 2015. Effects of global change during the 21st century on the nitrogen cycle. Atmospheric Chemistry and Physics, 15(24): 13849-13893.

Francisco SS, Urrutia O, Martin V, et al. 2011. Efficiency of urease and nitrification inhibitors in reducing ammonia volatilization from diverse nitrogen fertilizers applied to different soil types and wheat straw mulching. Journal of the Science of Food and Agriculture, 91(9): 1569-1575.

Fry B. 2006. Stable Isotope Ecology. New York: Springer.

Fu J, Huang ZH, Wang ZQ, et al. 2011. Pre-anthesis non-structural carbohydrate reserve in the stem enhances the sink strength of inferior spikelets during grain filling of rice. Field Crops Research, 123(2): 170-182.

Funayama K, Kojima S, Tabuchi-Kobayashi M, et al. 2013. Cytosolic glutamine synthetase1; 2 is responsible for the primary assimilation of ammonium in rice roots. Plant and Cell Physiology, 54(6): 934-943.

Gadaleta A, Nigro D, Giancaspro A, et al. 2011. The glutamine synthetase (*GS2*) genes in relation to grain protein content of durum wheat. Functional & Integrative Genomics, 11(4): 665-670.

Gallais A, Coque M. 2005. Genetic variation and selection for nitrogen use efficiency in maize: a synthesis. Maydica, 50(3-4): 531-547.

Gao B, Ju X, Su F, et al. 2014. Nitrous oxide and methane emissions from optimized and alternative cereal cropping systems on the North China Plain: a two-year field study. Science of the Total Environment, 472: 112-124.

Gao BJ, Ju XT, Meng QF, et al. 2015. The impact of alternative cropping systems on global warming potential, grain yield and groundwater use. Agriculture, Ecosystems & Environment, 203: 46-54.

Gao DZ, Li XF, Lin XB, et al. 2017. Soil dissimilatory nitrate reduction processes in the *Spartina alterniflora* invasion chronosequences of a coastal wetland of southeastern China: dynamics and environmental implications. Plant and Soil, 421(1): 383-399.

Gao JJ, Bai XL, Zhou B, et al. 2012. Soil nutrient content and nutrient balances in newly-built solar greenhouses in Northern China. Nutrient Cycling in Agroecosystems, 94: 63-72.

Ge SF, Ren YH, Peng L, et al. 2014. Effect of soil C/N ration on apple growth and nitrogen utilization, residue and loss. Asian Agricultural Research, 6(2): 69-72.

Giles M, Morley N, Baggs EM, et al. 2012. Soil nitrate reducing processes: drivers, mechanisms for spatial variation, and significance for nitrous oxide production. Frontiers in Microbiology, 3: 407.

Glass ADM, Britto DT, Kaiser BN, et al. 2002. The regulation of nitrate and ammonium transport systems in plants. Journal of Experimental Botany, 53(370): 855-864.

Grami B, LaCroix LJ. 1977. Cultivar variation in total nitrogen uptake in rape. Canadian Journal of Plant Science, 57(3): 619-624.

Greenwood DJ, Lemaire G, Gosse G, et al. 1990. Decline in percentage N of C_3 and C_4 crops with increasing plant mass. Annals of Botany, 66(4): 425-436.

Groffman PM, Altabet MA, Bohlke JK, et al. 2006. Methods for measuring denitrification: diverse approaches to a difficult problem. Ecological Applications, 16(6): 2091-2122.

Gu JF, Chen Y, Zhang H, et al. 2017. Canopy light and nitrogen distributions are related to grain yield and nitrogen use efficiency in rice. Field Crops Research, 206: 74-85.

Gu JX, Nie HH, Guo HJ, et al. 2019. Nitrous oxide emissions from fruit orchards: a review. Atmospheric Environment, 201: 166-172.

Guillard K, Griffin GF, Allinson DW, et al. 1995. Nitrogen utilization of selected cropping systems in the U.S. Northeast: II. Soil profile nitrate distribution and accumulation. Agronomy Journal, 87(2): 199-207.

Guo BB, Liu C, He L, et al. 2019. Root and nitrate-N distribution and optimization of N input in winter wheat. Scientific Reports, 9: 18018.

Guo JH, Liu XJ, Zhang Y, et al. 2010. Significant acidification in major Chinese croplands. Science, 327(5968): 1008-1010.

Guo JX, Hu XY, Gao LM, et al. 2017. The rice production practices of high yield and high nitrogen use efficiency in Jiangsu, China. Scientific Reports, 7: 2101.

Guo S, Chen G, Zhou Y, et al. 2007. Ammonium nutrition increases photosynthesis rate under water stress at early development stage of rice (*Oryza sativa* L.). Plant and Soil, 296(1-2): 115-124.

Güven D, Dapena A, Kartal B, et al. 2005. Propionate oxidation by and methanol inhibition of anaerobic ammonium-oxidizing bacteria. Applied and Environmental Microbiology, 71(2): 1066-1071.

Habash DZ, Bernard S, Schondelmaier J, et al. 2007. The genetics of nitrogen use in hexaploid wheat: N utilisation, development and yield. Theoretical and Applied Genetics, 114(3): 403-419.

Haden VR, Xiang J, Peng S, et al. 2011. Ammonia toxicity in aerobic rice: use of soil properties to predict ammonia volatilization following urea application and the adverse effects on germination. European Journal of Soil Science, 62(4): 551-559.

Han DR, Wiesmeier M, Conant RT, et al. 2018. Large soil organic carbon increase due to improved agronomic management in the North China Plain from 1980s to 2010s. Global Change Biology, 24(3): 987-1000.

Han L, Liu Q, Gu JD, et al. 2014. V-ATPase and V-PPase at the tonoplast affect NO_3^- content in *Brassica napus* by controlling distribution of NO_3^- between the cytoplasm and vacuole. Journal of Plant Growth Regulation, 34(1): 22-34.

Han YL, Liao JY, Yu Y, et al. 2017. Exogenous abscisic acid promotes the nitrogen use efficiency of *Brassica napus* by increasing nitrogen remobilization in the leaves. Journal of Plant Nutrition, 40(18): 2540-2549.

Han YL, Liao Q, Yu Y, et al. 2015. Nitrate reutilization mechanisms in the tonoplast of two *Brassica napus* genotypes with different nitrogen use efficiency. Acta Physiologiae Plantarum, 37(2): 42.

Han YL, Song HX, Liao Q, et al. 2016. Nitrogen use efficiency is mediated by vacuolar nitrate sequestration capacity in roots of *Brassica napus*. Plant Physiology, 170(3): 1684-1698.

Hassan MU, Islam MM, Wang R, et al. 2020. Glutamine application promotes nitrogen and biomass accumulation in the shoot of seedlings of the maize hybrid ZD958. Planta, 251(3): 1-15.

Hastings MG, Casciotti KL, Elliott EM. 2013. Stable isotopes as tracers of anthropogenic nitrogen sources, deposition, and impacts. Elements, 9(5): 339-344.

Hawkesford MJ, Griffiths S. 2019. Exploiting genetic variation in nitrogen use efficiency for cereal crop improvement. Current Opinion in Plant Biology, 49: 35-42.

He H, Yang R, Li Y, et al. 2017. Genotypic variation in nitrogen utilization efficiency of oilseed rape (*Brassica napus*) under contrasting N supply in pot and field experiments. Frontiers in Plant Science, 8: 1825.

He HB, Zhang W, Zhang XD, et al. 2011. Temporal responses of soil microorganisms to substrate addition as indicated by amino sugar differentiation. Soil Biology and Biochemistry, 43(6): 1155-1161.

He X, Fang J, Li J, et al. 2014. A genotypic difference in primary root length is associated with the inhibitory role of transforming growth factor-beta receptor-interacting protein-1 on root meristem size in wheat. Plant Journal, 77(6): 931-943.

He X, Qu B, Li W, et al. 2015. The nitrate-inducible NAC transcription factor *TaNAC2-5A* controls nitrate response and increases wheat yield. Plant Physiology, 169(3): 1991-2005.

Heffer P, Gruère A, Roberts T. 2017. Assessment of Fertilizer Use by Crop at the Global Level: 2014-2014/15. International Fertilizer Industry Association, Paris.

Helgason BL, Gregorich EG, Janzen HH, et al. 2014. Long-term microbial retention of residue C is site-specific and depends on residue placement. Soil Biology and Biochemistry, 68: 231-240.

Herrmann A, Taube F. 2004. The range of the critical nitrogen dilution curve for maize (*Zea mays* L.) can be extended until silage maturity. Agronomy Journal, 96(4): 1131-1138.

Hirel B, Le Gouis J, Ney B, et al. 2007. The challenge of improving nitrogen use efficiency in crop plants:

towards a more central role for genetic variability and quantitative genetics within integrated approaches. Journal of Experimental Botany, 58(9): 2369-2387.

Hoben JP, Gehl RJ, Millar N, et al. 2011. Nonlinear nitrous oxide (N_2O) response to nitrogen fertilizer in on-farm corn crops of the US Midwest. Global Change Biology, 17(2): 1140-1152.

Hoopen F, Cuin TA, Pedas P, et al. 2010. Competition between uptake of ammonium and potassium in barley and *Arabidopsis* roots: molecular mechanisms and physiological consequences. Journal of Experimental Botany, 61(9): 2303-2315.

Hou M, Luo F, Wu D, et al. 2021. OsPIN9, an auxin efflux carrier, is required for the regulation of rice tiller bud outgrowth by ammonium. New Phytologist, 229(2): 935-949.

Hou P, Gao Q, Xie RZ, et al. 2012. Grain yields in relation to N requirement: optimizing nitrogen management for spring maize grown in China. Field Crops Research, 129: 1-6.

Hou WF, Khan MR, Zhang JL, et al. 2019. Nitrogen rate and plant density interaction enhances radiation interception, yield and nitrogen use efficiency of mechanically transplanted rice. Agriculture, Ecosystems & Environment, 269: 183-192.

Hu B, Wang W, Ou S, et al. 2015. Variation in NRT1.1B contributes to nitrate-use divergence between rice subspecies. Nature Genetics, 47(7): 834.

Hu GQ, He HB, Zhang W, et al. 2016. The transformation and renewal of soil amino acids induced by the availability of extraneous C and N. Soil Biology and Biochemistry, 96: 86-96.

Hu MY, Zhao XQ, Liu Q, et al. 2018. Transgenic expression of plastidic glutamine synthetase increases nitrogen uptake and yield in wheat. Plant Biotechnology Journal, 16: 1858-1867.

Hu XK, Su F, Ju XT, et al. 2013. Greenhouse gas emissions from a wheat-maize double cropping system with different nitrogen fertilization regimes. Environmental Pollution, 176: 198-207.

Hua YP, Zhou T, Song HX, et al. 2018. Integrated genomic and transcriptomic insights into the two-component high-affinity nitrate transporters in allotetraploid rapeseed. Plant and Soil, 427(1): 245-268.

Huang HY, Li H, Xiang D, et al. 2020. Translocation and recovery of ^{15}N-labeled N derived from the foliar uptake of $^{15}NH_3$ by the greenhouse tomato (*Lycopersicon esculentum* Mill.). Journal of Integrative Agriculture, 19(3): 859-865.

Huang S, Liang Z, Chen S, et al. 2019. A transcription factor, OsMADS57, regulates long-distance nitrate transport and root elongation. Plant Physiology, 180(2): 882-895.

Huang T, Gao B, Hu XK, et al. 2014. Ammonia-oxidation as an engine to generate nitrous oxide in an intensively managed calcareous fluvo-aquic soil. Scientific Reports, 4: 3950.

Huang T, Ju XT, Yang H. 2017. Nitrate leaching in a winter wheat-summer maize rotation on a calcareous soil as affected by nitrogen and straw management. Scientific Reports, 7: 42247.

IFA. 2020. World Outlook for Fertilizer Demand, Nitrogen, Phosphates and Potash from 2019 to 2020. IFA Strategic Forum, Versailles, France, 18-20, November 2019.

Isaksen ISA, Granier C, Myhre G, et al. 2009. Atmospheric composition change: climate–chemistry interactions. Atmospheric Environment, 43(33): 5138-5192.

Ishii S, Ikeda S, Minamisawa K, et al. 2011. Nitrogen cycling in rice paddy environments: past achievements and future challenges. Microbes and Environments, 26(4): 282-292.

Ishiyama K, Hayakawa T, Yamaya T. 1998. Expression of NADH-dependent glutamate synthase protein in the epidermis and exodermis of rice roots in response to the supply of ammonium ions. Planta, 204(3): 288-294.

Ishiyama K, Inoue E, Watanabe-Takahashi A, et al. 2004. Kinetic properties and ammonium-dependent regulation of cytosolic isoenzymes of glutamine synthetase in *Arabidopsis*. Journal of Biological Chemistry, 279(16): 16598-16605.

Ishiyama K, Kojima S, Takahashi H, et al. 2003. Cell type distinct accumulations of mRNA and protein for NADH-dependent glutamate synthase in rice roots in response to the supply of NH_4^+. Plant Physiology and Biochemistry, 41(6-7): 643-647.

Ismunadji M, Dijkshoorn W. 1971. Nitrogen nutrition of rice plants measured by growth and nutrient content in pot experiments. Netherlands Journal of Agricultural Science, 19(4): 223-236.

Jetten MS, Strous M, van de Pas-Schoonen KT, et al. 1998. The anaerobic oxidation of ammonium. FEMS Microbiology Reviews, 22(5): 421-437.

Jian SF, Liao Q, Song HX, et al. 2018. NRT1.1-related NH_4^+ toxicity is associated with a disturbed balance between NH_4^+ uptake and assimilation. Plant Physiology, 178(4): 1473-1488.

Jiao XQ, Zhang HY, Ma WQ, et al. 2019. Science and technology backyard: a novel approach to empower smallholder farmers for sustainable intensification of agriculture in China. Journal of Integrative Agriculture, 18(8): 1657-1666.

Jiao X, Wang H, Yan J, et al. 2020. Promotion of BR biosynthesis by miR444 is required for ammonium-triggered inhibition of root growth. Plant Physiology, 182(3): 1454-1466.

Joergensen RG. 2018. Amino sugars as specific indices for fungal and bacterial residues in soil. Biology and Fertility of Soils, 54(5): 559-568.

Jones DL, Kielland K. 2012. Amino acid, peptide and protein mineralization dynamics in a taiga forest soil. Soil Biology and Biochemistry, 55: 60-69.

Ju CX, Buresh RJ, Wang ZQ, et al. 2015. Root and shoot traits for rice varieties with higher grain yield and higher nitrogen use efficiency at lower nitrogen rates application. Field Crops Research, 175: 47-55.

Ju XT, Christie P. 2011. Calculation of theoretical nitrogen rate for simple nitrogen recommendations in intensive cropping systems: a case study on the North China Plain. Field Crops Research, 124(3): 450-458.

Ju XT, Kou CL, Zhang FS, et al. 2006. Nitrogen balance and groundwater nitrate contamination: comparison among three intensive cropping systems on the North China Plain. Environmental Pollution, 143(1): 117-125.

Ju XT, Lu X, Gao ZL, et al. 2011. Processes and factors controlling N_2O production in an intensively managed low carbon calcareous soil under sub-humid monsoon conditions. Environmental Pollution, 159(4): 1007-1016.

Ju XT, Xing GX, Chen XP, et al. 2009. Reducing environmental risk by improving N management in intensive Chinese agricultural systems. Proc Natl Acad Sci USA, 106(9): 3041-3046.

Ju XT, Zhang C. 2017. Nitrogen cycling and environmental impacts in upland agricultural soils in North China: a review. Journal of Integrative Agriculture, 16(12): 2848-2862.

Justes E, Mary B, Meynard JM, et al. 1994. Determination of a critical nitrogen dilution curve for winter wheat crops. Annals of Botany, 74(4): 397-407.

Kamh M, Wiesler F, Ulas A, et al. 2005. Root growth and N-uptake activity of oilseed rape (*Brassica napus* L.) cultivars differing in nitrogen efficiency. Journal of Plant Nutrition and Soil Science, 168(1): 130-137.

Kant S. 2018. Understanding nitrate uptake, signaling and remobilisation for improving plant nitrogen use efficiency. Seminars in Cell & Developmental Biology, 74: 89-96.

Kanwar RS, Baker JL, Johnson HP, et al. 1980. Nitrate movement with zero-order denitrification in a soil profile. Soil Science Society of America Journal, 44(5): 2252-2257.

Katsura K, Maeda S, Lubis I, et al. 2008. The high yield of irrigated rice in Yunnan, China. Field Crops Research, 107(1): 1-11.

Kessel B, Schierholt A, Becker HC. 2012. Nitrogen use efficiency in a genetically diverse set of winter oilseed rape (*Brassica napus* L.). Crop Science, 52(6): 2546-2554.

Khalil MI, Hossain MB, Schmidhalter U. 2005. Carbon and nitrogen mineralization in different upland soils of the subtropics treated with organic materials. Soil Biology and Biochemistry, 37: 1507-1518.

Kichey T, Hirel B, Heumez E, et al. 2007. In winter wheat (*Triticum aestivum* L.), post-anthesis nitrogen uptake and remobilisation to the grain correlates with agronomic traits and nitrogen physiological markers. Field Crops Research, 102(1): 22-32.

Kiers ET, Rousseau RA, West SA, et al. 2003. Host sanctions and the legume-rhizobium mutualism. Nature, 425(6953): 78-81.

Kirk G, Kronzucker HJ. 2005. The potential for nitrification and nitrate uptake in the rhizosphere of wetland plants: a modelling study. Annals of Botany, 96(4): 639-646.

Kirk GJD. 2001. Plant-mediated processess to acquire nutrients: nitrogen uptake by rice plant. Plant and Soil, 232: 129-134.

Korom SF. 1992. Natural denitrification in the saturated zone: a review. Water Resources Research, 28(6): 1657-1668.

Krapp A, David LC, Chardin C, et al. 2014. Nitrate transport and signalling in *Arabidopsis*. Journal of Experimental Botany, 65(3): 789-798.

Kuang FH, Liu XJ, Zhu B, et al. 2016. Wet and dry nitrogen deposition in the central Sichuan Basin of China. Atmospheric Environment, 143: 39-50.

Ladha J, Fischer K, Hossain M, et al. 2000. Improving the productivity and sustainability of rice-wheat systems of the Indo-Gangetic Plains: a synthesis of NARS-IRRI partnership research. Discussion Paper No. 40, IRRI, Los Banos, Philippines, 1-31.

Lai L, Huang XJ, Yang H, et al. 2016. Carbon emissions from land-use change and management in China between 1990 and 2010. Science Advances, 2(11): e1601063.

Lal R. 2004. Soil carbon sequestration impacts on global climate change and food security. Science, 304(5677): 1623-1627.

Lal R. 2009. Soils and food sufficiency. A review. Agronomy for Sustainable Development, 29(1): 113-133.

Lazcano C, Gómez-Brandón M, Revilla P, et al. 2013. Short-term effects of organic and inorganic fertilizers on soil microbial community structure and function. Biology and Fertility of Soils, 49(6): 723-733.

Lea PJ. 1993. Nitrogen metabolism // Lea PJ, Leegood R. Plant Biochemistry and Molecular Biology. New York: John Wiley & Sons: 155-180.

Leip A, Busto M, Winiwarter W. 2011. Developing spatially stratified N_2O emission factors for Europe. Environmental Pollution, 159(11): 3223-3232.

Li BH, Li GJ, Kronzucher HJ, et al. 2014. Ammonium stress in *Arabidopsis*: signaling, genetic loci, and physiological targets. Trends in Plant Science, 19(2): 107-114.

Li FC, Wang ZH, Dai J, et al. 2015. Fate of nitrogen from green manure, straw, and fertilizer applied to wheat under different summer fallow management strategies in dryland. Biology and Fertility of Soils, 51(7): 769-780.

Li H, Liang X, Lian Y, et al. 2009. Reduction of ammonia volatilization from urea by a floating duckweed in flooded rice fields. Soil Science Society of America Journal, 73(6): 1890-1895.

Li H, Yang XR, Weng BS, et al. 2016. The phenological stage of rice growth determines anaerobic ammonium oxidation activity in rhizosphere soil. Soil Biology and Biochemistry, 100: 59-65.

Li JY, Fu YL, Pike SM, et al. 2010. The *Arabidopsis* nitrate transporter *NRT1.8* functions in nitrate removal from the xylem sap and mediates cadmium tolerance. The Plant Cell, 22(5): 1633-1646.

Li N, Zhou CJ, Sun X, et al. 2018a. Effects of ridge tillage and mulching on water availability, grain yield, and water use efficiency in rain-fed winter wheat under different rainfall and nitrogen conditions. Soil and Tillage Research, 179(1): 86-95.

Li PF, Lu JW, Wang Y, et al. 2018b. Nitrogen losses, use efficiency, and productivity of early rice under controlled-release urea. Agriculture, Ecosystems & Environment, 251: 78-87.

Li Q, Ding G, Yang Y, et al. 2020. Comparative genome and transcriptome analysis unravels key factors of nitrogen use efficiency in *Brassica napus* L. Plant Cell & Environment, 43(3): 712-731.

Li WJ, He X, Chen Y, et al. 2019. A wheat transcription factor positively sets seed vigour by regulating the grain nitrate signal. New Phytologist, 225(4): 1667-1680.

Li XP, Zhao XQ, He X, et al. 2011a. Haplotype analysis of the genes encoding glutamine synthetase plastic isoforms and their association with nitrogen-use- and yield-related traits in bread wheat. New Phytologist, 189(2): 449-458.

Li Y, Yin YP, Zhao Q, et al. 2011b. Changes of glutenin subunits due to water-nitrogen interaction influence size and distribution of glutenin macropolymer particles and flour quality. Crop Science, 51(6): 2809-2819.

Liang B, Yang XY, Murphy DV, et al. 2013. Fate of ^{15}N-labeled fertilizer in soils under dryland agriculture after 19 years of different fertilizations. Biology and Fertility of Soils, 49(8): 977-986.

Liang C, Amelung W, Lehmann J, et al. 2019. Quantitative assessment of microbial necromass contribution to soil organic matter. Global Change Biology, 25: 3578-3590.

Liang GH, Zhang ZH. 2020. Reducing the nitrate content in vegetables through joint regulation of short-distance distribution and long-distance transport. Frontiers in Plant Science, 11: 1079.

Liao Q, Jian SF, Song HX, et al. 2019. Balance between nitrogen use efficiency and cadmium tolerance in *Brassica napus* and *Arabidopsis thaliana*. Plant Science, 284: 57-66.

Liao Q, Tang TJ, Zhou T, et al. 2020. Integrated transcriptional and proteomic profiling reveals potential amino acid transporters targeted by nitrogen limitation adaptation. International Journal of Molecular Sciences, 21(6): 2171.

Liao Q, Zhou T, Yao JY, et al. 2018. Genome-scale characterization of the vacuole nitrate transporter chloride channel (CLC) genes and their transcriptional responses to diverse nutrient stresses in allotetraploid rapeseed. PLoS ONE, 13(12): e0208648.

Liebich J, Vereecken H, Burauel P. 2006. Microbial community changes during humification of ^{14}C-labelled maize straw in heat-treated and native Orthic Luvisol. European Journal of Soil Science, 57(4): 446-455.

Lin SH, Kuo HF, Canivenc G, et al. 2008. Mutation of the *Arabidopsis NRT1.5* nitrate transporter causes defective root-to-shoot nitrate transport. The Plant Cell, 20(9): 2514-2528.

Liu B, Ren T, Lu J, et al. 2017. On-farm trials of site-specific N management for maximum winter oilseed rape (*Brassica napus* L.) yield. Journal of Plant Nutrition, 40(9): 1300-1311.

Liu GD, Li YC, Migliaccio KW, et al. 2011. Identification of factors most important for ammonia emission from fertilized soils for potato production using principal component analysis. Journal of Sustainable Watershed Science and Management, 1(1): 21-30.

Liu JS, Qiu WH. 2016. The potential for N_2O emission and nitrate leaching in seasonally open solar greenhouses during the summer fallow: a ^{15}N tracer study. Soil Use Manage, 32(1): 89-96.

Liu L, Xu W, Lu XK, et al. 2022. Exploring global changes in agricultural ammonia emissions and their contribution to nitrogen deposition since 1980. Proc Natl Acad Sci USA, 119(14): e2121998119.

Liu MZ, Seyf-Laye ASM, Ierahim T, et al. 2014. Tracking sources of groundwater nitrate contamination using nitrogen and oxygen stable isotopes at Beijing area, China. Environmental Earth Sciences, 7(3): 707-715.

Liu R, Hu HW, Suter H, et al. 2016a. Nitrification is a primary driver of nitrous oxide production in laboratory microcosms from different land-use soils. Frontiers in Microbiology, 7: 1373.

Liu SY, Chi QD, Cheng Y, et al. 2019a. Importance of matching soil N transformations, crop N form preference, and climate to enhance crop yield and reducing N loss. Science of the Total Environment, 657: 1265-1273.

Liu TQ, Fan DJ, Zhang XX, et al. 2015. Deep placement of nitrogen fertilizers reduces ammonia volatilization and increases nitrogen utilization efficiency in no-tillage paddy fields in central China. Field Crops Research, 184: 80-90.

Liu WX, Wang JR, Wang CY, et al. 2018. Root growth, water and nitrogen use efficiencies in winter wheat under different irrigation and nitrogen regimes in North China plain. Frontiers in Plant Science, 9: 1798.

Liu X, Chen CR, Wang WJ, et al. 2013b. Soil environmental factors rather than denitrification gene abundance control N_2O fluxes in a wet sclerophyll forest with different burning frequency. Soil Biology and Biochemistry, 57: 292-300.

Liu X, Du E. 2020. Atmospheric reactive nitrogen in China: emission, deposition and environmental impacts. Singapore: Springer Nature.

Liu X, Hu GQ, He HB et al. 2016b. Linking microbial immobilization of fertilizer nitrogen to *in situ* turnover of soil microbial residues in an agro-ecosystem. Agriculture, Ecosystems & Environment, 229: 40-47.

Liu XJ, Zhang Y, Han WX, et al. 2013a. Enhanced nitrogen deposition over China. Nature, 494(7438): 459-462.

Liu ZJ, Yang XG, Hubbard KG, et al. 2012. Maize potential yields and yield gaps in the changing climate of northeast China. Global Change Biology, 18(11): 3441-3454.

Liu ZJ, Ma PY, Zhai BN, et al. 2019b. Soil moisture decline and residual nitrate accumulation after converting cropland to apple orchard in a semiarid region: evidence from the Loess Plateau. Catena, 181: 104080.

Lu CH, Fan L. 2013. Winter wheat yield potentials and yield gaps in the North China Plain. Field Crops Research, 143: 98-105.

Lu G, Coneva V, Casaretto JA, et al. 2015. *OsPIN5b* modulates rice (*Oryza sativa*) plant architecture and yield by changing auxin homeostasis, transport and distribution. The Plant Journal, 83(5): 913-925.

Lü HJ, He HB, Zhao JS, et al. 2013. Dynamics of fertilizer-derived organic nitrogen fractions in an arable soil during a growing season. Plant and Soil, 373(1): 595-607.

Luo AC, Xu JM, Yang XE. 1993. Effect of nitrogen (NH_4NO_3) supply on absorption of ammonium and nitrate by conventional and hybrid rice during reproductive growth. Plant Soil, 155: 395-398.

Luo JP, Liu YY, Tao Q, et al. 2019. Successive phytoextraction alters ammonia oxidation and associated microbial communities in heavy metal contaminated agricultural soils. Science of the Total Environment, 664: 616-625.

Luo L, Zhang Y, Xu G. 2020. How does nitrogen shape plant architecture? Journal of Experimental Botany, 71(15): 4415-4427.

Luo Z, Liu H, Li WP, et al. 2018. Effects of reduced nitrogen rate on cotton yield and nitrogen use efficiency as mediated by application mode or plant density. Field Crops Research, 218: 150-157.

Ma WY, Li JJ, Qu BY, et al. 2014. Auxin biosynthetic gene *TAR2* is involved in low nitrogen-mediated reprogramming of root architecture in *Arabidopsis*. The Plant Journal, 78: 70-79.

Malhi SS, Brandt SA, Ulrich D, et al. 2002. Accumulation and distribution of nitrate-nitrogen and extractable phosphorus in the soil profile under various alternative cropping systems. Journal of Plant Nutrition, 25(11): 2499-2520.

Mariotti A. 1983. Atmospheric nitrogen is a reliable standard for natural ^{15}N abundance measurements. Nature, 303(5919): 685-687.

Martin A, Lee J, Kichey T, et al. 2006. Two cytosolic glutamine synthetase isoforms of maize are specifically involved in the control of grain production. The Plant Cell, 18(11): 3252-3274.

Masood S, Naz T, Javed MT, et al. 2014. Effect of short-term supply of farmyard manure on maize growth and soil parameters in pot culture. Archives of Agronomy and Soil Science, 60(3): 337-347.

McDaniel MD, Saha D, Dumont MG, et al. 2019. The effect of land-use change on soil CH_4 and N_2O fluxes: a global meta-analysis. Ecosystems, 22(6): 1424-1443.

Meng QF, Hou P, Wu LA, et al. 2013. Understanding production potentials and yield gaps in intensive maize production in China. Field Crops Research, 143: 91-97.

Meng XT, Li YY, Zhang Y, et al. 2019. Green manure application improves rice growth and urea nitrogen use efficiency assessed using ^{15}N labeling. Soil Science and Plant Nutrition, 65(5): 511-518.

Miflin BJ, Habash DZ. 2002. The role of glutamine synthetase and glutamate dehydrogenase in nitrogen assimilation and possibilities for improvement in the nitrogen utilization of crops. Journal of Experimental Botany, 53(370): 979-987.

Mikkelsen R. 2009. Ammonia emissions from agricultural operations: fertilizer. Better Crops with Plant Food, 93: 9-11.

Min J, Shi WM, Xing GX, et al. 2011. Effects of a catch crop and reduced nitrogen fertilization on nitrogen leaching in greenhouse vegetable production systems. Nutrient Cycling in Agroecosystems, 91: 31-40.

Monks PS, Granier C, Fuzzi S, et al. 2009. Atmospheric composition change-global and regional air quality. Atmospheric Environment, 43(33): 5268-5350.

Morimoto S, Hayatsu M, Takada Hoshino Y, et al. 2011. Quantitative analyses of ammonia-oxidizing archaea (AOA) and ammonia-oxidizing bacteria (AOB) in fields with different soil types. Microbes and Environments, 26(3): 248-253.

Mugwira LM, Nyamangara J, Hikwa D. 2002. Effects of manure and fertilizer on maize at a research station and in a smallholder (peasant) area of Zimbabwe. Communications in Soil Science and Plant Analysis, 33(3/4): 379-402.

Müller C, Elliott J, Chryssanthacopoulos J, et al. 2017. Global Gridded Crop Model evaluation: benchmarking, skills, deficiencies and implications. Geoscientific Model Development, 10(4): 1403-1422.

Müller C, Rütting T, Kattge J, et al. 2007. Estimation of parameters in complex ^{15}N tracing models by Monte Carlo sampling. Soil Biology and Biochemistry, 39(3): 715-726.

Nakas JP, Klein DA. 1979. Decomposition of microbial cell components in a semi-arid grassland soil. Applied and Environmental Microbiology, 38(3): 454-460.

Nie SA, Li H, Yang XR, et al. 2015. Nitrogen loss by anaerobic oxidation of ammonium in rice rhizosphere. The ISME Journal, 9(9): 2059-2067.

Oenema O, Kros H, de Vries W. 2003. Approaches and uncertainties in nutrient budgets: implications for nutrient management and environmental policies. European Journal of Agronomy, 20(1-2): 3-16.

Ongaro V, Leyser O. 2008. Hormonal control of shoot branching. Journal of Experimental Botany, 59(1): 67-74.

Orr CH, James A, Leifert C, et al. 2011. Diversity and activity of free-living nitrogen-fixing bacteria and total bacteria in organic and conventionally managed soils. Applied and Environmental Microbiology, 77(3): 911-919.

Pan GX, Smith P, Pan WN. 2009. The role of soil organic matter in maintaining the productivity and yield stability of cereals in China. Agriculture, Ecosystems & Environment, 129(1/2/3): 344-348.

Pang JZ, Wang XK, Peng CH, et al. 2019. Nitrous oxide emissions from soils under traditional cropland and apple orchard in the semi-arid Loess Plateau of China. Agriculture, Ecosystems & Environment, 269: 116-124.

Peng S, Buresh RJ, Huang J, et al. 2010. Improving nitrogen fertilization in rice by sitespecific N management. A review. Agronomy for Sustainable Development, 30: 649-656.

Peng S, Garcia FV, Laza RC, et al. 1996. Increased N-use efficiency using a chlorophyll meter on high-yielding irrigated rice. Field Crops Research, 47(2/3): 243-252.

Peng SB, Buresh RJ, Huang JL, et al. 2006. Strategies for overcoming low agronomic nitrogen use efficiency in irrigated rice systems in China. Field Crops Research, 96(1): 37-47.

Peterman TK, Goodman HM. 1991. The glutamine synthetase gene family of *Arabidopsis thaliana*: light-regulation and differential expression in leaves, roots and seeds. Molecular and General Genetics, 230(1-2): 145-154.

Plénet D, Lemaire G. 1999. Relationships between dynamics of nitrogen uptake and dry matter accumulation in maize crops. Determination of critical N concentration. Plant and Soil, 216: 65-82.

Plett DC, Holtham LR, Okamoto M, et al. 2018. Nitrate uptake and its regulation in relation to improving nitrogen use efficiency in cereals. Seminars in Cell & Developmental Biology, 74: 97-104.

Qin S, Sun X, Hu C, et al. 2017b. Effect of NO_3^-: NH_4^+ ratios on growth, root morphology and leaf metabolism of oilseed rape (*Brassica napus* L.) seedlings. Acta Physiologiae Plantarum, 39(9): 198.

Qin SP, Hu CS, Clough TJ, et al. 2017a. Irrigation of DOC-rich liquid promotes potential denitrification rate and decreases $N_2O/(N_2O+N_2)$ product ratio in a 0-2 m soil profile. Soil Biology and Biochemistry, 106: 1-8.

Qin ZC, Huang Y, Zhuang QL. 2013. Soil organic carbon sequestration potential of cropland in China. Global Biogeochemical Cycles, 27: 711-722.

Qu B, He X, Wang J, et al. 2015. A wheat CCAAT box-binding transcription factor increases the grain yield of wheat with less fertilizer input. Plant Physiology, 167(2): 411-423.

Rashti M R, Wang WJ, Moody P, et al. 2015. Fertiliser-induced nitrous oxide emissions from vegetable production in the world and the regulating factors: a review. Atmospheric Environment, 112: 225-233.

Ray DK, Gerber JS, MacDonald GK, et al. 2015. Climate variation explains a third of global crop yield variability. Nature Communications, 6: 5989.

Ren YZ, Qian YY, Xu YH, et al. 2017. Characterization of QTLs for root traits of wheat grown under different nitrogen and phosphorus supply levels. Frontiers in Plant Science, 8: 2096.

Risgaard-Petersen N, Meyer RL, Schmid M, et al. 2004. Anaerobic ammonium oxidation in an estuarine sediment. Aquatic Microbial Ecology, 36: 293-304.

Rutting T, Boeckx P, Müller C, et al. 2011. Assessment of the importance of dissimilatory nitrate reduction to ammonium for the terrestrial nitrogen cycle. Biogeosciences, 8(7): 1779-1791.

Ryan J, Curtin D, Safi I. 1981. Ammonia volatilization as influenced by calcium carbonate particle size and iron oxides. Soil Science Society of America Journal, 45(2): 338-341.

Said-Pullicino D, Cucu MA, Sodano M, et al. 2014. Nitrogen immobilization in paddy soils as affected by redox conditions and rice straw incorporation. Geoderma, 228: 44-53.

Salvagiotti F, Cassman KG, Specht JE, et al. 2008. Nitrogen uptake, fixation and response to fertilizer N in soybeans: a review. Field Crops Research, 108(1): 1-13.

Sanz-Cobena A, Misselbrook T, Camp V, et al. 2011. Effect of water addition and the urease inhibitor NBPT on the abatement of ammonia emission from surface applied urea. Atmospheric Environment, 45(8): 1517-1524.

Schellberg J, Hüging H. 1997. Yield development of cereals, row crops and clover in the Dikopshof long-term fertilizer trial from 1906 to 1996. Archives of Agronomy and Soil Science, 42(3/4): 303-318.

Seitzinger S, Harrison JA, Böhlke JK, et al. 2006. Denitrification across landscapes and waterscapes: a synthesis. Ecological Applications, 16(6): 2064-2090.

Senbayram M, Budai A, Bol R, et al. 2019. Soil NO_3^- level and O_2 availability are key factors in controlling N_2O reduction to N_2 following long-term liming of an acidic sandy soil. Soil Biology and Biochemistry, 132: 165-173.

Sgouridis F, Ullah S. 2015. Relative magnitude and controls of *in situ* N_2 and N_2O fluxes due to denitrification in natural and seminatural terrestrial ecosystems using ^{15}N tracers. Environmental Science & Technology, 49(24): 14110-14119.

Sha Z, Ma X, Wang JX, et al. 2022. Model the relationship of NH_3 emission with attributing factors from rice fields in China: ammonia mitigation potential using a urease inhibitor. Atmosphere, 13(11): 1750.

Sha ZP, Li QQ, Lv TT, et al. 2019. Response of ammonia volatilization to biochar addition: a meta-analysis. Science of the Total Environment, 655: 1387-1396.

Sha ZP, Ma X, Loick N, et al. 2020. Nitrogen stabilizers mitigate reactive N and greenhouse gas emissions from an arable soil in North China Plain: field and laboratory investigation. Journal of Cleaner Production, 258: 121025.

Shan J, Yang PP, Shang XX, et al. 2018. Anaerobic ammonium oxidation and denitrification in a paddy soil as affected by temperature, pH, organic carbon, and substrates. Biology and Fertility of Soils, 54(3): 341-348.

Shan J, Zhao X, Sheng R, et al. 2016. Dissimilatory nitrate reduction processes in typical Chinese paddy soils: rates, relative contributions, and influencing factors. Environmental Science & Technology, 50(18): 9972-9980.

Shang ZY, Zhou F, Smith P, et al. 2019. Weakened growth of cropland-N_2O emissions in China associated with nationwide policy interventions. Global Change Biology, 25(11): 3706-3719.

Shao A, Ma WY, Zhao XQ, et al. 2017. The auxin biosynthetic *TRYPTOPHAN AMINOTRANSFERASE RELATED TaTAR2.1*-3A increases grain yield of wheat. Plant Physiology, 174(4): 2274-2288.

Shi WM, Xu WF, Li SM, et al. 2010. Responses of two rice cultivars differing in seedling-stage nitrogen use efficiency to growth under low-nitrogen conditions. Plant and Soil, 326(1-2): 291-302.

Shi XZ, Hu HW, Zhu-Barker X, et al. 2017. Nitrifier-induced denitrification is an important source of soil nitrous oxide and can be inhibited by a nitrification inhibitor 3,4-dimethylpyrazole phosphate. Environmental Microbiology, 19(12): 4851-4865.

Shrestha G, Traina S, Swanston C. 2010. Black carbon's properties and role in the environment: a comprehensive review. Sustainability, 2(1): 294-320.

Singh B, Singh Y, Imas P, et al. 2003. Potassium nutrition of the rice−wheat cropping system. Advances in Agronomy, 81: 203-259.

Six J, Frey SD, Thiet RK, et al. 2006. Bacterial and fungal contributions to carbon sequestration in agroecosystems. Soil Science Society of America Journal, 70(2): 555-569.

Song XZ, Zhao CX, Wang XL, et al. 2009. Study of nitrate leaching and nitrogen fate under intensive vegetable production pattern in Northern China. Comptes Rendus Biologies, 332(4): 385-392.

Stahl A, Vollrath P, Samans B, et al. 2019. Effect of breeding on nitrogen use efficiency-associated traits in oilseed rape. Journal of Experimental Botany, 70: 1969-1986.

Storer KE, Berry PM, Kindred DR, et al. 2018. Identifying oilseed rape varieties with high yield and low nitrogen fertilizer requirement. Field Crops Research, 225: 104-116.

Streets DG, Bond TC, Carmichael GR, et al. 2003. An inventory of gaseous and primary aerosol emissions in Asia in the year 2000. Journal of Geophysical Research: Atmospheres, 108(D21): 8809.

Strous M, Kuenen JG, Jetten MS. 1999. Key physiology of anaerobic ammonium oxidation. Applied and Environmental Microbiology, 65(7): 3248-3250.

Sun DB, Li HG, Wang EL, et al. 2020b. An overview of the use of plastic film mulching in China to increase crop yield and water-use efficiency. National Science Review, 7(10): 1523-1526.

Sun H, Zhang H, Powlson D, et al. 2015. Rice production, nitrous oxide emission and ammonia volatilization as impacted by the nitrification inhibitor 2-chloro-6-(trichloromethyl)-pyridine. Field Crops Research, 173: 1-7.

Sun L, Di DW, Li GJ, et al. 2020a. Endogenous ABA alleviates rice ammonium toxicity by reducing ROS and free ammonium via regulation of the SAPK9-bZIP20 pathway. Journal of Experimental Botany, 71(15): 4562-4577.

Sutton MA, Howard CM, Erisman JW, et al. 2011. The European Nitrogen Assessment: Sources, Effects and Policy Perspectives. Cambridge: Cambridge University Press.

Tamura W, Hidaka Y, Tabuchi M, et al. 2010. Reverse genetics approach to characterize a function of NADH-glutamate synthase1 in rice plants. Amino Acids, 39(4): 1003-1012.

Tang WJ, He X, Qian LW, et al. 2019. Comparative transcriptome analysis in oilseed rape (*Brassica napus*) reveals distinct gene expression details between nitrate and ammonium nutrition. Genes, 10(5): 391.

Tang Z, Fan XR, Li Q, et al. 2012. Knockdown of a rice stelar nitrate transporter alters long-distance translocation but not root influx. Plant Physiology, 160(4): 2052-2063.

Teixeira C, Magalhães C, Joye SB, et al. 2012. Potential rates and environmental controls of anaerobic ammonium oxidation in estuarine sediments. Aquatic Microbial Ecology, 66(1): 23-32.

Teng W, He X, Tong YP. 2017. Transgenic approaches for improving use efficiency of nitrogen, phosphorus and potassium in crops. Journal of Integrative Agriculture, 16(12): 2657-2673.

Thind HS, Rowell DL. 2000. Transformations of ^{15}N-labelled urea in a flooded soil as affected by floodwater algae and green manure in a growth chamber. Biology and Fertility of Soils, 31(1): 53-59.

Thomas H, Ougham H. 2014. The stay-green trait. Journal of Experimental Botany, 65(14): 3889-3900.

Ti CP, Luo YX, Yan XY. 2015. Characteristics of nitrogen balance in open-air and greenhouse vegetable cropping systems of China. Environmental Science and Pollution Research, 22(23): 18508-18518.

Tian G, Gao L, Kong Y, et al. 2017. Improving rice population productivity by reducing nitrogen rate and increasing plant density. PLoS ONE, 12(8): e0182310.

Tiedje JM. 1988. Ecology of denitrification and dissimilatory nitrate reduction to ammonium // Zehnder AJB. Biology of Anaerobic Microorganisms. New York: John Wiley & Sons: 179-244.

Trouverie J, Th Venot C, Rocher JP, et al. 2003. The role of abscisic acid in the response of a specific vacuolar invertase to water stress in the adult maize leaf. Journal of Experimental Botany, 54(390): 2177-2186.

Ulrich A. 1952. Physiological bases for assessing the nutritional requirements of plants. Annual Review of Plant Physiology, 3(1): 207-228.

Van Ittersum MK, Rabbinge R. 1997. Concepts in production ecology for analysis and quantification of agricultural input-output combinations. Field Crops Research, 52(3): 197-208.

Virlouvet L, Jacquemot MP, Gerentes D, et al. 2011. The ZmASR1 protein influences branched-chain amino acid biosynthesis and maintains kernel yield in maize under water-limited conditions. Plant Physiology, 157(2): 917-936.

Wan YJ, Ju XT, Ingwersen J, et al. 2009. Gross nitrogen transformations and related nitrous oxide emissions in an intensively used calcareous soil. Soil Science Society of America Journal, 73(1): 102-112.

Wang A, Tang LH, Yang DW, et al. 2016a. Spatio-temporal variation of net anthropogenic nitrogen inputs in the upper Yangtze River basin from 1990 to 2012. Science China Earth Sciences, 59(11): 2189-2201.

Wang B, Smith SM, Li JY. 2018. Genetic regulation of shoot architecture. Annual Review of Plant Biology, 69: 437-468.

Wang B, Wei H, Zhang H, et al. 2020a. Enhanced accumulation of gibberellins rendered rice seedlings sensitive to ammonium toxicity. Journal of Experimental Botany, 71(4): 1514-1526.

Wang BZ, Zhao J, Guo ZY, et al. 2015a. Differential contributions of ammonia oxidizers and nitrite oxidizers to nitrification in four paddy soils. The ISME Journal, 9(5): 1062-1075.

Wang DY, Guo LP, Zheng L, et al. 2019b. Effects of nitrogen fertilizer and water management practices on nitrogen leaching from a typical open field used for vegetable planting in northern China. Agricultural Water Management, 213: 913-921.

Wang GL, Chen XP, Cui ZL, et al. 2014b. Estimated reactive nitrogen losses for intensive maize production in China. Agriculture, Ecosystems & Environment, 197: 293-300.

Wang GL, Ding GD, Li L, et al. 2014a. Identification and characterization of improved nitrogen efficiency in interspecific hybridized new-type *Brassica napus*. Annals of Botany, 114(3): 549-559.

Wang J, Zhu B, Zhang JB, et al. 2015b. Mechanisms of soil N dynamics following long-term application of organic fertilizers to subtropical rain-fed purple soil in China. Soil Biology and Biochemistry, 91: 222-231.

Wang JY, Pan XJ, Liu YL, et al. 2012. Effects of biochar amendment in two soils on greenhouse gas emissions and crop production. Plant and Soil, 360(1): 287-298.

Wang JY, Xiong ZQ, Yan XY. 2011b. Fertilizer-induced emission factors and background emissions of N_2O from vegetable fields in China. Atmospheric Environment, 45(38): 6923-6929.

Wang P, Wang Z, Pan Q, et al. 2019a. Increased biomass accumulation in maize grown in mixed nitrogen supply is mediated by auxin synthesis. Journal of Experimental Botany, 70(6): 1859-1873.

Wang R, Pan ZL, Zheng XH, et al. 2020b. Using field-measured soil N_2O fluxes and laboratory scale parameterization of $N_2O/(N_2O+N_2)$ ratios to quantify field-scale soil N_2 emissions. Soil Biology and Biochemistry, 148: 107904.

Wang R, Willibald G, Feng Q, et al. 2011a. Measurement of N_2, N_2O, NO, and CO_2 emissions from soil with the gas-flow-soil-core technique. Environmental Science & Technology, 45(14): 6066-6072.

Wang ZQ, Zhang WY, Beebout SS, et al. 2016b. Grain yield, water and nitrogen use efficiencies of rice as influenced by irrigation regimes and their interaction with nitrogen rates. Field Crops Research, 193: 54-69.

Webb RA. 1972. Use of the boundary line in the analysis of biological data. Journal of Horticultural Science, 47(3): 309-319.

Wei HH, Meng TY, Li C, et al. 2017. Comparisons of grain yield and nutrient accumulation and translocation in high-yielding japonica/indica hybrids, indica hybrids, and japonica conventional varieties. Field Crops Research, 204: 101-109.

Wei J, Zheng Y, Feng HM, et al. 2018. *OsNRT2.4* encodes a dual-affinity nitrate transporter and functions in nitrate-regulated root growth and nitrate distribution in rice. Journal of Experimental Botany, 69(5): 1095-1107.

Wei ZJ, Shan J, Chai YC, et al. 2020. Regulation of the product stoichiometry of denitrification in intensively managed soils. Food and Energy Security, 9(4): e251.

Wei ZJ, Shan J, Well R, et al. 2022. Land use conversion and soil moisture affect the magnitude and pattern of soil-borne N_2, NO, and N_2O emissions. Geoderma, 407: 115568.

Wiesler F, Behrens T, Horst WJ. 2001. Nitrogen efficiency of contrasting rape ideotypes // Horst WJ, Schenk MK, Bürkert A, et al. Plant Nutrition: Food Security and Sustainability of Agro-Ecosystems Through Basic and Applied Research. Dordrecht: Kluwer Academic Publishers: 60-61.

Williams K, Percival F, Merino J, et al. 1987. Estimation of tissue construction cost from heat of combustion and organic nitrogen content. Plant Cell & Environment, 10(9): 725-734.

Witt C, Cassman KG, Olk DC, et al. 2000. Crop rotation and residue management effects on carbon sequestration, nitrogen cycling and productivity of irrigated rice systems. Plant and Soil, 225(1): 263-278.

Wrage N, Velthof GL, van Beusichem ML, et al. 2001. Role of nitrifier denitrification in the production of nitrous oxide. Soil Biology and Biochemistry, 33(12/13): 1723-1732.

Wu CL, Shen QR, Mao JD, et al. 2010. Fate of ^{15}N after combined application of rabbit manure and inorganic N fertilizers in a rice-wheat rotation system. Biology and Fertility of Soils, 46(2): 127-137.

Wu D, Wei ZJ, Well R, et al. 2018a. Straw amendment with nitrate-N decreased $N_2O/(N_2O+N_2)$ ratio but increased soil N_2O emission: a case study of direct soil-born N_2 measurements. Soil Biology and Biochemistry, 127: 301-304.

Wu L, Zhang WJ, Wei WJ, et al. 2019b. Soil organic matter priming and carbon balance after straw addition is regulated by long-term fertilization. Soil Biology and Biochemistry, 135: 383-391.

Wu LA, Chen XP, Cui ZL, et al. 2015. Improving nitrogen management via a regional management plan for Chinese rice production. Environmental Research Letters, 10(9): 095011.

Wu X, Liu HF, Fu BJ, et al. 2017. Effects of land-use change and fertilization on N_2O and NO fluxes, the abundance of nitrifying and denitrifying microbial communities in a hilly red soil region of southern China. Applied Soil Ecology, 120: 111-120.

Wu XH, Wang W, Xie KJ, et al. 2018b. Combined effects of straw and water management on CH_4 emissions from rice fields. Journal of Environmental Management, 231: 1257-1262.

Wu ZM, Luo JS, Han YL, et al. 2019a. Low nitrogen enhances nitrogen use efficiency by triggering NO_3^- uptake and its long-distance translocation. Journal of Agricultural and Food Chemistry, 67(24): 6736-6747.

Xi RJ, Long XE, Huang S, et al. 2017. pH rather than nitrification and urease inhibitors determines the community of ammonia oxidizers in a vegetable soil. AMB Express, 7(1): 129.

Xia YQ, Yan XY. 2012. Ecologically optimal nitrogen application rates for rice cropping in the Taihu Lake region of China. Sustainability Science, 7(1): 33-44.

Xie ZJ, He YQ, Tu SX, et al. 2017. Chinese milk vetch improves plant growth, development and ^{15}N recovery in the rice-based rotation system of South China. Scientific Reports, 7(1): 3577.

Xing GX, Zhu ZL. 2000. An assessment of N loss from agricultural fields to the environment in China. Nutrient Cycling in Agroecosystems, 57(1): 67-73.

Xiong DL, Chen J, Yu TT, et al. 2015. SPAD-based leaf nitrogen estimation is impacted by environmental factors and crop leaf characteristics. Scientific Reports, 5: 13389.

Xu GH, Fan XR, Miller AJ. 2012. Plant nitrogen assimilation and use efficiency. Annual Review of Plant Biology, 63: 153-182.

Xu RT, Tian HQ, Pan SF, et al. 2019. Global ammonia emissions from synthetic nitrogen fertilizer applications in agricultural systems: empirical and process-based estimates and uncertainty. Global Change Biology, 25(1): 314-326.

Xu W, Luo XS, Pan YP, et al. 2015. Quantifying atmospheric nitrogen deposition through a nationwide monitoring network across China. Atmospheric Chemistry and Physics, 15(21): 12345-12360.

Xu YB, Cai ZC. 2007. Denitrification characteristics of subtropical soils in China affected by soil parent material and land use. European Journal of Soil Science, 58(6): 1293-1303.

Xu YB, Xu ZH, Cai ZC, et al. 2013. Review of denitrification in tropical and subtropical soils of terrestrial ecosystems. Journal of Soils and Sediments, 13(4): 699-710.

Xue XP, Sha YZ, Guo WQ, et al. 2008. Accumulation characteristics of biomass and nitrogen and critical nitrogen concentration dilution model of cotton reproductive organ. Acta Ecologica Sinica, 28(12): 6204-6211.

Xue YG, Chen TT, Yang C, et al. 2010. Effects of different cultivation patterns on yield and physiological characteristics in mid-season Japonica rice. Acta Agronomica Sinica, 36(3): 466-476.

Yamaya T, Kusano M. 2014. Evidence supporting distinct functions of three cytosolic glutamine synthetases and two NADH-glutamate synthases in rice. Journal of Experimental Botany, 65(19): 5519-5525.

Yan GX, Zheng XH, Cui F, et al. 2013. Two-year simultaneous records of N_2O and NO fluxes from a farmed cropland in the northern China plain with a reduced nitrogen addition rate by one-third. Agriculture, Ecosystems & Environment, 178: 39-50.

Yan M, Fan X, Feng H, et al. 2011. Rice *OsNAR2.1* interacts with *OsNRT2.1*, *OsNRT2.2* and *OsNRT2.3a* nitrate transporters to provide uptake over high and low concentration ranges. Plant, Cell & Environment, 34(8): 1360-1372.

Yan Y, Wang H, Hamera S, et al. 2014. miR444a has multiple functions in the rice nitrate-signaling pathway. The Plant Journal, 78(1): 44-55.

Yang JC. 2015. Approaches to achieve high grain yield and high resource use efficiency in rice. Frontiers of Agricultural Science and Engineering, 2(2): 115-123.

Yang JC, Zhang H, Zhang JH. 2012. Root morphology and physiology in relation to the yield formation of rice. Journal of Integrative Agriculture, 11(6): 920-926.

Yang XE, Li H, Krik GJD, et al. 2005. Room-induced changes of potassium in the rhizosphere of lowland rice. Communications in Soil Science and Plant Analysis, 36(13-14): 1947-1963.

Yang Y, Zhou CJ, Li N, et al. 2015. Effects of conservation tillage practices on ammonia emissions from Loess Plateau rain-fed winter wheat fields. Atmospheric Environment, 104: 59-68.

Yao YL, Zhang M, Tian YH, et al. 2017. Duckweed (*Spirodela polyrhiza*) as green manure for increasing yield and reducing nitrogen loss in rice production. Field Crops Research, 214: 273-282.

Yao YL, Zhang M, Tian YH, et al. 2018b. Urea deep placement for minimizing NH_3 loss in an intensive rice cropping system. Field Crops Research, 218: 254-266.

Yao ZS, Zheng XH, Liu CY, et al. 2018a. Stand age amplifies greenhouse gas and NO releases following conversion of rice paddy to tea plantations in subtropical China. Agricultural and Forest Meteorology, 248: 386-396.

Ye X, Hong J, Shi L, et al. 2010. Adaptability mechanism of nitrogen-efficient germplasm of natural variation to low nitrogen stress in *Brassica napus*. Journal of Plant Nutrition, 33(13): 2028-2040.

Ye YL, Wang GL, Huang YF, et al. 2011. Understanding physiological processes associated with yield−trait relationships in modern wheat varieties. Field Crops Research, 124(3): 316-322.

Yi J, Gao J, Zhang W, et al. 2019. Differential uptake and utilization of two forms of nitrogen in japonica rice cultivars from north-eastern China. Frontiers in Plant Science, 10: 1061.

Yin SX, Chen DL, Chen LM, et al. 2002. Dissimilatory nitrate reduction to ammonium and responsible microorganisms in two Chinese and Australian paddy soils. Soil Biology and Biochemistry, 34(8): 1131-1137.

Yin SX, Shen QR, Tang Y, et al. 1998. Reduction of nitrate to ammonium in selected paddy soils of China. Pedosphere, 8(3): 221-228.

Yu C, Liu Y, Zhang A, et al. 2015. MADS-box transcription factor OsMADS25 regulates root development through affection of nitrate accumulation in rice. PLoS ONE, 10(8): e0135196.

Yu LH, Miao ZQ, Qi GF, et al. 2014. MADS-box transcription factor AGL21 regulates lateral root development and responds to multiple external and physiological signals. Molecular Plant, 7(11): 1653-1669.

Yue SC, Meng QF, Zhao RF, et al. 2012. Change in nitrogen requirement with increasing grain yield for winter wheat. Agronomy Journal, 4(6): 1-7.

Zhang C, Xu RH, Su F, et al. 2020. Effects of enhanced efficiency nitrogen fertilizers on NH_3 losses in a calcareous fluvo-aquic soil: a laboratory study. Journal of Soils and Sediments, 20(4): 1887-1896.

Zhang FS, Chen XP, Vitousek P. 2013b. Chinese agriculture: an experiment for the world. Nature, 497(7447): 33-35.

Zhang HM, Xu MG, Shi XJ, et al. 2010. Rice yield, potassium uptake and apparent balance under long-term fertilization in rice-based cropping systems in southern China. Nutrient Cycling in Agroecosystems, 88(3): 341-349.

Zhang H, Forde BG. 1998. An *Arabidopsis* MADS box gene that controls nutrient-induced changes in root architecture. Science, 279(5349): 407-409.

Zhang JB, Cai ZC, Müller C. 2018a. Terrestrial N cycling associated with climate and plant-specific N preferences: a review. European Journal of Soil Science, 69(3): 488-501.

Zhang JB, Cai ZC, Zhu TB, et al. 2013a. Mechanisms for the retention of inorganic N in acidic forest soils of Southern China. Scientific Reports, 3: 2342.

Zhang JB, Wang J, Müller C, et al. 2016a. Ecological and practical significances of crop species preferential N uptake matching with soil N dynamics. Soil Biology and Biochemistry, 103: 63-70.

Zhang JB, Zhu TB, Cai ZC, et al. 2011a. Nitrogen cycling in forest soils across climate gradients in Eastern China. Plant and Soil, 342(1): 419-432.

Zhang JB, Zhu TB, Cai ZC, et al. 2012a. Effects of long-term repeated mineral and organic fertilizer applications on soil nitrogen transformations. European Journal of Soil Science, 63(1): 75-85.

Zhang L, Chen YF, Zhao YH, et al. 2018b. Agricultural ammonia emissions in China: reconciling bottom-up and top-down estimates. Atmospheric Chemistry and Physics, 18(1): 339-355.

Zhang LM, Hu HW, Shen JP, et al. 2012b. Ammonia-oxidizing archaea have more important role than ammonia-oxidizing bacteria in ammonia oxidation of strongly acidic soils. The ISME Journal, 6(5): 1032-1045.

Zhang MX, Gao MG, Zheng HH, et al. 2019. QTL mapping for nitrogen use efficiency and agronomic traits at the seedling and maturity stages in wheat. Molecular Breeding, 39(5): 71.

Zhang QQ, Ma Q, Zhao B, et al. 2018d. Winter haze over North China Plain from 2009 to 2016: influence of emission and meteorology. Environmental Pollution, 242: 1308-1318.

Zhang WF, Cao GX, Li XL, et al. 2016b. Closing yield gaps in China by empowering smallholder farmers. Nature, 537(7622): 671-674.

Zhang W, Liang C, Kao-Kniffin J, et al. 2015b. Differentiating the mineralization dynamics of the originally present and newly synthesized amino acids in soil amended with available carbon and nitrogen substrates. Soil Biology and Biochemistry, 85: 162-169.

Zhang X, Davidson EA, Mauzerall DL, et al. 2015a. Managing nitrogen for sustainable development. Nature, 528(7580): 51-59.

Zhang Y, Luan S, Chen L, et al. 2011b. Estimating the volatilization of ammonia from synthetic nitrogenous fertilizers used in China. Journal of Environmental Management, 92(3): 480-493.

Zhang Y, Zhao W, Zhang JB, et al. 2017a. N_2O production pathways relate to land use type in acidic soils in subtropical China. Journal of Soils and Sediments, 17(2): 306-314.

Zhang ZH, Zhou T, Liao Q, et al. 2018c. Integrated physiologic, genomic and transcriptomic strategies involving the adaptation of allotetraploid rapeseed to nitrogen limitation. BMC Plant Biology, 18(1): 322.

Zhang ZY, Xiong SP, Wei YH, et al. 2017b. The role of glutamine synthetase isozymes in enhancing nitrogen use efficiency of N-efficient winter wheat. Scientific Reports, 7: 1000.

Zhao B, Ata-Ul-Karim ST, Duan AW, et al. 2018. Determination of critical nitrogen concentration and dilution curve based on leaf area index for summer maize. Field Crops Research, 228: 195-203.

Zhao BZ, Chen J, Zhang JB, et al. 2013. How different long-term fertilization strategies influence crop yield and soil properties in a maize field in the North China Plain. Journal of Plant Nutrition and Soil Science, 176(1): 99-109.

Zhao CS, Hu CX, Huang W, et al. 2010. A lysimeter study of nitrate leaching and optimum nitrogen application rates for intensively irrigated vegetable production systems in Central China. Journal of Soils and Sediments, 10(1): 9-17.

Zhao M, Tian YH, Ma YC, et al. 2015. Mitigating gaseous nitrogen emissions intensity from a Chinese rice cropping system through an improved management practice aimed to close the yield gap. Agriculture, Ecosystems & Environment, 203: 36-45.

Zhao W, Cai ZC, Xu ZH. 2007. Does ammonium-based N addition influence nitrification and acidification in humid subtropical soils of China? Plant and Soil, 297(1): 213-221.

Zhao X, Xie YX, Xiong ZQ, et al. 2009. Nitrogen fate and environmental consequence in paddy soil under rice-wheat rotation in the Taihu Lake region, China. Plant and Soil, 319: 225-234.

Zhao X, Zhou Y, Min J, et al. 2012a. Nitrogen runoff dominates water nitrogen pollution from rice-wheat rotation in the Taihu Lake region of China. Agriculture, Ecosystems & Environment, 156: 1-11.

Zhao X, Zhou Y, Wang SQ, et al. 2012b. Nitrogen balance in a highly fertilized rice-wheat double-cropping system in southern China. Soil Science Society of America Journal, 76(3): 1068-1078.

Zhao Y, Luo JH, Chen XQ, et al. 2012c. Greenhouse tomato-cucumber yield and soil N leaching as affected by reducing N rate and adding manure: a case study in the Yellow River Irrigation Region China. Nutrient Cycling in Agroecosystems, 94(2): 221-235.

Zheng LH, Pei JB, Jin XX, et al. 2018. Impact of plastic film mulching and fertilizers on the distribution of straw-derived nitrogen in a soil–plant system based on ^{15}N-labeling. Geoderma, 317: 15-22.

Zhou J, Li B, Xia LL, et al. 2019. Organic-substitute strategies reduced carbon and reactive nitrogen footprints and gained net ecosystem economic benefit for intensive vegetable production. Journal of Cleaner Production, 225: 984-994.

Zhou JB, Chen ZJ, Liu XJ, et al. 2010. Nitrate accumulation in soil profiles under seasonally open ‘sunlight greenhouses’ in northwest-China and potential for leaching loss during summer fallow. Soil Use and Management, 26: 332-339.

Zhou JY, Gu BJ, Schlesinger WH, et al. 2016. Significant accumulation of nitrate in Chinese semi-humid croplands. Scientific Reports, 6(1): 25088.

Zhou Y, Cheng SY, Lang JL, et al. 2015. A comprehensive ammonia emission inventory with high-resolution and its evaluation in the Beijing–Tianjin–Hebei (BTH) region, China. Atmospheric Environment, 106: 305-317.

Zhu B, Wang T, Kuang FH, et al. 2009. Measurements of nitrate leaching from a hillslope cropland in the central Sichuan Basin, China. Soil Science Society of America Journal, 73(4): 1419-1426.

Zhu B, Yi LX, Hu YG, et al. 2014. Nitrogen release from incorporated ^{15}N-labelled Chinese milk vetch (*Astragalus sinicus* L.) residue and its dynamics in a double rice cropping system. Plant and Soil, 374(1): 331-344.

Zhu DW, Zhang HC, Guo BW, et al. 2017. Effects of nitrogen level on yield and quality of japonica soft super rice. Journal of Integrative Agriculture, 16(5): 1018-1027.

Zhu JH, Li XL, Christie P, et al. 2005. Environmental implications of low nitrogen use efficiency in excessively fertilized hot pepper (*Capsicum frutescens* L.) cropping systems. Agriculture, Ecosystems & Environment, 111(1-4): 70-80.

Zhu QC, De Vries W, Liu XJ, et al. 2016. The contribution of atmospheric deposition and forest harvesting to forest soil acidification in China since 1980. Atmospheric Environment, 146: 215-222.

Zhu ZL, Chen DL. 2002. Nitrogen fertilizer use in China: contributions to food production, impacts on the environment and best management strategies. Nutrient Cycling in Agroecosystems, 63(2): 117-127.

Ziadi N, Bélanger G, Claessens A, et al. 2010. Determination of a critical nitrogen dilution curve for spring wheat. Agronomy Journal, 102(1): 241-250.